烟叶
指纹图谱研究

陈泽鹏　万树青　韦建玉　　主编

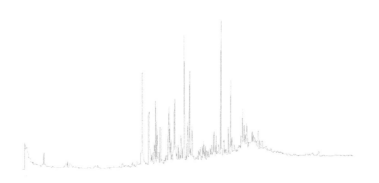

广西科学技术出版社

图书在版编目（CIP）数据

烟叶指纹图谱研究／陈泽鹏，万树青，韦建玉主编.
—南宁：广西科学技术出版社，2019.6（2024.1重印）
ISBN 978-7-5551-0615-9

Ⅰ.①烟… Ⅱ.①陈… ②万… ③韦… Ⅲ.①烤烟叶
—图谱 Ⅳ.①TS424-64

中国版本图书馆CIP数据核字（2016）第107661号

YANYE ZHIWEN TUPU YANJIU

烟叶指纹图谱研究

陈泽鹏 万树青 韦建玉 主编

责任编辑：饶 江　　　　　　助理编辑：陈正煜
责任校对：苏深灿　　　　　　装帧设计：韦娇林
责任印制：韦文印

出 版 人：卢培钊
出版发行：广西科学技术出版社
　　　　　（广西南宁市东葛路66号　邮政编码：530023）
网　　址：http://www.gxkjs.com
经　　销：广西新华书店
印　　刷：北京虎彩文化传播有限公司
开　　本：889 mm×1240 mm　　1/16
字　　数：845千字
印　　张：25.5
版　　次：2019年6月第1版
印　　次：2024年1月第2次印刷
书　　号：ISBN 978-7-5551-0615-9
定　　价：198.00元

编委会

前　言

　　烟草在我国种植历史悠久，是我国重要的经济作物之一。烟叶质量是反映和体现烟叶必要性状均衡情况的综合性概念，它包括外观质量和内在质量。长期以来，烟叶品质主要从四个方面进行评价和分类，即外观评价、感官评吸、化学分析、物理特性，但从发展的角度看，仍不能全面满足要求。特别是近年来公众对减害降焦等安全性问题愈发关注，国内外专家为此做了大量的研究工作，以期更加客观准确地评价烟叶质量特色及安全性，化学成分分析就成了其中一项主要的研究内容。

　　烟草的核心价值在于烟碱和烟香，而危害主要来源于燃烧产物。为了探索广东和广西烟叶主要成分及质量水平，发展两地特色烟叶品牌，同时挖掘烟草本体减害增香功能，减轻烟草减害增香过程中对外源添加物的依赖，本书采用蒸馏提取、烟气收集、索氏提取三种方法，以两广地区烟叶为主，以其他主产区烟叶为参照，通过气相色谱－质谱联用仪分析烟叶的化学物质组成，构成致香物及其他组成成分的图谱，建立两广特色烟色谱指纹图谱，分析不同烟叶的致香物种类及其相对含量，了解其形成不同风格特色的物质基础。希望本书所作研究有助于提高研究人员对特色烟烟香、烟碱、有害物质、有益物质的认识，利于烟草公司针对性地制定栽培技术方案，强化烟叶区域风格，同时服务于低温不燃烧卷烟及其他新型烟草制品的研发。此外，本书将我国从中成药研究中开发出的系列高效液相色谱（HPLC）指纹图谱技术应用于烟叶研究，通过对烤烟指纹图谱特征峰与烟叶化学特征指标的相关性研究，进一步了解各特征峰与烟叶质量的关系，为评价烟叶质量、特征分类及原产地鉴别提供科学的理论基础和技术途径。

　　本书的研究工作以中国烟草总公司、广东省烟草专卖局科技项目"广东不同产区特色烟指纹图谱与主要致香物分析"为基础，是中国烟草公司广东省公司、广西中烟工业有限责任公司、华南农业大学联合攻关的成果。研究还得到了广西壮族自治区烟草学会的资助。在本书出版之际，特向支持和关心本研究工作的所有单位和个人表示衷心的感谢。由于本书所做的工作只是探索性的研究，旨在抛砖引玉，理论研究和方法选择均有待于改善，再加上作者水平有限，虽几经修改，错误和缺漏仍在所难免，敬请广大读者不吝赐教。

编者

2017 年 9 月

目　录

3 烤烟烟气致香物收集与分析检测 …………………………… 127

1 烟叶品质特征的化学基础与烤烟致香物指纹图谱构建

1.1 烟叶品质特征的化学基础

我国烟叶品质评价指标体系是由外观质量、内在质量、化学成分和物理特性以及安全性等诸多因素组成[1]。这些指标的平衡协调程度决定了烤烟的品质质量也决定了烟叶的工业使用价值。外观质量中的烟叶部位、颜色、成熟度、叶面结构、油分、色度、均匀度、纯净度等指标作为烤烟的分级标准，而内在质量评价则是通过评吸烤烟的香气类型、香气质、香气量、杂气、余味、浓度、刺激性、劲头、燃烧性和灰色等。这些评价标准是目前最常用的基本方法，其优点也是比较直观的，但是，这些通过感官鉴定的结果常常带有经验性、主观性和随意性。如何确立能真实反映烟叶品质质量的标准，是需要烟草科技工作者不断深入探讨的课题。

烤烟的外观质量与内在质量是密切联系的，都是其物质基础——烟叶化学成分在外观特征和烟气特征的表现，这种表现具有规律性和普遍性。通过感官评吸结合外观评价将我国的烤烟分为三种香型：第一种以云南为主要产区的清香型烤烟；第二种以河南、湖南为主要产区的浓香型烤烟；第三种以东北为主要产区的中间型烤烟。广东烟叶香型总体表现为浓偏中至浓香型，其中南雄、始兴产区烟叶为浓香型，焦甜香韵处于尚明显至较明显之间，香气状态沉溢，烟气浓度较浓，劲头中等至较大，属浓香型典型区；乐昌、乳源产区烟叶为浓香型，焦甜香韵尚明显，香气状态较沉溢，烟气浓度中等至较浓，劲头中等至较大，属浓香型次典型区；梅州、连州产区烟叶为浓偏中或中偏浓，焦甜香韵尚明显偏正甜香，香气状态沉溢或较悬浮，烟气浓度中等至稍浓，劲头中等至稍大，属浓香—中间香过渡区。其中清香型烤烟为在中式烤烟原料的基础特征上的香调类型，清香型烤烟特别透发出多种花香、清甜香和清新香气。通过对烟叶致香物质的化学分析，清香型烤烟具有普遍性的特征性化学成分是可溶性总糖含量比浓香型烤烟相对偏高，施木克值略偏高，含氮化合物相对偏低，叶绿素降解物植醇（叶绿醇）、新植二烯和植物呋喃类相对较高，类胡萝卜素降解产物巨豆三烯酮（包括四种同分异构体）、β-大马酮、β-紫罗兰醇、β-紫罗兰酮、二氢猕猴桃内酯、香叶基丙酮等物质的含量相对浓香型烤烟偏高。浓香型烤烟普遍具有浓郁的烤烟特征香气，具有比清香型烤烟更接近多种烟草类型的普遍烟草气味。浓香型烤烟的主要化学成分构成与清香型烤烟没有明显的不同，但是一些化学成分所占的比例在两者间具有明显的差异。浓香型烤烟中可溶性总糖较清香型烤烟偏低，但含氮化合物相对较高。浓香型烤烟的施木克值较清香型烤烟偏低，但烟气中偏碱性的成分较多。中间香型烤烟的香气风格介于清香型和浓香型之间，既有较浓郁的烤烟香气特征，又有明显的清新香风格。中间香型烤烟的主要化学成分构成也介于清香型和浓香型之间，明显表现为烟叶化学成分上的过渡类型。这种香型烤烟具有较强的香气风格弥合功能，对清香型和浓香型香气风格的烤烟均具有协调功能。

唐明（2012）[2]等人通过对我国主要烟区中的河南、贵州、云南、广东以及津巴布韦烤烟样品的挥发性致香物成分进行比较分析，结果表明津巴布韦烤烟中香气物质总含量最高（新植二烯含量除外），贵州最低，约为津巴布韦烤烟含量的 49.99 %。其中 6 种香气物质含量明显高于国内烟叶，如 2-乙酰基吡咯、香叶基丙酮等。广东烟区新植二烯、β-大马酮等质体色素降解产物含量最高，河南浓香风格烤烟中苯乙醇、苯乙醛等降解产物以及美拉德反应产物含量最高（见表 1-1、表 1-2、表 1-3、表 1-4）。

表 1-1　不同产区烤烟质体色素降解产物

香气物质	保留时间（min）	峰面积百分含量（%）				
		广东	贵州	云南	河南	津巴布韦
β- 大马酮	30.74	4.13	1.29	0.97	3.44	2.12
假紫罗兰酮	34.00	0.19	0.05	0.07	0.22	0.63
芳樟醇	28.81	0.10	0.10	0.15	0.22	0.17
香叶基丙酮	31.89	1.06	0.33	0.24	1.16	1.34
4- 氧化异佛尔酮	26.06	0.06	tr*	0.04	0.10	0.03
二氢猕猴桃内脂	43.95	0.31	0.22	0.58	0.99	1.35
巨豆三烯酮 A	39.76	1.18	0.86	1.12	0.50	1.63
巨豆三烯酮 B	40.01	4.75	2.93	2.96	1.38	5.03
巨豆三烯酮 C	41.35	1.65	0.70	0.61	0.51	1.14
巨豆三烯酮 D	42.76	4.25	3.01	2.35	2.41	3.20
3- 羟基 -β- 二氢大马酮	35.33	0.34	0.12	0.23	0.33	tr
6- 甲基 -5- 庚烯 -2- 酮	12.63	0.06	tr	0.04	0.02	tr
法尼基丙酮	45.51	0.42	0.41	0.64	0.55	1.77
类胡萝卜素降解产物小计	—	18.50	10.02	10.00	11.82	18.41
新植二烯	33.88	22.64	16.76	21.23	11.12	13.70
叶绿素降解产物小计	—	22.64	16.76	21.23	11.12	13.70

* "tr" 表示痕量（trace），后同。

表 1-2　不同产区烤烟中苯丙氨酸类降解产物含量

香气物质	保留时间（min）	峰面积百分含量（%）				
		广东	贵州	云南	河南	津巴布韦
苯甲醇	32.65	0.42	0.17	0.30	0.70	0.62
苯甲醛	19.63	0.15	0.04	0.08	0.27	0.04
苯乙醇	24.25	0.40	0.06	0.20	0.89	0.18
苯乙醛	33.53	0.46	0.22	0.21	0.92	0.53
苯丙氨酸类降解产物小计	—	1.43	0.49	0.79	2.78	1.37

表 1-3　不同产区烤烟中美拉德反应产物含量

香气物质	保留时间（min）	峰面积百分含量（%）				
		广东	贵州	云南	河南	津巴布韦
糠醛	17.61	0.34	0.18	0.15	0.23	0.21
糠醇	25.22	0.05	0.02	0.03	0.08	0.07
2- 乙酰基呋喃	19.09	0.05	0.07	0.04	0.06	tr
5- 甲基糠醛	21.65	0.09	tr	0.03	0.06	0.08
3,4- 二甲基 -2,5- 呋喃二酮	36.51	0.03	tr	tr	0.05	0.07
2- 乙酰基吡咯	35.10	0.12	0.11	0.15	0.06	0.25
美拉德反应产物小计	—	0.68	0.38	0.40	0.54	0.68

表 1-4　不同产区烤烟中西柏烷类降解产物含量

香气物质	保留时间（min）	峰面积百分含量（%）				
		广东	贵州	云南	河南	津巴布韦
茄酮	27.83	2.51	1.96	4.7	9.73	5.75

目前，烟草中发现的化合物有 5 289 种[3]，烟叶中含有的化合物总数为 2 549 种，烟气中含有的化合物总数为 3875 种，烟叶和烟气中共同含有的化合物总数为 1 135 种。这些化学成分中约有 1/3 与烟叶和烟气的香味有不同程度的相关性。目前采用精密仪器检测烟草所获得的信号已达 3 万多种。烟叶中的致香物质可分为烟叶香气物质和烟气香气物质两大类。其中碳水化合物、含氮化合物及无机物等成分，烟叶中的色素、多酚、有机酸等微量成分，与卷烟的品质和香气风格密切相关。因此，采用现代化学分析技术研究烟草中的致香物质种类与含量，对于提高烟草品质、监控卷烟质量，以及在烤烟质量评价、特征分析、风格归类和产地鉴别等方面具有重要的意义和应用价值。

1.2　指纹图谱技术在烤烟品质鉴定中的应用

1.2.1　基本原理

如同每个人都有指纹而且指纹各不相同，每一种植物的特性和有效成分也千差万别。借助现代分析技术，可以将植物的特性和有效成分通过图谱的形式描绘出来，使每种植物都拥有如人的指纹一样的标准图谱，这就是植物化学指纹图谱。采用指纹图谱的方式，对某一地区所生产的具有明显质量特征化学物质的烟草进行标记，相当于为烟草产品贴上了"化学条形码"，使烟草行业有了自己的质量控制标准。通过烟叶的指纹图谱，可以辨别烟草的原产地、品种、加工与种植地。根据指纹的参考标准，可清楚鉴定烟叶质量，尤其是可鉴定加工后的产品的真确度、纯正度、品质，以及是否含有外来毒素。

因此，烟叶指纹图谱是指经过适当处理后，利用现代信息采集技术和质量分析手段得到的能够体现该烟草专有特征的图像、图形或图谱，用来反映烟草所含化学成分的种类与数量或者遗传信息特征，进而评价烟草的质量、风味和品质等。

根据所采用的分析技术的不同，烟叶指纹图谱的形态也不同。目前常用的构建烟叶指纹图谱的方法有光谱法、波谱法、色谱法、核磁共振谱法等。在这些方法中，色谱法受到人们的普遍关注。

1.2.2　指纹图谱的类型与应用

1.2.2.1　指纹图谱的类型

指纹图谱包括 DNA 指纹图谱和化学成分指纹图谱两大类。

1.DNA 指纹图谱

DNA 序列含有生命的遗传信息，不同种类的生物体含有不同的 DNA 序列，同种生物体既有相同的DNA 序列，又具有多态性。利用现代分子生物学技术把 DNA 序列中的信息以图谱的形式表现出来，即为DNA 指纹图谱。DNA 指纹图谱包括 RAPD（随机扩增多态 DNA）指纹图谱和 RFLP（限制性内切酶片段长度多态）指纹图谱。DNA 指纹图谱具有高度的个体特异性，常用于药材的真伪、品种及种质资源的鉴定。

2.化学成分指纹图谱

化学成分指纹图谱包括色谱指纹图谱和光谱指纹图谱，是指利用现代的色谱分析和光谱分析技术把样品中的化学成分以图谱的形式直观地表现出来，从而实现对其质量进行评价的一种指纹图谱技术。这些分析技术包括如下几个种类。

（1）高效液相色谱（HPLC）。其分析仪器是高效液相色谱仪，可与多种检测器相匹配，具有分离效能高、重现性好的特点，是目前最常用的指纹图谱构建方法。主要用于半挥发性、非挥发性物质，其优点是高灵敏度、高选择性，能高效、快速地给出高分辨率的轮廓图谱，重现性好，操作相对容易，封闭系统色谱，在线操作受外界影响小，色谱稳定性好，在线检测设备可选择性较大，很适合指纹图谱的实验研究和应用。

（2）薄层色谱（TLC）。其分析仪器是层析缸，展开剂组成灵活多样，可以提供色彩斑斓的彩色图像，直观易辨，在药材鉴别中应用频率最高。

（3）气相色谱（GC）。其分析仪器是气相色谱仪，分析过程中需要将化学成分气化，常用于含挥发性成分样品的化学成分鉴别及其指纹图谱的制作。

（4）核磁共振波谱（NMR）。其分析仪器是核磁共振波谱仪，常用于测定分子结构。植物中特征性化学成分往往不只一种，多表现为特征性成分组。因此，其特征性标准提取物的 NMR 指纹图谱可以反映各种成分图谱的叠加特征。信号的相对强弱反映了混合物中各组分的相对含量。通过对各化合物进行结构鉴定和 NMR 研究，可实现植物 NMR 指纹图谱的解析。

在烟草研究中用 NMR 做指纹图谱，可以确定一种或几种化合物作为评价烟草的标准。采用规范的提取分离程序获得的特征提取物基本代表了烟草的整体化学组成，它可以客观、全面地反映烟草的特征。通过对烟草特征提取物指纹图谱的分析，可以获得反映烟草的整体特征面貌信息。烟草提取物的 ^{13}C NMR指纹图谱包含了烟草提取物中所有物质的碳信号，可以全面地反映烟草的整体化学组成。同时烟草提取

物的 ^{13}C NMR 指纹图谱中的特征峰则可以作为烟草的特征信号，便于鉴别和指认。因此，烟草提取物的 ^{13}C NMR 指纹图谱可以从图谱整体面貌和局部特征信号两方面来反映烟草的整体特征。而烟草提取物的 ^{13}C NMR 指纹图谱与其主要成分 ^{13}C NMR 谱的比较，可以在整体了解烟草特征面貌的同时，确定其质量性状。

（5）紫外光谱（UV）与红外光谱（IR）指纹图谱。其分析仪器是紫外光谱仪和红外光谱仪。样品中的许多化学成分均能吸收红外光或紫外光，不同化学成分的最大吸收率不一样，不同品质烟叶的紫外光谱及红外光谱指纹图谱特征的差异，在一定程度上反映了烟叶化学成分及质量的差异。

（6）其他。除上述介绍的以外，还有一些技术也用于烟叶化学成分指纹图谱的制作和烟叶质量评价上，如毛细管电泳技术、质谱技术等。

1.2.2.2　色谱法的应用

在众多方法中，色谱法受到人们的普遍关注。原因在于色谱能将复杂的体系分解为相对简单的子体系，进而更好地揭示复杂体系的特征。

采用色谱法构建药材指纹图谱有两种方法，其一为采用整个色谱图作为指纹图谱；其二为采用色谱峰面积构建指纹图谱。采用整个色谱图作为指纹图谱，相关的分析工作将基于向量化的数据来进行。

由于色谱峰面积是与药材中组分含量直接相关的量，故基于色谱峰面积构建药材指纹图谱也成为首选。

1.2.2.3　烟叶指纹图谱的应用

烟草是一种叶用经济作物，烟草及其制品的品质主要是由其内在化学成分的组成含量所决定的。烟草化学成分的变化极为复杂，烟草类型不同，化学成分也存在一定的差异。另外，烟草化学成分还跟土壤环境、采摘时间、采样部位、烟叶加工处理和烟草储存等因素有着十分密切的关系。为了鉴定不同品质的烟草，指纹图谱技术已在烟草中得以应用。根据已收集的资料，应用的主要内容如下：

1. 采用溶剂萃取高效液相色谱法分离分析烟草中的氨基酸及类胡萝卜素的含量

曹国军（2006）[4] 对常德卷烟厂提供的近 100 个烟叶样品中的氨基酸、类胡萝卜素进行了相对含量的测定和比较，发现不同烟叶中谷氨酸、脯氨酸、叶黄素及类胡萝卜素的相对含量差异较大。烟草中氨基酸相对含量总量为 15.42 ~ 53.69 mg·g^{-1}，类胡萝卜素相对含量总量为 0.3594 ~ 347.3 μg·g^{-1}。另外，对烟用料液的指纹图谱质量控制做了初步的研究，并建立了近 20 种烟用料液的 HPLC 指纹图谱。研究结果及结论为智能卷烟配方系统的开发提供了理论依据，对实现降焦减害、推进企业和行业现代化具有积极的意义。烟用料液指纹图谱的建立为烟用料液的质量控制提供了参考与借鉴。

2. 色谱指纹图谱在香精香料质量监控中的应用

烟用香精香料化学成分复杂，现无合适的化学质量控制方法。通过实例，王钧等人（2005）[5] 对 10 个批次正常生产的香料标样同时进行蒸馏萃取，取其萃取液进行气相色谱氢焰检测和同组分色谱峰的匹配，根据相对峰面积求出标准指纹图谱，然后将 10 批标样与各自标准指纹图谱进行相似度计算，据此设立待测样品的合格性允差范围。将待测样品与标准指纹图谱进行谱峰匹配，计算与标准指纹图谱的相似度，依据合格性允差范围，判定其质量状况。

3. 烟丝硅烷化 GC 指纹图谱在卷烟质量鉴定中的应用

为了判断卷烟的质量，传统方法通常采用外观评价、常规化学成分的检测和感官评吸等方法，其中外观评价的方法用来判断物理特性，常规化学成分的检测用于定性或定量主要的化学成分，感官评吸方法是最重要的质量判断方法。但若要对卷烟的质量进行客观评价，仅仅依靠这些方法是不够的。

余苓（2007）等人 [6] 运用硅烷化 GC 方法对卷烟烟丝样品中的主要化学成分进行检测，并采用 PCA 模式识别方法对实验得到的色谱数据进行处理。建立的指纹图谱方法比常规检测和感观评吸更灵敏，能发现个别工艺环节的参数变化对卷烟品质造成的影响，可作为卷烟品质稳定性判断的辅助手段。

4. 卷烟中挥发性、半挥发性香味成分的指纹图谱分析

廖惠云等人（2005）[7] 运用同时蒸馏萃取—气相色谱—质谱法，建立了卷烟挥发性、半挥发性香味成分的指纹图谱，并采用总峰数、共有峰率和相似度等几个指标对 6 个不同批次的卷烟进行了评价，从整体上全面表征卷烟质量化学成分特征；同时将聚类分析用于卷烟品质的模式识别，结果表明 6 个批次卷烟产品的品质较为稳定。该方法为探讨卷烟质量稳定提供了一种可以同时实现整体性、模糊性且简单易行的方法模式。

5. 色谱指纹图谱综合信息指数在香精质量控制中的应用

杨严明（2005）[8]对6批合格的香精产品采用微量液液萃取法提取香精，用GC/MS进行定性、定量分析，建立TG-12#香精的气相色谱指纹图谱，采用色谱指纹图谱综合信息指数进行相似度计算。利用建立的色谱指纹图谱与夹角余弦法对掺兑其他香精的样品进行分析和比较，结果表明，与夹角余弦法相比，色谱指纹图谱综合信息指数是一种更可靠的评价方法，更适用于香精香料的质量控制。

6. 指纹图谱在烤烟质量评价中的应用

唐徐红等人（2011）[9]采用高效液相色谱指纹图谱技术，结合化学计量学分析方法，建立了云南省15个典型烟叶产区C3F等级烟叶基于指纹图谱特征的烟叶质量分类方法。结果表明，2010年收获的云南省典型烟叶产区的烟叶质量可分成4个基本类型，一类烟叶质量档次的产区包括富源县、沾益县、马龙县和大姚县；二类烟叶质量档次的产区包括宣威市、禄劝县、保山市、丽江市和景东县；三类烟叶质量档次的产区包括麒麟区、罗平县、红河县和文山县；四类烟叶质量档次的产区包括临沧市和昭通市。试验研究结果显示，烟叶指纹图谱作为烟叶质量控制的新方法，可以减少评吸师的工作量，提高配方打叶的工作效率。

曹建敏等人（2013）[10]以南平烤烟为研究对象，研究了烤烟致香物质气相色谱—质谱联用仪（GC/MS）指纹图谱在烤烟质量控制中的应用，根据感官评吸将样品质量档次结果划分为中等、中等+和较好3类，并分别构建了这3类质量档次的标准指纹图谱，计算每一类别样品指纹图谱与标准指纹图谱的相似度。结果表明，相似度值都较大，表明相似性较好。根据指纹图谱相似度确定了每个类别质量档次相似度的阈值，其阈值分别为0.7312、0.7036和0.6767。利用主成分投影图对3个质量档次的烤烟样品进行了模式识别，显示空间分布较好，区域较明显，表明该质量控制体系有较好的可用性和分辨率。最后利用未知样品对该质量控制体系进行验证，验证结果表明，该体系的准确性较高，误判率较低，适合应用于烤烟质量控制。

7. 指纹图谱在烤烟产地鉴别中的应用

曹建敏等人（2014）[11]为研究GC/MS指纹图谱在烤烟产区识别中的应用，采用同时蒸馏法萃取烤烟中香气物质并进行GC/MS检测，构建了湖南、广西、贵州3个产区烤烟的致香物质标准指纹图谱。随机选取这3个产区及广东、河南的部分烤烟样品，对建立的标准指纹图谱进行验证。结果表明，验证样品与其所属产区的标准指纹图谱相似度较高，而与其他产区标准指纹图谱的相似度较低，从而准确地识别出其所属产区。将几个产区烤烟样品的指纹图谱进行系统聚类分析，不同产区的烤烟能够很好地聚合到一类，表明构建的指纹图谱能够反映不同产区烤烟的风格特色，进一步验证了利用GC/MS指纹图谱结合系统聚类法对样品进行产区识别及风格特色定位的可行性。

8. 指纹图谱在烤烟特征分析中的应用

不同香型烤烟的质量特征分析，传统的方法是从烟叶外观评价、物理特性、化学成分、感官评吸等方面进行评估，其中化学成分主要检测总糖、还原糖、总植物碱、氮碱比和钾氯比等指标，不同产区的不同香型烟叶特征致香物指纹图谱构建还是空白。我国烟区按生态系划分为八大生态区，不同生态区的气候条件、土壤类型、种植模式、管理方式等存在明显差异，为生产别具特色的优质烟叶提供了优越的生态条件。各具特色的烤烟特征鉴别分析，以及致香物指纹图谱分析将是不可缺少的指标。

9. 指纹图谱在烤烟风格归类中的应用

烤烟的风格通常指烤烟燃吸时重复出现的、相对稳定的、能感知和认同的区别于其他烤烟燃吸烟气（即吸食品质）的个性特征。考查和评价烤烟风格通常首先采用人体感觉器官所感知的定性的感官特征表述，即所谓的吸评确定；其次是通过物理和化学测定所得的定量数据进行表述。我国烤烟的三大香型划分主要是凭借感官评价方法制定的，但这种感官特征的表述满足不了工业、农业和科学研究的更多需求。由于烤烟的风格特征是多种成分或组分共同作用的结果，目前还不清楚决定不同香型的化学成分和组分的组成。因此，唐远驹（2008）[12]呼吁，利用现代色谱、光谱、质谱技术和化学计量学方法，建立能够反映烤烟典型风格特色，具有整体性、模糊性、专一性、重现性并在一定程度上能够对其成分进行量化的烤烟化学成分指纹图谱。随着分析化学的进步与发展，指纹图谱在烤烟风格归类中将得到广泛的应用。

　　广东和广西是我国重要的烟草基地，烟草种植历史悠久，特别是广东韶关南雄被称为"中国黄烟之乡"。广西百色、贺州、河池等地区也是优质烟叶生产基地。由于各烟区的气候条件、土壤、水源等生态因子，以及烟草品种、种植模式、水肥管理等不尽相同，不同烟区生产的烟草在香型方面也存在明显差异。如南雄烟叶以其香气浓郁在国内外享有较高的声誉，与其他地区生产的烟叶风格有很大的差别。根据罗战勇等人（2004）[13]的研究报道，广东烟叶产区可划分为三个生态烟区，第一个生态烟区为南雄、始兴、五华生态烟区，第二个为乐昌、乳源生态烟区，第三个为粤东生态烟区。其中南雄、始兴、五华生态烟区的烟叶香型为较典型的浓香—浓偏中香型，是广东优质烟叶产区；粤东生态烟区的烟叶香型为中间香—中偏清香型，烟叶感官质量稍差；乐昌、乳源生态烟区的烟叶香型为中偏浓—浓偏中香型，烟叶感官质量介于其他两个烟区之间。但广东3个烟区的烟叶香型物质基础是什么，3个烟区的烟叶化学成分与香型的关系，广西主产烟区烤烟特色与品质的化学基础等问题，还有待深入研究。

　　采用随机取样法，分别从广东、广西、云南、贵州、河南以及津巴布韦收集具有代表性的不同品种、不同部位、不同等级的烤烟叶样品，采用同时蒸馏萃取法、甲醇索氏提取法和烟气直接收集法提取致香物，运用气相色谱—质谱法检测3种提取物中的致香物化学成分，比较不同产区烤烟的致香物成分种类与含量差异；采用XLSTAT插件中的PCA（主成分分析）方法和ANOVA（方差分析）方法，分别分析同时蒸馏萃取法、甲醇索氏提取法和烟气直接收集法提取的烤烟B2F、C3F部分致香物质，以期获得可以区分不同省份烤烟类型的致香物指纹图谱，用于鉴定未知烤烟样品的类型。选用广东主产烟区与其他省份烟区的不同部位、不同品种的烤烟样品，采用同时蒸馏萃取法、甲醇索氏提取法和烟气直接收集法提取样品的致香物成分并运用气相色谱—质谱法进行检测，在分析软件IBM SPSS Statistics 21的环境下，对广东主产烟区与其他省份烟区的致香物差异进行聚类分析，通过PLS-DA分析方法，获得区分不同产区烤烟的标记物。

　　围绕广东和广西"卷烟上水平"战略任务和中式卷烟发展需求，以开发特色优质烟叶原料核心技术及推进烟叶品质特色化为重点，准确评价与定位不同产区、不同香型烟叶质量风格特征，加强产区品质构建，进一步完成广东和广西不同产区烤烟品质的区划，为特色优质烟叶生产规划布局提供支撑。为明确不同香型烟叶风格特色形成的生态条件及化学物质基础和不同香型烟叶质量化学指标，建立不同香型风格特色优质烟叶生态基础评价模型和典型生态区烟叶特色风格形成的化学基础理论体系，烤烟致香物指纹图谱的构建势在必行。可以预测，烤烟指纹图谱将在烤烟质量评价、特征分析、风格归类和产地鉴别中发挥重要的作用。

参考文献

　　[1]邓小华，周清明，周冀衡，等.烟叶质量评价指标间的典型相关分析[J].中国烟草学报，2011，17（3）：17-20.

　　[2]唐明，朱会艳，陈永明，等.不同产区烤烟叶中挥发性香气物质的比较分析[J].广东农业科学，2012（21）：44-46.

　　[3]李汉超，王淑娴.烟草·烟气化学及分析[M].郑州：河南科学技术出版社，1991：5.

　　[4]曹国军.烟草中的氨基酸、类胡萝卜素分析及指纹图谱用于烟用料液质量控制的初步研究[D].南京：南京理工大学，2006.

　　[5]王钧，赵日利.色谱指纹图谱在香精香料质量控制中的应用[J].分析测试技术与仪器，2005，11（3）：192-196.

　　[6]余苓，张怡春，周春平，等.烟丝硅烷化GC指纹图谱在卷烟质量判别中的应用[J].中国烟草科学，2007（3）：18-20.

　　[7]廖惠云，甘学文，陈晶波，等.卷烟中挥发性、半挥发性香味成分的指纹图谱分析：中国烟草学会工业专业委员会烟草化学学术研讨会论文集[C].2005.

　　[8]杨严明.色谱指纹图谱综合信息指数在香精质量控制中的应用研究：中国烟草学会工业专业委员会烟草化学学术研讨会论文集[C].2005.

［9］唐徐红，矣跃平，袁仕信，等．指纹图谱技术在云南省烤烟质量分类中的应用研究［J］.湖北农业科学，2012，51（6）：1156-1160.

［10］曹建敏，刘帅帅，郭承芳，等.GC/MS指纹图谱在南平烤烟质量控制中的应用［J］.华南农业大学学报，2013，34（1）：1-5.

［11］曹建敏，于卫松，黄建，等.烤烟致香物质GC/MS指纹图谱在产区识别中的应用[J].中国烟草科学，2014（6）：85-89.

［12］唐远驹.烟叶风格特色的定位［J］.中国烟草科学，2008，29（3）：1-5.

［13］罗战勇，吕永华，李淑玲，等.广东省生态烟区的划分及其烟叶质量评价［J］.广东农业科学，2004，（1）：18-20.

2 烤烟水蒸馏挥发性致香物提取与分析检测

烤烟致香物质的种类及含量上的差异是导致烤烟不同品质和风味的主要原因之一，也是考查烤烟品质的重要指标之一。检测烤烟烟叶致香物种类及含量，目前通常采用同时蒸馏萃取装置以及气相色谱 – 质谱联用仪（GC/MS）的分析方法。已有报道表明[1-3]，采用同时蒸馏萃取装置以及气相色谱 – 质谱联用仪的分析方法，在不同产地烟叶的重要挥发性致香物成分的检测与分析和优质特色烟叶的利用和开发中发挥了重要作用。本章主要对广东、广西、云南、贵州、河南主产烟区的烤烟和津巴布韦的烤烟叶进行水蒸气蒸馏并提取挥发性致香物，采用气相色谱 – 质谱联用仪进行分析，按致香物代谢转化产物分类和致香物化学类型进行统计分析，为建立不同地区来源的不同部位烤烟色谱图提供基础数据。

2.1 材料与方法

2.1.1 烤烟样品采集与保存

烤烟样品采集于各烟站，主要收集了广东南雄烤烟 5 个，品种为粤烟 97 和 K326；广东五华烤烟 2 个，品种为 K326；广东梅州大埔烤烟 5 个，品种为云烟 87、K326 和云烟 100；广东乐昌烤烟 4 个，品种为 K326 和云烟 87；广东清远连州烤烟 2 个，品种为粤烟 97；清香型烤烟云南 5 个、贵州 2 个，品种均为云烟 87；浓香型河南烤烟 3 个，品种为 NC89；津巴布韦烤烟 2 个，品种为 120A 和 LJOT2；共计 30 个烤烟样本。所有样品均由南雄烟科所收集。另外收集了广西贺州朝东、城北和麦岭，广西河池罗城龙岸，广西百色 5 个点共 11 个烤烟样品，品种均为云烟 87。烤烟来源见表 2-1。

表 2-1 烤烟产地、品种、等级和收集年份

编号	来源	品种	等级	收集年份
1	广东南雄	粤烟 97	C3F	2008
2	广东南雄	粤烟 97	C3F	2009
3	广东南雄	粤烟 97	X2F	2009
4	广东南雄	粤烟 97	B2F	2009
5	广东南雄	K326	B2F	2010
6	广东五华	K326	B2F	2009
7	广东五华	K326	C3F	2009
8	广东梅州大埔	云烟 87	B2F	2009
9	广东梅州大埔	云烟 87	C3F	2009
10	广东梅州大埔	K326	C3F	2010
11	广东梅州大埔	云烟 100	C3F	2010
12	广东梅州大埔	云烟 100	B2F	2010
13	广东乐昌	K326	B3F	2009
14	广东乐昌	K326	C3F	2009

续表

编号	来源	品种	等级	收集年份
15	广东乐昌	云烟 87	C3F	2010
16	广东乐昌	云烟 87	B2F	2010
17	广东清远连州	粤烟 97	B2F	2009
18	广东清远连州	粤烟 97	C3F	2009
19	云南曲靖	云烟 87	C3F	2009
20	云南师宗	云烟 87	C3F	2009
21	云南昆明	云烟 87	B2F	2009
22	云南沾益	云烟 87	C3F	2009
23	云南沾益	云烟 87	B2F	2009
24	贵州	云烟 87	B2F	2009
25	贵州	云烟 87	C3F	2009
26	河南	NC89	B2F	2009
27	河南	NC89	C3F	2009
28	河南	NC89	B2L	2009
29	津巴布韦 *	L20A	—	2009
30	津巴布韦	LJ0T2	—	2009
31	广西贺州朝东	云烟 87	B2F	2014
32	广西贺州朝东	云烟 87	C3F	2014
33	广西贺州朝东	云烟 87	X2F	2014
34	广西贺州城北	云烟 87	B2F	2014
35	广西贺州城北	云烟 87	X2F	2014
36	广西贺州麦岭	云烟 87	B2F	2014
37	广西贺州麦岭	云烟 87	C3F	2014
38	广西河池罗城龙岸	云烟 87	B2F	2014
39	广西河池罗城龙岸	云烟 87	X2F	2014
40	广西百色	云烟 87	B2F	2014
41	广西百色	云烟 87	C3F	2014

* 去脉叶碎片。
注：收集的烤烟样品分别用包装袋包装后放入冷藏柜保存待测。

2.1.2　同时水蒸馏提取法

称取 50 g 烤烟叶，剪成小片（约 0.25~1cm² 大小）装入 2 000 mL 的圆底烧瓶内，加入 1 000 mL 水，电热套加热；在另一个 250 mL 的烧瓶中加入 50 mL 石油醚，水浴加热，同时蒸馏萃取 2 h 后，保留石油醚萃取液，加无水硫酸钠干燥 24 h，用旋转蒸发仪在 50℃水浴中将其浓缩至 3 mL 左右，即得香气浓缩物，供 GC/MS 分析。

2.1.3　GC/MS 分析

GC 条件：Ultra-2 毛细管柱（50 mm × 0.2 mm × 0.33μm），载气为 N₂，柱头压 170 kPa，FID 检测器，进样口温度 280 ℃，检测器温度 280 ℃。程序升温，至 80℃恒温保持 1 min，然后以 2 ℃/min 升温速率

升至 280 ℃，保持 30 min。进样量 2 μL，分流比 10：1。GC/MS 测定时 GC 条件同上，电离电压 70 eV，离子源温度 200 ℃，传输线温度 220 ℃，使用 Wiley 谱库进行图谱检索。

2.2　结果与分析

2.2.1　广东南雄粤烟 97C3F（2008）烤烟水蒸馏挥发性致香物组成成分分析结果

广东南雄粤烟 97C3F（2008）烤烟水蒸馏挥发性致香物组成成分分析结果及指纹图谱分别见表 2-2 和图 2-1。从图 2-1 可辨出 11 个峰，其中主要挥发性成份有 2- 甲氧基 -4- 乙烯基苯酚、烟碱、大马酮、2- 叔丁基苯并噻吩、氧化茄酮、巨豆三烯酮、（8E）-5,8- 巨豆二烯 -4- 酮（2 个峰）、3- 羟基马铃薯螺二烯酮、棕榈酸和硬脂酸。它们的相对含量分别为 21.65%、4.84%、4.47%、3.76%、11.02%、11.14%、7.30%、4.01%、5.21% 和 3.30%。

表 2-2　广东南雄粤烟 C3F（2008）烤烟水蒸馏挥发性致香物组成成分分析结果

编号	保留时间（min）	分子式	化合物名称	CAS 号	相对含量（%）
1	14.78	$C_9H_{10}O_2$	2- 甲氧基 -4- 乙烯基苯酚	7786-61-0	21.65
2	15.40	$C_{10}H_{14}N_2$	烟碱	54-11-5	4.84
3	16.01	$C_{13}H_{18}O$	大马酮	23696-85-7	4.47
4	16.46	$C_{12}H_{14}S$	2- 叔丁基苯并噻吩	1010-50-0	3.76
5	17.24	$C_{12}H_{20}O_2$	氧化茄酮	60619-46-7	11.02
6	18.55	$C_{13}H_{18}O$	巨豆三烯酮	13215-88-8	11.14
7	19.09	$C_{13}H_{20}O$	（8E）-5,8- 巨豆二烯 -4- 酮	67401-26-7	7.30
8	19.26	$C_{15}H_{22}O_2$	3- 羟基马铃薯螺二烯酮	65017-84-7	4.01
9	21.93	$C_{20}H_{38}$	新植二烯	504-96-1	22.64
10	22.81	$C_{16}H_{32}O_2$	棕榈酸	57-10-3	5.21
11	24.72	$C_{18}H_{36}O_2$	硬脂酸	57-11-4	3.30

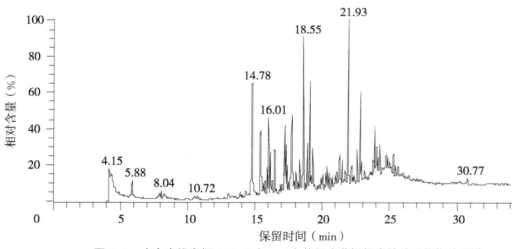

图 2-1　广东南雄粤烟 97C3F（2008）烤烟水蒸馏挥发性致香物指纹图谱

2.2.2　广东南雄粤烟 97C3F（2009）烤烟水蒸馏挥发性致香物组成成分分析结果

广东南雄粤烟 97C3F（2009）烤烟水蒸馏挥发性致香物组成成分分析结果及指纹图谱分别见表 2-3 和图 2-2。从表 2-3 可以看出，广东南雄粤烟 97C3F（2009）烤烟水蒸馏挥发性致香物中可检测出 67 种成分，除邻二甲苯、间二甲苯、苯并噻唑和四十四烷为非香味成分外，其他63种为致香物质，它们的代谢转化产物分类和致香物类型如下。

1. 代谢转化产物

（1）类胡萝卜素降解和转化产物：香叶基丙酮1.06%、4-氧代异氟尔酮0.06%、β-环柠檬醛0.12%、藏红花醛0.04%、二氢猕猴桃内酯0.31%、β-紫罗酮0.19%、4-羟基大马酮0.54%、4-（2,6,6-三甲基-1-环已烯-1-基）-3-丁烯-1-酮0.10%、β-大马烯酮4.13%、巨豆三烯酮5.90%、（8E）-5,8-巨豆二烯-4-酮5.93%。

（2）叶绿素分解代谢产物：新植二烯22.64%。

（3）苯丙氨酸和木质素代谢产物：苯甲醛0.15%、2,5-二甲基苯甲醛0.03%、苯乙醛0.40%、苯甲醇0.42%、苯乙醇0.46%。

（4）类脂物降解产物：亚油酸2.98%、亚麻酸甲酯4.03%、肉豆蔻酸1.20%、十五酸0.33%、棕榈酸26.39%、十七酸0.55%、硬脂酸1.20%、二十七烷0.33%、棕榈酸甲酯0.29%。

（5）非酶棕化反应产物：2-戊基呋喃0.01%、2-甲基四氢呋喃-3-酮0.01%。

（6）西柏烯降解产物：茄酮2.51%。

2. 致香物

（1）酮类：2-戊基呋喃0.01%、2-甲基四氢呋喃-3-酮0.01%、2,3-辛二酮0.01%、6-甲基-5-庚烯-2-酮0.06%、4-氧代异氟尔酮0.06%、茄酮2.51%、4-（2,6,6-三甲基-1-环已烯-1-基）-3-丁烯-1-酮0.10%、香叶基丙酮1.06%、β-紫罗酮0.19%、4-（2,2,6-三甲基-7-氧杂二环［4.1.0］庚-1-基）-3-丁烯-2-酮0.34%、4-羟基大马酮0.54%、植酮0.11%、巨豆三烯酮5.90%、（8E）-5,8-巨豆二烯-4-酮5.93%、法尼基丙酮0.42%、1-亚甲基-7-甲基-5-（二甲基亚甲基）二环［5.3.0］-7-癸烯-3-酮0.22%。酮类相对含量为致香物的17.47%。

（2）醛类：壬醛0.02%、糠醛0.34%、癸醛0.03%、苯甲醛0.15%、反式-2-壬烯醛0.04%、β-环柠檬醛0.12%、藏红花醛0.04%、苯乙醛0.40%、2,5-二甲基苯甲醛0.03%。醛类相对含量为致香物的1.17%。

（3）醇类：异辛醇0.22%、沉香醇0.10%、苯甲醇0.42%、苯乙醇0.46%、叶绿醇0.02%、西柏三烯二醇1.48%、（2E,6E,11Z）-3,7,13-三甲基-10-（2-丙基）-2,6,11-环十四碳三烯-1,13-二醇1.13%、柏木醇0.08%。醇类相对含量为致香物的3.91%。

（4）脂肪酸类：壬酸0.17%、肉豆蔻酸1.20%、十五酸0.33%、棕榈酸26.39%、十七酸0.55%、硬脂酸1.20%、反油酸2.19%、亚油酸2.98%。脂肪酸类相对含量为致香物的35.01%。

（5）酯类：邻苯二甲酸二异丁酯0.87%、棕榈酸甲酯0.29%、二氢猕猴桃内酯0.31%、亚麻酸甲酯4.03%。酯类相对含量为致香物的5.50%。

（6）稠环芳香烃类：1,2,3,4-四氢-1,1,6-三甲基萘0.02%、1,2-二氢-1,1,6-三甲基萘0.25%。稠环芳香烃类相对含量为致香物的0.27%。

（7）酚类：4-甲氧基苯酚0.08%、4-乙烯基-2-甲氧基苯酚1.00%、去甲呋喃羽叶芸香精0.21%。酚类相对含量为致香物的1.29%。

（8）不饱和脂肪烃类：1-十四烯0.02%、3,6-二氧-1-甲基-8-异丙基-三环［6,2,2,0^{2,7}］十二-4,9-二烯0.03%、（E,E）-7,11,15-三甲基-3-亚甲基-十六-1,6,10,14-四烯0.14%、（E）-1-叠氮基-2-苯乙烯0.06%。不饱和脂肪烃类相对含量为致香物的0.25%。

（9）烷烃类：二十七烷0.33%、四十四烷0.33%。烷烃类相对含量为致香物的0.66%。

（10）生物碱类：烟碱1.51%、二烯烟碱0.05%。生物碱类相对含量为致香物的1.56%。

（11）萜类：新植二烯22.64%、角鲨烯0.36%。萜类相对含量为致香物的23.00%。

（12）杂环类：2-乙酰基吡咯0.12%、苯并噻唑0.10%。杂环类相对含量为致香物的0.22%。

（13）芳香烃类：2,3-二氢-1,1,5,6-四甲基-1H-茚0.03%。芳香烃类相对含量为致香物的0.03%。

（14）其他类：对二甲苯0.01%、邻二甲苯0.01%、间二甲苯0.01%、2-戊基呋喃0.01%。

表 2-3 广东南雄粤烟 97C3F（2009）烤烟水蒸馏挥发性致香物组成成分分析结果

编号	保留时间（min）	分子式	化合物名称	CAS #	相对含量（%）
1	5.90	C_8H_{10}	对二甲苯	106-42-3	0.01
2	6.26	C_8H_{10}	邻二甲苯	95-47-6	0.01
3	7.45	C_8H_{10}	间二甲苯	108-38-3	0.01
4	8.92	$C_9H_{14}O$	2-戊基呋喃	3777-69-3	0.01
5	10.07	$C_5H_8O_2$	2-甲基四氢呋喃-3-酮	3188-00-9	0.01
6	12.24	$C_8H_{14}O_2$	2,3-辛二酮	585-25-1	0.01
7	12.63	$C_8H_{14}O$	6-甲基-5-庚烯-2-酮	110-93-0	0.06
8	14.67	$C_9H_{18}O$	壬醛	124-19-6	0.02
9	16.50	$C_{14}H_{28}$	1-十四烯	1120-36-1	0.02
10	17.60	$C_5H_4O_2$	糠醛	98-01-1	0.34
11	18.50	$C_8H_{18}O$	异辛醇	104-76-7	0.22
12	18.69	$C_{10}H_{20}O$	癸醛	112-31-2	0.03
13	19.63	C_7H_6O	苯甲醛	100-52-7	0.15
14	20.05	$C_9H_{16}O$	反式-2-壬烯醛	18829-56-6	0.04
15	20.80	$C_{10}H_{18}O$	沉香醇	78-70-6	0.10
16	21.69	$C_{16}H_{20}O_2$	3,6-二氧-1-甲基-8-异丙基三环［$6,2,2,0^{2,7}$］十二-4,9-二烯	121824-66-6	0.03
17	23.13	$C_{10}H_{16}O$	β-环柠檬醛	432-25-7	0.12
18	23.50	$C_{13}H_{18}$	2,3-二氢-1,1,5,6-四甲基-1H-茚	942-43-8	0.03
19	24.09	$C_{10}H_{14}O$	藏红花醛	116-26-7	0.04
20	24.25	C_8H_8O	苯乙醛	122-78-1	0.40
21	26.07	$C_9H_{12}O_2$	4-氧代异氟尔酮	1125-21-9	0.06
22	27.54	$C_9H_{10}O$	2,5-二甲基苯甲醛	5779-94-2	0.03
23	27.77	$C_{13}H_{22}O$	茄酮	54868-48-3	2.51
24	27.90	$C_{13}H_{18}$	1,2,3,4-四氢-1,1,6-三甲基萘	475-03-6	0.02
25	30.53	$C_{13}H_{20}O$	4-（2,6,6-三甲基-1-环己烯-1-基）-3-丁烯-1-酮	85949-43-5	0.10
26	30.74	$C_{13}H_{18}O$	β-大马烯酮	23726-93-4	4.13
27	30.92	$C_{13}H_{16}$	1,2-二氢-1,1,6-三甲基萘	30364-38-6	0.25
28	31.76	$C_{10}H_{14}N_2$	烟碱	54-11-5	1.51
29	31.89	$C_{13}H_{22}O$	香叶基丙酮	3796-70-1	1.06
30	32.18	$C_7H_8O_2$	4-甲氧基苯酚	150-76-5	0.08
31	32.65	C_7H_8O	苯甲醇	100-51-6	0.42
32	33.53	$C_8H_{10}O$	苯乙醇	60-12-8	0.46
33	33.88	$C_{20}H_{38}$	新植二烯	504-96-1	22.64
34	34.00	$C_{13}H_{20}O$	β-紫罗酮	79-77-6	0.19
35	34.42	C_7H_5NS	苯并噻唑	95-16-9	0.10
36	34.53	$C_{20}H_{40}O$	叶绿醇	102608-53-7	0.02
37	35.10	C_6H_7NO	2-乙酰基吡咯	1072-83-9	0.12
38	35.33	$C_{13}H_{20}O_2$	4-（2,2,6-三甲基-7-氧杂二环［4.1.0］庚-1-基）-3-丁烯-2-酮	23267-57-4	0.34
39	37.96	$C_{13}H_{18}O$	4-羟基大马酮	1203-08-3	0.54
40	38.04	$C_{15}H_{26}O$	柏木醇	77-53-2	0.08
41	38.35	$C_{18}H_{36}O$	植酮	502-69-2	0.11

续表

编号	保留时间（min）	分子式	化合物名称	CAS #	相对含量（%）
42	39.23	$C_{20}H_{32}$	（E,E）-7,11,15-三甲基-3-亚甲基-十六-1,6,10,14-四烯	70901-63-2	0.14
43	39.49	$C_9H_{18}O_2$	壬酸	112-05-0	0.17
44	40.00	$C_{13}H_{18}O$	巨豆三烯酮	13215-88-8	5.90
45	40.19	$C_9H_{10}O_2$	4-乙烯基-2-甲氧基苯酚	7786-61-0	1.00
46	40.49	$C_{17}H_{34}O_2$	棕榈酸甲酯	112-39-0	0.29
47	42.73	$C_{13}H_{20}O$	（8E）-5,8-巨豆二烯-4-酮	67401-26-7	5.93
48	43.65	$C_{10}H_{10}N_2$	二烯烟碱	487-19-4	0.05
49	43.95	$C_{11}H_{16}O_2$	二氢猕猴桃内酯	17092-92-1	0.31
50	45.51	$C_{18}H_{30}O$	法尼基丙酮	1117-52-8	0.42
51	47.77	$C_{15}H_{20}O$	1-亚甲基-7-甲基-5-（二甲基亚甲基）二环［5.3.0］-7-癸烯-3-酮	115842-48-3	0.22
52	48.78	$C_8H_7N_3$	（E）-1-叠氮基-2-苯乙烯	18756-03-1	0.06
53	49.66	$C_{16}H_{14}O_4$	去甲呋喃羽叶芸香精	60924-68-7	0.21
54	53.21	$C_{20}H_{34}O_2$	（2E,6E,11Z）-3,7,13-三甲基-10-（2-丙基）-2,6,11-环十四碳三烯-1,13-二醇	7220-78-2	1.13
55	53.59	$C_{20}H_{34}O_2$	西柏三烯二醇	57688-99-0	1.48
56	54.03	$C_{27}H_{56}$	二十七烷	593-49-7	0.33
57	54.09	$C_{16}H_{22}O_4$	邻苯二甲酸二异丁酯	84-74-2	0.87
58	54.19	$C_{14}H_{28}O_2$	肉豆蔻酸	544-63-8	1.20
59	55.44	$C_{15}H_{30}O_2$	十五酸	1002-84-2	0.33
60	56.75	$C_{16}H_{32}O_2$	棕榈酸	57-10-3	26.39
61	58.16	$C_{17}H_{34}O_2$	十七酸	506-12-7	0.55
62	58.42	$C_{44}H_{90}$	四十四烷	7098-22-8	0.33
63	58.78	$C_{30}H_{50}$	角鲨烯	7683-64-9	0.36
64	59.88	$C_{18}H_{36}O_2$	硬脂酸	57-11-4	1.20
65	60.48	$C_{18}H_{34}O_2$	反油酸	112-79-8	2.19
66	61.62	$C_{18}H_{32}O_2$	亚油酸	60-33-3	2.98
67	63.31	$C_{19}H_{32}O_2$	亚麻酸甲酯	301-00-8	4.03

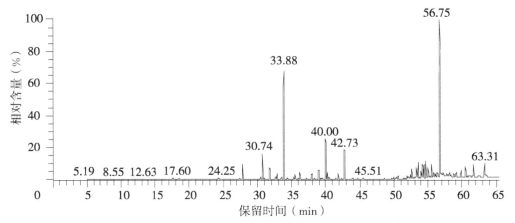

图 2-2　广东南雄粤烟 97C3F（2009）烤烟水蒸馏挥发性致香物指纹图谱

2.2.3 广东南雄粤烟 97X2F（2009）烤烟水蒸馏挥发性致香物组成成分分析结果

广东南雄粤烟 97X2F（2009）烤烟水蒸馏挥发性致香物组成成分分析结果及指纹图谱分别见表 2-4 和图 2-3。从表 2-4 可以看出，广东南雄粤烟 97X2F（2009）烤烟水蒸馏挥发性致香物中可检测出 66 种成分，除对二甲苯、邻二甲苯、间二甲苯、苯并噻唑和四十四烷为非香味成分外，其他 61 种为致香物质，它们的化谢转化产物分类和致香物类型如下。

1. 代谢转化产物

（1）类胡萝卜素降解和转化产物：香叶基丙酮 1.23%、4- 氧代异氟尔酮 0.05%、β- 环柠檬醛 0.11% 藏红花醛 0.05%、二氢猕猴桃内酯 0.32%、β- 紫罗酮 0.16%、4- 羟基大马酮 0.36%、4-（2,6,6 三甲基 -1- 环己烯 -1- 基）-3- 丁烯 -1- 酮 0.15%、β- 大马烯酮 3.86%、巨豆三烯酮 4.18%、（8E）-5,8- 巨豆二烯 -4- 酮 4.79%。

（2）叶绿素分解代谢产物：新植二烯 19.39%。

（3）苯丙氨酸和木质素代谢产物：苯甲醛 0.06%、2，3- 二甲基苯甲醛 0.03%、苯乙醛 0.11%、苯甲醇 0.24%、苯乙醇 0.19%。

（4）类脂物降解产物：亚油酸 5.26%、亚麻酸甲酯 9.02%、肉豆蔻酸 1.29%、十五酸 1.18%、棕榈酸 28.49%、十七酸 0.54%、硬脂酸 1.39%、反油酸 2.53%、棕榈酸甲酯 0.44%。

（5）西柏烯降解产物：茄酮 1.60%。

2. 致香物

（1）酮类：6- 甲基 -5- 庚烯 -2- 酮 0.13%、4- 氧代异氟尔酮 0.05%、茄酮 1.60%、4-（2,6,6- 三甲基 -1- 环己烯 -1- 基）-3- 丁烯 -1- 酮 0.15%、香叶基丙酮 1.23%、β- 紫罗酮 0.16%、β- 大马烯酮 3.86%、4-（2,2,6- 三甲基 -7- 氧杂二环［4.1.0］庚 -1- 基）-3- 丁烯 -2- 酮 0.29%、4- 羟基大马酮 0.36%、植酮 0.14%、巨豆三烯酮 4.18%、（8E）-5,8- 巨豆二烯 -4- 酮 4.79%、法尼基丙酮 0.56%、苯并噻吩并［2,3-C］喹啉 -6（5H）- 硫酮 0.02%、2- 环戊烯 -1,4- 二酮 0.02%、α- 香附酮 0.4%。酮类相对含量为致香物的 17.94%。

（2）醛类：壬醛 0.02%、糠醛 0.18%、癸醛 0.03%、苯甲醛 0.06%、（E）- 壬烯醛 0.05%、反 -2- 顺 -6- 壬二烯醛 0.10%、β- 环柠檬醛 0.11%、藏红花醛 0.05%、苯乙醛 0.11%、2,3- 二甲基苯甲醛 0.03%。醛类相对含量为致香物的 0.74%。

（3）醇类：异辛醇 0.23%、沉香醇 0.08%、苯甲醇 0.24%、苯乙醇 0.19%、反式橙花叔醇 0.03%、柏木醇 0.10%、金合欢醇 0.04%、叶绿醇 0.15%、西柏三烯二醇 0.79%。醇类相对含量为致香物的 1.85%。

（4）脂肪酸类：壬酸 0.26%、肉豆蔻酸 1.29%、十五酸 1.18%、棕榈酸 28.49%、十七酸 0.54%、硬脂酸 1.39%、反油酸 2.53%、亚油酸 5.26%。脂肪酸类相对含量为致香物的 40.94%。

（5）酯类：邻苯二甲酸二异丁酯 0.33%、棕榈酸甲酯 0.44%、二氢猕猴桃内酯 0.32%、亚麻酸甲酯 9.02%。酯类相对含量为致香物的 10.11%。

（6）稠环芳香烃类：1,2,3,4- 四氢 -1,1,6- 三甲基萘 0.05%、1,2- 二氢 -1,1,6- 三甲基萘 0.28%。稠环芳香烃类相对含量为致香物的 0.33%.

（7）酚类：邻甲氧基苯酚 0.05%、4- 乙烯基 -2- 甲氧基苯酚 0.96%。酚类相对含量为致香物的 1.01%。

（8）不饱和脂肪烃类：2,6- 二甲基 -2- 反式 -6- 辛二烯 0.03%、3,6- 氧代 -1- 甲基 -8- 异丙基三环［6.2.2.0$^{2.7}$］十二 -4,9- 二烯 0.03%、（E,E）-7,11,15- 三甲基 -3- 亚甲基 -1,6,10,14- 十六烯 0.11%。不饱和脂肪烃类相对含量为致香物的 0.17%。

（9）烷烃类：戊基环丙烷 0.02%、二十七烷 0.22%、二十九烷 0.73%、三十五烷 0.72%、四十四烷 0.47%。烷烃类相对含量为致香物的 2.16%。

（10）生物碱类：烟碱 0.23%。生物碱类相对含量为致香物的 0.23%

（11）萜类：新植二烯 19.39%。萜类相对含量为致香物的 19.39%。

（12）其他类：（R）-2- 苯基 -1- 丙胺 0.02%、苯并噻唑 0.16%。

表 2-4　广东南雄粤烟 97X2F（2009）烤烟水蒸馏挥发性致香物组成成分分析结果

编号	保留时间（min）	分子式	化合物名称	CAS #	相对含量（%）
1	6.25	C_8H_{10}	对二甲苯	106-42-3	0.01
2	6.26	C_8H_{10}	间二甲苯	108-38-3	0.01
3	7.47	C_8H_{10}	邻二甲苯	95-47-6	0.01
4	12.64	$C_8H_{14}O$	6-甲基-5-庚烯-2-酮	110-93-0	0.13
5	14.69	$C_9H_{18}O$	壬醛	124-19-6	0.02
6	15.04	$C_{10}H_{18}$	2,6-二甲基-2-反式-6-辛二烯	2492-22-0	0.03
7	17.01	$C_9H_{13}N$	（R）-2-苯基-1-丙胺	28163-64-6	0.02
8	17.61	$C_5H_4O_2$	糠醛	98-01-1	0.18
9	18.52	$C_8H_{18}O$	异辛醇	104-76-7	0.23
10	18.70	$C_{10}H_{20}O$	癸醛	112-31-2	0.03
11	19.50	$C_{13}H_{18}$	1,2,3,4-四氢-1,1,6-三甲基萘	475-03-6	0.05
12	19.65	C_7H_6O	苯甲醛	100-52-7	0.06
13	20.05	$C_9H_{16}O$	（E）-壬烯醛	18829-56-6	0.05
14	20.37	$C_{15}H_9NS_2$	苯并噻吩并［2,3-C］喹啉-6（5H）-硫酮	115172-83-3	0.02
15	20.81	$C_{10}H_{18}O$	沉香醇	78-70-6	0.08
16	21.12	C_8H_{16}	戊基环丙烷	2511-91-3	0.02
17	21.70	$C_{16}H_{20}O_2$	3,6-氧代-1-甲基-8-异丙基三环［$6.2.2.0^{2,7}$］十二-4,9-二烯	121824-66-6	0.03
18	22.02	$C_9H_{14}O$	反-2-顺-6-壬二烯醛	557-48-2	0.10
19	22.16	$C_5H_4O_2$	2-环戊烯-1,4-二酮	930-60-9	0.02
20	23.14	$C_{10}H_{16}O$	β-环柠檬醛	432-25-7	0.11
21	24.09	$C_{10}H_{14}O$	藏红花醛	116-26-7	0.05
22	24.25	C_8H_8O	苯乙醛	122-78-1	0.11
23	26.08	$C_9H_{12}O_2$	4-氧代异氟尔酮	1125-21-9	0.05
24	27.56	$C_9H_{10}O$	2,3-二甲基苯甲醛	5779-93-1	0.03
25	27.77	$C_{13}H_{22}O$	茄酮	54868-48-3	1.60
26	30.53	$C_{13}H_{20}O$	4-（2,6,6-三甲基-1-环己烯-1-基）-3-丁烯-1-酮	85949-43-5	0.15
27	30.74	$C_{13}H_{18}O$	β-大马烯酮	23726-93-4	3.86
28	30.93	$C_{13}H_{16}$	1,2-二氢-1,1,6-三甲基萘	30364-38-6	0.28
29	31.76	$C_{10}H_{14}N_2$	烟碱	54-11-5	0.23
30	31.90	$C_{13}H_{22}O$	香叶基丙酮	3796-70-1	1.23
31	32.19	$C_7H_8O_2$	邻甲氧基苯酚	90-05-1	0.05
32	32.65	C_7H_8O	苯甲醇	100-51-6	0.24
33	33.53	$C_8H_{10}O$	苯乙醇	60-12-8	0.19
34	33.89	$C_{20}H_{38}$	新植二烯	504-96-1	19.39
35	34.00	$C_{13}H_{20}O$	β-紫罗酮	79-77-6	0.16
36	34.40	C_7H_5NS	苯并噻唑	95-16-9	0.16
37	35.32	$C_{13}H_{20}O_2$	4-（2,2,6-三甲基-7-氧杂二环［4.1.0］庚-1-基）-3-丁烯-2-酮	23267-57-4	0.29
38	36.65	$C_{15}H_{26}O$	反式橙花叔醇	40716-66-3	0.03
39	37.89	$C_{13}H_{18}O$	4-羟基大马酮	1203-08-3	0.36
40	38.04	$C_{15}H_{26}O$	柏木醇	77-53-2	0.10
41	38.35	$C_{18}H_{36}O$	植酮	502-69-2	0.14
42	38.98	$C_{13}H_{20}O$	（8E）-5,8-巨豆二烯-4-酮	67401-26-7	4.79
43	39.24	$C_{20}H_{32}$	（E,E）-7,11,15-三甲基-3-亚甲基-1,6,10,14-十六烯	70901-63-2	0.11

续表

编号	保留时间（min）	分子式	化合物名称	CAS #	相对含量（%）
44	39.49	$C_9H_{18}O_2$	壬酸	112-05-0	0.26
45	40.18	$C_9H_{10}O_2$	4-乙烯基-2-甲氧基苯酚	7786-61-0	0.96
46	40.50	$C_{17}H_{34}O_2$	棕榈酸甲酯	112-39-0	0.44
47	42.73	$C_{13}H_{18}O$	巨豆三烯酮	13215-88-8	4.18
48	43.95	$C_{11}H_{16}O_2$	二氢猕猴桃内酯	17092-92-1	0.32
49	45.02	$C_{15}H_{26}O$	金合欢醇	4602-84-0	0.04
50	45.50	$C_{18}H_{30}O$	法尼基丙酮	1117-52-8	0.56
51	50.20	$C_{15}H_{22}O$	α-香附酮	473-08-5	0.40
52	50.41	$C_{27}H_{56}$	二十七烷	593-49-7	0.22
53	51.47	$C_{16}H_{22}O_4$	邻苯二甲酸二异丁酯	84-69-5	0.33
54	52.88	$C_{20}H_{40}O$	叶绿醇	150-86-7	0.15
55	53.59	$C_{20}H_{34}O_2$	西柏三烯二醇	57688-99-0	0.79
56	54.19	$C_{14}H_{28}O_2$	肉豆蔻酸	544-63-8	1.29
57	55.44	$C_{15}H_{30}O_2$	十五酸	1002-84-2	1.18
58	56.44	$C_{35}H_{72}$	三十五烷	630-07-9	0.72
59	56.76	$C_{16}H_{32}O_2$	棕榈酸	57-10-3	28.49
60	58.16	$C_{17}H_{34}O_2$	十七酸	506-12-7	0.54
61	58.42	$C_{44}H_{90}$	四十四烷	7098-22-8	0.47
62	59.21	$C_{29}H_{60}$	二十九烷	630-03-5	0.73
63	59.88	$C_{18}H_{36}O_2$	硬脂酸	57-11-4	1.39
64	60.47	$C_{18}H_{34}O_2$	反油酸	112-79-8	2.53
65	61.61	$C_{18}H_{32}O_2$	亚油酸	60-33-3	5.26
66	63.31	$C_{19}H_{32}O_2$	亚麻酸甲酯	301-00-8	9.02

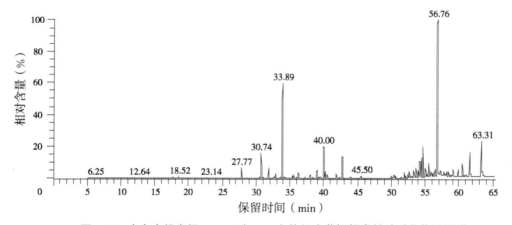

图2-3　广东南雄粤烟97X2F（2009）烤烟水蒸馏挥发性致香物指纹图谱

2.2.4　广东南雄粤烟97B2F（2009）烤烟水蒸馏挥发性致香物组成成分分析结果

广东南雄粤烟97B2F（2009）烤烟水蒸馏挥发性致香物组成成分分析结果及指纹图谱分别见表2-5和图2-4。从表2-5可以看出，广东南雄粤烟97B2F（2009）烤烟水蒸馏挥发性致香物中可检测出68种成分，除对二甲苯和四十四烷为非香味成分外，其他66种为致香物质，它们的代谢转化产物分类和致香物类型如下。

1. 代谢转化产物

（1）类胡萝卜素和转化产物：香叶基丙酮 1.29%、4- 氧代异氟尔酮 0.06%、藏红花醛 0.07%、二氢猕猴桃内酯 0.38%、β- 紫罗酮 0.25%、4- 羟基大马酮 0.40%、4-（2,6,6- 三甲基 -1- 环己烯 -1- 基）-3- 丁烯 -1-酮 0.21%、β- 大马烯酮 3.92%、巨豆三烯酮 11.80%。

（2）叶绿素分解代谢产物：新植二烯 17.68%。

（3）苯丙氨酸和木质素代谢产物：苯甲醛 0.10%、2,5- 二甲基苯甲醛 0.04%、苯乙醛 0.66%、苯甲醇 0.27%、苯乙醇 0.30%。

（4）类脂物降解产物：亚麻酸 3.45%、亚麻酸甲酯 4.24%、十五酸 0.99%、棕榈酸 24.81%、硬脂酸 1.08%、反油酸 1.94%、棕榈酸甲酯 0.25%。

（5）西柏烯降解产物：反式橙花叔醇 0.03%、西柏三烯二醇 3.18%。

2. 致香物

（1）酮类：2,3- 辛二酮 0.02%、6- 甲基 -5- 庚烯 -2- 酮 0.14%、1- 硫茚 -2,3-C- 喹啉 -6（5H）- 硫酮 0.03%、4- 氧代异氟尔酮 0.06%、茄酮 4.13%、1-（2,6,6- 三甲基 -1,3- 环己二烯 -1- 基）-2- 丁烯 -1- 酮 0.03%、4-（2,6,6- 三甲基 -1- 环己烯 -1- 基）-3- 丁烯 -1- 酮 0.21%、β- 大马烯酮 3.92%、香叶基丙酮 1.29%、4-（2,2,6- 三甲基 -7- 氧杂二环［4.1.0］庚 -1- 基）-3- 丁烯 -2- 酮 0.33%、（8E）-5,8- 巨豆二烯 -4- 酮 1.22%、4- 羟基大马酮 0.40%、植酮 0.14%、巨豆三烯酮 11.80%、法尼基丙酮 0.37%、（+）- 香柏酮 0.50%。酮类相对含量为致香物的 23.97%。

（2）醛类：壬醛 0.04%、糠醛 0.10%、癸醛 0.04%、（E）- 壬烯醛 0.06%、1,3,4- 三甲基 -3- 环己烯 -1-甲醛 0.16%、藏红花醛 0.07%、苯乙醛 0.66%、2,5- 二甲基苯甲醛 0.04%。醛类相对含量为致香物的 1.17%。

（3）醇类：异戊醇 0.01%、3- 己烯 -1- 醇 0.01%、2- 乙基己醇 0.44%、3,7- 二甲基 -1,6- 辛二烯 -3- 醇 0.14%、苯甲醇 0.27%、苯乙醇 0.30%、反式橙花叔醇 0.03%、柏木醇 0.11%、2,2,6,7- 四甲基二环［4.3.0］-1,7- 壬二烯 -5- 醇 0.16%、（2E,6E,11Z）-3,7,13- 三甲基 -10-（2- 丙基）-2,6,11- 环十四碳三烯 -1,13- 二醇 0.70%、西柏三烯二醇 3.18%。醇类相对含量为致香物的 5.35%。

（4）脂肪酸类：壬酸 0.21%、肉豆蔻酸 1.28%、十五酸 0.99%、棕榈酸 24.81%、硬脂酸 1.08%、反油酸 1.94%、亚麻酸 3.45%。脂肪酸类相对含量为致香物的 33.76%。

（5）酯类：亚油酸乙酯 0.30%、亚麻酸甲酯 4.24%、棕榈酸甲酯 0.25%。酯类相对含量为致香物的 4.79%。

（6）稠环芳香烃类：1,2,3,4- 四氢 -1,1,6- 三甲基萘 0.19%、1,2- 二氢 -1,1,6- 三甲基萘 0.34%。稠环芳香烃类相对含量为致香物的 0.53%。

（7）酚类：4- 乙烯基 -2- 甲氧基苯酚 1.00%。酚类相对含量为致香物的 1.00%。

（8）不饱和脂肪烃类：3,6- 氧代 -1- 甲基 -8- 异丙基三环［6.2.2.0²,⁷］十二 -4,9- 二烯 0.03%、（E,E）-7,11,15- 三甲基 -3- 亚甲基 -1,6,10,14- 十六烯 0.13%、2,2'-（1,2- 乙基）双（6,6- 二甲基）- 二环［3.1.1］庚 -2- 烯 1.70%。不饱和脂肪烃类相对含量为致香物的 1.86%。

（9）烷烃类：戊基环丙烷 0.02%、三十六烷 0.33%、二十九烷 0.78%、四十四烷 0.56%。烷烃类相对含量为致香物的 1.69%。

（10）生物碱类：烟碱 0.78%、二烯烟碱 0.09%。生物碱类相对含量为致香物的 0.87%。

（11）萜类：新植二烯 17.68%。萜类相对含量为致香物的 17.68%

（12）杂环类：2- 乙酰呋喃 0.02%。杂环类相对含量为致香物的 0.02%。

（13）芳香烃类：3,3,5,6- 四甲基 -1,2- 二氢化茚 0.04%。芳香烃类相对含量为致香物的 0.04%。

（14）其他类：（2- 氨基苯基）苯基磷 0.03%、对羟基苯甲醚 0.06%、吲哚 0.09%。

表 2-5　广东南雄粤烟 97B2F（2009）烤烟水蒸馏挥发性致香物组成成分分析结果

编号	保留时间（min）	分子式	化合物名称	CAS #	相对含量（%）
1	6.24	C_8H_{10}	邻二甲苯	95-47-6	0.03
2	7.44	C_8H_{10}	对二甲苯	106-42-3	0.02
3	8.11	$C_5H_{12}O$	异戊醇	123-51-3	0.01

续表

编号	保留时间（min）	分子式	化合物名称	CAS #	相对含量（%）
4	12.21	$C_8H_{14}O_2$	2,3- 辛二酮	585-25-1	0.02
5	12.59	$C_8H_{14}O$	6- 甲基 -5- 庚烯 -2- 酮	110-93-0	0.14
6	14.40	$C_6H_{12}O$	3- 己烯 -1- 醇	544-12-7	0.01
7	14.65	$C_9H_{18}O$	壬醛	124-19-6	0.04
8	17.58	$C_5H_4O_2$	糠醛	98-01-1	0.10
9	17.72	$C_{13}H_{18}$	1,2,3,4- 四氢 -1,1,6- 三甲基萘	475-03-6	0.19
10	17.98	$C_{13}H_{14}NP$	（2- 氨基苯基）苯基磷	82632-04-0	0.03
11	18.50	$C_8H_{18}O$	2- 乙基己醇	104-76-7	0.44
12	18.67	$C_{10}H_{20}O$	癸醛	112-31-2	0.04
13	19.07	$C_6H_6O_2$	2- 乙酰呋喃	1192-62-7	0.02
14	19.62	C_7H_6O	苯甲醛	100-52-7	0.10
15	20.04	$C_9H_{16}O$	（E）- 壬烯醛	18829-56-6	0.06
16	20.36	$C_{15}H_9NS_2$	1- 硫茚 -2,3-C- 喹啉 -6（5H）- 硫酮	115172-83-3	0.03
17	20.79	$C_{10}H_{18}O$	3,7- 二甲基 -1,6- 辛二烯 -3- 醇	78-70-6	0.14
18	21.10	C_8H_{16}	戊基环丙烷	2511-91-3	0.02
19	21.68	$C_{16}H_{20}O_2$	3,6- 氧代 -1- 甲基 -8- 异丙基三环［6.2.2.0^{2,7}］十二 -4,9- 二烯	121824-66-6	0.03
20	23.12	$C_{10}H_{16}O$	1,3,4- 三甲基 -3- 环己烯 -1- 甲醛	40702-26-9	0.16
21	23.50	$C_{13}H_{18}$	3,3,5,6- 四甲基 -1,2- 二氢化茚	942-43-8	0.04
22	24.08	$C_{10}H_{14}O$	藏红花醛	116-26-7	0.07
23	24.24	C_8H_8O	苯乙醛	122-78-1	0.66
24	26.06	$C_9H_{12}O_2$	4- 氧代异氟尔酮	1125-21-9	0.06
25	27.55	$C_9H_{10}O$	2,5- 二甲基苯甲醛	5779-94-2	0.04
26	27.78	$C_{13}H_{22}O$	茄酮	54868-48-3	4.13
27	28.70	$C_{13}H_{18}O$	1-（2,6,6- 三甲基 -1,3- 环己二烯 -1- 基）-2- 丁烯 -1- 酮	23696-85-7	0.03
28	30.53	$C_{13}H_{20}O$	4-（2,6,6- 三甲基 -1- 环己烯 -1- 基）-3- 丁烯 -1- 酮	85949-43-5	0.21
29	30.74	$C_{13}H_{18}O$	β- 大马烯酮	23726-93-4	3.92
30	30.92	$C_{13}H_{16}$	1,2- 二氢 -1,1,6- 三甲基萘	30364-38-6	0.34
31	31.77	$C_{10}H_{14}N_2$	烟碱	54-11-5	0.78
32	31.90	$C_{13}H_{22}O$	香叶基丙酮	3796-70-1	1.29
33	32.18	$C_7H_8O_2$	对羟基苯甲醚	150-76-5	0.06
34	32.65	C_7H_8O	苯甲醇	100-51-6	0.27
35	33.53	$C_8H_{10}O$	苯乙醇	60-12-8	0.30
36	33.88	$C_{20}H_{38}$	新植二烯	504-96-1	17.68
37	33.99	$C_{13}H_{20}O$	β- 紫罗酮	79-77-6	0.25
38	35.32	$C_{13}H_{20}O_2$	4-［2,2,6- 三甲基 -7- 氧杂二环［4.1.0］庚 -1- 基］-3- 丁烯 -2- 酮	23267-57-4	0.33
39	36.22	$C_{13}H_{20}O$	（8E）-5,8- 巨豆二烯 -4- 酮	67401-26-7	1.22
40	36.65	$C_{15}H_{26}O$	反式橙花叔醇	40716-66-3	0.03
41	37.96	$C_{13}H_{18}O$	4- 羟基大马酮	1203-08-3	0.40
42	38.04	$C_{15}H_{26}O$	柏木醇	77-53-2	0.11
43	38.35	$C_{18}H_{36}O$	植酮	502-69-2	0.14
44	39.23	$C_{20}H_{32}$	（E,E）-7,11,15- 三甲基 -3- 亚甲基 -1,6,10,14- 十六烯	70901-63-2	0.13
45	39.49	$C_9H_{18}O_2$	壬酸	112-05-0	0.21

续表

编号	保留时间（min）	分子式	化合物名称	CAS #	相对含量（%）
46	40.00	$C_{13}H_{18}O$	巨豆三烯酮	13215-88-8	11.80
47	40.18	$C_9H_{10}O_2$	4-乙烯基-2-甲氧基苯酚	7786-61-0	1.00
48	40.50	$C_{17}H_{34}O_2$	棕榈酸甲酯	112-39-0	0.25
49	43.50	$C_{13}H_{20}O$	2,2,6,7-四甲基二环［4.3.0］-1,7-壬二烯-5-醇	20483-36-7	0.16
50	43.65	$C_{10}H_{10}N_2$	二烯烟碱	487-19-4	0.09
51	43.94	$C_{11}H_{16}O_2$	二氢猕猴桃内酯	17092-92-1	0.38
52	45.51	$C_{18}H_{30}O$	法尼基丙酮	1117-52-8	0.37
53	48.75	C_8H_7N	吲哚	120-72-9	0.09
54	50.31	$C_{15}H_{22}O$	（+）-香柏酮	4674-50-4	0.50
55	50.42	$C_{36}H_{74}$	三十六烷	630-06-8	0.33
56	50.66	$C_{20}H_{30}$	2,2'-（1,2-乙基）双（6,6-二甲基）-二环［3.1.1］庚-2-烯	57988-82-6	1.70
57	51.87	$C_{20}H_{36}O_2$	亚油酸乙酯	544-35-4	0.30
58	53.60	$C_{20}H_{34}O_2$	西柏三烯二醇	57688-99-0	3.18
59	54.04	$C_{29}H_{60}$	二十九烷	630-03-5	0.78
60	54.09	$C_{20}H_{34}O_2$	（2E,6E,11Z）-3,7,13-三甲基-10-（2-丙基）-2,6,11-环十四碳三烯-1,13-二醇	7220-78-2	0.70
61	54.19	$C_{14}H_{28}O_2$	肉豆蔻酸	544-63-8	1.28
62	55.44	$C_{15}H_{30}O_2$	十五酸	1002-84-2	0.99
63	56.75	$C_{16}H_{32}O_2$	棕榈酸	57-10-3	24.81
64	58.43	$C_{44}H_{90}$	四十四烷	7098-22-8	0.56
65	59.89	$C_{18}H_{36}O_2$	硬脂酸	57-11-4	1.08
66	60.48	$C_{18}H_{34}O_2$	反油酸	112-79-8	1.94
67	61.61	$C_{18}H_{32}O_2$	亚麻酸	60-33-3	3.45
68	63.30	$C_{19}H_{32}O_2$	亚麻酸甲酯	301-00-8	4.24

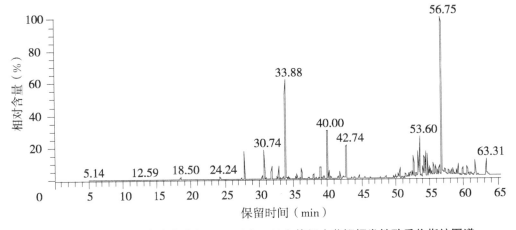

图2-4　广东南雄粤烟97B2F（2009）烤烟水蒸馏挥发性致香物指纹图谱

2.2.5　广东南雄K326B2F（2010）烤烟水蒸馏挥发性致香物组成成分分析结果

广东南雄K326B2F（2010）烤烟水蒸馏挥发性致香物组成成分分析结果及指纹图谱分别见表2-6和图2-5。从表2-6可以看出，广东南雄K326B2F（2010）烤烟水蒸馏挥发性致香物中可检测出46种成分，它们的代谢转化产物分类和致香物类型如下。

1. 代谢转化产物

（1）类胡萝卜素降解和转化产物：4- 氧代异氟尔酮 0.07%、$\beta-$ 大马士酮 0.28%、$\alpha-$ 香附酮 0.40%、茄酮 0.46%、4-（2,2,6- 三甲基 -7- 氧杂二环［4.1.0］庚 -1- 基）-3- 丁烯 -2- 酮 0.39%、1,7- 二甲基 -4- 二甲基亚甲基二环［5.3.0］十 -7,2- 二烯 -3- 酮 0.34%、苯并噻吩并［2,3-C］喹啉 -6（5H）硫酮 0.43%。

（2）叶绿素分解代谢产物：新植二烯 2.52%。

（3）苯丙氨酸和木质素代谢产物：苯甲醇 0.20%、糠醛 0.25%、四甘醇 3.20%、1- 四十一醇 1.55%。

（4）类脂物降解产物：乙酸 0.50%、丙酸 0.04%、肉豆蔻酸 1.49%、十五酸 1.18%、4- 羟基丁酸内酯 0.09%。

（5）西柏烯降解产物：未检测到该类代谢产物。

检测到大量的烷烃类物，未知从何代谢而来。

2. 致香物

（1）酮类：苯并噻吩［2,3-C］喹啉 -6［5H］硫酮 0.43%、4- 氧代异氟尔酮 0.07%、茄酮 0.46%、$\beta-$ 大马士酮 0.28%、4-（2,2,6- 三甲基 -7- 氧杂二环［4.1.0］庚 -1- 基）-3- 丁烯 -2- 酮 0.39%、1,7- 二甲基 -4- 二甲基亚甲基二环［5.3.0］十 -7,2- 二烯 -3- 酮 0.34%、$\alpha-$ 香附酮 0.40%。酮类相对含量为致香物的 2.37%。

（2）醛类：糠醛 0.25%。醛类相对含量为致香物的 0.25%。

（3）醇类：苯甲醇 0.20%、四甘醇 3.20%、1- 四十一醇 1.55%。醇类相对含量为致香物的 4.95%。

（4）脂肪酸类：乙酸 0.50%、丙酸 0.04%、肉豆蔻酸 1.49%、十五酸 1.18%。脂肪酸类相对含量为致香物的 3.21%。

（5）酯类：4- 羟基丁酸内酯 0.09%。酯类相对含量为致香物的 0.09%。

（6）稠环芳香烃类：未检测到该类成分。

（7）酚类：苯酚 1.43%、对甲基苯酚 0.40%、4- 乙烯基 -2- 甲氧基 - 苯酚 0.13%。酚类相对含量为致香物的 1.96%。

（8）不饱和脂肪烃类：未检测到该类成分。

（9）烷烃类：六甲基环三硅氧烷 0.01%、十六烷 0.10%、2,6,10- 三甲基十五烷 0.09%、2,6,10- 三甲基 - 十二烷 0.31%、植烷 0.48%、十八烷 0.33%、二十烷 0.67%、2- 甲基二十烷 0.19%、二十一烷 9.33%、7- 己基 - 二十烷 0.25%、2,4,5- 三甲基二苯基甲烷 0.46%、三十六烷 5.80%、11- 癸基 - 二十二烷 0.41%、四十四烷 1.01%、二十二烷 0.26%、7- 环己基二十烷 2.47%、二十九烷 2.90%、正二十五烷 0.42%、1- 环己基二十烷 0.74%、二十七烷 2.37%、1- 环己基十七烷 2.06%。烷烃类相对含量为致香物的 36.87%。

（10）生物碱类：烟碱 3.55%。生物碱类相对含量为致香物的 3.55%。

（11）萜类：新植二烯 2.52%。萜类相对含量为致香物的 2.52%。

（12）其他类：对二甲苯 0.04%、吡啶 0.06%、2H-1,5 苯并肉桂基 -3,4- 二氢 -9- 甲氧 -5- 甲基 6- 苯基碘 0.03%、（R）-2- 苯基 -1- 丙胺 0.07%。

表 2-6　广东南雄 K326B2F（2010）烤烟水蒸馏挥发性致香物组成成分分析结果

编号	保留时间（min）	分子式	化合物名称	CAS#	相对含量（%）
1	5.19	C_8H_{10}	对二甲苯	106-42-3	0.04
2	6.56	$C_{15}H_9NS_2$	苯并噻吩并［2,3-C］喹啉 -6（5H）硫酮	115172-83-3	0.43
3	7.85	C_5H_5N	吡啶	110-86-1	0.06
4	12.81	$C_6H_{18}O_3Si_3$	六甲基环三硅氧烷	541-05-9	0.01
5	16.21	$C_9H_{13}N$	（R）-2- 苯基 -1- 丙胺	28163-64-6	0.07
6	17.15	$C_2H_4O_2$	乙酸	64-19-7	0.50
7	17.48	$C_5H_4O_2$	糠醛	98-01-1	0.25
8	20.13	$C_{18}H_{20}NO_2$	2H-1,5- 苯并肉桂基 -3,4- 二氢 -9- 甲氧 -5- 甲基6- 苯基碘	89718-99-0	0.03
9	20.46	$C_3H_6O_2$	丙酸	79-09-4	0.04

续表

编号	保留时间（min）	分子式	化合物名称	CAS#	相对含量（%）
10	22.35	$C_{16}H_{34}$	十六烷	544–76–3	0.10
11	23.23	$C_{18}H_{38}$	2,6,10–三甲基十五烷	3892–00–0	0.09
12	23.46	$C_4H_6O_2$	4–羟基丁酸内酯	96–48–0	0.09
13	25.08	$C_{15}H_{32}$	2,6,10–三甲基–十二烷	3891–98–3	0.31
14	26.28	$C_9H_{12}O_2$	4–氧代异氟尔酮	1125–21–9	0.07
15	27.64	$C_{13}H_{22}O$	茄酮	54868–48–3	0.46
16	29.21	$C_{20}H_{42}$	植烷	638–36–8	0.48
17	30.05	$C_{18}H_{38}$	十八烷	593–45–3	0.33
18	30.62	$C_{13}H_{18}O$	β–大马士酮	23726–93–4	0.28
19	31.68	$C_{10}H_{14}N_2$	烟碱	54–11–5	3.55
20	32.49	C_7H_8O	苯甲醇	100–51–6	0.20
21	32.98	$C_{20}H_{42}$	二十烷	112–95–8	0.67
22	33.69	$C_{20}H_{38}$	新植二烯	504–96–1	2.52
23	35.45	$C_{13}H_{20}O_2$	4–[2,2,6–三甲基–7–氧杂二环［4.1.0］庚–1–基–]–3–丁烯–2–酮	23267–57–4	0.39
24	35.85	C_6H_6O	苯酚	108–95–2	1.43
25	36.66	$C_{21}H_{44}$	2–甲基二十烷	1560–84–5	0.19
26	37.53	C_7H_8O	对甲基苯酚	106–44–5	0.40
27	37.67	$C_{21}H_{44}$	二十一烷	629–94–7	9.33
28	40.02	$C_9H_{10}O_2$	4–乙烯基–2–甲氧基–苯酚	7786–61–0	0.13
29	41.24	$C_{26}H_{54}$	7–己基–二十烷	55333–99–8	0.25
30	41.83	$C_{16}H_{18}$	2,4,5–三甲基二苯基甲烷	721–45–9	0.46
31	46.39	$C_{36}H_{74}$	三十六烷	630–06–8	5.80
32	47.55	$C_{15}H_{20}O$	1,7–二甲基–4–二甲基亚甲基二环［5.3.0］十–7,2–二烯–3–酮	115842–47–2	0.34
33	48.79	$C_{32}H_{66}$	11–癸基–二十二烷	55401–55–3	0.41
34	50.21	$C_{15}H_{22}O$	α–香附酮	473–08–5	0.40
35	51.57	$C_{44}H_{90}$	四十四烷	7098–22–8	1.01
36	51.88	$C_{22}H_{46}$	二十二烷	629–97–0	0.26
37	52.10	$C_{26}H_{52}$	7–环己基二十烷	4443–60–1	2.47
38	52.47	$C_{29}H_{60}$	二十九烷	630–03–5	2.90
39	53.17	$C_{41}H_{84}O$	1–四十一醇	40710–42–7	1.55
40	53.30	$C_{25}H_{52}$	正二十五烷	629–99–2	0.42
41	53.42	$C_{26}H_{52}$	1–环己基二十烷	4443–55–4	0.74
42	53.98	$C_{27}H_{56}$	二十七烷	593–49–7	2.37
43	54.08	$C_8H_{18}O_5$	四甘醇	112–60–7	3.20
44	54.57	$C_{14}H_{28}O_2$	肉豆蔻酸	544–63–8	1.49
45	55.00	$C_{23}H_{46}$	1–环己基十七烷	19781–73–8	2.06
46	55.19	$C_{15}H_{30}O_2$	十五酸	1002–84–2	1.18

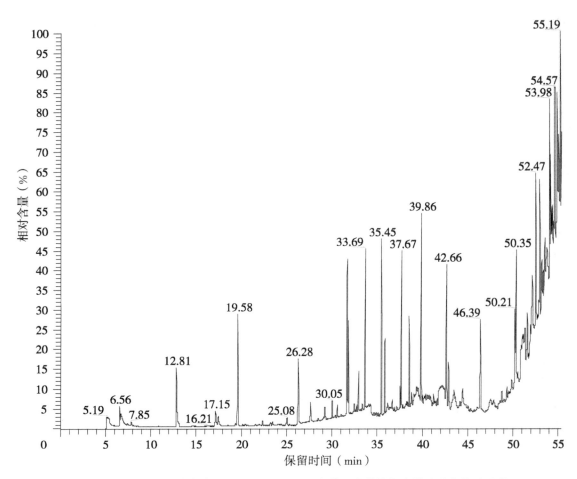

图 2-5　广东南雄 K326B2F（2010）烤烟水蒸馏挥发性致香物指纹图谱

2.2.6　广东五华 K326B2F（2009）烤烟水蒸馏挥发性致香物组成成分分析结果

广东五华 K326B2F（2009）烤烟水蒸馏挥发性致香物组成成分分析结果及指纹图谱分别见表 2-7 和图 2-6。从表 2-7 可以看出，广东五华 K326B2F（2009）烤烟水蒸馏挥发性致香物中可检测出 57 种成分，除邻二甲苯为非香味成分外，其他 56 种为致香物质，它们的代谢转化产物分类和致香物类型如下。

1. 代谢转化产物

（1）类胡萝卜素降解和转化产物：香叶基丙酮 1.14%、茄酮 3.53%、4- 氧代异氟尔酮 0.05%、β- 环柠檬醛 0.11%、藏红花醛 0.04%、二氢猕猴桃内酯 0.29%、β- 紫罗酮 0.04%、4- 羟基大马酮 0.53%、4-（2,6,6- 三甲基 -1- 环己烯 -1- 基）-3- 丁烯 -1- 酮 0.03%、β- 大马烯酮 2.36%、巨豆三烯酮 9.58%。

（2）叶绿素分解代谢产物：新植二烯 21.11%。

（3）苯丙氨酸和木质素代谢产物：苯甲醛 0.06%、2,5- 二甲基苯甲醛 0.01%、苯乙醛 0.16%、苯甲醇 0.17%、苯乙醇 0.22%。

（4）类脂物降解产物：亚麻酸 8.06%、亚麻酸甲酯 10.22%、十五酸 0.85%、棕榈酸 19.01%、硬脂酸 1.19%、反油酸 2.84%、棕榈酸甲酯 0.33%。

（5）西柏烯降解产物：西柏三烯二醇 2.68%。

2. 致香物

（1）酮类：6- 甲基 -2- 庚酮 0.01%、6- 甲基 -5- 庚烯 -2- 酮 0.02%、6- 甲基 -3,5- 戊二烯 -2- 酮 0.02%、4- 氧代异氟尔酮 0.05%、茄酮 3.53%、4-（2,6,6- 三甲基 -1- 环己烯 -1- 基）-3- 丁烯 -1- 酮 0.03%、β- 大马烯酮 2.36%、香叶基丙酮 1.14%、β- 紫罗酮 0.04%、4-（2,2,6- 三甲基 -7- 氧杂二环 [4.1.0] 庚 -1- 基）-3- 丁烯 -2- 酮 0.33%、4- 羟基大马酮 0.53%、植酮 0.23%、巨豆三烯酮 9.58%、法尼基丙酮 1.00%、2- 羟基环十五酮 0.70%。酮类相对含量为致香物的 19.57%。

（2）醛类：壬醛 0.06%、糠醛 0.10%、苯甲醛 0.06%、反式 -2- 壬烯醛 0.01%、β- 环柠檬醛 0.11%、藏红花醛 0.04%、苯乙醛 0.16%、2,5- 二甲基苯甲醛 0.01%。醛类相对含量为致香物的 0.55%。

（3）醇类：3- 己烯 -1- 醇 0.02%、3,7- 二甲基 -1,6- 辛二烯 -3- 醇 0.18%、苯甲醇 0.17%、苯乙醇 0.22%、反式橙花叔醇 0.05%、柏木醇 0.10%、9-（1,1- 二甲基丙烯基）-5- 香柠檬醇 0.49%、西柏三烯二醇 2.68%、叶绿醇 0.83%。醇类相对含量为致香物的 4.73%。

（4）脂肪酸类：壬酸 0.16%、十五酸 0.85%、棕榈酸 19.01%、硬脂酸 1.19%、反油酸 2.84%、亚麻酸 8.06%。脂肪酸类相对含量为致香物的 32.71%。

（5）酯类：丙酸芳樟酯 0.05%、棕榈酸甲酯 0.33%、亚油酸乙酯 0.75%、二氢猕猴桃内酯 0.29%、邻苯二甲酸二异丁酯 1.18%、亚麻酸甲酯 10.22%。酯类相对含量为致香物的 12.82%。

（6）稠环芳香烃类：1,2,3,4- 四氢 -1,1,6- 三甲基萘 0.15%、1,2- 二氢 -1,1,6- 三甲基萘 0.26%。稠环芳香烃类相对含量为致香物的 0.41%。

（7）酚类：2- 甲氧基苯酚 0.04%。酚类相对含量为致香物的 0.04%。

（8）不饱和脂肪烃类：3,6- 氧代 -1- 甲基 -8- 异丙基三环 [6.2.2.0^{2,7}] 十二 -4,9- 二烯 0.02%、（6E,10E）-7,11,15- 三甲基 -3- 亚甲基 -1,6,10,14- 十六碳四烯 0.23%。不饱和脂肪烃类相对含量为致香物的 0.25%。

（9）烷烃类：二十六烷 0.54%、二十八烷 0.82%、植烷 0.10%。烷烃类相对含量为致香物的 1.46%。

（10）生物碱类：未检测到该类成分。

（11）萜类：新植二烯 21.11%。萜类相对含量为致香物的 21.11%。

（12）杂环类：2- 乙酰基呋喃 0.01%。杂环类相对含量为致香物的 0.01%。

（13）芳香烃类：未检测到该类成分。

（14）其他类：N- 乙基间甲苯胺 0.01%、间二甲苯 0.01%、邻二甲苯 0.01%。

表 2-7　广东五华 K326 B2F（2009）烤烟水蒸馏挥发性香气物组成成分分析结果

编号	保留时间（min）	分子式	化合物名称	CAS #	相对含量（%）
1	6.24	C_8H_{10}	间二甲苯	108-38-8	0.01
2	7.43	C_8H_{10}	邻二甲苯	95-47-6	0.01
3	9.06	$C_8H_{16}O$	6- 甲基 -2- 庚酮	928-68-7	0.01
4	12.6	$C_8H_{14}O$	6- 甲基 -5- 庚烯 -2- 酮	110-93-0	0.02
5	14.43	$C_6H_{12}O$	3- 己烯 -1- 醇	544-12-7	0.02
6	14.69	$C_9H_{18}O$	壬醛	124-19-6	0.06
7	17	$C_9H_{13}N$	N- 乙基间甲苯胺	102-27-2	0.01
8	17.59	$C_5H_4O_2$	糠醛	98-01-1	0.10
9	17.73	$C_{13}H_{18}$	1,2,3,4- 四氢 -1,1,6- 三甲基萘	475-03-6	0.15
10	19.09	$C_6H_6O_2$	2- 乙酰基呋喃	1192-62-7	0.01
11	19.63	C_7H_6O	苯甲醛	100-52-7	0.06
12	20.04	$C_9H_{16}O$	反式 -2- 壬烯醛	18829-56-6	0.01
13	20.8	$C_{10}H_{18}O$	3,7- 二甲基 -1,6- 辛二烯 -3- 醇	78-70-6	0.18
14	21.69	$C_{16}H_{20}O_2$	3,6- 氧代 -1- 甲基 -8- 异丙基三环 [6.2.2.0^{2,7}] 十二 -4,9- 二烯	121824-66-6	0.02
15	22.26	$C_8H_{12}O$	6- 甲基 -3,5- 戊二烯 -2- 酮	16647-04-4	0.02
16	23.14	$C_{10}H_{16}O$	β- 环柠檬醛	432-25-7	0.11
17	24.09	$C_{10}H_{14}O$	藏红花醛	116-26-7	0.04
18	24.25	C_8H_8O	苯乙醛	122-78-1	0.16
19	26.07	$C_9H_{12}O_2$	4- 氧代异氟尔酮	1125-21-9	0.05
20	26.44	$C_{13}H_{22}O_2$	丙酸芳樟酯	144-39-8	0.05

续表

编号	保留时间（min）	分子式	化合物名称	CAS #	相对含量（%）
21	27.54	$C_9H_{10}O$	2,5-二甲基苯甲醛	5779-94-2	0.01
22	27.79	$C_{13}H_{22}O$	茄酮	54868-48-3	3.53
23	29.4	$C_{20}H_{42}$	植烷	638-36-8	0.10
24	30.52	$C_{13}H_{20}O$	4-（2,6,6-三甲基-1-环己烯-1-基）-3-丁烯-1-酮	85949-43-5	0.03
25	30.73	$C_{13}H_{18}O$	β-大马烯酮	23726-93-4	2.36
26	30.92	$C_{13}H_{16}$	1,2-二氢-1,1,6-三甲基萘	30364-38-6	0.26
27	31.9	$C_{13}H_{22}O$	香叶基丙酮	3796-70-1	1.14
28	32.18	$C_7H_8O_2$	2-甲氧基苯酚	90-05-1	0.04
29	32.65	C_7H_8O	苯甲醇	100-51-6	0.17
30	33.53	$C_8H_{10}O$	苯乙醇	60-12-8	0.22
31	33.95	$C_{20}H_{38}$	新植二烯	504-96-1	21.11
32	33.99	$C_{13}H_{20}O$	β-紫罗酮	79-77-6	0.04
33	34.54	$C_{20}H_{40}O$	叶绿醇	102608-53-7	0.83
34	35.32	$C_{13}H_{20}O_2$	4-（2,2,6-三甲基-7-氧杂二环[4.1.0]庚-1-基）-3-丁烯-2-酮	23267-57-4	0.33
35	36.64	$C_{15}H_{26}O$	反式橙花叔醇	40716-66-3	0.05
36	37.96	$C_{13}H_{18}O$	4-羟基大马酮	1203-08-3	0.53
37	38.04	$C_{15}H_{26}O$	柏木醇	77-53-2	0.10
38	38.35	$C_{18}H_{36}O$	植酮	502-69-2	0.23
39	39.23	$C_{20}H_{32}$	（6E,10E）-7,11,15-三甲基-3-亚甲基-1,6,10,14-十六碳四烯	70901-63-2	0.23
40	39.48	$C_9H_{18}O_2$	壬酸	112-05-0	0.16
41	40.01	$C_{13}H_{18}O$	巨豆三烯酮	13215-88-8	9.58
42	40.5	$C_{17}H_{34}O_2$	棕榈酸甲酯	112-39-0	0.33
43	43.95	$C_{11}H_{16}O_2$	二氢猕猴桃内酯	17092-92-1	0.29
44	45.52	$C_{18}H_{30}O$	法尼基丙酮	1117-52-8	1.00
45	49.68	$C_{16}H_{14}O_4$	9-（1,1-二甲基丙烯基）-5-香柠檬醇	60924-68-7	0.49
46	50.31	$C_{20}H_{36}O_2$	亚油酸乙酯	544-35-4	0.75
47	50.45	$C_{26}H_{54}$	二十六烷	630-01-3	0.54
48	53.6	$C_{20}H_{34}O_2$	西柏三烯二醇	57688-99-0	2.68
49	54.1	$C_{16}H_{22}O_4$	邻苯二甲酸二异丁酯	84-74-2	1.18
50	55.25	$C_{28}H_{58}$	二十八烷	630-02-4	0.82
51	55.44	$C_{15}H_{30}O_2$	十五酸	1002-84-2	0.85
52	55.79	$C_{15}H_{28}O_2$	2-羟基环十五酮	4727-18-8	0.70
53	56.77	$C_{16}H_{32}O_2$	棕榈酸	57-10-3	19.01
54	59.88	$C_{18}H_{36}O_2$	硬脂酸	57-11-4	1.19
55	60.48	$C_{18}H_{34}O_2$	反油酸	112-79-8	2.84
56	61.63	$C_{18}H_{32}O_2$	亚麻酸	60-33-3	8.06
57	63.33	$C_{19}H_{32}O_2$	亚麻酸甲酯	301-00-8	10.22

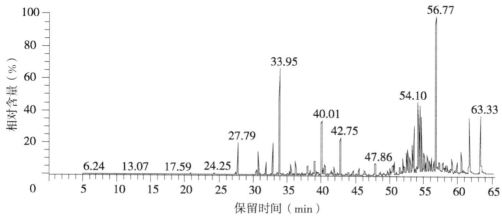

图 2-6   广东五华 K326B2F（2009）烤烟水蒸馏挥发性致香物指纹图谱

2.2.7   广东五华 K326C3F（2009）烤烟水蒸馏挥发性致香物组成成分分析结果

广东五华 K326C3F（2009）烤烟水蒸馏挥发性致香物组成成分分析结果及指纹图谱分别见表 2-8 和图 2-7。从表 2-8 可以看出，广东五华 K326C3F（2009）烤烟水蒸馏挥发性致香物中可检测出 59 种成分，除邻二甲苯为非香味成分外，其他 58 种为致香物质，它们的代谢转化产物分类与致香物类型如下。

1. 代谢转化产物

（1）类胡萝卜素降解和转化产物：香叶基丙酮 1.33%、β- 环柠檬醛 0.13%、藏红花醛 0.04%、β- 大马烯酮 2.62%、β- 紫罗酮 0.07%、4- 羟基大马酮 0.39%、巨豆三烯酮 2.59%、巨豆三烯酮 B0.09%、4-（2,6,6-三甲基 -1- 环己烯 -1- 基）-3- 丁烯 -1- 酮 0.04%。

（2）叶绿素分解代谢产物：新植二烯 22.74%。

（3）苯丙氨酸和木质素代谢产物：苯甲醛 0.04%、苯乙醇 0.12%、2,5- 二甲基苯甲醛 0.02%。

（4）类脂物降解产物：亚麻酸 3.96%、亚麻酸甲酯 5.10%、十五酸 0.83%、棕榈酸 20.03%、硬脂酸 0.95%、反油酸 2.61%、棕榈酸甲酯 0.97%。

（5）西柏烯降解产物：西柏三烯二醇 6.03%。

2. 致香物

（1）酮类：6- 甲基 -5- 庚烯 -2- 酮 0.09%、苯并噻吩并［2,3-C］喹啉 -6（5H）- 硫酮 0.05%、6- 甲基 -3,5-戊二烯 -2- 酮 0.02%、茄酮 8.44%、β- 大马烯酮 2.26%、4-（2,6,6- 三甲基 -1- 环己烯 -1- 基）-3- 丁烯 -1-酮 0.04%、香叶基丙酮 1.33%、β- 紫罗酮 0.07%、4-［2,2,6- 三甲基 -7- 氧杂二环［4.1.0］庚 -1- 基］-3-丁烯 -2- 酮 0.24%、4-（2,6,6- 三甲基 -1,3- 环己二烯)-2- 丁酮 1.03%、4- 羟基大马酮 0.39%、植酮 0.20%、巨豆三烯酮 2.59%、巨豆三烯酮 B0.09%、法尼基丙酮 1.10%。酮类相对含量为致香物的 18.30%。

（2）醛类：壬醛 0.11%、糠醛 0.05%、苯甲醛 0.04%、反式 -2- 壬烯醛 0.01%、β- 环柠檬醛 0.13%、藏红花醛 0.04%、苯乙醛 0.38%、2,5- 二甲基苯甲醛 0.02%。醛类相对含量为致香物的 0.78%。

（3）醇类：（E）-3- 壬烯 -1- 醇 0.05%、3,7- 二甲基 -1,6- 辛二烯 -3- 醇 0.17%、松油醇 0.04%、苯乙醇 0.12%、柏木醇 0.10%、黑松醇 0.19%、西柏三烯二醇 6.03%、（2E,6E,11Z）-3,7,13- 三甲基 -10-（2-丙基)-2,6,11- 环十四碳三烯 -1,13- 二醇 0.94%。醇类相对含量为致香物的 7.64%。

（4）脂肪酸类：辛酸 0.07%、壬酸 0.25%、十五酸 0.83%、棕榈酸 20.03%、十七酸 0.54%、硬脂酸 0.95%、反油酸 2.61%、亚麻酸 3.96%。脂肪酸类相对含量为致香物的 29.24%。

（5）酯类：苯甲酸丁酯 0.03%、棕榈酸甲酯 0.97%、次亚麻酸甲酯 0.75%、邻苯二甲酸二（2- 乙基)己酯 0.37%、亚麻酸甲酯 5.10%。酯类相对含量为致香物的 7.22%。

（6）稠环芳香烃类：1,2,3,4- 四氢 -1,1,6- 三甲基萘 0.03%、1,2- 二氢 -1,1,6- 三甲基萘 0.27%。稠环芳香烃类相对含量为致香物的 0.30%。

（7）酚类：未检测到该类成分。

（8）不饱和脂肪烃类：3,6- 氧代 -1- 甲基 -8- 异丙基三环［$6.2.2.0^{2,7}$］十二 -4,9- 二烯 0.01%、角鲨

烯 0.57%。不饱和脂肪烃类相对含量为致香物的 0.58%。

（9）烷烃与烯烃类：植烷 0.04%、二十烷 0.12%、二十六烷 0.47%、2,2'-（1,2-乙基）双（6,6-二甲基）-二环［3.1.1］庚 -2- 烯 2.68%、二十七烷 0.07%。烷烃与烯烃类相对含量为致香物的 3.38%。

（10）生物碱类：未检测到该类成分。

（11）萜类：新植二烯 22.74%。萜类相对含量为致香物的 22.74%。

（12）杂环类：2- 乙酰基呋喃 0.01%。杂环类相对含量为致香物的 0.01%。

（13）芳香烃类：邻二甲苯 0.01%、对二甲苯 0.08%、1,2- 二甲基 -4- 乙基苯 0.01%。芳香烃类相对含量为致香物的 0.10%。

（14）其他类：3,3,5,6- 四甲基 -1,2- 二氢化茚 0.06%。

表 2-8　广东五华 K326 C3F（2009）烤烟水蒸馏挥发性致香物组成成分分析结果

编号	保留时间（min）	分子式	化合物名称	CAS #	相对含量（%）
1	6.07	C_8H_{10}	邻二甲苯	95-47-6	0.01
2	6.23	C_8H_{10}	对二甲苯	106-42-3	0.08
3	8.9	$C_9H_{14}O$	2- 乙酰基呋喃	3777-69-3	0.01
4	12.6	$C_8H_{14}O$	6- 甲基 -5- 庚烯 -2- 酮	110-93-0	0.09
5	13.61	$C_{10}H_{14}$	1,2- 二甲基 -4- 乙基苯	934-80-5	0.01
6	14.66	$C_9H_{18}O$	壬醛	124-19-6	0.11
7	17.58	$C_5H_4O_2$	糠醛	98-01-1	0.05
8	18.69	$C_9H_{18}O$	（E）-3- 壬烯 -1- 醇	10339-61-4	0.05
9	19.62	C_7H_6O	苯甲醛	100-52-7	0.04
10	20.04	$C_9H_{16}O$	反式 -2- 壬烯醛	18829-56-6	0.01
11	20.35	$C_{15}H_9NS_2$	苯并噻吩并［2,3-C］喹啉 -6（5H）- 硫酮	115172-83-3	0.05
12	20.79	$C_{10}H_{18}O$	3,7- 二甲基 -1,6- 辛二烯 -3- 醇	78-70-6	0.17
13	21.69	$C_{16}H_{20}O_2$	3,6-氧代-1-甲基-8-异丙基三环［6.2.2.0^{2.7}］十二 -4,9- 二烯	121824-66-6	0.01
14	22.26	$C_8H_{12}O$	6- 甲基 -3,5- 戊二烯 -2- 酮	16647-04-4	0.02
15	23.14	$C_{10}H_{16}O$	β- 环柠檬醛	432-25-7	0.13
16	24.09	$C_{10}H_{14}O$	藏红花醛	116-26-7	0.04
17	24.24	C_8H_8O	苯乙醛	122-78-1	0.38
18	25.12	$C_{13}H_{18}$	3,3,5,6- 四甲基 -1,2- 二氢化茚	942-43-8	0.06
19	26.43	$C_{10}H_{18}O$	松油醇	10482-56-1	0.04
20	27.54	$C_9H_{10}O$	2,5- 二甲基苯甲醛	5779-94-2	0.02
21	27.82	$C_{13}H_{22}O$	茄酮	54868-48-3	8.44
22	28.37	$C_{13}H_{18}$	1,2,3,4- 四氢 -1,1,6- 三甲基萘	475-03-6	0.03
23	28.7	$C_{13}H_{18}O$	β- 大马烯酮	23726-93-4	2.62
24	29.4	$C_{20}H_{42}$	植烷	638-36-8	0.04
25	30.52	$C_{13}H_{20}O$	4-（2,6,6- 三甲基 -1- 环己烯 -1- 基）-3- 丁烯 -1- 酮	85949-43-5	0.04
26	30.92	$C_{13}H_{16}$	1,2- 二氢 -1,1,6- 三甲基萘	30364-38-6	0.27

续表

编号	保留时间（min）	分子式	化合物名称	CAS #	相对含量（%）
27	31.89	$C_{13}H_{22}O$	香叶基丙酮	3796-70-1	1.33
28	32.03	$C_{11}H_{14}O_2$	苯甲酸丁酯	136-60-7	0.03
29	33.53	$C_8H_{10}O$	苯乙醇	22258	0.12
30	33.93	$C_{20}H_{38}$	新植二烯	504-96-1	22.74
31	34	$C_{13}H_{20}O$	$\beta-$紫罗酮	79-77-6	0.07
32	35.32	$C_{13}H_{20}O_2$	4-（2,2,6-三甲基-7-氧杂二环［4.1.0］庚-1-基）-3-丁烯-2-酮	23267-57-4	0.24
33	36.22	$C_{13}H_{20}O$	4-（2,6,6-三甲基-1,3-环己二烯）-2-丁酮	20483-36-7	1.03
34	37.18	$C_8H_{16}O_2$	辛酸	124-07-2	0.07
35	37.75	$C_{20}H_{42}$	二十烷	112-95-8	0.12
36	37.96	$C_{13}H_{18}O$	4-羟基大马酮	1203-08-3	0.39
37	38.05	$C_{15}H_{26}O$	柏木醇	77-53-2	0.10
38	38.35	$C_{18}H_{36}O$	植酮	502-69-2	0.20
39	38.98	$C_{13}H_{18}O$	巨豆三烯酮 B	38818-55-2	0.09
40	39.49	$C_9H_{18}O2$	壬酸	112-05-0	0.25
41	40.51	$C_{17}H_{34}O_2$	棕榈酸甲酯	112-39-0	0.97
42	42.73	$C_{13}H_{18}O$	巨豆三烯酮	13215-88-8	2.59
43	45.52	$C_{18}H_{30}O$	法尼基丙酮	1117-52-8	1.10
44	50.45	$C_{26}H_{54}$	二十六烷	630-01-3	0.47
45	50.69	$C_{20}H_{30}$	2,2'-（1,2-乙基）双（6,6-二甲基）-二环［3.1.1］庚-2-烯	57988-82-6	2.68
46	51.89	$C_{19}H_{32}O_2$	次亚麻酸甲酯	7361-80-0	0.75
47	51.96	$C_{20}H_{34}O$	黑松醇	25269-17-4	0.19
48	52.56	$C_{27}H_{56}$	二十七烷	593-49-7	0.07
49	53.63	$C_{20}H_{34}O_2$	西柏三烯二醇	57688-99-0	6.03
50	55.45	$C_{15}H_{30}O_2$	十五酸	1002-84-2	0.83
51	55.57	$C_{20}H_{34}O_2$	（2E,6E,11Z）-3,7,13-三甲基-10-（2-丙基）-2,6,11-环十四碳三烯-1,13-二醇	7220-78-2	0.94
52	56.76	$C_{16}H_{32}O_2$	棕榈酸	57-10-3	20.03
53	58.17	$C_{17}H_{34}O_2$	十七酸	506-12-7	0.54
54	58.78	$C_{30}H_{50}$	角鲨烯	7683-64-9	0.59
55	59.88	$C_{18}H_{36}O_2$	硬脂酸	57-11-4	0.95
56	60.48	$C_{18}H_{34}O_2$	反油酸	112-79-8	2.61
57	60.73	$C_{24}H_{38}O_4$	邻苯二甲酸二（2-乙基）己酯	117-81-7	0.37
58	61.61	$C_{18}H_{32}O_2$	亚麻酸	60-33-3	3.96
59	63.31	$C_{19}H_{32}O_2$	亚麻酸甲酯	301-00-8	5.10

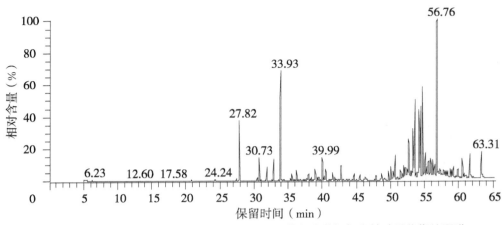

图 2-7　广东五华 K326C3F（2009）烤烟水蒸馏挥发性致香物指纹图谱

2.2.8　广东梅州大埔云烟 87B2F（2009）烤烟水蒸馏挥发性致香物组成成分分析结果

广东梅州大埔云烟 87B2F（2009）烤烟水蒸馏挥发性致香物组成成分分析结果及指纹图谱分别见表 2-9 和图 2-8。从表 2-9 可以看出，广东梅州大埔云烟 87B2F（2009）烤烟水蒸馏挥发性致香物中可检测出 51 种成分，它们的代谢转化产物分类和致香物类型如下。

1. 代谢转化产物

（1）类胡萝卜素降解和转化产物：香叶基丙酮 1.98%、β- 大马烯酮 3.08%、β- 紫罗酮 0.10%、4-（2,2,6- 三甲基 -7- 氧杂二环 [4.1.0] 庚 -1- 基）-3- 丁烯 -2- 酮 0.39%、巨豆三烯酮 2.33%、巨豆三烯酮 B 1.77%、二氢猕猴桃内酯 0.32%。

（2）叶绿素分解代谢产物：新植二烯 19.62%。

（3）苯丙氨酸和木质素代谢产物：苯甲醛 0.07%、苯乙醇 0.29%。

（4）类脂物降解产物：亚麻酸甲酯 3.47%、棕榈酸 18.37%、十五酸 0.76%、硬脂酸 0.90%、反油酸 1.18%、棕榈酸甲酯 1.29%。

（5）西柏烯降解产物：西柏三烯二醇 5.07%。

2. 致香物

（1）酮类：6- 甲基 -2- 庚酮 0.03%、6- 甲基 -5- 庚烯 -2- 酮 0.34%、2,6,6- 三甲基 - 环己烯 -1,4- 二酮 0.09%、茄酮 18.26%、β- 大马烯酮 3.08%、香叶基丙酮 1.98%、β- 紫罗酮 0.10%、4-（2,2,6- 三甲基 -7- 氧杂二环 [4.1.0] 庚 -1- 基）-3- 丁烯 -2- 酮 0.39%、紫罗兰酮 1.94%、植酮 0.27%、巨豆三烯酮 2.33%、巨豆三烯酮 B 1.77%、法尼基丙酮 1.44%。酮类相对含量为致香物的 32.02%。

（2）醛类：3- 甲基 -2- 丁烯醛 0.01%、壬醛 0.03%、糠醛 0.13%、苯甲醛 0.07%、5- 甲基呋喃醛 0.03%、1,3,4- 三甲基 -3- 环己烯 -1- 羧醛 0.26%、苯乙醛 0.11%。醛类相对含量为致香物的 0.64%。

（3）醇类：3,7- 二甲基 -1,6- 辛二烯 -3- 醇 0.19%、苯乙醇 0.29%、橙花叔醇 0.09%、柏木醇 0.02%、叶绿醇 0.28%、（2E,6E,11Z）-3,7,13- 三甲基 -10-（2- 丙基）-2,6,11- 环十四碳三烯 -1,13- 二醇 5.43%、西柏三烯二醇 5.07%。醇类相对含量为致香物的 11.37%。

（4）脂肪酸类：壬酸 0.10%、十五酸 0.76%、棕榈酸 18.37%、硬脂酸 0.90%、反油酸 1.18%、亚油酸 2.42%。脂肪酸类相对含量为致香物的 23.73%。

（5）酯类：棕榈酸甲酯 1.29%、二氢猕猴桃内酯 0.32%、亚麻酸甲酯 4.35%。酯类相对含量为致香物的 5.96%。

（6）稠环芳香烃类：1,2,3,4- 四氢 -1,1,6- 三甲基萘 0.05%、1,2- 二氢 -1,1,6- 三甲基萘 0.44%。稠环芳香烃类相对含量为致香物的 0.49%。

（7）酚类：去甲呋喃羽叶芸香素 1.14%。酚类相对含量为致香物的 1.14%。

（8）不饱和脂肪烃类：2,3- 二甲基 -2- 顺 -6- 辛二烯 0.06%、1- 二十二烯 1.17%、（E,E）-7,11,15-

三甲基 -3- 亚甲基 -1，6，10，14- 十六烯 0.09%、西松烯 0.04%。不饱和脂肪烃类相对含量为致香物的 1.36%。

（9）烷烃类：二十九烷 1.68%、二十六烷 0.82%。烷烃类相对含量为致香物的 2.50%。

（10）生物碱类：烟碱 0.05%。生物碱类相对含量为致香物的 0.05%。

（11）萜类：新植二烯 19.62%。萜类相对含量为致香物的 19.62%。

（12）杂环类：3- 乙基 -2,4- 二甲基吡啶 0.04%。杂环类相对含量为致香物的 0.04%。

（13）芳香烃类：间二甲苯 0.02%。芳香烃类相对含量为致香物的 0.02%。

（14）其他类：3,3,5,6- 四甲基 -1,2- 二氢化茚 0.03%。

表 2-9　广东梅州大埔云烟 87B2F（2009）烤烟水蒸馏挥发性致香物组成成分分析结果

编号	保留时间（min）	分子式	化合物名称	CAS #	相对含量（%）
1	6.26	C_8H_{10}	间二甲苯	108-38-3	0.02
2	7.94	C_5H_8O	3- 甲基 -2- 丁烯醛	107-86-8	0.01
3	9.09	$C_8H_{16}O$	6- 甲基 -2- 庚酮	928-68-7	0.03
4	12.63	$C_8H_{14}O$	6- 甲基 -5- 庚烯 -2- 酮	110-93-0	0.34
5	14.68	$C_9H_{18}O$	壬醛	124-19-6	0.03
6	15.03	$C_{10}H_{18}$	2,3- 二甲基 -2- 顺 -6- 辛二烯	2609-23-6	0.06
7	17.01	$C_9H_{13}N$	3- 乙基 -2,4- 二甲基吡啶	28163-64-6	0.04
8	17.60	$C_5H_4O_2$	糠醛	98-01-1	0.13
9	19.50	$C_{13}H_{18}$	1,2,3,4- 四氢 -1,1,6- 三甲基萘	475-03-6	0.05
10	19.64	C_7H_6O	苯甲醛	100-52-7	0.07
11	20.81	$C_{10}H_{18}O$	3,7- 二甲基 -1,6- 辛二烯 -3- 醇	78-70-6	0.19
12	21.70	$C_6H_6O_2$	5- 甲基呋喃醛	620-02-0	0.03
13	23.16	$C_{10}H_{16}O$	1,3,4- 三甲基 -3- 环己烯 -1- 羧醛	40702-26-9	0.26
14	23.50	$C_{13}H_{18}$	3,3,5,6- 四甲基 -1,2- 二氢化茚	942-43-8	0.03
16	24.24	C_8H_8O	苯乙醛	122-78-1	0.11
17	26.07	$C_9H_{12}O_2$	2,6,6- 三甲基 - 环己烯 -1,4- 二酮	1125-21-9	0.09
18	27.85	$C_{13}H_{22}O$	茄酮	54868-48-3	18.26
19	30.74	$C_{13}H_{18}O$	β- 大马烯酮	23726-93-4	3.08
20	30.93	$C_{13}H_{16}$	1,2- 二氢 -1,1,6- 三甲基萘	30364-38-6	0.44
21	31.77	$C_{10}H_{14}N_2$	烟碱	54-11-5	0.05
22	31.91	$C_{13}H_{22}O$	香叶基丙酮	3796-70-1	1.98
23	33.53	$C_8H_{10}O$	苯乙醇	60-12-8	0.29
24	33.88	$C_{20}H_{38}$	新植二烯	504-96-1	19.62
25	34.00	$C_{13}H_{20}O$	β- 紫罗酮	79-77-6	0.10
26	35.33	$C_{13}H_{20}O_2$	4-（2,2,6- 三甲基 -7- 氧杂二环［4.1.0］庚 -1- 基）-3- 丁烯 -2- 酮	23267-57-4	0.39
27	36.22	$C_{13}H_{20}O$	紫罗兰酮	8013-90-9	1.94
28	36.65	$C_{15}H_{26}O$	橙花叔醇	7212-44-4	0.09
29	38.04	$C_{15}H_{26}O$	柏木醇	77-53-2	0.02
30	38.35	$C_{18}H_{36}O$	植酮	502-69-2	0.27
31	39.24	$C_{20}H_{32}$	（E，E）-7,11,15- 三甲基 -3- 亚甲基 -1,6,10,14- 十六烯	70901-63-2	0.09
32	39.42	$C_{20}H_{32}$	西松烯	1898-13-1	0.04
33	39.49	$C_9H_{18}O_2$	壬酸	112-05-0	0.10
34	39.99	$C_{13}H_{18}O$	巨豆三烯酮 B	38818-55-2	1.77
35	40.51	$C_{17}H_{34}O_2$	棕榈酸甲酯	112-39-0	1.29

续表

编号	保留时间（min）	分子式	化合物名称	CAS #	相对含量（%）
36	42.73	$C_{13}H_{18}O$	巨豆三烯酮	13215-88-8	2.33
37	43.95	$C_{11}H_{16}O_2$	二氢猕猴桃内酯	17092-92-1	0.32
38	45.52	$C_{18}H_{30}O$	法尼基丙酮	1117-52-8	1.44
39	49.67	$C_{16}H_{14}O_4$	去甲呋喃羽叶芸香素	60924-68-7	1.14
40	50.45	$C_{26}H_{54}$	二十六烷	630-01-3	0.82
41	51.88	$C_{19}H_{32}O_2$	亚麻酸甲酯	7361-80-0	4.35
42	52.89	$C_{20}H_{40}O$	叶绿醇	150-86-7	0.28
43	53.22	$C_{20}H_{34}O_2$	（2E,6E,11Z）-3,7,13-三甲基-10-（2-丙基）-2,6,11-环十四碳三烯-1,13-二醇	7220-78-2	5.43
44	53.61	$C_{20}H_{34}O_2$	西柏三烯二醇	57688-99-0	5.07
45	54.05	$C_{29}H_{60}$	二十九烷	630-03-5	1.68
46	54.62	$C_{22}H_{44}$	1-二十二烯	1599-67-3	1.17
47	55.45	$C_{15}H_{30}O_2$	十五酸	1002-84-2	0.76
48	56.74	$C_{16}H_{32}O_2$	棕榈酸	57-10-3	18.37
49	59.89	$C_{18}H_{36}O_2$	硬脂酸	57-11-4	0.90
50	60.48	$C_{18}H_{34}O_2$	反油酸	112-79-8	1.18
51	61.61	$C_{18}H_{32}O_2$	亚油酸	60-33-3	2.42

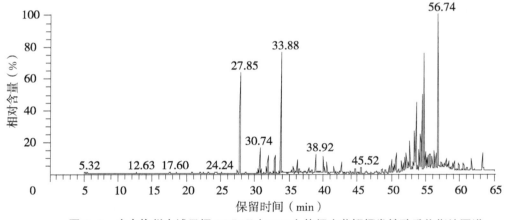

图 2-8　广东梅州大埔云烟 87 B2F（2009）烤烟水蒸馏挥发性致香物指纹图谱

2.2.9　广东梅州大埔云烟 87C3F（2009）烤烟水蒸馏挥发性致香物组成成分分析结果

广东梅州大埔云烟 87C3F（2009）烤烟水蒸馏挥发性致香物组成成分分析结果及指纹图谱分别见表 2-10 和图 2-9。从表 2-10 可以看出，广东梅州大埔云烟 87C3F（2009）烤烟水蒸馏挥发性致香物中可检测出 51 种成分，除邻二甲苯和 1，4- 二甲苯为有毒物质外，其他 50 种为致香物。它们的代谢转化产物分类和致香物类型如下。

1. 代谢转化产物

（1）类胡萝卜素降解和转化产物：香叶基丙酮 0.94%、β- 大马烯酮 3.63%、β- 紫罗酮 0.10%、4- 羟基大马酮 0.49%、巨豆三烯酮 2.84%、（8E）-5,8- 巨豆二烯 -4- 酮 1.95%、二氢猕猴桃内酯 0.29%。

（2）叶绿素分解代谢产物：新植二烯 20.20%。

（3）苯丙氨酸和木质素代谢产物：苯甲醛 0.11%、苯乙醇 0.26%。

（4）类脂物降解产物：棕榈酸 18.17%、亚麻酸甲酯 4.70%、棕榈酸甲酯 0.78%、十五酸 0.90%、反油酸 1.27%。

（5）西柏烯降解产物：西柏三烯二醇6.10%。

2. 致香物

（1）酮类：甲基庚烯酮0.05%、4-氧代异氟尔酮0.09%、茄酮9.75%、4-（2,6,6-三甲基-1-环己烯-1-基）-3-丁烯-1-酮0.05%、β-大马烯酮3.63%、香叶基丙酮0.94%、β-紫罗酮0.10%、紫罗兰酮1.61%、4-羟基大马酮0.49%、植酮0.13%、巨豆三烯酮2.84%、（8E）-5,8-巨豆二烯-4-酮1.95%、法尼基丙酮0.62%。酮类相对含量为致香物的22.25%。

（2）醛类：壬醛0.03%、糠醛0.29%、苯甲醛0.11%、1,3,4-三甲基-3-环己烯-1-甲醛0.18%、苯乙醛0.86%、2,5-二甲基苯甲醛0.02%。醛类相对含量为致香物的1.19%。

（3）醇类：松油醇0.07%、芳樟醇0.20%、苯甲醇0.30%、苯乙醇0.26%、西柏三烯二醇6.10%、（2E,6E,11Z）-3,7,13-三甲基-10-（2-丙基）-2,6,11-环十四碳三烯-1,13-二醇6.71%、1-二十醇0.49%。醇类相对含量为致香物的14.09%。

（4）脂肪酸类：壬酸0.14%、十五酸0.90%、棕榈酸18.17%、硬脂酸0.66%、反油酸1.27%、亚麻酸3.09%。脂肪酸类相对含量为致香物的24.23%。

（5）酯类：棕榈酸甲酯0.78%、二氢猕猴桃内酯0.29%、亚麻酸甲酯4.70%。酯类相对含量为致香物的5.77%。

（6）稠环芳香烃类：1,2,3,4-四氢-1,1,6-三甲基萘0.26%、1,1,6-三甲基-1,2-二氢萘0.42%。稠环芳香烃类相对含量为致香物的0.68%。

（7）酚类：去甲呋喃羽叶芸香素1.58%。酚类相对含量为致香物的1.58%。

（8）不饱和脂肪烃类：3,6-氧代-1-甲基-8-异丙基三环［6.2.2.0^{2,7}］十二-4,9-二烯0.06%、（E,E）-7,11,15-三甲基-3-亚甲基-1,6,10,14-十六烯0.13%、2,2,-（1,2-乙基）双（6,6-二甲基）-二环［3.1.1］庚-2-烯2.85%。不饱和脂肪烃类相对含量为致香物的3.04%。

（9）烷烃类：三十六烷0.49%、二十七烷1.21%。烷烃类相对含量为致香物的1.70%。

（10）生物碱类：未检测到该类成分。

（11）萜类：新植二烯20.20%。萜类相对含量为致香物的20.20%。

（12）杂环类：2-正戊基呋喃0.02%、2-乙酰基呋喃0.05%。杂环类相对含量为致香物的0.07%。

（13）芳香烃类：乙基苯0.02%。芳香烃类相对含量为致香物的0.02%。

（14）其他类：N-乙基对甲苯胺0.04%、3,3,5,6-四甲基-1,2-二氢化茚0.05%。

表2-10　广东梅州大埔云烟87 C3F（2009）烤烟水蒸馏挥发性致香物组成成分分析结果

编号	保留时间（min）	分子式	化合物名称	CAS #	相对含量（%）
1	5.90	C_8H_{10}	乙基苯	100-41-4	0.02
2	6.25	C_8H_{10}	邻二甲苯	95-47-6	0.02
3	7.44	C_8H_{10}	1,4-二甲苯	106-42-3	0.01
4	8.92	$C_9H_{14}O$	2-正戊基呋喃	3777-69-3	0.02
5	12.62	$C_8H_{14}O$	甲基庚烯酮	110-93-0	0.05
6	14.67	$C_9H_{18}O$	壬醛	124-19-6	0.03
7	16.99	$C_9H_{13}N$	N-乙基对甲苯胺	622-57-1	0.04
8	17.60	$C_5H_4O_2$	糠醛	98-01-1	0.29
9	19.09	$C_6H_6O_2$	2-乙酰基呋喃	1192-62-7	0.05
10	19.63	C_7H_6O	苯甲醛	100-52-7	0.11
11	20.80	$C_{10}H_{18}O$	芳樟醇	78-70-6	0.20
12	21.68	$C_{16}H_{20}O_2$	3,6-氧代-1-甲基-8-异丙基三环［6.2.2.0^{2,7}］十二-4,9-二烯	121824-66-6	0.06
13	23.15	$C_{10}H_{16}O$	1,3,4-三甲基-3-环己烯-1-甲醛	40702-26-9	0.18
14	23.50	$C_{13}H_{18}$	3,3,5,6-四甲基-1,2-二氢化茚	942-43-8	0.05

续表

编号	保留时间（min）	分子式	化合物名称	CAS #	相对含量（%）
15	24.24	C_8H_8O	苯乙醛	122-78-1	0.86
16	26.07	$C_9H_{12}O_2$	4-氧代异氟尔酮	1125-21-9	0.09
17	26.44	$C_{10}H_{18}O$	松油醇	10482-56-1	0.07
18	27.54	$C_9H_{10}O$	2,5-二甲基苯甲醛	5779-94-2	0.02
19	27.81	$C_{13}H_{22}O$	茄酮	54868-48-3	9.75
20	28.37	$C_{13}H_{18}$	1,2,3,4-四氢-1,1,6-三甲基萘	475-03-6	0.26
21	30.53	$C_{13}H_{20}O$	4-（2,6,6-三甲基-1-环己烯-1-基）-3-丁烯-1-酮	85949-43-5	0.05
22	30.74	$C_{13}H_{18}O$	β-大马烯酮	23726-93-4	3.63
23	30.93	$C_{13}H_{16}$	1,1,6-三甲基-1,2-二氢萘	30364-38-6	0.42
24	31.90	$C_{13}H_{22}O$	香叶基丙酮	3796-70-1	0.94
25	32.65	C_7H_8O	苯甲醇	100-51-6	0.30
26	33.53	$C_8H_{10}O$	苯乙醇	60-12-8	0.26
27	33.89	$C_{20}H_{38}$	新植二烯	504-96-1	20.20
28	34.00	$C_{13}H_{20}O$	β-紫罗酮	79-77-6	0.10
29	36.22	$C_{13}H_{20}O$	紫罗兰酮	8013-90-9	1.62
30	37.96	$C_{13}H_{18}O$	4-羟基大马酮	1203-08-3	0.49
31	38.35	$C_{18}H_{36}O$	植酮	502-69-2	0.13
32	39.24	$C_{20}H_{32}$	（E,E）-7,11,15-三甲基-3-亚甲基-1,6,10,14-十六烯	70901-63-2	0.13
33	39.49	$C_9H_{18}O_2$	壬酸	112-05-0	0.14
34	39.99	$C_{13}H_{20}O$	（8E）-5,8-巨豆二烯-4-酮	67401-26-7	1.95
35	40.50	$C_{17}H_{34}O_2$	棕榈酸甲酯	112-39-0	0.78
36	42.73	$C_{13}H_{18}O$	巨豆三烯酮	13215-88-8	2.84
37	43.95	$C_{11}H_{16}O_2$	二氢猕猴桃内酯	17092-92-1	0.29
38	45.52	$C_{18}H_{32}O$	法尼基丙酮	1117-52-8	0.62
39	49.67	$C_{16}H_{14}O_4$	去甲呋喃羽叶芸香素	60924-68-7	1.58
40	50.45	$C_{36}H_{74}$	三十六烷	630-06-8	0.49
41	50.68	$C_{20}H_{30}$	2,2'-（1,2-乙基）双（6,6-二甲基）-二环［3.1.1］庚-2-烯	57988-82-6	2.85
42	51.88	$C_{19}H_{32}O_2$	亚麻酸甲酯	7361-80-0	5.30
43	53.61	$C_{20}H_{34}O_2$	西柏三烯二醇	57688-99-0	6.10
44	54.05	$C_{27}H_{56}$	二十七烷	593-49-7	1.21
45	55.45	$C_{15}H_{30}O_2$	十五酸	1002-84-2	0.90
46	55.57	$C_{20}H_{34}O_2$	（2E,6E,11Z）-3,7,13-三甲基-10-（2-丙基）-2,6,11-环十四碳三烯-1,13-二醇	7220-78-2	6.71
47	56.74	$C_{16}H_{32}O_2$	棕榈酸	57-10-3	18.17
48	57.84	$C_{20}H_{42}O$	1-二十醇	629-96-9	0.49
49	59.88	$C_{18}H_{36}O_2$	硬脂酸	57-11-4	0.66
50	60.47	$C_{18}H_{34}O_2$	反油酸	112-79-8	1.27
51	61.61	$C_{18}H_{32}O_2$	亚麻酸	60-33-3	3.09

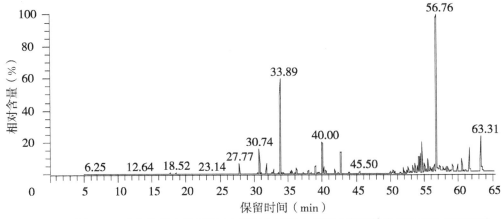

图 2-9　广东梅州大埔云烟 87 C3F（2009）烤烟水蒸馏挥发性致香物指纹图谱

2.2.10　广东梅州大埔 K326C3F（2010）烤烟水蒸馏挥发性致香物组成成分分析结果

广东梅州大埔 K326C3F（2010）烤烟水蒸馏挥发性致香物组成成分分析结果及指纹图谱分别见表 2-11 和图 2-10。从表 2-11 可以看出，广东梅州大埔 K326C3F（2010）烤烟水蒸馏挥发性致香物由 40 种成分组成，它们的代谢转化产物分类和致香物类型如下。

1. 代谢转化产物

（1）类胡萝卜素降解和转化产物：苯并噻吩并 [2,3-C] 喹啉 -6（5H）硫酮 1.18%、6- 甲基 -5- 庚烯 -2- 酮 0.13%、4- 氧代异氟尔酮 0.02%、[2,2,6- 三甲基 -7- 氧杂二环 [4.1.0] 庚 -1- 基]-3- 丁烯 -2- 酮 0.19%。

（2）叶绿素分解代谢产物：新植二烯 0.25%。

（3）苯丙氨酸和木质素代谢产物：糠醛 0.16%、叶绿醇 0.17%。

（4）类脂物降解产物：乙酸 1.15%、十四酸 1.24%、4- 羟基丁酸内酯 0.22%、4,4,7- 三甲基 -4,7- 二氢茚 -6- 羧酸甲酯 0.05%。

（5）西柏烯降解产物：未检测到该类代谢产物。

注：检测到大量的烷烃类物未知从何代谢而来。

2. 致香物

（1）酮类：苯并噻吩并 [2,3-C] 喹啉 -6（5H）硫酮 1.18%、6- 甲基 -5- 庚烯 -2- 酮 0.13%、4- 氧代异氟尔酮 0.02%、4-[2,2,6- 三甲基 -7- 氧杂二环 [4.1.0] 庚 -1- 基]-3- 丁烯 -2- 酮 0.19%。酮类相对含量为致香物的 1.52%。

（2）醛类：糠醛 0.16%。醛类相对含量为致香物的 0.16%。

（3）醇类：4- 乙炔 -4- 甲基 -1,5- 己二烯 -3- 醇 0.37%、苯甲醇 0.08%、叶绿醇 0.17%。醇类相对含量为致香物的 0.62%。

（4）脂肪酸类：乙酸 1.15%、十五酸 1.18%。脂肪酸类相对含量为致香物的 2.33%。

（5）酯类：4- 羟基丁酸内酯 0.22%、邻苯二甲酸二丁酯 1.50%。酯类相对含量为致香物的 1.72%。

（6）稠环芳香烃类：未检测到该类成分。

（7）酚类：苯酚 1.59%、对甲基苯酚 0.35%。酚类相对含量为致香物的 1.94%。

（8）不饱和脂肪烃类：未检测到该类成分。

（9）烷烃类：十六烷 0.15%、十四烷 0.09%、2,6,10- 三甲基十二烷 0.28%、植烷 0.54%、十八烷 0.41%、2- 甲基十九烷 6.46%、二十烷 0.79%、2- 甲基二十烷 0.13%、二十一烷 6.46%、二十六烷 3.59%、二十四烷 3.02%、三十五烷 3.30%、三十一烷 1.04%、二十五烷 2.98%、二十七烷 3.60%、1- 环己基二十烷 2.12%、11- 癸基二十二烷 1.28%、5- 环己基 - 二十二烷 2.64%。烷烃类相对含量为致香物的 40.88%。

（10）生物碱类：烟碱 4.12%、二烯烟碱 0.33%。生物碱类相对含量为致香物的 4.45%。

（11）萜类：新植二烯 0.25%。萜类相对含量为致香物的 0.25%。

（12）其他类：对二甲苯 0.11%、（R）-2- 苯基 -1- 丙胺 0.07%、苯并噻唑 0.90%、1,4- 二甲基 -2-［（甲基苯基）甲基］- 苯 0.21%。

表 2-11　广东梅州大埔云烟 K326C3F（2010）烤烟水蒸馏挥发性致香物组成成分分析结果

编号	保留时间（min）	分子式	化合物名称	CAS#	相对含量（%）
1	5.17	C_8H_{10}	对二甲苯	106-42-3	0.11
2	7.87	$C_9H_{12}O$	4- 乙炔 -4- 甲基 -1,5- 己二烯 -3- 醇	59571-42-5	0.37
3	12.84	$C_8H_{14}O$	6- 甲基 -5- 庚烯 -2- 酮	110-93-0	0.13
4	16.21	$C_9H_{13}N$	（R）-2- 苯基 -1- 丙胺	28163-64-6	0.07
5	17.17	$C_2H_4O_2$	乙酸	64-19-7	1.15
6	17.50	$C_5H_4O_2$	糠醛	98-01-1	0.16
7	20.15	$C_{15}H_9NS_2$	苯并噻吩并［2,3-C］喹啉 -6（5H）硫酮	115172-83-3	1.18
8	22.35	$C_{16}H_{34}$	十六烷	544-76-3	0.15
9	23.23	$C_{14}H_{30}$	十四烷	629-59-4	0.09
10	23.48	$C_4H_6O_2$	4- 羟基丁酸内酯	96-48-0	0.22
11	25.09	$C_{15}H_{32}$	2,6,10- 三甲基十二烷	3891-98-3	0.28
12	26.31	$C_9H_{12}O_2$	4- 氧代异氟尔酮	1125-21-9	0.02
13	29.22	$C_{20}H_{42}$	植烷	638-36-8	0.54
14	30.05	$C_{18}H_{38}$	十八烷	593-45-3	0.41
15	31.68	$C_{10}H_{14}N_2$	烟碱	54-11-5	4.12
16	32.49	C_7H_8O	苯甲醇	100-51-6	0.08
17	32.97	$C_{20}H_{42}$	二十烷	112-95-8	0.79
18	33.68	$C_{20}H_{38}$	新植二烯	504-96-1	0.25
19	34.28	C_7H_5NS	苯并噻唑	95-16-9	0.90
20	35.47	$C_{13}H_{20}O_2$	4-［2,2,6- 三甲基 -7- 氧杂二环［4.1.0］庚 -1- 基］-3- 丁烯 -2- 酮	23267-57-4	0.19
21	35.85	C_6H_6O	苯酚	108-95-2	1.59
22	36.67	$C_{21}H_{44}$	2- 甲基二十烷	1560-84-5	0.13
23	37.54	C_7H_8O	对甲基苯酚	106-44-5	0.35
24	37.66	$C_{21}H_{44}$	二十一烷	629-94-7	2.79
25	38.87	$C_{20}H_{42}$	2- 甲基十九烷	1560-86-7	6.46
26	42.48	$C_{16}H_{18}$	1,4- 二甲基 -2-［（甲基苯基）甲基］- 苯	721-45-9	0.21
27	42.65	$C_{26}H_{54}$	二十六烷	630-01-3	3.59
28	43.49	$C_{10}H_{10}N_2$	二烯烟碱	487-19-4	0.33
29	45.40	$C_{16}H_{22}O_4$	邻苯二甲酸二丁酯	84-74-2	1.50
30	46.37	$C_{24}H_{50}$	二十四烷	646-31-1	3.02
31	50.34	$C_{35}H_{72}$	三十五烷	630-07-9	3.30
32	51.57	$C_{31}H_{64}$	三十一烷	630-04-6	1.04
33	52.47	$C_{25}H_{52}$	二十五烷	629-99-2	2.98
34	52.94	$C_{20}H_{40}O$	叶绿醇	150-86-7	0.17

续表

编号	保留时间 （min）	分子式	化合物名称	CAS#	相对含量 （%）
35	53.30	C₂₇H₅₆	二十七烷	593-49-7	3.60
36	53.42	C₂₆H₅₂	1-环己基二十烷	4443-55-4	2.21
37	53.54	C₃₂H₆₆	11-癸基二十二烷	55401-55-3	1.28
38	54.82	C₂₆H₅₂	5-环己基二十烷	4443-59-8	2.64
39	55.18	C₁₅H₃₀O₂	十五酸	1002-84-2	1.18

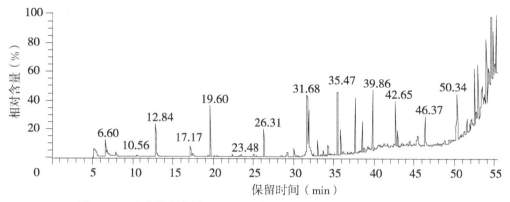

图 2-10　广东梅州大埔 K326C3F（2010）烤烟水蒸馏挥发性致香物指纹图谱

2.2.11　广东梅州大埔云烟 100C3F（2010）烤烟水蒸馏挥发性致香物组成成分分析结果

广东梅州大埔云烟 100C3F（2010）烤烟水蒸馏挥发性致香物组成成分分析结果及指纹图谱分别见表 2-12 和图 2-11。从表 2-12 可以看出，广东梅州大埔云烟 100C3F（2010）烤烟水蒸馏挥发性致香物由 44 种成分组成，它们的代谢转化产物分类和致香物类型如下。

1. 代谢转化产物

（1）类胡萝卜素降解和转化产物：苯并噻吩并 [2,3-C] 喹啉 -6（5H）硫酮 2.31%、6-甲基 -5-庚烯 -2-酮 0.23%、6,7-二甲氧基 -2-甲基 -3,4-二氢（1-D）异喹啉酮 0.04%、3,6-氧代 -1-甲基 -8-异丙基三环 [6.2.2.0²,⁷] 十二 -4,9-二烯 0.03%、2-环戊烯 -1,4-二酮 0.08%、4-氧代异氟尔酮 0.08%、β-大马烯酮 0.10%、4-（2,2,6-三甲基 -7-氧杂二环 [4.1.0] 庚 -1-基）-3-丁烯 -2-酮 0.19%。

（2）叶绿素分解代谢产物：新植二烯 0.28%。

（3）苯丙氨酸和木质素代谢产物：糠醛 0.41%、苯乙醛 0.21%、2-己醇 0.13%、苯甲醇 0.09%、十八醇 0.60%、叶绿醇 0.25%。

（4）类脂物降解产物：乙酸 0.63%、肉豆蔻酸 1.24%、4-羟基丁酸内酯 0.16%、4,4,7-三甲基 -4,7-二氢茚 -6-羧酸甲酯 0.05%。

（5）西柏烯降解产物：未检测到该类代谢产物。

注：检测到大量的烷烃类物未知从何代谢而来。

2. 致香物

（1）酮类：苯并噻吩并 [2,3-C] 喹啉 -6（5H）硫酮 2.31%、6-甲基 -5-庚烯 -2-酮 0.23%、6,7-二甲氧基 -2-甲基 -3,4-二氢（1-D）异喹啉酮 0.04%、2-环戊烯 -1,4-二酮 0.08%、4-氧代异氟尔酮 0.08%、β-大马烯酮 0.10%、4-（2,2,6-三甲基 -7-氧杂二环 [4.1.0] 庚 -1-基）-3-丁烯 -2-酮 0.19%。酮类相对含量为致香物的 3.06%。

（2）醛类：糠醛 0.41%、苯乙醛 0.21%。醛类相对含量为致香物的 0.62%。

（3）醇类：2-己醇 0.13%、苯甲醇 0.09%、十八醇 0.60%、叶绿醇 0.25%。醇类相对含量为致香物的 1.07%。

（4）脂肪酸类：乙酸 0.63%、肉豆蔻酸 1.24%。脂肪酸类相对含量为致香物的 1.87%。

（5）酯类：4- 羟基丁酸内酯 0.16%、4,4,7- 三甲基 -4,7- 二氢茚 -6- 羧酸甲酯 0.05%。酯类相对含量为致香物的 0.21%。

（6）稠环芳香烃类：未检测到该类成分。

（7）酚类：苯酚 0.82%、对甲基苯酚 0.19%。酚类相对含量为致香物的 1.01%。

（8）不饱和脂肪烃类：3,6- 氧代 -1- 甲基 -8- 异丙基三环［6.2.2.0^{2,7}］十二 -4,9- 二烯 0.03%。不饱和脂肪烃类相对含量为致香物的 0.06%。

（9）烷烃类：十六烷 0.15%、十五烷 0.12%、植烷 0.43%、十七烷 0.35%、2- 甲基二十烷 0.03%、二十一烷 1.94%、2- 甲基十九烷 0.02%、二十烷 2.56%、二十七烷 7.77%、7- 环己基二十烷 2.93%、二十六烷 0.06%、三十五烷 1.17%、1- 环己基十七烷 2.70%、二十九烷 2.29%、11- 癸基二十二烷 0.68%。烷烃类相对含量为致香物的 23.20%。

（10）生物碱类：烟碱 4.37%。生物碱类相对含量为致香物的 4.37%。

（11）萜类：新植二烯 0.28%。萜类相对含量为致香物的 0.28%。

（12）其他类：六甲基环三硅氧烷 0.01%、对二甲苯 0.21%、吡啶 0.28%、（R）-2- 苯基 -1- 丙胺 0.05%、2H-1,5 苯并肉桂基 -3,4- 二氢 9- 甲氧基 -5- 甲基 6- 苯基碘 0.14%、苯并噻唑 1.00%、5,6- 二氢 -5,6 二甲基 - 苯并（C）肉啉 1.70%。

表 2-12　广东梅州大埔云烟 100C3F（2010）烤烟水蒸馏挥发性致香物组成成分分析结果

编号	保留时间（min）	分子式	化合物名称	CAS#	相对含量（%）
1	5.15	C_8H_{10}	对二甲苯	106-42-3	0.21
2	6.59	$C_{15}H_9NS_2$	苯并噻吩并［2,3-C］喹啉 -6（5H）硫酮	115172-83-3	2.31
3	7.81	C_5H_5N	吡啶	110-86-1	0.28
4	8.50	$C_6H_{14}O$	2- 己醇	626-93-7	0.13
5	12.81	$C_8H_{14}O$	6- 甲基 -5- 庚烯 -2- 酮	110-93-0	0.23
6	14.42	$C_{12}H_{15}DNO_2$	6,7- 二甲氧基 -2- 甲基 -3,4- 二氢（1-D）异喹啉酮	1745-07-9	0.04
7	17.16	$C_2H_4O_2$	乙酸	64-19-7	0.63
8	17.49	$C_5H_4O_2$	糠醛	98-01-1	0.41
9	19.59	$C_9H_{13}N$	（R）-2- 苯基 -1- 丙胺	28163-64-6	0.05
10	20.14	$C_{18}H_{20}NO_2$	2H-1,5 苯并肉桂基 -3,4- 二氢 9- 甲氧基 -5- 甲基 6- 苯基碘	89718-99-0	0.14
11	21.57	$C_{16}H_{20}O_2$	3,6- 氧代 -1- 甲基 -8- 异丙基三环［6.2.2.0^{2,7}］十二 -4,9- 二烯	121824-66-6	0.03
12	22.01	$C_5H_4O_2$	2- 环戊烯 -1,4- 二酮	930-60-9	0.08
13	22.35	$C_{16}H_{34}$	十六烷	544-76-3	0.15
14	23.23	$C_{15}H_{32}$	十五烷	629-62-9	0.12
15	23.47	$C_4H_6O_2$	4- 羟基丁酸内酯	96-48-0	0.16
16	25.09	C_8H_8O	苯乙醛	122-78-1	0.21
17	26.31	$C_9H_{12}O_2$	4- 氧代异氟尔酮	1125-21-9	0.08
18	29.21	$C_{20}H_{42}$	植烷	638-36-8	0.43
19	29.47	$C_6H_8O_3Si_3$	六甲基环三硅氧烷	541-05-9	0.01
20	30.04	$C_{17}H_{36}$	十七烷	629-78-7	0.35
21	30.62	$C_{13}H_{18}O$	β- 大马烯酮	23726-93-4	0.10
22	31.68	$C_{10}H_{14}N_2$	烟碱	54-11-5	4.37
23	32.49	C_7H_8O	苯甲醇	100-51-6	0.09
24	32.97	$C_{19}H_4O$	十八醇	112-92-5	0.60
25	33.46	$C_{14}H_{20}O_2$	4,4,7- 三甲基 -4,7- 二氢茚 -6- 羧酸甲酯	121013-28-3	0.05

续表

编号	保留时间 （min）	分子式	化合物名称	CAS#	相对含量 （%）
26	33.68	$C_{20}H_{38}$	新植二烯	504-96-1	0.28
27	33.81	C_7H_5NS	苯并噻唑	95-16-9	1.00
28	35.47	$C_{13}H_{20}O_2$	4-（2,2,6-三甲基-7-氧杂二环［4.1.0］庚-1-基）-3-丁烯-2-酮	23267-57-4	0.19
29	35.85	C_6H_6O	苯酚	108-95-2	0.82
30	36.66	$C_{21}H_{44}$	2-甲基二十烷	1560-84-5	0.03
31	37.54	C_7H_8O	对甲基苯酚	106-44-5	0.19
32	37.66	$C_{21}H_{44}$	二十一烷	629-94-7	1.94
33	38.77	$C_{20}H_{42}$	2-甲基十九烷	1560-86-7	0.02
34	39.86	$C_{20}H_{42}$	二十烷	112-95-8	2.56
35	40.97	$C_{14}H_{14}N_2$	5,6-二氢-5,6二甲基-苯并（C）肉啉	65990-71-8	1.70
36	42.65	$C_{27}H_{56}$	二十七烷	593-49-7	7.77
37	48.78	$C_{32}H_{56}$	11-癸基-二十二烷	55401-55-3	0.68
38	52.47	$C_{26}H_{54}$	二十六烷	630-01-3	0.06
39	52.94	$C_{20}H_{40}O$	叶绿醇	150-86-7	0.25
40	53.16	$C_{35}H_{72}$	三十五烷	630-07-9	1.17
41	53.97	$C_{29}H_{60}$	二十九烷	630-03-5	2.29
42	54.56	$C_{14}H_{28}O_2$	肉豆蔻酸	544-63-8	1.24
43	54.82	$C_{26}H_{52}$	7-环己基二十烷	4443-60-1	2.93
44	54.98	$C_{23}H_{46}$	1-环己基十七烷	19781-73-8	2.70

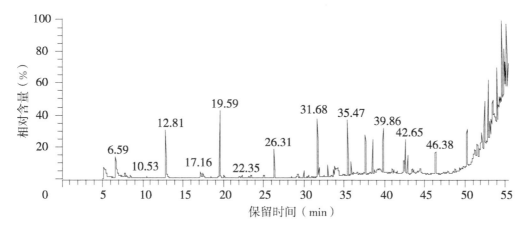

图 2-11　广东梅州大埔云烟 100C3F（2010）烤烟水蒸馏挥发性致香物指纹图谱

2.2.12　广东梅州大埔云烟 100B2F（2010）烤烟水蒸馏挥发性致香物组成成分分析结果

广东梅州大埔云烟 100B2F（2010）烤烟水蒸馏挥发性致香物组成成分分析结果及指纹图谱分别见表 2-13 和图 2-12。从表 2-13 可以看出，广东梅州大埔云烟 100B2F（2010）烤烟水蒸馏挥发性致香物由 38 种成分组成，它们的代谢转化产物分类和致香物类型如下。

1. 代谢转化产物

（1）类胡萝卜素的降解和转化产物：（4-溴甲基-2-苯基-5-噻唑）苯基甲酮 0.02%、6-甲基-5-庚烯-2-酮 0.15%、茄酮 0.17%、β-大马烯酮 0.34%、香叶基丙酮 1.53%、4-（2,2,6-三甲基-7-氧杂二环［4.1.0］庚-1-基）-3-丁烯-2-酮 0.28%、4-氧代异氟尔酮 0.08%。

（2）叶绿素分解代谢产物：新植二烯 0.40%。

（3）苯丙氨酸和木质素代谢产物：2- 己醇 0.20%、苯甲醇 0.16%、苯乙醇 0.17%、叶绿醇 0.25%、糠醛 0.65%。

（4）类脂物降解产物：乙酸 0.37%、肉豆蔻酸 1.21%、7- 环己基二十烷 2.61%。

（5）西柏烯降解产物：未检测到该类代谢产物。

注：检测到大量的烷烃类物未知从何代谢而来。

2. 致香物

（1）酮类：（4- 溴甲基 -2- 苯基 -5- 噻唑）苯基甲酮 0.02%、6- 甲基 -5- 庚烯 -2- 酮 0.15%、茄酮 0.17%、β- 大马烯酮 0.34%、香叶基丙酮 1.53%、4-［2,2,6- 三甲基 -7- 氧杂二环［4.1.0］庚 -1- 基］-3- 丁烯 -2- 酮 0.28%、4- 氧代异氟尔酮 0.08%。酮类相对含量为致香物的 2.57%。

（2）醛类：糠醛 0.65%。醛类相对含量为致香物的 0.65%

（3）醇类：2- 己醇 0.20%、苯甲醇 0.16%、苯乙醇 0.17%、叶绿醇 0.25%。醇类相对含量为致香物的 0.78%。

（4）脂肪酸类：乙酸 0.37%、肉豆蔻酸 1.21%。脂肪酸类相对含量为致香物的 1.58%。

（5）酯类：未检测到该类成分。

（6）稠环芳香烃类：未检测到该类成分。

（7）酚类：苯酚 0.17%。酚类相对含量为致香物的 0.17%。

（8）不饱和脂肪烃类：未检到该类成分。

（9）烷烃类：十六烷 0.14%、2,6,10- 三甲基十五烷 0.15%、姥鲛烷 0.25%、植烷 0.60%、十八烷 0.36%、二十烷 0.61%、二十一烷 8.08%、2- 甲基十九烷 0.28%、2,21- 二甲基 - 二十二烷 0.40%、三十六 2.28%、三十五烷 1.46%、二十七烷 2.18%、二十八烷 1.88%、三十一烷 0.20%、二十九烷 1.29%、7- 环己基二十烷 2.61%。烷烃类相对含量为致香物的 20.77%。

（10）生物碱类：烟碱 0.45%。生物碱类相对含量为致香物的 0.45%。

（11）萜类：新植二烯 0.40%。萜类相对含量为致香物的 0.40%。

（12）其他类：对二甲苯 0.05%、间二甲苯 0.04%、吡啶 0.13%、（R）-2- 苯基 -1- 丙胺 0.06%、苯并噻唑 0.68%。

表 2-13　广东梅州大埔云烟 100B2F（2010）烤烟挥发性致香物组成成分分析结果

编号	保留时间（min）	分子式	化合物名称	CAS 号	相对含量（%）
1	5.19	C_8H_{10}	对二甲苯	106-42-3	0.05
2	6.61	C_8H_{10}	间二甲苯	108-38-3	0.04
3	7.78	C_5H_5N	吡啶	110-86-1	0.13
4	8.52	$C_6H_{14}O$	2- 己醇	626-93-7	0.20
5	11.79	$C_{17}H_{12}BrNOS$	（4- 溴甲基 -2- 苯基 -5- 噻唑）苯基甲酮	107454-09-1	0.02
6	12.79	$C_8H_{14}O$	6- 甲基 -5- 庚烯 -2- 酮	110-93-0	0.15
7	17.22	$C_2H_4O_2$	乙酸	64-19-7	0.37
8	17.49	$C_5H_4O_2$	糠醛	98-01-1	0.65
9	19.53	$C_9H_{13}N$	（R）-2- 苯基 -1- 丙胺	28163-64-6	0.06
10	22.35	$C_{16}H_{34}$	十六烷	544-76-3	0.14
11	23.23	$C_{18}H_{38}$	2,6,10- 三甲基十五烷	3892-00-0	0.15
12	25.08	$C_{19}H_{40}$	姥鲛烷	1921-70-6	0.25
13	26.22	$C_9H_{12}O_2$	4- 氧代异氟尔酮	1125-21-9	0.08
14	27.65	$C_{13}H_{22}O$	茄酮	54868-48-3	0.17
15	29.22	$C_{20}H_{42}$	植烷	638-36-8	0.60
16	30.05	$C_{18}H_{38}$	十八烷	593-45-3	0.36

续表

编号	保留时间（min）	分子式	化合物名称	CAS 号	相对含量（%）
17	30.62	$C_{13}H_{18}O$	β- 大马烯酮	23726-93-4	0.34
18	31.70	$C_{10}H_{14}N_2$	烟碱	54-11-5	0.45
19	31.79	$C_{13}H_{22}O$	香叶基丙酮	3796-70-1	1.53
20	32.49	C_7H_8O	苯甲醇	100-51-6	0.16
21	32.98	$C_{20}H_{42}$	二十烷	112-95-8	0.61
22	33.38	$C_8H_{10}O$	苯乙醇	60-12-8	0.17
23	33.68	$C_{20}H_{38}$	新植二烯	504-96-1	0.40
24	34.30	C_7H_5NS	苯并噻唑	95-16-9	0.68
25	35.44	$C_{13}H_{20}O_2$	4-（2,2,6- 三甲基 -7- 氧杂二环 [4.1.0] 庚 -1- 基）-3- 丁烯 -2- 酮	23267-57-4	0.28
26	35.85	C_6H_6O	苯酚	108-95-2	0.17
27	37.66	$C_{21}H_{44}$	二十一烷	629-94-7	8.08
28	38.52	$C_{20}H_{42}$	2- 甲基十九烷	1560-86-7	0.28
29	44.46	$C_{24}H_{50}$	2,21- 二甲基 - 二十二烷	77536-31-3	0.40
30	46.38	$C_{36}H_{74}$	三十六烷	630-06-8	2.28
31	50.16	$C_{35}H_{72}$	三十五烷	630-07-9	1.46
32	50.34	$C_{27}H_{56}$	二十七烷	593-49-7	2.18
33	52.46	$C_{28}H_{58}$	二十八烷	630-02-4	1.88
34	52.89	$C_{20}H_{40}O$	叶绿醇	150-86-7	0.25
35	53.29	$C_{31}H_{64}$	三十一烷	630-04-6	0.20
36	53.97	$C_{29}H_{60}$	二十九烷	630-03-5	1.29
37	54.54	$C_{14}H_{28}O_2$	肉豆蔻酸	544-63-8	1.21
38	54.82	$C_{26}H_{52}$	7- 环已基二十烷	4443-60-1	2.61

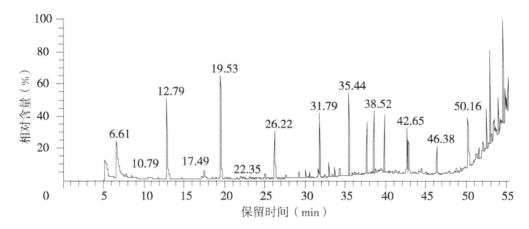

图 2-12　广东梅州大埔云烟 100B2F（2010）烤烟水蒸馏挥发性致香物指纹图谱

2.2.13　广东乐昌 K326B2F（2009）烤烟水蒸馏挥发性致香物组成成分分析结果

广东乐昌 K326B2F（2009）烤烟水蒸馏挥发性致香物组成成分分析结果及指纹图谱分别见表 2-14 和图 2-13。从表 2-14 可以看出，广东乐昌 K326B2F（2009）烤烟水蒸馏挥发性致香物中检测出 55 种成分，除邻二甲苯、间二甲苯不是香味成分外，其他 53 种为致香物质，它们的代谢转化产物分类和致香物类型如下。

1. 代谢转化产物

（1）类胡萝卜素降解和转化产物：香叶基丙酮 1.33%、β- 紫罗酮 0.12%、巨豆三烯酮 B5.81%、

（8*E*）-5,8- 巨豆二烯 -4- 酮 6.01%、法尼基丙酮 0.63%。

（2）叶绿素分解代谢产物：新植二烯 33.01%。

（3）苯丙氨酸和木质素代谢产物：苯甲醛 0.16%、1,3,4- 三甲基 -3- 环己烯 -1- 羧醛 0.33%、甲基苯甲醛 0.11%、苯乙醛 0.22%、苯乙醇 0.21%。

（4）类脂物降解产物：十五酸 0.52%、棕榈酸 14.34%、反油酸 1.15%、亚油酸 1.57%。

（5）西柏烯降解产物：茄酮 9.45%。

2. 致香物

（1）酮类：6- 甲基 -2 庚酮 0.06%、甲基庚烯酮 0.15%、苯并噻吩并［2,3-C］喹啉 -6（5H）- 硫酮 0.09%、茄酮 9.45%、4-（2,6,6- 三甲基 -1- 环己烯 -1- 基）-3- 丁烯 -1- 酮 0.17%、*β*- 大马烯酮 4.00%、香叶基丙酮 1.33%、*β*- 紫罗酮 0.12%、4-（2,2,6- 三甲基 -7- 氧杂二环［4.1.0］庚 -1- 基）-3- 丁烯 -2- 酮 0.31%、紫罗兰酮 1.83%、4- 羟基大马酮 0.60%、植酮 0.43%、巨豆三烯酮 B5.81%、（8*E*）-5,8- 巨豆二烯 -4- 酮 6.01%、法尼基丙酮 0.63%。酮类相对含量为致香物的 30.99%。

（2）醛类：壬醛 0.21%、癸醛 0.07%、苯甲醛 0.16%、1,3,4- 三甲基 -3- 环己烯 -1- 羧醛 0.33%、甲基苯甲醛 0.11%、苯乙醛 0.22%。醛类相对含量为致香物的 1.10%。

（3）醇类：异辛醇 0.30%、芳樟醇 0.45%、苯乙醇 0.21%、柏木醇 0.52%、法尼醇 0.18%、（2*E*,6*E*,11*Z*）-3,7,13- 三甲基 -10-（2- 丙基）-2,6,11- 环十四碳三烯 -1,13- 二醇 5.26%。醇类相对含量为致香物的 6.92%。

（4）脂肪酸类：十五酸 0.52%、棕榈酸 14.34%、反油酸 1.15%、亚油酸 1.57%。脂肪酸类相对含量为致香物的 17.58%。

（5）酯类：棕榈酸甲酯 0.35%、苯甲酸丁酯 0.09%、邻苯二甲酸二异丁酯 0.68%、邻苯二甲酸二丁酯 1.50%、亚麻酸甲酯 1.51%。酯类相对含量为致香物的 4.13%。

（6）稠环芳香烃类：1,2,3,4- 四氢 -1,1,6- 三甲基萘 0.16%、1,1,6- 三甲基 -1,2- 二氢萘 0.37%。稠环芳香烃类相对含量为致香物的 0.53%。

（7）酚类：4- 甲氧基苯酚 0.08%、地奥酚 0.16%、4- 乙烯基 -2- 甲氧基苯酚 0.63%。酚类相对含量为致香物的 0.97%。

（8）不饱和脂肪烃类：（*E*,*E*）-7,11,15- 三甲基 -3- 亚甲基 - 十六 -1,6,10,14- 四烯 0.34%、3,12- 二甲基 -6,7- 二氮 -3,5,7,9,11- 五烯 -1,13- 二炔 0.07%、西柏三烯二醇 1.47%、十八烯 0.54%、角鲨烯 0.33%。不饱和脂肪烃类相对含量为致香物的 2.75%。

（9）烷烃类：三十六烷 0.53%、二十九烷 1.11%。烷烃类相对含量为致香物的 1.64%。

（10）生物碱类：烟碱 1.04%。生物碱类相对含量为致香物的 1.04%。

（11）萜类：新植二烯 33.01%。萜类相对含量为致香物的 33.01%。

（12）其他类：邻二甲苯 0.17%、间二甲苯 0.07%、2- 戊基呋喃 0.05%、*N*- 乙基间甲苯胺 0.10%、3,3,5,6- 四甲基 -1,2- 二氢化茚 0.09%。

表 2-14　广东乐昌 K326B2F（2009）烤烟水蒸馏挥发性致香物组成成分分析结果

编号	保留时间（min）	分子式	化合物名称	CAS #	相对含量（%）
1	6.29	C_8H_{10}	邻二甲苯	95-47-6	0.17
2	7.47	C_8H_{10}	间二甲苯	108-38-3	0.07
3	8.37	C_9H_{14}	2- 戊基呋喃	3777-69-3	0.05
4	9.10	$C_8H_{16}O$	6- 甲基 -2 庚酮	928-68-7	0.06
5	12.63	$C_8H_{14}O$	甲基庚烯酮	110-93-0	0.15
6	14.69	$C_9H_{18}O$	壬醛	124-19-6	0.21
7	17.00	$C_9H_{13}N$	*N*- 乙基间甲苯胺	102-27-2	0.10
8	18.52	$C_8H_{18}O$	异辛醇	104-76-7	0.30
9	18.70	$C_{10}H_{20}O$	癸醛	112-31-2	0.07
10	19.64	C_7H_6O	苯甲醛	100-52-7	0.16

续表

编号	保留时间（min）	分子式	化合物名称	CAS #	相对含量（%）
11	20.38	$C_{15}H_9NS_2$	苯并噻吩并［2,3-C］喹啉 -6（5H）-硫酮	115172-83-3	0.09
12	20.81	$C_{10}H_{18}O$	芳樟醇	78-70-6	0.45
13	23.17	$C_{10}H_{16}O$	1,3,4-三甲基 -3-环己烯 -1-羧醛	40702-26-9	0.33
14	23.35	C_8H_8O	甲基苯甲醛	104-87-0	0.11
15	24.25	C_8H_8O	苯乙醛	122-78-1	0.22
16	25.12	$C_{13}H_{18}$	3,3,5,6-四甲基 -1,2-二氢化茚	942-43-8	0.09
17	27.81	$C_{13}H_{22}O$	茄酮	54868-48-3	9.45
18	28.38	$C_{13}H_{18}$	1,2,3,4-四氢 -1,1,6-三甲基萘	475-03-6	0.16
19	30.34	$C_{10}H_{16}O_2$	地奥酚	490-03-9	0.16
20	30.54	$C_{13}H_{20}O$	4-（2,6,6-三甲基 -1-环己烯 -1-基 ）-3-丁烯 -1-酮	85949-43-5	0.17
21	30.75	$C_{13}H_{18}O$	β-大马烯酮	23726-93-4	4.00
22	30.93	$C_{13}H_{16}$	1,1,6-三甲基 -1,2-二氢萘	30364-38-6	0.37
23	31.76	$C_{10}H_{14}N_2$	烟碱	54-11-5	1.04
24	31.90	$C_{13}H_{22}O$	香叶基丙酮	3796-70-1	1.33
25	32.04	$C_{11}H_{14}O_2$	苯甲酸丁酯	136-60-7	0.09
26	32.18	$C_7H_8O_2$	4-甲氧基苯酚	150-76-5	0.08
27	33.53	$C_8H_{10}O$	苯乙醇	60-12-8	0.21
28	33.93	$C_{20}H_{38}$	新植二烯	504-96-1	33.01
29	34.00	$C_{13}H_{20}O$	β-紫罗酮	79-77-6	0.12
30	35.33	$C_{13}H_{20}O_2$	4-（2,2,6-三甲基 -7-氧杂二环［4.1.0］庚 -1-基 ）-3-丁烯 -2-酮	23267-57-4	0.31
31	36.23	$C_{13}H_{20}O$	紫罗兰酮	8013-90-9	1.83
32	37.96	$C_{13}H_{18}O$	4-羟基大马酮	1203-08-3	0.60
33	38.05	$C_{15}H_{26}O$	柏木醇	77-53-2	0.52
34	38.36	$C_{18}H_{36}O$	植酮	502-69-2	0.43
35	39.25	$C_{20}H_{32}$	（E,E）-7,11,15-三甲基 -3-亚甲基 -十六 -1,6,10,14-四烯	70901-63-2	0.34
36	40.00	$C_{13}H_{20}O$	（8E）-5,8-巨豆二烯 -4-酮	67401-25-7	6.01
37	40.18	$C_9H_{10}O_2$	4-乙烯基 -2-甲氧基苯酚	7786-61-0	0.63
38	40.51	$C_{17}H_{34}O_2$	棕榈酸甲酯	112-39-0	0.35
39	41.00	$C_{14}H_{14}N_2$	3,12-二甲基 -6,7-二氮 -3,5,7,9,11-五烯 -1,13-二炔	87021-40-7	0.07
40	42.74	$C_{13}H_{18}O$	巨豆三烯酮 B	38818-55-2	5.81
41	45.04	$C_{15}H_{26}O$	法尼醇	4602-84-0	0.18
42	45.52	$C_{18}H_{30}O$	法尼基丙酮	1117-52-8	0.63
43	50.43	$C_{36}H_{74}$	三十六烷	630-06-8	0.53
44	51.47	$C_{16}H_{22}O_4$	邻苯二甲酸二异丁酯	84-69-5	0.68
45	53.60	$C_{20}H_{34}O_2$	西柏三烯二醇	57688-99-0	1.47
46	54.06	$C_{29}H_{60}$	二十九烷	630-03-5	1.11

续表

编号	保留时间（min）	分子式	化合物名称	CAS #	相对含量（%）
47	54.10	$C_{16}H_{22}O_4$	邻苯二甲酸二丁酯	84-74-2	1.50
48	55.25	$C_{18}H_{36}$	十八烯	112-88-9	0.54
49	55.45	$C_{15}H_{30}O_2$	十五酸	1002-84-2	0.52
50	55.89	$C_{20}H_{34}O_2$	（2E,6E,11Z）-3,7,13-三甲基-10-（2-丙基）-2,6,11-环十四碳三烯-1,13-二醇	7220-78-2	5.26
51	56.73	$C_{16}H_{32}O_2$	棕榈酸	57-10-3	14.34
52	58.78	$C_{30}H_{50}$	角鲨烯	7683-64-9	0.33
53	60.47	$C_{18}H_{34}O_2$	反油酸	112-79-8	1.15
54	61.60	$C_{18}H_{34}O_2$	亚油酸	60-33-3	1.57
55	63.29	$C_{19}H_{32}O_2$	亚麻酸甲酯	301-00-8	1.51

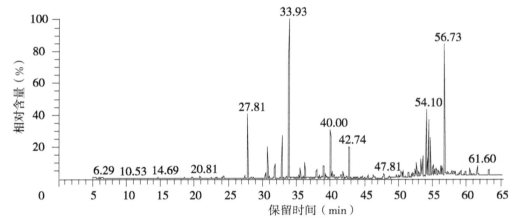

图2-13　广东乐昌K326B2F（2009）烤烟水蒸馏挥发性致香物指纹图谱

2.2.14　广东乐昌K326C3F（2009）烤烟水蒸馏挥发性致香物组成成分分析结果

广东乐昌K326C3F（2009）烤烟水蒸馏挥发性致香物组成成分分析结果及指纹图谱分别见表2-15和图2-14。从表2-15可以看出，广东乐昌K326C3F（2009）烤烟水蒸馏挥发性致香物中检测出54种成分，除邻二甲苯、苯并噻唑为非香味成分外，其他52种为致香物质，它们的代谢转化产物分类和致香物类型如下。

1. 代谢转化产物

（1）类胡萝卜素降解和转化产物：4-氧代异氟尔酮0.05%、香叶基丙酮0.53%、β-紫罗酮0.13%、β-大马烯酮2.13%、降茄二酮1.12%、巨豆三烯酮2.77%、（8E）-5,8-巨豆二烯-4-酮2.05%、法尼基丙酮0.38%。

（2）叶绿素分解代谢产物：新植二烯23.19%。

（3）苯丙氨酸和木质素代谢产物：苯甲醛0.14%、苯乙醛0.66%、β-苯乙醇0.64%、苯甲醇0.78%。

（4）类脂物降解产物：十五酸0.83%、棕榈酸23.86%、硬脂酸0.87%、反油酸1.06%、亚油酸2.63%。

（5）西柏烯降解产物：降茄二酮1.12%。

2. 致香物

（1）酮类：甲基庚烯酮0.06%、4-氧代异氟尔酮0.05%、茄酮9.67%、4-（2,6,6-三甲基-1-环已烯-1-基）-3-丁烯-1-酮0.05%、β-大马烯酮2.13%、香叶基丙酮0.53%、β-紫罗酮0.13%、4-（2,2,6-三甲基-7-氧杂二环［4.1.0］庚-1-基）-3-丁烯-2-酮0.21%、4-羟基大马酮0.25%、植酮0.16%、降茄二酮1.12%、巨豆三烯酮2.77%、（8E）-5,8-巨豆二烯-4-酮2.05%、法尼基丙酮0.38%。酮类相对含量为致香物的 19.56%。

（2）醛类：壬醛 0.03%、糠醛 0.25%、苯甲醛 0.14%、1,3,4- 三甲基 -3- 环己烯 -1- 甲醛 0.13%、苯乙醛 0.66%。醛类相对含量为致香物的 1.21%。

（3）醇类：3- 己烯 -1- 醇 0.03%、芳樟醇 0.19%、苯甲醇 0.78%、β- 苯乙醇 0.64%、柏木醇 0.41%、9-（1,1- 二甲基丙烯基）-5- 香柠檬醇 0.95%、西柏三烯二醇 4.72%、（2E,6E,11Z）-3,7,13- 三甲基 -10-（2- 丙基）-2,6,11- 环十四碳三烯 -1,13- 二醇 7.02%。醇类相对含量为致香物的 14.74%。

（4）脂肪酸类：辛酸 0.10%、壬酸 0.09%、十五酸 0.83%、棕榈酸 23.86%、硬脂酸 0.87%、反油酸 1.06%、亚油酸 2.63%。脂肪酸类相对含量为致香物的 29.44%。

（5）酯类：棕榈酸甲酯 0.86%、二氢猕猴桃内酯 0.25%、亚麻酸甲酯 5.19%。酯类相对含量为致香物的 6.30%。

（6）稠环芳香烃类：1,2,3,4- 四氢 -1,1,6- 三甲基萘 0.04%、1,1,6- 三甲基 -1,2- 二氢萘 0.16%。稠环芳香烃类相对含量为致香物的 0.20%。

（7）酚类：邻甲氧基苯酚 0.05%、4- 乙烯基 -2- 甲氧基苯酚 0.80%。酚类相对含量为致香物的 0.85%。

（8）不饱和脂肪烃类：（E,E）-7,11,15- 三甲基 -3- 亚甲基 -1,6,10,14- 十六烯 0.23%、3,6- 氧代 -1- 甲基 -8- 异丙基三环 [6.2.2.0^{2,7}] 十二 -4,9- 二烯 0.03%。不饱和脂肪烃类相对含量为致香物的 0.26%。

（9）烷烃类：二十九烷 0.62%、植烷 0.02%、十八烷 0.04%、二十八烷 0.48%。烷烃类相对含量为致香物的 1.16%。

（10）生物碱类：烟碱 0.64%。生物碱类相对含量为致香物的 0.64%。

（11）萜类：新植二烯 23.19%。萜类相对含量为致香物的 23.19%。

（12）其他类：乙基苯 0.07%、邻二甲苯 0.06%、对二甲苯 0.02%、2- 乙酰呋喃 0.14%。

表 2-15　广东乐昌 K326C3F（2009）烤烟水蒸馏挥发性致香物组成成分分析结果

编号	保留时间（min）	分子式	化合物名称	CAS #	相对含量（%）
1	5.92	C$_8$H$_{10}$	乙基苯	100-41-4	0.07
2	6.27	C$_8$H$_{10}$	邻二甲苯	95-47-6	0.06
3	7.46	C$_8$H$_{10}$	对二甲苯	106-42-3	0.02
4	12.63	C$_8$H$_{14}$O	甲基庚烯酮	110-93-0	0.06
5	14.43	C$_6$H$_{12}$O	3- 己烯 -1- 醇	544-12-7	0.03
6	14.68	C$_9$H$_{18}$O	壬醛	124-19-6	0.03
7	17.61	C$_5$H$_4$O$_2$	糠醛	98-01-1	0.25
8	19.08	C$_6$H$_6$O$_2$	2- 乙酰呋喃	1192-62-7	0.14
9	19.64	C$_7$H$_6$O	苯甲醛	100-52-7	0.14
10	20.80	C$_{10}$H$_{18}$O	芳樟醇	78-70-6	0.19
11	21.68	C$_{16}$H$_{20}$O$_2$	3,6- 氧代 -1- 甲基 -8 异丙基三环 [6.2.2.0^{2,7}] 十二 -4,9- 二烯	121824-66-6	0.03
12	23.15	C$_{10}$H$_{16}$O	1,3,4- 三甲基 -3- 环己烯 -1- 甲醛	40702-26-9	0.13
13	24.25	C$_8$H$_8$O	苯乙醛	122-78-1	0.66
14	26.06	C$_9$H$_{12}$O$_2$	4- 氧代异氟尔酮	1125-21-9	0.05
15	27.80	C$_{13}$H$_{22}$O	茄酮	54868-48-3	9.67
16	28.37	C$_{13}$H$_{18}$	1,2,3,4- 四氢 -1,1,6- 三甲基萘	475-03-6	0.04
17	29.37	C$_{20}$H$_{42}$	植烷	638-36-8	0.02
18	30.17	C$_{18}$H$_{38}$	十八烷	593-45-3	0.04
19	30.53	C$_{13}$H$_{20}$O	4-（2,6,6- 三甲基 -1- 环己烯 -1- 基）-3- 丁烯 -1- 酮	85949-43-5	0.05
20	30.73	C$_{13}$H$_{18}$O	β- 大马烯酮	23726-93-4	2.13

续表

编号	保留时间（min）	分子式	化合物名称	CAS #	相对含量（%）
21	30.93	$C_{13}H_{16}$	1,1,6-三甲基-1,2-二氢萘	30364-38-6	0.16
22	31.76	$C_{10}H_{14}N_2$	烟碱	54-11-5	0.64
23	31.90	$C_{13}H_{22}O$	香叶基丙酮	3796-70-1	0.53
24	32.18	$C_7H_8O_2$	邻甲氧基苯酚	90-05-1	0.05
25	32.64	C_7H_8O	苯甲醇	100-51-6	0.78
26	33.53	$C_8H_{10}O$	β-苯乙醇	60-12-8	0.64
27	33.90	$C_{20}H_{38}$	新植二烯	504-96-1	23.19
28	33.99	$C_{13}H_{20}O$	β-紫罗兰酮	14901-07-6	0.13
29	35.32	$C_{13}H_{20}O_2$	4-（2,2,6-三甲基-7-氧杂二环[4.1.0]庚-1-基）-3-丁烯-2-酮	23267-57-4	0.21
30	37.18	$C_8H_{16}O_2$	辛酸	124-07-2	0.10
31	37.96	$C_{13}H_{18}O$	4-羟基大马酮	1203-08-3	0.25
32	38.05	$C_{15}H_{26}O$	柏木醇	77-53-2	0.41
33	38.35	$C_{18}H_{36}O$	植酮	502-69-2	0.16
34	38.92	$C_{12}H_{20}O_2$	降茄二酮	60619-46-7	1.12
35	39.24	$C_{20}H_{32}$	（E,E）-7,11,15-三甲基-3-亚甲基-1,6,10,14-十六烯	70901-63-2	0.23
36	39.48	$C_9H_{18}O_2$	壬酸	112-05-0	0.09
37	39.99	$C_{13}H_{20}O$	（8E）-5,8-巨豆二烯-4-酮	67401-26-7	2.05
38	40.18	$C_9H_{10}O_2$	4-乙烯基-2-甲氧基苯酚	7786-61-0	0.80
39	40.51	$C_{17}H_{34}O_2$	棕榈酸甲酯	112-39-0	0.86
40	42.73	$C_{13}H_{18}O$	巨豆三烯酮	13215-88-8	2.77
41	43.95	$C_{11}H_{16}O_2$	二氢猕猴桃内酯	17092-92-1	0.25
42	45.53	$C_{18}H_{30}O$	法尼基丙酮	1117-52-8	0.38
43	47.78	$C_{15}H_{20}O$	亚麻酸甲酯	115842-48-3	0.92
44	49.68	$C_{16}H_{14}O_4$	9-（1,1-二甲基丙烯基）-5-香柠檬醇	60924-68-7	0.95
45	50.45	$C_{28}H_{58}$	二十八烷	630-02-4	0.48
46	51.89	$C_{19}H_{32}O_2$	亚麻酸甲酯	7361-80-0	5.19
47	53.61	$C_{20}H_{34}O_2$	西柏三烯二醇	57688-99-0	4.72
48	54.06	$C_{29}H_{60}$	二十九烷	630-03-5	0.62
49	55.45	$C_{15}H_{30}O_2$	十五酸	1002-84-2	0.83
50	55.57	$C_{20}H_{34}O_2$	（2E,6E,11Z）-3,7,13三甲基-10-（2-丙基）2,6,11-环十四碳三烯-1,13-二醇	7220-78-2	7.02
51	56.74	$C_{16}H_{32}O_2$	棕榈酸	57-10-3	23.86
52	59.88	$C_{18}H_{36}O_2$	硬脂酸	57-11-4	0.87
53	60.48	$C_{18}H_{34}O_2$	反油酸	112-79-8	1.06
54	61.61	$C_{18}H_{32}O_2$	亚油酸	60-33-3	2.63

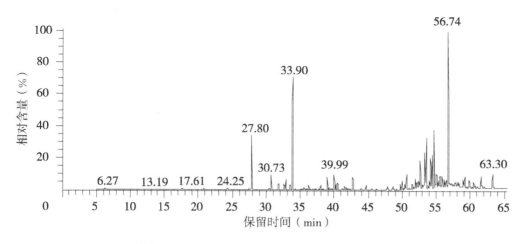

图2-14　广东乐昌K326C2F（2009）烤烟水蒸馏挥发性致香物指纹图谱

2.2.15　广东乐昌云烟87C3F（2010）烤烟水蒸馏挥发性致香物组成成分分析结果

广东乐昌云烟87C3F（2010）烤烟水蒸馏挥发性致香物组成成分分析结果及指纹图谱分别见表2-16和图2-15。从表2-16可以看出，广东乐昌云烟87C3F（2010）烤烟水蒸馏挥发性致香物中可检测出40种成分，除四十四烷、苯并噻唑和苯酚为非香味成分外，其他37种成分为致香物质，它们的代谢转化产物分类和致香物类别如下。

1. 代谢转化产物

（1）类胡萝卜素降解和转化产物：6-甲基-5-庚烯-2-酮0.11%、4-氧代异氟尔酮0.05%、大马烯酮0.10%、4-（2,2,6-三甲基-7-氧杂二环［4.1.0］庚-1-基）-3-丁烯-2-酮0.35%、α-香附酮0.40%。

（2）叶绿素分解代谢产物：新植二烯0.49%。

（3）苯丙氨酸和木质素代谢产物：苯甲醇0.10%、叶绿醇0.25%、糠醛0.48%。

（4）类脂物降解产物：乙酸0.22%、肉豆蔻酸1.60%、4-羟基丁酸内酯0.20%。

（5）西柏烯降解产物：未检测到该类代谢产物。

注：检测到大量的烷烃类物未知从何代谢而来。

2. 致香物

（1）酮类：6-甲基-5-庚烯-2-酮0.11%、4-氧代异氟尔酮0.05%、大马烯酮0.10%、4-（2,2,6-三甲基-7-氧杂二环［4.1.0］庚-1-基）-3-丁烯-2-酮0.35%、α-香附酮0.40%。酮类相对含量为致香物的1.01%。

（2）醛类：糠醛0.48%。醛类相对含量为致香物的0.48%。

（3）醇类：苯甲醇0.10%、叶绿醇0.25%。醇类相对含量为致香物的0.35%。

（4）脂肪酸类：乙酸0.22%、肉豆蔻酸1.60%。脂肪酸类相对含量为致香物的1.82%。

（5）酯类：4-羟基丁酸内酯0.20%。酯类相对含量为致香物的0.20%。

（6）稠环芳香烃类：未检测到该类成分。

（7）酚类：苯酚2.48%、对甲基苯酚0.59%。酚类相对含量为致香物的3.07%。

（8）不饱和脂肪烃类：未检测到该类成分。

（9）烷烃类：十六烷0.12%、2,6,10-三甲基十五烷0.12%、姥鲛烷0.35%、植烷0.51%、十八烷0.36%、二十烷0.68%、2-甲基二十烷0.75%、二十一烷2.66%、7-己基二十烷0.25%、2,21-二甲基-二十二烷0.55%、三十六烷2.94%、7-己基二十二烷0.44%、三十五烷5.75%、四十四烷1.00%、二十五烷0.61%、1-环己基二十烷1.03%、二十九烷4.74%、7-环己基二十烷3.12%。烷烃类相对含量为致香物的36.18%。

（10）生物碱类：烟碱4.54%、二烯烟碱0.26%。生物碱类相对含量为致香物的4.80%

（11）萜类：新植二烯0.49%。萜类相对含量为致香物的0.49%。

（12）其他类：对二甲苯0.02%、间二甲苯0.04%、邻二甲苯0.02%、六甲基环三硅氧烷0.01%、（R）-2-苯基-1-丙胺0.04%、苯并噻唑0.50%。

表 2-15　广东乐昌云烟 87C3F（2010）烤烟水蒸馏挥发性致香物组成成分分析结果

编号	保留时间（min）	分子式	化合物名称	CAS#	相对含量（%）
1	5.17	C_8H_{10}	对二甲苯	106-42-3	0.02
2	6.72	C_8H_{10}	间二甲苯	108-38-3	0.04
3	7.43	C_8H_{10}	邻二甲苯	95-47-6	0.02
4	12.82	$C_8H_{14}O$	6-甲基-5-庚烯-2-酮	110-93-0	0.11
5	17.19	$C_2H_4O_2$	乙酸	64-19-7	0.22
6	17.49	$C_5H_4O_2$	糠醛	98-01-1	0.48
7	19.55	$C_9H_{13}N$	（R）-2-苯基-1-丙胺	28163-64-6	0.04
8	22.35	$C_{16}H_{34}$	十六烷	544-76-3	0.12
9	23.24	$C_{18}H_{38}$	2,6,10-三甲基十五烷	3892-00-0	0.12
10	23.43	$C_4H_6O_2$	4-羟基丁酸内酯	96-48-0	0.20
11	25.09	$C_{19}H_{40}$	姥鲛烷	1921-70-6	0.35
12	26.23	$C_9H_{12}O_2$	4-氧代异氟尔酮	1125-21-9	0.05
13	29.21	$C_{20}H_{42}$	植烷	638-36-8	0.01
14	30.05	$C_{18}H_{38}$	十八烷	593-45-3	0.36
15	30.62	$C_{13}H_{18}O$	β-大马烯酮	23726-93-4	0.10
16	31.22	$C_6H_{18}O_3Si_3$	六甲基环三硅氧烷	541-05-9	0.01
17	31.68	$C_{10}H_{14}N_2$	烟碱	54-11-5	4.54
18	32.49	C_7H_8O	苯甲醇	100-51-6	0.10
19	32.98	$C_{20}H_{42}$	二十烷	112-95-8	0.68
20	33.69	$C_{20}H_{38}$	新植二烯	504-96-1	0.49
21	34.30	C_7H_5NS	苯并噻唑	95-16-9	0.50
22	35.45	$C_{13}H_{20}O_2$	4-（2,2,6-三甲基-7-氧杂二环[4.1.0]庚-1-基）-3-丁烯-2-酮	23267-57-4	0.35
23	35.85	C_6H_6O	苯酚	108-95-2	2.48
24	36.67	$C_{21}H_{44}$	2-甲基二十烷	1560-84-5	0.75
25	37.54	C_7H_8O	对甲基苯酚	106-44-5	0.59
26	37.67	$C_{21}H_{44}$	二十一烷	629-94-7	2.66
27	41.24	$C_{26}H_{54}$	7-己基二十烷	55333-99-8	0.25
28	43.50	$C_{10}H_{10}N_2$	二烯烟碱	487-19-4	0.26
29	44.48	$C_{24}H_{50}$	2,21-二甲基-二十二烷	77536-31-3	0.55
30	46.40	$C_{36}H_{74}$	三十六烷	630-06-8	2.94
31	48.80	$C_{28}H_{58}$	7-己基二十二烷	55373-86-9	0.44
32	50.16	$C_{15}H_{22}O$	α-香附酮	473-08-5	0.40
33	50.36	$C_{35}H_{72}$	三十五烷	630-07-9	5.75
34	51.58	$C_{44}H_{90}$	四十四烷	7098-22-8	1.00
35	52.88	$C_{20}H_{40}O$	叶绿醇	150-86-7	0.25
36	53.31	$C_{25}H_{52}$	二十五烷	629-99-2	0.61
37	53.43	$C_{26}H_{52}$	1-环己基二十烷	4443-55-4	1.03
38	53.98	$C_{29}H_{60}$	二十九烷	630-03-5	4.74
39	54.52	$C_{14}H_{28}O_2$	肉豆蔻酸	544-63-8	1.60
40	54.83	$C_{26}H_{52}$	7-环己基二十烷	4443-60-1	3.12

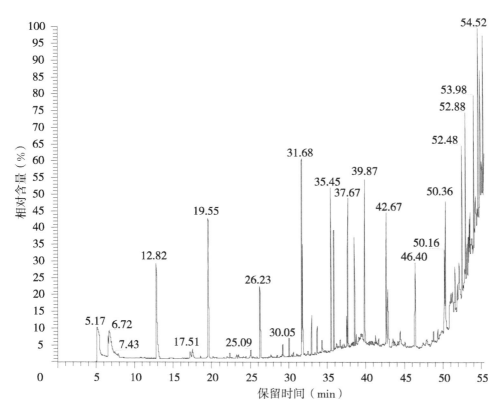

图 2-15　广东乐昌云烟 87C3F（2010）烤烟水蒸馏挥发性致香物指纹图谱

2.2.16　广东乐昌云烟 87B2F（2010）烤烟水蒸馏挥发性致香物组成成分分析结果

广东乐昌云烟 87B2F（2010）烤烟水蒸馏挥发性致香物组成成分分析结果及指纹图谱分别见表 2-17 和图 2-16。从表 2-17 可以看出，广东乐昌云烟 87B2F（2010）烤烟水蒸馏挥发性致香物中可检测出 48 种成分，它们的代谢转化产物分类和致香物类型如下。

1. 代谢转化产物

（1）类胡萝卜素降解和转化产物：苯并噻吩并［2,3-C］喹啉 -6（5H）- 硫酮 0.51%、羟基丙酮 0.05%、6- 甲基 -5- 庚烯 -2- 酮 0.13%、2- 甲氧［1］苯并噻吩［2,3-C］喹啉 -6［5H］- 酮 0.03%、4- 氧代异氟尔酮 0.05%、茄酮 0.11%、大马酮 0.09%、香叶基丙酮 1.23%、4-（2,2,6- 三甲基 -7- 氧杂二环［4.1.0］庚 -1- 基）-3- 丁烯 -2- 酮 0.29%。

（2）叶绿素分解代谢产物：新植二烯 1.08%。

（3）苯丙氨酸和木质素代谢产物：糠醛 0.22%、苯乙醛 0.11%、苯甲醇 0.11%、1- 二十醇 0.52%、叶绿醇 0.15%。

（4）类脂物降解产物：乙酸 0.30%、肉豆蔻酸 1.29%、4- 羟基丁酸内酯 0.08%。

（5）西柏烯降解产物：未检测到该类代谢产物。

注：检测到大量的烷烃类物未知从何代谢而来。

2. 致香物

（1）酮类：苯并噻吩并［2,3-C］喹啉 -6（5H）- 硫酮 0.51%、羟基丙酮 0.05%、6- 甲基 -5- 庚烯 -2- 酮 0.13%、2- 甲氧［1］苯并噻吩［2,3-C］喹啉 -6［5H］- 酮 0.03%、4- 氧代异氟尔酮 0.05%、茄酮 0.11%、大马酮 0.09%、香叶基丙酮 1.23%、4-（2,2,6- 三甲基 -7- 氧杂二环［4.1.0］庚 -1- 基）-3- 丁烯 -2- 酮 0.29%。酮类相对含量为致香物的 2.49%。

（2）醛类：糠醛 0.22%、苯乙醛 0.11%。醛类相对含量为致香物的 0.33%。

（3）醇类：苯甲醇 0.11%、1- 二十醇 0.52%、叶绿醇 0.15%。醇类相对含量为致香物的 0.78%。

（4）脂肪酸类：乙酸 0.30%、肉豆蔻酸 1.29%。脂肪酸类相对含量为致香物的 1.59%。

（5）酯类：4- 羟基丁酸内酯 0.08%。酯类相对含量为致香物的 0.08%。

（6）稠环芳香烃类：未检测到该类成分。

（7）酚类：苯酚 7.07%、2- 乙基苯酚 0.29%、对甲基苯酚 1.46%。酚类相对含量为致香物的 8.82%。

（8）不饱和脂肪烃类：未检测到该类成分。

（9）烷烃类：十五烷 0.10%、2,6,10- 三甲基十五烷 0.11%、植烷 0.52%、二十烷 0.99%、2- 甲基二十烷 0.15%、二十一烷 12.10%、2- 甲基十九烷 0.24%、3- 甲基二十一烷 0.06%、7- 乙基二十烷 0.19%、11-（3- 戊基）- 二十一烷 0.44%、1- 环己基二十烷 0.17%、7- 环己基二十烷 2.05%、11- 癸基二十二烷 2.07%、三十五烷 2.46%、二十九烷 2.03%、四十四烷 0.67%、二十七烷 1.59%、三十五烷 2.46%。烷烃类相对含量为致香物的 27.41%。

（10）生物碱类：烟碱 2.76%。生物碱类相对含量为致香物的 2.76%。

（11）萜类：新植二烯 1.08%。萜类相对含量为致香物的 1.08%。

（12）其他类：对二甲苯 0.01%、间二甲苯 0.01%、六甲基环三硅氧烷 0.09%、吡啶 0.08%、（R）-2- 苯基 -1- 丙胺 0.02%、苯并噻唑 0.65%、5,6- 二氢 -5,6 二甲基苯并（C）肉啉 0.03%、2,3- 二氢苯并呋喃 0.11%。

表 2-17　广东乐昌云烟 87B2F（2010）烤烟水蒸馏挥发性致香物组成成分分析结果

编号	保留时间（min）	分子式	化合物名称	CAS#	相对含量（%）
1	5.25	C_8H_{10}	对二甲苯	106-42-3	0.01
2	6.49	C_8H_{10}	间二甲苯	108-38-3	0.01
3	6.87	$C_{15}H_9NS_2$	苯并噻吩并［2,3-C］喹啉 -6（5H）- 硫酮	115172-83-3	0.51
4	7.54	C_5H_5N	吡啶	110-86-1	0.08
5	8.20	$C_6H_{18}O_3Si_3$	六甲基环三硅氧烷	541-05-9	0.09
6	11.33	$C_3H_6O_2$	羟基丙酮	116-09-6	0.05
7	12.78	$C_8H_{14}O$	6- 甲基 -5- 庚烯 -2- 酮	110-93-0	0.13
8	13.47	$C_{16}H_1NO_2S$	2- 甲氧［1］苯并噻吩［2,3-C］喹啉 -6［5H］- 酮	70453-75-7	0.03
9	17.21	$C_2H_4O_2$	乙酸	64-19-7	0.30
10	17.49	$C_5H_4O_2$	糠醛	98-01-1	0.22
11	19.51	$C_9H_{13}N$	（R）-2- 苯基 -1- 丙胺	28163-64-6	0.02
12	22.35	$C_{15}H_{32}$	十五烷	629-62-9	0.10
13	23.22	$C_{18}H_{38}$	2,6,10- 三甲基十五烷	3892-00-0	0.11
14	23.48	$C_4H_6O_2$	4- 羟基丁酸内酯	96-48-0	0.08
15	25.08	C_8H_8O	苯乙醛	122-78-1	0.11
16	26.19	$C_9H_{12}O_2$	4- 氧代异氟尔酮	1125-21-9	0.05
17	27.65	$C_{13}H_{22}O$	茄酮	54868-48-3	0.11
18	29.21	$C_{20}H_{42}$	植烷	638-36-8	0.52
19	30.04	$C_{20}H_{42}$	二十烷	112-95-8	0.99
20	30.62	$C_{13}H_{18}O$	大马酮	23696-85-7	0.09
21	31.68	$C_{10}H_{14}N_2$	烟碱	54-11-5	2.76
22	31.76	$C_{13}H_{22}O$	香叶基丙酮	3796-70-1	1.23
23	32.49	C_7H_8O	苯甲醇	100-51-6	0.11
24	33.69	$C_{20}H_{38}$	新植二烯	504-96-1	1.08
25	34.23	C_7H_5NS	苯并噻唑	95-16-9	0.65
26	35.45	$C_{13}H_{20}O_2$	4-（2,2,6- 三甲基 -7- 氧杂二环［4.1.0］庚 -1- 基）-3- 丁烯 -2- 酮	23267-57-4	0.29
27	35.84	C_6H_6O	苯酚	108-95-2	7.07
28	36.67	$C_{21}H_{44}$	2- 甲基二十烷	1560-84-5	0.15
29	37.54	C_7H_8O	对甲基苯酚	106-44-5	1.46

续表

编号	保留时间 （min）	分子式	化合物名称	CAS#	相对含量 （%）
30	37.67	$C_{21}H_{44}$	二十一烷	629-94-7	12.10
31	38.77	$C_{20}H_{42}$	2-甲基十九烷	1560-86-7	0.24
32	39.09	$C_{22}H_{46}$	3-甲基二十一烷	6418-47-9	0.06
33	39.56	$C_8H_{10}O$	2-乙基苯酚	90-00-6	0.29
34	41.01	$C_{14}H_{14}N_2$	5,6-二氢-5,6-二甲基苯并（C）肉啉	65990-71-8	0.03
35	41.24	$C_{26}H_{54}$	7-乙基二十烷	55333-99-8	0.19
36	44.47	$C_{26}H_{54}$	11-（3-戊基）-二十一烷	55282-11-6	0.44
37	45.43	C_8H_8O	2,3-二氢苯并呋喃	496-16-2	0.11
38	47.92	$C_{20}H_{42}O$	1-二十醇	629-96-9	0.52
39	48.57	$C_{26}H_{52}$	1-环己基二十烷	4443-55-4	0.17
40	48.79	$C_{32}H_{66}$	11-癸基二十二烷	55401-55-3	2.07
41	50.35	$C_{35}H_{72}$	三十五烷	630-07-9	2.46
42	52.48	$C_{29}H_{60}$	二十九烷	630-03-5	2.03
43	52.88	$C_{20}H_{40}O$	叶绿醇	150-86-7	0.15
44	53.31	$C_{44}H_{90}$	四十四烷	7098-22-8	0.67
45	53.98	$C_{27}H_{56}$	二十七烷	593-49-7	1.59
46	54.23	$C_{35}H_{72}$	三十五烷	630-07-9	1.49
47	54.52	$C_{14}H_{28}O_2$	肉豆蔻酸	544-63-8	1.29
48	54.82	$C_{26}H_{52}$	7-环己基二十烷	4443-60-1	2.05

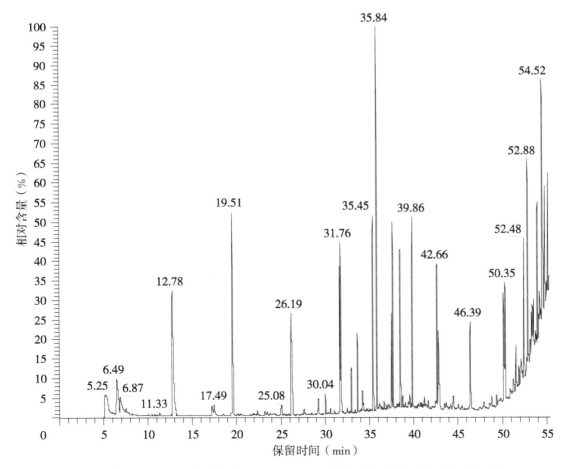

图 2-16　广东乐昌云烟 87B2F（2010）烤烟水蒸馏挥发性致香物指纹图谱

2.2.17　广东清远连州粤烟 97B2F（2009）烤烟水蒸馏挥发性致香物组成成分分析结果

广东清远连州粤烟 97B2F（2009）烤烟水蒸馏挥发性致香物组成成分分析结果及指纹图谱分别见表 2-18 和图 2-17。从表 2-18 可以看出，广东清远连州粤烟 97B2F（2009）烤烟水蒸馏挥发性致香物中可检测出 60 种成分，除 1,2- 二甲苯为非香味成分外，其他 59 种为致香物质，它们的代谢转化产物分类和致香物类型如下。

1. 代谢转化产物

（1）类胡萝卜素降解和转化产物：香叶基丙酮 0.98%、4- 氧代异氟尔酮 0.16%、β- 大马烯酮 2.42%、β- 紫罗酮 0.10%、巨豆三烯酮 3.58%、（8E）-5,8- 巨豆二烯 -4- 酮 3.33%、法尼基丙酮 0.52%。

（2）叶绿素分解代谢产物：新植二烯 12.15%。

（3）苯丙氨酸和木质素代谢产物：苯甲醛 0.19%、苯乙醛 0.65%、苯乙醇 1.39%、苯甲醇 1.31%。

（4）类脂物降解产物：十五酸 1.52%、棕榈酸 28.99%、硬脂酸 0.74%、反油酸 1.22%、亚油酸 2.70%。

（5）西柏烯降解产物：西柏三烯二醇 2.46%。

2. 致香物

（1）酮类：甲基庚烯酮 0.11%、4- 氧代异氟尔酮 0.16%、茄酮 3.47%、4-（2,6,6- 三甲基 -1- 环己烯 -1- 基）-3- 丁烯 -1- 酮 0.08%、β- 大马烯酮 2.42%、香叶基丙酮 0.98%、β- 紫罗酮 0.1%、4-［2,2,6- 三甲基 -7- 氧杂二环［4.1.0］庚 -1- 基］-3- 丁烯 -2- 酮 0.16%、4- 羟基大马酮 0.38%、植酮 0.33%、巨豆三烯酮 3.58%、（8E）-5,8- 巨豆二烯 -4- 酮 3.33%、法尼基丙酮 0.52%、1- 亚甲基 -7- 甲基 -5-（二甲基亚甲基）二环［5.3.0］-7- 癸烯 -3- 酮 0.57%、（+）- 香柏酮 0.57%。酮类相对含量为致香物的 16.77%。

（2）醛类：壬醛 0.06%、糠醛 0.35%、苯甲醛 0.19%、β- 环柠檬醛 0.13%、苯乙醛 0.65%。醛类相对含量为致香物的 1.38%。

（3）醇类：异辛醇 0.26%、芳樟醇 0.18%、苯甲醇 1.31%、苯乙醇 1.39%、柏木醇 0.05%、叶绿醇 1.51%、西柏三烯二醇 2.46%。醇类相对含量为致香物的 7.16%。

（4）脂肪酸类：辛酸 0.32%、壬酸 0.26%、肉豆蔻酸 3.69%、十五酸 1.52%、棕榈酸 28.99%、硬脂酸 0.74%、反油酸 1.22%、亚油酸 2.70%。脂肪酸类相对含量为致香物的 39.44%。

（5）酯类：棕榈酸甲酯 0.33%、二氢猕猴桃内酯 0.16%、邻苯二甲酸二异丁酯 0.51%、亚麻酸甲酯 3.73%、环十五烷内酯 0.36%。酯类相对含量为致香物的 5.09%。

（6）稠环芳香烃类：1,2,3,4- 四氢 -1,1,6- 三甲基萘 0.07%、1,2- 二氢 -1,1,6- 三甲基萘 0.18%。稠环芳香烃类相对含量为致香物的 0.25%。

（7）酚类：愈创木酚 0.05%、对甲基苯酚 0.08%。酚类相对含量为致香物的 0.13%。

（8）不饱和脂肪烃类：3,6- 氧代 -1- 甲基 -8- 异丙基三环［6.2.2.0²·⁷］十二 -4,9- 二烯 0.06%、（E,E）-7,11,15- 三甲基 -3- 亚甲基 - 十六 - 1,6,10,14- 四烯 0.11%、1- 甲基 -2- 氰基 -3- 乙基 - 三甲基乙酰基 -2- 哌啶 2.23%、1- 二十二烯 3.36%。不饱和脂肪烃类相对含量为致香物的 5.76%。

（9）烷烃类：二十九烷 0.39%、二十七烷 0.25%。烷烃类相对含量为致香物的 0.64%。

（10）生物碱类：烟碱 2.59%、二烯烟碱 0.12%、异烟碱 0.21%。生物碱类相对含量为致香物的 2.92%。

（11）萜类：新植二烯 12.15%。萜类相对含量为致香物的 12.15%。

（12）其他类：乙基苯 0.20%、1,2- 二甲苯 0.24%、2- 乙酰呋喃 0.03%、3,3,5,6- 四甲基 -1,2- 二氢化茚 0.06%、六甲基苯 0.53%。

表 2-18　广东清远连州粤烟 97 B2F（2009）烤烟水蒸馏挥发性致香物组成成分分析结果

编号	保留时间（min）	分子式	化合物名称	CAS #	相对含量（%）
2	5.94	C_8H_{10}	乙基苯	100-41-4	0.20
3	6.29	C_8H_{10}	1,2- 二甲苯	95-47-6	0.24
4	12.64	$C_8H_{14}O$	甲基庚烯酮	110-93-0	0.11

续表

编号	保留时间（min）	分子式	化合物名称	CAS #	相对含量（%）
5	14.71	$C_9H_{18}O$	壬醛	124-19-6	0.06
6	17.60	$C_5H_4O_2$	糠醛	98-01-1	0.35
7	18.52	$C_8H_{18}O$	异辛醇	104-76-7	0.26
8	19.09	$C_6H_6O_2$	2-乙酰呋喃	1192-62-7	0.03
9	19.64	C_7H_6O	苯甲醛	100-52-7	0.19
10	20.81	$C_{10}H_{18}O$	芳樟醇	78-70-6	0.18
11	21.68	$C_{16}H_{20}O_2$	3,6-氧代-1-甲基-8-异丙基三环［6.2.2.0^{2,7}］十二-4,9-二烯	121824-66-6	0.06
12	23.15	$C_{10}H_{16}O$	β-环柠檬醛	432-25-7	0.13
13	24.25	C_8H_8O	苯乙醛	122-78-1	0.65
14	25.13	$C_{13}H_{18}$	3,3,5,6-四甲基-1,2-二氢化茚	942-43-8	0.06
15	26.08	$C_9H_{12}O_2$	4-氧代异氟尔酮	1125-21-9	0.16
16	27.79	$C_{13}H_{22}O$	茄酮	54868-48-3	3.47
17	28.38	$C_{13}H_{18}$	1,2,3,4-四氢-1,1,6-三甲基萘	475-03-6	0.07
18	30.54	$C_{13}H_{20}O$	4-（2,6,6-三甲基-1-环己烯-1-基）-3-丁烯-1-酮	85949-43-5	0.08
19	30.74	$C_{13}H_{18}O$	β-大马烯酮	23726-93-4	2.42
20	30.93	$C_{13}H_{16}$	1,2-二氢-1,1,6-三甲基萘	30364-38-6	0.18
21	31.77	$C_{10}H_{14}N_2$	烟碱	54-11-5	2.59
22	31.91	$C_{13}H_{22}O$	香叶基丙酮	3796-70-1	0.98
23	32.18	$C_7H_8O_2$	愈创木酚	90-05-1	0.05
24	32.64	C_7H_8O	苯甲醇	100-51-6	1.31
25	33.52	$C_8H_{10}O$	苯乙醇	60-12-8	1.39
26	33.85	$C_{20}H_{38}$	新植二烯	504-96-1	12.15
27	34.00	$C_{13}H_{20}O$	β-紫罗酮	79-77-6	0.10
28	35.33	$C_{13}H_{20}O_2$	4-（2,2,6-三甲基-7-氧杂二环［4.1.0］庚-1-基）-3-丁烯-2-酮	23267-57-4	0.16
29	37.17	$C_8H_{16}O_2$	辛酸	124-07-2	0.32
30	37.71	C_7H_8O	对甲基苯酚	106-44-5	0.08
31	37.96	$C_{13}H_{18}O$	4-羟基大马酮	1203-08-3	0.38
32	38.04	$C_{15}H_{26}O$	柏木醇	77-53-2	0.05
33	38.36	$C_{18}H_{36}O$	植酮	502-69-2	0.33
34	39.25	$C_{20}H_{32}$	（E,E）-7,11,15-三甲基-3-亚甲基-十六-1,6,10,14-四烯	70901-63-2	0.11
35	39.48	$C_9H_{18}O_2$	壬酸	112-05-0	0.26
36	39.99	$C_{13}H_{20}O$	（8E）-5,8-巨豆二烯-4-酮	67401-26-7	3.33
37	40.51	$C_{17}H_{34}O_2$	棕榈酸甲酯	112-39-0	0.33
38	42.74	$C_{13}H_{18}O$	巨豆三烯酮	13215-88-8	3.58
39	43.66	$C_{10}H_{10}N_2$	二烯烟碱	487-19-4	0.12
40	43.95	$C_{11}H_{16}O_2$	二氢猕猴桃内酯	17092-92-1	0.16
41	45.53	$C_{18}H_{30}O$	法尼基丙酮	1117-52-8	0.52
42	47.78	$C_{15}H_{20}O$	1-亚甲基-7-甲基-5-（二甲基亚甲基）二环［5.3.0］-7-癸烯-3-酮	115842-48-3	0.57

续表

编号	保留时间（min）	分子式	化合物名称	CAS #	相对含量（%）
43	49.16	$C_{10}H_8N_2$	异烟碱	581-50-0	0.21
44	50.33	$C_{15}H_{22}O$	（+）-香柏酮	4674-50-4	0.57
45	50.45	$C_{27}H_{56}$	二十七烷	593-49-7	0.25
46	51.47	$C_{16}H_{22}O_4$	邻苯二甲酸二异丁酯	84-69-5	0.51
47	51.89	$C_{19}H_{32}O_2$	亚麻酸甲酯	301-00-8	3.73
48	52.89	$C_{20}H_{40}O$	叶绿醇	150-86-7	1.51
49	53.60	$C_{20}H_{34}O_2$	西柏三烯二醇	57688-99-0	2.46
50	54.09	$C_{14}H_{22}N_2O$	1-甲基-2-氰基-3-乙基-三甲基乙酰基-2-哌啶	73658-06-7	2.23
51	54.19	$C_{14}H_{28}O_2$	肉豆蔻酸	544-63-8	3.69
52	54.61	$C_{22}H_{44}$	1-二十二烯	1599-67-3	3.36
53	54.91	$C_{12}H_{18}$	六甲基苯	87-85-4	0.53
54	55.44	$C_{15}H_{30}O_2$	十五酸	1002-84-2	1.52
55	55.79	$C_{15}H_{28}O_2$	环十五烷内酯	106-02-5	0.36
56	56.43	$C_{29}H_{60}$	二十九烷	630-03-5	0.39
57	56.74	$C_{16}H_{32}O_2$	棕榈酸	57-10-3	28.99
58	59.88	$C_{18}H_{36}O_2$	硬脂酸	57-11-4	0.74
59	60.47	$C_{18}H_{34}O_2$	反油酸	112-79-8	1.22
60	61.60	$C_{18}H_{32}O_2$	亚油酸	60-33-3	2.70

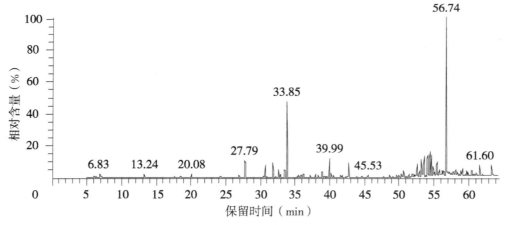

图2-17　广东清远连州粤烟97 B2F（2009）烤烟水蒸馏挥发性致香物指纹图谱

2.2.18　广东清远连州粤烟97C3F（2009）烤烟水蒸馏挥发性致香物组成成分分析结果

广东清远连州粤烟97C3F（2009）烤烟水蒸馏挥发性致香物组成成分分析结果及指纹图谱见表2-19和图2-18。从表2-19可以看出，广东清远连州粤烟97C3F（2009）烤烟水蒸馏挥发性致香物中可检测出52种成分，除乙苯为非香味成分外，其他51种为致香物质，它们的代谢转化产物分类和致香物类型如下。

1. 代谢转化产物

（1）类胡萝卜素降解和转化产物：香叶基丙酮0.51%、β-大马烯酮1.57%、巨豆三烯酮2.88%、（8E）-5,8-巨豆二烯-4-酮2.69%、法尼基丙酮0.41%、β-紫罗酮0.07%。

（2）叶绿素分解代谢产物：新植二烯10.38%。

（3）苯丙氨酸和木质素代谢产物：苯甲醛0.06%、苯乙醛0.08%、苯甲醇0.82%、苯乙醇0.62%。

（4）类脂物降解产物：壬酸0.23%、辛酸0.20%、十五酸1.52%、肉豆蔻酸1.79%、橙花叔醇4.18%、棕榈酸25.70%、硬脂酸0.69%、反油酸0.96%、亚油酸2.42%。

（5）西柏烯降解产物：西柏三烯二醇1.71%。

2.致香物

（1）酮类：茄酮3.03%、4-（2,6,6-三甲基-1-环己烯-1-基）-3-丁烯-1-酮0.06%、β-大马烯酮1.57%、香叶基丙酮0.51%、β-紫罗酮0.07%、4-（2,2,6-三甲基-7-氧杂二环［4.1.0］庚-1-基）-3-丁烯-2-酮0.12%、4-羟基大马酮0.19%、植酮0.26%、巨豆三烯酮2.88%、（8E）-5,8-巨豆二烯-4-酮2.69%、法尼基丙酮0.41%、α-香附酮0.54%。酮类相对含量为致香物的13.33%。

（2）醛类：壬醛0.03%、糠醛0.08%、苯甲醛0.06%、苯乙醛0.08%。醛类相对含量为致香物的0.25%。

（3）醇类：异辛醇0.13%、芳樟醇0.09%、苯甲醇0.82%、苯乙醇0.62%、柏木醇0.07%、西柏三烯二醇1.71%、橙花叔醇4.18%。醇类相对含量为致香物的7.62%。

（4）脂肪酸类：壬酸0.23%、辛酸0.20%、十五酸1.52%、肉豆蔻酸1.79%、棕榈酸25.70%、硬脂酸0.69%、反油酸0.96%、亚油酸2.42%。脂肪酸类相对含量为致香物的33.51%。

（5）酯类：棕榈酸甲酯0.25%、二氢猕猴桃内酯0.16%、亚麻酸甲酯6.43%、邻苯二甲酸二异丁酯0.58%。酯类相对含量为致香物的7.42%。

（6）稠环芳香烃类：1,2,3,4-四氢-1,1,6-三甲基萘0.03%、1,2,3,4-四氢-1,1,6-三甲基萘0.04%、1,2-二氢-1,1,6-三甲基萘0.13%。稠环芳香烃类相对含量为致香物的0.20%。

（7）酚类：4-乙烯基-2-甲氧基苯酚0.82%。酚类相对含量为致香物的0.82%。

（8）不饱和脂肪烃类：未检测到该类成分。

（9）烷烃类：三十六烷0.54%、三十五烷0.18%、二十九烷0.39%、四十四烷0.82%。烷烃类相对含量为致香物的1.93%。

（10）生物碱类：烟碱3.21%。生物碱类相对含量为致香物的3.21%。

（11）萜类：新植二烯10.38%。萜类相对含量为致香物的10.38%。

（12）其他类：乙苯0.06%、间二甲苯0.03%、对二甲苯0.07%、苯并噻唑0.03%、2,3-二氢苯并呋喃0.17%、六甲基苯0.54%、1-二十二烯5.06%。

表2-19　广东清远连州粤烟97 C3F（2009）烤烟水蒸馏挥发性致香物组成成分分析结果

编号	保留时间（min）	分子式	化合物名称	CAS #	相对含量（%）
1	5.98	C_8H_{10}	乙苯	100-41-4	0.06
2	6.15	C_8H_{10}	间二甲苯	108-38-3	0.03
3	6.33	C_8H_{10}	对二甲苯	106-42-3	0.07
4	14.73	$C_9H_{18}O$	壬醛	124-19-6	0.03
5	17.62	$C_5H_4O_2$	糠醛	98-01-1	0.08
6	18.52	$C_8H_{18}O$	异辛醇	104-76-7	0.13
7	19.65	C_7H_6O	苯甲醛	100-52-7	0.06
8	20.81	$C_{10}H_{18}O$	芳樟醇	78-70-6	0.09
9	24.25	C_8H_8O	苯乙醛	122-78-1	0.08
10	25.14	$C_{13}H_{18}$	1,2,3,4-四氢-1,1,6-三甲基萘	475-03-6	0.03
11	27.80	$C_{13}H_{22}O$	茄酮	54868-48-3	3.03
12	28.38	$C_{13}H_{18}$	1,2,3,4-四氢-1,1,6-三甲基萘	475-03-6	0.04
13	30.54	$C_{13}H_{20}O$	4-（2,6,6-三甲基-1-环己烯-1-基）-3-丁烯-1-酮	85949-43-5	0.06
14	30.74	$C_{13}H_{18}O$	β-大马烯酮	23726-93-4	1.57

续表

编号	保留时间 （min）	分子式	化合物名称	CAS #	相对含量 （%）
15	30.93	$C_{13}H_{16}$	1,2- 二氢 -1,1,6- 三甲基萘	30364-38-6	0.13
16	31.76	$C_{10}H_{14}N_2$	烟碱	54-11-5	3.21
17	31.91	$C_{13}H_{22}O$	香叶基丙酮	3796-70-1	0.51
18	32.64	C_7H_8O	苯甲醇	100-51-6	0.82
19	33.52	$C_8H_{10}O$	苯乙醇	60-12-8	0.62
20	33.86	$C_{20}H_{38}$	新植二烯	504-96-1	10.38
21	34.00	$C_{13}H_{20}O$	β- 紫罗酮	79-77-6	0.07
22	34.42	C_7H_5NS	苯并噻唑	95-16-9	0.03
23	35.33	$C_{13}H_{20}O_2$	4-［2,2,6- 三甲基 -7- 氧杂二环 ［4.1.0］庚 -1- 基］-3- 丁烯 -2- 酮	23267-57-4	0.12
24	37.17	$C_8H_{16}O_2$	辛酸	124-07-2	0.20
25	37.96	$C_{13}H_{18}O$	4- 羟基大马酮	1203-08-3	0.19
26	38.05	$C_{15}H_{26}O$	柏木醇	77-53-2	0.07
27	38.36	$C_{18}H_{36}O$	植酮	502-69-2	0.26
28	39.48	$C_8H_{19}O_2$	壬酸	112-05-0	0.23
29	40.00	$C_{13}H_{20}O$	（8E）-5,8- 巨豆二烯 -4- 酮	67401-26-7	2.69
30	40.18	$C_9H_{10}O_2$	4- 乙烯基 -2- 甲氧基苯酚	7786-61-0	0.82
31	40.51	$C_{17}H_{34}O_2$	棕榈酸甲酯	112-39-0	0.25
32	42.74	$C_{13}H_{18}O$	巨豆三烯酮	13215-88-8	2.88
33	43.95	$C_{11}H_{16}O_2$	二氢猕猴桃内酯	17092-92-1	0.16
34	45.54	$C_{18}H_{30}O$	法尼基丙酮	1117-52-8	0.41
35	46.91	C_8H_8O	2,3- 二氢苯并呋喃	496-6-2	0.17
36	47.78	$C_{15}H_{20}O$	亚麻酸甲酯	115842-48-3	6.43
37	50.33	$C_{15}H_{22}O$	α- 香附酮	473-08-5	0.54
38	50.47	$C_{36}H_{74}$	三十六烷	630-06-8	0.54
39	51.48	$C_{16}H_{22}O_4$	邻苯二甲酸二异丁酯	84-69-5	0.58
40	53.60	$C_{20}H_{34}O_2$	西柏三烯二醇	57688-99-0	1.71
41	54.19	$C_{14}H_{28}O_2$	肉豆蔻酸	544-63-8	1.79
42	54.44	$C_{22}H_{44}$	1- 二十二烯	1599-67-3	5.06
43	54.68	$C_{15}H_{26}O$	橙花叔醇	7212-44-4	4.18
44	54.91	$C_{12}H_{18}$	六甲基苯	87-85-4	0.54
45	55.26	$C_{35}H_{72}$	三十五烷	630-07-9	0.18
46	55.44	$C_{15}H_{30}O_2$	十五酸	1002-84-2	1.52
47	56.44	$C_{29}H_{60}$	二十九烷	630-03-5	0.39
48	56.75	$C_{16}H_{32}O_2$	棕榈酸	57-10-3	25.70
49	58.44	$C_{44}H_{90}$	四十四烷	7098-22-8	0.82
50	59.88	$C_{18}H_{36}O_2$	硬脂酸	57-11-4	0.69
51	60.47	$C_{18}H_{34}O_2$	反油酸	112-79-8	0.96
52	61.60	$C_{18}H_{32}O_2$	亚油酸	60-33-3	2.42

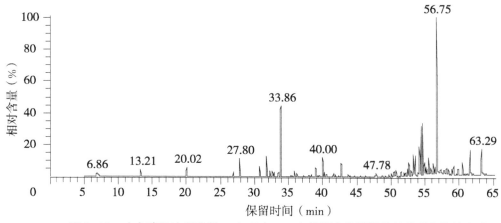

图2-18　广东清远连州粤烟97C3F（2009）烤烟水蒸馏挥发性致香物指纹图谱

2.2.19　云南曲靖云烟87C3F（2009）烤烟水蒸馏挥发性致香物组成成分分析结果

云南曲靖云烟87 C3F（2009）烤烟水蒸馏挥发性致香物组成成分分析结果及指纹图谱分别见表2-20和图2-19。从表2-20可以看出，云南曲靖云烟87C3F（2009）烤烟水蒸馏挥发性致香物中可检测出58种成分，除乙苯和邻二甲苯为非香味成分外，其他57种为致香物质，它们的代谢转化产物分类和致香物类型如下。

1. 代谢转化产物

（1）类胡萝卜素降解和转化产物：香叶基丙酮0.81%、β- 紫罗酮0.08%、巨豆三烯酮4.08%、（8E）-5,8-巨豆二烯 -4- 酮3.20%、法尼基丙酮0.89%、β- 大马烯酮2.50%、茄酮5.70%。

（2）叶绿素分解代谢产物：新植二烯18.23%。

（3）苯丙氨酸和木质素代谢产物：苯甲醛0.07%、苯乙醛0.44%、苯甲醇0.37%、苯乙醇0.40%。

（4）类脂物降解产物：辛酸0.14%、壬酸0.21%、肉豆蔻酸2.18%、十五酸1.23%、棕榈酸16.98%、硬脂酸0.64%、反油酸0.78%、亚油酸2.11%。

（5）西柏烯降解产物：西柏三烯二醇2.20%。

2. 致香物

（1）酮类：6- 甲基 -5- 庚烯 -2- 酮0.04%、4- 氧代异氟尔酮0.05%、茄酮5.70%、4-（2,6,6- 三甲基 -1- 环己烯 -1- 基）-3- 丁烯 -1- 酮0.14%、β- 大马烯酮2.50%、香叶基丙酮0.81%、β- 紫罗酮0.08%、4-（2,2,6- 三甲基 -7- 氧杂二环 ［4.1.0］庚 -1- 基）-3- 丁烯 -2- 酮0.32%、4- 羟基大马酮0.33%、植酮0.27%、巨豆三烯酮4.08%、（8E）-5,8- 巨豆二烯 -4- 酮3.20%、法尼基丙酮0.89%。酮类相对含量为致香物的18.41%。

（2）醛类：壬醛0.01%、糠醛0.11%、苯甲醛0.07%、5- 甲基糠醛0.03%、1,3,4- 三甲基 -3- 环己烯基 -1-甲醛0.13%、苯乙醛0.44%、异绒白乳菇醛2.01%。醛类相对含量为致香物的2.80%。

（3）醇类：3,7- 二甲基 -1,6- 辛二烯 -3- 醇0.21%、苯甲醇0.37%、苯乙醇0.40%、反式橙花叔醇0.05%、叶绿醇0.50%、西柏三烯二醇2.20%、（2E,6E,11Z）-3,7,13- 三甲基 -10-（2- 丙基）-2,6,11- 环十四碳三烯 -1,13- 二醇0.44%。醇类相对含量为致香物的4.17%。

（4）脂肪酸类：辛酸0.14%、壬酸0.21%、肉豆蔻酸2.18%、十五酸1.23%、棕榈酸16.98%、硬脂酸0.64%、反油酸0.78%、亚油酸2.11%。脂肪酸类相对含量为致香物的24.27%。

（5）酯类：棕榈酸甲酯2.76%、二氢猕猴桃内酯0.76%、7,10- 十八碳二烯酸甲酯1.46%、邻苯二甲酸二异丁酯1.10%、邻苯二甲酸二丁酯0.68%、亚麻酸甲酯7.99%。酯类相对含量为致香物的14.75%。

（6）稠环芳香烃类：1,2,3,4- 四氢 -1,1,6- 三甲基萘0.10%、1,2- 二氢 -1,1,6- 三甲基萘0.31%。稠环芳香烃类相对含量为致香物的0.41%。

（7）酚类：4- 甲氧基苯酚0.04%、4- 乙烯基 -2- 甲氧基苯酚0.94%。酚类相对含量为致香物的0.98%。

（8）不饱和脂肪烃类：（E, E）-7,11,15- 三甲基 -3- 亚甲基 -1,6,10,14- 十六烯0.09%、1- 二十二烯4.28%。

不饱和脂肪烃类相对含量为致香物的 4.37%。

（9）烷烃类：二十六烷 0.27%、二十九烷 0.32%。烷烃类相对含量为致香物的 0.59%。

（10）生物碱类：烟碱 0.36%。生物碱类相对含量为致香物的 0.36%。

（11）萜类：新植二烯 18.23%。萜类相对含量为致香物的 18.23%。

（12）其他类：乙苯 0.06%、间二甲苯 0.06%、邻二甲苯 0.09%、2- 乙酰基呋喃 0.04%、N- 乙基间甲苯胺 0.03%、3,3,5,6- 四甲基 -1,2- 二氢化茚 0.05%、2- 乙酰基吡咯 0.15%。

表 2-20　云南曲靖云烟 87C3F（2009）烤烟水蒸馏挥发性致香物组成成分分析结果

编号	保留时间（min）	分子式	化合物名称	CAS #	相对含量（%）
1	5.91	C_8H_{10}	乙苯	100-41-4	0.06
2	6.10	C_8H_{10}	间二甲苯	108-38-3	0.06
3	6.26	C_8H_{10}	邻二甲苯	95-47-6	0.09
4	12.62	$C_8H_{14}O$	6- 甲基 -5- 庚烯 -2- 酮	110-93-0	0.04
5	14.67	$C_9H_{18}O$	壬醛	124-19-6	0.01
6	17.00	$C_9H_{13}N$	N- 乙基间甲苯胺	102-27-2	0.03
7	17.60	$C_5H_4O_2$	糠醛	98-01-1	0.11
8	17.75	$C_{13}H_{18}$	1,2,3,4- 四氢 -,1,1,6- 三甲基萘	475-03-6	0.10
9	19.07	$C_6H_6O_2$	2- 乙酰基呋喃	1192-62-7	0.04
10	19.63	C_7H_6O	苯甲醛	100-52-7	0.07
11	20.79	$C_{10}H_{18}O$	3,7- 二甲基 -1,6- 辛二烯 -3- 醇	78-70-6	0.21
12	21.68	$C_6H_6O_2$	5- 甲基糠醛	620-02-0	0.03
13	23.14	$C_{10}H_{16}O$	1,3,4- 三甲基 -3- 环己烯基 -1- 甲醛	40702-26-9	0.13
14	24.24	C_8H_8O	苯乙醛	122-78-1	0.44
15	25.12	$C_{13}H_{18}$	3,3,5,6- 四甲基 -1,2- 二氢化茚	942-43-8	0.05
16	26.06	$C_9H_{12}O_2$	4- 氧代异氟尔酮	1125-21-9	0.05
17	27.80	$C_{13}H_{22}O$	茄酮	54868-48-3	5.70
18	30.53	$C_{13}H_{20}O$	4-（2,6,6- 三甲基 -1- 环己烯 -1- 基）-3- 丁烯 -1- 酮	85949-43-5	0.14
19	30.74	$C_{13}H_{18}O$	β- 大马烯酮	23726-93-4	2.50
20	30.92	$C_{13}H_{16}$	1,2- 二氢 -1,1,6- 三甲基萘	30364-38-6	0.31
21	31.77	$C_{10}H_{14}N_2$	烟碱	54-11-5	0.36
22	31.90	$C_{13}H_{22}O$	香叶基丙酮	3796-70-1	0.81
23	32.17	$C_7H_8O_2$	4- 甲氧基苯酚	150-76-5	0.04
24	32.63	C_7H_8O	苯甲醇	100-51-6	0.37
25	33.51	$C_8H_{10}O$	苯乙醇	60-12-8	0.40
26	33.92	$C_{20}H_{38}$	新植二烯	504-96-1	18.23
27	33.99	$C_{13}H_{20}O$	β- 紫罗酮	79-77-6	0.08
28	35.08	C_6H_7NO	2- 乙酰基吡咯	1072-83-9	0.15
29	35.32	$C_{13}H_{20}O_2$	4-（2,2,6- 三甲基 -7- 氧杂二环 [4.1.0] 庚 -1- 基）-3- 丁烯 -2- 酮	23267-57-4	0.32
30	36.64	$C_{15}H_{26}O$	反式橙花叔醇	40716-66-3	0.05
31	37.16	$C_8H_{16}O_2$	辛酸	124-07-2	0.14
32	37.95	$C_{13}H_{18}O$	4- 羟基大马酮	1203-08-3	0.33
33	38.35	$C_{18}H_{36}O$	植酮	502-69-2	0.27
34	39.25	$C_{20}H_{32}$	(E,E) -7,11,15- 三甲基 -3- 亚甲基 -1,6,10,14- 十六烯	70901-63-2	0.09
35	39.47	$C_9H_{18}O_2$	壬酸	112-05-0	0.21
36	40.00	$C_{13}H_{20}O$	(8E) -5,8- 巨豆二烯 -4- 酮	67401-26-7	3.20

续表

编号	保留时间（min）	分子式	化合物名称	CAS #	相对含量（%）
37	40.18	$C_9H_{10}O_2$	4-乙烯基-2-甲氧基苯酚	7786-61-0	0.94
38	40.53	$C_{17}H_{34}O_2$	棕榈酸甲酯	112-39-0	2.76
39	42.74	$C_{13}H_{18}O$	巨豆三烯酮	13215-88-8	4.08
40	43.95	$C_{11}H_{16}O_2$	二氢猕猴桃内酯	17092-92-1	0.76
41	45.53	$C_{18}H_{30}O$	法尼基丙酮	1117-52-8	0.89
42	50.31	$C_{19}H_{34}O_2$	7,10-十八碳二烯酸甲酯	56554-24-6	1.46
43	50.46	$C_{26}H_{54}$	二十六烷	630-01-3	0.27
44	51.47	$C_{16}H_{22}O_4$	邻苯二甲酸二异丁酯	84-69-5	1.10
45	51.89	$C_{19}H_{32}O_2$	亚麻酸甲酯	301-00-8	7.99
46	52.46	$C_{15}H_{20}O_2$	异绒白乳菇醛	37841-91-1	2.01
47	52.90	$C_{20}H_{40}O$	叶绿醇	150-86-7	0.50
48	53.61	$C_{20}H_{34}O_2$	西柏三烯二醇	57688-99-0	2.20
49	54.09	$C_{16}H_{22}O_4$	邻苯二甲酸二丁酯	84-74-2	0.68
50	54.19	$C_{14}H_{28}O_2$	肉豆蔻酸	544-63-8	2.18
51	54.68	$C_{22}H_{44}$	1-二十二烯	1599-67-3	4.28
52	55.44	$C_{15}H_{30}O_2$	十五酸	1002-84-2	1.23
53	55.57	$C_{20}H_{34}O_2$	（2E,6E,11Z）-3,7,13-三甲基-10-（2-丙基）-2,6,11-环十四碳三烯-1,13-二醇	7220-78-2	0.44
54	56.43	$C_{29}H_{60}$	二十九烷	630-03-5	0.32
55	56.74	$C_{16}H_{32}O_2$	棕榈酸	57-10-3	16.98
56	59.88	$C_{18}H_{36}O_2$	硬脂酸	57-11-4	0.64
57	60.47	$C_{18}H_{34}O_2$	反油酸	112-79-8	0.78
58	61.60	$C_{18}H_{32}O_2$	亚油酸	60-33-3	2.11

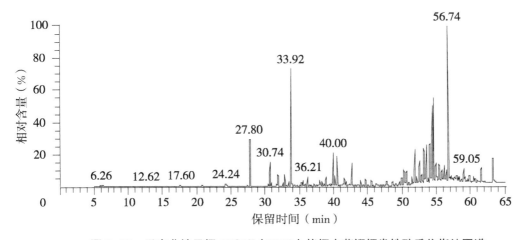

图 2-19　云南曲靖云烟 87C3F（2009）烤烟水蒸馏挥发性致香物指纹图谱

2.2.20　云南师宗云烟 87C3F（2009）烤烟水蒸馏挥发性致香物组成成分分析结果

云南师宗云烟 87C3F（2009）烤烟水蒸馏挥发性致香物组成成分分析结果及指纹图谱分别见表 2-21 和图 2-20。从表 2-21 可以看出，云南师宗云烟 87C3F（2009）烤烟水蒸馏挥发性致香物中可检测出 47 种成分，除乙苯为非香味成分外，其他 46 种为致香物质，它们的代谢转化产物分类和致香物类型如下。

1. 代谢转化产物

（1）类胡萝卜素降解和转化产物：茄酮 5.12%、β-大马烯酮 1.96%、香叶基丙酮 0.29%、β-紫罗酮

0.16%、植酮 0.16%、降茄二酮 0.38%、巨豆三烯酮 1.70%、（8E）-5,8- 巨豆二烯 -4- 酮 2.25%、2,4,4- 三甲基 -3- 乙烯基环戊酮 0.87%、圆柚酮 0.51%、法尼基丙酮 0.60%、1- 亚甲基 -7- 甲基 -5-（二甲基亚甲基）二环［5.3.0］-7- 癸烯 -3- 酮 0.54%。

（2）叶绿素分解代谢产物：未检测到该类代谢产物。

（3）苯丙氨酸和木质素代谢产物：苯乙醛 0.49%、苯甲醇 0.34%、苯乙醇 0.25%。

（4）类脂物降解产物：乙酸 0.15%、肉豆蔻酸 2.04%、棕榈酸 16.04%、亚麻酸 1.52%。

（5）西柏烯降解产物：未检测到该类降解产物。

2. 致香物

（1）酮类：6- 甲基 -5- 庚烯 -2- 酮 0.02%、2- 丁酮 0.11%、茄酮 5.12%、4-（2,6,6- 三甲基 -1- 环己烯 -1- 基）-3- 丁烯 -1- 酮 0.16%、β- 大马烯酮 1.96%、香叶基丙酮 0.29%、β- 紫罗酮 0.16%、4-（2,2,6- 三甲基 -7- 氧杂二环［4.1.0］庚 -1- 基）-3- 丁烯 -2- 酮 0.19%、1-（4- 甲胺基 -5- 甲亚胺基 - 环［1.3.6］庚三烯 -1- 基）乙烯酮 0.06%、植酮 0.16%、降茄二酮 0.38%、巨豆三烯酮 1.70%、（8E）-5,8- 巨豆二烯 -4- 酮 2.25%、2,4,4- 三甲基 -3- 乙烯基环戊酮 0.87%、圆柚酮 0.51%、法尼基丙酮 0.60%、1- 亚甲基 -7- 甲基 -5-（二甲基亚甲基）二环［5.3.0］-7- 癸烯 -3- 酮 0.54%。酮类相对含量为致香物的 15.08%。

（2）醛类：壬醛 0.02%、糠醛 0.04%、苯乙醛 0.49%。醛类相对含量为致香物的 0.55%。

（3）醇类：3,7- 二甲基 -1,6- 辛二烯 -3- 醇 0.21%、苯甲醇 0.34%、苯乙醇 0.25%、3,7,11,15- 四甲基 -2- 十六烯 -1- 醇 21.33%、（2E,6E,11Z）-3,7,13- 三甲基 -10-（2- 丙基）-2,6,11- 环十四碳三烯 -1,13- 二醇 2.85%、植醇 0.48%。醇类相对含量为致香物的 25.55%。

（4）脂肪酸类：乙酸 0.15%、肉豆蔻酸 2.04%、棕榈酸 16.04%、亚麻酸 1.52%。脂肪酸类相对含量为致香物的 19.75%。

（5）酯类：棕榈酸甲酯 0.73%、二氢猕猴桃内酯 0.53%、亚麻酸甲酯 4.88%、邻苯二甲酸二异丁酯 2.00%。酯类相对含量为致香物的 8.14%。

（6）稠环芳香烃类：1,2- 二氢 -1,1,6- 三甲基萘 0.15%。稠环芳香烃类相对含量为致香物的 0.15%。

（7）酚类：去甲呋喃羽叶芸香素 0.45%。酚类相对含量为致香物的 0.45%。

（8）不饱和脂肪烃类：2,2'-（1,2- 乙基）双（6,6- 二甲基）- 二环［3.1.1］庚 -2- 烯 1.91%。不饱和脂肪烃类相对含量为致香物的 1.91%。

（9）烷烃类：1- 甲基 -4-（2- 甲基环氧乙烷基）-7- 氧杂二环［4.1.0］庚烷 0.69%、二十九烷 1.33%、二十七烷 1.29%。烷烃类相对含量为致香物的 3.31%。

（10）生物碱类：烟碱 16.30%。生物碱类相对含量为致香物的 16.30%。

（11）萜类：未检测到该类成分。

（12）其他类：乙苯 0.16%、间二甲苯 0.03%、对二甲苯 0.13%、3-（4,8,12- 三甲基十三烷）基呋喃 0.03%、3,12- 二甲基 -6,7- 二氮杂 -3,5,7,9,11- 五烯 -1,13- 二炔 0.14%、4,6 二甲基 - 苯并噻吩 1.87%。

表 2-21　云南师宗云烟 87C3F（2009）烤烟水蒸馏挥发性致香物组成成分分析结果

编号	保留时间（min）	分子式	化合物名称	CAS 号	相对含量（%）
1	5.93	C_8H_{10}	乙苯	100-41-4	0.16
2	6.10	C_8H_{10}	间二甲苯	108-38-3	0.03
3	6.28	C_8H_{10}	对二甲苯	106-42-3	0.13
4	12.63	$C_8H_{14}O$	6- 甲基 -5- 庚烯 -2- 酮	110-93-0	0.02
5	14.67	$C_3H_{18}O$	壬醛	124-19-6	0.02
6	17.53	$C_2H_4O_2$	乙酸	64-19-7	0.15
7	17.61	$C_5H_4O_2$	糠醛	98-01-1	0.04
8	17.79	C_4H_8O	2- 丁酮	78-93-3	0.11
9	20.81	$C_{10}H_{18}O$	3,7- 二甲基 -1,6- 辛二烯 -3- 醇	78-70-6	0.21

续表

编号	保留时间（min）	分子式	化合物名称	CAS 号	相对含量（%）
10	24.24	C_8H_8O	苯乙醛	122-78-1	0.49
11	27.75	$C_{13}H_{22}O$	茄酮	54868-48-3	5.12
12	30.50	$C_{13}H_{20}O$	4-（2,6,6-三甲基-1-环己烯-1-基）-3-丁烯-1-酮	85949-43-5	0.16
13	30.71	$C_{13}H_{18}O$	β-大马烯酮	23726-93-4	1.96
14	30.90	$C_{13}H_{16}$	1,2-二氢-1,1,6-三甲基萘	30364-38-6	0.15
15	31.78	$C_{10}H_{14}N_2$	烟碱	54-11-5	16.30
16	31.87	$C_{13}H_{22}O$	香叶基丙酮	3796-70-1	0.29
17	32.68	C_7H_8O	苯甲醇	100-51-6	0.34
18	32.90	$C_{10}H_{16}O_2$	1-甲基-4-（2-甲基环氧乙烷基）-7-氧杂二环［4.1.0］庚烷	96-08-2	0.69
19	33.55	$C_8H_{10}O$	苯乙醇	60-12-8	0.25
20	33.83	$C_{20}H_{40}O$	3,7,11,15-四甲基-2-十六碳烯-1-醇	102608-53-7	21.33
21	33.97	$C_{13}H_{20}O$	β-紫罗酮	79-77-6	0.16
22	35.30	$C_{13}H_{20}O_2$	4-（2,2,6-三甲基-7-氧杂二环［4.1.0］庚-1-基）-3-丁烯-2-酮	23267-57-4	0.19
23	37.96	$C_{11}H_{14}N_2O$	1-（4-甲胺基-5-甲亚胺基-环［1.3.6］庚三烯-1-基）乙烯酮	119367-09-8	0.06
24	38.32	$C_{18}H_{36}O$	植酮	502-69-2	0.16
25	38.91	$C_{12}H_{20}O_2$	降茄二酮	60619-46-7	0.38
26	39.97	$C_{13}H_{20}O$	（8E）-5,8-巨豆二烯-4-酮	67401-26-7	2.25
27	40.12	$C_{20}H_{36}O$	3-（4,8,12-三甲基十三烷）基呋喃	54869-11-3	0.03
28	40.20	$C_{10}H_{16}O$	2,4,4-三甲基-3-乙烯基环戊酮	108946-79-8	0.87
29	40.45	$C_{17}H_{34}O_2$	棕榈酸甲酯	112-39-0	0.73
30	40.97	$C_{14}H_{14}N_2$	3,12-二甲基-6,7-二氮杂-3,5,7,9,11-五烯-1,13-二炔	87021-40-7	0.14
31	41.57	$C_{15}H_{22}O$	圆柚酮	4674-50-4	0.51
32	42.70	$C_{13}H_{18}O$	巨豆三烯酮	13215-88-8	1.70
33	43.94	$C_{11}H_{16}O_2$	二氢猕猴桃内酯	17092-92-1	0.53
34	45.45	$C_{18}H_{30}O$	法尼基丙酮	1117-52-8	0.60
35	47.73	$C_{15}H_{20}O$	1-亚甲基-7-甲基-5-（二甲基亚甲基）二环［5.3.0］-7-癸烯-3-酮	115842-48-3	0.54
36	49.60	$C_{19}H_{28}$	去甲呋喃羽叶芸香素	60924-68-7	0.45
37	50.38	$C_{29}H_{60}$	二十九烷	630-03-5	0.43
38	50.62	$C_{20}H_{30}$	2,2'-（1,2-乙基）双（6,6-二甲基）-二环［3.1.1］庚-2-烯	57988-82-6	1.91
39	51.85	$C_{19}H_{32}O_2$	亚麻酸甲酯	301-00-8	1.01
40	52.88	$C_{20}H_{40}O$	植醇	150-86-7	0.48
41	54.01	$C_{27}H_{56}$	二十七烷	593-49-7	1.29
42	54.08	$C_{16}H_{22}O_4$	邻苯二甲酸二异丁酯	84-69-5	2.00
43	54.21	$C_{14}H_{28}O_2$	肉豆蔻酸	544-63-8	2.04

续表

编号	保留时间 （min）	分子式	化合物名称	CAS 号	相对含量 （%）
44	54.94	$C_{14}H_{12}S$	4,6 二甲基二苯并噻吩	1207–12–1	1.87
45	55.88	$C_{20}H_{34}O_2$	（2E,6E,11Z）–3,7,13– 三甲基 –10–（2– 丙基）–2,6,11– 环十四碳三烯 –1,13– 二醇	7220–78–2	2.85
46	56.72	$C_{16}H_{32}O_2$	棕榈酸	57–10–3	16.04
47	61.59	$C_{18}H_{32}O_2$	亚麻酸	60–33–3	1.52

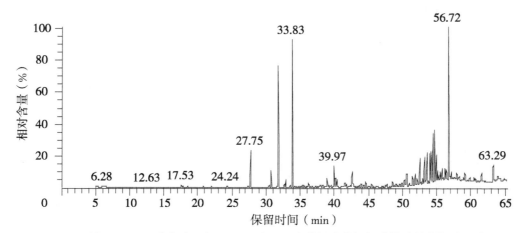

图 2-20　云南师宗云烟 87C3F（2009）烤烟水蒸馏挥发性致香物指纹图谱

2.2.21　云南昆明云烟 87B2F（2009）烤烟水蒸馏挥发性致香物组成成分分析结果

云南昆明云烟 87B2F（2009）烤烟水蒸馏挥发性致香物组成成分分析结果及指纹图谱分别见表 2-22 和图 2-21。从表 2-22 可以看出，云南昆明云烟 87B2F（2009）烤烟水蒸馏挥发性致香物中可检测出 55 种成分，除乙苯为非香味成分外，其他 54 种为致香物质，它们的代谢转化产物和致香物类型如下。

1. 代谢转化产物

（1）类胡萝卜素降解和转化产物：4- 氧代异氟尔酮 0.04%、茄酮 5.63%、β- 大马烯酮 1.45%、香叶基丙酮 0.25%、β- 紫罗酮 0.11%、植酮 0.14%、降茄二酮 0.30%、巨豆三烯酮 2.71%、（8E）-5,8- 巨豆二烯 -4- 酮 3.57%、圆柚酮 0.65%、法尼基丙酮 0.41%。

（2）叶绿素分解代谢产物：新植二烯 5.22%。

（3）苯丙氨酸和木质素代谢产物：苯乙醛 0.27%、苯甲醇 0.31%、苯乙醇 0.43%。

（4）类脂物降解产物：乙酸 0.08%、2- 甲基丁酸 0.06%、己酸 0.13%、辛酸 0.17%、壬酸 0.14%、肉豆蔻酸 6.22%、十五酸 1.78%、棕榈酸 36.84%、硬脂酸 1.23%、反油酸 0.86%、亚麻酸 1.89%。

（5）西柏烯降解产物：未检测到该类降解产物。

2. 致香物

（1）酮类：2- 丁酮 0.24%、4- 环戊烯 -1,3- 二酮 0.15%、4- 氧代异氟尔酮 0.04%、茄酮 5.63%、4-（2,6,6- 三甲基 -1- 环已烯 -1- 基）-3- 丁烯 -1- 酮 0.07%、β- 大马烯酮 1.45%、香叶基丙酮 0.25%、β- 紫罗酮 0.11%、4-（2,2,6- 三甲基 -7- 氧杂二环［4.1.0］庚 -1- 基）-3- 丁烯 -2- 酮 0.20%、4- 羟基大马酮 0.43%、植酮 0.14%、降茄二酮 0.30%、巨豆三烯酮 2.71%、（8E）-5,8- 巨豆二烯 -4- 酮 3.57%、圆柚酮 0.65%、法尼基丙酮 0.41%、1- 亚甲基 -7- 甲基 -5-（二甲基亚甲基）二环［5.3.0］-7- 癸烯 -3- 酮 0.88%、2,4,4- 三甲基 -3- 乙烯基环戊酮 0.63%。酮类相对含量为致香物的 17.86%。

（2）醛类：壬醛 0.01%、苯乙醛 0.27%。醛类相对含量为致香物的 0.28%。

（3）醇类：3,7- 二甲基 -1,6- 辛二烯 -3- 醇 0.12%、苯甲醇 0.31%、苯乙醇 0.43%、（2E,6E,11Z）-3,7,13- 三甲基 -10-（2- 丙基）-2,6,11- 环十四碳三烯 -1,13- 二醇 4.25%。醇类相对含量为致香物的 5.11%。

（4）脂肪酸类：乙酸 0.08%、2- 甲基丁酸 0.06%、己酸 0.13%、辛酸 0.17%、壬酸 0.14%、肉豆蔻酸 6.22%、十五酸 1.78%、棕榈酸 36.84%、硬脂酸 1.23%、反油酸 0.86%、亚麻酸 1.89%。脂肪酸类相对含量为致香物的 49.32%。

（5）酯类：丙酸芳樟酯 0.02%、肉豆蔻酸甲酯 0.09%、棕榈酸甲酯 1.78%、二氢猕猴桃内酯 0.62%、亚油酸乙酯 1.27%、亚麻酸甲酯 3.65%。酯类相对含量为致香物的 7.43%。

（6）稠环芳香烃类：1,2,3,4- 四氢 -1,1,6- 三甲基萘 0.25%、1,2- 二氢 -1,1,6- 三甲基萘 0.23%。稠环芳香烃类相对含量为致香物的 0.48%。

（7）酚类：未检测到该类成分。

（8）不饱和脂肪烃类：3,6- 氧代 -1- 甲基 -8- 异丙基三环 [6.2.2.0^{2,7}] 十二 -4,9- 二烯 0.03%、2,2,-（1,2- 二乙基）双（6,6- 二甲基）- 二环 [3.1.1] 庚 -2- 烯 1.35%。不饱和脂肪烃类相对含量为致香物的 1.38%。

（9）烷烃类：二十九烷 0.84%。烷烃类相对含量为致香物的 0.84%。

（10）生物碱类：烟碱 1.37%。生物碱类相对含量为致香物的 1.37%。

（11）萜类：新植二烯 5.22%。萜类相对含量为致香物的 5.22%。

（12）其他类：乙苯 0.03%、间二甲苯 0.01%、邻二甲苯 0.01%、2- 乙酰呋喃 0.02%、4- 硝基邻苯二甲酰胺 0.04%、3,3,5,6- 四甲基 -1,2- 二氢化茚 0.04%、2- 乙酰基吡咯 0.13%。

表 2-22　云南昆明云烟 87B2F（2009）烤烟水蒸馏挥发性致香物组成成分分析结果

编号	保留时间（min）	分子式	化合物名称	CAS #	相对含量（%）
1	5.92	C_8H_{10}	乙苯	100-41-4	0.03
2	6.25	C_8H_{10}	间二甲苯	108-38-3	0.01
3	7.44	C_8H_{10}	邻二甲苯	95-47-6	0.01
4	14.67	$C_9H_{18}O$	壬醛	124-19-6	0.01
5	17.51	$C_2H_4O_2$	乙酸	64-19-7	0.08
6	17.77	C_4H_8O	2- 丁酮	78-93-3	0.24
7	19.08	$C_6H_6O_2$	2- 乙酰呋喃	1192-62-7	0.02
8	19.61	$C_8H_7N_3O_4$	4- 硝基邻苯二甲酰胺	13138-53-9	0.04
9	20.80	$C_{10}H_{18}O$	3,7- 二甲基 -1,6- 辛二烯 -3- 醇	78-70-6	0.12
10	21.69	$C_{16}H_{20}O_2$	3,6- 氧代 -1- 甲基 -8- 异丙基三环 [6.2.2.0^{2,7}] 十二 -4,9- 二烯	121824-66-6	0.03
11	22.15	$C_5H_4O_2$	4- 环戊烯 -1,3- 二酮	930-60-9	0.15
12	23.47	$C_{13}H_{18}$	3,3,5,6- 四甲基 -1,2- 二氢化茚	942-43-8	0.04
13	24.23	C_8H_8O	苯乙醛	122-78-1	0.27
14	25.08	$C_{13}H_{18}$	1,2,3,4- 四氢 -1,1,6- 三甲基萘	475-03-6	0.25
15	25.83	$C_5H_{10}O_2$	2- 甲基丁酸	116-53-0	0.06
16	26.05	$C_9H_{12}O_2$	4- 氧代异氟尔酮	1125-21-9	0.04
17	26.44	$C_{13}H_{22}O_2$	丙酸芳樟酯	144-39-8	0.02
18	27.75	$C_{13}H_{22}O$	茄酮	54868-48-3	5.63
19	30.50	$C_{13}H_{20}O$	4-（2,6,6- 三甲基 -1- 环己烯 -1- 基）-3- 丁烯 -1- 酮	85949-43-5	0.07
20	30.70	$C_{13}H_{18}O$	β- 大马烯酮	23726-93-4	1.45
21	30.88	$C_{13}H_{16}$	1,2- 二氢 -1,1,6- 三甲基萘	30364-38-6	0.23

续表

编号	保留时间（min）	分子式	化合物名称	CAS #	相对含量（%）
22	31.76	$C_{10}H_{14}N_2$	烟碱	54-11-5	1.37
23	31.87	$C_{13}H_{22}O$	香叶基丙酮	3796-70-1	0.25
24	32.00	$C_6H_{12}O_2$	己酸	142-62-1	0.13
25	32.68	C_7H_8O	苯甲醇	100-51-6	0.31
26	33.55	$C_8H_{10}O$	苯乙醇	60-12-8	0.43
27	33.77	$C_{20}H_{38}$	新植二烯	504-96-1	5.22
28	33.97	$C_{13}H_{20}O$	β-紫罗兰酮	14901-07-6	0.11
29	35.12	C_6H_7NO	2-乙酰基吡咯	1072-83-9	0.13
30	35.30	$C_{13}H_{22}O_2$	4-（2,2,6-三甲基-7-氧杂二环［4.1.0］庚-1-基）-3-丁烯-2-酮	23267-57-4	0.20
31	35.81	$C_{15}H_{30}O_2$	肉豆蔻酸甲酯	124-10-7	0.09
32	37.22	$C_8H_{16}O_2$	辛酸	124-07-2	0.17
33	37.96	$C_{13}H_{18}O$	4-羟基大马酮	1203-08-3	0.43
34	38.32	$C_{18}H_{36}O$	植酮	502-69-2	0.14
35	38.91	$C_{12}H_{20}O_2$	降茄二酮	60619-46-7	0.30
36	39.52	$C_9H_{18}O_2$	壬酸	112-05-0	0.14
37	39.97	$C_{13}H_{20}O$	（8E）-5,8-巨豆二烯-4-酮	67401-26-7	3.57
38	40.20	$C_{10}H_{16}O$	2,4,4-三甲基-3-乙烯基环戊酮	108946-79-8	0.63
39	40.45	$C_{17}H_{34}O_2$	棕榈酸甲酯	112-39-0	1.78
40	41.57	$C_{15}H_{22}O$	圆柚酮	4674-50-4	0.65
41	42.71	$C_{13}H_{18}O$	巨豆三烯酮	13215-88-8	2.71
42	43.94	$C_{11}H_{16}O_2$	二氢猕猴桃内酯	17092-92-1	0.62
43	45.45	$C_{18}H_{30}O$	法尼基丙酮	1117-52-8	0.41
44	47.74	$C_{15}H_{20}O$	1-亚甲基-7-甲基-5-（二甲基亚甲基）二环［5.3.0］-7-癸烯-3-酮	115842-48-3	0.88
45	50.25	$C_{20}H_{36}O_2$	亚油酸乙酯	544-35-4	1.27
46	50.61	$C_{20}H_{30}$	2,2'-（1,2-二乙基）双（6,6-二甲基）-二环［3.1.1］庚-2-烯	57988-82-6	1.35
47	54.01	$C_{29}H_{60}$	二十九烷	630-03-5	0.84
48	54.21	$C_{14}H_{28}O_2$	肉豆蔻酸	544-63-8	6.22
49	55.45	$C_{15}H_{30}O_2$	十五酸	1002-84-2	1.78
50	55.88	$C_{20}H_{34}O_2$	（2E,6E,11Z）-3,7,13-三甲基-10-（2-丙基）-2,6,11-环十四碳三烯-1,13-二醇	7220-78-2	4.25
51	56.74	$C_{16}H_{32}O_2$	棕榈酸	57-10-3	36.84
52	59.86	$C_{18}H_{36}O_2$	硬脂酸	57-11-4	1.23
53	60.46	$C_{18}H_{34}O_2$	反油酸	112-79-8	0.86
54	61.58	$C_{18}H_{32}O_2$	亚麻酸	60-33-3	1.89
55	63.28	$C_{19}H_{32}O_2$	亚麻酸甲酯	301-00-8	3.65

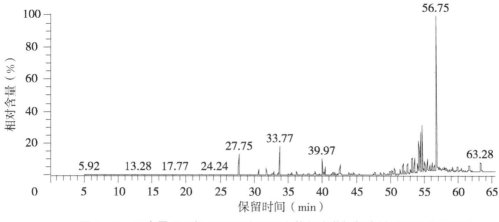

图 2-21　云南昆明云烟 87B2F（2009）烤烟水蒸馏挥发性致香物指纹图谱

2.2.22　云南沾益云烟 87C3F（2009）烤烟水蒸馏挥发性致香物组成成分分析结果

云南沾益云烟 87C3F（2009）烤烟水蒸馏挥发性致香物组成成分分析结果及指纹图谱分别见表 2-23 和图 2-22。从表 2-23 可以看出，云南沾益云烟 87 C3F（2009）烤烟水蒸馏挥发性致香物中可检测出 55 种成分，除乙苯为非香味成分外，其他 54 种为致香物质，它们的代谢转化产物分类和致香物类型如下。

1. 代谢转化产物

（1）类胡萝卜素降解和转化产物：4- 氧代异氟尔酮 0.03%、茄酮 2.81%、4-（2,6,6- 三甲基 -1- 环己烯 -1- 基）-3- 丁烯 -1- 酮 0.06%、β- 大马烯酮 0.97%、香叶基丙酮 0.24%、β- 紫罗酮 0.07%、4-（2,2,6- 三甲基 -7- 氧杂二环［4.1.0］庚 -1- 基）-3- 丁烯 -2- 酮 0.14%、植酮 0.11%、降茄二酮 0.30%、（8E）-5,8- 巨豆二烯 -4- 酮 2.83%、法尼基丙酮 0.64%。

（2）叶绿素分解代谢产物：新植二烯 9.11%。

（3）苯丙氨酸和木质素代谢产物：苯甲醛 0.05%、苯乙醛 0.20%、苯甲醇 0.30%、苯乙醇 0.21%。

（4）类脂物降解产物：乙酸 0.03%、己酸 0.06%、辛酸 0.13%、壬酸 0.19%、癸酸 0.09%、肉豆蔻酸 4.64%、十五酸 1.95%、棕榈酸 41.05%、亚麻酸 1.60%、硬脂酸 1.32%、反油酸 0.83%、棕榈酸甲酯 1.02%、二氢猕猴桃内酯 0.58%、维生素 A 乙酸酯 0.53%、邻苯二甲酸二异丁酯 0.26%、亚麻酸甲酯 2.3%。

（5）西柏烯降解产物：西柏三烯二醇 4.21%。

2. 致香物

（1）酮类：2- 丁酮 0.09%、4- 氧代异氟尔酮 0.03%、茄酮 2.81%、4-（2,6,6- 三甲基 -1- 环己烯 -1- 基）-3- 丁烯 -1- 酮 0.06%、β- 大马烯酮 0.97%、香叶基丙酮 0.24%、β- 紫罗酮 0.07%、4-（2,2,6- 三甲基 -7- 氧杂二环［4.1.0］庚 -1- 基）-3- 丁烯 -2- 酮 0.14%、植酮 0.11%、降茄二酮 0.30%、（8E）-5,8- 巨豆二烯 -4- 酮 2.83%、法尼基丙酮 0.64%。酮类相对含量为致香物的 8.29%。

（2）醛类：糠醛 0.05%、苯甲醛 0.05%、苯乙醛 0.20%。醛类相对含量为致香物的 0.30%。

（3）醇类：3,7- 二甲基 -1,6- 辛二烯 -3- 醇 0.08%、苯甲醇 0.30%、苯乙醇 0.21%、叶绿醇 0.51%、西柏三烯二醇 4.21%、（2E,6E,11Z）-3,7,13- 三甲基 -10-（2- 丙基）-2,6,11- 环十四碳三烯 -1,13- 二醇 5.45%。醇类相对含量为致香物的 14.92%。

（4）脂肪酸类：乙酸 0.03%、己酸 0.06%、辛酸 0.13%、壬酸 0.19%、癸酸 0.09%、肉豆蔻酸 4.64%、十五酸 1.95%、棕榈酸 41.05%、亚麻酸 1.60%、硬脂酸 1.32%、反油酸 0.83%。脂肪酸类相对含量为致香物的 51.89%。

（5）酯类：棕榈酸甲酯 1.02%、二氢猕猴桃内酯 0.58%、维生素 A 乙酸酯 0.53%、邻苯二甲酸二异丁酯 0.26%、亚麻酸甲酯 2.37%。酯类相对含量为致香物的 4.76%。

（6）稠环芳香烃类：1,2,3,4- 四氢 -1,1,6- 三甲基萘 0.14%、1,1,6- 三甲基 -1,2- 二氢萘 0.12%。稠环芳香烃类相对含量为致香物的 0.26%。

（7）酚类：去甲呋喃羽叶芸香素 1.02%、4- 乙烯基 -2- 甲氧基苯酚 0.45%。酚类相对含量为致香物的 1.47%。

（8）不饱和脂肪烃类：3,6- 氧代 -1- 甲基 -8- 异丙基三环［6.2.2.0²⁷］十二 -4,9- 二烯 0.01%、西柏烯 0.23%、2,2,-（1,2- 二乙基）双（6,6- 二甲基 - 二环［3.1.1］庚 -2 烯 2.04%。不饱和脂肪烃类相对含量为致香物的 2.28%。

（9）烷烃类：二十九烷 1.01%、（E）-1- 叠氮 -2- 苯乙烷 0.26%。烷烃类相对含量为致香物的 1.27%。

（10）生物碱类：烟碱 1.47%。生物碱类相对含量为致香物的 1.47%。

（11）萜类：新植二烯 9.11%。萜类相对含量为致香物的 9.11%。

（12）其他类：乙苯 0.04%、间二甲苯 0.01%、邻二甲苯 0.01%、3,3,5,6- 四甲基 -1,2- 二氢化茚 0.02%、苯并噻唑 0.05%、2- 乙酰基吡咯 0.02%、2,3- 二氢苯并呋喃 0.16%。

表 2-23　云南沾益云烟 87C3F（2009）烤烟水蒸馏挥发性致香物组成成分分析结果

编号	保留时间（min）	分子式	化合物名称	CAS 号	相对含量（%）
1	5.95	C_8H_{10}	乙苯	100-41-4	0.04
2	6.30	C_8H_{10}	间二甲苯	108-38-3	0.01
3	7.49	C_8H_{10}	邻二甲苯	95-47-6	0.01
4	17.53	$C_2H_4O_2$	乙酸	64-19-7	0.03
5	17.63	$C_5H_4O_2$	糠醛	98-01-1	0.05
6	17.79	C_4H_8O	2- 丁酮	78-93-3	0.09
7	19.63	C_7H_6O	苯甲醛	100-52-7	0.05
8	20.81	$C_{10}H_{18}O$	3,7- 二甲基 -1,6- 辛二烯 -3- 醇	78-70-6	0.08
9	21.70	$C_{16}H_{20}O_2$	3,6- 氧代 -1- 甲基 -8- 异丙基三环［6.2.2.0²⁷］十二 -4,9- 二烯	121824-66-6	0.01
10	23.47	$C_{13}H_{18}$	3,3,5,6- 四甲基 -1,2- 二氢化茚	942-43-8	0.02
11	24.24	C_8H_8O	苯乙醛	122-78-1	0.20
12	25.08	$C_{13}H_{18}$	1,2,3,4- 四氢 -1,1,6- 三甲基萘	475-03-6	0.14
13	26.06	$C_9H_{12}O_2$	4- 氧代异氟尔酮	1125-21-9	0.03
14	27.75	$C_{13}H_{22}O$	茄酮	54868-48-3	2.81
15	30.50	$C_{13}H_{20}O$	4-（2,6,6- 三甲基 -1- 环己烯 -1- 基)-3- 丁烯 -1- 酮	85949-43-5	0.06
16	30.71	$C_{13}H_{18}O$	β- 大马烯酮	23726-93-4	0.97
17	30.89	$C_{13}H_{16}$	1,1,6- 三甲基 -1,2- 二氢萘	30364-38-6	0.12
18	31.75	$C_{10}H_{14}N_2$	烟碱	54-11-5	1.47
19	31.87	$C_{13}H_{22}O$	香叶基丙酮	3796-70-1	0.24
20	32.00	$C_6H_{12}O_2$	己酸	142-62-1	0.06
21	32.67	C_7H_8O	苯甲醇	100-51-6	0.30
22	33.54	$C_8H_{10}O$	苯乙醇	60-12-8	0.21
23	33.79	$C_{20}H_{38}$	新植二烯	504-96-1	9.11
24	33.98	$C_{13}H_{20}O$	β- 紫罗酮	14901-07-6	0.07
25	34.41	C_7H_5NS	苯并噻唑	95-16-9	0.05
26	34.50	$C_{20}H_{40}O$	叶绿醇	102608-53-7	0.51
27	35.12	C_6H_7NO	2- 乙酰基吡咯	1072-83-9	0.02
28	35.30	$C_{13}H_{20}O_2$	4-（2,2,6- 三甲基 -7- 氧杂二环［4.1.0］庚 -1- 基)-3- 丁烯 -2- 酮	23267-57-4	0.14
29	37.22	$C_8H_{16}O_2$	辛酸	124-07-2	0.13
30	38.32	$C_{18}H_{36}O$	植酮	502-69-2	0.11
31	38.91	$C_{12}H_{20}O_2$	降茄二酮	60619-46-7	0.30
32	39.37	$C_{20}H_{32}$	西柏烯	1898-13-1	0.23

续表

编号	保留时间 （min）	分子式	化合物名称	CAS 号	相对含量（%）
33	39.53	$C_9H_{18}O_2$	壬酸	112–05–0	0.19
34	39.97	$C_{13}H_{20}O$	（8E）–5,8–巨豆二烯–4–酮	67401–26–7	2.83
35	40.20	$C_9H_{10}O_2$	4–乙烯基–2–甲氧基苯酚	7786–61–0	0.45
36	40.46	$C_{17}H_{34}O_2$	棕榈酸甲酯	112–39–0	1.02
37	42.42	$C_{10}H_{20}O_2$	癸酸	334–48–5	0.09
38	43.95	$C_{11}H_{16}O_2$	二氢猕猴桃内酯	17092–92–1	0.58
39	44.60	$C_{20}H_{30}$	2,2'–（1,2–二乙基）双（6,6–二甲基）–二环［3.1.1］庚–2–烯	57988–82–6	2.04
40	45.46	$C_{18}H_{30}O$	法尼基丙酮	1117–52–8	0.64
41	47.04	C_8H_8O	2,3–二氢苯并呋喃	496–16–2	0.16
42	47.52	$C_{22}H_{32}O_2$	维生素A乙酸酯	127–47–9	0.53
43	48.81	$C_8H_7N_3$	（E）–1–叠氮–2–苯乙烷	18756–03–1	0.26
44	49.60	$C_{16}H_{14}O_4$	去甲呋喃羽叶芸香素	60924–68–7	1.02
45	51.46	$C_{16}H_{22}O_4$	邻苯二甲酸二异丁酯	84–69–5	0.26
46	51.85	$C_{19}H_{32}O_2$	亚麻酸甲酯	301–00–8	2.37
47	53.59	$C_{20}H_{34}O_2$	西柏三烯二醇	57688–99–0	4.21
48	54.02	$C_{29}H_{60}$	二十九烷	630–03–5	1.01
49	54.21	$C_{14}H_{28}O_2$	肉豆蔻酸	544–63–8	4.64
50	55.45	$C_{15}H_{30}O_2$	十五酸	1002–84–2	1.95
51	55.88	$C_{20}H_{34}O_2$	（2E,6E,11Z）–3,7,13–三甲基–10–（2–丙基）–2,6,11–环十四碳三烯–1,13–二醇	7220–78–2	5.45
52	56.76	$C_{16}H_{32}O_2$	棕榈酸	57–10–3	41.05
53	59.06	$C_{20}H_{32}O_2$	亚麻酸	506–21–8	1.60
54	59.86	$C_{18}H_{36}O_2$	硬脂酸	57–11–4	1.32
55	60.46	$C_{18}H_{34}O_2$	反油酸	112–79–8	0.83

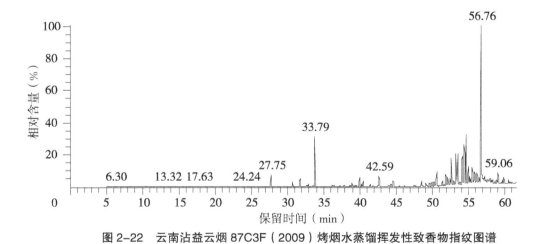

图 2-22 云南沾益云烟 87C3F（2009）烤烟水蒸馏挥发性致香物指纹图谱

2.2.23 云南沾益云烟 87B2F（2009）烤烟水蒸馏挥发性致香物组成成分分析结果

云南沾益云烟 87B2F（2009）烤烟水蒸馏挥发性致香物组成成分分析结果及指纹图谱分别见表 2-24 和图 2-23。从表 2-24 可以看出，云南沾益云烟 87B2F（2009）烤烟水蒸馏挥发性致香物中可检测出 56 种成分，除乙苯为非香味成分外，其他 55 种为致香物质，它们的代谢转化产物分类和致香物类型如下。

1. 代谢转化产物

（1）类胡萝卜素降解和转化产物：茄酮 7.87%、β- 大马烯酮 1.77%、香叶基丙酮 0.73%、β- 紫罗酮 18.42%、植酮 0.26%、巨豆三烯酮 3.47%、（8E）-5,8- 巨豆二烯 -4- 酮 3.67%、法尼基丙酮 0.64%、4-（2,2,6- 三甲基 -7- 氧杂二环［4.1.0］庚 -1- 基）-3- 丁烯 -2- 酮 0.30%、4-（2,6,6- 三甲基 -1- 环己烯 -1- 基）-3- 丁烯 -1- 酮 0.12%。

（2）叶绿素分解代谢产物：未检测到该类代谢转化产物。

（3）苯丙氨酸和木质素代谢产物：苯甲醛 0.04%、苯乙醛 0.12%、苯乙醇 0.10%。

（4）类脂物降解产物：十五酸 0.85%、棕榈酸 13.57%、肉豆蔻酸 2.27%、硬脂酸 0.68%、反油酸 1.04%、亚油酸 2.32%、棕榈酸甲酯 2.43%、二氢猕猴桃内酯 0.21%、亚油酸甲酯 1.46%、亚麻酸甲酯 4.43%。

（5）西柏烯降解产物：西柏三烯二醇 3.86%。

2. 致香物

（1）酮类：6- 甲基 -2- 庚酮 0.01%、6- 甲基 -5- 庚烯 -2- 酮 0.03%、苯并噻吩并［2,3-C］喹啉 -6（5H）- 硫酮 0.02%、茄酮 7.87%、4-（2,6,6- 三甲基 -1- 环己烯 -1- 基）-3- 丁烯 -1- 酮 0.12%、β- 大马烯酮 1.77%、香叶基丙酮 0.73%、β- 紫罗酮 18.42%、4-（2,2,6- 三甲基 -7- 氧杂二环［4.1.0］庚 -1- 基）-3- 丁烯 -2- 酮 0.30%、4- 羟基大马酮 0.29%、植酮 0.26%、巨豆三烯酮 3.47%、（8E）-5,8- 巨豆二烯 -4- 酮 3.67%、法尼基丙酮 0.64%、17- 羟基 -1,17- 二甲基雄烯酮 4.27%。酮类相对含量为致香物的 41.87%。

（2）醛类：壬醛 0.01%、糠醛 0.03%、癸醛 0.02%、苯甲醛 0.04%、1,3,4- 三甲基 -3- 环己烯 -1- 羧醛 0.13%、藏花醛 0.02%、苯乙醛 0.12%。醛类相对含量为致香物的 0.37%。

（3）醇类：3- 己烯 -1- 醇 0.01%、异戊醇 0.01%、松油醇 0.04%、苯乙醇 0.10%、叶绿醇 0.51%、芳樟醇 0.19%、（2E,6E,11Z）-3,7,13- 三甲基 -10-（2- 丙基）-2,6,11- 环十四碳三烯 -1,13- 二醇 2.53%、西柏三烯二醇 3.86%、橙花叔醇 3.75%。醇类相对含量为致香物的 10.00%。

（4）脂肪酸类：十五酸 0.85%、棕榈酸 13.57%、肉豆蔻酸 2.27%、硬脂酸 0.68%、反油酸 1.04%、亚油酸 2.32%。脂肪酸类相对含量为致香物的 10.00%。

（5）酯类：苯乙酸甲酯 0.01%、苯甲酸正丁酯 0.04%、棕榈酸甲酯 2.43%、二氢猕猴桃内酯 0.21%、亚油酸甲酯 1.46%、亚麻酸甲酯 4.43%。酯类相对含量为致香物的 8.58%。

（6）稠环芳香烃类：1,2,3,4- 四氢 -1,1,6- 三甲基萘 0.09%、1,1,6- 三甲基 -1,2- 二氢萘 0.25%。稠环芳香烃类相对含量为致香物的 0.34%。

（7）酚类：未检测到该类成分。

（8）不饱和脂肪烃类：（E,E）-7,11,15- 三甲基 -3- 亚甲基 -1,6,10,14- 十六烯 0.09%、1- 二十二烯 1.02%。不饱和脂肪烃类相对含量为致香物的 1.11%。

（9）烷烃类：二十七烷 0.58%、二十九烷 5.05%。烷烃类相对含量为致香物的 5.63%。

（10）生物碱类：烟碱 0.05%。生物碱类相对含量为致香物的 0.05%。

（11）萜类：未检测到该类成分。

（12）其他类：乙苯 0.01%、间二甲苯 0.01%、邻二甲苯 0.03%、1,3- 二甲基 -4- 乙基苯 0.01%、N- 乙基间甲苯胺 0.05%、地奥酚 0.05%。

表 2-24　云南沾益云烟 87B2F（2009）烤烟水蒸馏挥发性致香物组成成分分析结果

编号	保留时间（min）	分子式	化合物名称	CAS 号	相对含量（%）
1	5.90	C_8H_{10}	乙苯	100-41-4	0.01
2	6.09	C_8H_{10}	间二甲苯	108-38-3	0.01
3	6.25	C_8H_{10}	邻二甲苯	95-47-6	0.03
4	8.12	$C_5H_{12}O$	异戊醇	123-51-3	0.01
5	9.09	$C_8H_{16}O$	6- 甲基 -2- 庚酮	928-68-7	0.01
6	12.67	$C_8H_{14}O$	6- 甲基 -5- 庚烯 -2- 酮	110-93-0	0.03

续表

编号	保留时间 （min）	分子式	化合物名称	CAS 号	相对含量（%）
7	14.42	$C_6H_{12}O$	3- 己烯 -1- 醇	544-12-7	0.01
8	14.68	$C_9H_{18}O$	壬醛	124-19-6	0.01
9	16.16	$C_{10}H_{14}$	1,3- 二甲基 -4- 乙基苯	874-41-9	0.01
10	16.99	$C_9H_{13}N$	N- 乙基间甲苯胺	102-27-2	0.05
11	17.59	$C_5H_4O_2$	糠醛	98-01-1	0.03
12	18.71	$C_{10}H_{20}O$	癸醛	112-31-2	0.02
13	19.64	C_7H_6O	苯甲醛	100-52-7	0.04
14	20.39	$C_{15}H_9NS_2$	苯并噻吩并［2,3-C］喹啉 -6（5H）-硫酮	115172-83-3	0.02
15	20.81	$C_{10}H_{18}O$	芳樟醇	78-70-6	0.19
16	23.16	$C_{10}H_{16}O$	1,3,4- 三甲基 -3- 环己烯 -1- 羧醛	40702-26-9	0.13
17	23.51	$C_{13}H_{18}$	1,2,3,4- 四氢 -1,1,6- 三甲基萘	475-03-6	0.09
18	24.10	$C_{10}H_{14}O$	藏花醛	116-26-7	0.02
19	24.25	C_8H_8O	苯乙醛	122-78-1	0.12
20	26.45	$C_{10}H_{18}O$	松油醇	98-55-5	0.04
21	27.89	$C_{13}H_{22}O$	茄酮	54868-48-3	7.87
22	28.96	$C_9H_{10}O_2$	苯乙酸甲酯	101-41-7	0.01
23	30.34	$C_{10}H_{16}O_2$	地奥酚	490-03-9	0.05
24	30.54	$C_{13}H_{20}O$	4-（2,6,6-三甲基-1-环己烯-1-基）-3- 丁烯 -1- 酮	85949-43-5	0.12
25	30.75	$C_{13}H_{18}O$	β- 大马烯酮	23726-93-4	1.77
26	30.94	$C_{13}H_{16}$	1,1,6- 三甲基 -1,2- 二氢萘	30364-38-6	0.25
27	31.76	$C_{10}H_{14}N_2$	烟碱	54-11-5	0.05
28	31.91	$C_{13}H_{22}O$	香叶基丙酮	3796-70-1	0.73
29	32.04	$C_{11}H_{14}O_2$	苯甲酸正丁酯	136-60-7	0.04
30	33.51	$C_8H_{10}O$	苯乙醇	60-12-8	0.10
31	34.02	$C_{13}H_{20}O$	β- 紫罗酮	79-77-6	18.42
32	35.33	$C_{13}H_{20}O_2$	4-（2,2,6-三甲基-7-氧杂二环［4.1.0］庚 -1- 基）-3- 丁烯 -2- 酮	23267-57-4	0.30
33	36.65	$C_{15}H_{26}O$	橙花叔醇	7212-44-4	3.75
34	37.96	$C_{13}H_{18}O$	4- 羟基大马酮	1203-08-3	0.29
35	38.37	$C_{18}H_{36}O$	植酮	502-69-2	0.26
36	38.98	$C_{13}H_{20}O$	（8E）-5,8- 巨豆二烯 -4- 酮	67401-26-7	3.67
37	39.26	$C_{20}H_{32}$	（E,E）-7,11,15- 三甲基 -3- 亚甲基 -1,6,10,14- 十六烯	70901-63-2	0.09
38	40.56	$C_{17}H_{34}O_2$	棕榈酸甲酯	112-39-0	2.43
39	42.76	$C_{13}H_{18}O$	巨豆三烯酮	13215-88-8	3.47
40	43.95	$C_{11}H_{16}O_2$	二氢猕猴桃内酯	17092-92-1	0.21

续表

编号	保留时间 （min）	分子式	化合物名称	CAS 号	相对含量（%）
41	45.55	$C_{18}H_{30}O$	法尼基丙酮	1117–52–8	0.64
42	50.34	$C_{19}H_{34}O_2$	亚油酸甲酯	112–63–0	1.46
43	50.54	$C_{27}H_{56}$	二十七烷	593–49–7	0.56
44	52.92	$C_{20}H_{40}O$	叶绿醇	150–86–7	0.51
45	53.24	$C_{20}H_{34}O_2$	（2E,6E,11Z）–3,7,13– 三甲基 –10–（2– 丙基）–2,6,11– 环十四碳三烯 –1,13– 二醇	7220–78–2	2.53
46	53.64	$C_{20}H_{34}O_2$	西柏三烯二醇	57688–99–0	3.86
47	54.11	$C_{29}H_{60}$	二十九烷	630–03–5	5.05
48	54.20	$C_{14}H_{28}O_2$	肉豆蔻酸	544–63–8	2.27
49	54.46	$C_{21}H_{34}O_2$	17– 羟基 –1，17– 二甲基雄烯酮	2881–21–2	4.27
50	54.63	$C_{22}H_{44}$	1– 二十二烯	1599–67–3	1.02
51	55.45	$C_{15}H_{30}O_2$	十五酸	1002–84–2	0.85
52	56.78	$C_{16}H_{32}O_2$	棕榈酸	57–10–3	13.57
53	59.89	$C_{18}H_{36}O_2$	硬脂酸	57–11–4	0.68
54	60.48	$C_{18}H_{34}O_2$	反油酸	112–79–8	1.04
55	61.62	$C_{18}H_{32}O_2$	亚油酸	60–33–3	2.32
56	63.31	$C_{19}H_{32}O_2$	亚麻酸甲酯	301–00–8	4.43

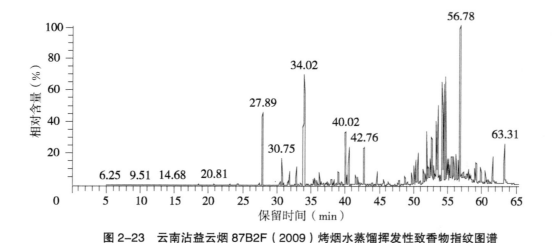

图 2-23　云南沾益云烟 87B2F（2009）烤烟水蒸馏挥发性致香物指纹图谱

2.2.24　贵州云烟 87B2F（2009）烤烟水蒸馏挥发性致香物组成成分分析结果

贵州云烟 87B2F（2009）烤烟水蒸馏挥发性致香物组成成分分析结果及指纹图谱分别见表 2-25 和图 2-24。从表 2-25 可以看出，贵州云烟 87B2F（2009）烤烟水蒸馏挥发性致香物中可检测出 62 种成分，除乙苯和 1,2- 二甲苯为非香味成分外，其他 60 种为致香物质，它们的代谢转化产物分类和致香物类型如下。

1. 代谢转化产物

（1）类胡萝卜素降解和转化产物：甲基庚烯酮 0.09%、4- 氧代异氟尔酮 0.18%、4-（2,6,6- 三甲基 –1- 环己烯 –1- 基）–3- 丁烯 –1- 酮 0.14%、茄酮 8.60%、β- 大马烯酮 3.47%、香叶基丙酮 0.91%、β- 紫罗酮 0.09%、4- 羟基大马酮 0.72%、植酮 0.22%、巨豆三烯酮 6.15%、法尼基丙酮 0.53%。

（2）叶绿素分解代谢产物：新植二烯 13.94%。

（3）苯丙氨酸和木质素代谢产物：苯甲醛 0.22%、苯乙醛 0.93%、苯甲醇 0.70%、苯乙醇 0.94%、叶绿醇 0.36%。

（4）类脂物降解产物：壬酸 0.23%、十五酸 0.22%、棕榈酸 5.50%、硬脂酸 0.15%、反油酸 0.34%、亚油酸 0.75%、棕榈酸甲酯 4.53%、十七酸甲酯 0.08%、二氢猕猴桃内酯 0.32%、油酸甲酯 1.35%、亚油酸甲酯 2.79%、亚麻酸甲酯 5.85%。

（5）西柏烯降解产物：西柏三烯二醇 2.43%。

2. 致香物

（1）酮类：甲基庚烯酮 0.09%、4- 氧代异氟尔酮 0.18%、4-（2,6,6- 三甲基 -1- 环己烯 -1- 基 ）-3- 丁烯 -1- 酮 0.14%、茄酮 8.60%、β- 大马烯酮 3.47%、香叶基丙酮 0.91%、β- 紫罗兰酮 0.09%、4- 羟基大马酮 0.72%、植酮 0.22%、巨豆三烯酮 7.14%、（8E）-5,8- 巨豆二烯 -4- 酮 7.64%、法尼基丙酮 0.53%、17- 羟基 -1,17- 二甲基雄烯酮 4.25%、2- 羟基环十五烷酮 0.21%。酮类相对含量为致香物的 34.19%。

（2）醛类：壬醛 0.02%、糠醛 0.27%、苯甲醛 0.22%、藏红花醛 0.04%、苯乙醛 0.93%、异绒白乳菇醛 0.72%。醛类相对含量为致香物的 2.70%。

（3）醇类：3- 己烯 -1- 醇 0.03%、芳樟醇 0.43%、苯甲醇 0.70%、苯乙醇 0.94%、叶绿醇 0.36%、西柏三烯二醇 2.43%、橙花叔醇 3.00%、茄醇 1.78%。醇类相对含量为致香物的 9.67%。

（4）脂肪酸类：正辛酸 0.15%、壬酸 0.23%、十五酸 0.22%、棕榈酸 5.50%、硬脂酸 0.15%、反油酸 0.34%、亚油酸 0.75%。脂肪酸类相对含量为致香物的 7.34%。

（5）酯类：丙酸芳樟酯 0.06%、苯乙酸甲酯 0.03%、十五酸甲酯 0.07%、棕榈酸甲酯 4.53%、十七酸甲酯 0.08%、二氢猕猴桃内酯 0.32%、油酸甲酯 1.35%、亚油酸甲酯 2.79%、亚麻酸甲酯 5.85%、邻苯二甲酸二异丁酯 2.89%、4,7- 十八碳二炔酸甲酯 1.23%。酯类相对含量为致香物的 19.20%。

（6）稠环芳香烃类：1,2,3,4- 四氢 -1,1,6- 三甲基萘 0.20%、1,1,6- 三甲基 -1,2- 二氢萘 0.64%。稠环芳香烃类相对含量为致香物的 0.84%。

（7）酚类：愈创木酚 0.08%、4- 乙烯基 -2- 甲氧基苯酚 0.86%。酚类相对含量为致香物的 0.94%。

（8）不饱和脂肪烃类：3,6- 氧代 -1- 甲基 -8- 异丙基三环［6.2.2.0²·⁷］十二 -4,9- 二烯 0.18%、（E,E）-7,11,15- 三甲基 -3- 亚甲基 -1,6,10,14- 十六烯 0.11%。不饱和脂肪烃类相对含量为致香物的 0.29%。

（9）烷烃类：二十七烷 0.15%。烷烃类相对含量为致香物的 0.15%。

（10）生物碱类：烟碱 0.09%。生物碱类相对含量为致香物的 0.09%。

（11）萜类：新植二烯 13.94%。萜类相对含量为致香物的 13.94%。

（12）其他类：乙苯 0.32%、1,4- 二甲苯 0.31%、1,2- 二甲苯 0.08%、2- 乙酰呋喃 0.07%、2- 乙酰吡咯 0.25%、2,3- 二氢苯并呋喃 0.12%。

表 2-25　贵州云烟 87B2F（2009）烤烟水蒸馏挥发性致香物组成成分分析结果

编号	保留时间（min）	分子式	化合物名称	CAS 号	相对含量（%）
1	5.90	C_8H_{10}	乙苯	100-41-4	0.32
2	6.24	C_8H_{10}	1,4- 二甲苯	106-42-3	0.31
3	7.43	C_8H_{10}	1,2- 二甲苯	95-47-6	0.08
4	12.60	$C_8H_{14}O$	甲基庚烯酮	110-93-0	0.09
5	14.41	$C_6H_{12}O$	3- 己烯 -1- 醇	544-12-7	0.03
6	14.66	$C_9H_{18}O$	壬醛	124-19-6	0.02
7	17.58	$C_5H_4O_2$	糠醛	98-01-1	0.27
8	19.07	$C_6H_6O_2$	2- 乙酰呋喃	1192-62-7	0.07
9	19.63	C_7H_6O	苯甲醛	100-52-7	0.22

续表

编号	保留时间 （min）	分子式	化合物名称	CAS 号	相对含量 （%）
10	20.80	$C_{10}H_{18}O$	芳樟醇	78-70-6	0.43
11	21.68	$C_{16}H_{20}O_2$	3,6- 氧代 -1- 甲基 -8- 异丙基三环 ［6.2.2.0²·⁷］十二 -4,9- 二烯	121824-66-6	0.18
12	24.09	$C_{10}H_{14}O$	藏红花醛	116-26-7	0.04
13	24.25	C_8H_8O	苯乙醛	122-78-1	0.93
14	25.13	$C_{13}H_{18}$	1,2,3,4- 四氢 -1,1,6- 三甲基萘	475-03-6	0.20
15	26.07	$C_9H_{12}O_2$	4- 氧代异氟尔酮	1125-21-9	0.18
16	26.45	$C_{13}H_{22}O_2$	丙酸芳樟酯	144-39-8	0.06
17	27.83	$C_{13}H_{22}O$	茄酮	54868-48-3	8.60
18	28.95	$C_9H_{10}O_2$	苯乙酸甲酯	101-41-7	0.03
19	30.54	$C_{13}H_{20}O$	4-（2,6,6- 三甲基 -1- 环己烯 -1- 基）-3- 丁烯 -1- 酮	85949-43-5	0.14
20	30.75	$C_{13}H_{18}O$	$\beta-$ 大马烯酮	23726-93-4	3.47
21	30.93	$C_{13}H_{16}$	1,1,6- 三甲基 -1,2- 二氢萘	30364-38-6	0.64
22	31.76	$C_{10}H_{14}N_2$	烟碱	54-11-5	0.09
23	31.91	$C_{13}H_{22}O$	香叶基丙酮	3796-70-1	0.91
24	32.17	$C_7H_8O_2$	愈创木酚	90-05-1	0.08
25	32.64	C_7H_8O	苯甲醇	100-51-6	0.70
26	32.92	$C_{13}H_{24}O$	茄醇	40525-38-0	1.78
27	33.52	$C_8H_{10}O$	苯乙醇	60-12-8	0.94
28	33.90	$C_{20}H_{38}$	新植二烯	504-96-1	13.94
29	34.00	$C_{13}H_{20}O$	$\beta-$ 紫罗酮	79-77-6	0.09
30	35.08	C_6H_7NO	2- 乙酰吡咯	1072-83-9	0.25
31	37.18	$C_8H_{16}O_2$	正辛酸	124-07-2	0.15
32	37.96	$C_{13}H_{18}O$	4- 羟基大马酮	1203-08-3	0.72
33	38.13	$C_{16}H_{32}O_2$	十五酸甲酯	7132-64-1	0.07
34	38.36	$C_{18}H_{36}O$	植酮	502-69-2	0.22
35	38.98	$C_{13}H_{20}O$	（8E）-5,8- 巨豆二烯 -4- 酮	67401-26-7	7.64
36	39.25	$C_{20}H_{32}$	（E,E）-7,11,15- 三甲基 -3- 亚甲 基 -1,6,10,14- 十六烯	70901-63-2	0.11
37	39.48	$C_9H_{18}O_2$	壬酸	112-05-0	0.23
38	40.18	$C_9H_{10}O_2$	4- 乙烯基 -2- 甲氧基苯酚	7786-61-0	0.86
39	40.55	$C_{17}H_{34}O_2$	棕榈酸甲酯	112-39-0	4.53
40	42.51	$C_{18}H_{36}O_2$	十七烷酸甲酯	1731-92-6	0.08
41	42.77	$C_{13}H_{18}O$	巨豆三烯酮	13215-88-8	7.14
42	43.96	$C_{11}H_{16}O_2$	二氢猕猴桃内酯	17092-92-1	0.32
43	45.54	$C_{18}H_{30}O$	法尼基丙酮	1117-52-8	0.53
44	46.93	C_8H_8O	2,3- 二氢苯并呋喃	496-16-2	0.12

续表

编号	保留时间（min）	分子式	化合物名称	CAS 号	相对含量（%）
45	48.72	$C_{19}H_{36}O_2$	油酸甲酯	112-62-9	1.35
46	50.34	$C_{19}H_{34}O_2$	亚油酸甲酯	112-63-0	2.79
47	50.47	$C_{27}H_{56}$	二十七烷	593-49-7	0.15
48	51.91	$C_{19}H_{32}O_2$	亚麻酸甲酯	7361-80-0	5.85
49	52.47	$C_{15}H_{20}O_2$	异绒白乳菇醛	37841-91-1	1.66
50	52.91	$C_{20}H_{40}O$	叶绿醇	150-86-7	0.36
51	53.61	$C_{20}H_{34}O_2$	西柏三烯二醇	57688-99-0	2.43
52	54.10	$C_{16}H_{22}O_4$	邻苯二甲酸二异丁酯	84-69-5	2.89
53	54.19	$C_{19}H_{30}O_2$	4,7-十八碳二炔酸甲酯	18202-20-5	1.23
54	54.44	$C_{21}H_{34}O_2$	17-羟基-1,17 二甲基雄烯酮	2881-21-2	4.25
55	54.68	$C_{15}H_{16}O$	橙花叔醇	7212-44-4	3.00
56	55.01	$C_{15}H_{20}O_2$	异绒白乳菇醛	37841-91-1	0.72
57	55.44	$C_{15}H_{30}O_2$	十五酸	1002-84-2	0.22
58	55.79	$C_{15}H_{28}O_2$	2-羟基环十五酮	4727-18-8	0.21
59	56.72	$C_{16}H_{32}O_2$	棕榈酸	57-10-3	5.50
60	59.89	$C_{18}H_{36}O_2$	硬脂酸	57-11-4	0.15
61	60.49	$C_{18}H_{34}O_2$	反油酸	112-79-8	0.34
62	61.61	$C_{18}H_{32}O_2$	亚油酸	60-33-3	0.75

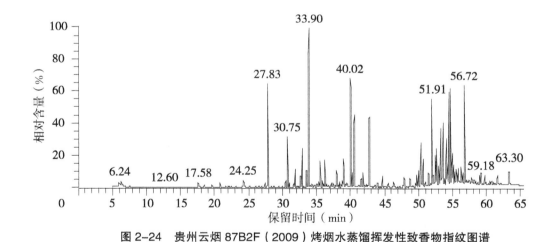

图 2-24　贵州云烟 87B2F（2009）烤烟水蒸馏挥发性致香物指纹图谱

2.2.25　贵州云烟 87C3F（2009）烤烟水蒸馏挥发性致香物组成成分分析结果

　　贵州云烟 87C3F（2009）烤烟水蒸馏挥发性致香物组成成分分析结果及指纹图谱分别见表 2-26 和图 2-25。从表 2-26 可以看出，贵州云烟 87C3F（2009）烤烟水蒸馏挥发性致香物中可检测出 53 种成分，除乙苯为非香味成分外，其他 52 种为致香物质，它们的代谢转化产物分类和致香物类型如下。

1. 代谢转化产物

　　（1）类胡萝卜素降解和转化产物：茄酮 1.96%、β-大马烯酮 1.29%、香叶基丙酮 0.33%、β-紫罗酮 0.05%、4-［2,2,6-三甲基-7-氧杂二环［4.1.0］庚-1-基］-3-丁烯-2-酮 0.12%、4-羟基大马酮 0.31%、植酮 0.14%、巨豆三烯酮 3.79%、（8E）-5,8-巨豆二烯-4-酮 3.71%、法尼基丙酮 0.41%。

（2）叶绿素分解代谢产物：新植二烯 14.76%。

（3）苯丙氨酸和木质素代谢产物：苯甲醛 0.04%、苯乙醛 0.06%、苯甲醇 0.17%、苯乙醇 0.22%、叶绿醇 0.57%。

（4）类脂物降解产物：辛酸 0.08%、壬酸 0.04%、肉豆蔻酸 1.65%、十五酸 0.70%、棕榈酸 18.89%、硬脂酸 0.69%、反油酸 0.74%、亚油酸 1.03%、十四酸甲酯 0.16%、十五酸甲酯 0.06%、棕榈酸甲酯 4.29%、十七酸甲酯 0.18%、二氢猕猴桃内酯 0.22%、反 -9- 十八碳烯酸甲酯 1.19%、亚油酸甲酯 2.70%、邻苯二甲酸二异丁酯 0.56%、亚麻酸甲酯 3.26%。

（5）西柏烯降解产物：西柏三烯二醇 2.57%。

2. 致香物

（1）酮类：茄酮 1.96%、顺 -1-（2,6,6- 三甲基 -2- 环己烯 -1- 基）-2- 丁烯 -1- 酮 0.06%、β- 大马烯酮 1.29%、香叶基丙酮 0.33%、β- 紫罗酮 0.05%、4-（2,2,6- 三甲基 -7- 氧杂二环 [4.1.0] 庚 -1- 基）-3- 丁烯 -2- 酮 0.12%、4- 羟基大马酮 0.31%、植酮 0.14%、巨豆三烯酮 3.79%、（8E）-5,8- 巨豆二烯 -4- 酮 3.71%、法尼基丙酮 0.41%。酮类相对含量为致香物的 12.17%

（2）醛类：苯甲醛 0.04%、苯乙醛 0.06%、异绒白乳菇醛 0.42%、4- 甲氧基 -2 甲基苯甲醛 0.54%。醛类相对含量为致香物的 1.06%。

（3）醇类：芳樟醇 0.10%、苯甲醇 0.17%、苯乙醇 0.22%、叶绿醇 0.57%、柏木醇 0.04%、西柏三烯二醇 2.57%、橙花叔醇 3.88%、（2E,6E,11Z）-3,7,13- 三甲基 -10-（2- 丙基）-2,6,11- 环十四碳三烯 -1,13- 二醇 0.45%。醇类相对含量为致香物的 8.00%。

（4）脂肪酸类：辛酸 0.08%、壬酸 0.04%、肉豆蔻酸 1.65%、十五酸 0.70%、棕榈酸 18.89%、硬脂酸 0.69%、反油酸 0.74%、亚油酸 1.03%。脂肪酸类相对含量为致香物的 23.18%。

（5）酯类：肉豆蔻酸甲酯 0.16%、十五酸甲酯 0.06%、棕榈酸甲酯 4.29%、十七酸甲酯 0.18%、二氢猕猴桃内酯 0.22%、反 -9- 十八碳烯酸甲酯 1.19%、亚油酸甲酯 2.70%、邻苯二甲酸二异丁酯 0.56%、亚麻酸甲酯 3.26%、维生素 A 乙酸酯 1.97%。酯类相对含量为致香物的 14.59%。

（6）稠环芳香烃类：1,2,3,4- 四氢 -1,1,6- 三甲基萘 0.04%、1,1,6- 三甲基 -1,2- 二氢萘 0.16%。稠环芳香烃类相对含量为致香物的 0.20%。

（7）酚类：去甲呋喃羽叶芸香素 0.10%。酚类相对含量为致香物的 0.10%。

（8）不饱和脂肪烃类：（E,E）-7,11,15- 三甲基 -3- 亚甲基 - 十六 -1,6,10, 14- 四烯 0.11%。不饱和脂肪烃类相对含量为致香物的 0.11%。

（9）烷烃类：二十九烷 0.19%、二十七烷 0.87%、二十八烷 0.30%。烷烃类相对含量为致香物的 1.36%。

（10）生物碱类：烟碱 0.10%。生物碱类相对含量为致香物的 0.10%。

（11）萜类：新植二烯 14.76%。萜类相对含量为致香物的 14.76%。

（12）其他类：乙苯 0.02%、间二甲苯 0.01%、3,3,5,6- 四甲基 -1,2- 二氢化茚 0.04%。

表 2-26　贵州云烟 87C3F（2009）烤烟挥发性致香物组成成分分析结果

编号	保留时间（min）	分子式	化合物名称	CAS 号	相对含量（%）
1	5.98	C_8H_{10}	乙苯	100-41-4	0.02
2	6.33	C_8H_{10}	间二甲苯	108-38-3	0.01
3	19.65	C_7H_6O	苯甲醛	100-52-7	0.04
4	20.81	$C_{10}H_{18}O$	芳樟醇	78-70-6	0.10
5	24.25	C_8H_8O	苯乙醛	122-78-1	0.06
6	25.13	$C_{13}H_{18}$	3,3,5,6- 四甲基 -1,2- 二氢化茚	942-43-8	0.04
7	27.79	$C_{13}H_{22}O$	茄酮	54868-48-3	1.96
8	28.37	$C_{13}H_{18}$	1,2,3,4- 四氢 -1,1,6- 三甲基萘	475-03-6	0.04
9	30.53	$C_{13}H_{20}O$	顺 -1-（2,6,6- 三甲基 -2- 环己烯 -1- 基）-2- 丁烯 -1- 酮	23726-92-3	0.06

续表

编号	保留时间（min）	分子式	化合物名称	CAS 号	相对含量（%）
10	30.74	$C_{13}H_{18}O$	β- 大马烯酮	23726-93-4	1.29
11	30.93	$C_{13}H_{16}$	1,1,6- 三甲基 -1,2- 二氢萘	30364-38-6	0.16
12	31.78	$C_{10}H_{14}N_2$	烟碱	54-11-5	0.10
13	31.90	$C_{13}H_{22}O$	香叶基丙酮	3796-70-1	0.33
14	32.64	C_7H_8O	苯甲醇	100-51-6	0.17
15	33.52	$C_8H_{10}O$	苯乙醇	60-12-8	0.22
16	33.88	$C_{20}H_{38}$	新植二烯	504-96-1	14.76
17	34.05	$C_{13}H_{20}O$	β- 紫罗酮	79-77-6	0.05
18	35.21	$C_{20}H_{40}O$	叶绿醇	102608-53-7	0.57
19	35.33	$C_{13}H_{20}O_2$	4-（2,2,6- 三甲基 -7- 氧杂二环［4.1.0］庚 -1- 基）-3- 丁烯 -2- 酮	23267-57-4	0.12
20	35.85	$C_{15}H_{30}O_2$	十四酸甲酯	124-10-7	0.16
21	37.17	$C_8H_{16}O_2$	辛酸	124-07-2	0.08
22	37.96	$C_{13}H_{18}O$	4- 羟基大马酮	1203-08-3	0.31
23	38.04	$C_{15}H_{26}O$	柏木醇	77-53-2	0.04
24	38.12	$C_{16}H_{32}O_2$	十五酸甲酯	7132-64-1	0.06
25	38.36	$C_{18}H_{36}O$	植酮	502-69-2	0.14
26	39.24	$C_{20}H_{32}$	（E,E）-7,11,15- 三甲基 -3- 亚甲基 - 十六 -1,6,10,14- 四烯	70901-63-2	0.11
27	39.48	$C_9H_{18}O_2$	壬酸	112-05-0	0.04
28	39.99	$C_{13}H_{20}O$	（8E）-5,8- 巨豆二烯 -4- 酮	67401-26-7	3.71
29	40.53	$C_{17}H_{34}O_2$	棕榈酸甲酯	112-39-0	4.29
30	42.49	$C_{18}H_{36}O_2$	十七酸甲酯	1731-92-6	0.18
31	42.73	$C_{13}H_{18}O$	巨豆三烯酮	13215-88-8	3.79
32	43.95	$C_{11}H_{16}O_2$	二氢猕猴桃内酯	17092-92-1	0.22
33	45.52	$C_{18}H_{30}O$	法尼基丙酮	1117-52-8	0.41
34	48.68	$C_{19}H_{36}O_2$	反 -9- 十八碳烯酸甲酯	1937-62-8	1.19
35	49.52	$C_{16}H_{14}O_4$	去甲呋喃羽叶芸香素	60924-68-7	0.10
36	50.32	$C_{19}H_{34}O_2$	亚油酸甲酯	112-63-0	2.70
37	50.45	$C_{29}H_{60}$	二十九烷	630-03-5	0.19
38	50.68	$C_{22}H_{32}O_2$	维生素 A 乙酸酯	127-47-9	1.97
39	51.47	$C_{16}H_{22}O_4$	邻苯二甲酸二异丁酯	84-69-5	0.56
40	53.60	$C_{20}H_{34}O_2$	西柏三烯二醇	57688-99-0	2.57
41	54.06	$C_{27}H_{56}$	二十七烷	593-49-7	0.87
42	54.09	$C_9H_{10}O_2$	4- 甲氧基 -2 甲基苯甲醛	52289-54-0	0.54
43	54.19	$C_{14}H_{28}O_2$	肉豆蔻酸	544-63-8	1.65
44	54.44	$C_{15}H_{20}O$	橙花叔醇	7212-44-4	3.88
45	55.01	$C_{16}H_{24}O$	异绒白乳菇醛	80877-02-7	0.42
46	55.25	$C_{28}H_{58}$	二十八烷	630-02-4	0.30
47	55.44	$C_{15}H_{30}O_2$	十五酸	1002-84-2	0.70
48	56.74	$C_{16}H_{32}O_2$	棕榈酸	57-10-3	18.89
49	58.92	$C_{20}H_{34}O_2$	（2E,6E,11Z）-3,7,13- 三甲基 -10-（2- 丙基）-2,6,11- 环十四碳三烯 -1,13- 二醇	7220-78-2	0.45

续表

编号	保留时间（min）	分子式	化合物名称	CAS 号	相对含量（%）
50	59.87	$C_{18}H_{36}O_2$	硬脂酸	57–11–4	0.69
51	60.47	$C_{18}H_{34}O_2$	反油酸	112–79–8	0.74
52	61.60	$C_{18}H_{32}O_2$	亚油酸	60–33–3	1.03
53	63.29	$C_{19}H_{32}O_2$	亚麻酸甲酯	301–00–8	3.26

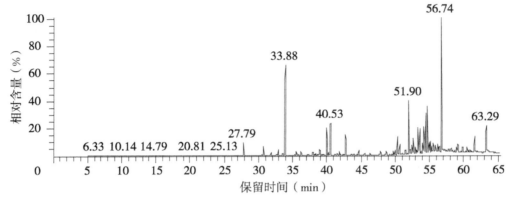

图 2-25　贵州云烟 87C3F（2009）烤烟水蒸馏挥发性致香物指纹图谱

2.2.26　河南 NC89B2F（2009）烤烟水蒸馏挥发性致香物组成成分分析结果

河南 NC89B2F（2009）烤烟水蒸馏挥发性致香物组成成分分析结果及指纹图谱分别见表 2-27 和图 2-26。从表 2-27 可以看出，河南 NC89B2F（2009）烤烟水蒸馏挥发性致香物中可检测出 64 种成分，除乙苯为非香味成分外，其他 63 种为致香物质，它们的代谢转化产物分类和致香物类型如下。

1. 代谢转化产物

（1）类胡萝卜素降解和转化产物：6- 甲基 -2 庚酮 0.02%、6- 甲基 -5- 庚烯 -2- 酮 0.21%、4- 氧代异氟尔酮 0.21%、茄酮 16.13%、4-（2,6,6- 三甲基 -1- 环己烯 -1- 基）-3- 丁烯 -1- 酮 0.05%、β- 大马烯酮 2.53%、橙化基丙酮 1.68%、β- 紫罗酮 0.07%、4-［2,2,6- 三甲基 -7- 氧杂二环［4.1.0］庚 -1- 基］-3- 丁烯 -2- 酮 0.24%、紫罗兰酮 0.92%、4- 羟基大马酮 0.42%、植酮 0.22%、巨豆三烯酮 3.37%、4- 甲氧基 -6- 甲基 -6- 苯基 -5H- 吡喃 -2- 酮 0.44%、法尼基丙酮 1.08%。

（2）叶绿素分解代谢产物：新植二烯 12.35%。

（3）苯丙氨酸和木质素代谢产物：苯甲醛 0.24%、苯乙醛 0.42%、苯甲醇 0.53%。

（4）类脂物降解产物：辛酸 0.18%、壬酸 2.06%、肉豆蔻酸 4.31%、十五酸 0.78%、棕榈酸 12.33%、反油酸 0.59%、亚油酸 1.23%、二氢猕猴桃内酯 1.15%、棕榈酸甲酯 0.39%、亚麻酸甲酯 2.03%、亚油酸乙酯 2.31%。

（5）西柏烯降解产物：西柏三烯二醇 4.34%。

2. 致香物

（1）酮类：6- 甲基 -2- 庚酮 0.02%、6- 甲基 -5- 庚烯 -2- 酮 0.21%、4- 氧代异氟尔酮 0.21%、（E）-5- 茄酮 16.13%、4-（2,6,6- 三甲基 -1- 环己烯 -1- 基）-3- 丁烯 -1- 酮 0.05%、β- 大马烯酮 2.53%、橙化基丙酮 1.68%、β- 紫罗酮 0.07%、4-（2,2,6- 三甲基 -7- 氧杂二环［4.1.0］庚 -1- 基）-3- 丁烯 -2- 酮 0.24%、紫罗兰酮 0.92%、4- 羟基大马酮 0.42%、植酮 0.22%、巨豆三烯酮 3.37%、4- 甲氧基 -6- 甲基 -6- 苯基 -5H- 吡喃 -2- 酮 0.44%、法尼基丙酮 1.08%、17- 羟基 -1,17- 二甲基雄烯酮 5.13%。酮类相对含量为致香物的 32.72%。

（2）醛类：2- 己烯醛 0.01%、壬醛 0.03%、焦性葡萄醛 0.17%、癸醛 0.04%、苯甲醛 0.24%、1,3,4- 三甲基 -3- 环己烯 -1- 羧醛 0.23%、苯乙醛 0.42%。醛类相对含量为致香物的 1.14%。

（3）醇类：（Z）-3- 己烯 -1- 醇 0.02%、芳樟醇 0.25%、苯甲醇 0.53%、β- 苯乙醇 0.66%、反式 - 橙花叔醇 0.07%、叶绿醇 2.90%、（2E,6E,11Z）-3,7,13- 三甲基 -10-（2- 丙基）-2,6,11- 环十四碳三烯 -1,13- 二醇 4.12%、西柏三烯二醇 4.34%、橙花叔醇 0.47%。醇类相对含量为致香物的 13.36%。

（4）脂肪酸类：辛酸 0.18%、壬酸 2.06%、肉豆蔻酸 4.31%、十五酸 0.78%、棕榈酸 12.33%、反油酸 0.59%、亚油酸 1.23%。脂肪酸类相对含量为致香物的 21.48%。

（5）酯类：棕榈酸甲酯 0.39%、二氢猕猴桃内酯 1.15%、亚麻酸甲酯 2.03%、亚油酸乙酯 2.31%、维生素 A 乙酸酯 0.97%。酯类相对含量为致香物的 6.85%。

（6）稠环芳香烃类：1,2,3,4- 四氢 -1,1,6- 三甲基萘 0.06%、1,1,6- 三甲基 -1,2- 二氢化萘 0.32%。稠环芳香烃类相对含量为致香物的 0.38%。

（7）酚类：邻甲氧基苯酚 0.06%、4- 乙烯基 -2- 甲氧基 - 苯酚 1.50%、6- 异丙基 -2- 十氢萘酚 2.41%、去甲呋喃羽叶芸香素 0.22%。酚类相对含量为致香物的 4.19%。

（8）不饱和脂肪烃类：3,6- 氧代 -1- 甲基 -8- 异丙基三环 [6.2.2.0^{2,7}] 十二 -4,9- 二烯 0.06%、（E,E）-7,11,15- 三甲基 -3- 亚甲基 -1,6,10,14- 十六烯 0.17%、4,6- 二甲基二苯并噻吩 0.56%。不饱和脂肪烃类相对含量为致香物的 0.79%。

（9）烷烃类：二十六烷 3.12%、二十七烷 1.62%、二十九烷 0.28%。烷烃类相对含量为致香物的 5.02%。

（10）生物碱类：烟碱 0.11%。生物碱类相对含量为致香物的 0.11%。

（11）萜类：新植二烯 12.35%。萜类相对含量为致香物的 12.35%。

（12）其他类：乙苯 0.11%、邻二甲苯 0.20%、间二甲苯 011%、N- 乙基间甲苯胺 0.08%、2- 乙酰呋喃 0.04%、3,3,5,6- 四甲基 -1,2- 二氢化茚 0.02%。

表 2-27　河南 NC89B2F（2009）烤烟水蒸馏挥发性致香物组成成分分析结果

编号	保留时间（min）	分子式	化合物名称	CAS 号	相对含量（%）
1	5.92	C$_8$H$_{10}$	乙苯	100-41-4	0.11
2	6.11	C$_8$H$_{10}$	邻二甲苯	95-47-6	0.20
3	7.47	C$_8$H$_{10}$	间二甲苯	108-38-3	0.11
4	8.50	C$_6$H$_{10}$O	2- 己烯醛	505-57-7	0.01
5	9.09	C$_8$H$_{16}$O	6- 甲基 -2 庚酮	928-68-7	0.02
6	12.63	C$_8$H$_{14}$O	6- 甲基 -5- 庚烯 -2- 酮	110-93-0	0.21
7	14.43	C$_6$H$_{12}$O	（Z）-3- 己烯 -1- 醇	928-96-1	0.02
8	14.69	C$_9$H$_{18}$O	壬醛	124-19-6	0.03
9	17.00	C$_9$H$_{13}$N	N- 乙基间甲苯胺	102-27-2	0.08
10	17.60	C$_5$H$_4$O$_2$	焦性葡萄醛	98-01-1	0.17
11	18.71	C$_{10}$H$_{20}$O	癸醛	112-31-2	0.04
12	19.09	C$_6$H$_6$O$_2$	2- 乙酰呋喃	1192-62-7	0.04
13	19.63	C$_7$H$_6$O	苯甲醛	100-52-7	0.24
14	20.80	C$_{10}$H$_{18}$O	芳樟醇	78-70-6	0.25
15	21.68	C$_{16}$H$_{20}$O$_2$	3,6- 氧代 -1- 甲基 -8- 异丙基三环 [6.2.2.0^{2,7}] 十二 -4,9- 二烯	121824-66-6	0.06
16	23.16	C$_{10}$H$_{16}$O	1,3,4- 三甲基 -3- 环己烯 -1- 羧醛	40702-26-9	0.23
17	23.50	C$_{13}$H$_{18}$	3,3,5,6- 四甲基 -1,2- 二氢化茚	942-43-8	0.02
18	24.25	C$_8$H$_8$O	苯乙醛	122-78-1	0.42
19	26.07	C$_9$H$_{12}$O$_2$	4- 氧代异氟尔酮	1125-21-9	0.21
20	27.88	C$_{13}$H$_{22}$O	茄酮	54868-48-3	16.13
21	28.40	C$_{13}$H$_{18}$	1,2,3,4- 四氢 -1,1,6- 三甲基萘	475-03-6	0.06

续表

编号	保留时间 （min）	分子式	化合物名称	CAS 号	相对含量 （%）
22	30.54	$C_{13}H_{20}O$	4-（2,6,6-三甲基-1-环己烯-1-基）-3-丁烯-1-酮	57378-68-4	0.05
23	30.75	$C_{13}H_{18}O$	β-大马烯酮	23726-93-4	2.53
24	30.93	$C_{13}H_{16}$	1,1,6-三甲基-1,2-二氢化萘	30364-38-6	0.32
25	31.76	$C_{10}H_{14}N_2$	烟碱	54-11-5	0.11
26	31.91	$C_{13}H_{22}O$	橙化基丙酮	3879-26-3	1.68
27	32.17	$C_7H_8O_2$	邻甲氧基苯酚	90-05-1	0.06
28	32.64	C_7H_8O	苯甲醇	100-51-6	0.53
29	32.92	$C_{13}H_{24}O$	6-异丙基-2-十氢萘酚	34131-99-2	2.41
30	33.52	$C_8H_{10}O$	β-苯乙醇	60-12-8	0.66
31	33.89	$C_{20}H_{38}$	新植二烯	504-96-1	12.35
32	34.00	$C_{13}H_{20}O$	β-紫罗酮	14901-07-6	0.07
33	35.33	$C_{13}H_{20}O_2$	4-（2,2,6-三甲基-7-氧杂二环[4.1.0]庚-1-基）-3-丁烯-2-酮	23267-57-4	0.24
34	36.22	$C_{13}H_{20}O$	紫罗兰酮	8013-90-9	0.92
35	36.65	$C_{15}H_{26}O$	反式橙花叔醇	40716-66-3	0.07
36	37.18	$C_8H_{16}O_2$	辛酸	124-07-2	0.18
37	37.96	$C_{13}H_{18}O$	4-羟基大马酮	1203-08-3	0.42
38	38.36	$C_{18}H_{36}O$	植酮	502-69-2	0.22
39	39.25	$C_{20}H_{32}$	（E,E）-7,11,15-三甲基-3-亚甲基-1,6,10,14-十六烯	70901-63-2	0.17
40	39.49	$C_9H_{18}O_2$	壬酸	112-05-0	2.06
41	40.00	$C_{13}H_{18}O$	巨豆三烯酮	13215-88-8	3.37
42	40.19	$C_9H_{10}O_2$	4-乙烯基-2-甲氧基-苯酚	7786-61-0	1.50
43	40.52	$C_{17}H_{34}O_2$	棕榈酸甲酯	112-39-0	0.39
44	41.61	$C_{13}H_{14}O_3$	4-甲氧基-6-甲基-6-苯基-5H-吡喃-2-酮	18381-99-2	0.44
45	43.96	$C_{11}H_{16}O_2$	二氢猕猴桃内酯	17092-92-1	1.15
46	45.55	$C_{18}H_{30}O$	法尼基丙酮	1117-52-8	1.08
47	49.70	$C_{16}H_{14}O_4$	去甲呋喃羽叶芸香素	60924-68-7	0.22
48	50.47	$C_{26}H_{54}$	二十六烷	630-01-3	3.12
49	50.69	$C_{22}H_{32}O_2$	维生素A乙酸酯	127-47-9	0.97
50	51.90	$C_{19}H_{32}O_2$	亚麻酸甲酯	301-00-8	2.03
51	52.91	$C_{20}H_{40}O$	叶绿醇	150-86-7	2.90
52	53.23	$C_{20}H_{34}O_2$	（2E,6E,11Z）-3,7,13-三甲基-10-（2-丙基）-2,6,11-环十四碳三烯-1,13-二醇	7220-78-2	4.12
53	53.62	$C_{20}H_{34}O_2$	西柏三烯二醇	57688-99-0	4.34
54	54.08	$C_{27}H_{56}$	二十七烷	593-49-7	1.62
55	54.20	$C_{14}H_{28}O_2$	肉豆蔻酸	544-63-8	4.31
56	54.45	$C_{21}H_{34}O_2$	17-羟基-1,17-二甲基雄烯酮	2881-21-2	5.13
57	54.69	$C_{15}H_{26}O$	橙花叔醇	7212-44-4	0.47
58	54.92	$C_{10}H_{10}S$	4,6-二甲基二苯并噻吩	1207-12-1	0.56
59	55.45	$C_{15}H_{30}O_2$	十五酸	1002-84-2	0.78
60	56.43	$C_{29}H_{60}$	二十九烷	630-03-5	0.28
61	56.74	$C_{16}H_{32}O_2$	棕榈酸	57-10-3	12.33
62	60.48	$C_{18}H_{34}O_2$	反油酸	112-79-8	0.59

续表

编号	保留时间（min）	分子式	化合物名称	CAS 号	相对含量（%）
63	61.61	$C_{18}H_{32}O_2$	亚油酸	60-33-3	1.23
64	63.31	$C_{20}H_{36}O_2$	亚油酸乙酯	544-35-4	2.31

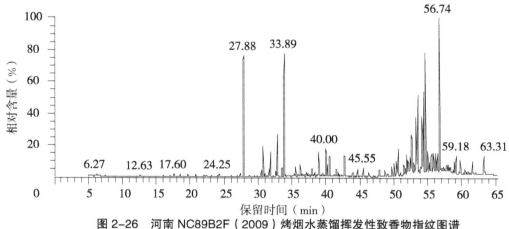

图 2-26　河南 NC89B2F（2009）烤烟水蒸馏挥发性致香物指纹图谱

2.2.27　河南 NC89C3F（2009）烤烟水蒸馏挥发性致香物组成成分分析结果

河南 NC89C3F（2009）烤烟水蒸馏挥发性致香物组成成分分析结果及指纹图谱分别见表 2-28 和图 2-27。从表 2-28 可以看出，河南 NC89C3F（2009）烤烟水蒸馏挥发性致香物中可检测出 57 种成分，除乙苯为非香味成分外，其他 56 种为致香物质，它们的代谢转化产物分类和致香物类型如下。

1. 代谢转化产物

（1）类胡萝卜素降解和转化产物：6- 甲基 -5- 庚烯 -2- 酮 0.02%、4- 氧代异氟尔酮 0.10%、茄酮 9.73%、β- 大马烯酮 3.44%、香叶基丙酮 1.16%、β- 紫罗酮 0.22%、4-（2,2,6- 三甲基 -7- 氧杂二环 [4.1.0] 庚 -1- 基）-3- 丁烯 -2- 酮 0.33%、4- 羟基大马酮 0.81%、植酮 0.14%、巨豆三烯酮 1.88%、（8E）-5,8- 巨豆二烯 -4- 酮 2.92%、法尼基丙酮 0.55%。

（2）叶绿素分解代谢产物：新植二烯 9.12%。

（3）苯丙氨酸和木质素代谢产物：苯甲醛 0.27%、苯乙醛 0.89%、苯甲醇 0.70%、苯乙醇 0.92%。

（4）类脂物降解产物：己酸 0.21%、辛酸 0.34%、壬酸 0.19%、癸酸 0.34%、肉豆蔻酸 4.05%、十五酸 1.33%、棕榈酸 36.71%、硬脂酸 1.27%、反油酸 0.96%、亚麻酸 2.97%、棕榈酸甲酯 1.54%、二氢猕猴桃内酯 0.99%、亚麻酸甲酯 1.20%。

（5）西柏烯降解产物：西柏三烯二醇 2.49%。

2. 致香物

（1）酮类：6- 甲基 -5- 庚烯 -2- 酮 0.02%、4- 氧代异氟尔酮 0.10%、茄酮 9.73%、4-（2,6,6- 三甲基 -1- 环己烯 -1- 基）-3- 丁烯 -1- 酮 0.07%、β- 大马烯酮 3.44%、香叶基丙酮 1.16%、β- 紫罗酮 0.22%、4-（2,2,6- 三甲基 -7- 氧杂二环 [4.1.0] 庚 -1- 基）-3- 丁烯 -2- 酮 0.33%、4- 羟基大马酮 0.81%、植酮 0.14%、巨豆三烯酮 1.88%、（8E）-5,8- 巨豆二烯 -4- 酮 2.92%、法尼基丙酮 0.55%。酮类相对含量为致香物的 21.37%。

（2）醛类：壬醛 0.03%、糠醛 0.23%、苯甲醛 0.27%、苯乙醛 0.89%。醛类相对含量为致香物的 1.42%。

（3）醇类：3,7- 二甲基 -1,6- 辛二烯 -3- 醇 0.22%、苯甲醇 0.70%、苯乙醇 0.92%、叶绿醇 0.04%、西柏三烯二醇 2.49%、（2E,6E,11Z）-3,7,13- 三甲基 -10-（2- 丙基）-2,6,11- 环十四碳三烯 -1,13- 二醇 5.63%。醇类相对含量为致香物的 10.00%。

（4）脂肪酸类：己酸 0.21%、辛酸 0.34%、壬酸 0.19%、癸酸 0.34%、肉豆蔻酸 4.05%、十五烷酸 1.33%、

棕榈酸 36.71%、硬脂酸 1.27%、反油酸 0.96%、亚麻酸 2.97%。脂肪酸类相对含量为致香物的 48.37%。

（5）酯类：苯乙酸甲酯 0.04%、肉豆蔻酸甲酯 0.09%、棕榈酸甲酯 1.54%、二氢猕猴桃内酯 0.99%、邻苯二甲酸二异丁酯 0.21%、亚麻酸甲酯 1.20%。酯类相对含量为致香物的 4.07%。

（6）稠环芳香烃类：1,2,3,4- 四氢 -1,1,6- 三甲基萘 0.24%、1,2- 二氢 -1,1,6- 三甲基萘 0.30%。稠环芳香烃类相对含量为致香物的 0.54%。

（7）酚类：4- 甲氧基苯酚 0.07%、4- 乙烯基 -2- 甲氧基苯酚 1.48%。酚类相对含量为致香物的 1.55%。

（8）不饱和脂肪烃类：3,6- 氧代 -1- 甲基 -8- 异丙基三环［$6.2.2.0^{2,7}$］十二 -4,9- 二烯 0.14%、2,2'-（1,2-二乙基）双（6,6- 二甲基）- 二环［3.1.1］庚 -2- 烯 2.43%。不饱和脂肪烃类相对含量为致香物的 2.57%。

（9）烷烃类：二十九烷 1.56%、二十七烷 0.58%。烷烃类相对含量为致香物的 2.14%。

（10）生物碱类：烟碱 0.38%。生物碱类相对含量为致香物的 0.38%。

（11）萜类：新植二烯 9.12%。萜类相对含量为致香物的 9.12%。

（12）其他类：乙苯 0.25%、邻二甲苯 0.12%、对二甲苯 0.19%、N- 乙基间甲苯胺 0.05%、2- 乙酰呋喃 0.06%、原白头翁素 0.10%、3,3,5,6- 四甲基 -1,2- 二氢化茚 0.04%、2- 乙酰基吡咯 0.06%。

表 2-28　河南 NC89C3F（2009）烤烟水蒸馏挥发性致香物组成成分分析结果

编号	保留时间（min）	分子式	化合物名称	CAS 号	相对含量（%）
1	5.90	C_8H_{10}	乙苯	100-41-4	0.25
2	6.09	C_8H_{10}	邻二甲苯	95-47-6	0.12
3	6.25	C_8H_{10}	对二甲苯	106-42-3	0.19
4	12.62	$C_8H_{14}O$	6- 甲基 -5- 庚烯 -2- 酮	110-93-0	0.02
5	14.67	$C_9H_{18}O$	壬醛	124-19-6	0.03
6	16.97	$C_9H_{13}N$	N- 乙基间甲苯胺	102-27-2	0.05
7	17.62	$C_5H_4O_2$	糠醛	98-01-1	0.23
8	19.09	$C_6H_6O_2$	2- 乙酰呋喃	1192-62-7	0.06
9	19.63	C_7H_6O	苯甲醛	100-52-7	0.27
10	20.80	$C_{10}H_{18}O$	3,7- 二甲基 -1,6- 辛二烯 -3- 醇	78-70-6	0.22
11	21.69	$C_{16}H_{20}O_2$	3,6- 氧代 -1- 甲基 -8- 异丙基三环［$6.2.2.0^{2,7}$］十二 -4,9- 二烯	121824-66-6	0.14
12	22.15	$C_5H_4O_2$	原白头翁素	108-28-1	0.10
13	23.46	$C_{13}H_{18}$	3,3,5,6- 四甲基 -1,2- 二氢化茚	942-43-8	0.04
14	24.24	C_8H_8O	苯乙醛	122-78-1	0.89
15	25.08	$C_{13}H_{18}$	1,2,3,4- 四氢 -1,1,6- 三甲基萘	475-03-6	0.24
16	26.06	$C_9H_{12}O_2$	4- 氧代异氟尔酮	1125-21-9	0.10
17	27.77	$C_{13}H_{22}O$	茄酮	54868-48-3	9.73
18	28.95	$C_9H_{10}O_2$	苯乙酸甲酯	101-41-7	0.04
19	30.51	$C_{13}H_{20}O$	4-（2,6,6- 三甲基 -1- 环己烯 -1- 基）-3- 丁烯 -1- 酮	85949-43-5	0.07
20	30.71	$C_{13}H_{18}O$	β- 大马烯酮	23726-93-4	3.44
21	30.89	$C_{13}H_{16}$	1,2- 二氢 -1,1,6- 三甲基萘	30364-38-6	0.30
22	31.75	$C_{10}H_{14}N_2$	烟碱	54-11-5	0.38
23	31.87	$C_{13}H_{22}O$	香叶基丙酮	3796-70-1	1.16
24	32.00	$C_6H_{12}O_2$	己酸	142-62-1	0.21
25	32.21	$C_7H_8O_2$	4- 甲氧基苯酚	150-76-5	0.07
26	32.67	C_7H_8O	苯甲醇	100-51-6	0.70
27	33.55	$C_8H_{10}O$	苯乙醇	60-12-8	0.92
28	33.80	$C_{20}H_{38}$	新植二烯	504-96-1	9.12
29	33.98	$C_{13}H_{20}O$	β- 紫罗酮	14901-07-6	0.22

续表

编号	保留时间（min）	分子式	化合物名称	CAS 号	相对含量（%）
30	34.51	$C_{20}H_{40}O$	叶绿醇	102608-53-7	0.04
31	35.12	C_6H_7NO	2-乙酰基吡咯	1072-83-9	0.06
32	35.30	$C_{13}H_{20}O_2$	4-［2,2,6-三甲基-7-氧杂二环［4.1.0］庚-1-基］-3-丁烯-2-酮	23267-57-4	0.33
33	35.82	$C_{15}H_{30}O_2$	肉豆蔻酸甲酯	124-10-7	0.09
34	37.22	$C_8H_{16}O_2$	辛酸	124-07-2	0.34
35	37.96	$C_{13}H_{18}O$	4-羟基大马酮	1203-08-3	0.81
36	38.32	$C_{18}H_{36}O$	植酮	502-69-2	0.14
37	39.53	$C_9H_{18}O_2$	壬酸	112-05-0	0.19
38	39.97	$C_{13}H_{20}O$	（8E）-5,8-巨豆二烯-4-酮	67401-26-7	2.92
39	40.19	$C_9H_{10}O_2$	4-乙烯基-2-甲氧基苯酚	7786-61-0	1.48
40	40.46	$C_{17}H_{34}O_2$	棕榈酸甲酯	112-39-0	1.54
41	42.41	$C_{10}H_{20}O_2$	癸酸	334-48-5	0.34
42	42.70	$C_{13}H_{18}O$	巨豆三烯酮	13215-88-8	1.88
43	43.94	$C_{11}H_{16}O_2$	二氢猕猴桃内酯	17092-92-1	0.99
44	45.45	$C_{18}H_{30}O$	法尼基丙酮	1117-52-8	0.55
45	50.40	$C_{29}H_{60}$	二十九烷	630-03-5	1.56
46	50.56	$C_{20}H_{30}$	2,2'-（1,2-二乙基）双（6,6-二甲基）-二环［3.1.1］庚-2-烯	57988-82-6	2.43
47	51.45	$C_{16}H_{22}O_4$	邻苯二甲酸二异丁酯	84-69-5	0.21
48	51.85	$C_{19}H_{32}O_3$	亚麻酸甲酯	301-00-8	1.20
49	53.58	$C_{20}H_{34}O_2$	西柏三烯二醇	57688-99-0	2.49
50	54.21	$C_{14}H_{28}O_2$	肉豆蔻酸	544-63-8	4.05
51	55.21	$C_{27}H_{56}$	二十七烷	539-49-7	0.58
52	55.45	$C_{15}H_{30}O_2$	十五酸	1002-84-2	1.33
53	55.56	$C_{20}H_{34}O_2$	（2E,6E,11Z）-3,7,13-三甲基-10-（2-丙基）-2,6,11-环十四碳三烯-1,13-二醇	7220-78-2	5.63
54	56.75	$C_{16}H_{32}O_2$	棕榈酸	57-10-3	36.71
55	59.86	$C_{18}H_{36}O_2$	硬脂酸	57-11-4	1.27
56	60.45	$C_{18}H_{34}O_2$	反油酸	112-79-8	0.96
57	61.53	$C_{18}H_{32}O_2$	亚麻酸	60-33-3	2.97

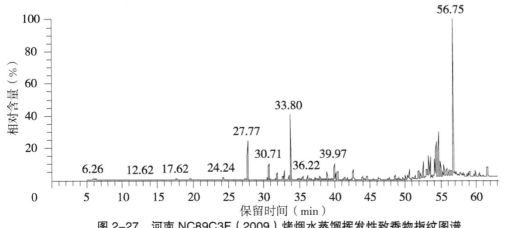

图 2-27　河南 NC89C3F（2009）烤烟水蒸馏挥发性致香物指纹图谱

2.2.28　河南 NC89B2L（2009）烤烟水蒸馏挥发性致香物组成成分分析结果

河南 NC89B2L（2009）烤烟水蒸馏挥发性致香物组成成分分析结果及指纹图谱分别见表 2-29 和图 2-28。从表 2-29 可以看出，河南 NC89B2L（2009）烤烟精油中可检测出 51 种成分，除乙苯为非香味成分外，其他 50 种为致香物质，它们的代谢转化产物分类和致香物类型如下。

1. 代谢转化产物

（1）类胡萝卜素的降解和转化产物：甲基庚烯酮 0.08%、4- 氧代异佛尔酮 0.08%、茄酮 8.90%、4-（2,6,6- 三甲基 -1,3- 环己烯 -1- 基）-3- 丁烯 -1- 酮 0.12%、β- 大马烯酮 3.08%、香叶基丙酮 1.70%、β- 紫罗酮 0.18%、4-［2,2,6- 三甲基 -7- 氧杂二环［4.1.0］庚 -1- 基］-3- 丁烯 -2- 酮 0.40%、4- 羟基大马酮 0.69%、植酮 0.37%、巨豆三烯酮 4.24%、（8E）-5,8- 巨豆二烯 -4- 酮 4.16%、法尼基丙酮 0.97%。

（2）叶绿素分解代谢产物：新植二烯 11.44%。

（3）苯丙氨酸和木质素代谢产物：苯甲醛 0.27%、苯乙醛 1.15%、苯甲醇 0.55%、苯乙醇 0.83%。

（4）类脂物的降解产物：辛酸 0.17%、肉豆蔻酸 4.55%、十五酸 0.88%、棕榈酸 15.65%、硬脂酸 0.74%、反油酸 0.97%、亚油酸 2.70%、棕榈酸甲酯 1.40%、二氢猕猴桃内酯 0.72%、亚麻酸甲酯 5.83%。

（5）西柏烯降解产物：西柏三烯二醇 2.87%。

2. 致香物

（1）酮类：甲基庚烯酮 0.08%、苯并噻吩并［2,3-C］喹啉 -6（5H）- 硫酮 0.06%、4- 氧代异佛尔酮 0.08%、茄酮 8.90%、4-（2,6,6- 三甲基 -1,3- 环己烯 -1- 基）-3- 丁烯 -1- 酮 0.12%、β- 大马烯酮 3.08%、香叶基丙酮 1.70%、β- 紫罗酮 0.18%、4-［2,2,6- 三甲基 -7- 氧杂二环［4.1.0］庚 -1- 基］-3- 丁烯 -2- 酮 0.40%、4- 羟基大马酮 0.69%、植酮 0.37%、巨豆三烯酮 4.24%、（8E）-5,8- 巨豆二烯 -4- 酮 4.16%、法尼基丙酮 0.97%。酮类相对含量为致香物的 25.03%。

（2）醛类：壬醛 0.02%、糠醛 0.14%、苯甲醛 0.27%、苯乙醛 1.15%、异绒白乳菇醛 1.72%。醛类相对含量为致香物的 3.30%。

（3）醇类：3- 己烯 -1- 醇 0.03%、苯甲醇 0.55%、芳樟醇 0.23%、苯乙醇 0.83%、叶绿醇 0.62%、西柏三烯二醇 2.87%。醇类相对含量为致香物的 5.13%。

（4）脂肪酸类：辛酸 0.17%、肉豆蔻酸 4.55%、十五酸 0.88%、棕榈酸 15.65%、硬脂酸 0.74%、反油酸 0.97%、亚油酸 2.70%。脂肪酸类相对含量为致香物的 25.66%。

（5）酯类：棕榈酸甲酯 1.40%、二氢猕猴桃内酯 0.72%、亚麻酸甲酯 5.83%。酯类相对含量为致香物的 7.95%。

（6）稠环芳香烃类：1,2,3,4- 四氢 -1,1,6- 三甲基萘 0.10%、1,1,6- 三甲基 -1,2- 二氢化萘 0.46%。稠环芳香烃类相对含量为致香物的 0.56%。

（7）酚类：未检测到该类成分。

（8）不饱和脂肪烃类：3,6- 氧代 -1- 甲基 -8- 异丙基三环［6.2.2.0^{2.7}］十二 -4,9- 二烯 0.10%、（E,E）-7,11,15- 三甲基 -3- 亚甲基 -1,6,10,14- 十六烯 2.17%、1- 二十二烯 0.72%。不饱和脂肪烃类相对含量为致香物的 2.99%。

（9）烷烃类：十四烷 0.02%、十八烷 0.05%、二十六烷 0.33%、二十七烷 3.99%。烷烃类相对含量为致香物的 4.39%。

（10）生物碱类：烟碱 0.03%。生物碱类相对含量为致香物的 0.03%。

（11）萜类：新植二烯 11.44%。萜类相对含量为致香物的 11.44%。

（12）其他类：乙苯 0.21%、邻二甲苯 0.33%、间二甲苯 0.19%、N- 乙基间甲苯胺 0.09%、3,3,5,6- 四甲基 -1,2- 二氢化茚 0.09%。

表 2-29　河南 NC89B2L（2009）烤烟水蒸馏挥发性致香物组成成分分析结果

编号	保留时间（min）	分子式	化合物名称	CAS 号	相对含量（%）
1	5.89	C_8H_{10}	乙苯	100-41-4	0.21
2	6.24	C_8H_{10}	邻二甲苯	95-47-6	0.33

续表

编号	保留时间（min）	分子式	化合物名称	CAS 号	相对含量（%）
3	7.43	C_8H_{10}	间二甲苯	108-38-3	0.19
4	12.60	$C_8H_{14}O$	甲基庚烯酮	110-93-0	0.08
5	14.40	$C_6H_{12}O$	3-己烯-1-醇	544-12-7	0.03
6	14.66	$C_9H_{18}O$	壬醛	124-19-6	0.02
7	14.76	$C_{14}H_{30}$	十四烷	629-59-4	0.02
8	16.98	$C_9H_{13}N$	N-乙基间甲苯胺	102-27-2	0.09
9	17.58	$C_5H_4O_2$	糠醛	98-01-1	0.14
10	19.63	C_7H_6O	苯甲醛	100-52-7	0.27
11	20.36	$C_{15}H_9NS_2$	苯并噻吩并［2,3-C］喹啉-6（5H）-硫酮	115172-83-3	0.06
12	20.79	$C_{10}H_{18}O$	芳樟醇	78-70-6	0.23
13	21.67	$C_{16}H_{20}O_2$	3,6-氧代-1-甲基-8-异丙基三环［6.2.2.0^{2,7}］十二-4,9-二烯	121824-66-6	0.10
14	23.50	$C_{13}H_{18}$	1,2,3,4-四氢-1,1,6-三甲基萘	475-03-6	0.10
15	24.25	C_8H_8O	苯乙醛	122-78-1	1.15
16	25.12	$C_{13}H_{18}$	3,3,5,6-四甲基-1,2-二氢化茚	942-43-8	0.09
17	26.07	$C_9H_{12}O_2$	4-氧代异佛尔酮	1125-21-9	0.08
18	27.85	$C_{13}H_{22}O$	茄酮	54868-48-3	8.90
19	30.19	$C_{18}H_{38}$	十八烷	593-45-3	0.05
20	30.53	$C_{13}H_{20}O$	4-（2,6,6-三甲基-1,3-环己烯-1-基）-3-丁烯-1-酮	85949-43-5	0.12
21	30.75	$C_{13}H_{18}O$	β-大马烯酮	23726-93-4	3.08
22	30.93	$C_{13}H_{16}$	1,1,6-三甲基-1,2-二氢化萘	30364-38-6	0.46
23	31.77	$C_{10}H_{14}N_2$	烟碱	54-11-5	0.03
24	31.92	$C_{13}H_{22}O$	香叶基丙酮	3796-70-1	1.70
25	32.64	C_7H_8O	苯甲醇	100-51-6	0.55
26	32.92	$C_{20}H_{32}$	（E,E）-7,11,15-三甲基-3-亚甲基-1,6,10,14-十六烯	70901-63-2	2.17
27	33.52	$C_8H_{10}O$	苯乙醇	60-12-8	0.83
28	33.92	$C_{20}H_{38}$	新植二烯	504-96-1	11.44
29	34.01	$C_{13}H_{20}O$	β-紫罗酮	79-77-6	0.18
30	35.33	$C_{13}H_{20}O_2$	4-（2,2,6-三甲基-7-氧杂二环［4.1.0］庚-1-基）-3-丁烯-2-酮	23267-57-4	0.40
31	37.17	$C_8H_{16}O_2$	辛酸	124-07-2	0.17
32	37.96	$C_{13}H_{18}O$	4-羟基大马酮	1203-08-3	0.69
33	38.37	$C_{18}H_{36}O$	植酮	502-69-2	0.37
34	40.01	$C_{13}H_{20}O$	（8E）-5,8-巨豆二烯-4-酮	67401-26-7	4.16
35	40.54	$C_{17}H_{34}O_2$	棕榈酸甲酯	112-39-0	1.40
36	42.75	$C_{13}H_{18}O$	巨豆三烯酮	13215-88-8	4.24
37	43.96	$C_{11}H_{16}O_2$	二氢猕猴桃内酯	17092-92-1	0.72
38	45.54	$C_{18}H_{36}O$	法尼基丙酮	1117-52-8	0.97
39	50.48	$C_{26}H_{54}$	二十六烷	630-01-3	0.33
40	52.47	$C_{15}H_{20}O_2$	异绒白乳菇醛	37841-91-1	1.72
41	52.91	$C_{20}H_{40}O$	叶绿醇	150-86-7	0.62
42	53.62	$C_{20}H_{34}O_2$	西柏三烯二醇	57688-99-0	2.87
43	54.09	$C_{27}H_{56}$	二十七烷	593-49-7	3.99

续表

编号	保留时间（min）	分子式	化合物名称	CAS 号	相对含量（%）
44	54.45	$C_{21}H_{34}O_2$	肉豆蔻酸	544-63-8	4.55
45	54.62	$C_{22}H_{44}$	1-二十二烯	1599-67-3	0.72
46	55.45	$C_{15}H_{30}O_2$	十五酸	1002-84-2	0.88
47	56.77	$C_{16}H_{32}O_2$	棕榈酸	57-10-3	15.65
48	59.88	$C_{18}H_{36}O_2$	硬脂酸	57-11-4	0.74
49	60.48	$C_{18}H_{34}O_2$	反油酸	112-79-8	0.97
50	61.61	$C_{18}H_{32}O_2$	亚油酸	60-33-3	2.70
51	63.30	$C_{19}H_{32}O_2$	亚麻酸甲酯	301-00-8	5.83

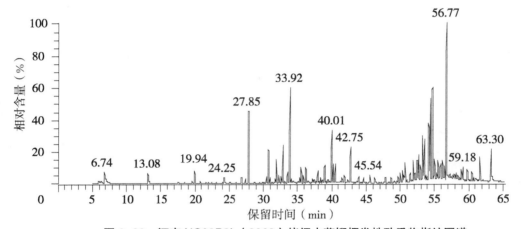

图 2-28　河南 NC89B2L（2009）烤烟水蒸馏挥发性致香物指纹图谱

2.2.29　津巴布韦 L20A（2009）烤烟挥发性致香物组成成分分析结果

津巴布韦 L20A（2009）烤烟挥发性致香物组成成分分析结果见表 2-30 和图 2-29。从表 2-30 可以看出，津巴布韦 L20A（2009）烤烟精油中可检测出 61 种成分，除乙苯为非香味成分外，其他 60 种为致香物质，它们的代谢转化产物分类和致香物类型如下。

1. 代谢转化产物

（1）类胡萝卜素降解和转化产物：6-甲基-5-庚烯-2-酮 0.01%、4-氧代异佛尔酮 0.03%、茄酮 5.75%、4-（2,6,6-三甲基-1-环己烯-1-基）-3-丁烯-1-酮 0.13%、β-大马烯酮 2.15%、香叶基丙酮 1.04%、β-紫罗兰酮 0.63%、4-羟基大马酮 0.24%、植酮 0.86%、降茄二酮 4.36%、巨豆三烯酮 7.98%、法尼基丙酮 1.77%。

（2）叶绿素分解代谢产物：新植二烯 13.31%。

（3）苯丙氨酸和木质素代谢产物：苯甲醛 0.04%、苯乙醛 0.06%、苯甲醇 0.32%、苯乙醇 13.7%。

（4）类脂物的降解产物：辛酸 0.30%、十五酸 0.45%、棕榈酸 14.16%、硬脂酸 0.93%、反油酸 2.39%、棕榈酸甲酯 0.19%、二氢猕猴桃内酯 1.35%、油酸甲酯 5.88%、亚油酸甲酯 0.17%、亚麻酸甲酯 5.57%。

（5）西柏烯降解产物：西柏三烯二醇 1.30%。

2. 致香物

（1）酮类：6-甲基-5-庚烯-2-酮 0.01%、苯并噻吩并［2,3-C］喹啉-6（5H）-硫酮 0.03%、4-氧代异佛尔酮 0.03%、茄酮 5.75%、4-（2,6,6-三甲基-1-环己烯-1-基）-3-丁烯-1-酮 0.13%、β-大马烯酮 2.15%、香叶基丙酮 1.04%、β-紫罗酮 0.63%、4-羟基大马酮 0.24%、植酮 0.86%、降茄二酮 4.36%、巨豆三烯酮 1.34%、巨豆三烯酮-2 6.64%、法尼基丙酮 1.77%、2-羟基环十五酮 0.76%。酮类相对含量为致香物的 25.74%。

（2）醛类：糠醛 0.04%、苯甲醛 0.04%、藏红花醛 0.04%、苯乙醛 0.06%。醛类相对含量为致香物的 0.18%。

（3）醇类：芳樟醇 0.17%、α-松油醇 0.05%、苯甲醇 0.32%、苯乙醇 13.7%、反式-橙花叔醇 0.12%、桉叶醇 0.37%、法尼醇 1.04%、叶绿醇 3.52%、西柏三烯二醇 1.30%。醇类相对含量为致香物的 20.59%。

（4）脂肪酸类：辛酸 0.30%、十五酸 0.45%、棕榈酸 14.16%、硬脂酸 0.93%、反油酸 2.39%。脂肪酸类相对含量为致香物的 18.23%。

（5）酯类：苯乙酸甲酯 0.02%、肉豆蔻酸甲酯 0.05%、辛二酸二甲酯 0.07%、十五酸甲酯 0.29%、棕榈酸甲酯 0.19%、十七酸甲酯 4.80%、二氢猕猴桃内酯 1.35%、油酸甲酯 5.88%、亚油酸甲酯 0.17%、亚麻酸甲酯 5.57%。酯类相对含量为致香物的 18.39%。

（6）稠环芳香烃类：1,2,3,4- 四氢 -1,1,6- 三甲基萘 0.14%、1,2- 二氢 -1,1,6- 三甲基萘 0.54%。稠环芳香烃类相对含量为致香物的 0.68%。

（7）酚类：未检测到该类成分。

（8）不饱和脂肪烃类：3,6- 氧代 -1- 甲基 -8- 异丙基三环［6.2.2.0²·⁷］十二 -4,9- 二烯 0.04%、（+）- 香橙烯 0.05%、（E,E）-7,11,15- 三甲基 -3- 亚甲基 -1,6,10,14- 十六烯 0.41%、3,12- 二甲基 -6,7- 二氮杂 -3,5,7,9,11- 五烯 -1,13- 二炔 0.84%、2,2'-（1,2- 乙基）双（6,6- 二甲基）- 二环［3.1.1］庚 -2- 烯 6.90%。不饱和脂肪烃类相对含量为致香物的 8.24%。

（9）烷烃类：十四烷 0.01%、二十六烷 2.75%、二十九烷 14.87%。烷烃类相对含量为致香物的 17.63%。

（10）生物碱类：烟碱 0.17%。生物碱类相对含量为致香物的 0.17%。

（11）萜类：新植二烯 13.31%。萜类相对含量为致香物的 13.31%。

（12）其他类：乙苯 0.03%、邻二甲苯 0.04%、2- 乙酰呋喃 0.01%、3,3,5,6- 四甲基 -1,2- 二氢化茚 0.28%。

表 2-30　津巴布韦 L20A（2009）烤烟水蒸馏挥发性致香物组成成分分析结果

编号	保留时间（min）	分子式	化合物名称	CAS 号	相对含量（%）
1	5.93	C₈H₁₀	乙苯	100-41-4	0.03
2	6.28	C₈H₁₀	邻二甲苯	95-47-6	0.04
3	12.64	C₈H₁₄O	6- 甲基 -5- 庚烯 -2- 酮	110-93-0	0.01
4	14.78	C₁₄H₃₀	十四烷	629-59-4	0.01
5	17.61	C₅H₄O₂	糠醛	98-01-1	0.04
6	19.10	C₆H₆O₂	2- 乙酰呋喃	1192-62-7	0.01
7	19.63	C₇H₆O	苯甲醛	100-52-7	0.04
8	20.37	C₁₅H₉NS₂	苯并噻吩并［2,3-C］喹啉 -6（5H）- 硫酮	115172-83-3	0.03
9	20.56	C₁₃H₁₈	1,2,3,4- 四氢 -1,1,6- 三甲基萘	475-03-6	0.14
10	20.80	C₁₀H₁₈O	芳樟醇	78-70-6	0.17
11	21.69	C₁₆H₂₀O₂	3,6- 氧代 -1- 甲基 -8- 异丙基三环［6.2.2.0²·⁷］十二 -4,9- 二烯	121824-66-6	0.04
12	23.50	C₁₃H₁₈	3,3,5,6- 四甲基 -1,2- 二氢化茚	942-43-8	0.28
13	23.93	C₁₅H₂₄	（+）- 香橙烯	489-39-4	0.05
14	24.09	C₁₀H₁₄O	藏红花醛	116-26-7	0.04
15	24.24	C₈H₈O	苯乙醛	122-78-1	0.06
16	26.06	C₉H₁₂O₂	4- 氧代异佛尔酮	1125-21-9	0.03
17	26.44	C₁₀H₁₈O	α- 松油醇	98-55-5	0.05
18	27.83	C₁₃H₂₂O	茄酮	54868-48-3	5.75
19	28.96	C₉H₁₀O₂	苯乙酸甲酯	101-41-7	0.02
20	30.54	C₁₃H₂₀O	4-（2,6,6- 三甲基 -1- 环己烯 -1- 基）-3- 丁烯 -1- 酮	85949-43-5	0.13
21	30.75	C₁₃H₁₈O	β- 大马烯酮	23726-93-4	2.15
22	30.93	C₁₃H₁₆	1,2- 二氢 -1,1,6- 三甲基萘	30364-38-6	0.54

续表

编号	保留时间（min）	分子式	化合物名称	CAS 号	相对含量（%）
23	31.76	$C_{10}H_{14}N_2$	烟碱	54-11-5	0.17
24	31.91	$C_{13}H_{22}O$	香叶基丙酮	3796-70-1	1.04
25	32.65	C_7H_8O	苯甲醇	100-51-6	0.32
26	32.95	$C_{20}H_{32}$	（E,E）-7,11,15-三甲基-3-亚甲基-1,6,10,14-十六烯	70901-63-2	0.41
27	33.52	$C_8H_{10}O$	苯乙醇	60-12-8	13.70
28	33.92	$C_{20}H_{38}$	新植二烯	504-96-1	13.31
29	34.00	$C_{13}H_{20}O$	β-紫罗酮	79-77-6	0.63
30	35.86	$C_{15}H_{30}O_2$	肉豆蔻酸甲酯	124-10-7	0.05
31	36.40	$C_{10}H_{18}O_4$	辛二酸二甲酯	1732-09-8	0.07
32	36.65	$C_{15}H_{26}O$	反式-橙花叔醇	40716-66-3	0.12
33	37.18	$C_8H_{16}O_2$	辛酸	124-07-2	0.30
34	37.96	$C_{13}H_{18}O$	4-羟基大马酮	1203-08-3	0.24
35	38.13	$C_{16}H_{32}O_2$	十五酸甲酯	7132-64-1	0.29
36	38.36	$C_{18}H_{36}O$	植酮	502-69-2	0.86
37	38.99	$C_{12}H_{20}O_2$	降茄二酮	60619-16-2	4.36
38	40.01	$C_{13}H_{18}O$	巨豆三烯酮-2	67401-26-7	6.64
39	40.58	$C_{17}H_{34}O_2$	棕榈酸甲酯	112-39-0	0.19
40	40.74	$C_{15}H_{26}O$	桉叶醇	473-15-4	0.37
41	40.97	$C_{14}H_{14}N_2$	3,12-二甲基-6,7-二氮杂-3,5,7,9,11-五烯-1,13-二炔	87021-40-7	0.84
42	42.50	$C_{18}H_{36}O_2$	十七酸甲酯	1731-92-6	4.80
43	42.76	$C_{13}H_{18}O$	巨豆三烯酮	13215-88-8	1.34
44	43.96	$C_{11}H_{16}O_2$	二氢猕猴桃内酯	17092-92-1	1.35
45	45.03	$C_{15}H_{26}O$	法尼醇	4602-84-0	1.04
46	45.54	$C_{18}H_{30}O$	法尼基丙酮	1117-52-8	1.77
47	48.72	$C_{19}H_{36}O_2$	油酸甲酯	112-62-9	5.88
48	50.34	$C_{19}H_{34}O_2$	亚油酸甲酯	112-63-0	0.17
49	50.47	$C_{26}H_{54}$	二十六烷	630-01-3	2.75
50	50.70	$C_{20}H_{30}$	2,2'-（1,2-乙基）双（6,6-二甲基）-二环［3.1.1］庚-2-烯	57988-82-6	6.90
51	52.91	$C_{20}H_{40}O$	叶绿醇	150-86-7	3.52
52	53.62	$C_{20}H_{34}O_2$	西柏三烯二醇	57688-99-0	1.01
53	55.45	$C_{15}H_{30}O_2$	十五酸	1002-84-2	0.45
54	55.80	$C_{15}H_{28}O_2$	2-羟基环十五酮	4727-18-8	0.76
55	55.90	$C_{20}H_{34}O_2$	西柏三烯二醇	57688-99-0	0.29
56	56.46	$C_{29}H_{60}$	二十九烷	630-03-5	14.87
57	56.76	$C_{16}H_{32}O_2$	棕榈酸	57-10-3	14.16
58	59.89	$C_{18}H_{36}O_2$	硬脂酸	57-11-4	0.93
59	60.48	$C_{18}H_{34}O_2$	反油酸	112-79-8	2.39
60	63.30	$C_{19}H_{32}O_2$	亚麻酸甲酯	301-00-8	5.57

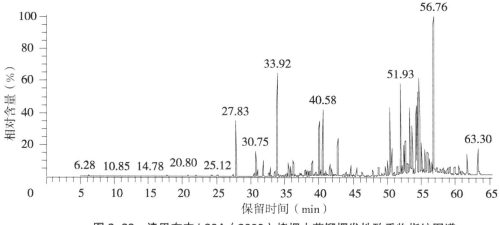

图 2-29　津巴布韦 L20A（2009）烤烟水蒸馏挥发性致香物指纹图谱

2.2.30　津巴布韦 LJOT2（2009）烤烟水蒸馏挥发性致香物组成成分分析结果

津巴布韦 LJOT274#（2009）烤烟水蒸馏挥发性致香物组成成分分析结果及指纹图谱分别见表 2-31 和图 2-30。从表 2-31 可以看出，津巴布韦 LJOT274#（2009）烤烟水蒸馏挥发性致香物中可检测出 59 种成分，除乙苯为非香味成分外，其他 58 种为致香物质，它们的代谢转化产物分类和致香物类型如下。

1. 代谢转化产物

（1）类胡萝卜素降解和转化产物：4-氧代异氟尔酮 0.01%、茄酮 4.04%、4-（2,6,6-三甲基 -1-环己烯 -1-基）-3-丁烯 -1-酮 0.11%、β-大马烯酮 1.56%、香叶基丙酮 0.66%、4-羟基大马酮 0.40%、植酮 0.24%、（8E）-5,8-巨豆二烯 -4-酮 11.23%、法尼基丙酮 0.62%。

（2）叶绿素分解代谢产物：新植二烯 9.86%。

（3）苯丙氨酸和木质素代谢产物：苯甲醛 0.01%、苯乙醛 0.02%、苯甲醇 0.20%、苯乙醇 0.27%。

（4）类脂物降解产物：辛酸 0.16%、壬酸 0.11%、肉豆蔻酸 2.32%、十五酸 1.08%、棕榈酸 15.87%、十七酸 0.65%、硬脂酸 0.82%、反油酸 1.21%、亚油酸 3.94%、油酸甲酯 0.18%、棕榈酸甲酯 2.73%、次亚麻酸甲酯 4.78%、亚麻酸甲酯 8.32%。

（5）西柏烯降解产物：西柏三烯二醇 2.20%。

2. 致香物

（1）酮类：4-氧代异氟尔酮 0.01%、茄酮 4.04%、4-（2,6,6-三甲基 -1-环己烯 -1-基）-3-丁烯 -1-酮 0.11%、β-大马烯酮 1.56%、香叶基丙酮 0.66%、4-羟基大马酮 0.40%、植酮 0.24%、（8E）-5,8-巨豆二烯 -4-酮 11.23%、法尼基丙酮 0.62%、2-羟基环十五酮 0.61%。酮类相对含量为致香物的 19.48%。

（2）醛类：糠醛 0.02%、苯甲醛 0.01%、2,3-二氢 -2,2,6-三甲基苯甲醛 0.03%、苯乙醛 0.02%、异绒白乳菇醛 1.84%。醛类相对含量为致香物的 1.92%。

（3）醇类：3,7-二甲基 -1,6-辛二烯 -3-醇 0.01%、苯甲醇 0.20%、苯乙醇 0.27%、反式橙花叔醇 0.04%、β-桉叶醇 0.10%、金合欢醇 0.20%、叶绿醇 0.40%、西柏三烯二醇 2.20%、（2E,6E,11Z）-3,7,13-三甲基 -10-（2-丙基）-2,6,11-环十四碳三烯 -1,13-二醇 7.89%。醇类相对含量为致香物的 11.31%。

（4）脂肪酸类：辛酸 0.16%、壬酸 0.11%、肉豆蔻酸 2.32%、十五酸 1.08%、棕榈酸 15.87%、十七酸 0.65%、硬脂酸 0.82%、反油酸 1.21%、亚油酸 3.94%。脂肪酸类相对含量为致香物的 26.16%。

（5）酯类：十四酸甲酯 0.23%、十五酸甲酯 0.08%、油酸甲酯 0.18%、棕榈酸甲酯 3.43%、十七酸甲酯 0.06%、二氢猕猴桃内酯 0.29%、7,10-十八碳二烯酸甲酯 2.73%、邻苯二甲酸二异丁酯 0.76%、次亚麻酸甲酯 4.78%、亚麻酸甲酯 8.32%。酯类相对含量为致香物的 20.86%。

（6）稠环芳香烃类：1,2,3,4-四氢 -1,1,6-三甲基萘 0.14%、1,1,6-三甲基 -1,2-二氢萘 0.26%。稠环芳香烃类相对含量为致香物的 0.40%。

（7）酚类：去甲呋喃羽叶芸香素 0.26%。酚类相对含量为致香物的 0.26%。

（8）不饱和脂肪烃类：3,6-氧代 -1-甲基 -8-异丙基三环 [6.2.2.0^{2,7}] 十二 -4,9-二烯 0.01%、

（E,E）-7,11,15- 三甲基 -3- 亚甲基十六 - 1,6,10,14- 四烯 0.12%。不饱和脂肪烃类相对含量为致香物的 0.13%。

（9）烷烃类：十四烷 0.01%、二十六烷 0.16%、二十七烷 3.68%、二十八烷 0.17%、三十五烷 0.45%。烷烃类相对含量为致香物的 4.47%。

（10）生物碱类：烟碱 0.39%。生物碱类相对含量为致香物的 0.39%。

（11）萜类：新植二烯 9.86%。萜类相对含量为致香物的 9.86%。

（12）其他类：乙苯 0.01%、邻二甲苯 0.01%、3,3,5,6- 四甲基 -1,2- 二氢化茚 0.17%。

表 2-31　津巴布韦 LJOT2（2009）烤烟水蒸馏挥发性致香物组成成分分析结果

编号	保留时间（min）	分子式	化合物名称	CAS 号	相对含量（%）
1	5.96	C_8H_{10}	乙苯	100-41-4	0.01
2	6.31	C_8H_{10}	邻二甲苯	95-47-6	0.01
3	14.79	$C_{14}H_{30}$	十四烷	629-59-4	0.01
4	17.61	$C_5H_4O_2$	糠醛	98-01-1	0.02
5	19.64	C_7H_6O	苯甲醛	100-52-7	0.01
6	20.57	$C_{13}H_{18}$	1,2,3,4- 四氢 -1,1,6- 三甲基萘	475-03-6	0.14
7	20.81	$C_{10}H_{18}O$	3,7- 二甲基 -1,6- 辛二烯 -3- 醇	78-70-6	0.01
8	21.69	$C_{16}H_{20}O_2$	3,6- 氧代 -1- 甲基 -8- 异丙基三环 [6.2.2.0²·⁷] 十二 -4,9- 二烯	121824-66-6	0.01
9	23.51	$C_{13}H_{18}$	3,3,5,6- 四甲基 -1,2- 二氢化茚	942-43-8	0.17
10	24.09	$C_{10}H_{14}O$	2,3- 二氢 -2,2,6- 三甲基苯甲醛	116-26-7	0.03
11	24.25	C_8H_8O	苯乙醛	122-78-1	0.02
12	26.07	$C_9H_{12}O_2$	4- 氧代异氟尔酮	1125-21-9	0.01
13	27.81	$C_{13}H_{22}O$	茄酮	54868-48-3	4.04
14	30.54	$C_{13}H_{20}O$	4-（2,6,6- 三甲基 -1- 环己烯 -1- 基）-3- 丁烯 -1- 酮	85949-43-5	0.11
15	30.74	$C_{13}H_{18}O$	β- 大马烯酮	23726-93-4	1.56
16	30.93	$C_{13}H_{16}$	1,1,6- 三甲基 -1,2- 二氢萘	475-03-6	0.26
17	31.76	$C_{10}H_{14}N_2$	烟碱	54-11-5	0.39
18	31.91	$C_{13}H_{22}O$	香叶基丙酮	3796-70-1	0.66
19	32.65	C_7H_8O	苯甲醇	100-51-6	0.20
20	33.52	$C_8H_{10}O$	苯乙醇	60-12-8	0.27
21	33.89	$C_{20}H_{38}$	新植二烯	504-96-1	9.86
22	35.86	$C_{15}H_{30}O_2$	十四酸甲酯	124-10-7	0.23
23	36.65	$C_{15}H_{26}O$	反式橙花叔醇	40716-66-3	0.04
24	37.18	$C_8H_{16}O_2$	辛酸	124-07-2	0.16
25	37.96	$C_{13}H_{18}O$	4- 羟基大马酮	1203-08-3	0.40
26	38.12	$C_{16}H_{32}O_2$	十五酸甲酯	7132-64-1	0.08
27	38.36	$C_{18}H_{36}O$	植酮	502-69-2	0.24
28	38.62	$C_{19}H_{36}O_2$	油酸甲酯	112-62-9	0.18
29	39.25	$C_{20}H_{32}$	（E,E）-7,11,15- 三甲基 -3- 亚甲基十六 - 1,6,10,14- 四烯	70901-63-2	0.12
30	39.49	$C_9H_{18}O_2$	壬酸	112-05-0	0.11
31	40.02	$C_{13}H_{20}O$	（8E）-5,8- 巨豆二烯 -4- 酮	67401-26-7	11.23
32	40.55	$C_{17}H_{34}O_2$	棕榈酸甲酯	112-39-0	3.43

续表

编号	保留时间 （min）	分子式	化合物名称	CAS 号	相对含量 （%）
33	40.75	C₁₅H₂₆O	β- 桉叶醇	473-15-4	0.10
34	42.50	C₁₈H₃₆O₂	十七酸甲酯	1731-92-6	0.06
35	43.96	C₁₁H₁₆O₂	二氢猕猴桃内酯	17092-92-1	0.29
36	45.04	C₁₅H₂₆O	金合欢醇	106-28-5	0.20
37	45.54	C₁₈H₃₀O	法尼基丙酮	1117-52-8	0.62
38	49.53	C₁₆H₁₄O₄	去甲呋喃羽叶芸香素	60924-68-7	0.26
39	50.33	C₁₉H₃₄O₂	7,10- 十八碳二烯酸甲酯	56554-24-6	2.73
40	50.47	C₂₆H₅₄	二十六烷	630-01-3	0.16
41	51.47	C₁₆H₂₂O₄	邻苯二甲酸二异丁酯	84-69-5	0.76
42	51.91	C₁₉H₃₂O₂	次亚麻酸甲酯	7361-80-0	4.78
43	52.47	C₁₅H₂₀O₂	异绒白乳菇醛	37841-91-1	1.84
44	52.91	C₂₀H₄₀O	叶绿醇	150-86-7	0.40
45	53.62	C₂₀H₃₄O₂	西柏三烯二醇	57688-99-0	2.20
46	54.08	C₂₇H₅₆	二十七烷	593-49-7	3.68
47	54.20	C₁₄H₂₈O₂	肉豆蔻酸	544-63-8	2.32
48	55.26	C₂₈H₅₈	二十八烷	630-02-4	0.17
49	55.45	C₁₅H₃₀O₂	十五酸	1002-84-2	1.08
50	55.80	C₁₅H₂₈O₂	2- 羟基环十五酮	4727-18-8	0.61
51	55.90	C₂₀H₃₄O₂	（2E,6E,11Z）-3,7,13- 三甲基 -10-（2- 丙基）-2,6,11- 环十四碳三烯 -1,13- 二醇	7220-78-2	7.89
52	56.47	C₃₅H₇₂	三十五烷	630-07-9	0.45
53	56.77	C₁₆H₃₂O₂	棕榈酸	57-10-3	15.87
54	58.17	C₁₇H₃₄O₂	十七酸	506-12-7	0.65
55	59.89	C₁₈H₃₆O₂	硬脂酸	57-11-4	0.82
56	60.48	C₁₈H₃₄O₂	反油酸	112-79-8	1.21
57	61.62	C₁₈H₃₂O₂	亚油酸	60-33-3	3.94
58	63.33	C₁₉H₃₂O₂	亚麻酸甲酯	301-00-8	8.32

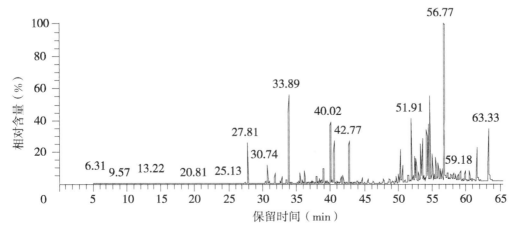

图 2-30　津巴布韦 LJ0T2（2009）烤烟水蒸馏挥发性致香物指纹图谱

2.2.31 广西贺州朝东云烟 87B2F（2014）烤烟水蒸馏挥发性致香物组成成分分析结果

广西贺州朝东云烟 87B2F（2014）烤烟水蒸馏挥发性致香物组成成分分析结果及指纹图谱分别见表 2-32 和图 2-31。从表 2-32 可以看出，广西贺州朝东云烟 87B2F（2014）烤烟水蒸馏挥发性致香物中可检测出 104 种成分。

致香物类型及相对含量如下。

（1）酮类：β- 大马烯酮 0.80%、1-（对甲氧基苯基）-1,3- 丁二酮 0.09%、2,3- 二甲基环己烷 -1- 酮 0.11%、2,3- 二氢 -3,4,7- 三甲基 -1H- 茚酮 0.47%、β- 紫罗兰酮 0.05%、巨豆三烯酮 B 3.27%、4-（2,2,6- 三甲基 -7- 氧杂二环 [4.1.0] 庚 -1- 基）-3- 丁烯 -2- 酮 0.11%、6,10,14- 三甲基 -2- 十五烷酮 0.31%、6,10- 二甲基 -5,9- 十一双烯 -2- 酮 0.20%、6- 甲基 -5- 庚烯 -2- 酮 0.06%、茄酮 1.66%、螺岩兰草酮 0.07%、顺式 -5- 甲基 -2-（1- 甲基乙基）环己酮 0.10%、顺式 -1-（2,6,6- 三甲基 -2- 环己烯 -1- 基）-2- 丁烯 -1- 酮 0.05%。酮类相对含量为致香物的 7.16%。

（2）醛类：苯甲醛 0.14%、2- 苯基乙醛 0.29%、兔耳草醛 0.06%。醛类相对含量为致香物的 0.49%。

（3）醇类：（1R*,2S*）-2- 异丙烯基 -8- 甲基 -1,2,3,4- 四氢化萘 -1- 醇 0.05%、（1S,2E,4R,7E,11E）-2,7,11- 西柏三烯 -4- 醇 0.50%、（1S,2S,4R）-（-）-α, α- 二甲基 -1- 乙烯基邻薄荷 -8- 烯 -4- 醇 0.08%、（2E,6E,10E）-3,7,11,15- 四甲基 -2,6,10,14- 十六碳四烯 -1- 醇 0.57%、（2E,6E,11Z）-3,7,13- 三甲基 -10-（2- 丙基）-2,6,11- 环十四碳三烯 -1,13- 二醇 0.31%、1- 茚酮醇 0.08%、2,6,6,8- 四甲基三环 [5.3.1.0] -8- 十一醇 0.08%、2- 甲基 -5-（1- 甲基乙烯基）环己醇 0.05%、3,7,11- 三甲基 -2,6,10- 十二碳三烯 -1- 醇 0.07%、3,7- 二甲基 -1,6- 辛二烯 -3- 醇 0.12%、3,7- 二甲基 -6- 辛烯 -1- 醇 0.06%、苯乙醇 0.23%、枞醇 0.07%、喇叭茶醇 0.09%、喇叭茶萜醇 0.08%、松油醇 0.07%、香叶基香叶醇 0.69%。醇类相对含量为致香物的 3.20%。

（4）有机酸类：3- 氯 -2- 甲氧基 -5- 吡啶硼酸 0.09%、6- 氯 -8- 喹啉羧酸 0.06%、肉豆蔻酸 0.10%、棕榈酸 0.14%。有机酸类相对含量为致香物的 0.39%。

（5）酯类：邻苯二甲酸二异丁酯 0.16%、2,4,4- 三基戊烷 -1,3- 二基双（2- 甲基丙酸酯）0.06%、3- 氨基吡嗪 -2- 羧酸甲酯 0.05%、（1R,2S,5S）-2- 甲基 -5-（1- 甲基乙基）二环 [3.1.0] 己酸乙酯 0.32%、甲基亚麻酸酯 1.30%、邻苯二甲酸二丁酯 0.15%、肉豆蔻酸甲酯 0.05%、亚油酸甲酯 0.45%、棕榈酸甲酯 0.41%。酯类相对含量为致香物的 2.95%。

（6）稠环芳香烃类：（3R,4aR,5S）-3- 异丙烯基 -4a,5- 二甲基 -1,2,3,4,4a,5,6,7- 八氢萘 0.12%、1,2,3,4- 四氢 -1,1,6- 三甲基萘 0.33%、1- 甲基萘 0.15%、2- 丁基十氢萘 0.35%、2- 甲基萘 0.29%、蒽 0.06%、萘 0.15%、茚 0.06%。稠环芳香烃类相对含量为致香物的 1.51%。

（7）酚类：4- 甲基苯酚 0.05%、4- 乙烯基 -2- 甲氧基苯酚 0.20%。酚类相对含量为致香物的 0.25%。

（8）烷烃类：（1R）-（+）-cis 蒎烷 0.05%、（1R）-2,2- 双甲基 -3- 亚甲基二环 [2.2.1] 庚烷 0.04%、1,1,2,2- 四氯乙烷 0.20%、1,7,7- 三甲基 -2- 亚甲基 - 降冰片烷 1.43%、1- 烯丙基 -3- 亚甲基 - 环己烷 3.49%、3- 甲基辛烷 0.05%、6,6- 二甲基 -2- 亚甲基二环 [3.1.1] 庚烷 0.12%、二十二烷 0.06%、二十烷 0.09%、1- 环丙基壬烷 0.10%、壬烷 0.31%、十二烷 0.05%、顺式 -4- 癸烷 0.05%、癸烷 0.19%、9- 异丙二环 [6.1.0] 壬烷 0.05%。烷烃类相对含量为致香物的 6.28%。

（9）不饱和脂肪烃类：（-）- 异丁香烯 0.97%、（+）- 喇叭烯 1.26%、（+）- 香橙烯 0.11%、（1R,9S）-4,11,11- 三甲基 -8- 亚甲基二环 [7.2.0] -4- 十一烯 0.56%、（1S,3S）- 反式 -4- 蒈烯 0.43%、[1S,3S,（+）] -1- 甲基 -3- 乙丙烯基 -4- 环己烯 5.33%、1- 甲基（1- 甲基乙烯基）环己烯 1.88%、1- 甲基 -4-（1- 甲基乙基）-1,4- 环己二烯 0.10%、1- 十六炔 0.06%、1- 异丙基 -4- 甲基 -1,3- 环己二烯 0.13%、2,6,6- 三甲基二环 [3.1.1] 庚 -2- 烯 0.17%、3- 亚甲基 -7,11,15- 三甲基十六烯 43.15%、7- 甲基 -3- 亚甲基 -1,6- 辛二烯 0.06%、反式 -（+）- 异柠檬烯 0.32%、黏蒿三烯 0.05%、萜品油烯 0.07%、长叶烯 1.85%。不饱和脂肪烃类相对含量为致香物的 56.50%。

（10）生物碱类：未检测到该类成分。

（11）萜类：未检测到该类成分。

（12）其他类：1-（4,5,5- 三甲基 -1,3- 环戊烯基）苯 0.07%、1,2,3,4,5- 五甲基苯 0.07%、1,2,4- 三乙

苯 0.09%、1,3,5- 三甲基 -2-（1,2- 丙二烯基）苯 0.05%、1,3,5- 三异丙基苯 1.20%、1,3- 二（四氢 -2- 呋喃基）-5- 氟尿嘧啶 0.08%、1,3- 二甲基 -2- 乙基苯 0.68%、1- 甲氧基 -4-［（Z）-1- 丙烯基］苯 0.49%、1- 乙基 -1- 苯肼 0.05%、2- 氟 -N-（4- 甲氧基苯基）苯甲酰胺 0.76%、3,4- 二甲氧基苯甲醛肟 0.16%、7- 甲基 -3- 辛烯 -2- 酮 0.06%、4- 己氧基苯胺 0.19%、4- 烯丙基苯甲醚 0.11%、薄荷脑 0.40%、对氟苄胺 0.08%、对异丙基甲苯 0.38%。

表 2-32 广西贺州朝东云烟 87B2F（2014）烤烟水蒸馏挥发性致香物组成成分分析结果

编号	保留时间（min）	分子式	化合物名称	CAS 号	相对含量（%）
1	2.652	C_9H_{20}	3- 甲基辛烷	2216-33-3	0.05
2	2.947	C_9H_{20}	壬烷	111-84-2	0.31
3	3.136	$C_2H_2C_{l4}$	1,1,2,2- 四氯乙烷	79-34-5	0.20
4	3.295	$C_{16}H_{30}$	1- 十六炔	629-74-3	0.06
5	3.407	$C_8H_{14}O$	2,3- 二甲基环己烷 -1- 酮	13395-76-1	0.11
6	3.484	$C_{10}H_{16}$	2,6,6- 三甲基二环［3.1.1］庚 -2- 烯	80-56-8	0.17
7	3.874	C_7H_6O	苯甲醛	100-52-7	0.14
8	4.199	$C_{10}H_{16}$	6,6- 二甲基 -2- 亚甲基二环［3.1.1］庚烷	127-91-3	0.12
9	4.252	$C_8H_{14}O$	6- 甲基 -5- 庚烯 -2- 酮	110-93-0	0.06
10	4.346	$C_{10}H_{16}$	7- 甲基 -3- 亚甲基 -1,6- 辛二烯	123-35-3	0.06
11	4.500	$C_{10}H_{22}$	癸烷	124-18-5	0.19
12	4.954	$C_{10}H_{16}$	1- 异丙基 -4- 甲基 -1,3- 环己二烯	99-86-5	0.13
13	5.125	$C_{10}H_{14}$	对异丙基甲苯	99-87-6	0.38
14	5.232	$C_{10}H_{16}$	1- 甲基（1- 甲基乙烯基）环己烯	138-86-3	1.88
15	5.568	C_8H_8O	2- 苯基乙醛	122-78-1	0.29
16	5.651	C_9H_8	茚	95-13-6	0.06
17	5.875	$C_{12}H_{26}$	十二烷	112-40-3	0.05
18	5.975	$C_{10}H_{16}$	1- 甲基 -4-（1- 甲基乙基）-1,4- 环己二烯	99-85-4	0.10
19	6.282	C_7H_8O	4- 甲基苯酚	106-44-5	0.05
20	6.831	$C_{10}H_{16}$	萜品油烯	586-62-9	0.07
21	7.115	$C_{10}H_{18}O$	3,7- 二甲基 -1,6- 辛二烯 -3- 醇	78-70-6	0.12
22	7.569	$C_8H_{10}O$	苯乙醇	60-12-8	0.23
23	9.482	$C_{10}H_{18}O$	顺式 -5- 甲基 -2-（1- 甲基乙基）环己酮	491-07-6	0.10
24	9.777	$C_{10}H_{20}O$	薄荷脑	1490-04-6	0.40
25	10.214	$C_{10}H_8$	萘	91-20-3	0.15
26	10.527	$C_{10}H_{18}O$	松油醇	10482-56-1	0.07
27	10.863	$C_{10}H_{12}O$	4- 烯丙基苯甲醚	140-67-0	0.11
28	12.144	$C_{10}H_{20}O$	3,7- 二甲基 -6- 辛烯 -1- 醇	106-22-9	0.06
29	13.296	$C_6H_7BClNO_3$	3- 氯 -2- 甲氧基 -5- 吡啶硼酸	942-43-8	0.09
30	14.559	$C_{11}H_{16}$	1,2,3,4,5- 五甲基苯	700-12-9	0.07
31	14.659	$C_{22}H_{46}$	二十二烷	629-97-0	0.06
32	14.895	$C_{10}H_{12}O$	1- 甲氧基 -4-［（Z）-1- 丙烯基］苯	104-46-1	0.49
33	15.149	$C_{11}H_{10}$	2- 甲基萘	91-57-6	0.29
34	15.976	$C_{11}H_{10}$	1- 甲基萘	90-12-0	0.15

续表

编号	保留时间 （min）	分子式	化合物名称	CAS 号	相对含量 （%）
35	16.283	$C_9H_{10}O_2$	4- 乙烯基 -2- 甲氧基苯酚	7786-61-0	0.20
36	18.136	$C_{10}H_{20}$	顺式 -4- 癸烷	19398-88-0	0.05
37	19.163	$C_{13}H_{22}O$	茄酮	54868-48-3	1.66
38	19.901	$C_9H_{16}O$	7- 甲基 -3- 辛烯 -2- 酮	33046-81-0	0.06
39	20.061	$C_{13}H_{18}O$	β- 大马烯酮	23726-93-4	0.80
40	20.261	$C_{12}H_{14}O$	2,3- 二氢 -3,4,7- 三甲基 -1H- 茚酮	35322-84-0	0.47
41	20.492	$C_{10}H_{16}$	（1S,3S）- 反式 -4- 蒈烯	5208-50-4	0.43
42	20.775	$C_{10}H_6ClNO_2$	6- 氯 -8- 喹啉羧酸	6456-78-6	0.06
43	21.271	$C_8H_{12}N_2$	1- 乙基 -1- 苯肼	644-21-3	0.05
44	21.755	$C_{10}H_{14}$	1,3- 二甲基 -2- 乙基苯	2870-04-4	0.68
45	23.880	$C_{13}H_{22}O$	6,10- 二甲基 -5,9- 十一双烯 -2- 酮	689-67-8	0.20
46	24.470	$C_{13}H_{18}O$	兔耳草醛	103-95-7	0.06
47	25.214	$C_{12}H_{19}NO$	4- 己氧基苯胺	39905-57-2	0.19
48	25.586	$C_{13}H_{20}O_2$	4-[2,2,6- 三甲基 -7- 氧杂二环 [4.1.0] 庚 -1- 基]-3- 丁烯 -2- 酮	23267-57-4	0.11
49	26.690	$C_6H_7N_3O_2$	3- 氨基吡嗪 -2- 羧酸甲酯	16298-03-6	0.05
50	27.322	$C_{12}H_{18}$	1,2,4- 三乙苯	877-44-1	0.09
51	27.735	C_7H_8FN	对氟苄胺	205-430-4	0.08
52	28.449	$C_{13}H_{20}O$	顺式 -1-（2,6,6- 三甲基 -2- 环己烯 -1- 基 ）-2- 丁烯 -1- 酮	23726-92-3	0.05
53	29.659	$C_{13}H_{18}O$	巨豆三烯酮 B	38818-55-2	3.27
54	29.972	$C_{11}H_{12}O_3$	1-（对甲氧基苯基 ）-1,3- 丁二酮	4023-80-7	0.09
55	31.342	$C_{10}H_{18}O$	2- 甲基 -5-（1- 甲基乙烯基 ）环己醇	619-01-2	0.05
56	31.602	$C_{15}H_{26}O$	2,6,6,8- 四甲基三环 [5.3.1.0] -8- 十一醇	77-53-2	0.08
57	31.832	$C_{16}H_{30}O_4$	2,4,4- 三甲基戊烷 -1,3- 二基双（2- 甲基丙酸酯 ）	74381-40-1	0.06
58	32.098	$C_{14}H_{16}$	1-（4,5,5- 三甲基 -1,3- 环戊烯基 ）苯	33930-85-7	0.07
59	34.583	$C_{14}H_{18}O$	（1R*,2S* ）-2- 异丙烯基 -8- 甲基 -1,2,3,4- 四氢化萘 -1- 醇	67494-23-9	0.05
60	35.409	$C_{12}H_{20}$	9- 异丙二环 [6.1.0] 壬烷	56666-90-1	0.05
61	36.726	$C_9H_{10}O$	1- 茚酮醇	6351-10-6	0.08
62	37.588	$C_{13}H_{18}$	1,2,3,4- 四氢 -1,1,6- 三甲基萘	475-03-6	0.33
63	38.786	$C_{15}H_{30}O_2$	肉豆蔻酸甲酯	124-10-7	0.05
64	39.022	$C_{12}H_{24}$	1- 环丙基壬烷	74663-85-7	0.10
65	39.317	$C_{12}H_{14}$	1,3,5- 三甲基 -2-（1,2- 丙二烯基 ）苯	29555-07-5	0.05
66	40.268	$C_{14}H_{10}$	蒽	120-12-7	0.06
67	40.616	$C_{14}H_{28}O_2$	肉豆蔻酸	544-63-8	0.10
68	42.045	$C_{15}H_{22}O$	螺岩兰草酮	54878-25-0	0.07
69	43.686	$C_{15}H_{24}$	1,3,5- 三异丙基苯	717-74-8	1.20
70	43.792	$C_{12}H_{20}O_2$	（1R,2S,5S ）-2- 甲基 -5-（1- 甲基乙基 ）二环 [3.1.0] 己酸乙酯	77318-48-0	0.32

续表

编号	保留时间（min）	分子式	化合物名称	CAS 号	相对含量（%）
71	44.737	$C_{20}H_{38}$	3- 亚甲基 -7,11,15- 三甲基十六烯	504-96-1	43.15
72	44.860	$C_{18}H_{36}O$	6,10,14- 三甲基 -2- 十五烷酮	502-69-2	0.31
73	45.787	$C_{16}H_{22}O_4$	邻苯二甲酸二异丁酯	84-69-5	0.16
74	46.277	$C_{10}H_{18}$	（1R）-（+）-cis 蒎烷	4795-86-2	0.05
75	46.454	$C_{13}H_{20}O$	β- 紫罗兰酮	14901-07-6	0.05
76	47.316	$C_{10}H_{16}$	（1R）-2,2- 双甲基 -3- 亚甲基二环［2.2.1］庚烷	5794-03-6	0.04
77	48.296	$C_{20}H_{34}O$	香叶基香叶醇	7614-21-3	0.69
78	48.804	$C_{17}H_{34}O_2$	棕榈酸甲酯	112-39-0	0.41
79	49.288	$C_{10}H_{16}$	黏蒿三烯	29548-02-5	0.05
80	49.400	$C_{20}H_{32}O$	枞醇	666-84-2	0.07
81	49.743	$C_{12}H_{15}FN_2O_4$	1,3- 二（四氢 -2- 呋喃基）-5- 氟尿嘧啶	62987-05-7	0.08
82	50.268	$C_{16}H_{22}O_4$	邻苯二甲酸二丁酯	84-74-2	0.15
83	50.551	$C_{16}H_{32}O_2$	棕榈酸	57-10-3	0.14
84	50.911	$C_{15}H_{26}O$	3,7,11- 三甲基 -2,6,10- 十二碳三烯 -1- 醇	4602-84-0	0.07
85	51.189	$C_{15}H_{24}$	（+）- 香橙烯	489-39-4	0.11
86	52.145	$C_{10}H_{16}$	反式 -（+）- 异柠檬烯	5113-87-1	0.32
87	52.623	$C_{15}H_{26}O$	喇叭茶醇	577-27-5	0.17
88	53.060	$C_{15}H_{24}$	（+）- 喇叭烯	21747-46-6	1.26
89	53.237	$C_{14}H_{12}FNO_2$	2- 氟 -N-（4- 甲氧基苯基）苯甲酰胺	212209-96-6	0.76
90	53.627	$C_9H_{11}NO_3$	3,4- 二甲氧基苯甲醛肟	2169-98-4	0.16
91	53.952	$C_{20}H_{34}O$	（1S,2E,4R,7E,11E）-2,7,11- 西柏三烯 -4- 醇	25269-17-4	0.50
92	54.784	$C_{11}H_{18}$	1,7,7- 三甲基 -2- 亚甲基 - 降冰片烷	27538-47-2	1.43
93	56.165	$C_{10}H_{16}$	1- 烯丙基 -3- 亚甲基 - 环己烷	56816-08-1	3.49
94	56.460	$C_{19}H_{34}O_2$	亚油酸甲酯	112-63-0	0.45
95	56.720	$C_{19}H_{32}O_2$	甲基亚麻酸酯	7361-80-0	1.30
96	57.069	$C_{15}H_{26}O$	（1S,2S,4R）-（-）-α,α- 二甲基 -1- 乙烯基邻薄荷 -8- 烯 -4- 醇	639-99-6	0.08
97	57.446	$C_{10}H_{16}$	［1S,3S,（+）］-1- 甲基 -3- 乙丙烯基 -4- 环己烯	5208-51-5	5.33
98	58.031	$C_{15}H_{24}$	长叶烯	475-20-7	1.85
99	58.184	$C_{15}H_{24}$	（3R,4aR,5S）-3- 异丙烯基 -4a,5- 二甲基 -1,2,3,4,4a,5,6,7- 八氢萘	10219-75-7	0.12
100	58.509	$C_{15}H_{24}$	（1R,9S）-4,11,11- 三甲基 -8- 亚甲基二环［7.2.0］-4- 十一烯	118-65-0	0.56
101	58.716	$C_{20}H_{34}O$	（2E,6E,10E）-3,7,11,15- 四甲基 -2,6,10,14- 十六碳四烯 -1- 醇	24034-73-9	0.57
102	58.993	$C_{14}H_{26}$	2- 丁基十氢萘	6305-52-8	0.35
103	59.855	$C_{20}H_{34}O_2$	（2E,6E,11Z）-3,7,13- 三甲基 -10-（2- 丙基）-2,6,11- 环十四碳三烯 -1,13- 二醇	7220-78-2	0.31
104	80.575	$C_{20}H_{42}$	二十烷	112-95-8	0.09

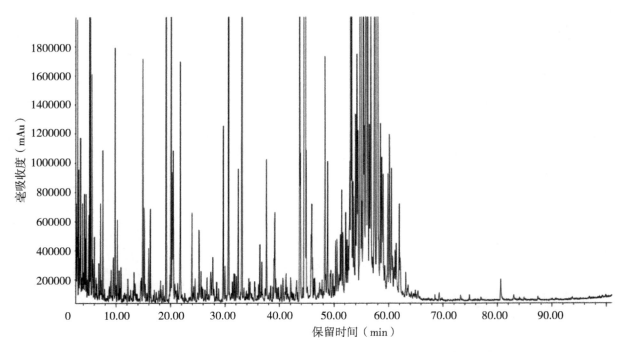

图 2-31　广西贺州朝东云烟 87B2F（2014）烤烟水蒸馏挥发性致香物指纹图谱

2.2.32　广西贺州朝东云烟 87C3F（2014）烤烟水蒸馏挥发性致香物组成成分分析结果

广西贺州朝东云烟 87C3F（2014）烤烟水蒸馏挥发性致香物组成成分分析结果及指纹图谱分别见表 2-33 和图 2-32。从表 2-33 可以看出，广西贺州朝东云烟 87C3F（2014）烤烟水蒸馏挥发性致香物中可检测出 90 种成分。

致香物类型及相对含量如下。

（1）酮类：茄酮 1.45%、β- 大马烯酮 1.15%、β- 紫罗酮 0.10%、1-［（1S,3aR,7S,7aS）-7- 异丙基 -4-亚甲基辛氢 -1H- 茚 -1- 基］乙酮 0.33%、4-（2,2- 二甲基 -6- 亚甲基环己基）-3- 丁烯 -2- 酮 0.26%、巨豆三烯酮 B2.46%、5- 甲基 -2-（1- 甲基乙基）环己酮 0.06%、6,10,14- 三甲基 - 十五碳 -2- 酮 0.23%、顺 -5- 甲基 -2-（1- 甲基乙基）环己酮 0.15%。酮类相对含量为致香物的 6.19%。

（2）醛类：苯甲醛 0.10%、2- 苯基乙醛 0.19%、4- 甲基 -3- 环己烯甲醛 0.09%。醛类相对含量为致香物的 0.38%。

（3）醇类：（1R,2E,4S,7E,11E）-4- 异丙基 -1,7,11- 三甲基 -2,7,11- 环十四碳三烯 -1- 醇 1.79%、（2Z）-2-（6,6- 二甲基 -5- 二环［2.2.1］庚烷基亚基）乙醇 1.18%、（3S）-5-［（5S,8aR）-5-（羟基甲基）-5,8A- 二甲基 -1- 萘基］-3- 甲基 -1- 戊烯 -3- 醇 0.08%、（9Z,12Z,15Z）-9,12,15- 十八碳三烯 -1-醇 0.10%、（2E,6E,11Z）-3,7,13- 三甲基 -10-（2- 丙基）-2,6,11- 环十四碳三烯 -1,13- 二醇 0.19%、2,6,6,8-四甲基三环［5.3.1.0］-8- 十一醇 0.06%、3,7,11- 三甲基 -2,6,10- 十二碳三烯 -1- 醇 0.62%、3,7- 二甲基 -1,6-辛二烯 -3- 醇 0.15%、3- 癸烷硫醇 0.06%、3- 甲基 -4-（2,6,6- 三甲基 -2- 环己烯 -1- 基）-3- 丁烯 -2-醇 0.06%、苯乙醇 0.12%、萜品醇 0.07%、（8CI）-17- 甲基 5a- 雄甾 -15-en17- 醇 0.09%。醇类相对含量为致香物的 4.57%。

（4）有机酸类：肉豆蔻酸 0.15%、十六酸 1.56%。有机酸类占烟气致香物的 1.71%。

（5）酯类：（9Z,12Z,15Z）-9,12,15- 十八碳三烯酸甲酯 2.42%、1,2- 苯二甲酸二丁酯 0.12%、3- 异丙基 -2-亚甲基环己基乙酸酯 0.11%、丙酮香叶酯 0.17%、6,9- 十八碳二炔酸甲酯 0.17%、邻苯二甲酸二异丁酯 0.15%、十六酸甲酯 1.32%、十四酸甲酯 0.06%、亚油酸甲酯 0.79%、右旋烯丙菊酯 0.60%。酯类相对含量为致香物的 5.91%。

（6）稠环芳香烃类：萘 0.13%、1,2,3,4- 四氢 -1,1,6- 三甲基萘 0.07%、2- 甲基萘 0.18%、1- 甲基萘 0.12%、1,5,7- 三甲基 -1,2,3,4- 四氢萘 0.48%、1,2,3,4- 四氢 -4- 异丙基 -1,6- 二甲基萘 0.21%、（4aR,8aR）-2-

异亚丙基 –4A，8– 二甲基 –1,2,3,4,4A，5,6,8A– 八氢萘 1.06%、1– 甲基蒽 0.07%、荧蒽 0.28%、1–（十氢萘 –1– 甲基）十氢萘 0.17%、菲 0.21%、茚 0.08%。稠环芳香烃类相对含量为致香物的 3.06%。

（7）酚类：4– 乙烯基 –2– 甲氧基苯酚 0.16%、6– 环戊基 –2,4– 二甲苯酚 0.14%。酚类相对含量为致香物的 0.30%。

（8）烷烃类：3– 甲基辛烷 0.06%、壬烷 0.21%、1,1,2,2– 四氯乙烷 0.13%、丙基环己烷 0.07%、癸烷 0.15%、2,2– 二甲基 –3– 亚甲基二环［2.2.1］庚烷 0.39%、1,1,2– 三甲基环十一烷 0.12%、2– 甲基 –5–（1– 甲基乙烯）–（1a,2a,5a）– 环己烷 0.20%、7,7– 二甲基 –2– 亚甲基 – 二环［2.2.1］庚烷 2.65%、二十七烷 0.13%。烷烃类相对含量为致香物的 4.11%。

（9）不饱和脂肪烃类：（+）– 喇叭烯 0.62%、（+）– 香橙烯 0.59%、（1E,5Z）–9– 异亚丙基 –1,5– 环十一碳二烯 0.06%、1–（2– 辛基癸基）八氢并环戊二烯 0.13%、1– 甲基（1– 甲基乙烯基）环己烯 1.92%、1– 甲基 –4–（1– 甲基乙基）–1,4– 环己二烯 0.11%、1– 异丙基 –4– 甲基 –1,3– 环己二烯 0.13%、2,6,6– 三甲基 – 二环［3.1.1］– 庚 –2– 烯 0.19%、7,11,15– 三甲基 –3– 亚甲基 – 十六碳 –1– 烯 53.52%、7– 甲基 –3– 亚甲基 –1,6– 辛二烯 0.07%、反式 –（+）– 异柠檬烯 1.63%、异松油烯 0.07%、长叶烯 1.58%、左旋 –β– 蒎烯 0.17%、（1R,3S,4S）–3,4– 环氧树脂西柏烯 –A 0.80%。不饱和脂肪烃类相对含量为致香物的 61.59%。

（10）生物碱类：氧化毒扁豆碱 0.08%。生物碱类相对含量为致香物的 0.08%。

（11）萜类：未检测到该类成分。

（12）其他类：1– 甲基 –2– 异丙基苯 0.45%、薄荷脑 0.48%、4– 烯丙基苯甲醚 0.12%、1,2,3,4,5– 五甲基苯 0.05%、1,3,3– 三甲基 –2– 氧杂二环［2.2.2］辛烷 0.18%、（E）–1– 甲氧基 –4–（1– 丙烯基）苯 0.40%、3,5– 二氯苯胺 0.12%、4– 乙基邻二甲苯 0.67%、3– 苯基 –1H– 吲哚 0.23%、2– 甲基 –9H– 咔唑 0.11%、香树烯 0.18%、（1R,3S,4S）–3,4– 环氧树脂西柏烯 –A 0.80%、石竹素 0.17%、5,5' – 二甲基 –a– 呋喃基甲烷 0.07%、（4aR）–3,4,4a,5,6,7,8,8a– 八氢 –1,4a–3– 二甲基 –7–（1– 甲基亚乙基）萘 1.06%。

表 2-33　广西贺州朝东云烟 87C3F（2014）烤烟水蒸馏挥发性致香物组成成分分析结果

编号	保留时间 （min）	分子式	化合物名称	CAS 号	相对含量 （%）
1	2.652	C₉H₂₀	3– 甲基辛烷	2216–33–3	0.06
2	2.941	C₉H₂₀	壬烷	111–84–2	0.21
3	3.136	C₂H₂Cl₄	1,1,2,2– 四氯乙烷	79–34–5	0.13
4	3.407	C₉H₁₈	丙基环己烷	1678–92–8	0.07
5	3.484	C₁₀H₁₆	2,6,6– 三甲基 – 二环［3.1.1］– 庚 –2– 烯	80–56–8	0.19
6	3.874	C₇H₆O	苯甲醛	100–52–7	0.10
7	4.198	C₁₀H₁₆	左旋 –β– 蒎烯	18172–67–3	0.17
8	4.352	C₁₀H₁₆	7– 甲基 –3– 亚甲基 –1,6– 辛二烯	123–35–3	0.07
9	4.494	C₁₀H₂₂	癸烷	124–18–5	0.15
10	4.954	C₁₀H₁₆	1– 异丙基 –4– 甲基 –1,3– 环己二烯	99–86–5	0.13
11	5.125	C₁₀H₁₄	1– 甲基 –2– 异丙基苯	527–84–4	0.45
12	5.231	C₁₀H₁₆	1– 甲基（1– 甲基乙烯基）环己烯	138–86–3	1.92
13	5.296	C₁₀H₁₈O	1,3,3– 三甲基 –2– 氧杂二环［2.2.2］辛烷	470–82–6	0.18
14	5.568	C₈H₈O	2– 苯基乙醛	122–78–1	0.19
15	5.651	C₉H₈	茚	95–13–6	0.08
16	5.975	C₁₀H₁₆	1– 甲基 –4–（1– 甲基乙基）–1,4– 环己二烯	99–85–4	0.11
17	6.837	C₁₀H₁₆	异松油烯	586–62–9	0.07
18	7.115	C₁₀H₁₈O	3,7– 二甲基 –1,6– 辛二烯 –3– 醇	78–70–6	0.15
19	7.569	C₈H₁₀O	苯乙醇	60–12–8	0.12
20	9.075	C₁₀H₁₈O	5– 甲基 –2–（1– 甲基乙基）环己酮	10458–14–7	0.06

续表

编号	保留时间（min）	分子式	化合物名称	CAS 号	相对含量（%）
21	9.476	$C_{10}H_{18}O$	顺 -5- 甲基 -2-（1- 甲基乙基）环己酮	491-07-6	0.15
22	9.777	$C_{10}H_{20}O$	薄荷脑	1490-04-6	0.48
23	10.214	$C_{10}H_8$	萘	91-20-3	0.13
24	10.521	$C_{10}H_{18}O$	萜品醇	10482-56-1	0.07
25	10.863	$C_{10}H_{12}O$	4- 烯丙基苯甲醚	140-67-0	0.12
26	13.295	$C_{13}H_{18}$	1,2,3,4- 四氢 -1,1,6- 三甲基萘	475-03-6	0.07
27	14.565	$C_{11}H_{16}$	1,2,3,4,5- 五甲基苯	700-12-9	0.05
28	14.895	$C_{10}H_{12}O$	（E）-1- 甲氧基 -4-（1- 丙烯基）苯	4180-23-8	0.40
29	15.149	$C_{11}H_{10}$	2- 甲基萘	91-57-6	0.18
30	15.976	$C_{11}H_{10}$	1- 甲基萘	90-12-0	0.12
31	16.282	$C_9H_{10}O_2$	4- 乙烯基 -2- 甲氧基苯酚	7786-61-0	0.16
32	19.163	$C_{13}H_{22}O$	茄酮	54868-48-3	1.45
33	19.913	$C_{10}H_{22}S$	3- 癸烷硫醇	56009-26-8	0.06
34	20.061	$C_{13}H_{18}O$	β- 大马烯酮	23726-93-4	1.15
35	20.255	$C_{13}H_{18}$	1,5,7- 三甲基 -1,2,3,4- 四氢萘	21693-55-0	0.48
36	20.480	$C_{10}H_{16}$	2,2- 二甲基 -3- 亚甲基二环 [2.2.1] 庚烷	79-92-5	0.39
37	20.793	$C_6H_5Cl_2N$	3,5- 二氯苯胺	626-43-7	0.12
38	21.761	$C_{10}H_{14}$	4- 乙基邻二甲苯	934-80-5	0.67
39	23.880	$C_{13}H_{22}O$	丙酮香叶酯	3879-26-3	0.17
40	24.464	$C_{14}H_{24}O$	3- 甲基 -4-（2,6,6- 三甲基 -2- 环己烯 -1- 基）-3- 丁烯 -2- 醇	70172-00-8	0.06
41	25.226	$C_{14}H_{11}N$	3- 苯基 -1H- 吲哚	1504-16-1	0.23
42	25.592	$C_{13}H_{20}O$	β- 紫罗酮	79-77-6	0.10
43	29.653	$C_{13}H_{18}O$	巨豆三烯酮 B	38818-55-2	2.46
44	31.602	$C_{15}H_{26}O$	2,6,6,8- 四甲基三环 [5.3.1.0] -8- 十一醇	77-53-2	0.06
45	36.383	$C_{13}H_{18}O$	6- 环戊基 -2,4- 二甲苯酚	52479-94-4	0.14
46	37.588	$C_{15}H_{22}$	1,2,3,4- 四氢 -4- 异丙基 -1,6- 二甲基萘	483-77-2	0.21
47	38.774	$C_{15}H_{30}O_2$	十四酸甲酯	124-10-7	0.06
48	39.022	$C_{14}H_{28}$	1,1,2- 三甲基环十一烷	62376-15-2	0.12
49	40.279	$C_{14}H_{10}$	菲	85-01-8	0.21
50	40.675	$C_{14}H_{28}O_2$	肉豆蔻酸	544-63-8	0.15
51	43.686	$C_{15}H_{24}$	（4aR）-3,4,4a,5,6,7,8,8a- 八氢 -1,4a-3- 二甲基 -7-（1- 甲基亚乙基）萘	6813-21-4	1.06
52	43.804	$C_{13}H_{20}O$	4-（2,2- 二甲基 -6- 亚甲基环己基）-3- 丁烯 -2- 酮	79-76-5	0.26
53	44.772	$C_{20}H_{38}$	7,11,15- 三甲基 -3- 亚甲基 - 十六碳 -1- 烯	504-96-1	53.52
54	44.884	$C_{18}H_{36}O$	6,10,14- 三甲基 - 十五碳 -2- 酮	502-69-2	0.23
55	45.793	$C_{16}H_{22}O_4$	邻苯二甲酸二异丁酯	84-69-5	0.15
56	46.017	$C_{11}H_{12}O_2$	5,5'- 二甲基 -a- 呋喃基甲烷	13679-43-1	0.07

续表

编号	保留时间（min）	分子式	化合物名称	CAS 号	相对含量（%）
57	46.271	$C_{15}H_{12}$	1- 甲基蒽	610-48-0	0.07
58	47.328	$C_{18}H_{32}O$	（9Z,12Z,15Z）-9,12,15- 十八碳三烯 -1- 醇	506-44-5	0.10
59	48.302	$C_{15}H_{26}O$	3,7,11- 三甲基 -2,6,10- 十二碳三烯 -1- 醇	4602-84-0	0.62
60	48.816	$C_{17}H_{34}O_2$	十六酸甲酯	112-39-0	1.32
61	49.388	$C_{14}H_{22}$	（1E,5Z）-9- 异亚丙基 -1,5- 环十一碳二烯	62338-55-0	0.06
62	50.268	$C_{16}H_{22}O_4$	1,2- 苯二甲酸二丁酯	84-74-2	0.12
63	50.711	$C_{16}H_{32}O_2$	十六酸	57-10-3	1.56
64	51.195	$C_{20}H_{32}O$	（8CI）-17- 甲基 5a- 雄甾 -15-en-17- 醇	13864-65-8	0.09
65	51.395	$C_{19}H_{30}O_2$	6,9- 十八碳二炔酸甲酯	56847-03-1	0.17
66	51.626	$C_{14}H_{26}O$	3- 异丙基 -2- 亚甲基环己基乙酸酯	54845-30-6	0.11
67	52.139	$C_{10}H_{18}O$	2- 甲基 -5-（1- 甲基乙烯）-（1a,2a,5a）- 环己烷	18675-34-8	0.20
68	52.381	$C_{13}H_{11}N$	2- 甲基 -9H- 咔唑	3652-91-3	0.11
69	52.629	$C_{20}H_{34}O_2$	（3S）-5-[（5S,8aR）-5-（羟基甲基）-5,8a- 二甲基 -1- 萘基]-3- 甲基 -1- 戊烯 -3- 醇	3650-30-4	0.08
70	52.889	$C_{15}H_{24}$	（+）- 香橙烯	489-39-4	0.59
71	52.054	$C_{15}H_{24}$	（+）- 喇叭烯	21747-46-6	0.62
72	53.243	$C_{19}H_{26}O_3$	右旋烯丙菊酯	584-79-2	0.60
73	53.456	$C_{16}H_{10}$	荧蒽	206-44-0	0.28
74	53.969	$C_{15}H_{24}$	香树烯	25246-27-9	0.18
75	54.784	$C_{11}H_{18}O$	（2Z）-2-（6,6- 二甲基 -5- 二环 [2.2.1] 庚烷基亚基）乙醇	2226-05-3	1.18
76	55.823	$C_{20}H_{34}O$	（1R,2E,4S,7E,11E）-4- 异丙基 -1,7,11- 三甲基 -2,7,11- 环十四碳三烯 -1- 醇	25269-17-4	1.79
77	56.148	$C_{10}H_{16}$	反式 -（+）- 异柠檬烯	5113-87-1	1.63
78	56.277	$C_{13}H_{18}N_2O$	氧化毒扁豆碱	469-22-7	0.08
79	56.454	$C_{19}H_{34}O_2$	亚油酸甲酯	112-63-0	0.79
80	56.726	$C_{19}H_{32}O_2$	（9Z,12Z,15Z）-9,12,15- 十八碳三烯酸甲酯	301-00-8	2.42
81	57.411	$C_{10}H_{16}$	7,7- 二甲基 -2- 亚甲基 - 二环 [2.2.1] 庚烷	471-84-1	2.65
82	57.913	$C_{20}H_{32}O$	（1R,3S,4S）-3,4- 环氧树脂西柏烯 -A	79897-31-7	0.80
83	58.007	$C_{15}H_{24}$	长叶烯	475-20-7	1.58
84	58.166	$C_8H_{12}O$	4- 甲基 -3- 环己烯甲醛	7560-64-7	0.09
85	58.975	$C_{21}H_{36}$	1-（十氢萘 -1- 甲基）十氢萘	55125-02-5	0.17
86	59.861	$C_{20}H_{34}O_2$	（2E,6E,11Z）-3,7,13- 三甲基 -10-（2- 丙基）-2,6,11- 环十四碳三烯 -1,13- 二醇	7220-78-2	0.19
87	60.126	$C_{15}H_{24}O$	1-[（1S,3aR,7S,7aS）-7- 异丙基 -4- 亚甲基辛氢 -1H- 茚 -1- 基] 乙酮	28305-60-4	0.33
88	61.207	$C_{15}H_{24}O$	石竹素	1139-30-6	0.17
89	63.149	$C_{26}H_{50}$	1-（2- 辛基癸基）八氢并环戊二烯	55401-65-5	0.13
90	80.569	$C_{27}H_{56}$	二十七烷	593-49-7	0.13

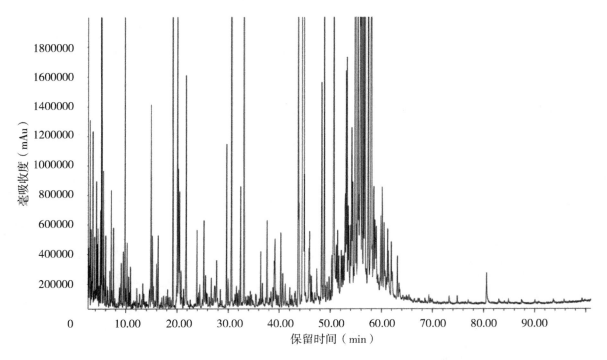

图 2-32 贺州朝东云烟 87C3F（2014）烤烟水蒸馏挥发性致香物指纹图谱

2.2.33 广西贺州朝东云烟 87X2F（2014）烤烟水蒸馏挥发性致香物组成成分分析结果

广西贺州朝东云烟 87X2F（2014）烤烟水蒸馏挥发性致香物组成成分分析结果及指纹图谱分别见表 2-34 和图 2-33。从表 2-34 可以看出，广西贺州朝东云烟 87X2F（2014）烤烟水蒸馏挥发性致香物中可检测出 78 种成分。

致香物类型及相对含量如下。

（1）酮类：（1a*R*,8a*S*）-1,1a,5,6,7,8- 六氢 -4a*β*,8,8- 环丙烷［d］萘 -2- 酮 0.37%、茄酮 0.75%、*β*- 大马烯酮 0.95%、（*E*）-2,6- 二甲基 -2,6- 十一碳二烯 -10- 酮 0.15%、2,6,10- 三甲基 -2,6,10- 十五碳三烯 -14- 酮 0.47%、4-（2,2,6- 三甲基 -7- 氧杂二环［4.1.0］庚 -1- 基）-3- 丁烯 -2- 酮 0.10%、巨豆三烯酮 B 0.40%、4*α*- 甲基 -7- 丙 -2- 基 -1,3,4,5,6,7,8,8*α*- 八氢萘 -2- 酮 0.07%、6,10,14- 三甲基 -2- 十五酮 0.24%、2,5,5,8a- 四甲基 -7H-1- 苯并吡喃 -7- 酮 0.09%、顺 -5- 甲基 -2-（1- 甲基乙基）环己酮 0.11%、香薷酮 0.24%。酮类相对含量为致香物的 3.94%。

（2）醛类：苯甲醛 0.10%、2- 苯基乙醛 0.27%。醛类相对含量为致香物的 0.37%。

（3）醇类：（1*R*,2*E*,4*S*,7*E*,11*E*）-4- 异丙基 -1,7,11- 三甲基 -2,7,11- 环十四碳三烯 -1- 醇 1.12%、（1*S*,2*R*,4*R*）-1,3,3- 三甲基 - 二环［2.2.1］庚烷 -2- 醇 0.06%、（3*Z*）-4,11,11- 三甲基 -8- 亚甲基二环［7.2.0］十一碳 -3- 烯 -5- 醇 1.47%、绿花白千层醇 0.27%、（2*E*,6*E*,11*Z*）-3,7,13- 三甲基 -10-（2- 丙基）-2,6,11- 环十四碳三烯 -1,13- 二醇 1.75%、2- 甲基 -5-（1- 甲基乙烯）-（1*R*,2*R*,5*S*）环己醇 0.08%、3-（对枯烯基）-2- 甲基丙醇 0.06%、3,7,11,15- 四甲基 -1- 十六烯 -3- 醇 0.08%、喇叭茶萜醇 0.09%、里那醇 0.12%。醇类相对含量为致香物的 5.10%。

（4）有机酸类：肉豆蔻酸 0.08%、棕榈酸 2.80%。有机酸类相对含量为致香物的 2.88%。

（5）酯类：（9*Z*,12*Z*,15*Z*）-9,12,15- 十八碳三烯酸甲酯 2.56%、1,2- 苯二甲酸二丁酯 0.17%、9,12,15- 十八碳三烯酸甲酯 0.15%、邻苯二甲酸 -1- 丁酯 -2- 异丁酯 0.14%、3- 甲基 -3- 苯基丁酸酯 0.58%、棕榈酸甲酯 1.66%、亚油酸甲酯 0.84%、右旋烯丙菊酯 0.40%。酯类相对含量为致香物的 6.50%。

（6）稠环芳香烃类：萘 0.14%、2- 甲基萘 0.23%、菲 0.10%、芘 0.17%。稠环芳香烃类相对含量为致香物的 0.64%。

（7）酚类：4- 乙烯基 -2- 甲氧基苯酚 0.16%。酚类相对含量为致香物的 0.16%。

（8）烷烃类：1,1,2,2- 四氯乙烷 0.17%、1,1,2- 三甲基环十一烷 0.07%、1- 烯丙基 -3- 亚甲基 - 环己

烷 4.65%、1- 亚甲基 -2- 甲基 -3- 异丙烯基环戊烷 0.19%、3- 甲基辛烷 0.08%、丙基环己烷 0.09%、二十烷 0.09%、环十四烷 0.06%、壬烷 0.28%。烷烃类相对含量为致香物的 5.68%。

（9）不饱和脂肪烃类：（+）- 喇叭烯 0.63%、［1R-（1R*,4Z,9S*）］-4,11,11- 三甲基 -8- 亚甲基二环［7.2.0］-4- 十一烯 0.15%、1- 二十二烯 0.10%、1- 甲基（1- 甲基乙烯基）环己烯 1.47%、1- 异丙基 -4- 甲基 -1,3- 环己二烯 0.10%、2,6,6- 三甲基二环［3.1.1］庚 -2- 烯 0.20%、7,11,15- 三甲基 -3- 亚甲基 - 十六碳 -1- 烯 57.65%、7- 甲基 -3- 亚甲基 -1,6- 辛二烯 0.06%、L- 石竹烯 0.08%、α- 芹子烯 0.16%、黏蒿三烯 0.23%、萜品烯 0.09%、萜品油烯 0.06%、氧化石竹烯 0.08%、左旋 -β- 蒎烯 0.17%。不饱和脂肪烃类相对含量为致香物的 61.23%。

（10）生物碱类：未检测到该类成分。

（11）萜类：未检测到该类成分。

（12）其他：（-）- 日齐素 0.25%、1,3,3- 三甲基 -2- 氧杂二环［2.2.2］辛烷 0.14%［（E）-（2,2,3- 三甲基环戊基亚基）甲基］苯 0.15%、1,3,5- 三异丙基苯 0.62%、1- 甲基 -2- 异丙基苯 0.30%、1- 甲氧基 -4- ［（Z）-1- 丙烯基］苯 0.03%、2- 氟苄胺 0.07%、3,4- 二氯苯胺 0.12%、4-（1H- 吡唑 -1- 基）苯胺 0.38%、4- 烯丙基苯甲醚 0.12%、4- 乙酰氨基 -2,2,6,6- 四甲基 -1- 哌啶氧 0.06%、薄荷脑 0.27%、间乙烯基甲苯 0.18%、芥酸酰胺 0.91%、匹莫林 0.98%、石竹素 1.10%、三己基硼烷 0.09%。

表 2-34　广西贺州朝东云烟 87X2F（2014）烤烟水蒸馏挥发性致香物组成成分分析结果

编号	保留时间（min）	分子式	化合物名称	CAS 号	相对含量（%）
1	2.652	C_9H_{20}	3- 甲基辛烷	2216-33-3	0.08
2	2.841	$C_{14}H_{28}$	环十四烷	295-17-0	0.06
3	2.941	C_9H_{20}	壬烷	111-84-2	0.28
4	3.136	$C_2H_2Cl_4$	1,1,2,2- 四氯乙烷	79-34-5	0.17
5	3.407	C_9H_{18}	丙基环己烷	1678-92-8	0.09
6	3.484	$C_{10}H_{16}$	2,6,6- 三甲基二环［3.1.1］庚 -2- 烯	80-56-8	0.20
7	3.880	C_7H_6O	苯甲醛	100-52-7	0.10
8	4.199	$C_{10}H_{16}$	左旋 -β- 蒎烯	18172-67-3	0.17
9	4.352	$C_{10}H_{16}$	7- 甲基 -3- 亚甲基 -1,6- 辛二烯	123-35-3	0.06
10	4.494	C_9H_{10}	间乙烯基甲苯	100-80-1	0.18
11	4.954	$C_{10}H_{16}$	1- 异丙基 -4- 甲基 -1,3- 环己二烯	99-86-5	0.10
12	5.125	$C_{10}H_{14}$	1- 甲基 -2- 异丙基苯	527-84-4	0.30
13	5.232	$C_{10}H_{16}$	1- 甲基（1- 甲基乙烯基）环己烯	138-86-3	1.47
14	5.308	$C_{10}H_{18}O$	1,3,3- 三甲基 -2- 氧杂二环［2.2.2］辛烷	470-82-6	0.14
15	5.568	C_8H_8O	2- 苯基乙醛	122-78-1	0.27
16	5.975	$C_{10}H_{16}$	萜品烯	99-85-4	0.09
17	6.831	$C_{10}H_{16}$	萜品油烯	586-62-9	0.06
18	7.109	$C_{10}H_{18}O$	里那醇	78-70-6	0.12
19	9.476	$C_{10}H_{18}O$	顺 -5- 甲基 -2-（1- 甲基乙基）环己酮	491-07-6	0.11
20	9.771	$C_{10}H_{20}O$	薄荷脑	1490-04-6	0.27
21	10.208	$C_{10}H_8$	萘	91-20-3	0.14
22	10.521	$C_{10}H_{18}O$	（1S,2R,4R）-1,3,3- 三甲基 - 二环［2.2.1］庚烷 -2- 醇	470-08-6	0.06
23	10.863	$C_{10}H_{12}O$	4- 烯丙基苯甲醚	140-67-0	0.12
24	14.895	$C_{10}H_{12}O$	1- 甲氧基 -4- ［（Z）-1- 丙烯基］苯	104-46-1	0.03
25	15.149	$C_{11}H_{10}$	2- 甲基萘	91-57-6	0.23

续表

编号	保留时间（min）	分子式	化合物名称	CAS 号	相对含量（%）
26	16.283	$C_9H_{10}O_2$	4- 乙烯基 -2- 甲氧基苯酚	7786-61-0	0.16
27	19.152	$C_{13}H_{22}O$	茄酮	54868-48-3	0.75
28	20.061	$C_{13}H_{18}O$	β- 大马烯酮	23726-93-4	0.95
29	20.244	$C_9H_9N_3$	4-（1H- 吡唑 -1- 基）苯胺	17635-45-9	0.38
30	20.486	$C_{10}H_{16}$	黏蒿三烯	29548-02-5	0.23
31	20.799	$C_6H_5Cl_2N$	3,4- 二氯苯胺	95-76-1	0.12
32	21.773	$C_{12}H_{16}O_2$	3- 甲基 -3- 苯基丁酸酯	25080-84-6	0.58
33	23.886	$C_{13}H_{22}O$	（E）-2,6- 二甲基 -2,6- 十一碳二烯 -10- 酮	3796-70-1	0.15
34	24.470	$C_{13}H_{20}O$	3-（对枯烯基）-2- 甲基丙醇	4756-19-8	0.06
35	25.220	$C_{10}H_{14}O_2$	香蒂酮	488-05-1	0.24
36	25.580	$C_{13}H_{20}O_2$	4-（2,2,6- 三甲基 -7- 氧杂二环［4.1.0］庚 -1- 基）-3- 丁烯 -2- 酮	23267-57-4	0.10
37	26.702	$C_{13}H_{22}O_2$	2,5,5,8a- 四甲基 -7H-1- 苯并吡喃 -7- 酮	5835-18-7	0.09
38	27.741	C_7H_8FN	2- 氟苄胺	89-99-6	0.07
39	29.654	$C_{13}H_{18}O$	巨豆三烯酮 B	38818-55-2	0.40
40	39.016	$C_{14}H_{28}$	1,1,2- 三甲基环十一烷	62376-15-2	0.07
41	40.274	$C_{14}H_{10}$	菲	85-01-8	0.10
42	40.634	$C_{14}H_{28}O_2$	肉豆蔻酸	544-63-8	0.08
43	43.668	$C_{15}H_{24}$	1,3,5- 三异丙基苯	717-74-8	0.62
44	43.792	$C_{15}H_{26}O$	绿花白千层醇	552-02-3	0.27
45	44.695	$C_{20}H_{38}$	7,11,15- 三甲基 -3- 亚甲基 - 十六碳 -1- 烯	504-96-1	57.65
46	44.831	$C_{18}H_{36}O$	6,10,14- 三甲基 -2- 十五酮	502-69-2	0.24
47	45.764	$C_{16}H_{22}O_4$	1,2- 苯二甲酸二丁酯	84-74-2	0.17
48	47.334	$C_{19}H_{32}O_2$	9,12,15- 十八烷三烯酸甲酯	301-00-8	2.71
49	48.296	$C_{18}H_{30}O$	2,6,10- 三甲基 -2,6,10- 十五碳三烯 -14- 酮	762-29-8	0.47
50	48.810	$C_{17}H_{34}O_2$	棕榈酸甲酯	112-39-0	1.66
51	49.754	$C_{20}H_{40}O$	3,7,11,15- 四甲基 -1- 十六烯 -3- 醇	505-32-8	0.08
52	50.268	$C_{16}H_{22}O_4$	邻苯二甲酸 -1- 丁酯 -2- 异丁酯	17851-53-5	0.14
53	50.693	$C_{16}H_{32}O_2$	棕榈酸	57-10-3	2.80
54	51.195	$C_{15}H_{24}$	α- 芹子烯	473-13-2	0.16
55	51.395	$C_{15}H_{20}$	［（E）-（2,2,3- 三甲基环戊基亚基）甲基］苯	17386-71-9	0.15
56	51.620	$C_{15}H_{24}$	L- 石竹烯	87-44-5	0.08
57	52.151	$C_{20}H_{34}O_2$	（2E,6E,11Z）-3,7,13- 三甲基 -10-（2- 丙基）-2,6,11- 环十四碳三烯 -1,13- 二醇	7220-78-2	1.75
58	52.883	$C_{15}H_{24}$	［1R-（1R*,4Z,9S*）］-4,11,11- 三甲基 -8- 亚甲基 - 二环［7.2.0］-4- 十一烯	118-65-0	0.15
59	53.048	$C_{15}H_{24}$	（+）- 喇叭烯	21747-46-6	0.63
60	53.231	$C_{19}H_{26}O_3$	右旋烯丙菊酯	584-79-2	0.40
61	53.432	$C_{16}H_{10}$	芘	129-00-0	0.17

续表

编号	保留时间（min）	分子式	化合物名称	CAS 号	相对含量（%）
62	53.621	$C_{18}H_{39}B$	三己基硼烷	1188-92-7	0.09
63	53.952	$C_{20}H_{34}O$	（1R,2E,4S,7E,11E）-4-异丙基-1,7,11-三甲基-2,7,11-环十四烷碳烯-1-醇	25269-17-4	1.12
64	54.359	$C_{14}H_{22}O_2$	（-）-日齐素	18178-54-6	0.25
65	54.766	$C_9H_8N_2O_2$	匹莫林	2152-34-3	0.98
66	54.861	$C_{15}H_{24}O$	石竹素	1139-30-6	1.10
67	55.067	$C_{10}H_{18}O$	2-甲基-5-（1-甲基乙烯）-（1R,2R,5S）环己醇	18675-35-9	0.08
68	56.130	$C_{10}H_{16}$	1-烯丙基-3-亚甲基-环己烷	56816-08-1	4.65
69	56.443	$C_{19}H_{34}O_2$	亚油酸甲酯	112-63-0	0.84
70	57.027	$C_{11}H_{21}N_2O_2$	4-乙酰氨基-2,2,6,6-四甲基-1-哌啶氧	14691-89-5	0.06
71	57.907	$C_{15}H_{24}O$	（3Z）-4,11,11-三甲基-8-亚甲基二环[7.2.0]十一碳-3-烯-5-醇	32214-89-4	1.47
72	58.958	$C_{10}H_{16}$	1-亚甲基-2-甲基-3-异丙烯基环戊烷	56710-83-9	0.19
73	60.487	$C_{14}H_{20}O$	（1aR,8aS）-1,1a,5,6,7,8-六氢-4aβ,8,8-环丙烷[d]萘-2-酮	4677-90-1	0.37
74	61.213	$C_{15}H_{26}O$	喇叭茶萜醇	577-27-5	0.09
75	63.462	$C_{14}H_{24}O$	4α-甲基-7-丙基-1,3,4,5,6,7,8,8α-八氢萘-2-酮	54594-42-2	0.07
76	80.570	$C_{20}H_{42}$	二十烷	112-95-8	0.09
77	83.002	$C_{22}H_{43}NO$	芥酸酰胺	112-84-5	0.91
78	83.214	$C_{22}H_{44}$	1-二十二烯	1599-67-3	0.10

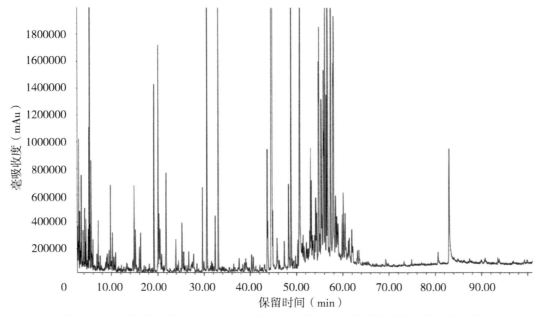

图 2-33　广西贺州朝东云烟 87X2F（2014）烤烟水蒸馏挥发性致香物指纹图谱

2.2.34　广西贺州城北云烟 87B2F（2014）烤烟水蒸馏挥发性致香物组成成分分析结果

广西贺州城北云烟 87B2F（2014）烤烟水蒸馏挥发性致香物组成成分分析结果及指纹图谱分别见表 2-35 和图 2-34。从表 2-35 可以看出，广西贺州城北云烟 87B2F（2014）烤烟水蒸馏挥发性致香物中可检测出 131 种成分。

致香物类型及相对含量如下。

（1）酮类：（2R,6R）-6,10- 二甲基 -2- 丙 -1- 烯 -2- 基 - 螺［4.5］癸 -9- 烯 -8- 酮 0.07%、茄酮 3.31%、β- 大马烯酮 0.95%、β- 紫罗酮 0.09%、1-（2- 甲基 -1- 环己烯 -1- 基）- 乙酮 0.14%、1,13- 十四碳二烯 -3- 酮 0.12%、2,6,10- 三甲基 -2,6,10- 十五碳三烯 -14- 酮 0.77%、3- 壬烯 -5- 酮 0.13%、巨豆三烯酮 B 3.32%、7,8- 二氢 -α- 紫罗兰酮 0.43%、植酮 0.32%。酮类相对含量为致香物的 9.65%。

（2）醛类：2- 苯基乙醛 0.27%、兔耳草醛 0.07%。醛类相对含量为致香物的 0.34%。

（3）醇类：（+）- 异薄荷醇 0.13%、（1R*,2S*）-2- 异丙烯基 -8- 甲基 -1,2,3,4- 四氢化萘 -1- 醇 0.08%、（1R,2E,4S,7E,11E）-4- 异丙基 -1,7,11- 三甲基 -2,7,11- 环十四碳三烯 -1- 醇 0.12%、（3Z）-4,11,11- 三甲基 -8- 亚甲基二环［7.2.0］十一碳 -3- 烯 -5- 醇 0.22%、（E）-3,7- 二甲基 -2,6- 辛二烯 -1- 醇 0.06%、（Z）-2- 偶氮基 -1-（4- 甲基苯基）乙烯醇 0.07%、（Z）- 癸 -3- 烯 -1- 醇 0.17%、（2E,6E,11Z）-3,7,13- 三甲基 -10-（2- 丙基）-2,6,11- 环十四碳三烯 -1,13- 二醇 0.50%、1- 茚醇 0.15%、2,6,6,8- 四甲基三环［5.3.1.0］-8- 十一醇 0.06%、2- 己基 -1- 癸醇 0.09%、3,7- 二甲基 -6- 辛烯 -1- 醇 0.25%、4- 甲基 -2-（1,5- 二甲基 -4- 己烯）-3- 环己烯 -1- 醇 0.09%、5-［（1Z,2E）-2- 丁烯 -1- 亚基］-4,6,6- 三甲基 -3- 环己烯 -1- 醇 0.07%、苯乙醇 0.12%、1- 二十七醇 0.09%、喇叭茶醇 0.09%。醇类相对含量为致香物的 2.36%。

（4）有机酸类：肉豆蔻酸 0.08%、棕榈酸 0.75%。有机酸类相对含量为致香物的 0.83%。

（5）酯类：（9E,12E）-9,12- 十八碳二烯酸甲酯 0.76%、2,4,4 三甲基戊烷 -1,3- 二基双（2- 甲基丙酸酯）0.07%、9,12,15- 十八碳三烯酸甲酯 1.83%、丙酮香叶酯 0.32%、二正十八烷基亚磷酸酯 0.09%、癸二酸二癸酯 0.28%、癸酸辛酯 0.08%、邻苯二甲酸二丁酯 0.71%、邻苯二甲酸二月桂基酯 0.08%、棕榈酸甲酯 1.03%、肉豆蔻酸甲酯 0.06%、乙酸 -6- 甲基 -3- 二氮酯 0.15%。酯类相对含量为致香物的 5.46%。

（6）稠环芳香烃类：2,3- 二氢茚 0.06%、1,6- 二甲基十氢萘 0.12%、2,6- 二甲基 -1,2,3,4,4a,5,6,7,8,8a- 十氢萘 0.14%、1,6- 二甲基十氢萘 0.14%、1,2,3,4- 四氢 -1,1,6- 三甲基 - 萘 0.09%、1,5,7- 三甲基 -1,2,3,4- 四氢萘 0.09%、1,2,3,4- 四氢 -1,1,6- 三甲基萘 0.63%、1,2,3- 三甲基 -1H- 茚 0.05%、（4aR,8aR）-2- 异亚丙基 -4a,8- 二甲基 -1,2,3,4,4a,5,6,8a- 八氢萘 0.96%、1-（十氢萘 -1- 甲基）十氢萘 0.13%、菲 0.06%。稠环芳香烃类相对含量为致香物的 2.47%。

（7）酚类：4- 乙烯基 -2- 甲氧基苯酚 0.09%、2,3,5- 三甲基苯酚 0.06%。酚类相对含量为致香物的 0.15%。

（8）烷烃类：（3- 甲基 -2- 戊烷基）环己烷 0.07%、1,1,2- 三甲基环十一烷 0.12%、1,2,4- 三甲基己烷 0.26%、1,2- 二甲基 -1- 戊基环丙烷 0.13%、1,5,5- 三甲基 -6-（1,3- 丁二烯 -1- 基）-1- 环己烯 0.38%、1,5- 二甲基 -6- 亚甲基螺［2.4］庚烷 0.47%、1- 戊基 -2- 丙基环戊烷 0.11%、2,2- 二甲基 -3- 亚甲基二环［2.2.1］庚烷 0.08%、2,3,3- 三甲基己烷 0.06%、2,3,4- 三甲基正己烷 0.19%、2,4- 二甲基庚烷 0.38%、2,6- 二甲基壬烷 0.20%、2- 甲基十一烷 0.09%、3,5,24- 三甲基四十烷 0.48%、3- 甲基辛烷 0.07%、5- 甲基十一烷 0.11%、二十七烷 0.08%、二十烷 0.15%、癸烷 0.18%、环十二烷 0.06%、十一烷基环戊烷 0.07%、正丁基环己烷 0.08%、9-（甲基亚乙基）二环［6.1.0］壬烷 0.06%。烷烃类相对含量为致香物的 3.88%。

（9）不饱和脂肪烃类：（-）-α- 古芸烯 0.46%、（+）- 喇叭烯 0.64%、（1R,9S）-4,11,11- 三甲基 -8- 亚甲基二环［7.2.0］-4- 十一烯 0.90%、（5E）-5- 十八烯 0.05%、（E）-3- 十四烯 -5- 炔 0.07%、（Z）-2,2,5,5- 四甲基 -3- 己烯 0.22%、1- 二十二烯 0.05%、1- 己基环己烯 0.61%、1- 甲基 -4-（1- 甲基乙基）-1,3- 己二烯 0.05%、1- 乙酰环己烯 1.27%、2,2,7- 三甲基 -3- 辛炔 1.94%、2- 甲基 -1- 壬烯 -3- 炔 2.96%、2- 蒎烯 0.08%、4- 甲基 -4- 苯基 -2- 戊炔 0.06%、7,11,15- 三甲基 -3- 亚甲基 -1- 十六烯 47.80%、β- 榄香烯 0.35%、反式 -3- 癸烯 0.06%、十五烯 0.05%、双戊烯 0.55%、氧化石竹烯 1.50%、长叶烯 0.25%、罗汉柏烯 0.09%。不饱和脂肪烃类相对含量为致香物的 60.01%。

（10）生物碱类：烟碱 0.08%。生物碱类相对含量为致香物的 0.08%。

（11）萜类：萜类相对含量为致香物的 8.66%。

（12）其他类：（1aR,4aS,7R,7aR,7bS）- 十氢 -1,1,7- 三甲基 -4- 亚甲基 -1H- 环丙并［e］薁 0.36%、氯代十八烷 0.06%、［（5- 己炔 -1- 甲氧基）甲基］苯 0.97%、［1-（4,5,5- 三甲基 -1,3- 环戊烯基）］苯 0.12%、三烯丙基硅烷 0.14%、1,2,3- 三甲苯 0.39%、1,2,4- 三甲苯 0.09%、1,3- 二甲基 -5- 乙基苯 0.06%、1,7- 二甲基吲哚 0.08%、13- 十四烯 -1- 醇,醋酸盐 0.05%、1- 丁氧基 -3- 甲基 -2- 丁烯 0.11%、1- 甲氧基 -4-

［（Z）-1-丙烯基］苯 0.20%、2-（2-呋喃基甲氧基）苯胺 0.08%、2-甲基咔唑 0.17%、2-乙基对二甲苯 0.67%、2-乙基己基乙烯醚 0.06%、3,5-二羟基戊苯 0.25%、3-丙基甲苯 0.09%、4-异丙基甲苯 0.18%、5-（二甲氨基）-2,1,3-苯并噁二唑 0.07%、6,7-二甲氧基喹唑啉 0.21%、8-甲氧基补骨脂素 0.06%、N-（4-溴苯）-2-（4-氯苯氧基）-乙酰胺 0.06%、对二甲苯 0.79%、间二甲苯 0.69%、间乙基甲苯 0.17%、邻位伞花烃 0.09%、邻乙基甲苯 0.36%、乙基苯 0.11%、正丙苯 0.05%。

表 2-35　广西贺州城北云烟 87B2F（2014）烤烟水蒸馏挥发性致香物组成成分分析结果

编号	保留时间（min）	分子式	化合物名称	CAS 号	相对含量（%）
1	2.622	C$_8$H$_{10}$	乙基苯	100-41-4	0.11
2	2.652	C$_9$H$_{20}$	3-甲基辛烷	2216-33-3	0.07
3	2.639	C$_8$H$_{10}$	对二甲苯	106-42-3	0.79
4	2.953	C$_8$H$_{10}$	间二甲苯	108-38-3	0.69
5	3.106	C$_{15}$H$_{30}$	十五烯	13360-61-7	0.05
6	3.484	C$_{10}$H$_{16}$	2-蒎烯	80-56-8	0.08
7	3.768	C$_9$H$_{12}$	正丙苯	103-65-1	0.05
8	3.886	C$_9$H$_{12}$	邻乙基甲苯	611-14-3	0.36
9	4.004	C$_9$H$_{12}$	1,2,4-三甲苯	95-63-6	0.09
10	4.216	C$_9$H$_{12}$	间乙基甲苯	620-14-4	0.17
11	4.340	C$_{10}$H$_{20}$	（Z）-2,2,5,5-四甲基-3-己烯	692-47-7	0.22
12	4.476	C$_9$H$_{12}$	1,2,3-三甲苯	526-73-8	0.39
13	4.553	C$_{10}$H$_{20}$O	2-乙基己基乙烯醚	103-44-6	0.06
14	4.948	C$_{10}$H$_{16}$	1-甲基-4-（1-甲基乙基）-1,3-己二烯	99-86-5	0.05
15	5.119	C$_{10}$H$_{14}$	4-异丙基甲苯	99-87-6	0.18
16	5.232	C$_{10}$H$_{16}$	双戊烯	138-86-3	0.55
17	5.438	C$_9$H$_{10}$	2,3-二氢茚	496-11-7	0.06
18	5.568	C$_8$H$_8$O	2-苯基乙醛	122-78-1	0.27
19	5.781	C$_{10}$H$_{14}$	3-丙基甲苯	1074-43-7	0.09
20	5.916	C$_{18}$H$_{36}$O$_2$	癸酸辛酯	2306-92-5	0.08
21	5.964	C$_{10}$H$_{14}$	1,3-二甲基-5-乙基苯	934-74-7	0.06
22	6.359	C$_9$H$_{20}$	2,4-二甲基庚烷	2213-23-2	0.38
23	6.595	C$_9$H$_{20}$	2,3,3-三甲基己烷	16747-28-7	0.06
24	6.737	C$_{10}$H$_{14}$	邻位伞花烃	527-84-4	0.09
25	6.837	C$_{20}$H$_{42}$	二十烷	112-95-8	0.15
26	6.973	C$_{12}$H$_{26}$	2-甲基十一烷	7045-71-8	0.09
27	7.109	C$_{11}$H$_{24}$	2,6-二甲基壬烷	17302-23-7	0.20
28	7.575	C$_8$H$_{10}$O	苯乙醇	60-12-8	0.12
29	7.687	C$_{12}$H$_{26}$	5-甲基十一烷	1632-70-8	0.11
30	7.853	C$_9$H$_{20}$	2,3,4-三甲基正己烷	921-47-1	0.19
31	8.036	C$_{30}$H$_{58}$O$_4$	癸二酸二癸酯	2432-89-5	0.28
32	8.272	C$_{10}$H$_{20}$	1,2-二甲基-1-戊基环丙烷	62238-04-4	0.13
33	8.726	C$_{10}$H$_{20}$	正丁基环己烷	1678-93-9	0.08
34	8.815	C$_{12}$H$_{24}$	环十二烷	294-62-2	0.06
35	8.939	C$_{12}$H$_{24}$	（3-甲基-2-戊烷基）环己烷	61142-37-8	0.07
36	8.998	C$_9$H$_{18}$	1,2,4-三甲基环己烷	2234-75-5	0.26
37	9.187	C$_9$H$_{16}$Si	三烯丙基硅烷	1116-62-7	0.14

续表

编号	保留时间（min）	分子式	化合物名称	CAS 号	相对含量（%）
38	9.511	$C_{43}H_{88}$	3,5,24- 三甲基四十烷	55162-61-3	0.48
39	9.683	$C_{18}H_{36}$	（5E）-5- 十八烯	7206-21-5	0.05
40	9.783	$C_{10}H_{20}O$	（+）- 异薄荷醇	23283-97-8	0.13
41	9.848	$C_{18}H_{37}Cl$	氯代十八烷	3386-33-2	0.06
42	10.043	$C_{12}H_{22}$	1,6- 二甲基十氢萘	1750-51-2	0.26
43	10.108	$C_{12}H_{22}$	2,6- 二甲基 -1,2,3,4,4a,5,6,7,8,8a- 十氢萘	1618-22-0	0.14
44	10.302	$C_{10}H_{20}O$	（Z）- 癸 -3- 烯 -1- 醇	10340-22-4	0.17
45	10.474	$C_{12}H_{22}$	1- 己基环己烯	3964-66-7	0.61
46	11.489	$C_{10}H_{22}$	癸烷	124-18-5	0.18
47	11.725	$C_{13}H_{26}$	1- 戊基 -2- 丙基环戊烷	62199-51-3	0.11
48	12.162	$C_{27}H_{56}O$	1- 二十七醇	2004-39-9	0.09
49	12.451	$C_{36}H_{74}O_3P$	二正十八烷基亚磷酸酯	19047-85-9	0.09
50	12.634	$C_{22}H_{44}$	1- 二十二烯	1599-67-3	0.05
51	12.770	$C_{16}H_{32}$	十一烷基环戊烷	6785-23-5	0.07
52	13.284	$C_{11}H_{11}NO_2$	2-（2- 呋喃基甲氧基）苯胺	942-43-8	0.08
53	13.626	$C_{16}H_{34}O$	2- 己基 -1- 癸醇	2425-77-6	0.09
54	14.470	$C_{10}H_{18}O$	（E）-3,7- 二甲基 -2,6- 辛二烯 -1- 醇	106-24-1	0.06
55	14.901	$C_{10}H_{12}O$	1- 甲氧基 -4-［（Z）-1- 丙烯基］苯	104-46-1	0.20
56	15.096	$C_{13}H_{18}$	1,2,3,4- 四氢 -1,1,6- 三甲基 - 萘	475-03-6	0.72
57	16.288	$C_9H_{10}O_2$	4- 乙烯基 -2- 甲氧基苯酚	7786-61-0	0.09
58	17.841	$C_{10}H_{14}N_2$	烟碱	54-11-5	0.08
59	18.142	$C_{10}H_{20}$	反式 -3- 癸烯	19150-21-1	0.06
60	19.169	$C_{13}H_{22}O$	茄酮	54868-48-3	3.31
61	19.913	$C_{13}H_{18}$	1,5,7- 三甲基 -1,2,3,4- 四氢萘	21693-55-0	0.09
62	20.061	$C_{13}H_{18}O$	β- 大马烯酮	23726-93-4	0.95
63	20.492	$C_{10}H_{16}$	1,5- 二甲基 -6- 亚甲基螺［2.4］庚烷	62238-24-8	0.47
64	20.751	$C_8H_9N_3O$	5-（二甲氨基）-2,1,3- 苯并噁二唑	6124-22-7	0.07
65	21.283	$C_9H_{12}O$	2,3,5- 三甲基苯酚	697-82-5	0.06
66	21.755	$C_{10}H_{14}$	2- 乙基对二甲苯	1758-88-9	0.67
67	23.880	$C_{13}H_{22}O$	丙酮香叶酯	3879-26-3	0.32
68	24.470	$C_{13}H_{18}O$	兔耳草醛	103-95-7	0.07
69	25.220	$C_8H_9NO_2$	乙酸 -6- 甲基 -3- 二氮酯	4842-89-1	0.15
70	25.580	$C_{13}H_{20}O$	β- 紫罗酮	79-77-6	0.09
71	27.410	$C_9H_{16}O$	3- 壬烯 -5- 酮	82456-34-6	0.13
72	27.747	$C_{11}H_{16}O_2$	3,5- 二羟基戊苯	500-66-3	0.25
73	29.659	$C_{13}H_{18}O$	巨豆三烯酮 B	38818-55-2	3.32
74	29.960	$C_{13}H_{20}O$	5-［（1Z,2E）-2- 丁烯 -1- 亚基］-4,6,6- 三甲基 -3- 环己烯 -1- 醇	66465-80-3	0.07
75	31.348	$C_{15}H_{24}$	罗汉柏烯	470-40-6	0.09
76	31.596	$C_{15}H_{26}O$	2,6,6,8- 四甲基三环［5.3.1.0］-8- 十一醇	77-53-2	0.06
77	31.826	$C_{16}H_{30}O_4$	2,4,4- 三甲基戊烷 -1,3- 二基双（2- 甲基丙酸酯）	74381-40-1	0.07

续表

编号	保留时间（min）	分子式	化合物名称	CAS 号	相对含量（%）
78	32.109	$C_{14}H_{16}$	［1-（4,5,5- 三甲基 -1,3- 环戊烯基）］苯	33930-85-7	0.12
79	32.387	$C_{10}H_{10}N_2O_2$	6,7- 二甲氧基喹唑啉	6295-29-0	0.21
80	34.370	$C_{12}H_{14}$	4- 甲基 -4- 苯基 -2- 戊炔	1007-91-6	0.06
81	34.583	$C_{13}H_{28}O$	（1R*,2S*）-2- 异丙烯基 -8- 甲基 -1,2,3,4- 四氢化萘 -1- 醇	5770-03-6	0.08
82	35.409	$C_{12}H_{20}$	9-（甲基亚乙基）二环［6.1.0］壬烷	56666-90-1	0.06
83	36.383	$C_{13}H_{20}$	1,5,5- 三甲基 -6-（1,3- 丁二烯 -1- 基）-1- 环己烷	56248-15-8	0.38
84	36.732	$C_9H_{10}O$	1- 茚醇	6351-10-6	0.15
85	38.384	$C_{12}H_8O_4$	8- 甲氧基补骨脂素	298-81-7	0.06
86	38.792	$C_{15}H_{30}O_2$	肉豆蔻酸甲酯	124-10-7	0.06
87	39.022	$C_{14}H_{28}$	1,1,2- 三甲基环十一烷	62376-15-2	0.12
88	39.317	$C_{12}H_{14}$	1,2,3- 三甲基 -1H- 茚	4773-83-5	0.05
89	40.268	$C_{14}H_{10}$	菲	85-01-8	0.06
90	40.640	$C_{14}H_{28}O_2$	肉豆蔻酸	544-63-8	0.08
91	41.189	$C_{10}H_{11}N$	1,7- 二甲基吲哚	5621-16-9	0.08
92	42.050	$C_{15}H_{22}O$	（2R,6R）-6,10- 二甲基 -2- 丙 -1- 烯 -2- 基 - 螺［4.5］癸 -9- 烯 -8- 酮	54878-25-0	0.07
93	43.680	$C_{15}H_{24}$	（4aR,8aR）-2- 异亚丙基 -4a,8- 二甲基 -1,2,3,4,4a,5,6,8a- 八氢萘	6813-21-4	0.96
94	43.798	$C_{13}H_{22}O$	7,8- 二氢 -α- 紫罗兰酮	31499-72-6	0.43
95	44.713	$C_{20}H_{38}$	7,11,15- 三甲基 -3- 亚甲基 -1- 十六烯	504-96-1	47.80
96	44.849	$C_{18}H_{36}O$	植酮	502-69-2	0.32
97	45.758	$C_{32}H_{54}O_4$	邻苯二甲酸二月桂基酯	2432-90-8	0.08
98	45.888	$C_{10}H_{14}O$	1-（2- 甲基 -1- 环己烯 -1- 基）- 乙酮	115692-09-6	0.14
99	47.322	$C_{14}H_{24}$	（E）-3- 十四烯 -5- 炔	74744-44-8	0.07
100	47.783	$C_9H_8N_2O$	（Z）-2- 偶氮基 -1-（4- 甲基苯基）乙烯醇	17263-64-8	0.07
101	48.296	$C_{18}H_{30}O$	2,6,10- 三甲基 -2,6,10- 十五碳三烯 -14- 酮	762-29-8	0.77
102	48.810	$C_{17}H_{34}O_2$	棕榈酸甲酯	112-39-0	1.03
103	49.010	$C_{14}H_{24}O$	1,13- 十四碳二烯 -3- 酮	58879-40-6	0.12
104	49.270	$C_{10}H_{16}$	2,2- 二甲基 -3- 亚甲基二环［2.2.1］庚烷	79-92-5	0.08
105	49.394	$C_{14}H_{11}BrClNO_2$	N-（4- 溴苯）-2-（4- 氯苯氧基）- 乙酰胺	62095-59-4	0.06
106	49.748	$C_9H_{18}O$	1- 丁氧基 -3- 甲基 -2- 丁烯	22094-02-6	0.11
107	50.274	$C_{16}H_{22}O_4$	邻苯二甲酸二丁酯	84-74-2	0.71
108	50.604	$C_{16}H_{32}O_2$	棕榈酸	57-10-3	0.75
109	50.858	$C_{16}H_{30}O_2$	13- 十四烯 -1- 醇, 醋酸盐	56221-91-1	0.05
110	51.201	$C_{15}H_{24}O$	（3Z）-4,11,11- 三甲基 -8- 亚甲基二环［7.2.0］十一碳 -3- 烯 -5- 醇	32214-89-4	0.22
111	51.626	$C_{20}H_{34}O_2$	（2E,6E,11Z）-3,7,13- 三甲基 -10-（2- 丙基）-2,6,11- 环十四碳三烯 -1,13- 二醇	7220-78-2	0.50
112	52.145	$C_{10}H_{20}O$	3,7- 二甲基 -6- 辛烯 -1- 醇	106-22-9	0.25
113	52.381	$C_{13}H_{11}N$	2- 甲基 -9H- 咔唑	3652-91-3	0.17
114	52.889	$C_{15}H_{24}$	（-）-α- 古芸烯	489-40-7	0.46

续表

编号	保留时间（min）	分子式	化合物名称	CAS 号	相对含量（%）
115	53.060	$C_{15}H_{24}$	（+）－喇叭烯	21747－46－6	0.64
116	53.963	$C_{15}H_{24}$	β－榄香烯	515－13－9	0.35
117	54.170	$C_{15}H_{24}$	（1R,9S）－4,11,11－三甲基－8－亚甲基二环［7.2.0］－4－十一烯	118－65－0	0.90
118	54.371	$C_{15}H_{24}$	香树烯	25246－27－9	0.36
119	55.817	$C_8H_{12}O$	1－乙酰环己烯	932－66－1	1.27
120	55.941	$C_{13}H_{16}O$	［（5－己炔－1－甲氧基）甲基］苯	60789－55－1	0.97
121	56.142	$C_{11}H_{20}$	2,2,7－三甲基－3－辛炔	55402－13－6	1.94
122	56.460	$C_{19}H_{34}O_2$	（9E,12E）－9,12－十八碳二烯酸甲酯	2566－97－4	0.76
123	56.726	$C_{19}H_{32}O_2$	9,12,15－十八碳三烯酸甲酯	301－00－8	1.83
124	57.405	$C_{10}H_{16}$	2－甲基－1－壬烯－3－炔	70058－00－3	2.96
125	58.001	$C_{15}H_{24}O$	氧化石竹烯	1139－30－6	1.50
126	58.497	$C_{15}H_{24}$	长叶烯	475－20－7	0.25
127	58.757	$C_{20}H_{34}O$	（1R,2E,4S,7E,11E）－4－异丙基－1,7,11－三甲基－2,7,11－环十四碳三烯－1－醇	25269－17－4	0.12
128	58.975	$C_{21}H_{36}$	1－（十氢萘－1－甲基）十氢萘	55125－02－5	0.13
129	61.207	$C_{15}H_{26}O$	喇叭茶醇	577－27－5	0.09
130	61.962	$C_{15}H_{26}O$	4－甲基－2－（1,5－二甲基－4－己烯）－3－环己烯－1－醇	74810－24－5	0.09
131	80.569	$C_{27}H_{56}$	二十七烷	593－49－7	0.08

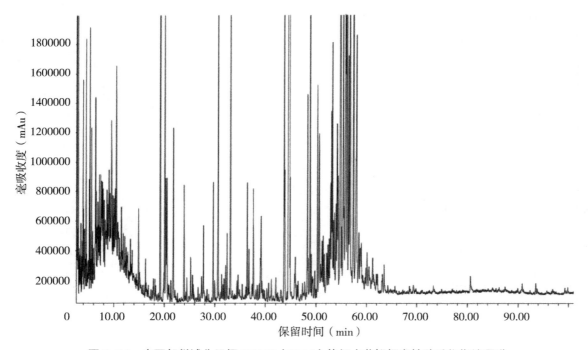

图2-34　广西贺州城北云烟87B2F（2014）烤烟水蒸馏挥发性致香物指纹图谱

2.2.35　广西贺州城北云烟87X2F（2014）烤烟水蒸馏挥发性致香物组成成分分析结果

广西贺州城北云烟87X2F（2014）烤烟水蒸馏挥发性致香物组成成分分析结果及指纹图谱分别见表

2-36 和图 2-35。从表 2-36 可以看出，广西贺州城北云烟 87X2F（2014）烤烟水蒸馏挥发性致香物中可检测出 135 种成分。

致香物类型及相对含量如下。

（1）酮类：（4S）- 八氢 -4aβ- 羟基 -4α,8aα- 二甲基 -6α-（1- 甲基乙烯基）-1（2H）- 萘酮 0.08%、茄酮 1.76%、β- 大马烯酮 1.09%、β- 紫罗酮 0.06%、1-（4- 溴丁基）-2- 哌啶酮 0.09%、1,13- 十四碳二烯 -3- 酮 0.11%、1- 茚酮 0.06%、4,7,9- 巨豆三烯 -3- 酮 2.38%、6,10,14- 三甲基 -2- 十五酮 0.21%、6,10- 二甲基 -5,9- 十一双烯 -2- 酮 0.19%、薄荷酮 0.04%、异薄荷酮 0.10%。酮类相对含量为致香物的 6.17%。

（2）醛类：苯甲醛 0.10%、苯乙醛 0.20%、香茅醛 0.04%、对叔丁基苯甲醛 0.07%。醛类相对含量为致香物的 0.41%。

（3）醇类：（-）- 蓝桉醇 0.66%、（1R）-3α- 乙烯 -3- 甲基 -2β-（1- 甲基乙烯）-6β- 异丙基环己烷 -1β- 醇 0.17%、1,2,4- 三甲基戊烷 -1- 醇 0.11%-（1R,2E,4S,7E,11E）-4- 异丙基 -1,7,11- 三甲基 -2,7,11- 环十四碳三烯 -1- 醇 0.16%、（2E,6E,11Z）-3,7,13- 三甲基 -10-（2- 丙基）-2,6,11- 环十四碳三烯 -1,13- 二醇 1.62%、（1R,5S）-rel-2- 甲基 -5-（1- 甲基乙烯基）-2- 环己烯 -1- 醇 0.04%、2- 亚甲基 -5α- 胆甾烷 -3β- 醇 0.14%、3,5,6- 三氯吡啶 -2- 醇 0.59%、3,7,11- 三甲基 -2,6,10- 十二碳三烯 -1- 醇 0.36%、3,7- 二甲基 -1,6- 辛二烯 -3- 醇 0.15%、3,7- 二甲基 -6- 辛烯 -1- 醇 0.23%、5- 茚醇 0.05%、D- 薄荷醇 0.55%、苯乙醇 0.04%。醇类相对含量为致香物的 4.87%。

（4）有机酸类：棕榈酸 1.03%。有机酸类相对含量为致香物的 1.03%。

（5）酯类：（7E,10E,13E）-7,10,13- 十六碳三烯酸甲酯 0.13%、（Z,Z）-9,12- 十八碳二烯酸甲酯 0.63%、3-（3,5- 二叔丁基 -4- 羟基苯基）丙酸甲酯 0.11%、9,12,15- 十八碳三烯酸甲酯 2.22%、DL- 扁桃酸甲酯 0.04%、反式 - 顺式 -7,11- 十六碳二烯基乙酸酯 0.09%、6,9- 二炔十八酸甲酯 0.24%、邻苯二甲酸二丁酯 0.10%、邻苯二甲酸二异丁酯 0.72%、七氟丁酸十八烷基酯 0.11%、三十烷基乙酸酯 0.20%、乙酸松油酯 0.28%、棕榈酸甲酯 0.97%。酯类相对含量为致香物的 5.84%。

（6）稠环芳香烃类：2-（甲基亚磺酰基）萘 0.51%、菲啶 5- 氧化物 0.05%、菲 0.04%、（4aR,8aR）-2- 异亚丙基 -4a,8- 二甲基 -1,2,3,4,4a,5,6,8a- 八氢萘 0.60%、2- 乙基十氢 -（2a,4aa,8aa）- 萘 0.08%、1-（十氢萘 -1- 基甲基）十氢萘 0.13%。稠环芳香烃类相对含量为致香物的 1.41%。

（7）酚类：邻氟苯硫酚 0.40%、4- 乙烯基 -2- 甲氧基苯酚 0.17%、2,4- 二叔丁基苯酚 0.57%、5,6,7,8- 四氢 -2- 萘酚 0.08%。酚类相对含量为致香物的 1.22%。

（8）烷烃类：（13α）-D- 高 -5α- 雄甾烷 0.06%、17α（H）,21β（H）-30- 去甲何帕烷 0.29%、1- 丁基 -2- 戊基 - 环戊烷 0.05%、1- 甲基 -1-（1- 甲基乙基）-2- 壬基环丙烷 0.22%、1- 烯丙基 -3- 亚甲基 - 环己烷 1.10%、1- 异丙基 -1- 甲基 -2- 壬基环丙烷 0.37%、1- 异丙基 -2- 壬基环丙烷 0.06%、2,2- 二甲基 -3- 亚甲基二环［2.2.1］庚烷 0.28%、2- 甲基 -6-［4-（4- 甲基戊基）环己基］庚烷 0.10%、3- 亚甲基十三烷 0.12%、二十九烷 0.13%、二十二烷 0.43%、二十七烷 0.18%、二十烷 0.55%、癸烷 0.06%、环二十四烷 1.39%、十二烷 0.13%、十六烷 0.05%、十四烷 0.06%、乙基环己烷 0.06%、30- 降藿烷 0.40%、正二十三烷 0.26%。烷烃类相对含量为致香物的 6.35%。

（9）不饱和脂肪烃类：（+）- 香橙烯 0.10%、香树烯 0.04%、（3E）-3- 十四烯 0.04%、（3Z）-3- 十六烯 0.13%、（5E）-5- 十八烯 0.06%、（6E）-6- 十二烯 0.04%、（9E）-9- 十八烯 0.17%、（E）-3- 二十烯 0.06%、（E）-5- 二十烯 2.41%、（E）-7- 甲基 -6- 十三烯 0.04%、（E）-8- 甲基 -8- 十七烯 0.07%、（S）-1- 甲基 -4-（5- 甲基 -1- 亚甲基 -4- 己烯基）环己烯 0.05%、（Z）-3- 十七烯 -5- 炔 0.86%、1- 二十烯 0.07%、1- 甲基 -4-（1- 甲基乙基）-1,4- 环己二烯 0.06%、1- 十八烯 2.43%、1- 十九烯 1.75%、1- 十六烯 2.43%、1- 十四烯 1.61%、2,3- 环氧角鲨烯 0.05%、2,5- 二甲基 -3- 亚甲基 -1,5- 己二烯 0.40%、2- 甲基 -1- 壬烯 -3- 炔 1.78%、2- 蒎烯 0.20%、2- 十四烯 0.05%、3- 甲基 -1- 己烯 0.04%、3- 甲基 -2- 十一烯 0.08%、1- 十二烯 0.86%、7,11,15- 三甲基 -3- 亚甲基 -1- 十六烯 36.33%、8- 甲基 -1- 癸烯 0.29%、9- 二十六烯 1.11%、β- 蒎烯 0.17%、对薄荷 -3- 烯 0.04%、反式 -3- 癸烯 0.05%、壬烯 0.14%、十五烯 0.07%、双戊烯 0.36%、顺 -3- 辛烯 0.07%、顺式 -2- 甲基 -7- 十八烯 0.04%、2- 甲基 -1- 十四烯 0.07%、顺式 -9- 二十三烯 0.18%、萜品油烯 0.05%、长叶烯 0.71%、正癸烯 0.21%。不饱和脂肪烃类相对含量为致香物的 55.77%。

（10）生物碱类：烟碱 0.08%。生物碱类相对含量为致香物的 0.08%。

（11）萜类：2,3- 环氧角鲨烯 0.05%。萜类相对含量为致香物的 0.05%。

（12）其他类：（1aR,4aS,7R,7aR,7bS）- 十氢 -1,1,7- 三甲基 -4- 亚甲基 -1H- 环丙并［e］薁 0.19%、1,8-环氧对孟烷 0.17%、［1R-（1R*,4R*,6R*,10S*）］-4,12,12- 三甲基 -9- 亚甲基 -5- 氧杂三环［8.2.0.0^{4,6}］十二烷 0.22%、1- 氯 - 二十七烷 0.24%、N- 十四烷基三氯硅烷 0.10%、1- 甲基 -9H- 咔唑 0.07%、1- 甲氧基 -4-［（Z）-1- 丙烯基］苯 0.46%、2- 氟 -N-（4- 甲氧基苯基）苯甲酰胺 0.44%、3,5- 二甲氧基苯甲酰胺 0.11%、3,5- 二羟基戊苯 0.14%、4- 己氧基苯胺 0.12%、4- 烯丙基苯甲醚 0.05%、5- 氨基 -1- 苯基吡唑 0.09%、N-（2-三氟甲基苯）-3- 吡啶甲酰胺肟 0.46%、新薄荷胺 0.26%、对二甲苯 8.25%、间二甲苯 0.29%、邻异丙基甲苯 0.11%、乙基苯 1.68%、吲哚 0.04%。

表 2-36　广西贺州城北云烟 87X2F （2014）烤烟水蒸馏挥发性致香物组成成分分析结果

编号	保留时间（min）	分子式	化合物名称	CAS 号	相对含量（%）
1	2.628	C_8H_{10}	乙基苯	100-41-4	1.68
2	2.699	C_8H_{10}	对二甲苯	106-42-3	8.25
3	2.953	C_8H_{10}	间二甲苯	108-38-3	0.29
4	3.490	$C_{10}H_{16}$	2- 蒎烯	80-56-8	0.20
5	3.880	C_7H_6O	苯甲醛	100-52-7	0.10
6	4.198	$C_{10}H_{16}$	β- 蒎烯	127-91-3	0.17
7	4.334	$C_{10}H_{20}$	正癸烯	872-05-9	0.21
8	4.393	C_8H_{16}	顺 -3- 辛烯	14850-22-7	0.07
9	4.499	$C_{10}H_{22}$	癸烷	124-18-5	0.06
10	5.131	$C_{10}H_{14}$	邻异丙基甲苯	527-84-4	0.11
11	5.231	$C_{10}H_{16}$	双戊烯	138-86-3	0.36
12	5.308	$C_{10}H_{18}O$	1,8- 环氧对孟烷	470-82-6	0.17
13	5.574	C_8H_8O	苯乙醛	122-78-1	0.20
14	5.975	$C_{10}H_{16}$	1- 甲基 -4-（1- 甲基乙基）-1,4- 环己二烯	99-85-4	0.06
15	7.115	$C_{10}H_{18}O$	3,7- 二甲基 -1,6- 辛二烯 -3- 醇	78-70-6	0.15
16	7.575	$C_8H_{10}O$	苯乙醇	60-12-8	0.04
17	8.750	$C_{10}H_{18}O$	香茅醛	106-23-0	0.04
18	9.074	$C_{10}H_{18}O$	薄荷酮	10458-14-7	0.04
19	9.275	$C_{12}H_{24}$	（6E）-6- 十二烯	7206-17-9	0.04
20	9.476	$C_{10}H_{18}O$	异薄荷酮	491-07-6	0.10
21	9.777	$C_{10}H_{20}O$	D- 薄荷醇	15356-70-4	0.55
22	10.202	C_6H_5FS	邻氟苯硫酚	2557-78-0	0.40
23	10.544	$C_{12}H_{24}$	1- 十二烯	112-41-4	0.86
24	10.893	$C_{12}H_{26}$	十二烷	112-40-3	0.13
25	11.123	$C_{12}H_{24}$	3- 甲基 -2- 十一烯	57024-90-5	0.08
26	12.150	$C_{10}H_{20}O$	3,7- 二甲基 -6- 辛烯 -1- 醇	106-22-9	0.23
27	13.313	$C_{10}H_{12}O$	4- 烯丙基苯甲醚	140-67-0	0.05
28	14.494	C_9H_8O	1- 茚酮	83-33-0	0.06
29	14.901	$C_{10}H_{12}O$	1- 甲氧基 -4-［（Z）-1- 丙烯基］苯	104-46-1	0.46
30	15.196	C_8H_7N	吲哚	120-72-9	0.04
31	15.361	$C_{10}H_{18}$	对薄荷 -3- 烯	500-00-5	0.04
32	15.999	$C_{11}H_{14}O$	对叔丁基苯甲醛	939-97-9	0.07
33	16.282	$C_9H_{10}O_2$	4- 乙烯基 -2- 甲氧基苯酚	7786-61-0	0.17
34	17.847	$C_{10}H_{14}N_2$	烟碱	54-11-5	0.08

续表

编号	保留时间 （min）	分子式	化合物名称	CAS 号	相对含量 （%）
35	18.130	$C_{10}H_{20}$	反式 -3- 癸烯	19150-21-1	0.05
36	19.163	$C_{13}H_{22}O$	茄酮	54868-48-3	1.76
37	19.411	$C_{14}H_{28}$	1- 丁基 -2- 戊基 - 环戊烷	61142-52-7	0.05
38	19.594	$C_{14}H_{28}$	（E）-7- 甲基 -6- 十三烯	24949-42-6	0.04
39	20.061	$C_{13}H_{18}O$	β- 大马烯酮	23726-93-4	1.09
40	20.486	$C_{10}H_{16}$	2,2- 二甲基 -3- 亚甲基二环［2.2.1］庚烷	79-92-5	0.28
41	20.592	$C_{14}H_{28}$	1- 十四烯	1120-36-1	1.61
42	21.029	$C_{14}H_{30}$	十四烷	629-59-4	0.06
43	21.294	$C_{14}H_{28}$	3- 亚甲基十三烷	19780-34-8	0.12
44	21.790	$C_{11}H_{10}OS$	2-（甲基亚磺酰基）萘	35330-76-8	0.51
45	23.886	$C_{13}H_{22}O$	6,10- 二甲基 -5,9- 十一双烯 -2- 酮	689-67-8	0.19
46	24.470	$C_{10}H_{16}O$	（1R，5S）-rel-2- 甲基 -5-（1- 甲基乙烯基）-2- 环己烯 -1- 醇	1197-07-5	0.04
47	25.220	$C_{12}H_{19}NO$	4- 己氧基苯胺	39905-57-2	0.12
48	25.586	$C_{13}H_{20}O$	β- 紫罗酮	79-77-6	0.06
49	26.708	$C_{13}H_9NO$	菲啶 5- 氧化物	14548-01-7	0.05
50	27.221	$C_{14}H_{22}O$	2,4- 二叔丁基苯酚	96-76-4	0.57
51	27.398	C_8H_{16}	乙基环己烷	1678-91-7	0.06
52	27.753	$C_{11}H_{16}O_2$	3,5- 二羟基戊苯	500-66-3	0.14
53	29.972	$C_{15}H_{24}$	（S）-1- 甲基 -4-（5- 甲基 -1- 亚甲基 -4- 己烯基）环己烯	495-61-4	0.05
54	30.155	$C_{15}H_{30}$	1- 异丙基 -2- 壬基环丙烷	41977-39-3	0.06
55	30.374	C_7H_{14}	3- 甲基 -1- 己烯	3404-61-3	0.04
56	30.616	$C_{13}H_{18}O$	4,7,9- 巨豆三烯 -3- 酮	38818-55-2	2.38
57	31.306	$C_{16}H_{32}$	1- 甲基 -1-（1- 甲基乙基）-2- 壬基环丙烷	41977-40-6	0.59
58	31.466	$C_{16}H_{32}$	（3Z）-3- 十六烯	34303-81-6	0.13
59	31.666	$C_{16}H_{32}$	1- 十六烯	629-73-2	2.45
60	32.080	$C_{16}H_{34}$	十六烷	544-76-3	0.05
61	32.381	$C_{10}H_{21}N$	新薄荷胺	7231-40-5	0.26
62	36.377	$C_{10}H_{12}O$	5,6,7,8- 四氢 -2- 萘酚	1125-78-6	0.08
63	36.737	$C_9H_{10}O$	5- 茚醇	1470-94-6	0.05
64	37.593	$C_9H_9N_3$	5- 氨基 -1- 苯基吡唑	826-85-7	0.09
65	39.028	$C_{19}H_{38}$	顺式 -2- 甲基 -7- 十八碳烯	35354-39-3	0.04
66	40.268	$C_{14}H_{10}$	菲	85-01-8	0.04
67	40.811	$C_{15}H_{30}$	2- 甲基 -1- 十四烯	52254-38-3	0.07
68	40.970	$C_{14}H_{28}$	（3E）-3- 十四烯	41446-68-8	0.04
69	41.188	$C_{18}H_{36}$	（E）-8- 甲基 -8- 十七烯	55044-98-9	0.07
70	41.667	$C_{14}H_{28}$	2- 十四烯	35953-53-8	0.05
71	42.038	$C_{18}H_{36}$	（9E）-9- 十八烯	7206-25-9	0.17
72	42.239	$C_{18}H_{36}$	1- 十八烯	112-88-9	2.43
73	42.558	$C_{18}H_{36}$	（5E）-5- 十八烯	7206-21-5	0.06
74	42.918	$C_8H_{18}O$	1,2,4- 三甲基戊烷 -1- 醇	6570-88-3	0.11
75	43.674	$C_{15}H_{24}$	（4aR,8aR）-2- 异亚丙基 -4A,8- 二甲基 -1,2,3,4,4A,5,6,8A- 八氢萘	6813-21-4	0.60

续表

编号	保留时间（min）	分子式	化合物名称	CAS 号	相对含量（%）
76	43.798	$C_{12}H_{20}O_2$	乙酸松油酯	80-26-2	0.28
77	44.671	$C_{20}H_{38}$	7,11,15-三甲基-3-亚甲基-1-十六烯	504-96-1	36.33
78	44.831	$C_{18}H_{36}O$	6,10,14-三甲基-2-十五酮	502-69-2	0.21
79	45.775	$C_{16}H_{22}O_4$	邻苯二甲酸二异丁酯	84-69-5	0.46
80	46.448	$C_9H_{10}O_3$	DL-扁桃酸甲酯	771-90-4	0.04
81	47.340	$C_{17}H_{28}O_2$	（7E,10E,13E）-7,10,13-十六碳三烯酸甲酯	56554-30-4	0.13
82	48.296	$C_{15}H_{26}O$	3,7,11-三甲基-2,6,10-十二碳三烯-1-醇	4602-84-0	0.36
83	48.432	$C_9H_{16}BrNO$	1-（4-溴丁基）-2-哌啶酮	195194-80-0	0.09
84	48.810	$C_{17}H_{34}O_2$	棕榈酸甲酯	112-39-0	0.97
85	49.004	$C_{14}H_{24}O$	1,13-十四碳二烯-3-酮	58879-40-6	0.11
86	49.394	$C_{18}H_{28}O_3$	3-（3,5-二叔丁基-4-羟基苯基）丙酸甲酯	6386-38-5	0.11
87	49.736	$C_{10}H_{16}$	萜品油烯	586-62-9	0.05
88	50.073	$C_{20}H_{40}$	1-二十烯	3452-07-1	0.07
89	50.268	$C_{16}H_{22}O_4$	邻苯二甲酸二丁酯	84-74-2	0.10
90	50.628	$C_{16}H_{32}O_2$	棕榈酸	57-10-3	1.03
91	50.834	$C_{20}H_{40}$	2-甲基-6-［4-（4-甲基戊基）环己基］庚烷	56009-20-2	0.10
92	51.023	$C_{15}H_{30}$	十五烯	13360-61-7	0.07
93	51.395	$C_{22}H_{37}F_7O_2$	七氟丁酸十八烷基酯	400-57-7	0.11
94	51.986	$C_{20}H_{40}$	（E）-5-二十烯	74685-30-6	2.47
95	52.375	$C_{13}H_{11}N$	1-甲基-9H-咔唑	6510-65-2	0.07
96	52.623	C_9H_{18}	壬烯	27215-95-8	0.14
97	52.883	$C_{15}H_{24}$	长叶烯	475-20-7	0.71
98	53.048	C_9H_{14}	2,5-二甲基-3-亚甲基-1,5-己二烯	59131-13-4	0.40
99	53.237	$C_{14}H_{12}FNO_2$	2-氟-N-（4-甲氧基苯基）苯甲酰胺	212209-96-6	0.44
100	53.621	$C_9H_{11}NO_3$	3,5-二甲氧基苯甲酰胺	17213-58-0	0.11
101	53.957	$C_{15}H_{24}$	（+）-香橙烯	489-39-4	0.10
102	54.772	$C_{15}H_{26}O$	（-）-蓝桉醇	489-41-8	0.66
103	55.061	$C_{12}H_{22}$	2-乙基十氢-,（2a,4aa,8aa）-萘	66660-43-3	0.08
104	55.362	$C_{17}H_{30}$	（Z）-3-十七烯-5-炔	74744-55-1	0.86
105	55.528	$C_{20}H_{34}O$	（1R,2E,4S,7E,11E）-4-异丙基-1,7,11-三甲基-2,7,11-环十四烷并三烯-1-醇	25269-17-4	0.16
106	55.811	$C_{20}H_{34}O_2$	（2E,6E,11Z）-3,7,13-三甲基-10-（2-丙基）-2,6,11-环十四碳三烯-1,13-二醇	7220-78-2	1.62
107	55.935	$C_{19}H_{30}O_2$	6,9-二炔十八酸甲酯	56847-03-1	0.24
108	56.136	$C_{10}H_{16}$	1-烯丙基-3-亚甲基-环己烷	56816-08-1	1.10
109	56.265	$C_{15}H_{24}$	香树烯	25246-27-9	0.04
110	56.454	$C_{19}H_{34}O_2$	（Z,Z）-9,12-十八碳二烯酸甲酯	112-63-0	0.63
111	56.726	$C_{19}H_{32}O_2$	9,12,15-十八碳三烯酸甲酯	301-00-8	2.22
112	57.393	$C_{10}H_{16}$	2-甲基-1-壬烯-3-炔	70058-00-3	1.78
113	57.895	$C_5H_2Cl_3NO$	3,5,6-三氯吡啶-2-醇	6515-38-4	0.59
114	58.467	$C_{15}H_{26}O$	（1R）-3α-乙烯-3-甲基-2β-（1-甲基乙烯）-6β-异丙基环己烷-1β-醇	35727-45-8	0.17
115	58.975	$C_{21}H_{36}$	1-（十氢萘-1-甲基）十氢萘	55125-02-5	0.13

续表

编号	保留时间（min）	分子式	化合物名称	CAS 号	相对含量（%）
116	60.109	$C_{15}H_{24}O$	［1R-（1R*,4R*,6R*,10S*）］-4,12,12- 三甲基 -9- 亚甲基 -5- 氧杂三环［8.2.0.0^{4.6}］十二烷	1139-30-6	0.22
117	60.681	$C_{11}H_{22}$	8- 甲基 -1- 癸烯	61142-79-8	0.29
118	60.917	$C_{19}H_{38}$	1- 十九烯	18435-45-5	1.75
119	61.212	$C_{15}H_{24}O_2$	（4S）- 八氢 -4aβ- 羟基 -4α,8aα- 二甲基 -6α-（1- 甲基乙烯基）-1（2H）- 萘酮	97094-19-4	0.08
120	68.084	$C_{13}H_{10}F_3N_3O$	N-（2- 三氟甲基苯）-3- 吡啶甲酰胺肟	288246-53-7	0.46
121	68.975	$C_{23}H_{46}$	顺式 -9- 二十三烯	27519-02-4	0.18
122	69.164	$C_{24}H_{48}$	环二十四烷	297-03-0	1.39
123	74.849	$C_{24}H_{38}O_4$	邻苯二甲酸二异辛酯	27554-26-3	0.26
124	76.797	$C_{26}H_{52}$	9- 二十六碳烯	71502-22-2	1.11
125	77.813	$C_{18}H_{32}O_2$	反式 - 顺式 -7,11- 十六碳二烯基乙酸酯	51607-94-4	0.09
126	80.581	$C_{27}H_{56}$	二十七烷	593-49-7	0.18
127	87.417	$C_{27}H_{55}Cl$	1- 氯 - 二十七烷	62016-79-9	0.24
128	87.848	$C_{30}H_{50}O$	2,3- 环氧角鲨烯	7200-26-2	0.05
129	89.932	$C_{29}H_{50}$	17α（H）,21β（H）-30- 去甲何帕烷	53584-60-4	0.29
130	90.528	$C_{32}H_{64}O_2$	三十烷基乙酸酯	41755-58-2	0.20
131	90.682	$C_{23}H_{48}$	二十三烷	638-67-5	0.26
132	90.794	$C_{29}H_{50}$	30- 降藿烷	36728-72-0	0.40
133	93.828	$C_{20}H_{42}$	二十烷	112-95-8	0.55
134	96.886	$C_{22}H_{46}$	二十二烷	629-97-0	0.43
135	97.022	$C_{29}H_{60}$	二十九烷	630-03-5	0.13

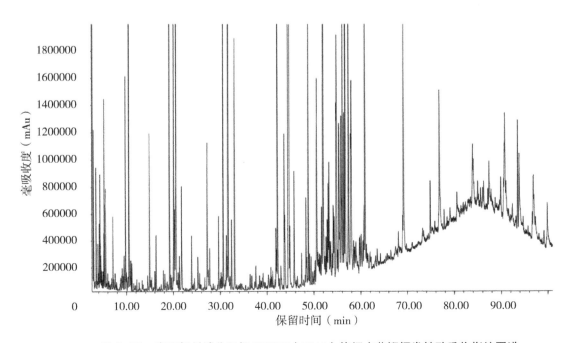

图 2-35　广西贺州城北云烟 87X2F（2014）烤烟水蒸馏挥发性致香物指纹图谱

2.2.36　广西河池罗城龙岸云烟 87B2F（2014）烤烟水蒸馏挥发性致香物组成成分分析结果

广西河池罗城龙岸云烟 87B2F（2014）烤烟水蒸馏挥发性致香物组成成分分析结果及指纹图谱分别见表 2-37 图 2-36。从表 2-37 可以看出，广西河池罗城龙岸云烟 87B2F（2014）烤烟水蒸馏挥发性致香物中可检测出 133 种成分。

致香物类型及相对含量如下。

（1）酮类：螺岩兰草酮 0.22%、（5E,9E）-6,10,14- 三甲基 -5,9,13- 十五碳三烯 -2- 酮 0.65%、茄酮 2.83%、β- 大马烯酮 1.09%、β- 紫罗酮 0.13%、（E）- 六氢 -（E）-4,7a- 二甲基 -4- 乙烯基苯并呋喃 -2（3H）- 酮 0.11%、1-（P- 甲苯基）六氢嘧啶 -2- 酮 0.66%、1,13- 十四碳二烯 -3- 酮 0.05%、1-[（1S,3aR,7S,7aS）-7- 异丙基 -4- 亚甲基辛氢 -1H- 茚 -1- 基] 乙酮 0.06%、2- 吡咯烷酮 0.17%、3-（甲氧基甲烯基）-2（3H）- 苯并呋喃酮 0.21%、2,3- 二氢 -3,4,7- 三甲基 -1H- 茚酮 0.59%、3- 乙基 -3-（4- 氨基苯基）-2,6- 哌啶二酮 0.06%、4-（1E）-1,3- 丁二烯 -1- 基 -3,5,5- 三甲基 -2- 环己烯 -1- 酮 0.33%、6,10,14- 三甲基 -2- 十五酮 0.27%、8a- 甲基八氢 -1（2H）- 萘酮 0.17%。酮类相对含量为致香物的 7.60%。

（2）醛类：2- 苯基乙醛 0.24%、硬脂醛 0.06%。醛类相对含量为致香物的 0.30%。

（3）醇类：（-）- 蓝桉醇 0.10%、（1R,2E,4S,7E,11E）-4- 异丙基 -1,7,11- 三甲基 -2,7,11- 环十四烷并三烯 -1- 醇 0.16%、榄香醇 0.05%、（3S,9Z）-1,9- 十七碳二烯 -4,6- 二炔 -3- 醇 1.78%、（E）-3,7,11,15- 四甲基 -2- 十六烯 -1- 醇 0.10%、（2E,6E,11Z）-3,7,13- 三甲基 -10-（2- 丙基）-2,6,11- 环十四碳三烯 -1,13- 二醇 1.58%、2,6,6,8- 四甲基三环 [5.3.1.0]-8- 十一醇 0.05%、2- 己基 -1- 癸醇 0.11%、3-（对枯烯基）-2- 甲基丙醇 0.09%、3,7- 二甲基 -1,6- 辛二烯 -3- 醇 0.24%、3,7- 二甲基 -6- 辛烯 -1- 醇 0.12%、3- 氨基苯甲醇 0.60%、4- 异丙基 -1- 甲基 -3- 环己烯 -1- 醇 0.06%、5- 茚醇 0.08%、苯乙醇 0.09%、对薄荷 -1（7）- 烯 -9- 醇 0.05%、十八醇 0.17%。L- 薄荷醇 0.55%。醇类相对含量为致香物的 5.93%。

（4）有机酸类：3- 氯 -2- 甲氧基 -5- 吡啶硼酸 0.08%、肉豆蔻酸 0.04%、棕榈酸 0.69%、5-（十氢 -5,5,8a- 三甲基 -2- 亚甲基 -1- 萘）-3- 甲基 -（1S,4aS,8aS）-（2E）-2- 戊烯酸 0.19%。有机酸类相对含量为致香物的 1.00%。

（5）酯类：2- 氯十八烷基丙酸酯 0.05%、癸二酸二癸酯 0.11%、三氯乙酸棕榈基酯 0.09%、P,P- 二甲基 - 二磷酸二乙酯 0.07%、12- 甲基十三酸甲酯 0.06%、（7E,10E,13E）-7,10,13- 十六碳三烯酸甲酯 0.06%、棕榈酸甲酯 1.01%、邻苯二甲酸二丁酯 0.69%、丙酮香叶酯 0.30%、（3- 甲氧基苯基）氨基甲酸甲酯 0.15%、9,12- 十八碳二烯酸甲酯 0.71%、9,12,15- 十八碳三烯酸甲酯 1.99%。酯类相对含量为致香物的 5.29%。

（6）稠环芳香烃类：β- 瑟林烯 0.09%、1-（十氢萘 -1- 甲基）十氢萘 0.08%、1,2,3,4- 四氢 -1,1,6- 三甲基萘 0.18%、1,5,7- 三甲基 -1,2,3,4- 四氢萘 0.10%、1,6- 二甲基十氢萘 0.12%、2,3,6- 三甲基萘醌 0.05%、2,6- 二甲基 -1,2,3,4,4a,5,6,7,8,8a- 十氢萘 0.05%、2- 氨基 -7- 甲基 -1,8- 萘啶 0.37%。稠环芳香烃类相对含量为致香物的 1.04%。

（7）酚类：4- 乙烯基 -2- 甲氧基苯酚 0.15%、3- 环己基苯酚 0.07%。酚类相对含量为致香物的 0.22%。

（8）烷烃类：（1R,3S,6S）-3,7,7- 三甲基二环 [4.1.0] 庚烷 0.08%、1,2,4- 三甲基环己烷 0.26%、1- 烯丙基 -3- 亚甲基 - 环己烷 4.22%、2,10- 二甲基 - 十一烷 0.05%、2,4- 二甲基庚烷 0.51%、2,6,10,14- 四甲基十六烷 0.14%、2,6,10- 三甲基十二烷 0.26%、3,3- 二甲基己烷 0.15%、3,6- 二甲基癸烷 0.09%、4- 甲基十一烷 0.17%、5- 甲基 - 十一烷 0.11%、二十七烷 0.09%、二十烷 0.17%、二十五烷 0.05%、二十一烷 0.11%、三十烷 0.05%、十八烷 0.33%、十二烷 0.05%、十九烷 0.18%、2,6,11- 三甲基十二烷 0.13%、正十九烷 0.12%。烷烃类相对含量为致香物的 7.32%。

（9）不饱和脂肪烃类：（Z）-8- 甲基 -2- 十一烯 0.12%、（+）- 香橙烯 0.34%、（Z）-2,2,5,5- 四甲基 -3- 己烯 0.13%、1- 环己烯 0.64%、1- 甲基（1- 甲基乙烯基）环己烯 1.68%、1- 甲基 -4-（1- 甲基乙基）-1,3- 己二烯 0.15%、1- 甲基 -4-（1- 甲基乙基）-1,4- 环己二烯 0.12%、2,4- 二甲基 -2- 己烯 0.11%、2,5,5- 三甲基 -1,6- 庚二烯 0.06%、2- 蒎烯 0.14%、3,7,11- 三甲基 -1,3,6,10- 十二碳四烯 0.14%、3- 辛炔 0.07%、7,11,15- 三甲基 -3- 亚甲基 -1- 十六烯 43.28%、7- 甲基 -3- 亚甲基 -1,6- 辛二烯 0.09%、β-

榄香烯 0.50%、β- 蒎烯 0.18%、ε- 依兰烯 0.08%、香树烯 0.10%、罗汉柏烯 0.08%。不饱和脂肪烃类相对含量为致香物的 48.01%。

（10）生物碱类：未检测到该类成分。

（11）萜类：未检测到该类成分。

（12）其他类：2- 甲基 -7,8- 环氧十八烷 0.07%、1,3,3- 三甲基 -2- 氧杂二环 [2.2.2] 辛烷 0.11%、1,1,7- 三甲基 -4- 亚甲基十氢 -1H- 环丙并（e）奠 0.27%、溴代十六烷 0.54%、1,2,3,4- 四氢喹喔啉 0.12%、1,2,3,5- 四甲基苯 0.76%、1,2,4- 三甲苯 0.07%、1,3,5- 三甲苯 0.31%、1,3,5- 三异丙基苯 1.58%、1,7- 二甲基吲哚 0.11%、1- 甲氧基 -4- [（Z）-1- 丙烯基] 苯 0.61%、1- 叔丁基 -4- 乙基苯 0.07%、3,5- 二羟基戊苯 0.24%、3- 丙基甲苯 0.09%、3- 甲基咔唑 0.16%、4,6,8- 三甲基甘菊蓝 0.06%、4- 己氧基苯胺 0.15%、4- 烯丙基苯甲醚 0.10%、4- 异丙基甲苯 0.09%、N-（2- 三氟甲基苯）-3- 吡啶甲酰胺肟 0.09%、对二甲苯 0.38%、二甲苯 0.40%、邻乙基甲苯 0.23%、邻异丙基甲苯 0.43%、叔丁基过氧化氢 0.05%、6- 甲基喹啉 0.06%、二环 [2.2.2] 辛烷 -1- 胺 0.05%、五甲苯胺 0.05%。

表 2-37　广西河池罗城龙岸云烟 87B2F（2014）烤烟水蒸馏挥发性致香物组成成分分析结果

编号	保留时间（min）	分子式	化合物名称	CAS 号	相对含量（%）
1	2.693	C₈H₁₀	二甲苯	1330-20-7	0.40
2	2.947	C₈H₁₀	对二甲苯	106-42-3	0.38
3	3.484	C₁₀H₁₆	2- 蒎烯	80-56-8	0.14
4	3.886	C₉H₁₂	邻乙基甲苯	611-14-3	0.23
5	4.004	C₉H₁₂	1,2,4- 三甲苯	95-63-6	0.07
6	4.204	C₁₀H₁₆	β- 蒎烯	127-91-3	0.18
7	4.346	C₁₀H₁₆	7- 甲基 -3- 亚甲基 -1,6- 辛二烯	123-35-3	0.09
8	4.482	C₉H₁₂	1,3,5- 三甲苯	108-67-8	0.31
9	4.564	C₄H₁₀O₂	叔丁基过氧化氢	75-91-2	0.05
10	4.954	C₁₀H₁₆	1- 甲基 -4-（1- 甲基乙基）-1,3- 己二烯	99-86-5	0.15
11	5.125	C₁₀H₁₄	邻异丙基甲苯	527-84-4	0.43
12	5.232	C₁₀H₁₆	1- 甲基（1- 甲基乙烯基）环己烯	138-86-3	1.68
13	5.308	C₁₀H₁₈O	1,3,3- 三甲基 -2- 氧杂二环 [2.2.2] 辛烷	470-82-6	0.11
14	5.568	C₈H₈O	2- 苯基乙醛	122-78-1	0.24
15	5.781	C₁₀H₁₄	3- 丙基甲苯	1074-43-7	0.09
16	5.875	C₁₉H₄₀	正十九烷	629-92-5	0.12
17	5.975	C₁₀H₁₆	1- 甲基 -4-（1- 甲基乙基）-1,4- 环己二烯	99-85-4	0.12
18	6.359	C₉H₂₀	2,4- 二甲基庚烷	2213-23-2	0.51
19	6.749	C₁₀H₁₄	4- 异丙基甲苯	99-87-6	0.09
20	6.837	C₁₂H₂₆	4- 甲基十一烷	2980-69-0	0.17
21	6.973	C₁₅H₃₂	2,6,10- 三甲基十二烷	3891-98-3	0.26
22	7.115	C₁₀H₁₈O	3,7- 二甲基 -1,6- 辛二烯 -3- 醇	78-70-6	0.24
23	7.197	C₁₂H₂₆	3,6- 二甲基癸烷	17312-53-7	0.09
24	7.380	C₈H₁₈	3,3- 二甲基己烷	563-16-6	0.15
25	7.575	C₈H₁₀O	苯乙醇	60-12-8	0.09
26	7.693	C₁₂H₂₆	5- 甲基 - 十一烷	1632-70-8	0.11
27	7.859	C₄H₇NO	2- 吡咯烷酮	616-45-5	0.17
28	8.272	C₁₂H₂₄	（Z）-8- 甲基 -2- 十一烯	74630-44-7	0.12
29	8.827	C₂₁H₄₁ClO₂	2- 氯十八烷基丙酸酯	88104-31-8	0.05
30	8.998	C₉H₁₈	1,2,4- 三甲基环己烷	2234-75-5	0.26

续表

编号	保留时间 （min）	分子式	化合物名称	CAS 号	相对含量 （%）
31	9.199	$C_{10}H_{20}$	（Z）-2,2,5,5- 四甲基 -3- 己烯	692-47-7	0.13
32	9.511	$C_{16}H_{33}Br$	溴代十六烷	112-82-3	0.54
33	9.789	$C_{10}H_{20}O$	L- 薄荷醇	2216-51-5	0.55
34	10.043	$C_{12}H_{22}$	1,6- 二甲基十氢萘	1750-51-2	0.12
35	10.249	$C_{30}H_{58}O_4$	癸二酸二癸酯	2432-89-5	0.11
36	10.308	$C_{18}H_{38}O$	十八醇	112-92-5	0.17
37	10.486	$C_{12}H_{22}$	1- 环己烯	3964-66-7	0.64
38	10.852	$C_{10}H_{12}O$	4- 烯丙基苯甲醚	140-67-0	0.10
39	11.400	$C_{12}H_{22}$	2,6- 二甲基 -1,2,3,4,4a,5,6,7,8,8a- 十氢萘	1618-22-0	0.05
40	11.495	$C_{11}H_{18}O$	8a- 甲基八氢 -1（2H）- 萘酮	770-62-7	0.17
41	11.867	$C_{16}H_{34}O$	2- 己基 -1- 癸醇	2425-77-6	0.11
42	12.156	$C_{10}H_{20}O$	3,7- 二甲基 -6- 辛烯 -1- 醇	106-22-9	0.12
43	12.445	$C_{18}H_{33}Cl_3O_2$	三氯乙酸棕榈基酯	74339-54-1	0.09
44	12.776	$C_{19}H_{38}O$	2- 甲基 -7,8- 环氧十八烷	57457-72-4	0.07
45	12.953	$C_8H_{15}N$	二环 [2.2.2] 辛烷 -1- 胺	1193-42-6	0.05
46	13.295	$C_{13}H_{18}$	1,2,3,4- 四氢 -1,1,6- 三甲基萘	475-03-6	0.18
47	13.626	$C_{13}H_{28}$	2,10- 二甲基 - 十一烷	17301-27-8	0.05
48	14.476	$C_{10}H_{18}O$	4- 异丙基 -1- 甲基 -3- 环己烯 -1- 醇	586-82-3	0.06
49	14.671	$C_{18}H_{38}$	十八烷	593-45-3	0.33
50	14.907	$C_{10}H_{12}O$	1- 甲氧基 -4-［（Z）-1- 丙烯基］苯	104-46-1	0.61
51	15.102	$C_{13}H_{18}$	1,5,7- 三甲基 -1,2,3,4- 四氢萘	21693-55-0	0.10
52	15.362	$C_{10}H_{18}$	（1R,3S,6S）-3,7,7- 三甲基二环 [4.1.0] 庚烷	18968-23-5	0.08
53	16.005	$C_{12}H_{18}$	1- 叔丁基 -4- 乙基苯	7364-19-4	0.07
54	16.288	$C_9H_{10}O_2$	4- 乙烯基 -2- 甲氧基苯酚	7786-61-0	0.15
55	17.032	$C_{12}H_{26}$	十二烷	112-40-3	0.05
56	18.290	$C_{13}H_{18}$	1-（1- 甲基乙烯基）-2,3,4,5- 四甲基苯	61142-76-5	0.05
57	19.199	$C_{13}H_{22}O$	茄酮	54868-48-3	2.83
58	20.078	$C_{13}H_{18}O$	β- 大马烯酮	23726-93-4	1.09
59	20.279	$C_{12}H_{14}O$	2,3- 二氢 -3,4,7- 三甲基 -1H- 茚酮	35322-84-0	0.59
60	20.492	$C_{10}H_{16}$	（1S,3S）- 反式 -4- 蒈烯	5208-50-4	0.47
61	20.751	$C_{11}H_{17}N$	五甲苯胺	2243-30-3	0.05
62	21.283	$C_9H_{12}O$	2,4- 二甲基苯甲醚	6738-23-4	0.06
63	21.767	$C_{10}H_{14}$	1,2,3,5- 四甲基苯	527-53-7	0.76
64	23.886	$C_{13}H_{22}O$	丙酮香叶酯	3879-26-3	0.30
65	24.470	$C_{13}H_{20}O$	3-（对枯烯基）-2- 甲基丙醇	4756-19-8	0.09
66	25.220	$C_{12}H_{19}NO$	4- 己氧基苯胺	39905-57-2	0.15
67	25.586	$C_{13}H_{20}O$	β- 紫罗酮	79-77-6	0.13
68	26.318	$C_{15}H_{32}$	2,6,11- 三甲基十二烷	31295-56-4	0.13
69	27.398	C_8H_{16}	2,4- 二甲基 -2- 己烯	14255-23-3	0.11
70	27.759	$C_{11}H_{16}O_2$	3,5- 二羟基戊苯	500-66-3	0.24
71	28.473	$C_{13}H_{14}$	4,6,8- 三甲基甘菊蓝	941-81-1	0.06
72	29.665	$C_{13}H_{18}O$	巨豆三烯酮 B	38818-55-2	0.33

续表

编号	保留时间 （min）	分子式	化合物名称	CAS 号	相对含量 （%）
73	29.978	$C_6H_7BClNO_3$	3- 氯 -2- 甲氧基 -5- 吡啶硼酸	942-43-8	0.08
74	31.354	$C_{15}H_{24}$	罗汉柏烯	470-40-6	0.08
75	31.613	$C_{15}H_{26}O$	2,6,6,8- 四甲基三环 [5.3.1.0] -8- 十一醇	77-53-2	0.05
76	34.376	$C_{10}H_9N$	6- 甲基喹啉	91-62-3	0.06
77	34.589	$C_9H_{10}O$	5- 茚醇	1470-94-6	0.08
78	35.409	$C_{15}H_{26}O$	榄香醇	639-99-6	0.05
79	36.395	$C_{11}H_{14}N_2O$	1-（P- 甲苯基）六氢嘧啶 -2- 酮	80677-13-0	0.66
80	36.732	$C_8H_{10}N_2$	1,2,3,4- 四氢喹喔啉	3476-89-9	0.12
81	37.351	$C_6H_{16}O_5P_2$	P,P- 二甲基 - 二磷酸二乙酯	32288-17-8	0.07
82	37.605	$C_9H_9N_3$	2- 氨基 -7- 甲基 -1,8- 萘啶	1568-93-0	0.37
83	37.906	$C_{20}H_{42}$	2,6,10,14- 四甲基十六烷	638-36-8	0.14
84	38.113	$C_{18}H_{36}O$	硬脂醛	638-66-4	0.06
85	38.385	C_8H_{14}	3- 辛炔	15232-76-5	0.07
86	38.774	$C_{15}H_{30}O_2$	12- 甲基十三酸甲酯	5129-58-8	0.06
87	39.028	$C_{13}H_{10}F_3N_3O$	N-（2- 三氟甲基苯）-3- 吡啶甲酰胺肟	288246-53-7	0.09
88	39.819	$C_{13}H_{12}O_2$	2,3,6- 三甲基萘醌	20490-42-0	0.05
89	40.161	$C_{20}H_{42}$	二十烷	112-95-8	0.17
90	40.628	$C_{13}H_{16}N_2O_2$	3- 乙基 -3-（4- 氨基苯基）-2,6- 哌啶二酮	125-84-8	0.06
91	40.722	$C_{14}H_{28}O_2$	肉豆蔻酸	544-63-8	0.04
92	41.200	$C_{11}H_{11}N$	1,7- 二甲基吲哚	5621-16-9	0.11
93	42.056	$C_{15}H_{22}O$	螺岩兰草酮	54878-25-0	0.22
94	43.709	$C_{15}H_{24}$	1,3,5- 三异丙基苯	717-74-8	1.58
95	44.855	$C_{20}H_{38}$	7,11,15- 三甲基 -3- 亚甲基 -1- 十六烯	504-96-1	43.28
96	44.943	$C_{18}H_{36}O$	6,10,14- 三甲基 -2- 十五酮	502-69-2	0.27
97	45.911	$C_{10}H_8O_3$	3-（甲氧基甲烯基）-2（3H）- 苯并呋喃酮	40800-90-6	0.21
98	46.041	$C_{12}H_{16}O$	3- 环己基苯酚	1943-95-9	0.07
99	46.295	$C_{10}H_{18}$	2,5,5- 三甲基 -1,6- 庚二烯	62238-28-2	0.06
100	46.490	$C_{15}H_{24}O$	1-[（1S,3aR,7S,7aS）-7-异丙基-4-亚甲基辛氢-1H-茚 -1- 基] 乙酮	28305-60-4	0.06
101	47.340	$C_{17}H_{28}O_2$	（7E,10E,13E）-7,10,13- 十六碳三烯酸甲酯	56554-30-4	0.06
102	48.302	$C_{18}H_{30}O$	（5E,9E）-6,10,14- 三甲基 -5,9,13- 十五碳三烯 -2- 酮	1117-52-8	0.65
103	48.833	$C_{17}H_{34}O_2$	棕榈酸甲酯	112-39-0	1.01
104	49.016	$C_{14}H_{24}O$	1,13- 十四碳二烯 -3- 酮	58879-40-6	0.05
105	49.300	$C_{10}H_{18}O$	对薄荷 -1（7）- 烯 -9- 醇	29548-16-1	0.05
106	49.760	$C_{20}H_{40}O$	（E）-3,7,11,15- 四甲基 -2- 十六烯 -1- 醇	150-86-7	0.10
107	50.291	$C_{16}H_{22}O_4$	邻苯二甲酸二丁酯	84-74-2	0.69
108	50.663	$C_{16}H_{32}O_2$	棕榈酸	57-10-3	0.69
109	51.212	$C_{15}H_{24}$	β- 瑟林烯	17066-67-0	0.09
110	51.643	$C_{20}H_{34}O_2$	（2E,6E,11Z）-3,7,13- 三甲基 -10-（2- 丙基）-2,6,11- 环十四碳三烯 -1,13- 二醇	7220-78-2	1.58
111	52.151	$C_{15}H_{24}$	3,7,11- 三甲基 -1,3,6,10- 十二碳四烯	502-61-4	0.14

续表

编号	保留时间（min）	分子式	化合物名称	CAS 号	相对含量（%）
112	52.387	$C_{13}H_{11}N$	3- 甲基咔唑	4630-20-0	0.16
113	52.647	$C_{12}H_{18}O_2$	（E）- 六氢 -（E）-4,7a- 二甲基 -4- 乙烯基苯并呋喃 -2（3H）- 酮	86003-24-9	0.11
114	52.907	$C_{15}H_{24}$	（+）- 香橙烯	489-39-4	0.34
115	53.072	$C_{15}H_{24}$	β- 榄香烯	515-13-9	0.50
116	53.267	C_7H_9NO	3- 氨基苯甲醇	1877-77-6	0.60
117	53.645	$C_9H_{11}NO_3$	（3- 甲氧基苯基）氨基甲酸甲酯	51422-77-6	0.15
118	53.987	$C_{15}H_{24}$	香树烯	25246-27-9	0.10
119	54.394	$C_{15}H_{24}$	1,1,7- 三甲基 -4- 亚甲基十氢 -1H- 环丙并（e）奠	109119-91-7	0.27
120	54.920	$C_{17}H_{24}O$	（3S,9Z）-1,9- 十七碳二烯 -4,6- 二炔 -3- 醇	81203-57-8	1.78
121	55.091	$C_{20}H_{34}O$	（1R,2E,4S,7E,11E）-4- 异丙基 -1,7,11- 三甲基 -2,7,11- 环十四烷并三烯 -1- 醇	25269-17-4	0.16
122	55.563	$C_{20}H_{32}O_2$	5-（十氢 -5,5,8a- 三甲基 -2- 亚甲基 -1- 萘）-3- 甲基 -（1S,4aS,8aS）-（2E）-2- 戊烯酸	24470-48-2	0.19
123	56.177	$C_{10}H_{16}$	1- 烯丙基 -3- 亚甲基 - 环己烷	56816-08-1	4.22
124	56.478	$C_{19}H_{34}O_2$	9,12- 十八烷二烯酸甲酯	112-63-0	0.71
125	56.750	$C_{19}H_{32}O_2$	9,12,15- 十八烷三烯酸甲酯	301-00-8	1.99
126	58.178	$C_{15}H_{24}$	ε- 依兰烯	30021-46-6	0.08
127	58.975	$C_{21}H_{36}$	1-（十氢萘 -1- 甲基）十氢萘	55125-02-5	0.08
128	60.150	$C_{19}H_{40}$	十九烷	629-92-5	0.18
129	61.207	$C_{15}H_{26}O$	（-）- 蓝桉醇	489-41-8	0.10
130	67.263	$C_{21}H_{44}$	二十一烷	629-94-7	0.11
131	68.928	$C_{30}H_{62}$	三十烷	638-68-6	0.05
132	75.475	$C_{25}H_{52}$	二十五烷	629-99-2	0.05
133	80.587	$C_{27}H_{56}$	二十七烷	593-49-7	0.09

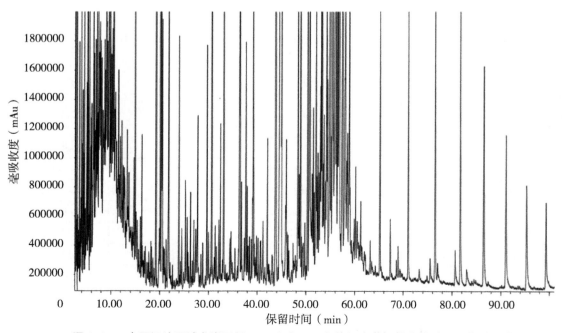

图 2-36　广西河池罗城龙岸云烟 87B2F（2014）烤烟水蒸馏挥发性致香物指纹图谱

2.2.37 广西河池罗城龙岸云烟 87X2F（2014）烤烟水蒸馏挥发性致香物组成成分分析结果

广西河池罗城龙岸云烟 87X2F（2014）烤烟水蒸馏挥发性致香物组成成分分析结果及指纹图谱分别见表 2-38 和图 2-37。从表 2-38 可以看出，广西河池罗城龙岸云烟 87X2F（2014）烤烟水蒸馏挥发性致香物中可检测出 76 种成分。

致香物类型及相对含量如下。

（1）酮类：（5E,9E）-6,10,14- 三甲基十五碳 -5,9,13- 三烯 -2- 酮 0.46%、茄酮 0.54%、（E）-1-（2,6,6- 三甲基 -1,3- 环己二烯 -1- 基）-2- 丁烯 -1- 酮 1.17%、（E）-2,6- 二甲基 -2,6- 十一碳二烯 -10- 酮 0.22%、1-［（1S,3aR,7S,7aS）-7- 异丙基 -4- 亚甲基辛氢 -1H- 茚 -1- 基］乙酮 0.52%、2,3- 二甲基环己烷 -1- 酮 0.16%、3,5- 雄甾二烯 -7- 酮 0.11%、巨豆三烯酮 B 3.86%、4,4- 二甲基 -2- 环己烯 -1- 酮 0.28%、4-［2,2,6- 三甲基 -7- 氧杂二环［4.1.0］庚 -1- 基］-3- 丁烯 -2- 酮 0.10%、4α- 甲基 -7- 丙基 -1,3,4,5,6,7,8,8α- 八氢萘 -2- 酮 0.09%、6,10,14- 三甲基 -2- 十五酮 0.23%、二环己基甲酮 0.11%、二环［2.2.2］辛 -2- 烯 -5,7- 二酮 0.20%。酮类相对含量为致香物的 8.05%。

（2）醛类：2- 苯基乙醛 0.36%。醛类相对含量为致香物的 0.36%。

（3）醇类：3,7- 二甲基 -1,6- 辛二烯 -3- 醇 0.11%、苯乙醇 0.09%、异薄荷醇 0.16%、［1R,（-）］-3a- 异丙烯基 -1,2b- 二甲基环戊烷 -1b- 醇 0.49%、（9Z,12Z,15Z）-9,12,15- 十八碳三烯 -1- 醇 0.36%、12- 异丙基 -1,5,9- 三甲基 -4,8,13- 环十四碳三烯 -1,3- 二醇 0.19%。醇类相对含量为致香物的 1.40%。

（4）有机酸类：肉豆蔻酸 0.08%、棕榈酸 2.16%、5-（十氢 -5,5,8a- 三甲基 -2- 亚甲基 -1- 萘）-3- 甲基 -（1S,4aS,8aS）-（2E）-2- 戊烯酸 0.26%。有机酸类相对含量为致香物的 2.50%。

（5）酯类：（7E,10E,13E）-7,10,13- 十六碳三烯酸甲酯 0.27%、（9β）-9,19- 环羊毛甾烷 -3β- 毛甾醇乙酸酯 0.13%、（Z）- 十六碳 -7- 烯基乙酸酯 0.11%、（Z,Z）-9,12- 十八碳二烯酸甲酯 1.51%、（Z,Z,Z）-9,12,15- 十八碳三烯酸甲酯 7.16%、1,2- 苯二甲酸二丁酯 0.25%、12- 甲基十四酸甲酯 0.06%、14- 甲基十六酸甲酯 0.08%、邻苯二甲酸 -1- 丁酯 -2- 异丁酯 0.26%、二十碳五烯酸甲酯 0.83%、硬脂酸甲酯 0.93%、棕榈酸甲酯 3.48%、肉豆蔻酸甲酯 0.07%。酯类相对含量为致香物的 15.14%。

（6）稠环芳香烃类：茚 0.09%、萘 0.28%、2- 甲基萘 0.38%、1- 甲基萘 0.17%、1,4,6- 三甲基 -1,2- 二氢萘 0.11%、（3R,4aR,5S）-3- 异丙烯基 -4a,5- 二甲基 -1,2,3,4,4a,5,6,7- 八氢萘 0.06%、菲 0.18%、芘 0.07%。稠环芳香烃类相对含量为致香物的 1.34%。

（7）酚类：3- 氨基苯酚 0.07%、4- 乙烯基 -2- 甲氧基苯酚 0.41%。酚类相对含量为致香物的 0.48%。

（8）烷烃类：1,1,2,2- 四氯乙烷 0.32%、1- 烯丙基 -3- 亚甲基 - 环己烷 0.56%、3- 甲基辛烷 0.07%、6,6- 二甲基 -2- 亚甲基二环［3.1.1］庚烷 0.07%、癸烷 0.31%、壬烷 0.68%、十八烷 0.10%、十九烷 0.08%。烷烃类相对含量为致香物的 2.19%。

（9）不饱和脂肪烃类：α- 蒎烯 0.10%、（Z）-2,2,5,5- 四甲基 -3- 己烯 0.26%、异松油烯 0.12%、香树烯 0.79%、新植二烯 61.29%、［1R-（1R*,4Z,9S*）］-4,11,11- 三甲基 -8- 亚甲基 - 二环［7.2.0］-4- 十一烯 0.29%。不饱和脂肪烃类相对含量为致香物的 62.85%。

（10）生物碱类：未检测到该类成分。

（11）萜类：未检测到该类成分。

（12）其他类：1,3,3- 三甲基 -2- 氧杂二环［2.2.2］辛烷 0.17%、7,7- 二甲基 -2- 亚甲基 - 二环［2.2.1］庚烷 1.02%、（Z）-9- 十八烯酸酰胺 0.98%、1,2,3,4,5- 五甲基苯 0.10%、1- 甲氧基 -4-［（Z）-1- 丙烯基］苯 0.10%、1- 乙基 -2,4,5- 三甲基苯 0.07%、1- 乙基 -2- 甲基苯 0.21%、2- 环丙基 - 苯并噁唑 0.23%、2- 乙基对二甲苯 0.09%、N- 异丙基 -3- 苯丙酰胺 0.06%、N- 仲丁基 -4- 叔丁基 -2,6- 二硝基苯胺 0.44%、苯基乙烯基硫醚 0.44%、对二甲苯 0.19%、环己基乙烯基醚 0.07%、间异丙基甲苯 0.38%。

表 2-38　广西河池罗城龙岸云烟 87X2F（2014）烤烟水蒸馏挥发性致香物组成成分分析结果

编号	保留时间（min）	分子式	化合物名称	CAS 号	相对含量（%）
1	2.652	C_9H_{20}	3- 甲基辛烷	2216-33-3	0.07
2	2.693	C_8H_{10}	对二甲苯	106-42-3	0.19
3	2.941	C_9H_{20}	壬烷	111-84-2	0.68
4	3.136	$C_2H_2Cl_4$	1,1,2,2- 四氯乙烷	79-34-5	0.32
5	3.289	$C_8H_{14}O$	环己基乙烯基醚	2182-55-0	0.07
6	3.407	$C_8H_{14}O$	2,3- 二甲基环己烷 -1- 酮	13395-76-1	0.16
7	3.490	$C_{10}H_{16}$	α- 蒎烯	2437-95-8	0.10
8	3.880	C_9H_{12}	1- 乙基 -2- 甲基苯	611-14-3	0.21
9	4.204	$C_{10}H_{16}$	6,6- 二甲基 -2- 亚甲基二环［3.1.1］庚烷	127-91-3	0.07
10	4.494	$C_{10}H_{22}$	癸烷	124-18-5	0.31
11	5.119	$C_{10}H_{14}$	2- 乙基对二甲苯	1758-88-9	0.09
12	5.226	$C_8H_8O_2$	二环［2.2.2］辛 -2- 烯 -5,7- 二酮	17660-74-1	0.20
13	5.302	$C_{10}H_{18}O$	1,3,3- 三甲基 -2- 氧杂二环［2.2.2］辛烷	470-82-6	0.17
14	5.574	C_8H_8O	2- 苯基乙醛	122-78-1	0.36
15	5.657	C_9H_8	茚	95-13-6	0.09
16	5.875	$C_{19}H_{40}$	十九烷	629-92-5	0.08
17	6.825	C_6H_7NO	3- 氨基苯酚	591-27-5	0.07
18	7.109	$C_{10}H_{18}O$	3,7- 二甲基 -1,6- 辛二烯 -3- 醇	78-70-6	0.11
19	7.575	$C_8H_{10}O$	苯乙醇	60-12-8	0.09
20	9.488	$C_{10}H_{20}O$	异薄荷醇	490-99-3	0.16
21	9.777	$C_{10}H_{20}$	（Z）-2,2,5,5- 四甲基 -3- 己烯	2216-51-5	0.26
22	10.214	$C_{10}H_8$	萘	91-20-3	0.28
23	10.916	$C_{11}H_{16}$	1- 乙基 -2,4,5- 三甲基苯	17851-27-3	0.07
24	14.565	$C_{11}H_{16}$	1,2,3,4,5- 五甲基苯	700-12-9	0.10
25	14.671	$C_{18}H_{38}$	十八烷	593-45-3	0.10
26	14.895	$C_{10}H_{12}O$	1- 甲氧基 -4-［（Z）-1- 丙烯基］苯	104-46-1	0.10
27	15.149	$C_{11}H_{10}$	2- 甲基萘	91-57-6	0.38
28	15.970	$C_{11}H_{10}$	1- 甲基萘	90-12-0	0.17
29	16.282	$C_9H_{10}O_2$	4- 乙烯基 -2- 甲氧基苯酚	7786-61-0	0.41
30	19.157	$C_{13}H_{22}O$	茄酮	54868-48-3	0.54
31	20.061	$C_{13}H_{18}O$	（E）-1-（2,6,6- 三甲基 -1,3- 环己二烯 -1- 基）-2- 丁烯 -1- 酮	23726-93-4	1.17
32	20.255	$C_{10}H_9NO$	2- 环丙基 - 苯并噁唑	63359-58-0	0.23
33	20.456	$C_{13}H_{16}$	1,4,6- 三甲基 -1,2- 二氢萘	55682-80-9	0.11
34	21.761	$C_{10}H_{14}$	间异丙基甲苯	535-77-3	0.38
35	23.880	$C_{13}H_{22}O$	（E）-2,6- 二甲基 -2,6- 十一碳二烯 -10- 酮	3796-70-1	0.22
36	25.586	$C_{13}H_{20}O_2$	4-［2,2,6- 三甲基 -7- 氧杂二环［4.1.0］庚 -1- 基］-3- 丁烯 -2- 酮	23267-57-4	0.10
37	27.404	$C_{13}H_{22}O$	二环己基甲酮	119-60-8	0.11
38	27.741	$C_8H_{12}O$	4,4- 二甲基 -2- 环己烯 -1- 酮	1073-13-8	0.28
39	29.665	$C_{13}H_{18}O$	巨豆三烯酮 B	38818-55-2	3.86

续表

编号	保留时间 （min）	分子式	化合物名称	CAS 号	相对含量 （%）
40	29.972	$C_{12}H_{17}NO$	N- 异丙基 -3- 苯丙酰胺	56146-87-3	0.06
41	31.342	$C_{15}H_{24}$	（3R,4aR,5S）-3- 异丙烯基 -4a,5- 二甲基 -1,2,3,4,4a,5,6,7- 八氢萘	10219-75-7	0.06
42	38.780	$C_{15}H_{30}O_2$	肉豆蔻酸甲酯	124-10-7	0.07
43	40.279	$C_{14}H_{10}$	菲	85-01-8	0.18
44	40.628	$C_{14}H_{28}O_2$	肉豆蔻酸	544-63-8	0.08
45	43.019	$C_{18}H_{34}O_2$	（Z）- 十六碳 -7- 烯基乙酸酯	23192-42-9	0.11
46	43.674	C_8H_8S	苯基乙烯基硫醚	1822-73-7	0.44
47	43.786	$C_{10}H_{16}$	异松油烯	586-62-9	0.12
48	43.886	$C_{16}H_{32}O_2$	12- 甲基十四酸甲酯	5129-66-8	0.06
49	44.624	$C_{20}H_{38}$	新植二烯	504-96-1	61.29
50	44.807	$C_{18}H_{36}O$	6,10,14- 三甲基 -2- 十五酮	502-69-2	0.23
51	45.764	$C_{16}H_{22}O_4$	1,2- 苯二甲酸二丁酯	84-74-2	0.25
52	47.334	$C_{17}H_{28}O_2$	（7E,10E,13E）-7,10,13- 十六碳三烯酸甲酯	56554-30-4	0.27
53	48.284	$C_{18}H_{30}O$	（5E,9E）-6,10,14- 三甲基十五碳 -5,9,13- 三烯 -2- 酮	1117-52-8	0.46
54	48.810	$C_{17}H_{34}O_2$	棕榈酸甲酯	112-39-0	3.48
55	50.268	$C_{16}H_{22}O_4$	邻苯二甲酸 -1- 丁酯 -2- 异丁酯	17851-53-5	0.26
56	50.628	$C_{16}H_{32}O_2$	棕榈酸	57-10-3	2.16
57	52.169	$C_{18}H_{36}O_2$	14- 甲基十六酸甲酯	2490-49-5	0.08
58	53.214	$C_{14}H_{21}N_3O_4$	N- 仲丁基 -4- 叔丁基 -2,6- 二硝基苯胺	33629-47-9	0.44
59	53.473	$C_{16}H_{10}$	芘	129-00-0	0.07
60	54.182	$C_{15}H_{24}$	［1R-（1R*,4Z,9S*）] -4,11,11- 三甲基 -8- 亚甲基 - 二环 [7.2.0] 4- 十一烯	118-65-0	0.29
61	54.347	$C_{19}H_{26}O$	3,5- 雄甾二烯 -7- 酮	32222-21-2	0.11
62	54.760	$C_{10}H_{18}O$	［1R,（-）] -3a- 异丙烯基 -1,2b- 二甲基环戊烷 -1b- 醇	4099-07-4	0.49
63	54.861	$C_{21}H_{32}O_2$	二十碳五烯酸甲酯	2734-47-6	0.83
64	55.073	$C_{14}H_{24}O$	4α- 甲基 -7- 丙基 -1,3,4,5,6,7,8,8α- 八氢萘 -2- 酮	54594-42-2	0.09
65	55.374	$C_{15}H_{24}$	香树烯	25246-27-9	0.79
66	55.805	$C_{15}H_{24}O$	1-［（1S,3aR,7S,7aS）-7- 异丙基 -4- 亚甲基辛氢 -1H- 茚 -1- 基] 乙酮	28305-60-4	0.52
67	56.124	$C_{10}H_{16}$	1- 烯丙基 -3- 亚甲基 - 环己烷	56816-08-1	0.56
68	56.449	$C_{19}H_{34}O_2$	（Z,Z）-9,12- 十八碳二烯酸甲酯	112-63-0	1.51
69	56.738	$C_{19}H_{32}O_2$	（Z,Z,Z）-9,12,15- 十八碳三烯酸甲酯	301-00-8	7.16
70	57.381	$C_{10}H_{16}$	7,7- 二甲基 -2- 亚甲基 - 二环 [2.2.1] 庚烷	471-84-1	1.02
71	57.883	$C_{20}H_{32}O_2$	5-（十氢 -5,5,8a- 三甲基 -2- 亚甲基 -1- 萘）-3- 甲基 -,（1S,4aS,8aS）-（2E）-2- 戊烯酸	24470-48-2	0.26
72	57.995	$C_{19}H_{38}O_2$	硬脂酸甲酯	112-61-8	0.93
73	58.414	$C_{18}H_{32}O$	（9Z,12Z,15Z）-9,12,15- 十八碳三烯 -1- 醇	506-44-5	0.36
74	59.843	$C_{32}H_{54}O_2$	（9β）-9,19- 环羊毛甾烷 -3β- 毛甾醇乙酸酯	4575-74-0	0.13
75	60.492	$C_{20}H_{34}O_2$	12- 异丙基 -1,5,9- 三甲基 -4,8,13- 环十四碳三烯 -1,3- 二醇	7220-78-2	0.19
76	82.996	$C_{18}H_{35}NO$	（Z）-9- 十八烯酸酰胺	301-02-0	0.98

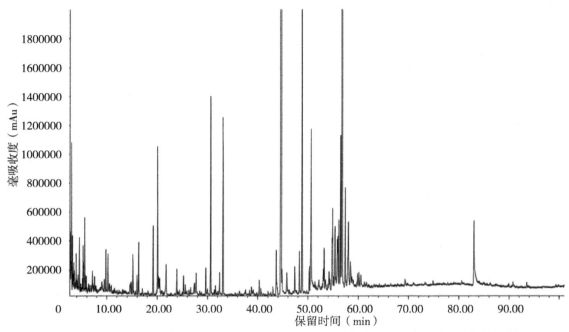

图 2-37　广西河池罗城龙岸云烟 87X2F（2014）烤烟水蒸馏挥发性致香物指纹图谱

2.2.38　广西贺州麦岭云烟 87B2F（2014）烤烟挥发性致香物组成成分分析结果

广西贺州麦岭云烟 87B2F（2014）烤烟挥发性致香物组成成分分析结果及指纹图谱分别见表 2-39 和图 2-38。从表 2-39 可以看出，广西贺州麦岭云烟 87B2F（2014）烤烟水蒸馏挥发性致香物中可检测出 88种成分。

致香物类型及相对含量如下。

（1）酮类：螺岩兰草酮 0.09%、茄酮 3.21%、β- 大马烯酮 1.03%、1-（P- 甲苯基）六氢嘧啶 -2- 酮 0.56%、2,3- 二甲基环己烷 -1- 酮 0.08%、2,5,5,8a- 四甲基 -7H-1- 苯并吡喃 -7- 酮 0.06%、4-（1E）-1,3- 丁二烯 -1-基 -3,5,5- 三甲基 -2- 环己烯 -1- 酮 3.92%、β- 紫罗兰酮 0.14%、4,5,6- 三甲基 -3,4- 二氢 -1（2H）- 萘酮 0.41%、6,10,14- 三甲基 -2- 十五酮 0.31%、6- 甲基 -5- 庚烯 -2- 酮 0.09%、7- 羟基 -2- 甲基色原酮 0.21%、二氢 -α-紫罗兰酮 0.25%。酮类相对含量为致香物的 10.36%。

（2）醛类：苯甲醛 0.16%、2- 苯基乙醛 0.31%、长叶醛 0.08%。醛类相对含量为致香物的 0.55%。

（3）醇类：（1R,2E,4S,7E,11E）-4- 异丙基 -1,7,11- 三甲基 -2,7,11- 环十四碳三烯 -1- 醇 0.25%、（2Z）-2-（6,6- 二甲基 -5- 二环 [2.2.1]庚烷基亚基）乙醇 0.85%、绿花白千层醇 0.13%、（2E,6E,11Z）-3,7,13-三甲基 -10-（2- 丙基）-2,6,11- 环十四碳三烯 -1,13- 二醇 1.30 %、2,6,6,8- 四甲基三环 [5.3.1.0] -8-十一醇 0.08%、3,7,11- 三甲基 -2,6,10- 十二烷三烯 -1- 醇 0.72%、3,7- 二甲基 -1,6- 辛二烯 -3- 醇 0.13%、3- 羟基苯甲醇 0.07%、5- [（1Z,2E）-2- 丁稀 -1- 亚基]-4,6,6- 三甲基 -3- 环己烯 -1- 醇 0.16%、薄荷醇 0.41%、苯乙醇 0.16%。醇类相对含量为致香物的 4.26%。

（4）有机酸类：4-（氟甲基）环己烷羧酸 0.50%、5-（十氢 -5,5,8a- 三甲基 -2- 亚甲基 -1- 萘 ）-3-甲基 -（1S,4aS,8aS）-（2E）-2- 戊烯酸 0.98%。有机酸类相对含量为致香物的 1.48%。

（5）酯类：丙酮香叶酯 0.31%、肉豆蔻酸甲酯 0.07%、1,2- 苯二甲酸二丁酯 0.14%、棕榈酸甲酯 0.80%、邻苯二甲酸丁异丁酯 0.12%、（Z,Z）-9,12- 十八碳二烯酸甲酯 0.66%、（Z,Z,Z）-9,12,15- 十八碳三烯酸甲酯 1.84%。酯类相对含量为致香物的 3.94%。

（6）稠环芳香烃类：茚 0.06%、萘 0.15%、2- 甲基萘 0.22%、1- 甲基萘 0.13%、2- 氨基 -7- 甲基 -1,8-萘啶 0.32%、（3R,4aR,5S）-3- 异丙烯基 -4A,5- 二甲基 -1,2,3,4,4A,5,6,7- 八氢萘 0.14%、菲 0.11%。稠环芳香烃类相对含量为致香物的 1.13%。

（7）酚类：4- 乙烯基 -2- 甲氧基苯酚 0.19%。酚类相对含量为致香物的 0.19%。

（8）烷烃类：1,1,2- 三甲基环十一烷 0.12%、2,2- 二甲基 -3- 亚甲基二环 [2.2.1]庚烷 0.08%、2,5-

二甲基庚烷 0.07%、3,4- 二甲基庚烷 0.10%、7,7- 二甲基 -2- 亚甲基 - 二环［2.2.1］庚烷 3.29%、8- 异亚丙基二环［5.1.0］辛烷 0.10%、壬烷 0.27%。烷烃类相对含量为致香物的 4.03%。

（9）不饱和脂肪烃类：（+）- 喇叭烯 0.69%、（+）- 香橙烯 0.50%、1- 甲基（1- 甲基乙烯基）环己烯 0.78%、1- 石竹烯 0.65%、1- 异丙基 -4- 甲基 -1,3- 环己二烯 0.06%、2- 莰烯 0.07%、2- 蒎烯 0.09%、2- 辛炔 0.10%、4- 癸烯 0.08%、7,11,15- 三甲基 -3- 亚甲基 - 十六碳 -1- 烯 55.98%、α- 芹子烯 0.09%、β- 榄香烯 0.33%、β- 芹子烯 0.28%、反式 -（+）- 异柠檬烯 2.71%、反式 -1,3- 戊二烯 0.06%、左旋 -β- 蒎烯 0.07%。不饱和脂肪烃类相对含量为致香物的 62.54%。

（10）生物碱类：未检测到该类成分。

（11）萜类：未检测到该类成分。

（12）其他类：（+）- 顺式 - 柠檬烯 -1,2- 环氧化物 0.21%、（Z）-9- 十八烯酸酰胺 0.17%、（1Z）-3- 溴环癸烯 0.15%、1,1,2,2- 四氯乙烷 0.18%、1,2- 二碳杂十二硼烷（12）-1-［（丙硫基）甲基］1.28%、1,4- 二异丙烯基苯 0.06%、1- 甲氧基 -4-［（Z）-1- 丙烯基］苯 0.35%、2,6- 二甲基 -1H- 吲哚 0.08%、2- 甲基 -9H- 咔唑 0.25%、2- 乙基对二甲苯 0.76%、［1R-（1R*,4R*,6R*,10S*）］-4,12,12- 三甲基 -9- 亚甲基 -5- 氧杂三环［8.2.0.0^{4,6}］十二烷 0.26%、2- 异丙基氨基 -4- 甲苯甲腈 0.60%、4- 己氧基苯胺 0.22%、4- 烯丙基苯甲醚 0.06%、芬美曲秦 0.07%、间乙烯基甲苯 0.16%、喹啉 0.06%、勒皮啶 N- 氧化物 1.08%、邻异丙基甲苯 0.11%。

表 2-39 广西贺州麦岭云烟 87B2F（2014）烤烟水蒸馏挥发性致香物组成成分分析结果

编号	保留时间（min）	分子式	化合物名称	CAS 号	相对含量（%）
1	2.652	C$_9$H$_{20}$	2,5- 二甲基庚烷	2216-30-0	0.07
2	2.941	C$_9$H$_{20}$	壬烷	111-84-2	0.27
3	3.136	C$_2$H$_2$Cl$_4$	1,1,2,2- 四氯乙烷	79-34-5	0.18
4	3.407	C$_8$H$_{14}$O	2,3- 二甲基环己烷 -1- 酮	13395-76-1	0.08
5	3.490	C$_{10}$H$_{16}$	2- 蒎烯	80-56-8	0.09
6	3.868	C$_7$H$_6$O	苯甲醛	100-52-7	0.16
7	4.199	C$_{10}$H$_{16}$	左旋 -β- 蒎烯	18172-67-3	0.07
8	4.252	C$_8$H$_{14}$O	6- 甲基 -5- 庚烯 -2- 酮	110-93-0	0.09
9	4.494	C$_9$H$_{10}$	间乙烯基甲苯	100-80-1	0.16
10	5.125	C$_{10}$H$_{14}$	邻异丙基甲苯	527-84-4	0.11
11	5.232	C$_{10}$H$_{16}$	1- 甲基（1- 甲基乙烯基）环己烯	138-86-3	0.78
12	5.568	C$_8$H$_8$O	2- 苯基乙醛	122-78-1	0.31
13	5.651	C$_9$H$_8$	茚	95-13-6	0.06
14	6.418	C$_7$H$_8$O$_2$	3- 羟基苯甲醇	620-24-6	0.07
15	7.109	C$_{10}$H$_{18}$O	3,7- 二甲基 -1,6- 辛二烯 -3- 醇	78-70-6	0.13
16	7.569	C$_8$H$_{10}$O	苯乙醇	60-12-8	0.16
17	9.476	C$_{10}$H$_{20}$O	新异薄荷醇	491-02-1	0.10
18	9.771	C$_{10}$H$_{20}$O	DL- 薄荷醇	15356-70-4	0.31
19	10.214	C$_{10}$H$_8$	萘	91-20-3	0.15
20	10.527	C$_{10}$H$_{16}$	2- 莰烯	554-61-0	0.07
21	10.863	C$_{10}$H$_{12}$O	4- 烯丙基苯甲醚	140-67-0	0.06
22	14.895	C$_{10}$H$_{12}$O	1- 甲氧基 -4-［（Z）-1- 丙烯基］苯	104-46-1	0.35
23	15.149	C$_{11}$H$_{10}$	2- 甲基萘	91-57-6	0.22
24	15.982	C$_{11}$H$_{10}$	1- 甲基萘	90-12-0	0.13

续表

编号	保留时间 （min）	分子式	化合物名称	CAS 号	相对含量 （%）
25	16.277	$C_9H_{10}O_2$	4-乙烯基-2-甲氧基苯酚	7786-61-0	0.19
26	18.136	$C_{10}H_{20}$	4-癸烯	19689-18-0	0.08
27	19.169	$C_{13}H_{22}O$	茄酮	54868-48-3	3.21
28	19.913	C_9H_{20}	3,4-二甲基庚烷	922-28-1	0.10
29	20.061	$C_{13}H_{18}O$	β-大马烯酮	23726-93-4	1.03
30	20.256	$C_{11}H_{14}N_2$	2-异丙基氨基-4-甲基苯甲腈	28195-00-8	0.60
31	20.492	$C_{10}H_{16}$	反式-（+）-异柠檬烯	5113-87-1	2.71
32	21.277	$C_{10}H_{16}$	1-异丙基-4-甲基-1,3-环己二烯	99-86-5	0.06
33	21.755	$C_{10}H_{14}$	2-乙基对二甲苯	1758-88-9	0.76
34	23.880	$C_{13}H_{22}O$	丙酮香叶酯	3879-26-3	0.31
35	24.465	$C_{13}H_{20}O$	5-[（1Z,2E）-2-丁稀-1-亚基]-4,6,6-三甲基-3-环己烯-1-醇	66465-80-3	0.16
36	25.214	$C_{12}H_{19}NO$	4-己氧基苯胺	39905-57-2	0.22
37	25.586	$C_{13}H_{20}O$	β-紫罗兰酮	14901-07-6	0.14
38	26.690	$C_{13}H_{22}O_2$	2,5,5,8a-四甲基-7H-1-苯并吡喃-7-酮	5835-18-7	0.06
39	29.648	$C_{13}H_{18}O$	4-（1E）-1,3-丁二烯-1-基-3,5,5-三甲基-2-环己烯-1-酮	38818-55-2	3.92
40	31.342	$C_{10}H_{16}$	2,2-二甲基-3-亚甲基二环［2.2.1］庚烷	79-92-5	0.08
41	31.608	$C_{15}H_{26}O$	2,6,6,8-四甲基三环［5.3.1.0］-8-十一醇	77-53-2	0.08
42	34.364	$C_{10}H_9N$	喹啉	27601-00-9	0.06
43	36.383	$C_{11}H_{11}N_2O$	1-（P-甲苯基）六氢嘧啶-2-酮	80677-13-0	0.56
44	37.588	$C_9H_9N_3$	2-氨基-7-甲基-1,8-萘啶	1568-93-0	0.32
45	38.390	C_5H_8	反式-1,3-戊二烯	2004-70-8	0.06
46	38.774	$C_{15}H_{30}O_2$	肉豆蔻酸甲酯	124-10-7	0.07
47	39.022	$C_{14}H_{28}$	1,1,2-三甲基环十一烷	62376-15-2	0.12
48	39.128	$C_{13}H_{16}O$	4,5,6-三甲基-3,4-二氢-1（2H）-萘酮	30316-31-5	0.41
49	39.317	$C_{12}H_{14}$	1,4-二异丙烯基苯	1605-18-1	0.06
50	40.268	$C_{14}H_{10}$	菲	85-01-8	0.11
51	41.177	$C_{10}H_{11}N$	2,6-二甲基-1H-吲哚	5649-36-5	0.08
52	42.045	$C_{15}H_{22}O$	螺岩兰草酮	54878-25-0	0.09
53	43.680	$C_6H_{20}B_{10}S$	1,2-二碳杂十二硼烷（12）-1-[（丙硫基）甲基]	62906-36-9	1.28
54	43.798	$C_{13}H_{22}O$	二氢-α-紫罗兰酮	31499-72-6	0.25
55	44.742	$C_{20}H_{38}$	7,11,15-三甲基-3-亚甲基-十六碳-1-烯	504-96-1	55.98
56	44.860	$C_{18}H_{36}O$	6,10,14-三甲基-2-十五酮	502-69-2	0.31
57	45.770	$C_{16}H_{22}O_4$	1,2-苯二甲酸二丁酯	84-74-2	0.14
58	45.876	$C_{10}H_8O_3$	7-羟基-2-甲基色原酮	6320-42-9	0.21

续表

编号	保留时间（min）	分子式	化合物名称	CAS 号	相对含量（%）
59	48.296	$C_{15}H_{26}O$	3,7,11-三甲基-2,6,10-十二碳三烯-1-醇	4602-84-0	0.72
60	48.810	$C_{17}H_{34}O_2$	棕榈酸甲酯	112-39-0	0.80
61	49.754	$C_{11}H_{15}NO$	芬美曲秦	134-49-6	0.07
62	50.262	$C_{16}H_{22}O_4$	邻苯二甲酸丁异丁酯	17851-53-5	0.12
63	51.189	$C_{15}H_{24}$	α-芹子烯	473-13-2	0.09
64	51.614	$C_{15}H_{24}$	（3R,4aR,5S）-3-异丙烯基-4A,5-二甲基-1,2,3,4,4A,5,6,7-八氢萘	10219-75-7	0.14
65	52.139	$C_{15}H_{24}O$	［1R-（1R*,4R*,6R*,10S*）]-4,12,12-三甲基-9-亚甲基-5-氧杂三环［8.2.0.0^{4,6}]十二烷	1139-30-6	0.16
66	52.358	$C_{13}H_{11}N$	2-甲基-9H-咔唑	3652-91-3	0.25
67	52.883	$C_{15}H_{24}$	（+）-香橙烯	489-39-4	0.50
68	53.054	$C_{15}H_{24}$	（+）-喇叭烯	21747-46-6	0.69
69	53.231	$C_8H_{13}FO_2$	4-（氟甲基）环己烷羧酸	573-27-3	0.50
70	53.957	$C_{20}H_{34}O$	（1R,2E,4S,7E,11E）-4-异丙基-1,7,11-三甲基-2,7,11-环十四碳三烯-1-醇	25269-17-4	0.25
71	54.194	$C_{15}H_{24}$	1-石竹烯	87-44-5	0.65
72	54.784	$C_{11}H_{18}O$	（2Z）-2-（6,6-二甲基-5-二环［2.2.1]庚烷基亚基）乙醇	2226-05-3	0.85
73	55.073	C_8H_{14}	2-辛炔	2809-67-8	0.10
74	55.811	$C_{20}H_{34}O_2$	（2E,6E,11Z）-3,7,13-三甲基-10-（2-丙基）-2,6,11-环十四碳三烯-1,13-二醇	7220-78-2	1.30
75	55.935	$C_{10}H_9NO$	勒皮啶 N-氧化物	4053-40-1	1.08
76	56.449	$C_{19}H_{34}O_2$	（Z,Z）-9,12-十八碳二烯酸甲酯	112-63-0	0.66
77	56.720	$C_{19}H_{32}O_2$	（Z,Z,Z）-9,12,15-十八碳三烯酸甲酯	301-00-8	1.84
78	57.399	$C_{10}H_{16}$	7,7-二甲基-2-亚甲基-二环［2.2.1]庚烷	471-84-1	3.29
79	57.907	$C_{20}H_{32}O_2$	5-（十氢-5,5,8a-三甲基-2-亚甲基-1-萘）-3-甲基-（1S,4aS,8aS）-（2E）-2-戊烯酸	24470-48-2	0.98
80	58.485	$C_{15}H_{24}$	β-榄香烯	515-13-9	0.33
81	58.692	$C_{15}H_{24}$	β-芹子烯	17066-67-0	0.28
82	58.981	$C_{10}H_{17}Br$	（1Z）-3-溴环癸烯	56325-56-5	0.15
83	59.849	$C_{15}H_{26}O$	绿花白千层醇	552-02-3	0.13
84	60.115	$C_{10}H_{16}O$	（+）-顺式-柠檬烯-1,2-环氧化物	4680-24-4	0.21
85	61.207	$C_{15}H_{24}O$	［1R-（1R*,4R*,6R*,10S*）]-4,12,12-三甲基-9-亚甲基-5-氧杂三环［8.2.0.0^{4,6}]十二烷	1139-30-6	0.10
86	61.939	$C_{11}H_{18}$	8-异亚丙基二环［5.1.0]辛烷	54166-47-1	0.10
87	62.134	$C_{15}H_{22}O$	长叶醛	19890-84-7	0.08
88	82.978	$C_{18}H_{35}NO$	（Z）-9-十八烯酸酰胺	301-02-0	0.17

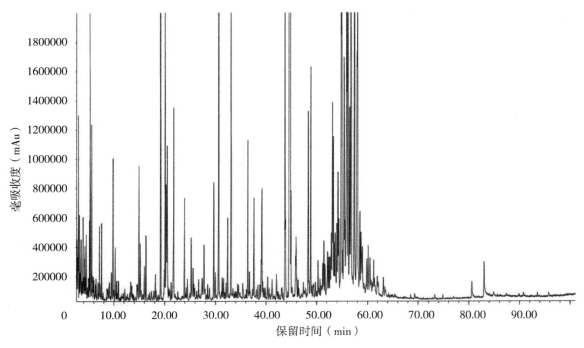

图 2-38　广西贺州麦岭云烟 87 B2F（2014）烤烟水蒸馏挥发性致香物指纹图谱

2.2.39　广西贺州麦岭云烟 87C3F（2014）烤烟水蒸馏挥发性致香物组成成分分析结果

广西贺州麦岭云烟 87C3F（2014）烤烟水蒸馏挥发性致香物组成成分分析结果及指纹图谱分别见表 2-40 和图 2-39。从表 2-40 可以看出，广西贺州麦岭云烟 87C3F（2014）烤烟水蒸馏挥发性致香物中可检测出 90 种成分。

致香物类型及相对含量如下。

（1）酮类：螺岩兰草酮 0.07%、茄酮 2.04%、β- 大马烯酮 0.89%、β- 紫罗酮 0.10%、1-（3- 亚甲基环戊基）- 乙酮 0.10%、2,5,5,8a- 四甲基 -7H-1- 苯并吡喃 -7- 酮 0.07%、2,3- 二氢 -3,4,7- 三甲基 -1H- 茚酮 0.43%、4-（1E）-1,3- 丁二烯 -1- 基 -3,5,5- 三甲基 -2- 环己烯 -1- 酮 3.57%、6,10,14- 三甲基 -2- 十五酮 0.21%、6,10- 二甲基 -5,9- 十一碳二烯 -2- 酮 0.18%、7- 羟基 -2- 甲基色原酮 0.27%。酮类相对含量为致香物的 7.93%。

（2）醛类：苯甲醛 0.11%、2- 苯基乙醛 0.25%、6,6- 二甲基二环［3.1.1］庚 -2- 烯 -2- 甲醛 1.45%。醛类相对含量为致香物的 1.81%。

（3）醇类：（1R*,2S*）-2- 异丙烯基 -8- 甲基 -1,2,3,4- 四氢化萘 -1- 醇 0.06%、（1R,2E,4S,7E,11E）-4- 异丙基 -1,7,11- 三甲基 -2,7,11- 环十四碳三烯 -1- 醇 0.29%、（1R,2S,5R）-2- 异丙基 -5- 甲基环己醇 0.16%、（E）-3- 甲基 -3- 己烯 -2- 醇 0.05%、绿花白千层醇 0.08%、12- 异丙基 -1,5,9- 三甲基 -4,8,13- 环十四碳三烯 -1,3- 二醇 1.05%、2,6,6,8- 四甲基三环［5.3.1.0］十一烷 -8- 醇 0.06%、2- 甲基 -5-（1- 甲基乙烯基）环己醇 0.27%、3,7,11- 三甲基 -2,6,10- 十二碳三烯 -1- 醇 0.50%、3,7- 二甲基 -1,6- 辛二烯 -3- 醇 0.07%、3- 羟基苯甲醇 0.06%、5-［（1E,2E）-2- 丁稀 -1- 亚基］-4,6,6- 三甲基 -3- 环己烯 -1- 醇 0.07%、苯乙醇 0.20%、喇叭茶醇 0.34%、视黄醇 1.38%、异薄荷醇 0.05%、肌肉叶绿醇 A 0.21%。醇类相对含量为致香物的 4.90%。

（4）有机酸类：肉豆蔻酸 0.08%、棕榈酸 1.26%、5-（十氢 -5,5,8a- 三甲基 -2- 亚甲基 -1- 萘）-3- 甲基 -（1S,4aS,8aS）-（2E）-2- 戊烯酸 1.50%。有机酸类相对含量为致香物的 2.84%。

（5）酯类：（7E,10E,13E）-7,10,13- 十六碳三烯酸甲酯 0.08%、（Z,Z）-9,12- 十八碳二烯酸甲酯 0.98%、（Z,Z,Z）-9,12,15- 十八碳三烯酸甲酯 2.35%、1,2- 苯二甲酸二丁酯 0.10%、邻苯二甲酸丁异丁酯 0.09%、二氢猕猴桃内酯 0.07%、6,9- 十八碳二炔酸甲酯 0.26%、棕榈酸甲酯 1.43%、肉豆蔻酸甲酯 0.07%。酯类相对含量为致香物的 5.43%。

（6）稠环芳香烃类：茚 0.07%、萘 0.11%、2- 甲基萘 0.18%、1- 甲基萘 0.08%、1,2,3,4- 四氢 -1,1,6-

三甲基萘 0.24%、1,2,3,4- 四氢 -5,6,7,8- 四甲基 - 萘 0.24%、1-（十氢萘 -1- 甲基）十氢萘 0.08%。稠环芳香烃类占致香物 1.00%。

（7）酚类：4- 甲基苯酚 0.06%、4- 乙烯基 -2- 甲氧基苯酚 0.20%。酚类相对含量为致香物的 0.26%。

（8）烷烃类：1- 烯丙基 -3- 亚甲基 - 环己烷 6.89%、3- 甲基辛烷 0.06%、5- 亚甲基壬烷 0.09%、6,6- 二甲基 -2- 亚甲基二环［3.1.1］庚烷 0.09%、丙基环己烷 0.06%、二十七烷 0.09%、癸烷 0.14%、壬烷 0.22%。烷烃类相对含量为致香物的 7.64%。

（9）不饱和脂肪烃类：（+）- 喇叭烯 0.94%、（+）- 顺式 - 柠檬烯 0.10%、（+）- 香橙烯 0.73%、（1R,4S）-4,7,7- 三甲基二环［4.1.0］庚 -2- 烯 0.30%、1- 甲基（1- 甲基乙烯基）环己烯 1.26%、1- 甲基 -4-(1- 甲基乙基)-1,4- 环己二烯 0.07%、1- 异丙基 -4- 甲基 -1,3- 环己二烯 0.07%、2,7- 二甲基 -1,3,7- 辛三烯 1.52%、2- 蒎烯 0.12%、7,11,15- 三甲基 -3- 亚甲基 - 十六碳 -1- 烯 50.06%、α- 芹子烯 0.23%、香树烯 0.16%（+）- γ - 古芸烯 0.26%、反 -5- 癸烯 0.06%、石竹烯 0.45%、长叶烯 4.56%。不饱和脂肪烃类相对含量为致香物的 60.89%。

（10）生物碱类：未检测到该类成分。

（11）萜类：未检测到该类成分。

（12）其他类：［1R-（1R*,4R*,6R*,10S*）］-4,12,12- 三甲基 -9- 亚甲基 -5- 氧杂三环［8.2.0.0⁴,⁶］十二烷 0.86%、1,1,2,2- 四氯乙烷 0.14%、1,2,3,4,5- 五甲基苯 0.05%、1,3,5- 三异丙基苯 0.92%、1- 甲氧基 -4-［（Z）-1- 丙烯基］苯 0.09%、2- 氟 -N-（4- 甲氧基苯基）苯甲酰胺 0.74%、2- 甲基 -5-（1- 甲基乙烯基）吡啶 0.06%、2- 乙酰基吡咯 0.06%、3,5- 二甲氧基苯甲酰胺 0.23%、4,5- 二甲基 -2- 羟基嘧啶 0.09%、4- 己氧基苯胺 0.22%、4- 硝基喹啉 -N- 氧化物 0.18%、4- 乙基邻二甲苯 0.59%、邻异丙基甲苯 0.25%。

表 2-40 广西贺州麦岭云烟 87C3F（2014）挥发性致香物组成成分分析结果

编号	保留时间（min）	分子式	化合物名称	CAS 号	相对含量（%）
1	2.652	C₉H₂₀	3- 甲基辛烷	2216-33-3	0.06
2	2.941	C₉H₂₀	壬烷	111-84-2	0.22
3	3.136	C₂H₂Cl₄	1,1,2,2- 四氯乙烷	79-34-5	0.14
4	3.413	C₉H₁₈	丙基环己烷	1678-92-8	0.06
5	3.484	C₁₀H₁₆	2- 蒎烯	80-56-8	0.12
6	3.874	C₇H₆O	苯甲醛	100-52-7	0.11
7	4.199	C₁₀H₁₆	6,6- 二甲基 -2- 亚甲基二环［3.1.1］庚烷	127-91-3	0.09
8	4.258	C₇H₁₄O	（E）-3- 甲基 -3- 己烯 -2- 醇	76966-27-3	0.05
9	4.494	C₁₀H₂₂	癸烷	124-18-5	0.14
10	4.948	C₁₀H₁₆	1- 异丙基 -4- 甲基 -1,3- 环己二烯	99-86-5	0.07
11	5.125	C₁₀H₁₄	邻异丙基甲苯	527-84-4	0.25
12	5.232	C₁₀H₁₆	1- 甲基（1- 甲基乙烯基）环己烯	138-86-3	1.26
13	5.568	C₈H₈O	2- 苯基乙醛	122-78-1	0.25
14	5.657	C₉H₈	茚	95-13-6	0.07
15	5.887	C₆H₇NO	2- 乙酰基吡咯	1072-83-9	0.06
16	5.981	C₁₀H₁₆	1- 甲基 -4-（1- 甲基乙基）-1,4- 环己二烯	99-85-4	0.07
17	6.288	C₇H₈O	4- 甲基苯酚	106-44-5	0.06
18	6.412	C₇H₈O₂	3- 羟基苯甲醇	620-24-6	0.06
19	7.115	C₁₀H₁₈O	3,7- 二甲基 -1,6- 辛二烯 -3- 醇	78-70-6	0.07
20	7.569	C₈H₁₀O	苯乙醇	60-12-8	0.20
21	9.476	C₁₀H₂₀O	异薄荷醇	490-99-3	0.05

续表

编号	保留时间 （min）	分子式	化合物名称	CAS 号	相对含量 （%）
22	9.777	$C_{10}H_{20}O$	（1R,2S,5R）-2- 异丙基 -5- 甲基环己醇	2216-51-5	0.16
23	10.214	$C_{10}H_8$	萘	91-20-3	0.11
24	14.559	$C_{11}H_{16}$	1,2,3,4,5- 五甲基苯	700-12-9	0.05
25	14.895	$C_{10}H_{12}O$	1- 甲氧基 -4-[（Z）-1- 丙烯基] 苯	104-46-1	0.09
26	15.155	$C_{11}H_{10}$	2- 甲基萘	91-57-6	0.18
27	15.976	$C_{11}H_{10}$	1- 甲基萘	90-12-0	0.08
28	16.277	$C_9H_{10}O_2$	4- 乙烯基 -2- 甲氧基苯酚	7786-61-0	0.20
29	19.163	$C_{13}H_{22}O$	茄酮	54868-48-3	2.04
30	19.907	$C_{10}H_{20}$	反 -5- 癸烯	7433-56-9	0.06
31	20.055	$C_{13}H_{18}O$	β- 大马烯酮	23726-93-4	0.89
32	20.261	$C_{12}H_{14}O$	2,3- 二氢 -3,4,7- 三甲基 -1H- 茚酮	35322-84-0	0.43
33	20.492	$C_{10}H_{16}$	（1R,4S）-4,7,7- 三甲基二环 [4.1.0] 庚 -2- 烯	5208-50-4	0.30
34	21.761	$C_{10}H_{14}$	4- 乙基邻二甲苯	934-80-5	0.59
35	23.880	$C_{13}H_{22}O$	6,10- 二甲基 -5,9- 十一碳二烯 -2- 酮	689-67-8	0.18
36	24.470	$C_9H_{11}N$	2- 甲基 -5-（1- 甲基乙烯基）吡啶	56057-93-3	0.06
37	25.220	$C_{12}H_{19}NO$	4- 己氧基苯胺	39905-57-2	0.22
38	25.586	$C_{13}H_{20}O$	β- 紫罗酮	79-77-6	0.10
39	26.696	$C_{13}H_{22}O_2$	2,5,5,8a- 四甲基 -7H-1- 苯并吡喃 -7- 酮	5835-18-7	0.07
40	27.652	$C_{11}H_{16}O_2$	二氢猕猴桃内酯	15356-74-8	0.07
41	27.741	$C_6H_8N_2O$	4,5- 二甲基 -2- 羟基嘧啶	34939-17-8	0.09
42	29.654	$C_{13}H_{18}O$	4-（1E）-1,3- 丁二烯 -1- 基 -3,5,5- 三甲基 -2- 环己烯 -1- 酮	38818-55-2	3.57
43	29.961	$C_{13}H_{20}O$	5-[（1E,2E）-2- 丁稀 -1- 亚基]-4,6,6- 三甲基 -3- 环己烯 -1- 醇	66465-81-4	0.07
44	31.596	$C_{15}H_{26}O$	2,6,6,8- 四甲基三环 [5.3.1.0] 十一烷 -8- 醇	77-53-2	0.06
45	36.377	$C_9H_6N_2O_3$	4- 硝基喹啉 -N- 氧化物	56-57-5	0.18
46	36.726	$C_{14}H_{18}O$	（1R*,2S*）-2- 异丙烯基 -8- 甲基 -1,2,3,4- 四氢化萘 -1- 醇	67494-23-9	0.06
47	37.588	$C_{13}H_{18}$	1,2,3,4- 四氢 -1,1,6- 三甲基萘	475-03-6	0.24
48	38.780	$C_{15}H_{30}O_2$	肉豆蔻酸甲酯	124-10-7	0.07
49	39.022	$C_{10}H_{20}$	5- 亚甲基壬烷	6795-79-5	0.09
50	39.128	$C_{14}H_{20}$	1,2,3,4- 四氢 -5,6,7,8- 四甲基 - 萘	19063-11-7	0.24
51	40.651	$C_{14}H_{28}O_2$	肉豆蔻酸	544-63-8	0.08
52	42.056	$C_{15}H_{22}O$	螺岩兰草酮	54878-25-0	0.07
53	43.674	$C_{15}H_{24}$	1,3,5- 三异丙基苯	717-74-8	0.92
54	43.798	$C_{15}H_{26}O$	喇叭茶醇	577-27-5	0.34
55	44.742	$C_{20}H_{38}$	7,11,15- 三甲基 -3- 亚甲基 - 十六碳 -1- 烯	504-96-1	50.06
56	44.860	$C_{18}H_{36}O$	6,10,14- 三甲基 -2- 十五酮	502-69-2	0.21

续表

编号	保留时间 （min）	分子式	化合物名称	CAS 号	相对含量 （%）
57	45.776	$C_{16}H_{22}O_4$	1,2- 苯二甲酸二丁酯	84-74-2	0.10
58	45.888	$C_{10}H_8O_3$	7- 羟基 -2- 甲基色原酮	6320-42-9	0.27
59	47.334	$C_{17}H_{28}O_2$	（7E,10E,13E）-7,10,13- 十六碳三烯酸甲酯	56554-30-4	0.08
60	48.296	$C_{15}H_{26}O$	3,7,11- 三甲基 -2,6,10- 十二烷三烯 -1- 醇	4602-84-0	0.50
61	48.816	$C_{17}H_{34}O_2$	棕榈酸甲酯	112-39-0	1.43
62	49.754	$C_{15}H_{24}$	香树烯	25246-27-9	0.16
63	50.274	$C_{16}H_{22}O_4$	邻苯二甲酸丁异丁酯	17851-53-5	0.09
64	50.669	$C_{16}H_{32}O_2$	棕榈酸	57-10-3	1.26
65	51.189	$C_{15}H_{24}O$	［1R-（1R*,4R*,6R*,10S*）-4,12,12- 三甲基 -9- 亚甲基 -5- 氧杂三环［8.2.0.0^{4,6}］十二烷	1139-30-6	0.86
66	51.395	$C_{19}H_{30}O_2$	6,9- 十八碳二炔酸甲酯	56847-03-1	0.26
67	52.151	$C_{10}H_{18}O$	2- 甲基 -5-（1- 甲基乙烯基）环己醇	619-01-2	0.27
68	52.629	$C_8H_{12}O$	1-（3- 亚甲基环戊基）- 乙酮	54829-98-0	0.10
69	52.889	$C_{15}H_{24}$	（+）- 香橙烯	489-39-4	0.73
70	53.060	$C_{15}H_{24}$	（+）- 喇叭烯	21747-46-6	0.94
71	53.243	$C_{14}H_{12}FNO_2$	2- 氟 -N-（4- 甲氧基苯基）苯甲酰胺	212209-96-6	0.74
72	53.627	$C_9H_{11}NO_3$	3,5- 二甲氧基苯甲酰胺	17213-58-0	0.23
73	53.963	$C_{20}H_{34}O$	（1R,2E,4S,7E,11E）-4- 异丙基 -1,7,11- 三甲 基 -2,7,11- 环十四碳三烯 -1- 醇	25269-17-4	0.29
74	54.790	$C_{10}H_{14}O$	6,6- 二甲基二环［3.1.1］庚 -2- 烯 -2- 甲醛	564-94-3	1.45
75	55.823	$C_{10}H_{16}$	2,7- 二甲基 -1,3,7- 辛三烯	36638-38-7	1.52
76	55.935	$C_{20}H_{30}O$	视黄醇	68-26-8	1.38
77	56.142	$C_{10}H_{16}$	1- 烯丙基 -3- 亚甲基 - 环己烷	56816-08-1	6.89
78	56.455	$C_{19}H_{34}O_2$	（Z,Z）-9,12- 十八碳二烯酸甲酯	112-63-0	0.98
79	56.726	$C_{19}H_{32}O_2$	（Z,Z,Z）-9,12,15- 十八碳三烯酸甲酯	301-00-8	2.35
80	57.925	$C_{20}H_{32}O_2$	5-（十氢 -5,5,8a- 三甲基 -2- 亚甲基 -1- 萘)-3- 甲基 -（1S,4aS,8aS）-（2E）-2- 戊烯酸	24470-48-2	1.50
81	58.001	$C_{15}H_{24}$	长叶烯	475-20-7	4.56
82	58.485	$C_{15}H_{24}$	石竹烯	13877-93-5	0.45
83	58.981	$C_{20}H_{32}O$	肌肉叶绿醇 A	72629-69-7	0.21
84	59.861	$C_{20}H_{34}O_2$	12- 异丙基 -1,5,9- 三甲基 -4,8,13- 环十四碳三 烯 -1,3- 二醇	7220-78-2	1.05
85	60.723	$C_{21}H_{36}$	1-（十氢萘 -1- 甲基）十氢萘	55125-02-5	0.08
86	61.207	$C_{15}H_{26}O$	绿花白千层醇	552-02-3	0.08
87	61.378	$C_{15}H_{24}$	α- 芹子烯	473-13-2	0.23
88	61.951	$C_{15}H_{24}$	（+）-γ- 古芸烯	22567-17-5	0.26
89	63.468	$C_{10}H_{16}O$	（+）- 顺式 - 柠檬烯	4680-24-4	0.10
90	80.575	$C_{27}H_{56}$	二十七烷	593-49-7	0.09

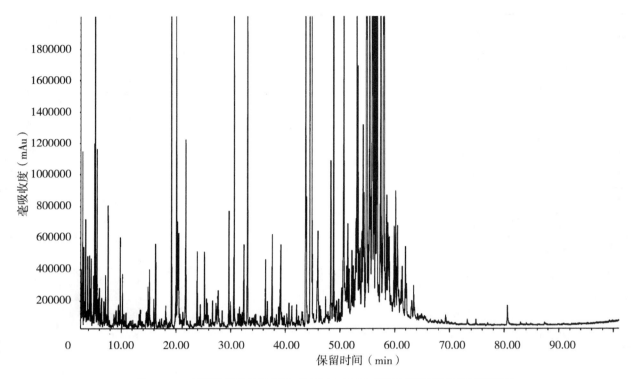

图 2-39　广西贺州麦岭云烟 87C3F（2014）烤烟挥发性致香物指纹图谱

3　烤烟烟气致香物收集与分析检测

烟草是一种重要的经济作物，吸食者通过吸食烟气享受卷烟的香气，故而烟草是通过刺激人的嗅觉和味觉器官而使人产生愉悦感觉的一种特殊商品。优质的烤烟叶的重要特征是香气量大、香气纯正、香型突出，这三者是评价和区分不同烟叶品质的重要依据。因此，烟气中的香气物质的种类与含量直接影响吸烟人群对卷烟喜好的程度，测量烟气中的致香物种类和含量是培育含有特殊致香物质烟草品种的关键，也是烟草科技的重要攻关课题。因此，为建立烤烟烟气收集和测定的方法，国内外专家做了大量的研究工作。近20年来，国内在报道烟气测定方面，主要采用剑桥滤片或静电捕集器对卷烟主流烟气的粒相物部分进行捕集，并采用GC/MS法对卷烟主流烟气中的半挥发性成分中的碱性和中性物质进行分析[1,2]，溶剂提取、气相色谱—质谱—选择离子监测（GC/MS/SIM）等方法用于定量分析主流烟气粒相物中的吡啶、吡嗪、巨豆三烯酮等致香成分[3]。本章主要介绍采用自制的热解燃烧装置，利用石油醚收集烟气，以及利用自动吸烟机装置，采用剑桥滤片捕集烤烟主流烟气，并采用GC/MS法对烤烟主流烟气中的致香物成分进行分析，比较广东、广西、云南、河南和贵州主产烟区收集烤烟以及津巴布韦烤烟烟气所含致香物种类和含量间的差异，为不同产区烤烟烟气致香物指纹图谱构建提供资料支撑。

3.1　材料和方法

3.1.1　烤烟样品采集与保存

烤烟样品采集与保存同2.1.1。

3.1.2　烤烟样品烟气收集与提取方法

3.1.2.1　自制烤烟样品烟气收集与提取方法

将每种烟叶放入烘箱内于温度55℃下分别烘干后，研磨成40目以下烟末，在干燥条件下储存备用。每种烟叶称取8.00g粉末，装入顶端洁净的玻璃"烟斗"中（见图3-1），在相同条件下，用自制热解燃烧装置进行燃烧，各抽滤瓶中装入少量石油醚，在压强0.03MPa时进行减压多重提取；合并各抽滤瓶中的石油醚相烟气提取样品，于25mL容量瓶中定容，密封，置于−4℃下保存，样品中各组分含量利用在线的GC/MS分析测定。收集提取装置见图3-1。

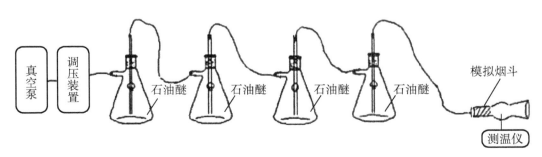

图3-1　烟草热解装置

3.1.2.2 吸烟机收集烤烟样品烟气方法

将烟叶于烘箱内 55℃ 下分别烘干后，将烟叶粉粹干燥条件下储存备用。每种烟叶称取 0.80g 的粉碎烟叶，组装卷烟，使用自制模拟吸烟装置按标准吸烟方法抽吸卷烟。将经过剑桥滤片分离后的主流烟气直接导入 10mL 石油醚溶液中。抽吸完毕，将所有的石油醚溶液于 25mL 容量瓶中定容，密封，置于 –4℃ 下保存，取 1mL 放于色谱瓶中，样品中各组分峰面积利用在线的 GC /MS 分析测定，即为主流烟气成分。

3.1.2.3 烤烟烟叶烟气滤片的处理

取 25mL 石油醚（分析纯）置于烧杯中，将剑桥滤片放于盛有石油醚的烧杯中超声 25min，取 1mL 提取液于 10mL 容量瓶中定容，取 1mL 溶液置于色谱瓶中，待 GC/MS 分析。样品 31–42 采用吸烟机收集烤烟样品烟气。

3.1.3　GC/MS 分析

GC 条件：Ultra – 2 毛细管柱（50m×0.2mm×0.33μm），载气为 N_2，柱头压 170kPa，检测器 FID，进样口温度 280℃，检测器温度 280℃。程序升温，至 80℃ 恒温保持 1min，然后以 2℃ /min 升温至 280℃，保持 30min。进样量 2μl，分流比 10∶1。GC/MS 测定时 GC 条件同上，电离电压 70eV，离子源温度 200℃，传输线温度 220℃，使用 Wiley 谱库进行图谱检索。

3.2　结果与分析

3.2.1　广东南雄粤烟 97C3F（2008）烤烟烟气致香物成分分析结果

广东南雄粤烟 97C3F（2008）烤烟烟气致香物成分分析结果见表 3-1，广东南雄粤烟 97C3F（2008）烤烟烟气致香物成分指纹图谱见图 3-2。

致香物类型及相对含量如下。

（1）酮类：羟基丙酮 0.61%、2- 环戊烯酮 0.92%、3- 甲基 -2- 羟基 -2- 环戊烯 -1- 酮 0.74%、2- 环戊烯 -1,4- 二酮 3.14%、甲基环戊烯醇酮 1.91%、乙基环戊烯醇酮 0.61%、9- 羟基 -1- 甲基 -1,2,3,4- 四氢 -8H- 吡啶（1.2-a）吡嗪 -8- 酮 0.23%、1-（8- 氟 -2- 萘酚 1- 基）乙烯酮 0.61%。酮类相对含量为致香物的 8.77%。

（2）醛类：2- 呋喃甲醛 23.26%、5- 甲基呋喃醛 3.07%。醛类相对含量为致香物的 26.33%。

（3）醇类：呋喃甲醇 3.16%、3,7,11- 三甲基 -1- 十五醇 1.17%、麦芽醇 0.69%。醇类相对含量为致香物的 5.02%。

（4）有机酸类：乙酸 5.32%、棕榈酸 3.78%、二乙基丙二酸 0.24%、亚油酸 0.73%。有机酸类相对含量为致香物的 10.07%。

（5）酯类：邻苯二甲酸二丁酯 0.40%。酯类相对含量为致香物的 0.40%。

（6）稠环芳香烃类：未检测到该类成分。

（7）酚类：2- 甲氧基苯酚 1.27%、苯酚 6.22%、4- 甲基苯酚 3.69%、3- 甲基苯酚 0.86%、4- 乙基苯酚 1.49%、2,6- 二甲氧基苯酚 0.74%。酚类相对含量为致香物的 14.27%。

（8）烷烃类：7- 甲基 – 四环［4.1.0.0²·⁴0.3.5］庚烷 2.28%、十五烷 0.31%、烷烃类相对含量为致香物的 2.59%。

（9）不饱和脂肪烃类：苎烯 1.27%、苯并环丁烯 0.55%、（顺）2,5- 二甲基 -3- 己烯 4.28%、角鲨烯 0.39%、2,6,10,14,18- 五甲基 -2,6,10,14,18- 二十碳五烯 0.61%。不饱和脂肪烃类相对含量为致香物的 7.10%。

（10）生物碱类：烟碱 14.77%。生物碱类相对含量为致香物的 14.77%。

（11）萜类：新植二烯 5.58%。萜类相对含量为致香物的 5.58%。

（12）其他类：1,2- 二甲苯 1.91%、3- 甲基吡啶 0.58%、2- 乙酰基呋喃 0.58%、吡咯 0.81%、N- 甲基丁二酰胺 0.82%、吲哚 0.40%。

表 3-1 广东南雄粤烟 97C3F（2008）烤烟烟气致香物成分分析结果

编号	保留时间（min）	分子式	化合物名称	CAS 号	相对含量（%）
1	5.89	C_8H_{10}	7- 甲基 – 四环［4.1.0.0^{2,4}0.3.5］庚烷	77481–22–2	2.28
2	6.06	C_8H_{10}	1,2- 二甲苯	95–47–6	1.91
3	7.73	$C_{10}H_{16}$	DL- 苎烯	7705–14–8	1.27
4	9.79	C_8H_8	苯并环丁烯	694–87–1	0.55
5	10.92	C_6H_7N	3- 甲基吡啶	108–99–6	0.58
6	11.56	$C_3H_6O_2$	羟基丙酮	116–09–6	0.61
7	13.32	C_5H_6O	2- 环戊烯酮	930–30–3	0.92
8	17.78	$C_5H_4O_2$	2- 呋喃甲醛	98–01–1	23.26
9	17.96	$C_2H_4O_2$	乙酸	64–19–7	5.32
10	18.69	$C_{15}H_{32}$	十五烷	629–62–9	0.31
11	19.25	$C_6H_6O_2$	2- 乙酰基呋喃	1192–62–7	0.58
12	19.42	$C_6H_8O_2$	3- 甲基 -2- 羟基 -2- 环戊烯 -1- 酮	765–70–8	0.74
13	19.91	C_4H_5N	吡咯	109–97–7	0.81
14	20.22	$C_5H_7NO_2$	N- 甲基丁二酰胺	1121–07–9	0.82
15	20.33	$C_7H_{12}O_4$	二乙基丙二酸	510–20–3	0.24
16	21.87	$C_6H_6O_2$	5- 甲基呋喃醛	620–02–0	3.07
17	22.36	$C_5H_4O_2$	2- 环戊烯 -1,4- 二酮	930–60–9	3.14
18	23.76	C_8H_{16}	（顺）2,5- 二甲基 -3- 己烯	10557–44–5	4.28
19	25.62	$C_5H_6O_2$	呋喃甲醇	98–00–0	3.16
20	28.74	$C_{15}H_{32}O$	3,7,11- 三甲基 -1- 十五醇	6750–34–1	1.17
21	31.53	$C_6H_8O_2$	甲基环戊烯醇酮	80–71–7	1.91
22	31.91	$C_{10}H_{14}N_2$	烟碱	54–11–5	14.77
23	32.42	C_7H_8O	2- 甲氧基苯酚	90–05–1	1.27
24	33.34	$C_7H_{10}O_2$	乙基环戊烯醇酮	21835–01–8	0.61
25	33.86	$C_{20}H_{38}$	新植二烯	504–96–1	5.58
26	35.07	$C_6H_6O_3$	麦芽醇	118–71–8	0.69
27	36.35	C_6H_6O	苯酚	108–95–2	6.22
28	37.93	$C_{30}H_{50}$	角鲨烯	111–02–4	0.39
29	37.99	C_7H_8O	4- 甲基苯酚	106–44–5	3.69
30	38.17	C_7H_8O	3- 甲基苯酚	108–39–4	0.86
31	40.1	$C_8H_{10}O$	4- 乙基苯酚	123–07–9	1.49
32	42.40	$C_8H_{10}O_3$	2,6- 二甲氧基苯酚	91–10–1	0.74
33	49.20	C_8H_7N	吲哚	120–72–9	0.40
34	51.62	$C_{16}H_{22}O_4$	邻苯二甲酸二丁酯	84–74–2	0.40
35	52.46	$C_9H_{12}N_2O_2$	9- 羟基 -1- 甲基 -1,2,3,4- 四氢 -8H- 吡啶（1.2-a）吡嗪 -8- 酮	130049–82–0	0.23
36	52.56	$C_{25}H_{42}$	2,6,10,14,18- 五甲基 -2,6,10,14,18- 二十碳五烯	75581–03–2	0.61
37	54.54	$C_{12}H_9FO_2$	1-（8- 氟 -2- 萘酚 1- 基）乙烯酮	116120–82–2	0.61
38	56.91	$C_{16}H_{32}O_2$	棕榈酸	57–10–3	3.78
39	61.97	$C_{18}H_{32}O_2$	亚油酸	60–33–3	0.73

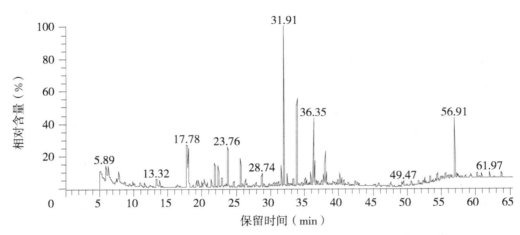

图 3-2　广东南雄粤烟 97C3F（2008）烤烟烟气致香物成分指纹图谱

3.2.2　广东南雄粤烟 97C3F（2009）烤烟烟气致香物成分分析结果

广东南雄粤烟 97C3F（2009）烤烟烟气致香物成分分析结果见表 3-2，广东南雄粤烟 97C3F（2009）烤烟烟气致香物成分指纹图谱见图 3-3。

致香物类型及相对含量如下。

（1）酮类：2- 环戊烯酮 0.73%、甲基环戊烯醇酮 4.07%、2，3- 二甲基 -2- 环戊烯 -1- 酮 4.14%、3- 甲基 -2- 环戊烯 -1- 酮 0.93%、3- 己烯 -2,5- 二酮 1.26%、3- 乙基 -2- 羟基 -2- 环戊烯 -1- 酮 2.56%、1- 茚酮 0.92%、2,5- 二甲基 -4- 羟基呋喃酮 1.37%。酮类相对含量为致香物的 15.98%。

（2）醛类：糠醛 2.62%。醛类相对含量为致香物的 2.62%。

（3）醇类：反式 -（E）-9- 十六碳 -1- 醇 1.25%、糠醇 1.80%、3,7,11- 三甲基 -1- 十二醇 3.23%、苯甲醇 0.37%。醇类相对含量为致香物的 6.65%。

（4）有机酸类：丙酸 0.64%、丁酸 0.45%、戊酸 0.98%、棕榈酸 2.17%、反油酸 1.87%。有机酸类相对含量为致香物的 6.11%。

（5）酯类：邻苯二甲酸二异丁酯 1.17%、邻苯二甲酸二丁酯 1.28%。酯类相对含量为致香物的 2.45%。

（6）稠环芳香烃类：未检测到该类成分。

（7）酚类：2- 甲氧基苯酚 1.71%、2- 甲氧基 -4- 甲基苯酚 0.41%、苯酚 8.14%、2,4- 二甲基苯酚 0.68%、对甲基苯酚 6.32%、间乙基苯酚 2.17%、2- 甲氧基 -4- 乙烯基苯酚 1.70%。酚类相对含量为致香物的 21.13%。

（8）烷烃类：十四烷 0.10%、十五烷 0.66%、十七烷 0.58%、十八烷 0.41%、3-（2,2- 二甲基亚丙基）二环（3.3.1）壬烷 1.34%。烷烃类相对含量为致香物的 3.09%。

（9）不饱和脂肪烃类：双戊烯 1.97%、苯乙烯 1.62%、1- 十四烯 0.16%、2,6,10- 三甲基 -1,5,9- 十一碳三烯 1.20%、1- 十五烯 0.34%、1- 十七烯 0.24%。不饱和脂肪烃类相对含量为致香物的 5.53%。

（10）生物碱类：烟碱 15.81%。生物碱类相对含量为致香物的 15.81%。

（11）萜类：新植二烯 15.52%。萜类相对含量为致香物的 15.52%。

（12）其他类：乙基苯 0.49%、邻二甲苯 1.16%、3,6- 氧代 -1- 甲基 -8- 异丙基三环 [6.2.2.0^{2,7}] 十二 -4,9- 二烯 2.71%、N-（4- 甲氧苄基）乙酰胺 2.03%、2- 乙酰呋喃 0.40%、吲哚 1.44%。

表 3-2　广东南雄粤烟 97C3F（2009）烤烟烟气致香物成分分析结果

编号	保留时间（min）	分子式	化合物名称	CAS 号	相对含量（%）
1	5.91	C_8H_{10}	乙基苯	100-41-4	0.49
2	6.27	C_8H_{10}	邻二甲苯	95-47-6	1.16
3	7.77	$C_{10}H_{16}$	双戊烯	138-86-3	1.97

续表

编号	保留时间（min）	分子式	化合物名称	CAS 号	相对含量（%）
4	9.81	C_8H_8	苯乙烯	100-42-5	1.62
5	13.25	C_5H_6O	2-环戊烯酮	930-30-3	0.73
6	13.72	C_6H_8O	甲基环戊烯醇酮	1120-73-6	0.96
7	14.76	$C_{14}H_{30}$	十四烷	629-59-4	0.10
8	16.51	$C_{14}H_{28}$	1-十四烯	1120-36-1	0.16
9	16.67	$C_7H_{10}O$	2,3-二甲基-2-环戊烯-1-酮	1121-05-7	4.14
10	17.69	$C_5H_4O_2$	糠醛	98-01-1	2.62
11	17.81	$C_{10}H_{13}NO_2$	N-（4-甲氧苄基）乙酰胺	35103-34-5	2.03
12	18.63	$C_{15}H_{32}$	十五烷	629-62-9	0.66
13	19.14	$C_6H_6O_2$	2-乙酰呋喃	1192-62-7	0.40
14	19.31	C_6H_8O	3-甲基-2-环戊烯-1-酮	2758-18-1	0.93
15	20.40	$C_{16}H_{32}O$	反式-（E）-9-十六碳-1-醇	64437-47-4	1.25
16	20.99	$C_3H_6O_2$	丙酸	79-09-4	0.64
17	21.75	$C_{16}H_{20}O_2$	3,6-氧代-1-甲基-8-异丙基三环［6.2.2.0^{2.7}］十二-4,9-二烯	121824-66-6	2.71
18	22.85	$C_{14}H_{24}$	2,6,10-三甲基-1,5,9-十一烷三烯	62951-96-6	1.20
19	23.62	$C_6H_8O_2$	3-己烯-2,5-二酮	4436-75-3	1.26
20	24.23	$C_{15}H_{30}$	1-十五烯	13360-61-7	0.34
21	24.34	$C_4H_8O_2$	丁酸	107-92-6	0.45
22	25.41	$C_5H_6O_2$	糠醇	98-00-0	1.80
23	26.01	$C_5H_{10}O_2$	戊酸	109-52-4	0.98
24	26.43	$C_{17}H_{36}$	十七烷	629-78-7	0.58
25	28.34	$C_{17}H_{34}$	1-十七烯	6765-39-5	0.24
26	28.64	$C_{15}H_{32}O$	3,7,11-三甲基-1-十二醇	6750-34-1	3.23
27	30.15	$C_{18}H_{38}$	十八烷	593-45-3	0.41
28	31.35	$C_6H_8O_2$	甲基环戊烯醇酮	80-71-7	3.11
29	31.83	$C_{10}H_{14}N_2$	烟碱	54-11-5	15.81
30	32.16	$C_7H_{10}O_2$	3-乙基-2-羟基-2-环戊烯-1-酮	21835-01-8	2.56
31	32.26	$C_7H_8O_2$	2-甲氧基苯酚	90-05-1	1.71
32	32.73	C_7H_8O	苯甲醇	100-51-6	0.37
33	33.60	$C_{14}H_{20}O_2$	3-（2,2-二甲基亚丙基）二环（3.3.1）壬烷	127930-94-3	1.34
34	33.83	$C_{20}H_{38}$	新植二烯	504-96-1	15.52
35	34.77	$C_8H_{10}O_2$	2-甲氧基-4-甲基苯酚	93-51-6	0.41
36	35.80	C_9H_8O	1-茚酮	83-33-0	0.92
37	36.15	C_6H_6O	苯酚	108-95-2	8.14
38	36.71	$C_6H_8O_3$	2,5-二甲基-4-羟基呋喃酮	3658-77-3	1.37
39	37.71	$C_8H_{10}O$	2,4-二甲基苯酚	105-67-9	0.68
40	37.81	C_7H_8O	对甲基苯酚	106-44-5	6.32
41	39.88	$C_8H_{10}O$	间乙基苯酚	620-17-7	2.17
42	40.25	$C_9H_{10}O_2$	2-甲氧基-4-乙烯基苯酚	7786-61-0	1.70
43	48.89	C_8H_7N	吲哚	120-72-9	1.44
44	51.46	$C_{16}H_{22}O_4$	邻苯二甲酸二异丁酯	84-69-5	1.17
45	54.08	$C_{16}H_{22}O_4$	邻苯二甲酸二丁酯	84-74-2	1.28
46	56.74	$C_{16}H_{32}O_2$	棕榈酸	57-10-3	2.17
47	60.53	$C_{18}H_{34}O_2$	反油酸	112-79-8	1.87

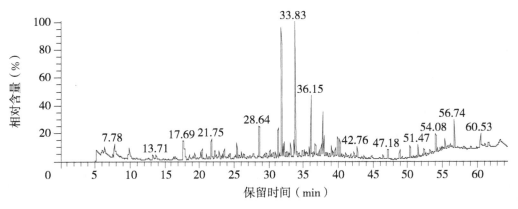

图 3-3　广东南雄烤烟粤烟 97C3F（2009）烤烟烟气致香物成分指纹图谱

3.2.3　广东南雄粤烟 97X2F（2009）烤烟烟气致香物成分分析结果

南雄粤烟 97X2F（2009）烤烟烟气致香物成分分析结果见表 3-3，南雄粤烟 97X2F（2009）烤烟烟气致香物成分指纹图谱见图 3-4。

致香物类型及相对含量如下。

（1）酮类：羟基丙酮 0.44%、2- 环戊烯酮 2.25%、3- 甲基 -2- 环戊烯 -1- 酮 1.55%、2,3- 二甲基 -2- 环戊烯酮 0.25%、2- 环戊烯 -1,4- 二酮 0.42%、4,4- 二甲基 - 环己酮 0.28%、甲基环戊烯醇酮 0.56%、4- 羟基 -2,5- 二甲基 -3（2H）- 呋喃酮 0.48%、1- 茚酮 0.09%、3,5- 二甲基 -1,2- 环戊酮 0.79%。酮类相对含量为致香物的 7.11%。

（2）醛类：壬醛 3.59%、糠醛 7.84%、5- 甲基糠醛 1.89%。醛类相对含量为致香物的 13.32%。

（3）醇类：糠醇 3.68%、3,7,11- 三甲基 -1- 十二烷醇 1.08%、苯甲醇 0.65%、麦芽醇 0.56%。醇类相对含量为致香物的 5.97%。

（4）有机酸类：壬酸 1.48%、丙酸 0.48%、异丁酸 0.68%、反式 -2- 羟基肉桂酸 0.68%、肉豆蔻酸 0.28%、棕榈酸 2.54%、硬脂酸 1.06%、油酸 3.56%、亚油酸 1.09%。有机酸类相对含量为致香物的 11.85%。

（5）酯类：邻苯二甲酸二异丁酯 0.45%、邻苯二甲酸二丁酯 0.57%。酯类相对含量为致香物的 1.02%。

（6）稠环芳香烃类：未检测到此类成分。

（7）酚类：4- 甲氧基苯酚 0.76%、苯酚 6.35%、4- 甲基苯酚 1.48%、4- 乙基苯酚 1.02 %、4- 乙烯基 -2- 甲氧基苯酚 0.46%。酚类相对含量为致香物的 10.07%。

（8）烷烃类：p- 甲苯基 -2,5- 二甲苯基乙烷 0.33%。烷烃类相对含量为致香物的 0.33%。

（9）不饱和脂肪烃类：（－）- 柠檬烯 1.29%、苯乙烯 2.05%。不饱和脂肪烃类相对含量为致香物的 3.34%。

（10）生物碱类：烟碱 33.57%。生物碱类相对含量为致香物的 33.57 %。

（11）萜类：新植二烯 1.94%。萜类相对含量为致香物的 1.94%。

（12）其他类：乙基苯 1.12%、对二甲苯 0.48%、甲乙酐 1.98%、5- 乙酰基 -2- 肼基 -4- 甲基吡嘧啶 0.26%、乙酰胺 0.68%、苯乙腈 0.16%、2,3- 二氢苯并呋喃 2.36%、吲哚 0.19%、2,3'- 联吡啶 0.31%、3,4- 二氢异喹啉 0.41%、邻苯二甲酸二丁酯 2.33%。

表 3-3　南雄粤烟 97X2F（2009）烤烟烟气致香物成分分析结果

编号	保留时间（min）	分子式	化合物名称	CAS 号	相对含量（%）
1	6.31	C_8H_{10}	乙基苯	100-41-4	1.12
2	6.33	C_8H_{10}	1,4- 二甲苯（对二甲苯）	106-42-3	0.48
3	7.78	$C_{10}H_{16}$	（－）- 柠檬烯	5989-54-8	1.29
4	9.78	C_8H_8	苯乙烯	100-42-5	2.05
5	11.45	$C_3H_6O_2$	羟基丙酮	116-09-6	0.44

续表

编号	保留时间（min）	分子式	化合物名称	CAS 号	相对含量（%）
6	13.28	C_5H_6O	2- 环戊烯酮	930-30-3	2.25
7	13.65	C_6H_8O	3- 甲基 -2- 环戊烯 -1- 酮	2758-18-1	1.55
8	14.79	$C_9H_{18}O$	壬醛	124-19-6	3.59
9	17.69	$C_5H_4O_2$	糠醛（2- 呋喃甲醛）	98-01-1	7.84
10	17.85	$C_3H_4O_3$	甲乙酐	2258-42-6	1.98
11	20.78	$C_7H_{10}O$	2,3- 二甲基 -2- 环戊烯酮	1121-05-7	0.25
12	21.29	$C_3H_6O_2$	丙酸	79-09-4	0.48
13	21.78	$C_4H_8O_2$	异丁酸	79-31-2	0.68
14	21.95	$C_6H_6O_2$	5- 甲基糠醛	620-02-0	1.89
15	22.26	$C_5H_4O_2$	2- 环戊烯 -1,4- 二酮	930-60-9	0.42
16	23.31	$C_7H_{10}N_4O$	5- 乙酰基 -2- 肼基 -4- 甲基吡嘧啶	93584-03-3	0.26
17	25.32	$C_5H_6O_2$	糠醇	98-00-0	3.68
18	27.85	$C_8H_{12}D_2O$	4,4- 二甲基 - 环己酮	79640-11-2	0.28
19	28.61	$C_{15}H_{32}O$	3,7,11- 三甲基 -1- 十二烷醇	6750-34-1	1.08
20	29.56	C_2H_5NO	乙酰胺	60-35-5	0.68
21	30.67	$C_7H_{10}O_2$	3,5- 二甲基 -1,2- 环戊酮	13494-07-0	0.79
22	31.42	$C_6H_8O_2$	甲基环戊烯醇酮	80-71-7	0.56
23	31.88	$C_{10}H_{14}N_2$	烟碱	54-11-5	33.57
24	32.39	$C_7H_8O_2$	4- 甲氧基苯酚	150-76-5	0.76
25	32.86	C_7H_8O	苯甲醇	100-51-6	0.65
26	33.76	$C_{20}H_{38}$	新植二烯	504-96-1	1.94
27	34.13	C_8H_7N	苯乙腈	140-29-4	0.16
28	34.69	$C_6H_6O_3$	麦芽醇	118-71-8	0.56
29	35.78	C_9H_8O	1- 茚酮	83-33-0	0.09
30	36.15	C_6H_6O	苯酚	108-95-2	6.35
31	36.85	$C_6H_8O_3$	4- 羟基 -2,5- 二甲基 -3（2H）- 呋喃酮	3658-77-3	0.48
32	37.87	C_7H_8O	4- 甲基苯酚	106-44-5	1.48
33	39.81	$C_9H_{18}O_2$	壬酸	112-05-0	1.48
34	40.11	$C_8H_{10}O$	4- 乙基苯酚	123-07-9	1.02
35	40.39	$C_9H_{10}O_2$	4- 乙烯基 -2- 甲氧基苯酚	7786-61-0	0.46
36	42.81	$C_{16}H_{18}$	p- 甲苯基 -2,5- 二甲苯基乙烷	721-45-9	0.33
37	47.14	C_8H_8O	2,3- 二氢苯并呋喃	496-16-2	2.36
38	47.55	$C_9H_8O_3$	反式 -2- 羟基肉桂酸	614-60-8	0.68
39	49.22	C_7H_8N	吲哚	120-72-9	0.19
40	49.39	$C_{10}H_8N_2$	2,3'- 联吡啶	581-50-0	0.31
41	50.59	C_9H_9N	3,4- 二氢异喹啉	3230-65-7	0.41
42	51.44	$C_{16}H_{22}O_4$	邻苯二甲酸二异丁酯	84-69-5	0.45
43	54.09	$C_{16}H_{22}O_4$	邻苯二甲酸二丁酯	84-74-2	2.90
44	54.34	$C_{14}H_{28}O_2$	肉豆蔻酸	544-63-8	0.28
45	56.69	$C_{16}H_{32}O_2$	棕榈酸	57-10-3	2.54
46	60.18	$C_{18}H_{36}O_2$	硬脂酸	57-11-4	1.06
47	60.36	$C_{18}H_{34}O_2$	油酸	112-80-1	3.56
48	61.87	$C_{18}H_{32}O_2$	亚油酸	60-33-3	1.09

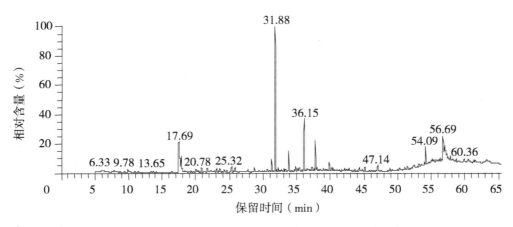

图 3-4　南雄粤烟 97X2F（2009）烤烟烟气致香物成分指纹图谱

3.2.4　广东南雄粤烟 97B2F（2009）烤烟烟气致香物成分分析结果

广东南雄粤烟 97B2F（2009）烤烟烟气致香物成分分析结果见表 3-4，广东南雄粤烟 97B2F（2009）烤烟烟气致香物成分指纹图谱见图 3-5。

致香物类型及相对含量如下。

（1）酮类：3- 甲基 -2- 环戊烯 -1- 酮 0.58%、2,3- 二甲基 -2- 环戊烯 -1- 酮 0.75%、甲基环戊烯醇酮 1.87%、3- 乙基 -2- 羟基 -2- 环戊烯 -1- 酮 0.77%、2,5- 二甲基 -4- 羟基呋喃酮 0.77%、巨豆三烯酮 1.18%、巨豆三烯酮 B1.36%、1-（8- 氟 -2- 萘酚 -1- 基）乙酮 0.63%。酮类相对含量为致香物的 7.91%。

（2）醛类：糠醛 4.63%。醛类相对含量为致香物的 4.63%。

（3）醇类：糠醇 1.39%、3,7,11- 三甲基 -1- 十二醇 2.78%。醇类相对含量为致香物的 4.17%。

（4）有机酸类：丙酸 0.39%、肉豆蔻酸 0.64%、棕榈酸 5.32%、硬脂酸 1.86%、反油酸 6.84%、亚油酸 1.30%。有机酸类相对含量为致香物的 16.35%。

（5）酯类：邻苯二甲酸二异丁酯 1.65%、邻苯二甲酸二丁酯 1.50%、亚麻酸甲酯 1.00%。酯类相对含量为致香物的 4.15%。

（6）稠环芳香烃类：未检测到该类成分。

（7）酚类：2- 甲氧基苯酚 1.42%、苯酚 6.24%、对甲基苯酚 3.07%、4- 乙基苯酚 1.66%、2- 甲氧基 -4- 乙烯基苯酚 1.17%、异丁香酚 0.41%。酚类相对含量为致香物的 13.97%。

（8）烷烃类：十五烷 0.42%、十六烷 0.43%、十七烷 0.71%、十八烷 0.65%、二十一烷 0.38%、三十一烷 0.43%、二十九烷 1.25%。烷烃类相对含量为致香物的 4.27%。

（9）不饱和脂肪烃类：双戊烯 2.09%、苯乙烯 1.49%、1- 十七烯 0.19%、α- 法呢烯 0.22%、2,6,10,14,18- 五甲基 -2,6,10,14,18- 二十碳五烯 0.39%。不饱和脂肪烃类相对含量为致香物的 4.38%。

（10）生物碱类：烟碱 15.92%。生物碱类相对含量为致香物的 15.92%。

（11）萜类：新植二烯 15.53%、角鲨烯 1.04%。萜类相对含量为致香物的 16.57%。

（12）其他类：间二甲苯 0.77%、3,6- 氧代 -1- 甲基 -8- 异丙基三环 [6.2.2.0^{2,7}] 十二 -4,9- 二烯 2.40%、2- 乙酰基呋喃 0.29%、N,P- 二异丙基 -N-T- 丁基磷酸肼 0.37%、3,4- 二氢异喹啉 0.90%、2,6- 二甲基 -3-（甲氧基甲基）-p- 苯醌 0.40%、2,3- 二氧苯并呋喃 1.04%。

表 3-4　广东南雄粤烟 97B2F（2009）烤烟烟气致香物成分分析结果

编号	保留时间（min）	分子式	化合物名称	CAS 号	相对含量（%）
1	6.27	C_8H_{10}	间二甲苯	108-38-3	0.77
2	7.78	$C_{10}H_{16}$	双戊烯	138-86-3	2.09
3	9.81	C_8H_8	苯乙烯	100-42-5	1.49
4	17.70	$C_5H_4O_2$	糠醛	98-01-1	4.63

续表

编号	保留时间（min）	分子式	化合物名称	CAS 号	相对含量（%）
5	18.63	$C_{15}H_{32}$	十五烷	629–62–9	0.42
6	19.15	$C_6H_6O_2$	2- 乙酰基呋喃	1192–62–7	0.29
7	19.31	C_6H_8O	3- 甲基 -2- 环戊烯 -1- 酮	2758–18–1	0.58
8	20.09	$C_7H_{10}O$	2,3- 二甲基 -2- 环戊烯 -1- 酮	1121–05–7	0.75
9	21.00	$C_3H_6O_2$	丙酸	79–09–4	0.39
10	21.75	$C_{16}H_{20}O_2$	3,6- 氧代 -1- 甲基 -8- 异丙基三环［6.2.2.0^{2,7}］十二 -4,9- 二烯	121824–66–6	2.40
11	22.47	$C_{16}H_{34}$	十六烷	544–76–3	0.43
12	25.40	$C_5H_6O_2$	糠醇	98–00–0	1.39
13	26.43	$C_{17}H_{36}$	十七烷	629–78–7	0.71
14	28.34	$C_{17}H_{34}$	1- 十七烯	6765–39–5	0.19
15	28.48	$C_{15}H_{24}$	α- 法呢烯	502–61–4	0.22
16	28.63	$C_{15}H_{32}O$	3,7,11- 三甲基 -1- 十二醇	6750–34–1	2.78
17	30.14	$C_{18}H_{38}$	十八烷	593–45–3	0.65
18	31.33	$C_6H_8O_2$	甲基环戊烯醇酮	80–71–7	1.87
19	31.80	$C_{10}H_{14}N_2$	烟碱	54–11–5	15.92
20	32.26	$C_7H_8O_2$	2- 甲氧基苯酚	90–05–1	1.42
21	33.15	$C_7H_{10}O_2$	3- 乙基 -2- 羟基 -2- 环戊烯 -1- 酮	21835–01–8	0.77
22	33.60	$C_{10}H_{25}N_2OP$	N,P- 二异丙基 -N-T- 丁基磷酸肼	78301–00–5	0.37
23	33.80	$C_{20}H_{38}$	新植二烯	504–96–1	15.53
24	36.16	C_6H_6O	苯酚	108–95–2	6.24
25	36.71	$C_6H_8O_3$	2,5- 二甲基 -4- 羟基呋喃酮	3658–77–3	0.77
26	37.81	C_7H_8O	对甲基苯酚	106–44–5	3.07
27	37.86	$C_{30}H_{50}$	角鲨烯	7683–64–9	1.04
28	39.87	$C_8H_{10}O$	4- 乙基苯酚	123–07–9	1.66
29	40.01	$C_{13}H_{18}O$	巨豆三烯酮	13215–88–8	1.18
30	40.25	$C_9H_{10}O_2$	2- 甲氧基 -4- 乙烯基苯酚	7786–61–0	1.17
31	41.88	$C_{13}H_{18}O$	巨豆三烯酮 B	38818–55–2	1.36
32	44.89	$C_{10}H_{12}O_2$	异丁香酚	97–54–1	0.41
33	46.46	$C_{21}H_{44}$	二十一烷	629–94–7	0.38
34	47.18	C_8H_8O	2,3- 二氢苯并呋喃	496–16–2	1.04
35	50.37	C_9H_9N	3,4- 二氢异喹啉	3230–65–7	0.90
36	51.47	$C_{16}H_{22}O_4$	邻苯二甲酸二异丁酯	84–69–5	1.65
37	52.27	$C_{25}H_{42}$	2,6,10,14,18- 五甲基 -2,6,10,14,18- 二十碳五烯	75581–03–2	0.39
38	52.32	$C_{10}H_{12}O_3$	2,6- 二甲基 -3-（甲氧基甲基）-p- 苯醌	40113–58–4	0.40
39	54.08	$C_{16}H_{22}O_4$	邻苯二甲酸二丁酯	84–74–2	1.50
40	54.24	$C_{14}H_{28}O_2$	肉豆蔻酸	544–63–8	0.64
41	55.40	$C_{12}H_9FO_2$	1-（8- 氟 -2- 萘酚 -1- 基）乙酮	116120–82–2	0.63
42	56.36	$C_{31}H_{64}$	三十一烷	630–04–6	0.43
43	56.75	$C_{16}H_{32}O_2$	棕榈酸	57–10–3	5.32
44	59.17	$C_{29}H_{60}$	二十九烷	630–03–5	1.25
45	59.92	$C_{18}H_{36}O_2$	硬脂酸	57–11–4	1.86
46	60.53	$C_{18}H_{34}O_2$	反油酸	112–79–8	6.84
47	61.68	$C_{18}H_{32}O_2$	亚油酸	60–33–3	1.30
48	63.38	$C_{19}H_{32}O_2$	亚麻酸甲酯	301–00–8	1.00

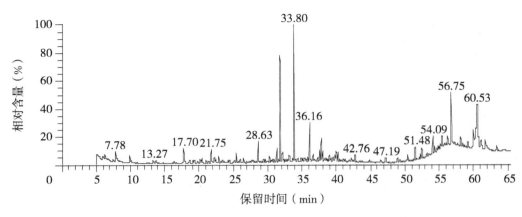

图 3-5　广东南雄粤烟 97B2F（2009）烤烟烟气致香物成分指纹图谱

3.2.5　广东南雄 K326B2F（2010）烤烟烟气致香物成分分析结果

广东南雄 K326B2F（2010）烤烟烟气致香物成分分析结果见表 3-5，广东南雄 K326B2F（2010）烤烟烟气致香物成分致香物指纹图谱见图 3-6。

致香物类型及相对含量如下。

（1）酮类：羟基丙酮 1.42%、2- 环戊烯酮 0.27%、3- 甲基 -2- 环戊烯 -1- 酮 0.25%、2,3- 二甲基 -2- 环戊烯 -1- 酮 0.16%、4- 环戊烯 -1,3- 二酮 0.35%、茄酮 0.43%、甲基环戊烯醇酮 1.00%、乙基环戊烯醇酮 0.28%、植酮 0.13%、1-（8- 氟 -2- 萘酚 -1- 基）乙酮 0.22%。酮类相对含量为致香物的 4.51%。

（2）醛类：糠醛 1.99%、5- 羟甲基糠醛 0.58%。醛类相对含量为致香物的 2.57%。

（3）醇类：糠醇 2.24%。醇类相对含量为致香物的 2.24%。

（4）有机酸类：乙酸 3.71%、丙酸 0.51%、棕榈酸 6.11%、反油酸 1.33%、亚油酸 0.37%。有机酸类相对含量为致香物的 12.03%。

（5）酯类：乙二醇二乙酸酯 0.83%、γ- 丁内酯 0.32%、棕榈酸甲酯 0.28%、邻苯二甲酸丁基酯 2- 乙基己基酯 0.33%、邻苯二甲酸丁基酯 8- 甲基壬基酯 4.06%。酯类相对含量为致香物的 5.82%。

（6）稠环芳香烃类：未检测到该类成分。

（7）酚类：愈创木酚 0.25%、苯酚 3.99%、对甲基苯酚 2.35%、2- 甲氧基 -4-（1E）-1- 丙烯基苯酚 0.59%、4- 乙基苯酚 0.41%、4- 乙烯基 -2- 甲氧基苯酚 0.17%、1,4- 苯二酚 0.68%。酚类相对含量为致香物的 8.44%。

（8）烷烃类：二十七烷 0.70%、二十九烷 6.55%、三十一烷 1.63%、二十五烷 0.58%。烷烃类相对含量为致香物的 9.46%。

（9）不饱和脂肪烃类：十五烯 0.07%、2,3,5,8- 四甲基 -1,5,9- 癸三烯 0.27%、1- 十九烯 1.53%、2,6,10,14,18- 五甲基 -2,6,10,14,18- 二十碳戊烯 0.59%。不饱和脂肪烃类相对含量为致香物的 2.46%。

（10）生物碱类：烟碱 41.67%、二烯烟碱 0.65%。生物碱类相对含量为致香物的 42.32%。

（11）萜类：新植二烯 6.57%。萜类相对含量为致香物的 6.57%。

（12）其他类：己苯 0.14%、对二甲苯 0.06%、邻二甲苯 0.33%、吡咯 0.68%、苯并噻唑 0.51%。3- 羟基吡啶 0.75%、3,6- 二氧 -1- 甲基 -8- 异丙基 - 三环［6.2.2.0^{2,7}］十二 -4,9- 二烯 0.75%。

表 3-5　广东南雄 K326B2F（2010）烤烟烟气致香物成分分析结果

编号	保留时间（min）	分子式	化合物名称	CAS 号	相对含量（%）
1	5.83	C_8H_{10}	己苯	100-41-4	0.14
2	6.02	C_8H_{10}	对二甲苯	106-42-3	0.06
3	6.20	C_8H_{10}	邻二甲苯	95-47-6	0.33
4	11.20	$C_3H_6O_2$	羟基丙酮	116-09-6	1.42
5	13.09	C_5H_6O	2- 环戊烯酮	930-30-3	0.27

续表

编号	保留时间（min）	分子式	化合物名称	CAS 号	相对含量（%）
6	17.08	$C_2H_4O_2$	乙酸	64–19–7	3.71
7	17.48	$C_5H_4O_2$	糠醛	98–01–1	1.99
8	17.64	$C_6H_{10}O_4$	乙二醇二乙酸酯	111–55–7	0.83
9	19.13	C_6H_8O	3- 甲基 -2- 环戊烯 -1- 酮	2758–18–1	0.25
10	19.50	C_4H_5N	吡咯	109–97–7	0.68
11	19.93	$C_7H_{10}O$	2,3- 二甲基 -2- 环戊烯 -1- 酮	1121–05–7	0.16
12	20.31	$C_{15}H_{30}$	十五烯	13360–61–7	0.07
13	20.45	$C_3H_6O_2$	丙酸	79–09–4	0.51
14	21.56	$C_{16}H_{20}O_2$	3,6- 二氧 -1- 甲基 -8- 异丙基 - 三环 ［6.2.2.0^{2,7}］十二 -4,9- 二烯	121824–66–6	0.75
15	22.01	$C_5H_4O_2$	4- 环戊烯 -1,3- 二酮	930–60–9	0.35
16	22.77	$C_{14}H_{24}$	2,3,5,8- 四甲基 -1,5,9- 癸三烯	6568–37–2	0.27
17	23.47	$C_4H_6O_2$	γ- 丁内酯	96–48–0	0.32
18	25.08	$C_5H_6O_2$	糠醇	98–00–0	2.24
19	27.65	$C_{13}H_{22}O$	茄酮	54868–48–3	0.43
20	28.53	$C_{19}H_{38}$	1- 十九烯	18435–45–5	1.53
21	31.05	$C_6H_8O_2$	甲基环戊烯醇酮	80–71–7	1.00
22	31.72	$C_{10}H_{14}N_2$	烟碱	54–11–5	41.67
23	32.04	$C_7H_8O_2$	愈创木酚	90–05–1	0.25
24	32.92	$C_7H_{10}O_2$	乙基环戊烯醇酮	21835–01–8	0.28
25	33.72	$C_{20}H_{38}$	新植二烯	504–96–1	6.57
26	34.30	C_7H_5NS	苯并噻唑	95–16–9	0.51
27	35.86	C_6H_6O	苯酚	108–95–2	3.99
28	37.55	C_7H_8O	对甲基苯酚	106–44–5	2.35
29	37.81	$C_{25}H_{42}$	2,6,10,14,18- 五甲基 -2,6,10，14,18- 二十碳戊烯	75581–03–2	0.59
30	38.27	$C_{18}H_{36}O$	植酮	502–69–2	0.13
31	39.32	$C_{10}H_{12}O_2$	2- 甲氧基 -4-（1E）-1- 丙烯基苯酚	5932–68–3	0.59
32	39.58	$C_8H_{10}O$	4- 乙基苯酚	123–07–9	0.41
33	40.03	$C_9H_{10}O_2$	4- 乙烯基 -2- 甲氧基苯酚	7786–61–0	0.17
34	40.42	$C_{17}H_{34}O_2$	棕榈酸甲酯	112–39–0	0.28
35	43.53	$C_{10}H_{10}N_2$	二烯烟碱	487–19–4	0.65
36	47.50	C_5H_5NO	3- 羟基吡啶	109–00–2	0.75
37	50.38	$C_{27}H_{56}$	二十七烷	593–49–7	0.70
38	50.61	$C_6H_6O_3$	5- 羟甲基糠醛	67–47–0	0.58
39	51.38	$C_{20}H_{30}O_4$	邻苯二甲酸丁基酯 2- 乙基己基酯	85–69–8	0.33
40	52.50	$C_{29}H_{60}$	二十九烷	630–03–5	6.55
41	54.01	$C_{22}H_{34}O_4$	邻苯二甲酸丁基酯 8- 甲基壬基酯	89–18–9	4.06
42	55.27	$C_{12}H_9FO_2$	1-（8- 氟 -2- 萘酚 -1- 基）乙酮	116120–82–2	0.22
43	56.62	$C_{16}H_{32}O_2$	棕榈酸	57–10–3	6.11
44	58.63	$C_6H_6O_2$	1,4- 苯二酚	123–31–9	0.68
45	59.18	$C_{31}H_{64}$	正三十一烷	630–04–6	1.63
46	60.37	$C_{18}H_{34}O_2$	反油酸	112–79–8	1.33
47	61.01	$C_{25}H_{52}$	二十五烷	629–99–2	0.58
48	61.49	$C_{18}H_{32}O_2$	亚油酸	60–33–3	0.37

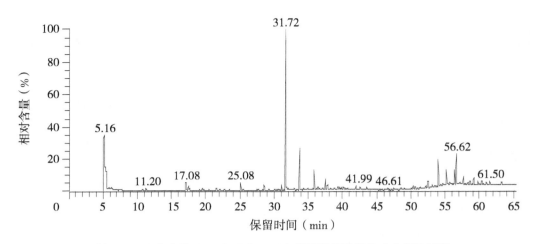

图 3-6　广东南雄 K326B2F（2010）烤烟烟气致香物成分指纹图谱

3.2.6　广东五华 K326B2F（2009）烤烟烟气致香物成分分析结果

广东五华 K326B2F（2009）烤烟烟气致香物成分分析结果见表 3-6，广东五华 K326B2F（2009）烤烟烟气致香物成分指纹图谱见图 3-7。

致香物类型及相对含量如下。

（1）酮类：2- 环戊烯酮 2.11%、甲基环戊烯酮 0.89%、2,3- 二甲基 -2- 环戊烯 -1- 酮 2.23%、3- 己烯 -2,5- 二酮 5.62%、茄酮 1.52%、甲基环戊烯醇酮 3.02%、橙化基丙酮 0.21%、乙基环戊烯醇酮 1.06%、植酮 1.12%、巨豆三烯酮 B1.02%。酮类相对含量为致香物的 18.80%。

（2）醛类：糠醛 0.67%。醛类相对含量为致香物的 0.67%。

（3）醇类：糠醇 0.84%、3,7,11- 三甲基 -1- 十二醇 0.75%。醇类相对含量为致香物的 1.59%。

（4）有机酸类：乙酸 0.95%、丙酸 1.05%、戊酸 1.98%、三氟乙酸 9.86%、4- 甲基戊酸 0.46%、肉豆蔻酸 0.80%、棕榈酸 2.54%、硬脂酸 0.85%。有机酸类相对含量为致香物的 18.49%。

（5）酯类：甲基 -3,3- 二氘化 -5,5- 二甲基环戊烷羧酸酯 1.48%、邻苯二甲酸二异丁酯 2.01%、邻苯二甲酸二丁酯 0.16%。酯类相对含量为致香物的 3.65%。

（6）稠环芳香烃类：1,8- 二甲基萘 0.24%。稠环芳香烃类相对含量为致香物的 0.24%。

（7）酚类：2- 甲氧基苯酚 2.15%、2- 甲氧基 -4- 甲基苯酚 0.66%、苯酚 2.39%、对甲基苯酚 1.47%、3- 甲酚 0.58%、4- 乙基苯酚 0.45%。酚类相对含量为致香物的 7.70%。

（8）烷烃类：十五烷 1.25%、二乙基丙二酸 0.66%、二十九烷 0.35%。烷烃类相对含量为致香物的 2.26%。

（9）不饱和脂肪烃类：双戊烯 2.32%、苯乙烯 1.69%、苯并丁烯 3.12%、2,6,10- 三甲基 -1,5,9- 十一烷三烯 4.60%。不饱和脂肪烃类相对含量为致香物的 11.73%。

（10）生物碱类：烟碱 35.65%。生物碱类相对含量为致香物的 35.65%。

（11）萜类：新植二烯 1.21%、角鲨烯 0.51%。萜类相对含量为致香物的 1.72%。

（12）其他类：邻二甲苯 0.47%、3- 甲基吡啶 1.24%、3,6- 氧代 -1- 甲基 -8- 异丙基三环（6.2.2.0^{2,7}）十二 -4,9- 二烯 3.69%、吡咯 1.92%、苯并噻唑 0.66%、麦斯明 1.80%、2,3'- 联吡啶 0.56%。

表 3-6　广东五华 K326B2F（2009）烤烟烟气致香物成分分析结果

编号	保留时间（min）	分子式	化合物名称	CAS 号	相对含量（%）
1	6.26	C_8H_{10}	邻二甲苯	95-47-6	0.47
2	7.69	$C_{10}H_{16}$	双戊烯	138-86-3	2.32
3	9.54	C_8H_8	苯乙烯	100-42-5	1.69
4	10.66	C_6H_7N	3- 甲基吡啶	108-99-6	1.24
5	13.33	C_5H_6O	2- 环戊烯酮	930-30-3	2.11

续表

编号	保留时间（min）	分子式	化合物名称	CAS 号	相对含量（%）
6	13.54	C_6H_8O	甲基环戊烯酮	1120-73-6	0.89
7	17.01	$C_2H_4O_2$	乙酸	64-19-7	0.95
8	17.41	$C_5H_4O_2$	糠醛	98-01-1	0.67
9	17.65	C_8H_8	苯并丁烯	NA	3.12
10	18.39	$C_{15}H_{32}$	十五烷	629-62-9	1.25
11	19.40	C_4H_5N	吡咯	109-97-7	1.92
12	19.56	$C_7H_{10}O$	2,3-二甲基-2-环戊烯-1-酮	1121-05-7	2.23
13	21.09	$C_7H_{12}O_4$	二乙基丙二酸	510-20-3	0.66
14	20.99	$C_3H_6O_2$	丙酸	79-09-4	1.05
15	21.54	$C_{16}H_{20}O_2$	3,6-氧代-1-甲基-8-异丙基三环［6.2.2.0^{2,7}］十二-4,9-二烯	121824-66-6	3.69
16	22.93	$C_{14}H_{24}$	2,6,10-三甲基-1,5,9-十一碳三烯	62951-96-6	4.60
17	23.87	$C_6H_8O_2$	3-己烯-2,5-二酮	4436-75-3	5.62
18	24.96	$C_5H_6O_2$	糠醇	98-00-0	0.84
19	25.65	$C_5H_{10}O_2$	戊酸	109-52-4	1.98
20	26.74	$C_{13}H_{22}O$	茄酮	54868-48-3	1.52
21	28.39	$C_{15}H_{32}O$	3,7,11-三甲基-1-十二醇	6750-34-1	0.75
22	28.57	$C_2HF_3O_2$	三氟乙酸	76-05-1	9.86
23	29.96	$C_6H_{12}O_2$	4-甲基戊酸	646-07-1	0.46
24	31.01	$C_6H_8O_2$	甲基环戊烯醇酮	80-71-7	3.02
25	31.67	$C_{10}H_{14}N_2$	烟碱	54-11-5	35.65
26	31.76	$C_{13}H_{22}O$	橙化基丙酮	3879-26-3	0.21
27	32.65	$C_7H_8O_2$	2-甲氧基苯酚	90-05-1	2.15
28	32.96	$C_7H_{10}O_2$	乙基环戊烯醇酮	21835-01-8	1.06
29	33.62	$C_{20}H_{38}$	新植二烯	504-96-1	1.21
30	34.26	C_7H_5NS	苯并噻唑	95-16-9	0.66
31	34.58	$C_8H_{10}O_2$	2-甲氧基-4-甲基苯酚	93-51-6	0.66
32	35.41	$C_{12}H_{12}$	1,8-二甲基萘	569-41-5	0.24
33	35.76	C_6H_6O	苯酚	108-95-2	2.39
34	37.47	C_7H_8O	对甲基苯酚	106-44-5	1.47
35	37.75	$C_{30}H_{50}$	角鲨烯	7683-64-9	0.51
36	38.02	C_7H_8O	3-甲酚	108-39-4	0.58
37	38.21	$C_{18}H_{36}O$	植酮	502-69-2	1.12
38	39.49	$C_8H_{10}O$	4-乙基苯酚	123-07-9	0.45
39	39.68	$C_9H_{10}N_2$	麦斯明	532-12-7	1.80
40	41.09	$C_{13}H_{18}O$	巨豆三烯酮 B	38818-55-2	1.02
41	43.45	$C_9H_{14}D_2O_2$	甲基-3,3-二氘化-5,5-二甲基环戊烷羧酸酯	79640-16-7	1.48
42	49.00	$C_{10}H_8N_2$	2,3'-联吡啶	581-50-0	0.56
43	52.36	$C_{16}H_{22}O_4$	邻苯二甲酸二异丁酯	84-69-5	2.01
44	54.00	$C_{29}H_{60}$	二十九烷	630-03-5	0.35
45	54.13	$C_{16}H_{22}O_4$	邻苯二甲酸二丁酯	84-74-2	0.16
46	54.58	$C_{14}H_{28}O_2$	肉豆蔻酸	544-63-8	0.80
47	55.96	$C_{16}H_{32}O_2$	棕榈酸	57-10-3	2.54
48	59.09	$C_{18}H_{36}O_2$	硬脂酸	57-11-4	0.85

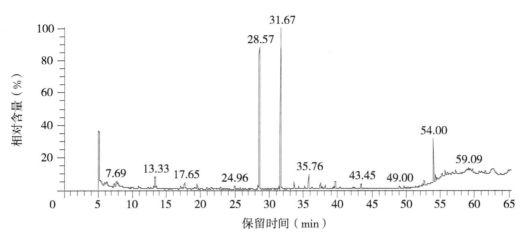

图 3-7　广东五华 K326B2F（2009）烤烟烟气致香物成分指纹图谱

3.2.7　广东五华 K326C2F（2009）烤烟烟气致香物成分分析结果

广东五华 K326C2F（2009）烤烟烟气致香物成分分析结果见表 3-7，广东五华 K326C2F（2009）烤烟烟气致香物成分指纹图谱见图 3-8。

致香物类型及相对含量如下。

（1）酮类：2- 环戊烯酮 0.94%、甲基环戊烯酮 0.34%、过氧化乙酰丙酮 0.27%、3- 甲基 -2- 环戊烯 -1- 酮 0.75%、2,3- 二甲基 -2- 环戊烯 -1- 酮 1.10%、（顺）3- 己烯 -2,5- 二酮 1.56%、茄酮 2.89%、甲基环戊烯醇酮 1.36%、巨豆三烯酮 B0.23%、植酮 2.01%。酮类相对含量为致香物的 11.45%。

（2）醛类：糠醛 0.90%、5- 甲基糠醛 1.57%。醛类相对含量为致香物的 2.47%。

（3）醇类：糠醇 0.76%、3,7,11- 三甲基 -1- 十二醇 1.58%、3- 苯基 -2- 丙炔 -1- 醇 0.58%。醇类相对含量为致香物的 2.92%。

（4）有机酸类：丙酸 2.68%、丁酸 0.68%、戊酸 0.56%、肉豆蔻酸 1.25%、棕榈酸 2.67%、硬脂酸 0.89%、反油酸 2.68%、亚油酸 0.58%。有机酸类相对含量为致香物的 11.99%。

（5）酯类：棕榈酸甲酯 1.58%、甲基 -3,3- 二氘化 -5,5- 二甲基环戊烷羧酸酯 1.25%、邻苯二甲酸二异丁酯 0.36%、邻苯二甲酸二丁酯 0.84%。酯类相对含量为致香物的 4.03%。

（6）稠环芳香烃类：萘 0.77%。稠环芳香烃类相对含量为致香物的 0.77%。

（7）酚类：2- 甲氧基苯酚 2.98%、苯酚 2.62%、对甲基苯酚 1.15%、4- 乙基苯酚 2.68%。酚类相对含量为致香物的 9.43%。

（8）烷烃类：十七烷 2.58%、7- 亚甲基十三烷 0.65%。烷烃类相对含量为致香物的 3.23%。

（9）不饱和脂肪烃类：双戊烯 2.58%、苯乙烯 4.92%、（E,E,E）-3,7,11,15- 四甲基 -1,3,6,10,14- 十六碳五烯 1.78%、2,6,10,14,18- 五甲基 -2,6,10,14,18- 二十碳五烯 1.25%。不饱和脂肪烃类相对含量为致香物的 10.53%。

（10）生物碱类：烟碱 47.54%。生物碱类相对含量为致香物的 47.54%。

（11）萜类：新植二烯 3.47%、角鲨烯 0.87%。萜类相对含量为致香物的 4.34%。

（12）其他类：1,4- 二甲苯 0.68%、2- 甲基 -5- 苯基 -5- 戊酮腈 0.29%、5- 甲基 -2- 甲酸吡啶 1.87%、2- 乙酰呋喃 1.02%、2- 甲基吡咯 0.60%、苯甲腈 1.61%、苯代丙腈 0.98%。

表 3-7　广东五华 K326C2F（2009）烤烟烟气致香物成分分析结果

编号	保留时间（min）	分子式	化合物名称	CAS 号	相对含量（%）
1	6.33	C_8H_{10}	1,4- 二甲苯	106-42-3	0.68
2	7.66	$C_{10}H_{16}$	双戊烯	138-86-3	2.58
3	8.54	$C_{12}H_{13}NO$	2- 甲基 -5- 苯基 -5- 戊酮腈	58422-86-9	0.29

续表

编号	保留时间（min）	分子式	化合物名称	CAS 号	相对含量（%）
4	9.28	C_8H_8	苯乙烯	100-42-5	4.92
5	11.35	$C_7H_7NO_2$	5-甲基-2-甲酸吡啶	4434-13-3	1.87
6	13.19	C_5H_6O	2-环戊烯酮	930-30-3	0.94
7	13.89	C_6H_8O	甲基环戊烯酮	1120-73-6	0.34
8	17.39	$C_5H_4O_2$	糠醛	98-01-1	0.90
9	18.26	$C_5H_8O_3$	过氧化乙酰丙酮	592-20-1	0.27
10	18.69	$C_6H_6O_2$	2-乙酰呋喃	1192-62-7	1.02
11	19.09	C_6H_8O	3-甲基-2-环戊烯-1-酮	2758-18-1	0.75
12	20.48	$C_7H_{10}O$	2,3-二甲基-2-环戊烯-1-酮	1121-05-7	1.10
13	20.88	C_5H_7N	2-甲基吡咯	636-41-9	0.60
14	21.41	$C_3H_6O_2$	丙酸	79-09-4	2.68
15	22.01	$C_6H_6O_2$	5-甲基糠醛	620-02-0	1.57
16	22.51	C_7H_5N	苯甲腈	100-47-0	1.61
17	23.34	$C_6H_8O_2$	（顺）3-己烯-2,5-二酮	17559-81-8	1.56
18	23.89	$C_4H_8O_2$	丁酸	107-92-6	0.68
19	24.96	$C_5H_6O_2$	糠醇	98-00-0	0.76
20	25.68	$C_5H_{10}O_2$	戊酸	109-52-4	0.56
21	26.77	$C_{17}H_{36}$	十七烷	629-78-7	2.58
22	27.61	$C_{10}H_8$	萘	91-20-3	0.77
23	28.04	$C_{13}H_{22}O$	茄酮	54868-48-3	2.89
24	28.39	$C_{14}H_{28}$	7-亚甲基十三烷	19780-80-4	0.65
25	28.54	$C_{15}H_{32}O$	3,7,11-三甲基-1-十二醇	6750-34-1	1.58
26	31.0.5	$C_6H_8O_2$	甲基环戊烯醇酮	80-71-7	1.36
27	31.69	$C_{10}H_{14}N_2$	烟碱	54-11-5	47.54
28	32.58	$C_7H_8O_2$	2-甲氧基苯酚	90-05-1	2.98
29	33.01	C_9H_8O	3-苯基-2-丙炔-1-醇	1504-58-1	0.58
30	33.62	$C_{20}H_{38}$	新植二烯	504-96-1	3.47
31	35.76	C_6H_6O	苯酚	108-95-2	2.62
32	36.75	C_9H_9N	苯代丙腈	645-59-0	0.98
33	37.86	$C_{30}H_{50}$	角鲨烯	7683-64-9	0.87
34	37.47	C_7H_8O	对甲基苯酚	106-44-5	1.15
35	38.02	$C_{18}H_{36}O$	植酮	502-69-2	2.01
36	39.66	$C_8H_{10}O$	4-乙基苯酚	123-07-9	2.68
37	39.79	$C_{13}H_{18}O$	巨豆三烯酮 B	38818-55-2	0.23
38	40.55	$C_{17}H_{34}O_2$	棕榈酸甲酯	112-39-0	1.58
39	41.56	$C_{20}H_{32}$	（E,E,E）-3,7,11,15-四甲基-1,3,6,10,14-十六碳五烯	77898-97-6	1.78
40	43.44	$C_9H_{14}D_2O_2$	甲基-3,3-二氘化-5,5-二甲基环戊烷羧酸酯	79640-16-7	1.25
41	48.99	$C_{16}H_{22}O_4$	邻苯二甲酸二异丁酯	84-69-5	0.36
42	50.32	$C_{25}H_{42}$	2,6,10,14,18-五甲基-2,6,10,14,18-二十碳五烯	75581-03-2	1.25
43	55.34	$C_{16}H_{22}O_4$	邻苯二甲酸二丁酯	84-74-2	0.84

续表

编号	保留时间（min）	分子式	化合物名称	CAS 号	相对含量（%）
44	54.00	$C_{14}H_{28}O_2$	肉豆蔻酸	544-63-8	1.25
45	56.97	$C_{16}H_{32}O_2$	棕榈酸	57-10-3	2.67
46	58.65	$C_{18}H_{36}O_2$	硬脂酸	57-11-4	0.89
47	59.70	$C_{18}H_{34}O_2$	反油酸	112-79-8	2.68
48	60.23	$C_{18}H_{32}O_2$	亚油酸	60-33-3	0.58

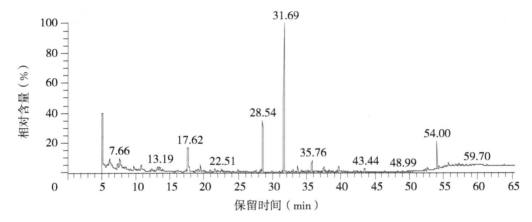

图 3-8　广东五华 K326C2F（2009）烤烟烟气致香物成分指纹图谱

3.2.8　广东梅州大埔云烟 87B2F（2009）烤烟烟气致香物成分分析结果

广东梅州大埔云烟 87B2F（2009）烤烟烟气致香物成分分析结果见表 3-8，广东梅州大埔云烟 87B2F（2009）烤烟烟气致香物成分指纹图谱见图 3-9。

致香物类型及相对含量如下。

（1）酮类：2- 环戊烯酮 0.46%、甲基环戊烯酮 2.21%、3- 甲基 -2- 环戊烯 -1- 酮 4.10%、2,3- 二甲基 -2- 环戊烯 -1- 酮 1.09%、1- 乙酰氧基 -2- 丁酮 1.48%、2- 环戊烯 -1,4- 二酮 0.11%、茄酮 1.58%、3,5- 二甲基环戊烯醇酮 0.24%、甲基环戊烯醇酮 1.68%、乙基环戊烯醇酮 2.36%、1- 茚酮 0.09%。酮类相对含量为致香物的 15.40%。

（2）醛类：糠醛 5.01%、5- 甲基糠醛 6.55%。醛类相对含量为致香物的 11.56%。

（3）醇类：糠醇 3.26%、3,7,11- 三甲基 -1- 十二醇 3.21%、苯甲醇 0.68%、麦芽醇 1.65%。醇类相对含量为致香物的 8.80%。

（4）有机酸类：乙酸 3.78%、丙酸 2.03%、异丁酸 0.75%、丁酸 1.03%、3- 甲基丁酸 0.24%、戊酸 1.25%、3- 甲基戊酸 1.35%、壬酸 0.20%、棕榈酸 3.54%、硬脂酸 5.63%、反油酸 1.59%。有机酸类相对含量为致香物的 21.39%。

（5）酯类：棕榈酸甲酯 0.38%、邻苯二甲酸二异丁酯 1.26%、邻苯二甲酸二丁酯 2.86%。酯类相对含量为致香物的 4.50%。

（6）稠环芳香烃类：未检测到该类成分。

（7）酚类：对甲氧基苯酚 2.35%、2- 甲氧基 -4- 甲基苯酚 0.56%、苯酚 4.33%、对甲基苯酚 4.64%、间乙基苯酚 1.09%、2- 甲氧基 -4- 乙烯基苯酚 1.23%、2,4- 二甲苯酚 0.78%。酚类相对含量为致香物的 14.98%。

（8）烷烃类：十六烷 0.68%、十七烷 0.38%、十八烷 0.21%、三十五烷 1.28%、二十七烷 1.19%。烷烃类相对含量为致香物的 3.74%。

（9）不饱和脂肪烃类：双戊烯 2.35%、苯乙烯 1.78%。不饱和脂肪烃类相对含量为致香物的 4.13%。

（10）生物碱类：烟碱 35.68%。生物碱类相对含量为致香物的 35.68%。

（11）萜类：新植二烯 6.65%、角鲨烯 1.86%。萜类相对含量为致香物的 8.51%。

（12）其他类：1,4-二甲苯 0.15%、邻二甲苯 0.88%、2-乙酰呋喃 1.89%、2-乙酰-5-甲基呋喃 2.01%、N-甲基丁二酰胺 0.68%、2-乙酰吡咯 0.41%、2,3-二氢苯并呋喃 1.68%、3,4-二氢异喹啉 1.49%、3,6-氧代-1-甲基-8-异丙基三环［6.2.2.0^{2,7}］十二-4,9-二烯 0.47%。

表 3-8　广东梅州大埔云烟 87B2F（2009）烤烟烟气致香物成分分析结果

编号	保留时间（min）	分子式	化合物名称	CAS 号	相对含量（%）
1	6.13	C_8H_{10}	1,4-二甲苯	106-42-3	0.15
2	6.30	C_8H_{10}	邻二甲苯	95-47-6	0.88
3	7.69	$C_{10}H_{16}$	双戊烯	138-86-3	2.35
4	9.75	C_8H_8	苯乙烯	100-42-5	1.78
5	13.23	C_5H_6O	2-环戊烯酮	930-30-3	0.46
6	13.62	C_6H_8O	甲基环戊烯酮	1120-73-6	2.21
7	17.46	$C_2H_4O_2$	乙酸	64-19-7	3.78
8	17.58	$C_5H_4O_2$	糠醛	98-01-1	5.01
9	19.08	$C_6H_6O_2$	2-乙酰呋喃	1192-62-7	1.89
10	19.25	C_6H_8O	3-甲基-2-环戊烯-1-酮	2758-18-1	4.10
11	20.23	$C_7H_{10}O$	2,3-二甲基-2-环戊烯-1-酮	1121-05-7	1.09
12	20.45	$C_6H_{10}O_3$	1-乙酰氧基-2-丁酮	1575-57-1	1.48
13	20.79	$C_3H_6O_2$	丙酸	79-09-4	2.03
14	21.71	$C_{16}H_{20}O_2$	3,6-氧代-1-甲基-8-异丙基三环［6.2.2.0^{2,7}］十二-4,9-二烯	121824-66-6	0.47
15	21.78	$C_6H_6O_2$	5-甲基糠醛	620-02-0	6.55
16	22.08	$C_4H_8O_2$	异丁酸	79-31-2	0.75
17	22.17	$C_5H_4O_2$	2-环戊烯-1,4-二酮	930-60-9	0.11
18	22.51	$C_{16}H_{34}$	十六烷	544-76-3	0.68
19	23.19	$C_7H_8O_2$	2-乙酰-5-甲基呋喃	1193-79-9	2.01
20	24.27	$C_4H_8O_2$	丁酸	107-92-6	1.03
21	25.42	$C_5H_6O_2$	糠醇	98-00-0	3.26
22	25.83	$C_5H_{10}O_2$	3-甲基丁酸	503-74-2	0.24
23	26.03	$C_5H_{10}O_2$	戊酸	109-52-4	1.25
24	26.56	$C_{17}H_{36}$	十七烷	629-78-7	0.38
25	27.74	$C_{13}H_{22}O$	茄酮	54868-48-3	1.58
26	28.58	$C_{15}H_{32}O$	3,7,11-三甲基-1-十二醇	6750-34-1	3.21
27	30.16	$C_{18}H_{38}$	十八烷	593-45-3	0.21
28	30.22	$C_7H_{10}O_2$	3,5-二甲基环戊烯醇酮	13494-07-0	0.24
29	30.63	$C_6H_{12}O_2$	3-甲基戊酸	105-43-1	1.35
30	31.30	$C_6H_8O_2$	甲基环戊烯醇酮	80-71-7	1.68
31	31.90	$C_{10}H_{14}N_2$	烟碱	54-11-5	35.68
32	32.14	$C_7H_8O_2$	对甲氧基苯酚	150-76-5	2.35
33	32.65	C_7H_8O	苯甲醇	100-51-6	0.68
34	33.20	$C_7H_{10}O_2$	乙基环戊烯醇酮	21835-01-8	2.36
35	33.34	$C_5H_7NO_2$	N-甲基丁二酰胺	1121-07-9	0.68
36	33.78	$C_{20}H_{38}$	新植二烯	504-96-1	6.65
37	33.98	$C_8H_{10}O_2$	2-甲氧基-4-甲基苯酚	93-51-6	0.56
38	34.84	$C_6H_6O_3$	麦芽醇	118-71-8	1.65

续表

编号	保留时间（min）	分子式	化合物名称	CAS 号	相对含量（%）
39	35.22	C_6H_7NO	2- 乙酰吡咯	1072-83-9	0.41
40	35.85	C_9H_8O	1- 茚酮	83-33-0	0.09
41	36.12	C_6H_6O	苯酚	108-95-2	4.33
42	37.82	C_7H_8O	对甲基苯酚	106-44-5	4.64
43	37.89	$C_{30}H_{50}$	角鲨烯	7683-64-9	1.86
44	39.52	$C_9H_{18}O_2$	壬酸	112-05-0	0.20
45	39.94	$C_8H_{10}O$	间乙基苯酚	620-17-7	1.09
46	40.33	$C_9H_{10}O_2$	2- 甲氧基 -4- 乙烯基苯酚	7786-61-0	1.23
47	40.51	$C_{17}H_{34}O_2$	棕榈酸甲酯	112-39-0	0.38
48	41.10	$C_8H_{10}O$	2,4- 二甲基苯酚	105-67-9	0.78
49	47.09	C_8H_8O	2,3- 二氢苯并呋喃	496-16-2	1.68
50	50.30	C_9H_9N	3,4- 二氢异喹啉	3230-65-7	1.49
51	50.40	$C_{35}H_{72}$	三十五烷	630-07-9	1.28
52	51.28	$C_{16}H_{22}O_4$	邻苯二甲酸二异丁酯	84-69-5	1.26
53	53.98	$C_{27}H_{56}$	二十七烷	593-49-7	1.19
54	54.11	$C_{16}H_{22}O_4$	邻苯二甲酸二丁酯	84-74-2	2.86
55	55.98	$C_{16}H_{32}O_2$	棕榈酸	57-10-3	3.54
56	59.75	$C_{18}H_{36}O_2$	硬脂酸	57-11-4	5.63
57	60.68	$C_{18}H_{34}O_2$	反油酸	112-79-8	1.59

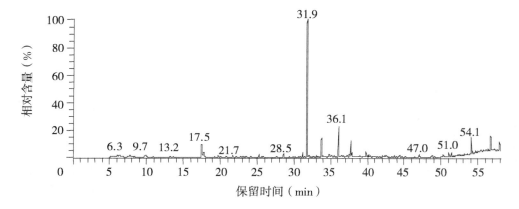

图 3-9　广东梅州大埔云烟 87B2F（2009）烤烟烟气致香物成分指纹图谱

3.2.9　广东梅州大埔云烟 87C3F（2009）烤烟烟气致香物成分分析结果

广东梅州大埔云烟 87C3F（2009）烤烟烟气致香物成分分析结果见表 3-9，广东梅州大埔云烟 87C3F（2009）烤烟烟气致香物成分指纹图谱见图 3-10。

致香物类型及相对含量如下。

（1）酮类：羟基丙酮 0.12%、（顺）3- 己烯 -2,5- 二酮 1.77%、茄酮 3.18%、3,5- 二甲基环戊烯醇酮 0.46%、甲基环戊烯醇酮 10.05%、3- 甲基环戊烷 -1,2- 二酮 1.27%、1- 茚酮 0.49%、2- 吡咯烷酮 0.16%、植酮 0.42%、巨豆三烯酮 0.37%、巨豆三烯酮 B1.35%。酮类相对含量为致香物的 19.64%。

（2）醛类：糠醛 0.53%、5- 甲基糠醛 0.43%。醛类相对含量为致香物的 0.96%。

（3）醇类：糠醇 1.20%、3,7,11- 三甲基 -1- 十二醇 0.31%、麦芽醇 0.68%。醇类相对含量为致香物的 2.19%。

（4）有机酸类：丙酸 3.01%、4- 甲基戊酸 2.38%、癸酸 0.46%、棕榈酸 2.81%、硬脂酸 0.81%、反油酸 11.03%。有机酸类相对含量为致香物的 20.50%。

（5）酯类：丙基 -P- 乙酰苯基硫酸酯 0.59%、邻苯二甲酸二异丁酯 2.46%、邻苯二甲酸二丁酯 3.12%。酯类相对含量为致香物的 6.17%。

（6）稠环芳香烃类：未检测到该类成分。

（7）酚类：2- 甲氧基苯酚 0.91%、2- 甲氧基 -5- 甲基苯酚 0.23%、苯酚 7.30%、2,4- 二甲基苯酚 0.44%、对甲基苯酚 3.85%、间乙基苯酚 1.79%、2- 甲氧基 -4- 乙烯基苯酚 0.79%。酚类相对含量为致香物的 15.31%。

（8）烷烃类：十五烷 0.34%、十六烷 0.21%、十八烷 0.59%。烷烃类相对含量为致香物的 1.14%。

（9）不饱和脂肪烃类：双戊烯 1.16%、苯乙烯 5.81%、1- 十五烯 0.80%、2,6,10- 三甲基 -1,5,9- 十一烷三烯 2.09%、6,8- 二甲基苯并环辛四烯 0.14%。不饱和脂肪烃类相对含量为致香物的 10.00%。

（10）生物碱类：烟碱 34.43%。生物碱类相对含量为致香物的 34.43%。

（11）萜类：新植二烯 13.82 %、角鲨烯 1.49%。萜类相对含量为致香物的 15.31%。

（12）其他类：邻二甲苯 0.84%、1,4- 二甲苯 1.54%、3- 甲基吡啶 0.50%、2- 乙酰呋喃 0.06%、吡咯 0.70%、2,3- 二氢苯并呋喃 0.85%、4- 二氢异喹啉 0.51%。

表 3-9　广东梅州大埔云烟 87C3F（2009）烤烟烟气致香物成分分析结果

编号	保留时间（min）	分子式	化合物名称	CAS 号	相对含量（%）
1	6.31	C_8H_{10}	邻二甲苯	95-47-6	0.84
2	7.48	C_8H_{10}	1,4- 二甲苯	106-42-3	1.54
3	7.80	$C_{10}H_{16}$	双戊烯	138-86-3	1.16
4	8.59	C_8H_8	苯乙烯	100-42-5	5.81
5	10.95	C_6H_7N	3- 甲基吡啶	108-99-6	0.5
6	12.68	$C_3H_6O_2$	羟基丙酮	116-09-6	0.12
7	17.73	$C_5H_4O_2$	糠醛	98-01-1	0.53
8	18.72	$C_{15}H_{32}$	十五烷	629-62-9	0.34
9	19.25	$C_6H_6O_2$	2- 乙酰呋喃	1192-62-7	0.06
10	19.85	C_4H_5N	吡咯	109-97-7	0.70
11	20.68	$C_{15}H_{30}$	1- 十五烯	13360-61-7	0.80
12	21.56	$C_3H_6O_2$	丙酸	79-09-4	3.01
13	22.38	$C_6H_6O_2$	5- 甲基糠醛	620-02-0	0.43
14	22.46	$C_{16}H_{34}$	十六烷	544-76-3	0.21
15	22.78	$C_{14}H_{24}$	2,6,10- 三甲基 -1,5,9- 十一碳三烯	62951-96-6	2.09
16	23.72	$C_6H_8O_2$	（顺）3- 己烯 -2,5- 二酮	17559-81-8	1.77
17	26.48	$C_5H_6O_2$	糠醇	98-00-0	1.20
18	27.59	$C_{13}H_{22}O$	茄酮	54868-48-3	3.18
19	28.78	$C_{15}H_{32}O$	3,7,11- 三甲基 -1- 十二烷醇	6750-34-1	0.31
20	30.26	$C_{18}H_{38}$	十八烷	593-45-3	0.59
21	30.57	$C_7H_{10}O_2$	3,5- 二甲基环戊烯醇酮	13494-07-0	0.46
22	30.56	$C_6H_{12}O_2$	4- 甲基戊酸	646-07-1	2.38
23	31.18	$C_6H_8O_2$	甲基环戊烯醇酮	80-71-7	10.05
24	31.35	$C_6H_8O_2$	3- 甲基环戊烷 -1,2- 二酮	765-70-8	1.27
25	31.89	$C_{10}H_{14}N_2$	烟碱	54-11-5	34.43
26	32.55	$C_7H_8O_2$	2- 甲氧基苯酚	90-05-1	0.91
27	33.54	$C_{20}H_{38}$	新植二烯	504-96-1	13.82
28	34.96	$C_6H_6O_3$	麦芽醇	118-71-8	0.68
29	35.12	$C_8H_{10}O_2$	2- 甲氧基 -5- 甲基苯酚	1195-09-1	0.23
30	35.85	C_9H_8O	1- 茚酮	83-33-0	0.49

续表

编号	保留时间（min）	分子式	化合物名称	CAS 号	相对含量（%）
31	36.20	C_6H_6O	苯酚	108-95-2	7.30
32	36.54	C_4H_7NO	2-吡咯烷酮	616-45-5	0.16
33	37.52	$C_8H_{10}O$	2,4-二甲基苯酚	105-67-9	0.44
34	37.78	C_7H_8O	对甲基苯酚	106-44-5	3.85
35	37.96	$C_{30}H_{50}$	角鲨烯	7683-64-9	1.49
36	38.46	$C_{18}H_{36}O$	植酮	502-69-2	0.42
37	39.53	$C_{11}H_{14}O_5S$	丙基-P-乙酰苯基硫酸酯	69363-20-8	0.59
38	39.78	$C_8H_{10}O$	间乙基苯酚	620-17-7	1.79
39	40.15	$C_{13}H_{18}O$	巨豆三烯酮 B	38818-55-2	1.35
40	41.33	$C_9H_{10}O_2$	2-甲氧基-4-乙烯基苯酚	7786-61-0	0.79
41	41.89	$C_{14}H_{14}$	6,8-二甲基苯并环辛四烯	99027-75-5	0.14
42	42.78	$C_{10}H_{20}O_2$	正癸酸	334-48-5	0.46
43	44.36	$C_{13}H_{18}O$	巨豆三烯酮	13215-88-8	0.37
44	47.14	C_8H_8O	2,3-二氢苯并呋喃	496-16-2	0.85
45	49.87	C_9H_9N	4-二氢异喹啉	3230-65-7	0.51
46	51.46	$C_{16}H_{22}O_4$	邻苯二甲酸二异丁酯	84-69-5	2.46
47	54.11	$C_{16}H_{22}O_4$	邻苯二甲酸二丁酯	84-74-2	3.12
48	56.84	$C_{16}H_{32}O_2$	棕榈酸	57-10-3	2.81
49	60.54	$C_{18}H_{36}O_2$	硬脂酸	57-11-4	0.81
50	61.57	$C_{18}H_{34}O_2$	反油酸	112-79-8	11.03

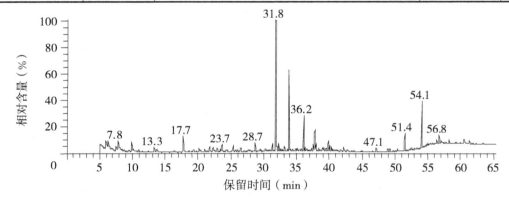

图 3-10　广东梅州大埔云烟 87C3F（2009）烤烟烟气致香物成分指纹图谱

3.2.10　广东梅州大埔 K326C3F（2010）烤烟烟气致香物成分分析结果

广东梅州大埔 K326C3F（2010）烤烟烟气致香物成分分析结果见表 3-10，广东梅州大埔 K326C3F（2010）烤烟烟气致香物成分指纹图谱见图 3-11。

致香物类型及相对含量如下。

（1）酮类：羟基丙酮 0.87%、2-环戊烯酮 0.58%、甲基环戊烯酮 0.23%、过氧化乙酰丙酮 0.90%、3-甲基-2-环戊烯-1-酮 0.33%、2,3-二甲基-2-环戊烯-1-酮 0.15%、甲基环戊烯醇酮 1.11%、4-甲基-2（5H）-呋喃酮 0.07%、乙基环戊烯醇酮 0.33%、植酮 0.11%、1-（8-氟-2-萘酚-1-基）乙酮 0.50%、2-环戊烯-1,4-二酮 0.68%。酮类相对含量为致香物的 5.86%。

（2）醛类：糠醛 1.81%。醛类相对含量为致香物的 1.81%。

（3）醇类：糠醇 2.63%、（E）-香芹醇 0.18%、（Z）-香芹醇 0.09%、苯甲醇 0.11%、斯巴醇 0.09%、5-[2,3-二甲基三环[2.2.1.0^{2,6}]-3-庚基]-2-甲基-2-戊烯-1-醇立体异构体 4.68%、香柑油醇 0.86%、檀香醇 1.67%、6-（4-甲苯基）-2-甲基-2-庚烯醇 0.38%。醇类相对含量为致香物的 10.69%。

（4）有机酸类：乙酸 1.34%、十五烷酸 0.31%、棕榈酸 7.27%、硬脂酸 0.95%、反油酸 1.00%、亚油酸

0.71%。有机酸类相对含量为致香物的 11.58%。

（5）酯类：4,4,7- 三甲基 -4,7- 二氢茚 -6- 羧酸甲酯 0.64%、邻苯二甲酸二异丁酯 0.18%、邻苯二甲酸二丁酯 6.24%。酯类相对含量为致香物的 7.06%。

（6）稠环芳香烃类：未检测到该类成分。

（7）酚类：2- 甲氧基苯酚 0.23%、苯酚 5.95%、2- 乙基苯酚 0.18%、2,4- 二甲基苯酚 0.12%、对甲基苯酚 3.18%、丁香酚 3.39%、4- 乙基苯酚 0.83%、4- 乙烯基 -2- 甲氧基苯酚 0.30%。酚类相对含量为致香物的 14.18%。

（8）烷烃类：（E）-1- 叠氮 -2- 苯乙烷 1.11%、二十八烷 0.22%、二十九烷 0.39%、三十一烷 0.40%、二十五烷 0.32%。烷烃类相对含量为致香物的 2.44%。

（9）不饱和脂肪烃类：（+）- 柠檬烯 0.39%、苯乙烯 0.14%、1- 十九烯 1.35%、2,6,10,14,18- 五甲基 -2,6,10,14,18- 二十碳戊烯 0.58%。不饱和脂肪烃类相对含量为致香物的 2.46%。

（10）生物碱类：烟碱 30.41%。生物碱类相对含量为致香物的 30.41%。

（11）萜类：新植二烯 8.73%、角鲨烯 0.63%。萜类相对含量为致香物的 9.36%。

（12）其他：吡咯 0.93%、2- 乙酰吡咯 0.33%、麦斯明 0.49%、2,3- 二氢苯并呋喃 0.96%、3,6- 氧代 -1- 甲基 -8- 异丙基三环［6.2.2.0^{2,7}］十二 -4,9- 二烯 0.78%、2,3'- 联吡啶 0.28%、7- 甲基吲哚 0.32%。

表 3-10　广东梅州大埔 K326C3F（2010）烤烟烟气致香物成分分析结果

编号	保留时间（min）	分子式	化合物名称	CAS 号	相对含量（%）
1	7.66	C$_{10}$H$_{16}$	（+）- 柠檬烯	5989-27-5	0.39
2	9.67	C$_8$H$_8$	苯乙烯	100-42-5	0.14
3	11.22	C$_3$H$_6$O$_2$	羟基丙酮	116-09-6	0.87
4	13.09	C$_5$H$_6$O	2- 环戊烯酮	930-30-3	0.58
5	13.54	C$_6$H$_8$O	甲基环戊烯酮	1120-73-6	0.23
6	17.10	C$_2$H$_4$O$_2$	乙酸	64-19-7	1.34
7	17.47	C$_5$H$_4$O$_2$	糠醛	98-01-1	1.81
8	17.63	C$_5$H$_8$O$_3$	过氧化乙酰丙酮	592-20-1	0.90
9	19.12	C$_6$H$_8$O	3- 甲基 -2- 环戊烯 -1- 酮	2758-18-1	0.33
10	19.50	C$_4$H$_5$N	吡咯	109-97-7	0.93
11	19.93	C$_7$H$_{10}$O	2,3- 二甲基 -2- 环戊烯 -1- 酮	1121-05-7	0.15
12	21.57	C$_{16}$H$_{20}$O$_2$	3,6- 氧代 -1- 甲基 -8- 异丙基三环［6.2.2.0^{2,7}］十二 -4,9- 二烯	121824-66-6	0.78
13	22.00	C$_5$H$_4$O$_2$	2- 环戊烯 -1,4- 二酮	930-60-9	0.68
14	25.08	C$_5$H$_6$O$_2$	糠醇	98-00-0	2.63
15	28.52	C$_{19}$H$_{38}$	1- 十九烯	18435-45-5	1.35
16	31.05	C$_6$H$_8$O$_2$	甲基环戊烯醇酮	80-71-7	1.11
17	31.28	C$_{10}$H$_{16}$O	（E）- 香芹醇	1197-07-5	0.18
18	31.69	C$_{10}$H$_{14}$N$_2$	烟碱	54-11-5	30.41
19	32.04	C$_7$H$_8$O$_2$	2- 甲氧基苯酚	90-05-1	0.23
20	32.15	C$_{10}$H$_{16}$O	（Z）- 香芹醇	1197-06-4	0.09
21	32.49	C$_7$H$_8$O	苯甲醇	100-51-6	0.11
22	32.61	C$_5$H$_6$O$_2$	4- 甲基 -2（5H）- 呋喃酮	6124-79-4	0.07
23	32.91	C$_7$H$_{10}$O$_2$	乙基环戊烯醇酮	21835-01-8	0.33
24	33.48	C$_{14}$H$_{20}$O$_2$	4,4,7- 三甲基 -4,7- 二氢茚 -6- 羧酸甲酯	121013-28-3	0.64
25	33.72	C$_{20}$H$_{38}$	新植二烯	504-96-1	8.73
26	34.95	C$_6$H$_7$NO	2- 乙酰吡咯	1072-83-9	0.33
27	35.86	C$_6$H$_6$O	苯酚	108-95-2	5.96
28	37.33	C$_8$H$_{10}$O	2- 乙基苯酚	90-00-6	0.18

续表

编号	保留时间（min）	分子式	化合物名称	CAS 号	相对含量（%）
29	37.46	$C_8H_{10}O$	2,4- 二甲基苯酚	105-67-9	0.12
30	37.55	C_7H_8O	对甲基苯酚	106-44-5	3.18
31	37.80	$C_{30}H_{50}$	角鲨烯	7683-64-9	0.45
32	38.19	$C_{15}H_{24}O$	斯巴醇	77171-55-2	0.09
33	38.27	$C_{18}H_{36}O$	植酮	502-69-2	0.11
34	39.33	$C_{10}H_{12}O_2$	丁香酚	97-53-0	3.39
35	39.58	$C_8H_{10}O$	4- 乙基苯酚	123-07-9	0.83
36	39.69	$C_9H_{10}N_2$	麦斯明	532-12-7	0.49
37	40.05	$C_9H_{10}O_2$	4- 乙烯基 -2- 甲氧基苯酚	7786-61-0	0.30
38	44.44	$C_{15}H_{24}O$	5-（2,3- 二甲基三环［2.2.1.0²,⁶］-3- 庚基）-2- 甲基 -2- 戊烯 -1- 醇立体异构体	115-71-9	4.68
39	44.86	$C_{15}H_{24}O$	香柑油醇	88034-74-6	0.86
40	46.61	C_8H_8O	2,3- 二氢苯并呋喃	496-16-2	0.96
41	47.85	$C_{15}H_{24}O$	檀香醇	98718-53-7	1.67
42	48.53	$C_8H_7N_3$	（E）-1- 叠氮 -2- 苯乙烷	18756-03-1	1.11
43	49.03	$C_{10}H_8O_2$	2,3'- 联吡啶	581-50-0	0.28
44	50.10	C_9H_9N	7- 甲基吲哚	933-67-5	0.32
45	51.12	$C_{15}H_{22}O$	6-（4- 甲苯基）-2- 甲基 -2- 庚烯醇	39599-18-3	0.38
46	51.40	$C_{16}H_{22}O_4$	邻苯二甲酸二异丁酯	84-69-5	0.18
47	52.24	$C_{30}H_{50}$	角鲨烯	7683-64-9	0.18
48	52.46	$C_{25}H_{42}$	2,6,10,14,18- 五甲基 -2,6,10,14,18- 二十碳戊烯	75581-03-2	0.58
49	54.01	$C_{16}H_{22}O_4$	邻苯二甲酸二丁酯	84-74-2	6.24
50	55.20	$C_{28}H_{58}$	二十八烷	630-02-4	0.22
51	55.27	$C_{12}H_9FO_2$	1-（8- 氟 -2- 萘酚 -1- 基）乙酮	116120-82-2	0.50
52	55.36	$C_{15}H_{30}O_2$	十五酸	1002-84-2	0.31
53	56.35	$C_{29}H_{60}$	二十九烷	630-03-5	0.39
54	56.61	$C_{16}H_{32}O_2$	棕榈酸	57-10-3	7.27
55	58.39	$C_{31}H_{64}$	三十一烷	630-04-6	0.40
56	59.18	$C_{25}H_{52}$	二十五烷	629-99-2	0.32
57	59.77	$C_{18}H_{36}O_2$	硬脂酸	57-11-4	0.95
58	60.36	$C_{18}H_{34}O_2$	反油酸	112-79-8	1.00
59	61.49	$C_{18}H_{32}O_2$	亚油酸	60-33-3	0.71

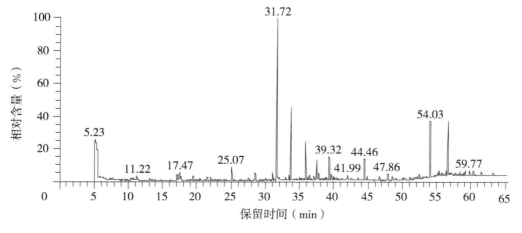

图 3-11　广东梅州大埔 K326C3F（2010）烤烟烟气致香物成分指纹图谱

3.2.11　广东梅州大埔云烟 100C3F（2010）烤烟烟气致香物成分分析结果

广东梅州大埔云烟 100C3F（2010）烤烟烟气致香物成分分析结果见表 3-11，广东梅州大埔云烟 100C3F（2010）烤烟烟气致香物成分指纹图谱见图 3-12。

致香物类型及相对含量如下。

（1）酮类：2- 羟基苯乙酮 0.47%、羟基丙酮 0.47%、2- 环戊烯酮 0.38%、3- 甲基 -2- 环戊烯 -1- 酮 0.22%、4- 环戊烯 -1,3- 二酮 0.45%、甲基环戊烯醇酮 0.99%、乙基环戊烯醇酮 0.26%、3-（2,2- 二甲基亚丙基）二环 [3.3.1] 壬烷二酮 0.25%、植酮 0.15%、巨豆三烯酮 0.56%、1-（8- 氟 -2- 萘酚 -1- 基）乙酮 0.46%。酮类相对含量为致香物的 4.66%。

（2）醛类：糠醛 2.12%。醛类相对含量为致香物的 2.12%。

（3）醇类：糠醇 1.85%、5-（2,3- 二甲基三环 [2.2.1.0^{2,6}] -3- 庚基）-2- 甲基 -2- 戊烯 -1- 醇立体异构体 1.03%、白檀油烯醇 0.51%。醇类相对含量为致香物的 3.39%。

（4）有机酸类：乙酸 1.66%、邻羟基肉桂酸 0.79%、肉豆蔻酸 0.74%、十五酸 0.54%、棕榈酸 15.37%、（Z）-11- 十六烯酸 0.83%、十七酸 0.49%、硬脂酸 2.23%、反油酸 2.11%、亚油酸 1.18%。有机酸类相对含量为致香物的 25.94%。

（5）酯类：γ- 丁内酯 0.26%、棕榈酸甲酯 0.34%、邻苯二甲酸二异丁酯 0.23%、邻苯二甲酸二丁酯 10.05%、亚麻酸甲酯 1.79%。酯类相对含量为致香物的 12.67%。

（6）稠环芳香烃类：未检测到该类成分。

（7）酚类：4- 甲基苯酚 3.03%、苯酚 5.47%、丁香酚 1.15%、4- 乙基苯酚 0.61%、4- 乙烯基 -2- 甲氧基苯酚 0.35%。酚类相对含量为致香物的 10.61%。

（8）烷烃类：十二烷 0.09%、二十三烷 0.23%、二十七烷 0.36%、三十五烷 0.51%、四十四烷 0.43%、二十九烷 1.37%、二十六烷 0.38%、二十五烷 1.16%。烷烃类相对含量为致香物的 4.53%。

（9）不饱和脂肪烃类：1- 十九烯 1.88%。不饱和脂肪烃类相对含量为致香物的 1.88%。

（10）生物碱类：烟碱 17.50%、二烯烟碱 0.57%。生物碱类相对含量为致香物的 18.07%。

（11）萜类：新植二烯 11.84 %、角鲨烯 0.70%。萜类相对含量为致香物的 12.54%。

（12）其他类：吡咯 0.50%、2- 乙酰基吡咯 0.31%、麦斯明 0.41%、3,6- 氧代 -1- 甲基 -8- 异丙基三环 [6.2.2.0^{2,7}] 十二 -4,9- 二烯 0.63%、吲哚 0.84%、2,3'- 联吡啶 0.62%、3- 氨基 -4- 苯基 - 吡啶 0.26%。

表 3-11　广东梅州大埔云烟 100C3F（2010）烤烟烟气致香物成分分析结果

编号	保留时间（min）	分子式	化合物名称	CAS 号	相对含量（%）
1	10.44	C$_8$H$_8$O$_2$	2- 羟基苯乙酮	582-24-1	0.47
2	11.37	C$_3$H$_6$O$_2$	羟基丙酮	116-09-6	0.47
3	13.10	C$_5$H$_6$O	2- 环戊烯酮	930-30-3	0.38
4	17.12	C$_2$H$_4$O$_2$	乙酸	64-19-7	1.66
5	17.49	C$_5$H$_4$O$_2$	糠醛	98-01-1	2.12
6	19.13	C$_6$H$_8$O	3- 甲基 -2- 环戊烯 -1- 酮	2758-18-1	0.22
7	19.51	C$_4$H$_5$N	吡咯	109-97-7	0.5
8	21.56	C$_{16}$H$_{20}$O$_2$	3,6- 氧代 -1- 甲基 -8- 异丙基三环 [6.2.2.0^{2,7}] 十二 -4,9- 二烯	121824-66-6	0.63
9	22.01	C$_5$H$_4$O$_2$	4- 环戊烯 -1,3- 二酮	930-60-9	0.45
10	23.47	C$_4$H$_6$O$_2$	γ- 丁内酯	96-48-0	0.26
11	25.07	C$_5$H$_6$O$_2$	糠醇	98-00-0	1.85
12	28.53	C$_{19}$H$_{38}$	1- 十九烯	18435-45-5	1.88
13	31.04	C$_6$H$_8$O$_2$	甲基环戊烯醇酮	80-71-7	0.99
14	31.69	C$_{10}$H$_{14}$N$_2$	烟碱	54-11-5	17.50

续表

编号	保留时间（min）	分子式	化合物名称	CAS 号	相对含量（%）
15	32.04	$C_7H_8O_2$	4-甲基苯酚	150-76-5	0.22
16	32.92	$C_7H_{10}O_2$	乙基环戊烯醇酮	21835-01-8	0.26
17	33.48	$C_{14}H_{20}O_2$	3-（2,2-二甲基亚丙基）二环［3.3.1］壬烷二酮	127930-94-3	0.25
18	33.73	$C_{20}H_{38}$	新植二烯	504-96-1	11.84
19	34.95	C_6H_7NO	2-乙酰基吡咯	1072-83-9	0.31
20	35.48	$C_{20}H_{42}$	十二烷	112-95-8	0.09
21	35.85	C_6H_6O	苯酚	108-95-2	5.47
22	38.27	$C_{18}H_{36}O$	植酮	502-69-2	0.15
23	39.32	$C_{10}H_{12}O_2$	丁香酚	97-53-0	1.15
24	39.58	$C_8H_{10}O$	4-乙基苯酚	123-07-9	0.61
25	39.70	$C_9H_{10}N_2$	麦斯明	532-12-7	0.41
26	40.05	$C_9H_{10}O_2$	4-乙烯基-2-甲氧基苯酚	7786-61-0	0.35
27	40.42	$C_{17}H_{34}O_2$	棕榈酸甲酯	112-39-0	0.34
28	42.60	$C_{13}H_{18}O$	巨豆三烯酮	13215-88-8	0.56
29	42.70	$C_{23}H_{48}$	二十三烷	638-67-5	0.23
30	43.53	$C_{10}H_{10}N_2$	二烯烟碱	487-19-4	0.57
31	44.44	$C_{15}H_{24}O$	5-（2,3-二甲基三环［2.2.1.0²·⁶］-3-庚基）-2-甲基-2-戊烯-1-醇立体异构体	115-71-9	1.03
32	46.61	$C_9H_8O_3$	邻羟基肉桂酸	614-60-8	0.79
33	47.86	$C_{15}H_{24}O$	白檀油烯醇	98718-53-7	0.51
34	48.53	C_8H_7N	吲哚	120-72-9	0.84
35	49.04	$C_{10}H_8N_2$	2,3'-联吡啶	581-50-0	0.62
36	50.38	$C_{27}H_{56}$	二十七烷	593-49-7	0.36
37	51.39	$C_{16}H_{22}O_4$	邻苯二甲酸二异丁酯	84-69-5	0.23
38	52.35	$C_{11}H_{10}N_2$	3-氨基-4-苯基-吡啶	146140-99-0	0.26
39	54.03	$C_{16}H_{22}O_4$	邻苯二甲酸二丁酯	84-74-2	10.05
40	54.10	$C_{14}H_{28}O_2$	肉豆蔻酸	544-63-8	0.74
41	55.20	$C_{35}H_{72}$	三十五烷	630-07-9	0.51
42	55.27	$C_{12}H_9FO_2$	1-（8-氟-2-萘酚-1-基）乙酮	116120-82-2	0.46
43	55.35	$C_{15}H_{30}O_2$	十五酸	1002-84-2	0.54
44	55.78	$C_{44}H_{90}$	四十四烷	7098-22-8	0.43
45	56.35	$C_{29}H_{60}$	二十九烷	630-03-5	1.37
46	56.61	$C_{16}H_{32}O_2$	棕榈酸	57-10-3	15.37
47	57.10	$C_{16}H_{30}O_2$	（Z）-11-十六烯酸	2416-20-8	0.83
48	57.65	$C_{26}H_{54}$	二十六烷	630-01-3	0.38
49	58.06	$C_{17}H_{34}O_2$	十七酸	506-12-7	0.49
50	58.40	$C_{25}H_{52}$	二十五烷	629-99-2	1.16
51	58.73	$C_{30}H_{50}$	角鲨烯	7683-64-9	0.70
52	59.76	$C_{18}H_{36}O_2$	硬脂酸	57-11-4	2.23
53	60.36	$C_{18}H_{34}O_2$	反油酸	112-79-8	2.11
54	61.48	$C_{18}H_{32}O_2$	亚油酸	60-33-3	1.18
55	63.19	$C_{19}H_{32}O_2$	亚麻酸甲酯	301-00-8	1.79

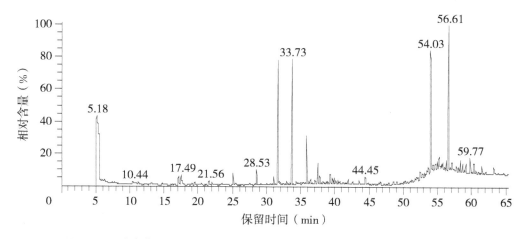

图 3-12　广东梅州大埔云烟 100C3F（2010）烤烟烟气致香物成分指纹图谱

3.2.12　广东梅州大埔云烟 100B2F（2010）烤烟烟气致香物成分分析结果

广东梅州大埔云烟 100B2F（2010）烤烟烟气致香物成分分析结果见表 3-12，广东梅州大埔云烟 100B2F（2010）烤烟烟气致香物成分指纹图谱见图 3-13。

致香物类型及相对含量如下。

（1）酮类：羟基丙酮 0.53%、2- 环戊烯酮 0.43%、甲基环戊烯酮 0.09%、3- 甲基 -2- 环戊烯 -1- 酮 0.26%、2,3- 二甲基 -2- 环戊烯 -1- 酮 0.15%、2- 环戊烯 -1,4- 二酮 0.43%、甲基环戊烯醇酮 0.77%、乙基环戊烯醇酮 0.20%、巨豆三烯酮 B 0.43%、2,3- 二氢 -3,5- 二羟基 -6- 甲基 -4（H）- 吡喃 4- 酮 0.67%、1-（8- 氟 -2- 萘酚 -1- 基）乙酮 0.47%。酮类相对含量为致香物的 4.43%。

（2）醛类：糠醛 1.87%。醛类相对含量为致香物的 1.87%。

（3）醇类：糠醇 1.45%、3,7,11- 三甲基 -1- 十二烷醇 1.49%、（E）- 香芹醇 0.19%、1- 甲基 -4-（1- 甲基乙烯基）环己烷 -1,2- 二醇 0.39%、5-（2,3- 二甲基三环 [2.2.1.0^{2,6}] -3- 庚基）-2- 甲基 -2- 戊烯 -1- 醇立体异构体 4.73%、香柑油醇 1.13%、白檀油烯醇 0.32%、[1S-[1α,2α（Z），4α]] -2- 甲基 -5-（2- 甲基 -3- 亚甲基二环 [2.2.1] 七 -2- 基）-2- 戊烯 -1- 醇 2.21%、澳白檀醇 0.24%、6- 对甲苯基 -2- 甲基 -2- 庚烯醇 0.87%、五甘醇 0.85%。醇类相对含量为致香物的 13.87%。

（4）有机酸类：乙酸 1.52%、棕榈酸 6.24%、硬脂酸 0.94%、反油酸 1.24%、亚油酸 1.30%。有机酸类相对含量为致香物的 11.24%。

（5）酯类：4,4,7- 三甲基 -4,7- 二氢茚 -6- 羧酸甲酯 0.44%、棕榈酸甲酯 0.17%、邻苯二甲酸二异丁酯 0.70%、邻苯二甲酸二丁酯 2.94%、亚麻酸甲酯 1.30%。酯类相对含量为致香物的 5.55%。

（6）稠环芳香烃类：未检测此类物质。

（7）酚类：2- 甲氧基苯酚 0.21%、苯酚 3.75%、对甲基苯酚 1.99%、丁香酚 7.45%、4- 乙基苯酚 0.40%、4- 乙烯基 -2- 甲氧基苯酚 0.25%、1,4- 苯二酚 1.17%。酚类相对含量为致香物的 15.22%。

（8）烷烃类：十五烷 0.07%、四十四烷 0.25%、二十五烷 0.95%、三十一烷 0.39%。烷烃类相对含量为致香物的 1.66%。

（9）不饱和脂肪烃类：双戊烯 0.19%、十五烯 0.05%、2,6,10- 三甲基 -1,5,9- 十一烷三烯 0.25%、十九烯 0.08%、2,6,10,14,18- 五甲基 -2,6,10,14,18- 二十碳五烯 1.08%。不饱和脂肪烃类相对含量为致香物的 1.65%。

（10）生物碱类：烟碱 34.06%、二烯烟碱 0.91%。生物碱类相对含量为致香物的 34.97%。

（11）萜类：新植二烯 5.93 %。萜类相对含量为致香物的 5.93%。

（12）其他类：乙基苯 0.16%、邻二甲苯 0.15%、2- 乙酰呋喃 0.10%、吡咯 0.90%、麦斯明 0.38%、2,3'- 联吡啶 0.52%、3,6- 氧代 -1- 甲基 -8- 异丙基三环 [6.2.2.0^{2,7}] 十二 4,9- 二烯 0.62%、3- 甲基吲哚 0.17%、3- 氨基 -4- 苯基吡啶 0.36%、3,5- 二羟基甲苯 0.25%。

表 3-12　广东梅州大埔云烟 100B2F（2010）烤烟烟气致香物成分分析结果

编号	保留时间 （min）	分子式	化合物名称	CAS 号	相对含量（%）
1	5.87	C_8H_{10}	乙基苯	100-41-4	0.16
2	6.23	C_8H_{10}	邻二甲苯	95-47-6	0.15
3	7.70	$C_{10}H_{16}$	双戊烯	138-86-3	0.19
4	11.21	$C_3H_6O_2$	羟基丙酮	116-09-6	0.53
5	13.08	C_5H_6O	2-环戊烯酮	930-30-3	0.43
6	13.54	C_6H_8O	甲基环戊烯酮	1120-73-6	0.09
7	17.09	$C_2H_4O_2$	乙酸	64-19-7	1.52
8	17.48	$C_5H_4O_2$	糠醛	98-01-1	1.87
9	18.53	$C_{15}H_{32}$	十五烷	629-62-9	0.07
10	19.02	$C_6H_6O_2$	2-乙酰呋喃	1192-62-7	0.10
11	19.12	C_6H_8O	3-甲基-2-环戊烯-1-酮	2758-18-1	0.26
12	19.50	C_4H_5N	吡咯	109-97-7	0.90
13	19.93	$C_7H_{10}O$	2,3-二甲基-2-环戊烯-1-酮	1121-05-7	0.15
14	20.31	$C_{15}H_{30}$	十五烯	13360-61-7	0.05
15	21.56	$C_{16}H_{20}O_2$	3,6-氧代-1-甲基-8-异丙基三环［6.2.2.0^{2,7}］十二 4,9-二烯	121824-66-6	0.62
16	22.00	$C_5H_4O_2$	2-环戊烯-1,4-二酮	930-60-9	0.43
17	22.76	$C_{14}H_{24}$	2,6,10-三甲基-1,5,9-十一烷三烯	62951-96-6	0.25
18	24.13	$C_{19}H_{38}$	十九烯	18435-45-5	0.08
19	25.07	$C_5H_6O_2$	糠醇	98-00-0	1.45
20	28.53	$C_{15}H_{32}O$	3,7,11-三甲基-1-十二醇	6750-34-1	1.49
21	31.05	$C_6H_8O_2$	甲基环戊烯醇酮	80-71-7	0.77
22	31.27	$C_{10}H_{16}O$	（E）-香芹醇	1197-07-5	0.19
23	31.73	$C_{10}H_{14}N_2$	烟碱	54-11-5	34.06
24	32.04	$C_7H_8O_2$	2-甲氧基苯酚	90-05-1	0.21
25	32.91	$C_7H_{10}O_2$	乙基环戊烯醇酮	21835-01-8	0.20
26	33.48	$C_{14}H_{20}O_2$	4,4,7-三甲基-4,7-二氢茚-6-羧酸甲酯	121013-28-3	0.44
27	33.73	$C_{20}H_{38}$	新植二烯	504-96-1	5.93
28	35.86	C_6H_6O	苯酚	108-95-2	3.75
29	37.55	C_7H_8O	对甲基苯酚	106-44-5	1.99
30	39.31	$C_{10}H_{12}O_2$	丁香酚	97-53-0	7.45
31	39.58	$C_8H_{10}O$	4-乙基苯酚	123-07-9	0.40
32	39.69	$C_9H_{10}N_2$	麦斯明	532-12-7	0.38
33	39.88	$C_{13}H_{18}O$	巨豆三烯酮 B	38818-55-2	0.43
34	40.04	$C_9H_{10}O_2$	4-乙烯基-2-甲氧基苯酚	7786-61-0	0.25
35	40.41	$C_{17}H_{34}O_2$	棕榈酸甲酯	112-39-0	0.17
36	41.98	$C_6H_8O_4$	2,3-二氢-3,5-二羟基-6-甲基-4（H）-吡喃 4-酮	28564-83-2	0.67
37	42.15	$C_{10}H_{18}O_2$	1-甲基-4-（1-甲基乙烯基）环己烷-1,2-二醇	1946-00-5	0.39
38	43.51	$C_{10}H_{10}N_2$	二烯烟碱	487-19-4	0.91
39	44.44	$C_{15}H_{24}O$	5-（2,3-二甲基三环［2.2.1.0^{2,6}］-3-庚基）-2-甲基-2-戊烯-1-醇立体异构体	115-71-9	4.73
40	44.86	$C_{15}H_{24}O$	香柑油醇	88034-74-6	1.13
41	47.19	$C_{15}H_{24}O$	白檀油烯醇	14490-17-6	0.32

续表

编号	保留时间（min）	分子式	化合物名称	CAS 号	相对含量（%）
42	47.85	$C_{15}H_{24}O$	［1S-［1α,2α（Z）,4α］］-2-甲基-5-（2-甲基-3-亚甲基二环［2.2.1］七-2-基）-2-戊烯-1-醇	77-42-9	2.21
43	49.04	$C_{10}H_8N_2$	2,3'-联吡啶	581-50-0	0.52
44	50.09	C_9H_9N	3-甲基吲哚	83-34-1	0.17
45	50.35	$C_{15}H_{24}O$	澳白檀醇	10067-29-5	0.24
46	51.13	$C_{15}H_{22}O$	6-对甲苯基-2-甲基-2-庚烯醇	39599-18-3	0.87
47	51.38	$C_{16}H_{22}O_4$	邻苯二甲酸二异丁酯	84-69-5	0.70
48	52.24	$C_{25}H_{42}$	2,6,10,14,18-五甲基-2,6,10,14,18-二十碳五烯	75581-03-2	1.08
49	52.35	$C_{11}H_{10}N_2$	3-氨基-4-苯基吡啶	146140-99-0	0.36
50	54.01	$C_{16}H_{22}O_4$	邻苯二甲酸二丁酯	84-74-2	2.94
51	55.20	$C_{44}H_{90}$	四十四烷	7098-22-8	0.25
52	55.27	$C_{12}H_9FO_2$	1-（8-氟-2-萘酚-1-基）乙酮	116120-82-2	0.47
53	56.35	$C_{25}H_{52}$	二十五烷	629-99-2	0.95
54	56.61	$C_{16}H_{32}O_2$	棕榈酸	57-10-3	6.24
55	58.18	$C_7H_8O_2$	3,5-二羟基甲苯	504-15-4	0.25
56	58.64	$C_6H_6O_2$	1,4-苯二酚	123-31-9	1.17
57	59.18	$C_{31}H_{64}$	三十一烷	630-04-6	0.39
58	59.76	$C_{18}H_{36}O_2$	硬脂酸	57-11-4	0.94
59	60.04	$C_{10}H_{22}O_6$	五甘醇	4792-15-8	0.85
60	60.35	$C_{18}H_{34}O_2$	反油酸	112-79-8	1.24
61	61.47	$C_{18}H_{32}O_2$	亚油酸	60-33-3	1.30
62	63.16	$C_{19}H_{32}O_2$	亚麻酸甲酯	301-00-8	1.30

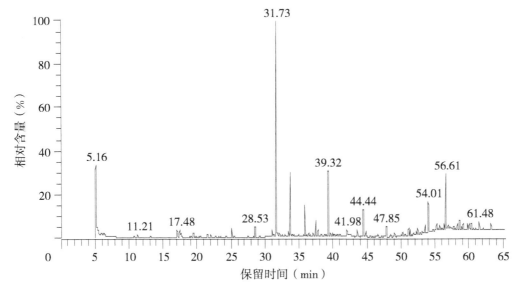

图 3-13　广东梅州大埔云烟 100B2F（2010）烤烟烟气致香物成分指纹图谱

3.2.13　广东乐昌 K326B3F（2009）烤烟烟气致香物成分分析结果

广东乐昌 K326B3F（2009）烤烟烟气致香物成分分析结果见表 3-13，广东乐昌 K326B3F（2009）烤烟烟气致香物成分指纹图谱见图 3-14。

致香物类型及相对含量如下。

（1）酮类：甲基环戊烯酮0.61%、3-甲基-2-环戊烯-1-酮0.51%、茄酮0.26%、甲基环戊烯醇酮1.02%、乙基环戊烯醇酮0.79%、1-茚酮0.31%、植酮0.27%、巨豆三烯酮B1.24%。酮类相对含量为致香物的5.01%。

（2）醛类：糠醛0.73%、5-甲基糠醛0.49%。醛类相对含量为致香物的1.22%。

（3）醇类：糠醇0.83%、3,7,11-三甲基-1-十二醇2.05%。醇类相对含量为致香物的2.88%。

（4）有机酸类：丙酸0.19%。有机酸类相对含量为致香物的0.19%。

（5）酯类：邻苯二甲酸二异丁酯0.80%、邻苯二甲酸二丁酯1.59%。酯类相对含量为致香物的2.39%。

（6）稠环芳香烃类：未检测到此类物质。

（7）酚类：对甲氧基苯酚0.63%、2-甲氧基-4-甲基苯酚0.22%、苯酚4.86%、2,4-二甲基苯酚0.22%、对甲基苯酚3.76%、间乙基苯酚1.74%、4-乙烯基-2-甲氧基-苯酚0.87%、2,6-二甲氧基苯酚0.77%。酚类相对含量为致香物的13.07%。

（8）烷烃类：十五烷0.21%、十六烷0.17%、十八烷0.15%。烷烃类相对含量为致香物的0.53%。

（9）不饱和脂肪烃类：双戊烯1.78%、苯乙烯0.54%、苯并环丁烯1.20%、1-十六烯0.72%、2,6,10-三甲基-1,5,9-十一碳三烯0.74%、2,3,5,8-四甲基-1,5,9-癸三烯1.08%、顺-β-金合欢烯0.34%、1-十九烯0.22%、α-法呢烯0.26%、6,8-二甲基苯并环辛四烯0.18%。不饱和脂肪烃类相对含量为致香物的7.06%。

（10）生物碱类：烟碱46.93%、二烯烟碱0.33%。生物碱类相对含量为致香物的47.26%。

（11）萜类：新植二烯10.90%、角鲨烯1.22%。萜类相对含量为致香物的12.12%。

（12）其他类：邻二甲苯0.78%、间二甲苯0.57%、3-甲基吡啶0.46%、吡咯0.86%、2,3-二氢苯并呋喃0.83%、2,3-二氰基-7,7-二甲基-5,6-苯并降冰片二烯0.34%、吲哚1.14%、2,3'-联吡啶0.71%、4-二氢异喹啉1.34%、丙基-p-乙酰苯基硫酸盐0.32%。

表3-13　广东乐昌K326B3F（2009）烤烟烟气致香物成分分析结果

编号	保留时间（min）	分子式	化合物名称	CAS号	相对含量（%）
1	6.30	C_8H_{10}	邻二甲苯	95-47-6	0.78
2	7.51	C_8H_{10}	间二甲苯	108-38-3	0.57
3	7.81	$C_{10}H_{16}$	双戊烯	138-86-3	1.78
4	9.82	C_8H_8	苯乙烯	100-42-5	0.54
5	10.93	C_6H_7N	3-甲基吡啶	108-99-6	0.46
6	13.71	C_6H_8O	甲基环戊烯酮	1120-73-6	0.61
7	17.69	$C_5H_4O_2$	糠醛	98-01-1	0.73
8	17.81	C_8H_8	苯并环丁烯	694-87-1	1.20
9	18.68	$C_{15}H_{32}$	十五烷	629-62-9	0.21
10	19.31	C_6H_8O	3-甲基-2-环戊烯-1-酮	2758-18-1	0.51
11	19.77	C_4H_5N	吡咯	109-97-7	0.86
12	20.44	$C_{16}H_{32}$	1-十六烯	629-73-2	0.72
13	20.99	$C_3H_6O_2$	丙酸	79-09-4	0.19
14	21.75	$C_6H_6O_2$	5-甲基糠醛	620-02-0	0.49
15	22.31	$C_{14}H_{24}$	2,6,10-三甲基-1,5,9-十一碳三烯	62951-96-6	0.74
16	22.53	$C_{16}H_{34}$	十六烷	544-76-3	0.17
17	22.88	$C_{14}H_{24}$	2,3,5,8-四甲基-1,5,9-癸三烯	6568-37-2	1.08
18	25.12	$C_{15}H_{24}$	顺-β-金合欢烯	28973-97-9	0.34
19	25.39	$C_5H_6O_2$	糠醇	98-00-0	0.83
20	27.79	$C_{13}H_{22}O$	茄酮	54868-48-3	0.26
21	28.40	$C_{19}H_{38}$	1-十九烯	18435-45-5	0.22
22	28.51	$C_{15}H_{24}$	α-法呢烯	502-61-4	0.26
23	28.70	$C_{15}H_{32}O$	3,7,11-三甲基-1-十二醇	6750-34-1	2.05
24	30.23	$C_{18}H_{38}$	十八烷	593-45-3	0.15
25	31.39	$C_6H_8O_2$	甲基环戊烯醇酮	80-71-7	1.02

续表

编号	保留时间（min）	分子式	化合物名称	CAS 号	相对含量（%）
26	31.92	$C_{10}H_{14}N_2$	烟碱	54-11-5	46.93
27	32.26	$C_7H_8O_2$	对甲氧基苯酚	150-76-5	0.63
28	33.15	$C_7H_{10}O_2$	乙基环戊烯醇酮	21835-01-8	0.79
29	33.61	$C_{15}H_{12}N_2$	2,3- 二氰基 -7，7- 二甲基 -5,6- 苯并降冰片二烯	117461-22-0	0.34
30	33.84	$C_{20}H_{38}$	新植二烯	504-96-1	10.90
31	34.76	$C_8H_{10}O_2$	2- 甲氧基 -4- 甲基苯酚	93-51-6	0.22
32	35.79	C_9H_8O	1- 茚酮	83-33-0	0.31
33	36.15	C_6H_6O	苯酚	108-95-2	4.86
34	37.69	$C_8H_{10}O$	2,4- 二甲基苯酚	105-67-9	0.22
35	37.80	C_7H_8O	对甲基苯酚	106-44-5	3.76
36	37.88	$C_{30}H_{50}$	角鲨烯	7683-64-9	1.22
37	38.34	$C_{18}H_{36}O$	植酮	502-69-2	0.27
38	39.63	$C_{11}H_{14}O_5S$	丙基 -p- 乙酰苯基硫酸盐	69363-20-8	0.32
39	39.86	$C_8H_{10}O$	间乙基苯酚	620-17-7	1.74
40	40.01	$C_{13}H_{18}O$	巨豆三烯酮 B	38818-55-2	1.24
41	40.25	$C_9H_{10}O_2$	4- 乙烯基 -2- 甲氧基 - 苯酚	7786-61-0	0.87
42	41.74	$C_{14}H_{14}$	6,8- 二甲基苯并环辛四烯	99027-75-5	0.18
43	42.16	$C_8H_{10}O_3$	2,6- 二甲氧基苯酚	91-10-1	0.77
44	43.73	$C_{10}H_{10}N_2$	二烯烟碱	487-19-4	0.33
45	47.17	C_8H_8O	2,3- 二氢苯并呋喃	496-16-2	0.83
46	48.90	C_8H_7N	吲哚	120-72-9	1.14
47	49.23	$C_{10}H_8N_2$	2,3'- 联吡啶	581-50-0	0.71
48	50.36	C_9H_9N	4- 二氢异喹啉	3230-65-7	1.34
49	51.48	$C_{16}H_{22}O_4$	邻苯二甲酸二异丁酯	84-69-5	0.80
50	54.09	$C_{16}H_{22}O_4$	邻苯二甲酸二丁酯	84-74-2	1.59

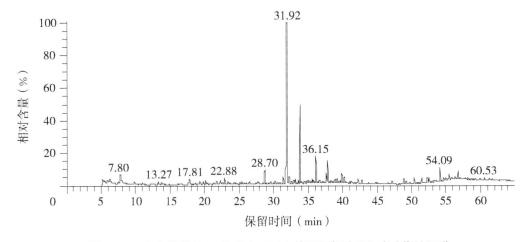

图 3-14　广东乐昌 K326B3F（2009）烤烟烟气致香物成分指纹图谱

3.2.14　广东乐昌 K326C3F（2009）烤烟烟气致香物成分分析结果

广东乐昌 K326C3F（2009）烤烟烟气致香物成分分析结果见表 3-14，广东乐昌 K326C3F（2009）烤烟烟气致香物成分指纹图谱见图 3-15。

致香物类型及相对含量如下。

（1）酮类：3- 甲基 -2- 环戊烯 -1- 酮 0.65%、2- 环戊烯 -1,4- 二酮 0.29%、茄酮 1.58%、3,5- 二甲基环戊烯醇酮 0.24%、甲基环戊烯醇酮 2.34%、乙基环戊烯醇酮 1.07%、巨豆三烯酮 B1.78%、1-（8- 氟代 -2- 萘酚 -1- 基）乙酮 0.63%。酮类相对含量为致香物的 8.58%。

（2）醛类：糠醛 3.93%。醛类相对含量为致香物的 3.93%。

（3）醇类：糠醇 2.58%、3,7,11- 三甲基 -1- 十二醇 2.71%。醇类相对含量为致香物的 5.29%。

（4）有机酸类：丙酸 0.58%、丁酸 0.12%、戊酸 0.92%、棕榈酸 2.60%、反油酸 2.08%。有机酸类相对含量为致香物的 6.30%。

（5）酯类：邻苯二甲酸二异丁酯 2.42%、邻苯二甲酸二丁酯 6.14%。酯类相对含量为致香物的 8.56%。

（6）稠环芳香烃类：未检测到该类成分。

（7）酚类：2- 甲氧基苯酚 0.85%、2- 甲氧基 -4- 甲基苯酚 0.23%、苯酚 8.55%、2,4- 二甲苯酚 0.29%、对甲基苯酚 4.78%、4- 乙基苯酚 1.94%、2- 甲氧基 -4- 乙烯基苯酚 0.90%、2,6- 二甲氧基苯酚 0.74%。酚类相对含量为致香物的 18.28%。

（8）烷烃类：正十六烷 0.25%。烷烃类相对含量为致香物的 0.25%。

（9）不饱和脂肪烃类：双戊烯 1.07%、苯乙烯 2.46%、1,5,9- 十一碳三烯 1.11%。不饱和脂肪烃类相对含量为致香物的 4.64%。

（10）生物碱类：烟碱 25.76%。生物碱类相对含量为致香物的 25.76%。

（11）萜类：新植二烯 11.96%、角鲨烯 0.63%。萜类相对含量为致香物的 12.59%。

（12）其他类：邻二甲苯 0.71%、3,6- 氧代 -1- 甲基 -8- 异丙基三环［6.2.2.0^{2,7}］十二 -4,9- 二烯 1.53%、2- 乙酰呋喃 0.27%、2,3- 二氢苯并呋喃 1.19%、丙基 -p- 乙酰苯基硫酸盐 0.44%、吲哚 1.24%、二乙基丙二酸 0.46%。

表 3-14　广东乐昌 K326C3F（2009）烤烟烟气致香物成分分析结果

编号	保留时间（min）	分子式	化合物名称	CAS 号	相对含量（%）
1	6.30	C_8H_{10}	邻二甲苯	95-47-6	0.71
2	7.80	$C_{10}H_{16}$	双戊烯	138-86-3	1.07
3	9.82	C_8H_8	苯乙烯	100-42-5	2.46
4	17.68	$C_5H_4O_2$	糠醛	98-01-1	3.93
5	19.15	$C_6H_6O_2$	2- 乙酰呋喃	1192-62-7	0.27
6	19.31	C_6H_8O	3- 甲基 -2- 环戊烯 -1- 酮	2758-18-1	0.65
7	20.22	$C_7H_{12}O_4$	二乙基丙二酸	510-20-3	0.46
8	20.98	$C_3H_6O_2$	丙酸	79-09-4	0.58
9	21.75	$C_{16}H_{20}O_2$	3,6- 氧代 -1- 甲基 -8- 异丙基三环［6.2.2.0^{2,7}］十二 -4,9- 二烯	121824-66-6	1.53
10	22.22	$C_5H_4O_2$	2- 环戊烯 -1,4- 二酮	930-60-9	0.29
11	22.52	$C_{16}H_{34}$	十六烷	544-76-3	0.25
12	22.88	$C_{14}H_{24}$	1,5,9- 十一碳三烯	62951-96-6	1.11
13	24.32	$C_4H_8O_2$	丁酸	107-92-6	0.12
14	25.39	$C_5H_6O_2$	糠醇	98-00-0	2.58
15	25.99	$C_5H_{10}O_2$	戊酸	109-52-4	0.92
16	27.79	$C_{13}H_{22}O$	茄酮	54868-48-3	1.58
17	28.68	$C_{15}H_{32}O$	3,7,11- 三甲基 -1- 十二醇	6750-34-1	2.71
18	30.27	$C_7H_{10}O_2$	3,5- 二甲基环戊烯醇酮	13494-07-0	0.24
19	31.32	$C_6H_8O_2$	甲基环戊烯醇酮	80-71-7	2.34
20	31.79	$C_{10}H_{14}N_2$	烟碱	54-11-5	25.76
21	32.25	$C_7H_8O_2$	2- 甲氧基苯酚	90-05-1	0.85
22	33.15	$C_7H_{10}O_2$	乙基环戊烯醇酮	21835-01-8	1.07
23	33.81	$C_{20}H_{38}$	新植二烯	504-96-1	11.96

续表

编号	保留时间（min）	分子式	化合物名称	CAS 号	相对含量（%）
24	34.76	$C_8H_{10}O_2$	2- 甲氧基 -4- 甲基苯酚	93-51-6	0.23
25	36.14	C_6H_6O	苯酚	108-95-2	8.55
26	37.69	$C_8H_{10}O$	2,4- 二甲苯酚	105-67-9	0.29
27	37.80	C_7H_8O	对甲基苯酚	106-44-5	3.42
28	37.88	$C_{30}H_{50}$	角鲨烯	7683-64-9	0.63
29	37.97	C_7H_8O	对甲基苯酚	106-44-5	1.36
30	39.63	$C_{11}H_{14}O_5S$	丙基 -p- 乙酰苯基硫酸盐	69363-20-8	0.44
31	39.86	$C_8H_{10}O$	4- 乙基苯酚	123-07-9	1.94
32	40.02	$C_{13}H_{18}O$	巨豆三烯酮 B	38818-55-2	1.78
33	40.25	$C_9H_{10}O_2$	2- 甲氧基 -4- 乙烯基苯酚	7786-61-0	0.90
34	42.16	$C_8H_{10}O_3$	2,6- 二甲氧基苯酚	91-10-1	0.74
35	47.16	C_8H_8O	2,3- 二氢苯并呋喃	496-16-2	1.19
36	48.90	C_8H_7N	吲哚	120-72-9	1.24
37	51.48	$C_{16}H_{22}O_4$	邻苯二甲酸二异丁酯	84-69-5	2.42
38	54.08	$C_{16}H_{22}O_4$	邻苯二甲酸二丁酯	84-74-2	6.14
39	55.40	$C_{12}H_9FO_2$	1-（8- 氟 -2- 萘酚 -1- 基）乙酮	116120-82-2	0.63
40	56.74	$C_{16}H_{32}O_2$	棕榈酸	57-10-3	2.60
41	60.53	$C_{18}H_{34}O_2$	反油酸	112-79-8	2.08

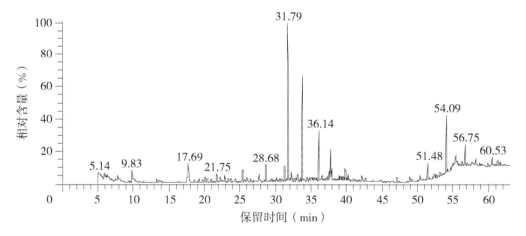

图 3-15　广东乐昌 K326C3F（2009）烤烟烟气致香物成分指纹图谱

3.2.15　广东乐昌云烟 87C3F（2010）烤烟烟气致香物成分分析结果

广东乐昌云烟 87C3F（2010）烤烟烟气致香物成分分析结果见表 3-15，广东乐昌云烟 87C3F（2010）烤烟烟气致香物成分指纹图谱见图 3-16。

致香物类型及相对含量如下。

（1）酮类：羟基丙酮 1.31%、3- 甲基 -2- 环戊烯 -1- 酮 0.23%、4- 环戊烯 -1,3- 二酮 0.40%、甲基环戊烯醇酮 1.15%、乙基环戊烯醇酮 0.30%、2- 吡咯烷酮 1.91%、巨豆三烯酮 B 0.22%、1-（8- 氟 -2- 萘酚 -1-基）乙酮 0.53%。酮类相对含量为致香物的 6.05%。

（2）醛类：糠醛 2.07%、2- 吡咯甲醛 0.46%。醛类相对含量为致香物的 2.53%。

（3）醇类：5-（2,3- 二甲基三环［2.2.1.0^{2,6}］-3- 庚基）-2- 甲基 -2- 戊烯 -1- 醇立体异构体 0.01%、糠醇 2.28%。醇类相对含量为致香物的 2.29%。

（4）有机酸类：乙酸 4.47%、肉豆蔻酸 1.05%、十五酸 0.49%、棕榈酸 10.23%、硬脂酸 1.45%、反油酸 2.60%、亚油酸 1.10%、十六烯酸 0.62%。有机酸类相对含量为致香物的 22.01%。

（5）酯类：γ- 丁内酯 0.40%、棕榈酸甲酯 1.45%、邻苯二甲酸二丁酯 9.59%、邻苯二甲酸二（2- 乙基己基）酯 1.46%、亚麻酸甲酯 2.02%、丙二酸环（亚）异丙酯 0.26%。酯类相对含量为致香物的 15.18%。

（6）稠环芳香烃类：未检测到该类成分。

（7）酚类：4- 甲基苯酚 1.92%、丁香酚 0.57%、4- 乙基苯酚 0.65%、4- 乙烯基 -2- 甲氧基苯酚 0.28%、苯酚 0.35%。酚类相对含量为致香物的 3.77%。

（8）烷烃类：二十一烷 0.50%、二十二烷 0.47%、二十七烷 0.50%、三十五烷 0.70%、三十一烷 1.88%、四十四烷 0.73%。烷烃类相对含量为致香物的 4.78%。

（9）不饱和脂肪烃类：1- 十九烯 1.63%、鱼鲨烯 0.55%。不饱和脂肪烃类相对含量为致香物的 2.18%。

（10）生物碱类：烟碱 23.79%、二烯烟碱 0.60%。生物碱类相对含量为致香物的 24.39%。

（11）萜类：新植二烯 9.12%。萜类相对含量为致香物的 9.12%。

（12）其他类：吡咯 0.51%、2- 乙酰基吡咯 5.07%、麦斯明 0.30%、2,3- 二羟基 - 苯并呋喃 0.94%、3,6- 二氧代 -1- 甲基 -8- 异丙基三环 [6.2.2.0^{2,7}] 十二 -4,9- 二烯 0.47%、3- 氨基 -4- 苯基吡啶 0.16%。

表 3-15　广东乐昌云烟 87C3F（2010）烤烟烟气致香物成分分析结果

编号	保留时间（min）	分子式	化合物名称	CAS 号	相对含量（%）
1	11.23	C$_3$H$_6$O$_2$	羟基丙酮	116-09-6	1.31
2	17.09	C$_2$H$_4$O$_2$	乙酸	64-19-7	4.47
3	17.49	C$_5$H$_4$O$_2$	糠醛	98-01-1	2.07
4	19.14	C$_6$H$_8$O	3- 甲基 -2- 环戊烯 -1- 酮	2758-18-1	0.23
5	19.51	C$_4$H$_5$N	吡咯	109-97-7	0.51
6	21.57	C$_{16}$H$_{20}$O$_2$	3,6- 二氧代 -1- 甲基 -8- 异丙基三环 [6.2.2.0^{2,7}] 十二 -4,9- 二烯	121824-66-6	0.47
7	22.01	C$_5$H$_4$O$_2$	4- 环戊烯 -1,3- 二酮	930-60-9	0.40
8	23.48	C$_4$H$_6$O$_2$	γ- 丁内酯	96-48-0	0.40
9	25.08	C$_5$H$_6$O$_2$	糠醇	98-00-0	2.28
10	28.53	C$_{19}$H$_{38}$	1- 十九烯	18435-45-5	1.63
11	31.05	C$_6$H$_8$O$_2$	甲基环戊烯醇酮	80-71-7	1.15
12	31.70	C$_{10}$H$_{14}$N$_2$	烟碱	54-11-5	23.79
13	32.05	C$_7$H$_8$O$_2$	4- 甲基苯酚	150-76-5	0.24
14	32.92	C$_7$H$_{10}$O$_2$	乙基环戊烯醇酮	21835-01-8	0.30
15	33.73	C$_{20}$H$_{38}$	新植二烯	504-96-1	9.12
16	34.96	C$_6$H$_7$NO	2- 乙酰基吡咯	1072-83-9	5.07
17	35.86	C$_6$H$_6$O	苯酚	108-95-2	0.35
18	36.20	C$_5$H$_5$NO	2- 吡咯甲醛	1003-29-8	0.46
19	36.31	C$_4$H$_7$NO	2- 吡咯烷酮	616-45-5	1.91
20	37.55	C$_7$H$_8$O	4- 甲基苯酚	106-44-5	1.92
21	39.32	C$_{10}$H$_{12}$O$_2$	丁香酚	97-53-0	0.57
22	39.58	C$_8$H$_{10}$O	4- 乙基苯酚	123-07-9	0.65
23	39.69	C$_9$H$_{10}$N$_2$	麦斯明	532-12-7	0.30
24	40.05	C$_9$H$_{10}$O$_2$	4- 乙烯基 -2- 甲氧基苯酚	7786-61-0	0.28
25	40.41	C$_{17}$H$_{34}$O$_2$	棕榈酸甲酯	112-39-0	1.45
26	41.98	C$_6$H$_8$O$_4$	丙二酸环（亚）异丙酯	2033-24-1	0.26
27	42.60	C$_{13}$H$_{18}$O	巨豆三烯酮 B	38818-55-2	0.22
28	42.70	C$_{21}$H$_{44}$	二十一烷	629-94-7	0.50
29	43.53	C$_{10}$H$_{10}$N$_2$	二烯烟碱	487-19-4	0.60
30	44.44	C$_{15}$H$_{24}$O	5-（2,3- 二甲基三环 [2.2.1.0^{2,6}]）-3- 庚基]-2- 甲基 -2- 戊烯 -1- 醇立体异构体	115-71-9	0.01

续表

编号	保留时间（min）	分子式	化合物名称	CAS 号	相对含量（%）
31	46.43	$C_{27}H_{56}$	二十七烷	593–49–7	0.50
32	46.60	$C_9H_8O_3$	2,3–二羟基–苯并呋喃	76429–73–7	0.94
33	50.38	$C_{22}H_{46}$	二十二烷	629–97–0	0.47
34	52.34	$C_{11}H_{10}N_2$	3–氨基–4–苯基吡啶	146140–99–0	0.16
35	54.02	$C_{16}H_{22}O_4$	邻苯二甲酸二丁酯	84–74–2	9.59
36	54.10	$C_{14}H_{28}O_2$	肉豆蔻酸	544–63–8	1.05
37	55.20	$C_{31}H_{64}$	三十一烷	630–04–6	1.88
38	55.27	$C_{12}H_9FO_2$	1–（8–氟–2–萘酚–1–基）乙烯酮	116120–82–2	0.53
39	55.36	$C_{15}H_{30}O_2$	十五酸	1002–84–2	0.49
40	56.35	$C_{35}H_{72}$	三十五烷	630–07–9	0.70
41	56.63	$C_{16}H_{32}O_2$	棕榈酸	57–10–3	10.23
42	57.10	$C_{16}H_{30}O_2$	十六烯酸	2416–20–8	0.62
43	58.39	$C_{44}H_{90}$	四十四烷	7098–22–8	0.73
44	58.72	$C_{30}H_{50}$	角鲨烯	7683–64–9	0.55
45	59.76	$C_{18}H_{36}O_2$	硬脂酸	57–11–4	1.45
46	60.36	$C_{18}H_{34}O_2$	反油酸	112–79–8	2.60
47	60.66	$C_{24}H_{38}O_4$	邻苯二甲酸二（2–乙基己基）酯	117–81–7	1.46
48	61.49	$C_{18}H_{32}O_2$	亚油酸	60–33–3	1.10
49	63.18	$C_{19}H_{32}O_2$	亚麻酸甲酯	301–00–8	2.02

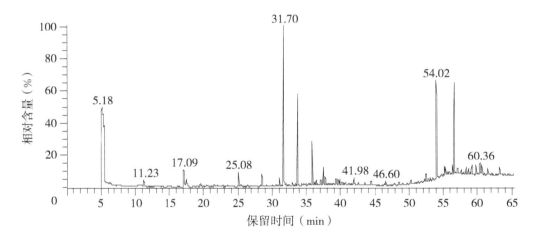

图3-16 广东乐昌云烟87C3F（2010）烤烟烟气致香物成分指纹图谱

3.2.16 广东乐昌云烟87B3F（2010）烤烟烟气致香物成分分析结果

广东乐昌云烟87B3F（2010）烤烟烟气致香物成分分析结果见表3-16，广东乐昌云烟87B3F（2010）烤烟烟气成分指纹图谱见图3-17。

致香物类型及相对含量如下。

（1）酮类：3–羟基–2–丁酮0.20%、羟基丙酮3.31%、2–环戊烯酮0.50%、4–羟基–4–甲基–2–戊酮0.13%、1–羟基–2–丁酮0.16%、过氧化乙酰丙酮0.54%、4–环戊烯–1,3–二酮0.27%、3,5–二甲基环戊烯醇酮0.57%、甲基环戊烯醇酮0.78%、乙基环戊烯醇酮0.33%、1–（8–氟–2–萘酚–1–基）乙酮0.35%。酮类相对含量为致香物的7.14%。

（2）醛类：糠醛1.86%、5–甲基呋喃醛0.40%。醛类相对含量为致香物的2.26%。

（3）醇类：丙烯醇0.23%、丙二醇0.34%、糠醇2.34%、苯乙醇0.12%、香柑油醇0.57%、2–甲基四氢呋喃–2–醇0.13%、1–甲基–4–（1–甲基乙烯基）环己烷–1,2–二醇0.56%、5–（2,3–二甲基三环

［2.2.1.0^{2,6}］–3– 庚基）–2– 甲基 –2– 戊烯 –1– 醇立体异构体 2.43%、白檀油烯醇 1.05%、6– 对甲苯基 –2– 甲基 –2– 庚烯醇 0.37%。醇类相对含量为致香物的 8.14%。

（4）有机酸类：乙酸 5.31%、棕榈酸 4.43%、硬脂酸 0.60%、反油酸 0.85%、亚油酸 1.12%。有机酸类相对含量为致香物的 12.31%。

（5）酯类：γ– 丁内酯 0.54%、戊二酸二乙酯 0.15%、棕榈酸乙酯 0.44%、邻苯二甲基苯酸二异丁酯 0.43%、邻苯二甲酸二丁酯 4.23%。酯类相对含量为致香物的 5.79%。

（6）稠环芳香烃类：未检测到该类成分。

（7）酚类：2– 甲氧基苯酚 0.11%、2– 甲氧基 –4– 甲基苯酚 0.41%、苯酚 1.64%、对甲基苯酚 0.26%、丁香酚 2.77%、4– 乙基苯酚 0.19%、1,4– 苯二酚 1.33%。酚类相对含量为致香物的 6.71%。

（8）烷烃类：未检测到该类成分。

（9）不饱和脂肪烃类：α– 法呢烯 0.82%、2,6,10,14,18– 五甲基 –2,6,10,14,18– 二十碳戊烯 0.64%。不饱和脂肪烃类相对含量为致香物的 1.46%。

（10）生物碱类：烟碱 50.21%、二烯烟碱 0.49%。生物碱类相对含量为致香物的 50.70%。

（11）萜类：新植二烯 3.64%。萜类相对含量为致香物的 3.64%。

（12）其他类：吡啶 0.54%、2,3– 二氰基 –7,7– 二甲基 –5,6– 苯并降冰片二烯 0.23%、吡咯 1.04%。

表 3–16　广东乐昌云烟 87B3F（2010）烤烟烟气致香物成分分析结果

编号	保留时间（min）	分子式	化合物名称	CAS 号	相对含量（%）
1	6.13	C_3H_6O	丙烯醇	107–18–6	0.05
2	7.54	C_5H_5N	吡啶	110–86–1	0.31
3	7.63	C_5H_5N	吡啶	110–86–1	0.23
4	10.83	$C_4H_8O_2$	3– 羟基 –2– 丁酮	513–86–0	0.20
5	11.37	$C_3H_6O_2$	羟基丙酮	116–09–6	3.31
6	13.17	C_5H_6O	2– 环戊烯酮	930–30–3	0.50
7	13.48	$C_6H_{12}O_2$	4– 羟基 –4– 甲基 –2– 戊酮	123–42–2	0.13
8	13.97	$C_4H_8O_2$	1– 羟基 –2– 丁酮	5077–67–8	0.16
9	17.12	$C_2H_4O_2$	乙酸	64–19–7	5.31
10	17.52	$C_5H_4O_2$	糠醛	98–01–1	1.86
11	17.66	$C_5H_8O_3$	过氧化乙酰丙酮	592–20–1	0.54
12	18.53	$C_5H_{10}O_2$	2– 甲基四氢呋喃 –2– 醇	7326–46–7	0.13
13	19.16	C_3H_6O	丙烯醇	107–18–6	0.18
14	19.53	C_4H_5N	吡咯	109–97–7	1.04
15	21.58	$C_6H_6O_2$	5– 甲基呋喃醛	620–02–0	0.40
16	22.02	$C_5H_4O_2$	4– 环戊烯 –1,3– 二酮	930–60–9	0.27
17	22.36	$C_3H_8O_2$	丙二醇	57–55–6	0.34
18	23.48	$C_4H_6O_2$	γ– 丁内酯	96–48–0	0.54
19	25.09	$C_5H_6O_2$	糠醇	98–00–0	2.34
20	28.53	$C_{15}H_{24}$	α– 法呢烯	502–61–4	0.82
21	29.63	$C_9H_{16}O_4$	戊二酸二乙酯	818–38–2	0.15
22	30.01	$C_7H_{10}O_2$	3,5– 二甲基环戊烯醇酮	13494–07–0	0.57
23	31.07	$C_6H_8O_2$	甲基环戊烯醇酮	80–71–7	0.78
24	31.73	$C_{10}H_{14}N_2$	烟碱	54–11–5	50.21
25	32.05	$C_7H_8O_2$	2– 甲氧基苯酚	90–05–1	0.11
26	32.92	$C_7H_{10}O_2$	乙基环戊烯醇酮	21835–01–8	0.33
27	33.40	$C_8H_{10}O$	苯乙醇	60–12–8	0.12
28	33.49	$C_{15}H_{12}N_2$	2,3– 二氰基 –7，7– 二甲基 –5,6– 苯并降冰片二烯	117461–22–0	0.23

续表

编号	保留时间（min）	分子式	化合物名称	CAS 号	相对含量（%）
29	33.72	$C_{20}H_{38}$	新植二烯	504–96–1	3.64
30	34.31	C_7H_5NS	2- 甲氧基 -4- 甲基苯酚	95–16–9	0.41
31	35.86	C_6H_6O	苯酚	108–95–2	1.64
32	37.72	C_7H_8O	对甲基苯酚	106–44–5	0.26
33	39.32	$C_{10}H_{12}O_2$	丁香酚	97–53–0	2.77
34	39.57	$C_8H_{10}O$	4- 乙基苯酚	123–07–9	0.19
35	41.42	$C_{18}H_{36}O_2$	棕榈酸乙酯	628–97–7	0.44
36	42.16	$C_{10}H_{18}O_2$	1- 甲基 -4-（1- 甲基乙烯基）环己烷 -1,2- 二醇	1946–00–5	0.56
37	43.54	$C_{10}H_{10}N_2$	二烯烟碱	487–19–4	0.49
38	44.45	$C_{15}H_{24}O$	5-（2,3- 二甲基三环 [2.2.1.0^{2,6}] -3- 庚基) -2- 甲基 -2- 戊烯 -1- 醇立体异构体	115–71–9	2.43
39	44.87	$C_{15}H_{24}O$	香柑油醇	88034–74–6	0.57
40	47.86	$C_{15}H_{24}O$	白檀油烯醇	98718–53–7	1.05
41	51.13	$C_{15}H_{22}O$	6- 对甲苯基 -2- 甲基 -2- 庚烯醇	39599–18–3	0.37
42	51.39	$C_{16}H_{22}O_4$	邻苯二甲酸二异丁酯	84–69–5	0.43
43	52.45	$C_{25}H_{42}$	2,6,10,14,18- 五甲基 -2,6,10,14,18- 二十碳戊烯	75581–03–2	0.64
44	54.02	$C_{16}H_{22}O_4$	邻苯二甲酸二丁酯	84–74–2	4.23
45	55.27	$C_{12}H_9FO_2$	1-（8- 氟 -2- 萘酚 -1- 基）乙酮	116120–82–2	0.35
46	56.63	$C_{16}H_{32}O_2$	棕榈酸	57–10–3	4.43
47	58.65	$C_6H_6O_2$	1,4- 苯二酚	123–31–9	1.33
48	59.79	$C_{18}H_{36}O_2$	硬脂酸	57–11–4	0.60
49	60.38	$C_{18}H_{34}O_2$	反油酸	112–79–8	0.85
50	61.52	$C_{18}H_{32}O_2$	亚油酸	60–33–3	1.12

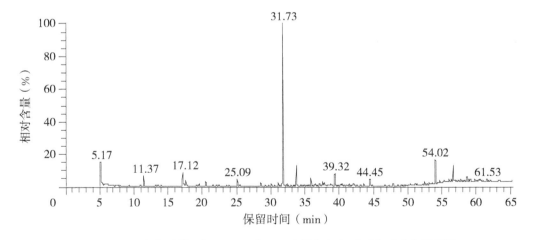

图 3-17　广东乐昌云烟 87B3F（2010）烤烟烟气致香物成分指纹图谱

3.2.17　广东清远连州粤烟 97B3F（2009）烤烟烟气致香物成分分析结果

广东清远连州粤烟 97B3F（2009）烤烟烟气致香物成分分析结果见表 3-17，广东清远连州粤烟 97B3F（2009）烤烟烟气致香物成分指纹图谱见图 3-18。

致香物类型及相对含量如下。

（1）酮类：甲基环戊烯酮 0.95%、3- 甲基 -2- 环戊烯 -1- 酮 0.62%、2- 环戊烯 -1,4- 二酮 0.39%、（顺）3- 己烯 -2,5- 二酮 1.69%、3,5- 二甲基环戊烯醇酮 0.32%、甲基环戊烯醇酮 1.24%、乙基环戊烯醇酮 0.96%、1- 茚酮 0.20%、植酮 0.42%、巨豆三烯酮 1.18%、巨豆三烯酮 B0.38%。酮类相对含量为致香物的 8.35%。

（2）醛类：未检测到该类成分。

（3）醇类：糠醇1.77%、3,7,11-三甲基-1-十二醇1.80%、苯甲醇0.29%。醇类相对含量为致香物的3.86%。

（4）酯类：邻苯二甲酸二异丁酯2.84%、邻苯二甲酸二异丙酯0.19%、邻苯二甲酸二丁酯6.07%。酯类相对含量为致香物的9.10%。

（5）稠环芳香烃类：未检测到该类成分。

（6）酚类：2-甲氧基苯酚1.31%、2-甲氧基-4-甲基苯酚0.28%、苯酚7.59%、对甲基苯酚4.37%、间乙基苯酚2.05%、4-乙烯基-2-甲氧基-苯酚0.92%、2,6-二甲氧基苯酚0.64%。酚类相对含量为致香物的17.16%。

（7）有机酸类：丙酸0.67%、棕榈酸1.35%、反油酸0.84%。有机酸类相对含量为致香物的2.86%。

（8）烷烃类：十五烷0.24%、十六烷0.31%、十八烷0.28%。烷烃类相对含量为致香物的0.83%。

（9）不饱和脂肪烃类：双戊烯3.78%、1,3,5,7-环辛四烯3.24%、1,5,9-十一碳三烯0.69%。不饱和脂肪烃类相对含量为致香物的7.71%。

（10）生物碱类：烟碱26.25%。生物碱类相对含量为致香物的26.25%。

（11）萜类：新植二烯11.63%、角鲨烯0.83%。萜类相对含量为致香物的12.46%。

（12）其他类：1,4-二甲苯0.19%、邻二甲苯2.32%、3-甲基吡啶0.50%、3,5-邻二氘苯胺4.23%、丙基-p-乙酰苯基硫酸盐0.39%、2-乙酰呋喃0.25%、6,8-二甲基苯并环辛四烯0.23%、2,3-二氢苯并呋喃1.21%、吲哚1.00%、2,3'-联吡啶0.55%、4-二氢异喹啉0.45%、二甲苯并［b］噻吩0.08%。

表3-17　广东清远连州粤烟97B3F（2009）烤烟烟气致香物成分分析结果

编号	保留时间（min）	分子式	化合物名称	CAS号	相对含量（%）
1	6.10	C_8H_{10}	1,4-二甲苯	106-42-3	0.19
2	6.28	C_8H_{10}	邻二甲苯	95-47-6	2.32
3	7.79	$C_{10}H_{16}$	双戊烯	138-86-3	3.78
4	9.82	C_8H_8	1,3,5,7-环辛四烯	629-20-9	3.24
5	10.92	C_6H_7N	3-甲基吡啶	108-99-6	0.50
6	13.70	C_6H_8O	甲基环戊烯酮	1120-73-6	0.95
7	17.68	$C_6H_5D_2N$	3,5-邻二氘苯胺	1122-59-4	4.23
8	18.70	$C_{15}H_{32}$	十五烷	629-62-9	0.24
9	19.14	$C_6H_6O_2$	2-乙酰呋喃	1192-62-7	0.25
10	19.31	C_6H_8O	3-甲基-2-环戊烯-1-酮	2758-18-1	0.62
11	20.97	$C_3H_6O_2$	丙酸	79-09-4	0.67
12	22.22	$C_5H_4O_2$	2-环戊烯-1,4-二酮	930-60-9	0.39
13	22.53	$C_{16}H_{34}$	十六烷	544-76-3	0.31
14	22.88	$C_{14}H_{24}$	1,5,9-十一碳三烯	62951-96-6	0.69
15	23.61	$C_6H_8O_2$	（顺）3-己烯-2,5-二酮	17559-81-8	1.69
16	25.39	$C_5H_6O_2$	糠醇	98-00-0	1.77
17	28.69	$C_{15}H_{32}O$	3,7,11-三甲基-1-十二醇	6750-34-1	1.80
18	30.21	$C_{18}H_{38}$	十八烷	593-45-3	0.28
19	30.28	$C_7H_{10}O_2$	3,5-二甲基环戊烯醇酮	13494-07-0	0.32
20	31.32	$C_6H_8O_2$	甲基环戊烯醇酮	80-71-7	1.24
21	31.80	$C_{10}H_{14}N_2$	烟碱	54-11-5	26.25
22	32.26	$C_7H_8O_2$	2-甲氧基苯酚	90-05-1	1.31
23	32.72	C_7H_8O	苯甲醇	100-51-6	0.29
24	33.15	$C_7H_{10}O_2$	乙基环戊烯醇酮	21835-01-8	0.96
25	33.82	$C_{20}H_{38}$	新植二烯	504-96-1	11.63
26	34.76	$C_8H_{10}O_2$	2-甲氧基-4-甲基苯酚	93-51-6	0.28
27	35.79	C_9H_8O	1-茚酮	83-33-0	0.20

续表

编号	保留时间（min）	分子式	化合物名称	CAS 号	相对含量（%）
28	36.14	C$_6$H$_6$O	苯酚	108–95–2	7.59
29	37.80	C$_7$H$_8$O	对甲基苯酚	106–44–5	4.37
30	37.88	C$_{30}$H$_{50}$	角鲨烯	7683–64–9	0.83
31	38.35	C$_{18}$H$_{36}$O	植酮	502–69–2	0.42
32	39.63	C$_{11}$H$_{14}$O$_5$S	丙基 –p– 乙酰苯基硫酸盐	69363–20–8	0.39
33	39.86	C$_8$H$_{10}$O	间乙基苯酚	620–17–7	2.05
34	40.01	C$_{13}$H$_{18}$O	巨豆三烯酮	13215–88–8	1.18
35	40.25	C$_9$H$_{10}$O$_2$	4– 乙烯基 –2– 甲氧基 – 苯酚	7786–61–0	0.92
36	41.74	C$_{14}$H$_{14}$	6,8– 二甲基苯并环辛四烯	99027–75–5	0.23
37	42.16	C$_8$H$_{10}$O$_3$	2,6– 二甲氧基苯酚	91–10–1	0.64
38	42.76	C$_{13}$H$_{18}$O	巨豆三烯酮 B	38818–55–2	0.38
39	47.16	C$_8$H$_8$O	2,3– 二氢苯并呋喃	496–16–2	1.21
40	48.90	C$_8$H$_7$N	吲哚	120–72–9	1.00
41	49.23	C$_{10}$H$_8$N$_2$	2,3'– 联吡啶	581–50–0	0.55
42	50.35	C$_9$H$_9$N	4– 二氢异喹啉	3230–65–7	0.45
43	51.48	C$_{16}$H$_{22}$O$_4$	邻苯二甲酸二异丁酯	84–69–5	2.84
44	52.92	C$_{14}$H$_{18}$O$_4$	邻苯二甲酸二异丙酯	605–45–8	0.19
45	54.08	C$_{16}$H$_{22}$O$_4$	邻苯二甲酸二丁酯	84–74–2	6.07
46	54.97	C$_{10}$H$_{10}$S	二甲苯并［b］噻吩	4923–91–5	0.08
47	56.74	C$_{16}$H$_{32}$O$_2$	棕榈酸	57–10–3	1.35
48	60.53	C$_{18}$H$_{34}$O$_2$	反油酸	112–79–8	0.84

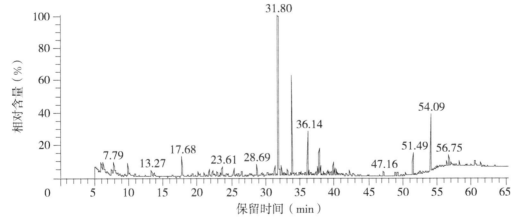

图 3–18　广东清远连州粤烟 97B3F（2009）烤烟烟气致香物成分指纹图谱

3.2.18　广东清远连州粤烟 97C3F（2009）烤烟烟气致香物成分分析结果

广东清远连州粤烟 97C3F（2009）烤烟烟气致香物成分分析结果见表 3–18，广东清远连州粤烟 97C3F（2009）烤烟烟气致香物成分指纹图谱见图 3–19。

致香物类型及相对含量如下。

（1）酮类：苯并噻吩并［2,3–C］喹啉 –6［5H］– 硫酮 0.29%、（顺）3– 己烯 –2,5– 二酮 0.29%、甲基环戊烯醇酮 0.59%、乙基环戊烯醇酮 0.53%、植酮 0.39%、巨豆三烯酮 B1.40%、1–（8– 氟 –2– 萘酚 –1– 基）乙酮 1.04%、1– 氧代 –3– 苯基 –1H–1 λ 4– 苯并噻喃 –4– 酮 1.38%。酮类相对含量为致香物的 5.91%。

（2）醛类：2– 乙酰基 – 丙醛 0.11%。醛类相对含量为致香物的 0.11%。

（3）醇类：2– 甲基 –1– 十一醇 0.69%。醇类相对含量为致香物的 0.69%。

（4）有机酸类：乙酸 0.61%、丙酸 0.15%、4-甲基戊酸 0.13%、己酸 0.11%、辛酸 0.71%、棕榈酸 17.85%、硬脂酸 3.13%、反油酸 17.95%、亚油酸 5.01%、肉豆蔻酸 1.33%。有机酸类相对含量为致香物的 46.98%。

（5）酯类：4,4,7-三甲基 -4,7-二氢茚 -6-羧酸甲酯 0.26%、邻苯二甲酸二异丁酯 3.99%、亚麻酸甲酯 2.94%、邻苯二甲酸二丁酯 3.98%。酯类相对含量为致香物的 11.17%。

（6）稠环芳香烃类：未检测到该类成分。

（7）酚类：苯酚 2.19%、2,3-二甲基苯酚 0.19%、对甲基苯酚 2.00%、2,6-二甲氧基苯酚 0.57%。酚类相对含量为致香物的 4.95%。

（8）烷烃类：十五烷 0.22%、二十三烷 0.74%、四十四烷 0.89%。烷烃类相对含量为致香物的 1.85%。

（9）不饱和脂肪烃类：2,6,10,14,18-五甲基 -2,6,10,14,18-二十碳五烯 0.44%。不饱和脂肪烃类相对含量为致香物的 0.44%。

（10）生物碱类：烟碱 17.60%。生物碱类相对含量为致香物的 17.60%。

（11）萜类：新植二烯 4.59%、角鲨烯 0.38%。萜类相对含量为致香物的 4.97%。

（12）其他类：六甲基环三硅氧烷 0.02%、苯并噻唑 1.16%、3,12-二甲基 -6,7-重氮 -3,5,7,9,11-十四碳五烯 -1,13-己二炔 2.21%、2,3-二氢苯并呋喃 1.10%、2,3'-联吡啶 0.75%。

表 3-18　广东清远连州粤烟 97C3F（2009）烤烟烟气致香物成分分析结果

编号	保留时间（min）	分子式	化合物名称	CAS 号	相对含量（%）
1	17.68	$C_2H_4O_2$	乙酸	64-19-7	0.61
2	18.69	$C_{15}H_{32}$	十五烷	629-62-9	0.22
3	20.45	$C_{15}H_9NS_2$	苯并噻吩并［2,3-C］喹啉 -6［5H］-硫酮	115172-83-3	0.29
4	20.97	$C_3H_6O_2$	丙酸	79-09-4	0.15
5	23.61	$C_6H_8O_2$	（顺）3-己烯 -2,5-二酮	17559-81-8	0.29
6	28.57	$C_6H_{18}O_3Si_3$	六甲基环三硅氧烷	541-05-9	0.02
7	28.69	$C_{12}H_{26}O$	2-甲基 -1-十一醇	10522-26-6	0.69
8	30.87	$C_6H_{12}O_2$	4-甲基戊酸	646-07-1	0.13
9	31.31	$C_6H_8O_2$	甲基环戊烯醇酮	80-71-7	0.59
10	31.79	$C_{10}H_{14}N_2$	烟碱	54-11-5	17.60
11	32.10	$C_6H_{12}O_2$	己酸	142-62-1	0.11
12	32.94	C_7H_5NS	苯并噻唑	95-16-9	1.16
13	33.14	$C_7H_{10}O_2$	乙基环戊烯醇酮	21835-01-8	0.53
14	33.60	$C_{14}H_{20}O_2$	4,4,7-三甲基 -4,7-二氢茚 -6-羧酸甲酯	121013-28-3	0.26
15	33.81	$C_{20}H_{38}$	新植二烯	504-96-1	4.59
16	36.14	C_6H_6O	苯酚	108-95-2	2.19
17	37.29	$C_8H_{16}O_2$	辛酸	124-07-2	0.71
18	37.70	$C_8H_{10}O$	2,3-二甲基苯酚	526-75-0	0.19
19	37.80	C_7H_8O	对甲基苯酚	106-44-5	2.00
20	37.88	$C_{30}H_{50}$	角鲨烯	7683-64-9	0.38
21	38.35	$C_{18}H_{36}O$	植酮	502-69-2	0.39
22	39.86	$C_{15}H_{11}NO_2S$	1-氧代 -3-苯基 -1H-1λ4-苯并噻喃 -4-酮	116884-83-4	1.38
23	40.01	$C_{13}H_{18}O$	巨豆三烯酮 B	38818-55-2	1.40
24	42.16	$C_8H_{10}O_3$	2,6-二甲氧基苯酚	91-10-1	0.57
25	42.49	$C_{14}H_{14}N_2$	3,12-二甲基 -6,7-重氮 -3,5,7,9,11-十四碳五烯 -1,13-己二炔	87021-40-7	2.21

续表

编号	保留时间（min）	分子式	化合物名称	CAS 号	相对含量（%）
26	43.32	$C_5H_{18}O_3$	2-乙酰基-丙醛	66875-69-2	0.11
27	47.16	C_8H_8O	2,3-二氢苯并呋喃	496-16-2	1.10
28	49.24	$C_{10}H_8N_2$	2,3'-联吡啶	581-50-0	0.75
29	51.48	$C_{16}H_{22}O_4$	邻苯二甲酸二异丁酯	84-69-5	3.99
30	52.51	$C_{25}H_{42}$	2,6,10,14,18-五甲基-2,6,10,14,18-二十碳五烯	75581-03-2	0.44
31	54.08	$C_{16}H_{22}O_4$	邻苯二甲酸二丁酯	84-74-2	3.98
32	54.24	$C_{14}H_{28}O_2$	肉豆蔻酸	544-63-8	1.33
33	55.25	$C_{23}H_{48}$	二十三烷	638-67-5	0.74
34	55.40	$C_{12}H_9FO_2$	1-（8-氟-2-萘酚-1-基）乙酮	116120-82-2	1.04
35	56.74	$C_{16}H_{32}O_2$	棕榈酸	57-10-3	17.85
36	58.44	$C_{44}H_{90}$	四十四烷	7098-22-8	0.89
37	59.92	$C_{18}H_{36}O_2$	硬脂酸	57-11-4	3.13
38	60.55	$C_{18}H_{34}O_2$	反油酸	112-79-8	17.95
39	61.67	$C_{18}H_{32}O_2$	亚油酸	60-33-3	5.01
40	63.38	$C_{19}H_{32}O_2$	亚麻酸甲酯	301-00-8	2.94

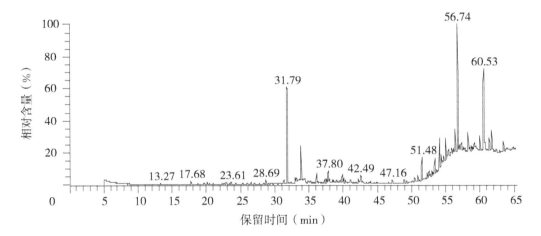

图 3-19　广东清远连州粤烟 97C3F（2009）烤烟烟气致香物成分指纹图谱

3.2.19　云南曲靖云烟 87C3F（2009）烤烟烟气致香物成分分析结果

云南曲靖云烟 87C3F（2009）烤烟烟气致香物成分分析结果见表 3-19，云南曲靖云烟 87C3F（2009）烤烟烟气致香物成分指纹图谱见图 3-20。

致香物类型及相对含量如下。

（1）酮类：羟基丙酮 0.38%、2-环戊烯酮 0.54%、甲基环戊烯酮 0.62%、3-甲基-2-环戊烯-1-酮 1.48%、4-环戊烯-1,3-二酮 1.28%、（顺）3-己烯-2,5-二酮 3.54%、甲基环戊烯醇酮 0.64%、3-乙基-2-羟基-2-环戊烯-1-酮 1.01%、1-茚酮 0.64%、巨豆三烯酮 B 0.33%。酮类相对含量为致香物的 10.46%。

（2）醛类：糠醛 3.42%、5-甲基糠醛 1.30%。醛类相对含量为致香物的 4.72%。

（3）醇类：糠醇 2.43%、麦芽醇 0.55%、3,7,11-三甲基-1-十二醇 0.92%。醇类相对含量为致香物的 3.90%。

（4）有机酸类：乙酸 1.58%、丙酸 0.28%、棕榈酸 1.33%、硬脂酸 0.41%、反油酸 1.87%、亚油酸 0.54%、2-羟基肉桂酸 1.02%。有机酸类相对含量为致香物的 7.03%。

（5）酯类：十六酸甲酯 0.50%、邻苯二甲酸二异丁酯 0.48%、邻苯二甲酸二丁酯 0.34%。酯类相对含量为致香物的 1.32%。

（6）稠环芳香烃类：未检测到该类成分。

（7）酚类：对甲氧基苯酚 2.14%、苯酚 4.23%、4- 甲基苯酚 1.34%、对乙基苯酚 1.24%、4- 乙烯基 -2- 甲氧基 - 苯酚 0.61%、2,6- 二甲氧基苯酚 0.37%、2- 甲氧基 -4- 甲基苯酚 0.38%、对甲氧基苯酚 0.63%。酚类相对含量为致香物的 10.94%。

（8）烷烃类：未检测到该类成分。

（9）不饱和脂肪烃类：苯并环丁烯 0.84%、双戊烯 2.14 %、苯乙烯 0.28%、1- 十六烯 0.41%、2,6,10- 三甲基 -1,5,9- 十一碳三烯 0.64%、十八烯 0.43%、α - 法呢烯 0.38%。不饱和脂肪烃类相对含量为致香物的 5.12%。

（10）生物碱类：烟碱 34.28%、二烯烟碱 0.49%。生物碱类相对含量为致香物的 34.77%。

（11）萜类：新植二烯 6.54 %、角鲨烯 1.08%。萜类相对含量为致香物的 7.62%。

（12）其他类：邻二甲苯 0.23%、2- 乙酰基呋喃 1.21%、吡咯 0.23%、苄基异戊基醚 0.34%、2,3- 二氢苯并呋喃 1.24%、2,3'- 联吡啶 0.43%、吲哚 0.34%、3- 甲基吲哚 1.32%。

表 3-19　云南曲靖云烟 87C3F（2009）烤烟烟气致香物成分分析结果

编号	保留时间（min）	分子式	化合物名称	CAS 号	相对含量（%）
1	6.33	C_8H_{10}	邻二甲苯	95-47-6	0.23
2	7.78	$C_{10}H_{16}$	双戊烯	138-86-3	2.14
3	9.65	C_8H_8	苯乙烯	100-42-5	0.28
4	11.69	$C_3H_6O_2$	羟基丙酮	116-09-6	0.38
5	13.68	C_5H_6O	2- 环戊烯酮	930-30-3	0.54
6	14.58	C_6H_8O	甲基环戊烯酮	1120-73-6	0.62
7	17.65	$C_5H_4O_2$	糠醛	98-01-1	3.42
8	17.87	C_8H_8	苯并环丁烯	694-87-1	0.84
9	18.67	$C_2H_4O_2$	乙酸	64-19-7	1.58
10	19.33	$C_6H_6O_2$	2- 乙酰基呋喃	1192-62-7	1.21
11	19.64	C_6H_8O	3- 甲基 -2- 环戊烯 -1- 酮	2758-18-1	1.48
12	19.84	C_4H_5N	吡咯	109-97-7	0.23
13	20.43	$C_{16}H_{32}$	1- 十六烯	629-73-2	0.41
14	20.56	$C_7H_{10}O$	苄基异戊基醚	1121-05-7	0.34
15	21.24	$C_3H_6O_2$	丙酸	79-09-4	0.28
16	21.90	$C_6H_6O_2$	5- 甲基糠醛	620-02-0	1.30
17	22.31	$C_{14}H_{24}$	2,6,10- 三甲基 -1,5,9- 十一碳三烯	62951-96-6	0.64
18	22.48	$C_5H_4O_2$	4- 环戊烯 -1,3- 二酮	930-60-9	1.28
19	23.79	$C_6H_8O_2$	（顺）3- 己烯 -2,5- 二酮	17559-81-8	3.54
20	24.37	$C_{18}H_{36}$	十八烯	112-88-9	0.43
21	24.58	$C_5H_6O_2$	糠醇	98-00-0	2.43
22	28.53	$C_{15}H_{24}$	α - 法呢烯	502-61-4	0.38
23	28.76	$C_{15}H_{32}O$	3,7,11- 三甲基 -1- 十二醇	6750-34-1	0.92
24	31.55	$C_6H_8O_2$	甲基环戊烯醇酮	80-71-7	0.64
25	31.79	$C_{10}H_{14}N_2$	烟碱	54-11-5	34.28
26	32.47	$C_7H_8O_2$	对甲氧基苯酚	150-76-5	0.63
27	33.28	$C_7H_{10}O_2$	3- 乙基 -2- 羟基 -2- 环戊烯 -1- 酮	21835-01-8	1.01
28	33.74	$C_{20}H_{38}$	新植二烯	504-96-1	6.54
29	34.76	$C_8H_{10}O_2$	2- 甲氧基 -4- 甲基苯酚	93-51-6	0.38
30	35.12	$C_6H_6O_3$	麦芽醇	118-71-8	0.55
31	35.76	C_9H_8O	1- 茚酮	83-33-0	0.64
32	36.27	C_6H_6O	苯酚	108-95-2	4.23

续表

编号	保留时间（min）	分子式	化合物名称	CAS 号	相对含量（%）
33	37.94	C_7H_8O	对甲氧基苯酚	106-44-5	2.14
34	38.18	$C_{30}H_{50}$	角鲨烯	7683-64-9	1.08
35	38.26	C_7H_8O	4-甲基苯酚	106-44-5	1.34
36	39.88	$C_8H_{10}O$	对乙基苯酚	123-07-9	1.24
37	40.02	$C_9H_{10}O_2$	4-乙烯基-2-甲氧基-苯酚	7786-61-0	0.61
38	40.49	$C_{17}H_{34}O_2$	十六酸甲酯	112-39-0	0.50
39	42.17	$C_8H_{10}O_3F$	2,6-二甲氧基苯酚	91-10-1	0.37
40	43.04	$C_{13}H_{18}O$	巨豆三烯酮 B	38818-55-2	0.33
41	43.75	$C_{10}H_{10}N_2$	二烯烟碱	487-19-4	0.49
42	47.58	$C_9H_8O_3$	2-羟基肉桂酸	614-60-8	1.02
43	47.62	C_8H_8O	2,3-二氢苯并呋喃	496-16-2	1.24
44	49.12	C_8H_7N	吲哚	120-72-9	0.34
45	49.57	$C_{10}H_8N_2$	2,3'-联吡啶	581-50-0	0.43
46	50.48	C_9H_9N	3-甲基吲哚	83-34-1	1.32
47	51.49	$C_{16}H_{22}O_4$	邻苯二甲酸二异丁酯	84-69-5	0.48
48	54.16	$C_{16}H_{22}O_4$	邻苯二甲酸二丁酯	84-74-2	0.34
49	57.57	$C_{16}H_{32}O_2$	棕榈酸	57-10-3	1.33
50	60.24	$C_{18}H_{36}O_2$	硬脂酸	57-11-4	0.41
51	60.79	$C_{18}H_{34}O_2$	反油酸	112-79-8	1.87
52	61.84	$C_{18}H_{32}O_2$	亚油酸	60-33-3	0.54

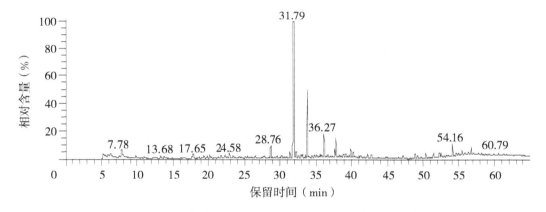

图 3-20　云南曲靖云烟 87C3F（2009）烤烟烟气致香物成分指纹图谱

3.2.20　云南师宗云烟 87C3F（2009）烤烟烟气致香物成分分析结果

云南师宗云烟 87C3F（2009）烤烟烟气致香物成分分析结果见表 3-20，云南师宗云烟 87C3F（2009）烤烟烟气致香物成分指纹图谱见图 3-21。

致香物类型及相对含量如下。

（1）酮类：羟基丙酮 0.54%、2-环戊烯酮 0.66%、甲基环戊烯酮 0.46%、3-甲基-2-环戊烯-1-酮 0.49%、2-环戊烯-1,4-二酮 1.02%、（顺）3-己烯-2,5-二酮 3.58%、甲基环戊烯醇酮 0.81%、乙基环戊烯醇酮 0.21%、1-茚酮 9.14%、巨豆三烯酮 B0.25%。酮类相对含量为致香物的 17.16%。

（2）醛类：糠醛 7.07%。醛类相对含量为致香物的 7.07%。

（3）醇类：糠醇 1.42%、3,7,11-三甲基-1-十二烷醇 1.01%、麦芽醇 0.40%。醇类相对含量为致香物的 2.83%。

（4）有机酸类：乙酸 3.19%、丙酸 0.71%、3-甲基丁酸 0.42%、肉豆蔻酸 0.66%、棕榈酸 2.54%、十五酸 0.31%。有机酸类相对含量为致香物的 7.83%。

（5）酯类：乙烯二乙酯 0.37%、邻苯二甲酸二异丁酯 0.62%、邻苯二甲酸二丁酯 3.15%。酯类相对含量为致香物的 4.14%。

（6）稠环芳香烃类：未检测到该类成分。

（7）酚类：2-甲氧基苯酚 0.27%、苯酚 6.71%、对甲基苯酚 2.93%、4-乙基苯酚 0.99%。酚类相对含量为致香物的 10.90%。

（8）烷烃类：二十七烷 0.70%、三十五烷 4.32%、三十六烷 2.93%、二十九烷 4.81%。烷烃类相对含量为致香物的 12.76%。

（9）不饱和脂肪烃类：双戊烯 1.05%。不饱和脂肪烃类相对含量为致香物的 1.05%。

（10）生物碱类：烟碱 32.90%、二烯烟碱 0.26%。生物碱类相对含量为致香物的 33.16%。

（11）萜类：新植二烯 6.58%。萜类相对含量为致香物的 6.58%。

（12）其他类：邻二甲苯 0.67%、3,6-氧代 -1-甲基 -8-异丙基三环［6.2.2.0^{2,7}］十二 -4,9-二烯 2.06%、2-氨基 -2-环丙基丙腈 0.21%、吡咯 1.00%、3-乙酰氧基吡啶 0.23%、1,4-二甲基 -2-［（4-甲基苯基）甲基］苯 0.09%、2,3-二氢苯并呋喃 0.43%、1,2-苯并异噻唑 0.54%、吲哚 0.30%。

表 3-20　云南师宗云烟 87C3F（2009）烤烟烟气致香物成分分析结果

编号	保留时间（min）	分子式	化合物名称	CAS 号	相对含量（%）
1	6.23	C_8H_{10}	邻二甲苯	95-47-6	0.67
2	7.71	$C_{10}H_{16}$	双戊烯	138-86-3	1.05
3	11.40	$C_3H_6O_2$	羟基丙酮	116-09-6	0.54
4	13.20	C_5H_6O	2-环戊烯酮	930-30-3	0.66
5	13.65	C_6H_8O	甲基环戊烯酮	1120-73-6	0.46
6	17.51	$C_2H_4O_2$	乙酸	64-19-7	3.19
7	17.62	$C_5H_4O_2$	糠醛	98-01-1	7.07
8	19.08	$C_6H_{10}N_2$	2-氨基 -2-环丙基丙腈	37024-73-0	0.21
9	19.24	C_6H_8O	3-甲基 -2-环戊烯 -1-酮	2758-18-1	0.49
10	19.72	C_4H_5N	吡咯	109-97-7	1.00
11	20.84	$C_3H_6O_2$	丙酸	79-09-4	0.71
12	21.69	$C_{16}H_{20}O_2$	3,6-氧代 -1-甲基 -8-异丙基三环［6.2.2.0^{2,7}］十二 -4,9-二烯	121824-66-6	2.06
13	22.16	$C_5H_4O_2$	2-环戊烯 -1,4-二酮	930-60-9	1.02
14	23.56	$C_6H_8O_2$	（顺）3-己烯 -2,5-二酮	17559-81-8	3.58
15	25.32	$C_5H_6O_2$	糠醇	98-00-0	1.42
16	25.84	$C_5H_{10}O_2$	3-甲基丁酸	503-74-2	0.42
17	28.59	$C_{15}H_{32}O$	3,7,11-三甲基 -1-十二醇	6750-34-1	1.01
18	30.59	$C_7H_7NO_2$	3-乙酰氧基吡啶	17747-43-2	0.23
19	31.25	$C_6H_8O_2$	甲基环戊烯醇酮	80-71-7	0.81
20	31.76	$C_{10}H_{14}N_2$	烟碱	54-11-5	32.9
21	32.20	$C_7H_8O_2$	2-甲氧基苯酚	90-05-1	0.27
22	33.09	$C_7H_{10}O_2$	乙基环戊烯醇酮	21835-01-8	0.21
23	33.75	$C_{20}H_{38}$	新植二烯	504-96-1	6.58
24	34.41	C_7H_5NS	1,2-苯并异噻唑	272-16-2	0.54
25	34.84	$C_6H_6O_3$	麦芽醇	118-71-8	0.40
26	35.75	C_9H_8O	1-茚酮	83-33-0	9.14
27	36.10	C_6H_6O	苯酚	108-95-2	6.71
28	37.76	C_7H_8O	对甲基苯酚	106-44-5	2.13
29	37.93	C_7H_8O	对甲酚	106-44-5	0.8
30	39.81	$C_8H_{10}O$	4-乙基苯酚	123-07-9	0.99

续表

编号	保留时间（min）	分子式	化合物名称	CAS号	相对含量（%）
31	39.96	C₁₃H₁₈O	巨豆三烯酮B	38818-55-2	0.25
32	42.57	C₁₆H₁₈	1,4-二甲基-2-[（4-甲基苯基）甲基]苯	721-45-9	0.09
33	42.67	C₂₇H₅₆	二十七烷	593-49-7	0.70
34	42.88	C₆H₁₀O₄	乙烯二乙酯	542-10-9	0.37
35	43.65	C₁₀H₁₀N₂	二烯烟碱	487-19-4	0.26
36	46.40	C₃₅H₇₂	三十五烷	630-07-9	4.32
37	47.06	C₈H₆O	2,3-二氢苯并呋喃	496-16-2	0.43
38	48.83	C₈H₇N	吲哚	120-72-9	0.30
39	51.45	C₁₆H₂₂O₄	邻苯二甲酸二异丁酯	84-69-5	0.62
40	52.48	C₃₆H₇₄	三十六烷	630-06-8	2.93
41	53.99	C₂₉H₆₀	二十九烷	630-03-5	4.81
42	54.06	C₁₆H₂₂O₄	邻苯二甲酸二丁酯	84-74-2	3.15
43	54.21	C₁₄H₂₈O₂	肉豆蔻酸	544-63-8	0.66
44	55.24	C₁₆H₃₂O₂	棕榈酸	57-10-3	2.54
45	55.45	C₁₅H₃₀O₂	十五酸	1002-84-2	0.31

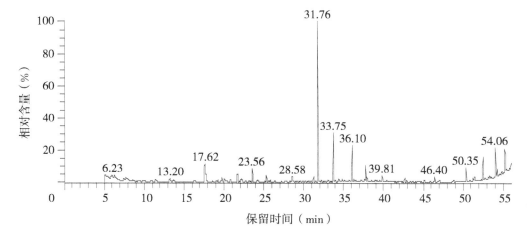

图3-21　云南师宗云烟87C3F（2009）烤烟烟气致香物成分指纹图谱

3.2.21　云南昆明云烟87B1F（2009）烤烟烟气致香物成分分析结果

云南昆明云烟87B1F（2009）烤烟烟气致香物成分分析结果见表3-21，云南昆明云烟87B1F（2009）烤烟烟气致香物成分指纹图谱见图3-22。

致香物类型及相对含量如下。

（1）酮类：羟基丙酮0.19%、2-环戊烯酮0.92%、甲基环戊烯酮0.75%、3-甲基-2-环戊烯-1-酮0.81%、2,3-二甲基-2-环戊烯-1-酮0.56%、2-环戊烯-1,4-二酮1.70%、（顺）3-己烯-2,5-二酮2.00%、茄酮0.36%、3-甲基环戊烷-1,2-二酮1.29%、乙基环戊烯醇酮0.52%、巨豆二烯酮B 0.47%。酮类相对含量为致香物的9.57%。

（2）醛类：糠醛3.67%、5-甲基糠醛2.77%。醛类相对含量为致香物的6.44%。

（3）醇类：糠醇1.40%、3,7,11-三甲基-1-十二醇1.05%。醇类相对含量为致香物的2.45%。

（4）有机酸类：乙酸1.06%、丙酸0.46%、3-甲基丁酸0.80%。有机酸类相对含量为致香物的2.32%。

（5）酯类：棕榈酸甲酯0.68%、邻苯二甲酸二异丁酯0.89%、亚麻酸甲酯0.16%、邻苯二甲酸二丁酯1.97%，2-甲氧基-5-乙砜基苯甲酸甲酯0.13%。酯类相对含量为致香物的3.83%。

（6）稠环芳香烃类：未检测到该类成分。

（7）酚类：2-甲氧基苯酚0.54%、苯酚7.00%、对甲基苯酚3.98%、4-乙基苯酚1.96%、4-甲氧基-3-

甲基苯酚 0.15%、2- 甲氧基 -4- 乙烯基苯酚 0.63%。酚类相对含量为致香物的 14.26%。

（8）烷烃类：二十九烷 0.11%、烷烃类相对含量为致香物的 0.11%。

（9）不饱和脂肪烃类：双戊烯 1.22%、苯乙烯 1.40%。不饱和脂肪烃类相对含量为致香物的 2.62%。

（10）生物碱类：烟碱 42.74%、二烯烟碱 0.32%。生物碱类相对含量为致香物的 43.06%。

（11）萜类：新植二烯 4.97%。萜类相对含量为致香物的 4.97%。

（12）其他类：邻二甲苯 1.42%、3- 甲基吡啶 0.51%、4,5- 二氰基 -2- 甲基 -1H- 咪唑 0.40%、丙基 -p- 乙酰苯基硫酸盐 0.13%、环丁［C］吡啶 2.45%、2- 乙酰呋喃 0.28%、吡咯 1.29%、2- 乙酰吡咯 0.22%、2,3- 二氢苯并呋喃 1.15%、吲哚 1.14%、2,3'- 联吡啶 0.66%、3- 甲基吲哚 0.84%。

表 3-21　云南昆明云烟 87B1F（2009）烤烟烟气致香物成分分析结果

编号	保留时间（min）	分子式	化合物名称	CAS 号	相对含量（%）
1	6.04	C_8H_{10}	邻二甲苯	95-47-6	1.42
2	7.71	$C_{10}H_{16}$	双戊烯	138-86-3	1.22
3	9.75	C_8H_8	苯乙烯	100-42-5	1.40
4	10.85	C_6H_7N	3- 甲基吡啶	108-99-6	0.51
5	11.40	$C_3H_6O_2$	羟基丙酮	116-09-6	0.19
6	13.20	C_5H_6O	2- 环戊烯酮	930-30-3	0.92
7	13.64	C_6H_8O	甲基环戊烯酮	1120-73-6	0.75
8	16.32	$C_6H_4N_4$	4,5- 二氰基 -2- 甲基 -1H- 咪唑	131407-28-8	0.40
9	17.52	$C_2H_4O_2$	乙酸	64-19-7	1.06
10	17.62	$C_5H_4O_2$	糠醛	98-01-1	3.67
11	17.76	C_7H_7N	环丁［C］吡啶	56911-27-4	2.45
12	19.09	$C_6H_6O_2$	2- 乙酰呋喃	1192-62-7	0.28
13	19.24	C_6H_8O	3- 甲基 -2- 环戊烯 -1- 酮	2758-18-1	0.81
14	19.72	C_4H_5N	吡咯	109-97-7	1.29
15	20.04	$C_7H_{10}O$	2,3- 二甲基 -2- 环戊烯 -1- 酮	1121-05-7	0.56
16	20.84	$C_3H_6O_2$	丙酸	79-09-4	0.46
17	21.70	$C_6H_6O_2$	5- 甲基糠醛	620-02-0	2.77
18	22.17	$C_5H_4O_2$	2- 环戊烯 -1,4- 二酮	930-60-9	1.70
19	23.57	$C_6H_8O_2$	（顺）3- 己烯 -2,5- 二酮	17559-81-8	2.00
20	25.33	$C_5H_6O_2$	糠醇	98-00-0	1.40
21	25.85	$C_5H_{10}O_2$	3- 甲基丁酸	503-74-2	0.80
22	27.74	$C_{13}H_{22}O$	茄酮	54868-48-3	0.36
23	28.60	$C_{15}H_{32}O$	3,7,11- 三甲基 -1- 十二醇	6750-34-1	1.05
24	31.27	$C_6H_8O_2$	3- 甲基环戊烷 -1,2- 二酮	765-70-8	1.29
25	31.81	$C_{10}H_{14}N_2$	烟碱	54-11-5	42.74
26	32.21	$C_7H_8O_2$	2- 甲氧基苯酚	90-05-1	0.54
27	33.10	$C_7H_{10}O_2$	乙基环戊烯醇酮	21835-01-8	0.52
28	33.76	$C_{20}H_{38}$	新植二烯	504-96-1	4.97
29	34.72	$C_8H_{10}O_2$	4- 甲氧基 -3- 甲基苯酚	14786-82-4	0.15
30	35.13	C_6H_7NO	2- 乙酰吡咯	1072-83-9	0.22
31	36.10	C_6H_6O	苯酚	108-95-2	7.00
32	37.76	C_7H_8O	对甲基苯酚	106-44-5	3.98
33	39.59	$C_{11}H_{14}O_5S$	2- 甲氧基 -5- 乙砜基苯甲酸甲酯	62140-67-4	0.13
34	39.80	$C_8H_{10}O$	4- 乙基苯酚	123-07-9	1.96
35	39.97	$C_{13}H_{18}O$	巨豆二烯酮 B	38818-55-2	0.47
36	40.20	$C_9H_{10}O_2$	2- 甲氧基 -4- 乙烯基苯酚	7786-61-0	0.63
37	40.43	$C_{17}H_{34}O_2$	棕榈酸甲酯	112-39-0	0.68

续表

编号	保留时间（min）	分子式	化合物名称	CAS号	相对含量（%）
38	43.65	C_{10}H_{10}N_2	二烯烟碱	487-19-4	0.32
39	47.06	C_8H_8O	2,3-二氢苯并呋喃	496-16-2	1.15
40	48.81	C_8H_7N	吲哚	120-72-9	1.14
41	49.16	C_{10}H_8N_2	2,3'-联吡啶	581-50-0	0.66
42	50.30	C_9H_9N	3-甲基吲哚	83-34-1	0.84
43	51.44	C_{16}H_{22}O_4	邻苯二甲酸二异丁酯	84-69-5	0.89
44	51.83	C_{19}H_{32}O_2	亚麻酸甲酯	301-00-8	0.16
45	53.98	C_{29}H_{60}	二十九烷	630-03-5	0.11
46	54.06	C_{16}H_{22}O_4	邻苯二甲酸二丁酯	84-74-2	1.97

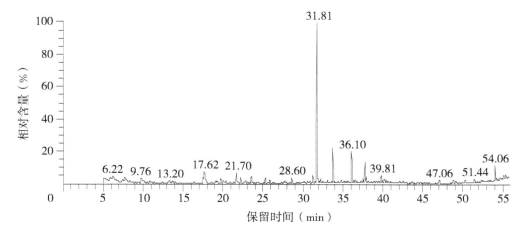

图3-22　云南昆明云烟87B1F（2009）烤烟烟气致香物成分指纹图谱

3.2.22　云南沾益云烟87C3F（2009）烤烟烟气致香物成分分析结果

云南沾益云烟87C3F（2009）烤烟烟气致香物成分分析结果见表3-22，云南沾益云烟87C3F（2009）烤烟烟气致香物成分指纹图谱见图3-23。

致香物类型及相对含量如下。

（1）酮类：2-环戊烯酮0.34%、甲基环戊烯酮0.17%、羟基丙酮0.15%、3-甲基-2-环戊烯-1-酮0.41%、2,3-二甲基-2-环戊烯-1-酮0.12%、2-环戊烯-1,4-二酮0.98%、3-己烯-2,5-二酮0.96%、5-甲基-2（5H）-呋喃酮0.65%、3-甲基-2（5H）-呋喃酮0.37%、3,5-二甲基环戊烯醇酮0.09%、3-甲基-1,2-环戊二酮12.93%、乙基环戊烯醇酮8.73%、巨豆三烯酮B1.39%、茄酮1.62%。酮类相对含量为致香物的28.91%。

（2）醛类：5-甲基糠醛0.79%、2-吡咯甲醛0.08%。醛类相对含量为致香物的0.87%。

（3）醇类：1,2-丙二醇3.32%、糠醇2.37%、3,7,11-三甲基-1-十二醇0.60%、苯甲醇0.67%。醇类相对含量为致香物的6.96%。

（4）有机酸类：乙酸0.77%、甲酸0.13%、丙酸1.42%、丙烯酸3.36%、异巴豆酸0.19%、己酸0.38%、3-甲基丁酸0.17%、棕榈酸3.28%。有机酸类相对含量为致香物的9.70%。

（5）酯类：乙酸乙酯0.46%、1,2-乙二醇单乙酸酯0.60%、硬脂醇乙酸酯1.60%、邻苯二甲酸二异丁酯1.77%、亚麻酸甲酯0.22%、邻苯二甲酸二丁酯4.47%、棕榈酸甲酯0.36%。酯类相对含量为致香物的9.48%。

（6）稠环芳香烃类：未检测到该类成分。

（7）酚类：对甲氧基苯酚0.18%、对甲基苯酚4.62%、间乙基苯酚1.88%、2-甲氧基-4-乙烯基苯酚0.70%、4-乙基苯酚1.21%。酚类相对含量为致香物的8.59%。

（8）烷烃类：十六烷0.14%、十九烷0.16%、二十一烷0.57%、二十八烷0.69%、二十九烷0.90%、二十七烷 0.35%。烷烃类相对含量为致香物的 2.81%。

（9）不饱和脂肪烃类：未检测到该类成分。

（10）生物碱类：烟碱 7.62%。生物碱类相对含量为致香物的 7.62%。

（11）萜类：新植二烯 14.26%。萜类相对含量为致香物的 14.26%。

（12）其他类：2,4- 二氨基甲苯 15.17%、吡咯 0.40%、二甲基亚砜 0.12%、乙酰胺 0.21%、丙酰胺 1.84%、吲哚 0.61%、2,2- 二甲基己酸 0.08%。

表 3-22　云南沾益云烟 87C3F（2009）烤烟烟气致香物成分分析结果

编号	保留时间（min）	分子式	化合物名称	CAS 号	相对含量（%）
1	11.44	$C_2H_4O_2$	乙酸	64-19-7	0.77
2	13.24	C_5H_6O	2- 环戊烯酮	930-30-3	0.34
3	13.66	C_6H_8O	甲基环戊烯酮	1120-73-6	0.17
4	14.09	$C_8H_{16}O_2$	2,2- 二甲基己酸	813-72-9	0.08
5	14.56	$C_3H_6O_2$	羟基丙酮	116-09-6	0.15
6	17.29	$C_7H_{10}N_2$	2,4- 二氨基甲苯	95-80-7	15.17
7	19.27	C_6H_8O	3- 甲基 -2- 环戊烯 -1- 酮	2758-18-1	0.41
8	19.71	C_4H_5N	吡咯	109-97-7	0.40
9	19.89	CH_2O_2	甲酸	64-18-6	0.13
10	20.05	$C_7H_{10}O$	2,3- 二甲基 -2- 环戊烯 -1- 酮	1121-05-7	0.12
11	20.26	$C_4H_8O_2$	乙酸乙酯	141-78-6	0.46
12	20.82	$C_3H_6O_2$	丙酸	79-09-4	1.42
13	21.44	C_2H_6OS	二甲基亚砜	67-68-5	0.12
14	21.70	$C_6H_6O_2$	5- 甲基糠醛	620-02-0	0.79
15	22.16	$C_5H_4O_2$	2- 环戊烯 -1,4- 二酮	930-60-9	0.98
16	22.43	$C_{16}H_{34}$	十六烷	544-76-3	0.14
17	22.62	$C_3H_8O_2$	1,2- 丙二醇	57-55-6	3.32
18	23.58	$C_6H_8O_2$	3- 己烯 -2,5- 二酮	4436-75-3	0.96
19	24.24	$C_4H_8O_3$	1,2- 乙二醇单乙酸酯	542-59-6	0.60
20	24.58	$C_3H_4O_2$	丙烯酸	79-10-7	3.66
21	25.33	$C_5H_6O_2$	糠醇	98-00-0	2.37
22	25.66	$C_5H_6O_2$	5- 甲基 -2（5H）- 呋喃酮	591-11-7	0.65
23	25.83	$C_5H_{10}O_2$	3- 甲基丁酸	503-74-2	0.17
24	26.39	$C_{19}H_{40}$	十九烷	629-92-5	0.16
25	27.24	$C_5H_6O_2$	3- 甲基 -2-（5H）- 呋喃酮	22122-36-7	0.37
26	27.74	$C_{13}H_{22}O$	茄酮	54868-48-3	1.62
27	28.61	$C_{15}H_{32}O$	3,7,11- 三甲基 -1- 十二醇	6750-34-1	0.60
28	29.41	C_2H_5NO	乙酰胺	60-35-5	0.21
29	29.87	$C_4H_6O_2$	异巴豆酸	503-64-0	0.19
30	30.21	$C_7H_{10}O_2$	3,5- 二甲基环戊烯醇酮	13494-07-0	0.09
31	30.84	C_3H_7NO	丙酰胺	79-05-0	1.84
32	31.26	$C_6H_8O_2$	3- 甲基 -1,2- 环戊二酮	765-70-8	12.93
33	31.78	$C_{10}H_{14}N_2$	烟碱	54-11-5	7.62
34	32.01	$C_6H_{12}O_2$	己酸	142-62-1	0.38
35	32.21	$C_7H_8O_2$	对甲氧基苯酚	150-76-5	0.18
36	32.69	C_7H_8O	苯甲醇	100-51-6	0.67
37	33.09	$C_7H_{10}O_2$	乙基环戊烯醇酮	21835-01-8	8.37
38	33.79	$C_{20}H_{38}$	新植二烯	504-96-1	14.26

续表

编号	保留时间 （min）	分子式	化合物名称	CAS 号	相对含量（%）
39	36.39	C_5H_5NO	2- 吡咯甲醛	1003-29-8	0.08
40	37.76	C_7H_8O	对甲基苯酚	106-44-5	4.62
41	39.81	$C_8H_{10}O$	间乙基苯酚	620-17-7	1.88
42	39.97	$C_{13}H_{18}O$	巨豆三烯酮 B	38818-55-2	1.39
43	40.20	$C_9H_{10}O_2$	2- 甲氧基 -4- 乙烯基苯酚	7786-61-0	0.70
44	40.44	$C_{17}H_{34}O_2$	棕榈酸甲酯	112-39-0	0.36
45	44.37	$C_5H_8O_3$	4- 乙基苯酚	123-76-2	1.21
46	46.43	$C_{21}H_{44}$	二十一烷	629-94-7	0.57
47	48.82	C_8H_7N	吲哚	120-72-9	0.61
48	50.38	$C_{28}H_{58}$	二十八烷	630-02-4	0.69
49	50.59	$C_{20}H_{40}O_2$	硬脂醇乙酸酯	822-23-1	1.60
50	51.45	$C_{16}H_{22}O_4$	邻苯二甲酸二异丁酯	84-69-5	1.77
51	51.84	$C_{19}H_{32}O_2$	亚麻酸甲酯	301-00-8	0.22
52	52.50	$C_{29}H_{60}$	二十九烷	630-03-5	0.90
53	54.08	$C_{16}H_{22}O_4$	邻苯二甲酸二丁酯	84-74-2	4.47
54	56.34	$C_{27}H_{56}$	二十七烷	593-49-7	0.35
55	56.70	$C_{16}H_{32}O_2$	棕榈酸	57-10-3	3.28

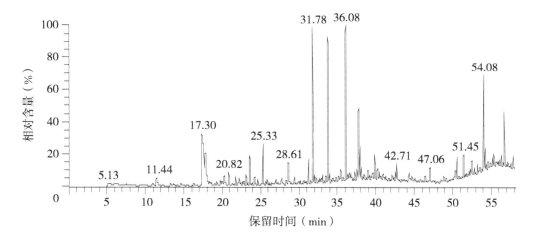

图 3-23　云南沾益云烟 87C3F（2009）烤烟烟气致香物成分指纹图谱

3.2.23　云南沾益云烟 87B2F（2009）烤烟烟气致香物成分分析结果

云南沾益云烟 87B2F（2009）烤烟烟气致香物成分分析结果见表 3-23，云南沾益云烟 87B2F（2009）烤烟烟气致香物成分指纹图谱见图 3-24。

致香物类型及相对含量如下。

（1）酮类：羟基丙酮 0.19%、2- 环戊烯酮 0.49%、甲基环戊烯酮 0.28%、3- 甲基 -2- 环戊烯 -1- 酮 0.36%、2- 环戊烯 -1,4- 二酮 0.60%、顺 -3- 己烯 -2,5- 二酮 1.97%、茄酮 0.52%、3- 甲基环戊烷 -1,2- 二酮 1.58%、乙基环戊烯醇酮 0.56%、1- 茚酮 0.18%、巨豆三烯酮 B0.48%、2,6,10,14,18- 五甲基 -2,6,10,14,18- 二十碳五酮 0.16%。酮类相对含量为致香物的 7.37%。

（2）醛类：3- 吡咯甲醛 0.07%。醛类相对含量为致香物的 0.07%。

（3）醇类：糠醇 0.88%、3,7,11- 三甲基 -1- 十二醇 0.59%、苯甲醇 0.19%、麦芽醇 0.72%。醇类相对含量为致香物的 2.38%。

（4）有机酸类：乙酸 6.43%、丙酸 0.70%、丙烯酸 0.20%、3- 甲基丁酸 0.96%、4- 氧代戊酸 0.35%。有机酸类相对含量为致香物的 8.64%。

（5）酯类：邻苯二甲酸二异丁酯 0.22%、邻苯二甲酸二丁酯 1.07%、亚麻酸甲酯 0.18%。酯类相对含量为致香物的 1.47%。

（6）稠环芳香烃类：未检测到该类成分。

（7）酚类：2- 甲氧基苯酚 0.38%、苯酚 5.64%、间乙基苯酚 2.19%、2- 甲氧基 -4- 乙烯基苯酚 0.55%。酚类相对含量为致香物的 8.76%。

（8）烷烃类：十五烷 0.12%、二十九烷 0.24%。烷烃类相对含量为致香物的 0.36%。

（9）不饱和脂肪烃类：双戊烯 0.84%、苯乙烯 2.39%、3,6- 氧代 -1- 甲基 -8- 异丙基三环 [6.2.2.0^{2,7}] 十二 -4,9- 二烯 1.17%。不饱和脂肪烃类相对含量为致香物的 4.40%。

（10）生物碱类：烟碱 35.12%、二烯烟碱 0.57%。生物碱类相对含量为致香物的 35.69%。

（11）萜类：新植二烯 4.59%、角鲨烯 0.30%。萜类相对含量为致香物的 4.89%。

（12）其他类：邻二甲苯 0.81%、间二甲苯 0.21%、3- 甲基吡啶 0.27%、2- 乙酰呋喃 0.13%、吡咯 0.26%、乙酰胺 0.30%、乙酰吡咯 0.22%、2,3- 二氢苯并呋喃 1.68%、吲哚 1.28%、2,3'- 联吡啶 0.68%、3,4- 二氢异喹啉 0.63%。

表 3-23　云南沾益云烟 87B2F（2009）烤烟烟气致香物成分分析结果

编号	保留时间（min）	分子式	化合物名称	CAS 号	相对含量（%）
1	6.27	C$_8$H$_{10}$	邻二甲苯	95-47-6	0.81
2	7.47	C$_8$H$_{10}$	间二甲苯	108-38-3	0.21
3	7.76	C$_{10}$H$_{16}$	双戊烯	138-86-3	0.84
4	9.79	C$_8$H$_8$	苯乙烯	100-42-5	2.39
5	10.88	C$_6$H$_7$N	3- 甲基吡啶	108-99-6	0.27
6	11.42	C$_3$H$_6$O$_2$	羟基丙酮	116-09-6	0.19
7	13.22	C$_5$H$_6$O	2- 环戊烯酮	930-30-3	0.49
8	13.65	C$_6$H$_8$O	甲基环戊烯酮	1120-73-6	0.28
9	17.49	C$_2$H$_4$O$_2$	乙酸	64-19-7	6.43
10	18.61	C$_{15}$H$_{32}$	十五烷	629-62-9	0.12
11	19.09	C$_6$H$_6$O$_2$	2- 乙酰呋喃	1192-62-7	0.13
12	19.25	C$_6$H$_8$O	3- 甲基 -2- 环戊烯 -1- 酮	2758-18-1	0.36
13	19.71	C$_4$H$_5$N	吡咯	109-97-7	0.26
14	20.83	C$_3$H$_6$O$_2$	丙酸	79-09-4	0.70
15	21.70	C$_{16}$H$_{20}$O$_2$	3,6- 氧代 -1- 甲基 -8- 异丙基三环 [6.2.2.0^{2,7}] 十二 -4,9- 二烯	121824-66-6	1.17
16	22.17	C$_5$H$_4$O$_2$	2- 环戊烯 -1,4- 二酮	930-60-9	0.60
17	23.56	C$_6$H$_8$O$_2$	顺 -3- 己烯 -2,5- 二酮	17559-81-8	1.97
18	24.61	C$_3$H$_4$O$_2$	丙烯酸	79-10-7	0.20
19	25.32	C$_5$H$_6$O$_2$	糠醇	98-00-0	0.88
20	25.83	C$_5$H$_{10}$O$_2$	3- 甲基丁酸	503-74-2	0.96
21	27.74	C$_{13}$H$_{22}$O	茄酮	54868-48-3	0.52
22	28.61	C$_{15}$H$_{32}$O	3,7,11- 三甲基 -1- 十二烷醇	6750-34-1	0.59
23	29.39	C$_2$H$_5$NO	乙酰胺	60-35-5	0.30
24	31.26	C$_6$H$_8$O$_2$	3- 甲基环戊烷 -1,2- 二酮	765-70-8	1.58
25	31.79	C$_{10}$H$_{14}$N$_2$	烟碱	54-11-5	35.12
26	32.21	C$_7$H$_8$O$_2$	2- 甲氧基苯酚	90-05-1	0.38
27	32.67	C$_7$H$_8$O	苯甲醇	100-51-6	0.19
28	33.09	C$_7$H$_{10}$O$_2$	乙基环戊烯醇酮	21835-01-8	0.56
29	33.76	C$_{20}$H$_{38}$	新植二烯	504-96-1	4.59

续表

编号	保留时间（min）	分子式	化合物名称	CAS 号	相对含量（%）
30	34.84	C₆H₆O₃	麦芽醇	118–71–8	0.72
31	35.12	C₆H₇NO	乙酰吡咯	1072–83–9	0.22
32	35.74	C₉H₈O	1– 茚酮	83–33–0	0.18
33	36.09	C₆H₆O	苯酚	108–95–2	5.64
34	36.39	C₅H₅NO	3– 吡咯甲醛	7126–39–8	0.07
35	37.84	C₃₀H₅₀	角鲨烯	7683–64–9	0.30
36	39.80	C₈H₁₀O	间乙基苯酚	620–17–7	2.19
37	39.97	C₁₃H₁₈O	巨豆三烯酮 B	38818–55–2	0.48
38	40.20	C₉H₁₀O₂	2– 甲氧基 –4– 乙烯基苯酚	7786–61–0	0.55
39	43.65	C₁₀H₁₀N₂	二烯烟碱	487–19–4	0.57
40	44.37	C₅H₈O₃	4– 氧代戊酸	123–76–2	0.35
41	47.05	C₈H₈O	2,3– 二氢苯并呋喃	496–16–2	1.68
42	48.81	C₈H₇N	吲哚	120–72–9	1.28
43	49.16	C₁₀H₈N₂	2,3'– 联吡啶	581–50–0	0.68
44	50.30	C₉H₉N	3,4– 二氢异喹啉	3230–65–7	0.63
45	51.45	C₁₆H₂₂O₄	邻苯二甲酸二异丁酯	84–69–5	0.22
46	51.84	C₁₉H₃₂O₂	亚麻酸甲酯	301–00–8	0.18
47	52.47	C₂₅H₄₂O	2,6,10,14,18– 五甲基 –2,6,10,14,18– 二十碳五酮	75581–03–2	0.16
48	54.00	C₂₉H₆₀	二十九烷	630–03–5	0.24
49	54.07	C₁₆H₂₂O₄	邻苯二甲酸二丁酯	84–74–2	1.07

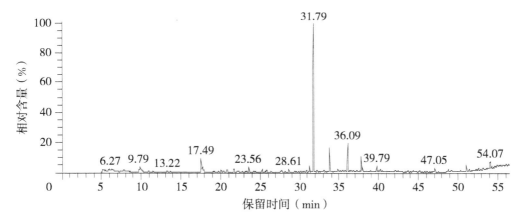

图 3-24　云南沾益云烟 87B2F（2009）烤烟烟气致香物成分指纹图谱

3.2.24　贵州云烟 87B2F（2009）烤烟烟气致香物成分分析结果

贵州云烟 87B2F（2009）烤烟烟气致香物成分分析结果见表 3-24，贵州云烟 87B2F（2009）烤烟烟气致香物成分指纹图谱见图 3-25。

致香物类型及相对含量如下。

（1）酮类：2– 环戊酮 0.58%、甲基环戊烯酮 0.59%、3– 甲基 –2– 环戊烯 –1– 酮 0.59%、6,7– 二甲氧基 –2– 甲基 –3,4– 二氢（1–D）异喹啉酮 0.16%、茄酮 0.28%、2,3– 二甲基 –2– 环戊烯酮 0.36%、3– 甲基 –1,2– 环戊二酮 0.41%、烟叶酮 0.22%。酮类相对含量为致香物的 3.19%。

（2）醛类：3– 糠醛 0.16%、糠醛 1.28%、5– 甲基呋喃醛 0.94%。醛类相对含量为致香物的 2.38%。

（3）醇类：糠醇 0.42%、3,7,11– 三甲基 –1– 十二醇 0.70%、苄醇 0.17%、1– 十二醇 0.22%、3– 苯基 –2– 丙炔 –1– 醇 0.28%、反式 –2– 戊烯醇 0.75%。醇类相对含量为致香物的 2.54%。

（4）有机酸类：亚油酸 0.26%。有机酸类相对含量为致香物的 0.26%。

（5）酯类：十六酸甲酯 1.07%。酯类相对含量为致香物的 1.07%。

（6）稠环芳香烃类：甲基萘 0.12%。稠环芳香烃类相对含量为致香物的 0.12%。

（7）酚类：愈创木酚 0.68%、苯酚 3.58%、对甲基苯酚 3.71%、对乙基苯酚 0.68%、4- 乙烯基 -2- 甲氧基 - 苯酚 0.63%、4- 乙烯基苯酚 0.73%。酚类相对含量为致香物的 10.01%。

（8）烷烃类：十五烷 0.16%、1- 乙酰氧基 -2- 丙酰氧乙烷 0.10%。烷烃类相对含量为致香物的 0.26%。

（9）不饱和脂肪烃类：1- 甲基 -4-（1- 甲基乙烯基）环己烯 0.51%、D- 苎烯 2.46%、苯并环丁烯 0.28%、1,3,5- 十一碳三烯 0.75%、顺 -2- 己烯 0.17%、1- 十七烯 0.06%、（E,E）-3,7,11- 三甲基 -1,3,6,10- 十二烷四烯 0.19%。不饱和脂肪烃类相对含量为致香物的 4.42%。

（10）生物碱类：烟碱 31.55%。生物碱类相对含量为致香物的 31.55%。

（11）萜类：新植二烯 4.78%。萜类相对含量为致香物的 4.78%。

（12）其他类：邻二甲苯 0.44%、2- 甲基吡啶 0.14%、N- 甲基甲酰苯胺 0.13%、2- 甲基吡嗪 0.19%、5- 甲基 -2- 甲酸吡啶 0.55%、3- 乙基吡啶 0.06%、吡咯 1.13%、1,2- 二氢化 -6- 羟基 -1,4- 二甲基 -2- 氧代 -3- 吡啶腈 0.18%、麦斯明 0.45%、吲哚嗪 0.80%、2,3'- 联吡啶 1.13%、4- 丁基联苯 0.31%。

表 3-24　贵州云烟 87B2F（2009）烤烟烟气致香物成分分析结果

编号	保留时间（min）	分子式	化合物名称	CAS 号	相对含量（%）
1	5.99	$C_{10}H_{18}$	1- 甲基 -4-（1- 甲基乙烯基）环己烯	5502-88-5	0.51
2	6.27	C_8H_{10}	邻二甲苯	95-47-6	0.44
3	7.50	C_5H_8O	反式 -2- 戊烯醇	58838-14-5	0.75
4	7.77	$C_{10}H_{16}$	D- 苎烯	5989-27-5	2.46
5	8.40	C_6H_7N	2- 甲基吡啶	109-06-8	0.14
6	8.67	$C_{12}H_{13}NO$	N- 甲基甲酰苯胺	58422-86-9	0.13
7	9.82	C_8H_8	苯并环丁烯	694-87-1	0.28
8	10.07	$C_5H_6N_2$	2- 甲基吡嗪	109-08-0	0.19
9	10.96	$C_7H_7NO_2$	5- 甲基 -2- 甲酸吡啶	4434-13-3	0.55
10	13.33	C_5H_6O	2- 环戊酮	930-30-3	0.58
11	13.76	C_6H_8O	甲基环戊烯酮	1120-73-6	0.59
12	14.08	C_7H_9N	3- 乙基吡啶	536-78-7	0.06
13	16.47	$C_5H_4O_2$	3- 糠醛	498-60-2	0.16
14	17.77	$C_5H_4O_2$	糠醛	98-01-1	1.28
15	18.70	$C_{15}H_{32}$	十五烷	629-62-9	0.16
16	19.42	C_6H_8O	3- 甲基 -2- 环戊烯 -1- 酮	2758-18-1	0.59
17	19.90	C_4H_5N	吡咯	109-97-7	1.13
18	20.21	$C_7H_{10}O$	2,3- 二甲基 -2- 环戊烯酮	1121-05-7	0.36
19	20.33	$C_7H_{12}O_4$	1- 乙酰氧基 -2- 丙酰氧乙烷	105-53-3	0.10
20	20.49	$C_{12}H_{26}O$	1- 十二醇	112-53-8	0.22
21	21.86	$C_6H_6O_2$	5- 甲基呋喃醛	620-02-0	0.94
22	22.93	$C_{14}H_{24}$	1,3,5- 十一碳三烯	62951-96-6	0.75
23	23.74	$C_6H_8O_2$	顺 -2- 己烯	17559-81-8	0.17
24	23.88	$C_{12}H_{15}DNO_2$	6,7- 二甲氧基 -2- 甲基 -3,4- 二氢（1-D）异喹啉酮	1745-07-9	0.16
25	25.58	$C_5H_6O_2$	糠醇	98-00-0	0.42
26	27.88	$C_{13}H_{22}O$	茄酮	54868-48-3	0.28
27	28.43	$C_{17}H_{34}$	1- 十七烯	6765-39-5	0.06
28	28.56	$C_{15}H_{24}$	（E,E）-3,7,11- 三甲基 -1,3,6,10- 十二烷四烯	502-61-4	0.19
29	28.76	$C_{15}H_{32}O$	3,7,11- 三甲基 -1- 十二醇	6750-34-1	0.70

续表

编号	保留时间（min）	分子式	化合物名称	CAS 号	相对含量（%）
30	31.50	C₆H₈O₂	3-甲基-1,2-环戊二酮	765-70-8	0.41
31	31.61	C₁₁H₁₀	甲基萘	1321-94-4	0.12
32	31.95	C₁₀H₁₄N₂	烟碱	54-11-5	31.55
33	32.39	C₇H₈O₂	愈创木酚	90-05-1	0.68
34	32.87	C₇H₈O	苄醇	100-51-6	0.17
35	33.30	C₉H₈O	3-苯基-2-丙炔-1-醇	1504-58-1	0.28
36	33.88	C₂₀H₃₈	新植二烯	504-96-1	4.78
37	36.31	C₆H₆O	苯酚	108-95-2	3.58
38	37.95	C₇H₈O	对甲基苯酚	106-44-5	3.71
39	39.80	C₈H₁₂N₂	1,2-二氢化-6-羟基-1,4-二甲基-2-氧代-3-吡啶腈	73657-68-8	0.18
40	39.95	C₉H₁₀N₂	麦斯明	532-12-7	0.45
41	40.05	C₈H₁₀O	对乙基苯酚	123-07-9	0.68
42	40.42	C₉H₁₀O₂	4-乙烯基-2-甲氧基-苯酚	7786-61-0	0.63
43	40.58	C₁₇H₃₄O₂	十六酸甲酯	112-39-0	1.07
44	42.36	C₁₆H₁₈	4-丁基联苯	37909-95-8	0.31
45	42.94	C₁₃H₁₈O	烟叶酮	38818-55-2	0.22
46	47.54	C₈H₈O	4-乙烯基苯酚	2628-17-3	0.73
47	49.16	C₈H₇N	吲哚嗪	274-40-8	0.80
48	49.46	C₁₀H₈N₂	2,3'-联吡啶	581-50-0	1.13
49	50.39	C₁₉H₃₄O₂	亚油酸	2566-97-4	0.26

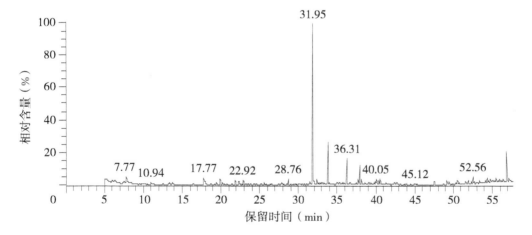

图 3-25 贵州云烟 87B2F（2009）烤烟烟气致香物成分指纹图谱

3.2.25 贵州云烟 87C2F（2009）烤烟烟气致香物成分分析结果

贵州云烟 87C2F（2009）烤烟烟气致香物成分分析结果见表 3-25，贵州云烟 87C2F（2009）烤烟烟气致香物成分指纹图谱见图 3-26。

致香物类型及相对含量如下。

（1）酮类：羟基丙酮 0.29%、2-环戊烯酮 0.63%、2-甲基-2-环戊烯-1-酮 0.37%、1-羟基-2-丁酮 0.10%、3-甲基-2-环戊烯-1-酮 0.31%、4-环戊烯-1,3-二酮 0.75%、（顺）3-己烯-2,5-二酮 0.12%、2（5H）-呋喃酮 0.15%、甲基环戊烯醇酮 0.62%、2,3-二氢-3,5-二羟基-6-甲基-4 吡喃酮 0.16%、3-乙基-2-羟基-2-环戊烯-1-酮 0.28%、2-甲基-3-羟基-4-吡喃酮 0.47%、1-茚酮 0.13%、4-羟基-2,5-二甲基-3（2H）-呋喃酮 0.32%、巨豆三烯酮 B 0.25%、1-（3-丁烯基）-2,3,3A,4,5,6-六氢-3A-甲基五烯-2-

酮 0.25%、1-（8- 氟 -2- 萘酚 -1- 基）乙烯酮 0.33%。酮类相对含量为致香物的 5.53%。

（2）醛类：糠醛 1.72%。醛类相对含量为致香物的 1.72%。

（3）醇类：糠醇 0.61%、3,7,11- 三甲基 -1- 十二烷醇 0.39%。醇类相对含量为致香物的 1.00%。

（4）有机酸类：丙酸 0.15%、2- 羟基肉桂酸 0.50%、反油酸 4.84%、亚油酸 3.08%、油酸 2.10%。有机酸类相对含量为致香物的 10.67%。

（5）酯类：乙酸乙烯酯 1.49%、棕榈酸甲酯 0.60%、亚油酸甲酯 0.33%、亚麻酸甲酯 2.13%。酯类相对含量为致香物的 4.55%。

（6）稠环芳香烃类：未检测到该类成分。

（7）酚类：邻甲氧基苯酚 0.45%、苯酚 2.98%、4- 甲基苯酚 0.45%、4- 乙基苯酚 0.68%、4- 乙烯基 -2- 甲氧基苯酚 0.35%、2,6- 二甲氧基苯酚 0.24%。酚类相对含量为致香物的 5.15%。

（8）烷烃类：十四烷 0.11%。烷烃类相对含量为致香物的 0.11%。

（9）不饱和脂肪烃类：双戊烯 1.13%、苯乙烯 0.25%、1- 十四烯 0.08%、十五烯 0.04%、（E,E）-3,7,11- 三甲基 -1,3,6,10- 十二碳四烯 0.09%、（Z）萘基 -2- 丁烯 0.06%。不饱和脂肪烃类相对含量为致香物的 1.65%。

（10）生物碱类：烟碱 22.59%。生物碱类相对含量为致香物的 22.59%。

（11）萜类：新植二烯 4.61%。萜类相对含量为致香物的 4.61%。

（12）其他类：1,4- 二甲苯 0.34%、（E）-1- 叠氮基 -2- 苯乙烯 0.09%、吡啶 0.38%、4- 甲基吡啶 0.10%、5- 甲基 -2- 甲酸吡啶 0.43%、3- 乙基吡啶 0.03%、苄基异戊基醚 0.34%、2- 乙酰基呋喃 0.15%、吡咯 1.10%、2- 乙酰吡咯 0.23%、1- 叔丁基 -3,4- 二甲基吡唑 0.15%、麦斯明 0.25%、吲哚 0.70%、2,3'- 联吡啶 0.43%、3,6- 氧代 -1- 甲基 -8- 异丙基三环［6.2.2.0^{2,7}］十二 -4,9- 二烯 0.68%、4- 甲基吲哚 0.59%。

表 3-25　贵州云烟 87C2F（2009）烤烟烟气致香物成分分析结果

编号	保留时间（min）	分子式	化合物名称	CAS 号	相对含量（%）
1	6.32	C_8H_{10}	1,4- 二甲苯	106-42-3	0.34
2	7.55	C_5H_5N	吡啶	110-86-1	0.38
3	7.80	$C_{10}H_{16}$	双戊烯	138-86-3	1.13
4	8.44	C_6H_7N	4- 甲基吡啶	108-89-4	0.10
5	9.86	C_8H_8	苯乙烯	100-42-5	0.25
6	10.98	$C_7H_7NO_2$	5- 甲基 -2- 甲酸吡啶	4434-13-3	0.43
7	11.59	$C_3H_6O_2$	羟基丙酮	116-09-6	0.29
8	13.36	C_5H_6O	2- 环戊烯酮	930-30-3	0.63
9	13.78	C_6H_8O	2- 甲基 -2- 环戊烯 -1- 酮	1120-73-6	0.37
10	14.10	C_7H_9N	3- 乙基吡啶	536-78-7	0.03
11	14.28	$C_4H_8O_2$	1- 羟基 -2- 丁酮	5077-67-8	0.10
12	16.48	$C_5H_4O_2$	糠醛	98-01-1	0.20
13	16.77	$C_7H_{10}O$	苄基异戊基醚	1121-05-7	0.08
14	17.79	$C_5H_4O_2$	糠醛	98-01-1	1.52
15	17.93	$C_4H_6O_2$	乙酸乙烯酯	108-05-4	1.49
16	18.71	$C_{14}H_{30}$	十四烷	629-59-4	0.11
17	19.25	$C_6H_6O_2$	2- 乙酰基呋喃	1192-62-7	0.15
18	19.43	C_6H_8O	3- 甲基 -2- 环戊烯 -1- 酮	2758-18-1	0.31
19	19.90	C_4H_5N	吡咯	109-97-7	1.10
20	20.22	$C_7H_{10}O$	苄基异戊基醚	1121-05-7	0.26
21	21.24	$C_3H_6O_2$	丙酸	79-09-4	0.15
22	21.86	$C_{16}H_{20}O_2$	3,6- 氧代 -1- 甲基 -8- 异丙基三环［6.2.2.0^{2,7}］十二 -4,9- 二烯	121824-66-6	0.68

续表

编号	保留时间（min）	分子式	化合物名称	CAS 号	相对含量（%）
23	22.35	$C_5H_4O_2$	4-环戊烯-1,3-二酮	930-60-9	0.75
24	23.74	$C_6H_8O_2$	（顺）3-己烯-2,5-二酮	17559-81-8	0.12
25	24.31	$C_{14}H_{28}$	1-十四烯	1120-36-1	0.08
26	25.59	$C_5H_6O_2$	糠醇	98-00-0	0.61
27	28.43	$C_{15}H_{30}$	十五烯	13360-61-7	0.04
28	28.56	$C_{15}H_{24}$	（E,E）-3,7,11-三甲基-1,3,6,10-十二烷四烯	502-61-4	0.09
29	28.76	$C_{15}H_{32}O$	3,7,11-三甲基-1-十二烷醇	6750-34-1	0.39
30	28.93	$C_4H_4O_2$	2（5H）-呋喃酮	497-23-4	0.15
31	31.50	$C_6H_8O_2$	甲基环戊烯醇酮	80-71-7	0.62
32	31.93	$C_{10}H_{14}N_2$	烟碱	54-11-5	22.59
33	32.27	$C_6H_8O_4$	2,3-二氢-3,5-二羟基-6-甲基-4-吡喃酮	28564-83-2	0.16
34	32.40	$C_7H_8O_2$	邻甲氧基苯酚	90-05-1	0.45
35	33.31	$C_7H_{10}O_2$	3-乙基-2-羟基-2-环戊烯-1-酮	21835-01-8	0.28
36	33.88	$C_{20}H_{38}$	新植二烯	504-96-1	4.61
37	34.07	$C_8H_7N_3$	（E）-1-叠氮基-2-苯乙烯	18756-03-1	0.09
38	35.05	$C_6H_6O_3$	2-甲基-3-羟基-4-吡喃酮	118-71-8	0.47
39	35.32	C_6H_7NO	2-乙酰吡咯	1072-83-9	0.23
40	35.90	C_9H_8O	1-茚酮	83-33-0	0.13
41	36.31	C_6H_6O	苯酚	108-95-2	2.98
42	36.61	$C_9H_{16}N_2$	1-叔丁基-3,4-二甲基吡唑	63989-68-4	0.15
43	36.88	$C_6H_8O_3$	4-羟基-2,5-二甲基-3（2H）-呋喃酮	3658-77-3	0.32
44	38.14	C_7H_8O	4-甲基苯酚	106-44-5	0.45
45	39.95	$C_9H_{10}N_2$	麦斯明	532-12-7	0.25
46	40.05	$C_8H_{10}O$	4-乙基苯酚	123-07-9	0.68
47	40.14	$C_{13}H_{18}O$	巨豆三烯酮 B	38818-55-2	0.25
48	40.42	$C_9H_{10}O_2$	4-乙烯基-2-甲氧基苯酚	7786-61-0	0.35
49	40.58	$C_{17}H_{34}O_2$	棕榈酸甲酯	112-39-0	0.60
50	41.86	$C_{14}H_{14}$	（Z）萘基-2-丁烯	74357-41-8	0.06
51	42.37	$C_8H_{10}O_3$	2,6-二甲氧基苯酚	91-10-1	0.24
52	42.94	$C_{13}H_{18}O$	1-（3-丁烯基）-2,3,3A,4,5,6-六氢-3A-甲基五烯-2-酮	82096-21-7	0.25
53	47.55	$C_9H_8O_3$	2-羟基肉桂酸	614-60-8	0.50
54	49.16	C_8H_7N	吲哚	120-72-9	0.70
55	49.45	$C_{10}H_8N_2$	2,3'-联吡啶	581-50-0	0.43
56	50.39	$C_{19}H_{34}O_2$	亚油酸甲酯	112-63-0	0.33
57	50.53	C_9H_9N	4-甲基吲哚	16096-32-5	0.59
58	51.95	$C_{19}H_{32}O_2$	亚麻酸甲酯	301-00-8	0.57
59	54.73	$C_{18}H_{34}O_2$	反油酸	112-79-8	4.84
60	55.52	$C_{12}H_9FO_2$	1-（8-氟-2-萘酚1-基）乙烯酮	116120-82-2	0.33
61	56.04	$C_{18}H_{32}O_2$	亚油酸	60-33-3	1.62
62	60.73	$C_{18}H_{34}O_2$	油酸	112-80-1	2.10
63	61.90	$C_{18}H_{32}O_2$	亚油酸	60-33-3	1.46
64	63.65	$C_{19}H_{32}O_2$	亚麻酸甲酯	301-00-8	1.56

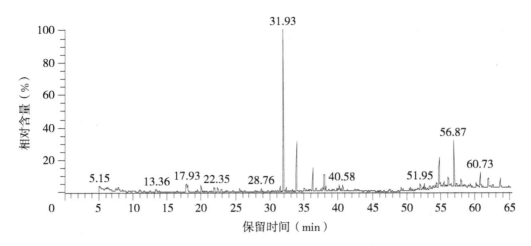

图 3-26　贵州云烟 87C2F（2009）烤烟烟气致香物成分指纹图谱

3.2.26　河南 NC89B2F（2009）烤烟烟气致香物成分分析结果

河南 NC89B2F（2009）烤烟烟气致香物成分分析结果见表 3-26，河南 NC89B2F（2009）烤烟烟气致香物成分指纹图谱见图 3-27。

致香物类型及相对含量如下。

（1）酮类：羟基丙酮 0.45%、2- 环戊烯酮 0.25%、2- 甲基 -2- 环戊烯 -1- 酮 0.32%、3- 甲基 -2- 环戊烯 -1- 酮 0.19%、4- 环戊烯 -1,3- 二酮 0.57%、（顺）3- 己烯 -2,5- 二酮 1.24%、3- 甲基 -2-（5H）- 呋喃酮 0.19%、（E）-5- 异丙基 -8- 甲基 -6,8- 壬二烯 -2- 酮 0.19%、2（5H）- 呋喃酮 0.13%、3- 甲基 -1,2- 环戊二酮 0.33%、乙基环戊烯醇酮 0.12%、巨豆三烯酮 0.31%、（6R,7E,9R）-9- 羟基 -4,7- 巨豆二烯 -3- 酮 0.29%、2- 甲基 -3- 羟基 -4- 吡喃酮 0.45%。酮类相对含量为致香物的 5.03%。

（2）醛类：糠醛 3.59%、5- 甲基糠醛 1.08%。醛类相对含量为致香物的 4.67%。

（3）醇类：糠醇 1.32%、3,7,11- 三甲基 -1- 十二烷醇 1.24%。醇类相对含量为致香物的 2.56%。

（4）有机酸类：冰醋酸 3.24%、丙酸 0.54%、辛酸 0.57%、肉豆蔻酸 0.26%、棕榈酸 2.02%、反油酸 2.77%、亚油酸 0.56%。有机酸类相对含量为致香物的 9.96%。

（5）酯类：甲基 -P- 异丙酯基氨基磷酸酯 0.09%、邻苯二甲酸二异丁酯 0.47%、棕榈酸甲酯 0.14%、邻苯二甲酸二丁酯 2.18%、亚麻酸甲酯 0.48%。酯类相对含量为致香物的 3.36%。

（6）稠环芳香烃类：1- 甲氧基甲基 -4- 甲基萘 0.10%。稠环芳香烃类相对含量为致香物的 0.10%。

（7）酚类：对甲氧基苯酚 0.19%、苯酚 2.15%、对甲基苯酚 1.52%、对乙基苯酚 0.28%。酚类相对含量为致香物的 4.14%。

（8）烷烃类：未检测到该类成分。

（9）不饱和脂肪烃类：（S）-（-）- 柠檬烯 0.55%、苯乙烯 0.38%。不饱和脂肪烃类相对含量为致香物的 0.93%。

（10）生物碱类：烟碱 22.18%。生物碱类相对含量为致香物的 22.18%。

（11）萜类：新植二烯 2.01%。萜类相对含量为致香物的 2.01%。

（12）其他类：乙基苯 0.68%、间二甲苯 0.75%、3- 甲基吡啶 0.19%、2- 乙酰呋喃 0.14%、吡咯 0.27%、呋喃 0.39%、2- 乙酰基吡咯 0.17%、麦斯明 0.55%、吲哚 0.18%、2,3'- 联吡啶 0.48%。

表 3-26　河南 NC89B2F（2009）烤烟烟气致香物成分分析结果

编号	保留时间（min）	分子式	化合物名称	CAS 号	相对含量（%）
1	6.04	C_8H_{10}	乙基苯	100-41-4	0.68
2	6.34	C_8H_{10}	间二甲苯	108-38-3	0.75
3	7.83	$C_{10}H_{16}$	（S）-（-）- 柠檬烯	5989-54-8	0.55
4	9.90	C_8H_8	苯乙烯	100-42-5	0.38

续表

编号	保留时间（min）	分子式	化合物名称	CAS 号	相对含量（%）
5	11.03	C_6H_7N	3-甲基吡啶	108-99-6	0.19
6	11.64	$C_3H_6O_2$	羟基丙酮	116-09-6	0.45
7	13.39	C_5H_6O	2-环戊烯酮	930-30-3	0.25
8	13.81	C_6H_8O	2-甲基-2-环戊烯-1-酮	1120-73-6	0.32
9	17.81	$C_5H_4O_2$	糠醛	98-01-1	3.59
10	17.95	$C_2H_4O_2$	冰醋酸	64-19-7	3.24
11	19.27	$C_6H_6O_2$	2-乙酰呋喃	1192-62-7	0.14
12	19.44	C_6H_8O	3-甲基-2-环戊烯-1-酮	2758-18-1	0.19
13	19.92	C_4H_5N	吡咯	109-97-7	0.27
14	21.25	$C_3H_6O_2$	丙酸	79-09-4	0.54
15	21.88	$C_6H_6O_2$	5-甲基糠醛	620-02-0	1.08
16	22.37	$C_5H_4O_2$	4-环戊烯-1,3-二酮	930-60-9	0.57
17	23.40	C_4H_4O	呋喃	110-00-9	0.39
18	23.75	$C_6H_8O_2$	（顺）3-己烯-2,5-二酮	17559-81-8	1.24
19	25.60	$C_5H_6O_2$	糠醇	98-00-0	1.32
20	27.49	$C_5H_6O_2$	3-甲基-2-（5H）-呋喃酮	22122-36-7	0.19
21	27.89	$C_{13}H_{22}O$	（E）-5-异丙基-8-甲基-6,8-壬二烯-2-酮	54868-48-3	0.19
22	28.75	$C_{15}H_{32}O$	3,7,11-三甲基-1-十二烷醇	6750-34-1	1.24
23	28.95	$C_4H_4O_2$	2（5H）-呋喃酮	497-23-4	0.13
24	31.50	$C_6H_8O_2$	3-甲基-1,2-环戊二酮	765-70-8	0.33
25	31.90	$C_{10}H_{14}N_2$	烟碱	54-11-5	22.18
26	32.40	$C_7H_8O_2$	对甲氧基苯酚	150-76-5	0.19
27	33.86	$C_{20}H_{38}$	新植二烯	504-96-1	2.01
28	33.31	$C_7H_{10}O_2$	乙基环戊烯醇酮	21835-01-8	0.12
29	34.57	$C_{13}H_{14}O$	1-甲氧基甲基-4-甲基萘	71235-76-2	0.10
30	35.05	$C_6H_6O_3$	2-甲基-3-羟基-4-吡喃酮	118-71-8	0.45
31	35.32	C_6H_7NO	2-乙酰基吡咯	1072-83-9	0.17
32	36.32	C_6H_6O	苯酚	108-95-2	2.15
33	36.60	$C_{14}H_{12}NO_2P$	甲基-P-异丙酯基氨基磷酸酯	78300-90-0	0.09
34	37.47	$C_8H_{16}O_2$	辛酸	124-07-2	0.57
35	37.97	C_7H_8O	对甲基苯酚	106-44-5	1.52
36	39.96	$C_9H_{10}N_2$	麦斯明	532-12-7	0.55
37	40.06	$C_8H_{10}O$	对乙基苯酚	123-07-9	0.28
38	40.14	$C_{13}H_{18}O$	巨豆三烯酮	38818-55-2	0.31
39	40.58	$C_{17}H_{34}O_2$	棕榈酸甲酯	112-39-0	0.14
40	49.18	C_8H_7N	吲哚	120-72-9	0.18
41	49.46	$C_{10}H_8N_2$	2,3'-联吡啶	581-50-0	0.48
42	51.60	$C_{16}H_{22}O_4$	邻苯二甲酸二异丁酯	84-69-5	0.47
43	53.32	$C_{13}H_{20}O_2$	（6R,7E,9R）-9-羟基-4,7-巨豆二烯-3-酮	52210-15-8	0.29
44	54.18	$C_{16}H_{22}O_4$	邻苯二甲酸二丁酯	84-74-2	2.18
45	54.35	$C_{14}H_{28}O_2$	肉豆蔻酸	544-63-8	0.26
46	56.87	$C_{16}H_{32}O_2$	棕榈酸	57-10-3	2.02
47	57.06	$C_{18}H_{34}O_2$	反油酸	112-79-8	2.77
48	61.91	$C_{18}H_{32}O_2$	亚油酸	60-33-3	0.56
49	63.66	$C_{19}H_{32}O_2$	亚麻酸甲酯	301-00-8	0.48

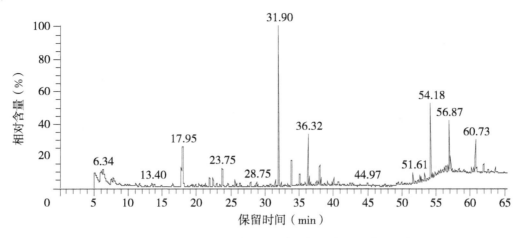

图 3-27   河南 NC89B2F（2009）烤烟烟气致香物成分指纹图谱

3.2.27   河南 NC89C2F（2009）烤烟烟气致香物成分分析结果

河南 NC89C2F（2009）烤烟烟气致香物成分分析结果见表 3-27，河南 NC89C2F（2009）烤烟烟气致香物成分指纹图谱见图 3-28。

致香物类型及相对含量如下。

（1）酮类：羟基丙酮 0.73%、甲基环戊烯醇酮 0.25%、2- 环戊烯酮 0.43%、3- 甲基 -2- 环戊烯 -1- 酮 0.53%、2- 环戊烯 -1,4- 二酮 0.32%、（顺）3- 己烯 -2,5- 二酮 1.17%、3- 甲基 -1,2- 环戊二酮 2.37%、乙基环戊烯醇酮 0.64%。酮类相对含量为致香物的 6.44%。

（2）醛类：未检测到该类成分。

（3）醇类：糠醇 1.21%、苯甲醇 0.23%、麦芽醇 0.92%。醇类相对含量为致香物的 2.36%。

（4）有机酸类：乙酸 15.29%、丙酸 1.33%、异丁酸 0.24%、正丁酸 0.85%、丙烯酸 0.58%、正戊酸 1.24%、异巴豆酸 0.37%、棕榈酸 3.36%。有机酸类相对含量为致香物的 23.26%。

（5）酯类：邻苯二甲酸二异丁酯 0.33%、邻苯二甲酸二丁酯 2.42%。酯类相对含量为致香物的 2.75%。

（6）稠环芳香烃类：未检测到该类成分。

（7）酚类：苯酚 11.61%、对甲基苯酚 5.95%、对甲氧基苯酚 0.54%、4- 乙基苯酚 2.68%、2- 甲氧基 -4- 乙烯基苯酚 0.73%、3,4- 二甲苯酚 0.12%。酚类相对含量为致香物的 21.63%。

（8）烷烃类：正二十七烷 0.29%。烷烃类相对含量为致香物的 0.29%。

（9）不饱和脂肪烃类：双戊烯 0.73%、苯乙烯 1.01%。不饱和脂肪烃类相对含量为致香物的 1.74%。

（10）生物碱类：烟碱 33.67%。生物碱类相对含量为致香物的 33.67%。

（11）萜类：新植二烯 2.75%。角鲨烯 0.44%。萜类相对含量为致香物的 3.19%。

（12）其他类：乙基苯 0.23%、乙酰胺 0.49%、2- 乙酰吡咯 0.33%、2,3- 二氢苯并呋喃 1.95%、吲哚 1.18%、2,3'- 联吡啶 0.31%、7- 甲基吲哚 0.63%。

表 3-27   河南 NC89C2F（2009）烤烟烟气致香物成分分析结果

编号	保留时间（min）	分子式	化合物名称	CAS 号	相对含量（%）
1	5.95	C_8H_{10}	乙基苯	100-41-4	0.23
2	7.80	$C_{10}H_{16}$	双戊烯	138-86-3	0.73
3	9.82	C_8H_8	苯乙烯	100-42-5	1.01
4	11.46	$C_3H_6O_2$	羟基丙酮	116-09-6	0.73
5	13.24	C_5H_6O	2- 环戊烯酮	930-30-3	0.43
6	13.68	C_6H_8O	甲基环戊烯醇酮	1120-73-6	0.25
7	17.45	$C_2H_4O_2$	乙酸	64-19-7	15.29

续表

编号	保留时间（min）	分子式	化合物名称	CAS 号	相对含量（%）
8	19.27	C_6H_8O	3-甲基-2-环戊烯-1-酮	2758-18-1	0.53
9	20.83	$C_3H_6O_2$	丙酸	79-09-4	1.33
10	21.94	$C_4H_8O_2$	异丁酸	79-31-2	0.24
11	22.17	$C_5H_4O_2$	2-环戊烯-1,4-二酮	930-60-9	0.32
12	23.57	$C_6H_8O_2$	（顺）3-己烯-2,5-二酮	17559-81-8	1.17
13	24.19	$C_4H_8O_2$	正丁酸	107-92-6	0.85
14	24.60	$C_3H_4O_2$	丙烯酸	79-10-7	0.58
15	25.32	$C_5H_6O_2$	糠醇	98-00-0	1.21
16	25.83	$C_5H_{10}O_2$	正戊酸	109-52-4	1.24
17	29.42	C_2H_5NO	乙酰胺	60-35-5	0.49
18	29.87	$C_4H_6O_2$	异巴豆酸	503-64-0	0.37
19	31.26	$C_6H_8O_2$	3-甲基-1,2-环戊二酮	765-70-8	2.37
20	31.79	$C_{10}H_{14}N_2$	烟碱	54-11-5	33.67
21	32.21	$C_7H_8O_2$	对甲氧基苯酚	150-76-5	0.54
22	32.68	C_7H_8O	苯甲醇	100-51-6	0.23
23	33.09	$C_7H_{10}O_2$	乙基环戊烯醇酮	21835-01-8	0.64
24	33.75	$C_{20}H_{38}$	新植二烯	504-96-1	2.75
25	34.84	$C_6H_6O_3$	麦芽醇	118-71-8	0.92
26	35.13	C_6H_7NO	2-乙酰吡咯	1072-83-9	0.33
27	36.09	C_6H_6O	苯酚	108-95-2	11.61
28	37.76	C_7H_8O	对甲基苯酚	106-44-5	5.95
29	39.81	$C_8H_{10}O$	4-乙基苯酚	123-07-9	2.68
30	40.19	$C_9H_{10}O_2$	2-甲氧基-4-乙烯基苯酚	7786-61-0	0.73
31	40.97	$C_8H_{10}O$	3,4-二甲苯酚	95-65-8	0.12
32	47.05	C_8H_8O	2,3-二氢苯并呋喃	496-16-2	1.95
33	48.81	C_8H_7N	吲哚	120-72-9	1.18
34	49.17	$C_{10}H_8N_2$	2,3'-联吡啶	581-50-0	0.31
35	50.30	C_9H_9N	7-甲基吲哚	933-67-5	0.63
36	51.45	$C_{16}H_{22}O_4$	邻苯二甲酸二异丁酯	84-69-5	0.33
37	53.99	$C_{27}H_{56}$	正二十七烷	593-49-7	0.29
38	54.06	$C_{16}H_{22}O_4$	邻苯二甲酸二丁酯	84-74-2	2.42
39	56.71	$C_{16}H_{32}O_2$	棕榈酸	57-10-3	3.36
40	58.71	$C_{30}H_{50}$	角鲨烯	7683-64-9	0.44

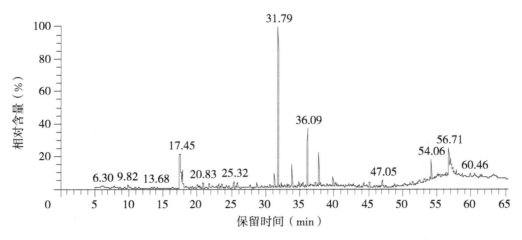

图 3-28　河南 NC89C2F（2009）烤烟烟气致香物成分指纹图谱

3.2.28　河南 NC89B2L（2009）烤烟烟气致香物成分分析结果

河南 NC89B2L（2009）烤烟烟气致香物成分分析结果见表 3-28，河南 NC89B2L（2009）烤烟烟气致香物成分指纹图谱见图 3-29。

致香物类型及相对含量如下。

（1）酮类：羟基丙酮 0.12%、2- 环戊烯酮 0.56%、甲基环戊烯醇酮 0.20%、3- 甲基 -2- 环戊烯 -1- 酮 0.42%、2,3- 二甲基 -2- 环戊烯 -1- 酮 0.41%、2- 环戊烯 -1，4- 二酮 0.21%、（顺）3- 己烯 -2,5- 二酮 0.10%、E-5- 异丙基 -8- 甲基 -6,8- 壬二烯 -2- 酮 0.14%、3,5- 二甲基环戊烯醇酮 0.08%、3- 甲基环戊烷 -1,2- 二酮 1.27%、乙基环戊烯醇酮 0.41%、1- 茚酮 0.15%、2- 吡咯烷酮 0.16%、巨豆三烯酮 0.42%。酮类相对含量为致香物的 4.65%。

（2）醛类：吡咯 -3- 甲醛 0.08%。醛类相对含量为致香物的 0.08%。

（3）醇类：糠醇 1.09%、3,7,11- 三甲基 -1- 十二烷醇 0.96%、苯甲醇 0.22%、麦芽醇 0.68%。醇类相对含量为致香物的 2.95%。

（4）有机酸类：乙酸 5.43%、丙酸 0.50%、丙烯酸 0.18%、3- 甲基丁酸 0.46%、4- 甲基戊酸 0.03%、正戊酸 0.18%、正壬酸 0.06%、正癸酸 0.46%、肉豆蔻酸 0.44%、棕榈酸 3.43%。有机酸类相对含量为致香物的 11.11%。

（5）酯类：邻苯二甲酸二异丁酯 1.14%、邻苯二甲酸二丁酯 3.04%。酯类相对含量为致香物的 4.18%。

（6）稠环芳香烃类：未检测到该类成分。

（7）酚类：苯酚 9.01%、对甲基苯酚 4.16%、4- 乙基苯酚 1.77%、4- 乙烯基 -2- 甲氧基 - 苯酚 0.53%。酚类相对含量为致香物的 15.47%。

（8）烷烃类：正十六烷 0.21%、正二十七烷 0.21%。烷烃类相对含量为致香物的 0.42%。

（9）不饱和脂肪烃类：双戊烯 1.34%、苯乙烯 2.03%、3,6- 氧代 -1- 甲基 -8- 异丙基三环 ［6.2.2.0²·⁷］十二 -4,9- 二烯 0.63%、2,3,5,8- 四甲基 -1,5,9- 十二碳三烯 0.06%、6,8- 二甲基苯并环辛四烯 0.14%。不饱和脂肪烃类相对含量为致香物的 4.20%。

（10）生物碱类：烟碱 32.34%、二烯烟碱 0.53%。生物碱类相对含量为致香物的 32.87%。

（11）萜类：新植二烯 3.49%。萜类相对含量为致香物的 3.49%。

（12）其他类：邻二甲苯 0.64%、3- 甲基吡啶 0.24%、吡咯 0.70%、对羟基苯甲醚 0.30%、N- 甲基丁二酰胺 0.12%、2- 乙酰吡咯 0.33%、1,4- 二甲基 -2-［（4- 甲基苯基）甲基］- 苯 0.66%、2,3- 二氢苯并呋喃 1.18%、吲哚 1.08%、2,3'- 联吡啶 0.65%、3,4- 二氢异喹啉 0.32%、2,3- 二氢苯并呋喃 1.18%。

表 3-28 河南 NC89B2L（2009）烤烟烟气致香物成分分析结果

编号	保留时间（min）	分子式	化合物名称	CAS 号	相对含量（%）
1	6.27	C_8H_{10}	邻二甲苯	95-47-6	0.64
2	7.74	$C_{10}H_{16}$	双戊烯	138-86-3	1.34
3	9.78	C_8H_8	苯乙烯	100-42-5	2.03
4	10.86	C_6H_7N	3-甲基吡啶	108-99-6	0.24
5	11.39	$C_3H_6O_2$	羟基丙酮	116-09-6	0.12
6	13.21	C_5H_6O	2-环戊烯酮	930-30-3	0.56
7	13.64	C_6H_8O	甲基环戊烯醇酮	1120-73-6	0.20
8	17.48	$C_2H_4O_2$	乙酸	64-19-7	5.43
9	19.25	C_6H_8O	3-甲基-2-环戊烯-1-酮	2758-18-1	0.42
10	19.71	C_4H_5N	吡咯	109-97-7	0.70
11	20.03	$C_7H_{10}O$	2,3-二甲基-2-环戊烯-1-酮	1121-05-7	0.41
12	20.83	$C_3H_6O_2$	丙酸	79-09-4	0.50
13	21.70	$C_{16}H_{20}O_2$	3,6-氧代-1-甲基-8-异丙基三环［6.2.2.0^{2,7}］十二-4,9-二烯	121824-66-6	0.63
14	22.16	$C_5H_4O_2$	2-环戊烯-1,4-二酮	930-60-9	0.21
15	22.81	$C_{14}H_{24}$	2,3,5,8-四甲基-1,5,9-十二碳三烯	230646-72-7	0.06
16	22.44	$C_{16}H_{34}$	正十六烷	544-76-3	0.21
17	23.56	$C_6H_8O_2$	（顺）3-己烯-2,5-二酮	17559-81-8	0.10
18	24.60	$C_3H_4O_2$	丙烯酸	79-10-7	0.18
19	25.32	$C_5H_6O_2$	糠醇	98-00-0	1.09
20	25.83	$C_5H_{10}O_2$	3-甲基丁酸	503-74-2	0.46
21	27.73	$C_{13}H_{22}O$	（E）-5-异丙基-8-甲基-6,8-壬二烯-2-酮	54868-48-3	0.14
22	28.61	$C_{15}H_{32}O$	3,7,11-三甲基-1-十二烷醇	6750-34-1	0.96
23	30.21	$C_7H_{10}O_2$	3,5-二甲基环戊烯醇酮	13494-07-0	0.08
24	30.77	$C_6H_{12}O_2$	4-甲基戊酸	646-07-1	0.03
25	31.25	$C_6H_8O_2$	3-甲基环戊烷-1,2-二酮	765-70-8	1.27
26	31.78	$C_{10}H_{14}N_2$	烟碱	54-11-5	32.34
27	32.00	$C_5H_{10}O_2$	正戊酸	109-52-4	0.18
28	32.20	$C_7H_8O_2$	对羟基苯甲醚	150-76-5	0.30
29	32.68	C_7H_8O	苯甲醇	100-51-6	0.22
30	33.09	$C_7H_{10}O_2$	乙基环戊烯醇酮	21835-01-8	0.41
31	33.34	$C_5H_7NO_2$	N-甲基丁二酰胺	1121-07-9	0.12
32	33.76	$C_{20}H_{38}$	新植二烯	504-96-1	3.49
33	34.84	$C_6H_6O_3$	麦芽醇	118-71-8	0.68
34	35.13	C_6H_7NO	2-乙酰吡咯	1072-83-9	0.33
35	35.75	C_9H_8O	1-茚酮	83-33-0	0.15
36	36.09	C_6H_6O	苯酚	108-95-2	9.01
37	36.39	C_5H_5NO	吡咯-3-甲醛	7126-39-8	0.08
38	36.48	C_4H_7NO	2-吡咯烷酮	616-45-5	0.16
39	37.75	C_7H_8O	对甲基苯酚	106-44-5	4.16
40	39.52	$C_9H_{18}O_2$	正壬酸	112-05-0	0.06
41	39.80	$C_8H_{10}O$	4-乙基苯酚	123-07-9	1.77

续表

编号	保留时间（min）	分子式	化合物名称	CAS号	相对含量（%）
42	39.97	C₁₃H₁₈O	巨豆三烯酮	38818-55-2	0.42
43	40.20	C₉H₁₀O₂	4-乙烯基-2-甲氧基-苯酚	7786-61-0	0.53
44	41.69	C₁₄H₁₄	6,8-二甲基苯并环辛四烯	99027-75-5	0.14
45	42.40	C₁₀H₂₀O₂	正癸酸	334-48-5	0.46
46	43.65	C₁₀H₁₀N₂	二烯烟碱	487-19-4	0.53
47	47.05	C₈H₈O	2,3-二氢苯并呋喃	496-16-2	1.18
48	48.82	C₈H₇N	吲哚	120-72-9	1.08
49	49.17	C₁₀H₈N₂	2,3'-联吡啶	581-50-0	0.65
50	50.30	C₉H₉N	3,4-二氢异喹啉	3230-65-7	0.32
51	51.45	C₁₆H₂₂O₄	邻苯二甲酸二异丁酯	84-69-5	1.14
52	53.99	C₂₇H₅₆	正二十七烷	593-49-7	0.21
53	54.06	C₁₆H₂₂O₄	邻苯二甲酸二丁酯	84-74-2	3.04
54	54.21	C₁₄H₂₈O₂	肉豆蔻酸	544-63-8	0.44
55	56.70	C₁₆H₃₂O₂	棕榈酸	57-10-3	3.43

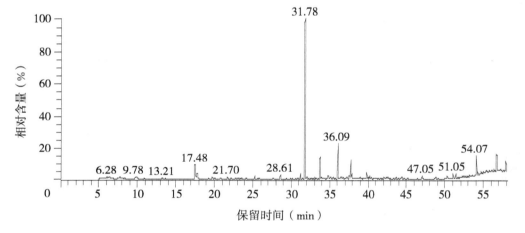

图3-29　河南NC89B2L（2009）烤烟烟气致香物成分指纹图谱

3.2.29　津巴布韦L20A（2009）烤烟烟气致香物成分分析结果

津巴布韦L20A（2009）烤烟烟气致香物成分分析结果见表3-29，津巴布韦L20A（2009）烤烟烟气致香物成分指纹图谱见图3-30。

致香物类型及相对含量如下。

（1）酮类：羟基丙酮0.89%、2-环戊烯酮2.14%、2-甲基-2-环戊烯-1-酮0.12%、3-甲基-2-环戊烯-1-酮0.54%、2-环戊烯-1,4-二酮1.14%、4-环戊烯-1,3-二酮2.68%、（E）-5-异丙基-8-甲基-6,8-壬二烯-2-酮1.24%、甲基环戊烯醇酮2.01%、乙基环戊烯醇酮0.28%、1-茚酮0.78%、1-（8-氟-2-萘酚-1-基）乙烯酮0.28%。酮类相对含量为致香物的12.10%。

（2）醛类：壬醛1.23%、5-甲基糠醛3.25%。醛类相对含量为致香物的4.48%。

（3）醇类：糠醇1.38%、3,7,11,15-四甲基己烯-1-醇（叶绿醇）2.64%、麦芽醇0.26%。醇类相对含量为致香物的4.28%。

（4）有机酸类：乙酸5.14%、丙酸0.47%、3-甲基丁酸0.87%、肉豆蔻酸0.28%、棕榈酸2.31%。有机酸类相对含量为致香物的9.07%。

（5）酯类：棕榈酸甲酯1.47%、油酸甲酯1.38%、反亚油酸甲酯2.06%、邻苯二甲酸二异丁酯2.35%、亚麻酸甲酯 2.11%、邻苯二甲酸二丁酯 3.64%。酯类相对含量为致香物的 13.01%。

（6）稠环芳香烃类：未检测到该类物质成分。

（7）酚类：邻甲氧基苯酚 1.68%、2-甲氧基 -4-甲基苯酚 0.58%、苯酚 4.57%、4-甲基苯酚 3.51%、4-乙基苯酚 2.14%、4-乙烯基 -2-甲氧基苯酚 0.39%。酚类相对含量为致香物的 12.87%。

（8）烷烃类：苯乙烷 0.65%、p-甲苯基 -2，5-二甲苯基乙烷 0.38%、正二十七烷 1.25%、正二十八烷 0.68%、正三十五烷 2.48%、二十九烷 2.43%。烷烃类相对含量为致香物的 7.87%。

（9）不饱和脂肪烃类：双戊烯 2.23%、苯乙烯 0.24%。不饱和脂肪烃类相对含量为致香物的 2.47%。

（10）生物碱类：烟碱 35.75%。生物碱类相对含量为致香物的 35.75%。

（11）萜类：新植二烯 6.76%。萜类相对含量为致香物的 6.76%。

（12）其他类：2-氨基 -4-甲基 -2-戊烯腈 0.41%、苄基异戊基醚 0.68%、（S）-四氢呋喃 -2-甲酸 0.35%、5,6-二氢 -5,6 二甲基苯并（C）肉啉 0.56%、2,3-二氢苯并呋喃 1.01%、吲哚 0.74%、2,3'-联吡啶 1.43%、2,3-二氢 -1H-环戊氯酚［B］喹喔啉 0.57%。

表 3-29 津巴布韦 L20A（2009）烤烟烟气致香物成分分析结果

编号	保留时间（min）	分子式	化合物名称	CAS 号	相对含量（%）
1	6.28	C_8H_{10}	苯乙烷	100-41-4	0.65
2	7.78	$C_{10}H_{16}$	双戊烯	138-86-3	2.23
3	9.57	C_8H_8	苯乙烯	100-42-5	0.24
4	11.40	$C_3H_6O_2$	羟基丙酮	116-09-6	0.89
5	13.28	C_5H_6O	2-环戊烯酮	930-30-3	2.14
6	14.12	C_6H_8O	2-甲基 -2-环戊烯 -1-酮	1120-73-6	0.12
7	15.64	$C_9H_{18}O$	壬醛	124-19-6	1.23
8	17.71	$C_2H_4O_2$	乙酸	64-19-7	5.14
9	19.13	$C_6H_{10}N_2$	2-氨基 -4-甲基 -2-戊烯腈	37024-73-0	0.41
10	19.62	C_6H_8O	3-甲基 -2-环戊烯 -1-酮	2758-18-1	0.54
11	20.33	$C_7H_{10}O$	苄基异戊基醚	1121-05-7	0.68
12	20.93	$C_3H_6O_2$	丙酸	79-09-4	0.47
13	21.54	$C_6H_6O_2$	5-甲基糠醛	620-02-0	3.25
14	22.13	$C_5H_4O_2$	2-环戊烯 -1,4-二酮	930-60-9	1.14
15	22.78	$C_5H_4O_2$	4-环戊烯 -1,3-二酮	930-60-9	2.68
16	23.62	$C_5H_6O_2$	糠醇	98-00-0	1.38
17	26.42	$C_{13}H_{22}O$	（E）-5-异丙基 -8-甲基 -6，8-壬二烯 -2-酮	54868-48-3	1.24
18	26.84	$C_5H_{10}O_2$	3-甲基丁酸	503-74-2	0.87
19	28.75	$C_5H_8O_3$	（S）-四氢呋喃 -2-甲酸	87392-07-2	0.35
20	31.35	$C_6H_8O_2$	甲基环戊烯醇酮	80-71-7	2.01
21	31.86	$C_{10}H_{14}N_2$	烟碱	54-11-5	35.75
22	32.78	$C_7H_8O_2$	邻甲氧基苯酚	90-05-1	1.68
23	33.68	$C_7H_{10}O_2$	乙基环戊烯醇酮	21835-01-8	0.28
24	33.77	$C_{20}H_{38}$	新植二烯	504-96-1	6.76
25	34.15	$C_{20}H_{40}O$	3,7,11,15-四甲基己烯 -1-醇（叶绿醇）	102608-53-7	2.64
26	34.64	$C_8H_{10}O_2$	2-甲氧基 -4-甲基苯酚	93-51-6	0.58
27	34.89	$C_6H_6O_3$	麦芽醇	118-71-8	0.26
28	36.32	C_9H_8O	1-茚酮	83-33-0	0.78
29	36.74	C_6H_6O	苯酚	108-95-2	4.57
30	38.53	C_7H_8O	4-甲基苯酚	106-44-5	3.51
31	40.22	$C_8H_{10}O$	4-乙基苯酚	123-07-9	2.14
32	40.26	$C_9H_{10}O_2$	4-乙烯基 -2-甲氧基苯酚	7786-61-0	0.39
33	41.77	$C_{17}H_{34}O_2$	棕榈酸甲酯	112-39-0	1.47

续表

编号	保留时间（min）	分子式	化合物名称	CAS号	相对含量（%）
34	42.62	$C_{16}H_{18}$	p-甲苯基-2,5-二甲苯基乙烷	721-45-9	0.38
35	43.58	$C_{14}H_{14}N_2$	5,6-二氢-5,6-二甲基苯并（C）肉啉	65990-71-8	0.56
36	44.67	$C_{27}H_{56}$	正二十七烷	593-49-7	1.25
37	47.25	C_8H_8O	2,3-二氢苯并呋喃	496-16-2	1.01
38	47.95	$C_{19}H_{36}O_2$	油酸甲酯	112-62-9	1.38
39	48.95	C_8H_7N	吲哚	120-72-9	0.74
40	49.78	$C_{10}H_8N_2$	2,3'-联吡啶	581-50-0	1.43
41	50.53	$C_{19}H_{34}O_2$	反亚油酸甲酯	2566-97-4	2.06
42	50.78	$C_{35}H_{72}$	正三十五烷	630-07-9	2.48
43	51.54	$C_{16}H_{22}O_4$	邻苯二甲酸二异丁酯	84-69-5	2.35
44	51.78	$C_{19}H_{32}O_2$	亚麻酸甲酯	301-00-8	2.11
45	53.41	$C_{11}H_{10}N_2$	2,3-二氢-1H-环戊氯酚［B］喹喔啉	71013-24-0	0.57
46	54.13	$C_{28}H_{58}$	正二十八烷	630-02-4	0.68
47	54.35	$C_{16}H_{22}O_4$	邻苯二甲酸二丁酯	84-74-2	3.64
48	54.68	$C_{29}H_{60}$	二十九烷	630-03-5	2.43
49	55.08	$C_{14}H_{28}O_2$	肉豆蔻酸	544-63-8	0.28
50	55.25	$C_{16}H_{32}O_2$	棕榈酸	57-10-3	2.31
51	55.89	$C_{12}H_9FO_2$	1-（8-氟-2-萘酚-1-基）乙烯酮	116120-82-2	0.28

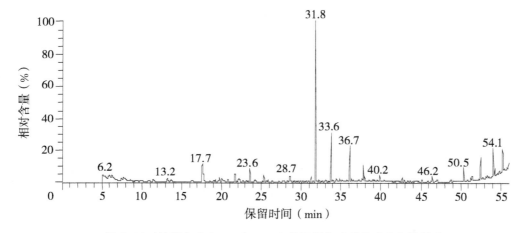

图3-30   津巴布韦L20A（2009）烤烟烟气致香物成分指纹图谱

3.2.30   津巴布韦LJOT2（2009）烤烟烟气致香物成分分析结果

津巴布韦LJOT2（2009）烤烟烟气致香物成分分析结果见表3-30，津巴布韦LJOT2（2009）烤烟烟气致香物成分指纹图谱见图3-31。

致香物类型及相对含量如下。

（1）酮类：羟基丙酮0.47%、2-环戊烯酮0.07%、甲基环戊烯酮0.17%、3-甲基-2-环戊烯-1-酮0.73%、2,3-二甲基-2-环戊烯-1-酮0.57%、2-环戊烯-1,4-二酮1.10%、3-己烯-2,5-二酮2.97%、（E）-5-异丙基-8-甲基-6,8-壬二烯-2-酮0.59%、3-甲基-1,2-环戊二酮1.08%、3-乙基-2-羟基-2-环戊烯-1-酮0.63%、巨豆三烯酮1.03%。酮类相对含量为致香物的9.41%。

（2）醛类：糠醛4.64%。醛类相对含量为致香物的4.64%。

（3）醇类：糠醇1.85%、十四醇0.42%、3,7,11-三甲基-1-十二烷醇1.49%。醇类相对含量为致香物的3.76%。

（4）有机酸类：乙酸1.43%、丙酸0.49%。有机酸类相对含量为致香物的1.92%。

（5）酯类：棕榈酸甲酯1.46%。酯类相对含量为致香物的1.46%。

（6）稠环芳香烃类：未检测到该类成分。

（7）酚类：对甲氧基苯酚1.23%、苯酚8.09%、2,4-二甲苯酚0.42%、对甲基苯酚4.87%、4-乙基苯酚2.56%、2-甲氧基-4-乙烯基苯酚1.05%。酚类相对含量为致香物的18.22%。

（8）烷烃类：正十五烷0.33%。烷烃类相对含量为致香物的0.33%。

（9）不饱和脂肪烃类：双戊烯2.23%、苯乙烯1.68%、3,6-氧代-1-甲基-8-异丙基三环［6.2.2.0²·⁷］十二-4,9-二烯2.35%、2,6,10-三甲基-1,5,9-十一烷三烯0.79%、2,3-二氰基-7,7-二甲基-5,6-苯并降冰片二烯1.62%。不饱和脂肪烃类相对含量为致香物的8.67%。

（10）生物碱类：烟碱37.29%。生物碱类占烟气致香物的37.29%。

（11）萜类：新植二烯7.93%、角鲨烯0.44%。萜类相对含量为致香物的8.37%。

（12）其他类：邻二甲苯0.58%、3-甲基吡啶0.40%、吡咯0.49%、2,3-二氢苯并呋喃1.11%、吲哚0.93%、2,3'-联吡啶0.44%、3,4-二氢异喹啉1.02%。

表3-30　津巴布韦LJ0T2（2009）烤烟烟气致香物成分分析结果

编号	保留时间（min）	分子式	化合物名称	CAS号	相对含量（%）
1	6.24	C_8H_{10}	邻二甲苯	95-47-6	0.58
2	7.71	$C_{10}H_{16}$	双戊烯	138-86-3	2.23
3	9.75	C_8H_8	苯乙烯	100-42-5	1.68
4	10.84	C_6H_7N	3-甲基吡啶	108-99-6	0.40
5	11.39	$C_3H_6O_2$	羟基丙酮	116-09-6	0.47
6	13.20	C_5H_6O	2-环戊烯酮	930-30-3	0.07
7	13.63	C_6H_8O	甲基环戊烯酮	1120-73-6	0.17
8	17.53	$C_2H_4O_2$	乙酸	64-19-7	1.43
9	17.62	$C_5H_4O_2$	糠醛	98-01-1	4.64
10	18.60	$C_{15}H_{32}$	正十五烷	629-62-9	0.33
11	19.26	C_6H_8O	3-甲基-2-环戊烯-1-酮	2758-18-1	0.73
12	19.72	C_4H_5N	吡咯	109-97-7	0.49
13	20.05	$C_7H_{10}O$	2,3-二甲基-2-环戊烯-1-酮	1121-05-7	0.57
14	20.36	$C_{14}H_{30}O$	十四醇	112-72-1	0.42
15	20.85	$C_3H_6O_2$	丙酸	79-09-4	0.49
16	21.71	$C_{16}H_{20}O_2$	3,6-氧代-1-甲基-8-异丙基三环［6.2.2.0²·⁷］十二-4,9-二烯	121824-66-6	2.35
17	22.18	$C_5H_4O_2$	2-环戊烯-1,4-二酮	930-60-9	1.10
18	22.83	$C_{14}H_{24}$	2,6,10-三甲基-1,5,9-十一烷三烯	62951-96-6	0.79
19	23.58	$C_6H_8O_2$	3-己烯-2,5-二酮	4436-75-3	2.97
20	25.34	$C_5H_6O_2$	糠醇	98-00-0	1.85
21	27.74	$C_{13}H_{22}O$	（E）-5-异丙基-8-甲基-6,8-壬二烯-2-酮	54868-48-3	0.59
22	28.60	$C_{15}H_{32}O$	3,7,11-三甲基-1-十二烷醇	6750-34-1	1.49
23	31.26	$C_6H_8O_2$	3-甲基-1,2-环戊二酮	765-70-8	1.08
24	31.77	$C_{10}H_{14}N_2$	烟碱	54-11-5	37.63
25	32.22	$C_7H_8O_2$	对甲氧基苯酚	150-76-5	1.23
26	33.10	$C_7H_{10}O_2$	3-乙基-2-羟基-2-环戊烯-1-酮	21835-01-8	0.63
27	33.57	$C_{15}H_{12}N_2$	2,3-二氰基-7,7二甲基-5,6-苯并降冰片二烯	117461-22-0	1.62
28	33.75	$C_{20}H_{38}$	新植二烯	504-96-1	7.93
29	36.11	C_6H_6O	苯酚	108-95-2	8.09
30	37.66	$C_8H_{10}O$	2,4-二甲苯酚	105-67-9	0.42
31	37.76	C_7H_8O	对甲基苯酚	106-44-5	4.87
32	37.83	$C_{30}H_{50}$	角鲨烯	7683-64-9	0.44

续表

编号	保留时间（min）	分子式	化合物名称	CAS 号	相对含量（%）
33	39.82	$C_8H_{10}O$	4- 乙基苯酚	123–07–9	2.56
34	39.97	$C_{13}H_{18}O$	巨豆三烯酮	38818–55–2	1.03
35	40.21	$C_9H_{10}O_2$	2- 甲氧基 -4- 乙烯基苯酚	7786–61–0	1.05
36	40.43	$C_{17}H_{34}O_2$	棕榈酸甲酯	112–39–0	1.46
37	47.08	C_8H_8O	2,3- 二氢苯并呋喃	496–16–2	1.11
38	48.84	C_8H_7N	吲哚	120–72–9	0.93
39	49.18	$C_{10}H_8N_2$	2,3'- 联吡啶	581–50–0	0.44
40	50.32	C_9H_9N	3,4- 二氢异喹啉	3230–65–7	1.02

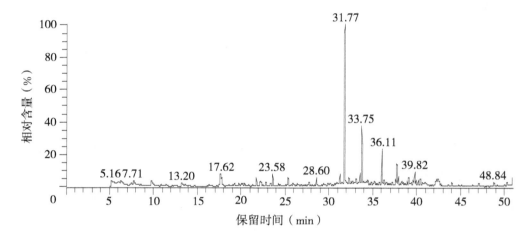

图 3-31　津巴布韦 LJ0T2（2009）烤烟烟气致香物成分指纹图谱

3.2.31　广西百色云烟 87B2F（2014）烤烟烟气致香物成分分析结果

广西百色云烟 87B2F（2014）烤烟烟气致香物成分分析结果见表 3-31，广西百色云烟 87B2F（2014）烤烟烟气致香物成分指纹图谱见图 3-32。

致香物类型及相对含量如下。

（1）酮类：3- 甲基环己酮 0.16%、2- 甲基 -4- 羟基环戊二酮 0.43%、（9CI）-3,3- 二甲基 -4-（甲基氨基）-2- 丁酮 0.21%。酮类相对含量为致香物的 0.80%。

（2）醛类：壬醛 0.14%、10- 十八醛 0.26%。醛类相对含量为致香物的 0.40%。

（3）醇类：2- 溴乙醇 0.23%、4-（已氧基）-1- 丁醇 0.32%、仲丁醇 0.45%、2- 丁基 -1- 辛醇 0.37%、2- 溴乙醇 0.11%、（E）-11- 十四碳烯 -1- 醇 1.29%、（20S）-20- 氨基孕甾 -5- 烯 -3β- 醇 1.32%、乙酰基脱氧雪腐镰刀菌烯醇 0.38%、仙人掌甾醇 1.09%。醇类相对含量为致香物的 5.56%。

（4）有机酸类：叶酸 0.16%。有机酸类占烟气致香物的 0.16%。

（5）酯类：甲酸乙烯酯 0.13%、咪唑 -4- 甲酸甲酯 0.20%、2,2,2- 三氯十四烷基乙酸酯 0.23%、十八烷基二亚硫酸酯 0.28%、15- 甲基 -11- 十六烯酸甲酯 0.13%、邻苯二甲酸二丁酯 3.62%、己二酸二辛酯 2.47%。酯类相对含量为致香物的 7.06%。

（6）稠环芳香烃类：未检测到该类成分。

（7）酚类：4-（2- 氨基丙基）苯酚 0.21%。酚类相对含量为致香物的 0.21%。

（8）烷烃类：1- 甲基 -1- 乙基环戊烷 1.15%、2,4- 二甲基庚烷 0.78%、2,4- 二甲基十一烷 0.28%、4,5- 二甲基壬烷 0.31%、（9CI）-（1a,2a,3a,5b）-1,2,3,5- 四甲基环己烷 0.32%、正三十二烷 0.45%、1,2- 溴代十二烷 0.34%、1,6- 二甲基癸烷 0.17%、1,2- 环氧十六烷 0.50%、氯代十八烷 0.14%、2- 氨基丙烷 0.13%、羟甲基环丙烷 0.21%。烷烃类相对含量为致香物的 4.78%。

（9）不饱和脂肪烃类：7- 乙基 -1,3,5- 环庚三烯 0.20%、1,5- 二甲基 -1,5- 环辛二烯 0.39%、6-（1-丁烯基）-1,4- 环庚二烯 0.33%、1- 壬烯 0.28%、1- 十八烷烯 0.46%、2- 己基 -3- 甲基环戊烯 1.77%、9 -十二碳二烯 0.15%、蒎烯 0.23%。不饱和脂肪烃类相对含量为致香物的 3.81%。

（10）生物碱类：烟碱 3.29%、去氧肾上腺素碱 0.35%。生物碱类相对含量为致香物的 3.64%。

（11）萜类：萜类相对含量为致香物的 3.64%。

（12）其他类：乙苯 0.35%、（2Z）-2- 羟基亚胺 -N-（4- 甲氧基苯基）乙酰胺 1.42%、（R）-N- 甲基 -3-（2- 甲基苯氧基）苯丙胺 1.51%、1-（3- 甲苯基）丙烷 -2- 胺 0.18%、1,2,3,5- 四甲基苯 0.24%、1,2,3-三甲基苯 0.26%、1,2,4- 三甲基苯 0.46%、1,3,5- 三甲基苯 1.40%、10- 羟基地昔帕明 0.41%、1- 甲基 -2-苯氧乙胺 0.34%、1- 甲基癸胺 0.18%、1- 乙基 -2- 甲基苯 0.31%、2 - 羟基去郁敏 0.18%、2-（异亚硝基）-N-（4- 甲氧苯基）- 异酰胺 0.14%、2,5- 甲氧基 -4- 甲基苯丙胺 0.15%、2,5- 甲氧基 -4- 甲基苯异丙胺 0.14%、2-［（2- 硝基苯基）亚甲基氨基］胍 0.12%、2- 氨基丙烷（1- 甲基丁胺）0.23%、3- 丁酰胺 0.16%、3- 甲氧基安非他明 0.19%、4,α- 二甲基 -3- 酪胺 0.14%、4- 氟安非他明 0.24%、L- 丙氨酸 -4- 硝基酰苯胺 0.85%、N, N’- 二（2- 羟基 -1- 甲基 -2- 苯乙基）对苯二甲酰二苯胺 0.18%、N- 甲基 -1- 十八胺 1.14%、N- 甲基苯乙胺 0.22%、N- 甲基己内酰胺 0.22%、N- 甲基烯丙基胺 0.26%、N- 甲基正丙胺 0.56%、N- 正丙基乙酰胺 0.27%、p- 间羟胺 0.27%、埃奇胺 0.22%、奥托君 0.41%、丙烯酰胺 0.48%、地美环素 0.62%、对二甲苯 3.16%、对甲基苯丙胺 0.25%、二氯乙酰胺 0.16%、荷拉胺 0.44%、黑葡萄穗霉毒素 H 0.12%、间二甲苯 3.94%、间羟胺 0.19%、间乙基甲苯 1.31%、氰乙酰胺 0.6%、去甲基麻黄素 0.13%、去甲替林 1.64%、三醋精 31.63%、三丁基氧化锡 4.23%、替洛蒽醌 0.41%、消旋肾上腺素 0.23%、异辛胺 0.11%、正己基正辛醚 0.45%。

表 3-31　广西百色云烟 87B2F（2014）烤烟烟气致香物成分分析结果

编号	保留时间（min）	分子式	化合物名称	CAS 号	相对含量（%）
1	2.622	C_8H_{10}	乙苯	100-41-4	0.35
2	2.693	C_8H_{10}	间二甲苯	108-38-3	3.94
3	2.805	C_8H_{16}	1- 甲基 -1 一乙基环戊烷	16747-50-5	1.15
4	2.947	C_8H_{10}	对二甲苯	106-42-3	3.16
5	3.124	C_2H_5BrO	2- 溴乙醇	540-51-2	0.34
6	3.213	$C_{10}H_{22}O_2$	4-（己氧基）-1- 丁醇	4541-13-3	0.32
7	3.490	$C_4H_{10}O$	仲丁醇	78-92-2	0.45
8	3.632	$C_9H_{18}O$	壬醛	124-19-6	0.14
9	3.762	C_9H_{12}	7- 乙基 -1,3,5- 环庚三烯	17634-51-4	0.20
10	3.886	C_9H_{12}	间乙基甲苯	620-14-4	1.31
11	3.998	C_9H_{12}	1,2,4- 三甲基苯	95-63-6	0.46
12	4.216	C_9H_{12}	1,2,3- 三甲基苯	526-73-8	0.26
13	4.316	$C_5H_{11}NO$	N- 正丙基乙酰胺	5331-48-6	0.27
14	4.482	C_9H_{12}	1,3,5- 三甲基苯	108-67-8	1.40
15	4.553	$C_7H_{13}NO$	N- 甲基己内酰胺	2556-73-2	0.22
16	4.677	$C_3H_4O_2$	甲酸乙烯酯	692-45-5	0.13
17	5.113	C_9H_{12}	1- 乙基 -2- 甲基苯	611-14-3	0.31
18	5.231	$C_{10}H_{16}$	1,5- 二甲基 -1,5- 环辛二烯	3760-14-3	0.39
19	5.420	C_4H_9N	N- 甲基烯丙基胺	627-37-2	0.26
20	5.733	$C_8H_9N_5O_2$	2-［（2- 硝基苯基）亚甲基氨基］胍	102632-31-5	0.12
21	5.792	$C_{11}H_{16}$	6-（1- 丁烯基）-1,4- 环庚二烯	33156-92-2	0.33
22	5.875	C_4H_7NO	3- 丁酰胺	28446-58-4	0.16
23	6.259	C_3H_5NO	丙烯酰胺	79-06-1	0.11
24	6.359	C_9H_{20}	2,4- 二甲基庚烷	2213-23-2	0.78
25	6.595	$C_{13}H_{28}$	2,4 - 二甲基十一烷	17312-80-0	0.28

续表

编号	保留时间（min）	分子式	化合物名称	CAS号	相对含量（%）
26	6.749	$C_{10}H_{14}$	1,2,3,5-四甲基苯	527-53-7	0.24
27	6.837	$C_{11}H_{24}$	4,5-二甲基壬烷	17302-23-7	0.31
28	7.091	C_3H_5NO	丙烯酰胺	79-06-1	0.37
29	7.209	C_9H_{18}	1-壬烯	124-11-8	0.28
30	7.386	$C_{14}H_{30}O$	正己基正辛醚	17071-54-4	0.45
31	7.705	$C_{12}H_{26}O$	2-丁基-1-辛醇	3913-02-8	0.37
32	8.278	$C_{10}H_{20}$	（9CI）-（1a,2a,3a,5b）-1,2,3,5-四甲基环己烷	19899-32-2	0.32
33	8.596	$C_{18}H_{36}$	1-十八烷烯	112-88-9	0.46
34	8.720	$C_5H_6N_2O_2$	咪唑-4-甲酸甲酯	17325-25-6	0.20
35	8.927	$C_7H_{12}O$	3-甲基环己酮	591-24-2	0.16
36	9.187	$C_{32}H_{66}O$	正三十二烷	6624-79-9	0.45
37	9.677	$C_{16}H_{29}Cl_3O_2$	2,2,2-三氯十四烷基乙酸酯	74339-52-9	0.23
38	10.043	$C_{12}H_{24}Br_2$	1,2-溴代十二烷	55334-42-4	0.34
39	10.108	$C_{12}H_{26}$	1,6-二甲基癸烷	999185-22-2	0.17
40	10.243	$C_6H_8O_3$	2-甲基-4-羟基环戊二酮	4800-04-8	0.43
41	10.302	$C_{16}H_{32}O$	1,2-环氧十六烷	7320-37-8	0.50
42	10.474	C_8H_{14}	2-己基-3-甲基环戊烯	97797-57-4	1.77
43	10.769	$C_{19}H_{19}N_7O_6$	叶酸	59-30-3	0.16
44	11.088	$C_{12}H_{22}$	9-十二碳二烯	999024-52-2	0.15
45	11.105	$C_{12}H_{19}NO_2$	2,5-甲氧基-4-甲基苯丙胺	15588-95-1	0.29
46	12.156	$C_8H_{34}O_2$	10-十八醛	56554-92-8	0.26
47	12.439	$C_{17}H_{21}NO$	（R）-N-甲基-3-（2-甲基苯氧基）苯丙胺	83015-26-3	1.51
48	12.776	$C_{18}H_{34}O_2$	15-甲基-11-十六烯酸甲酯	55044-54-7	0.13
49	13.620	$C_{18}H_{37}Cl$	氯代十八烷	3386-33-2	0.14
50	17.847	$C_{10}H_{14}N_2$	烟碱	54-11-5	3.29
51	18.538	$C_9H_{14}O_6$	三醋精	102-76-1	31.63
52	19.151	$C_{10}H_{16}$	蒎烯	7785-70-8	0.23
53	44.512	$C_{14}H_{28}O$	（E）-11-十四碳烯-1-醇	35153-18-5	1.29
54	50.274	$C_{16}H_{22}O_4$	邻苯二甲酸二丁酯	84-74-2	3.62
55	67.612	$C_9H_{13}NO$	间羟胺	54-49-9	0.19
56	69.300	$C_{22}H_{42}O_4$	己二酸二辛酯	103-23-1	2.47
57	71.856	C_3H_9N	2-氨基丙烷	75-31-0	0.13
58	72.742	$C_{21}H_{35}NO$	（20S）-20-氨基孕甾-5-烯-3β-醇	5035-10-9	1.32
59	72.836	$C_{24}H_{54}OSn_2$	三丁基氧化锡	56-35-9	4.23
60	73.072	$C_{19}H_{21}N$	去甲替林	72-69-5	1.64
61	73.167	$C_{21}H_{36}N_2O$	荷拉胺	468-31-5	0.44
62	73.196	$C_4H_{11}N$	N-甲基正丙胺	627-35-0	0.56
63	73.285	$C_{17}H_{22}O_7$	乙酰基脱氧雪腐镰刀菌烯醇	54648-10-1	0.38
64	73.604	$C_{26}H_{28}N_2O_4$	N,N'-二（2-羟基-1-甲基-2-苯乙基）对苯二甲酰二苯胺	68516-51-8	0.18
65	73.668	$C_{19}H_{41}N$	N-甲基-1-十八胺	2439-55-6	1.14
66	73.875	$C_{28}H_{48}O_2$	仙人掌甾醇	2126-69-4	1.09
67	73.970	$C_{21}H_{22}Cl_2N_2O_8$	地美环素	127-33-3	0.62
68	73.993	$C_{22}H_{29}N_2O_4$	埃奇胺	6871-44-9	0.22

续表

编号	保留时间（min）	分子式	化合物名称	CAS 号	相对含量（%）
69	74.052	$C_3H_4N_2O$	氰乙酰胺	107-91-5	0.60
70	74.377	$C_8H_{19}N$	奥托君	543-82-8	0.41
71	74.460	$C_{10}H_{16}ClNO$	4,a- 二甲基 -3- 酪胺	21618-99-5	0.14
72	74.749	$C_{29}H_{36}O_9$	黑葡萄穗霉毒素 H	53126-64-0	0.12
73	75.215	$C_9H_{13}NO_3$	消旋肾上腺素	329-65-7	0.23
74	75.304	$C_9H_{13}NO$	去甲基麻黄素	14838-15-4	0.13
75	75.457	$C_{18}H_{22}N_2O$	10- 羟基地昔帕明	4014-82-8	0.41
76	75.540	$C_{21}H_{25}N_5O_4$	替洛蒽醌	91441-48-4	0.41
77	75.611	$C_9H_{13}NO$	4-（2- 氨基丙基）苯酚	103-86-6	0.21
78	75.752	$C_9H_{10}N_2O_3$	（2Z）-2- 羟基亚胺 -N-（4- 甲氧基苯基）乙酰胺	6335-41-7	1.42
79	75.823	$C_9H_{13}NO_2$	去氧肾上腺素碱	59-42-7	0.35
80	76.449	$C_9H_{12}FN$	4- 氟安非他明	459-02-9	0.24
81	77.151	$C_9H_{11}N_3O_3$	L- 丙氨酸 -4- 硝基酰苯胺	1668-13-9	0.85
82	77.252	$C_9H_{13}N$	N- 甲基苯乙胺	589-08-2	0.22
83	77.270	$C_{10}H_{15}NO$	3- 甲氧基安非他明	17862-85-0	0.19
84	77.399	$C_{10}H_{15}N$	对甲基苯丙胺	64-11-9	0.11
85	77.771	$C_8H_{19}N$	异辛胺	543-82-8	0.11
86	79.336	$C_{11}H_{25}N$	1- 甲基癸胺	13205-56-6	0.18
87	82.966	C_4H_8O	羟甲基环丙烷	2516-33-8	0.21
88	84.353	$C_2H_3Cl_2NO$	二氯乙酰胺	683-72-7	0.16
89	84.672	$C_5H_{13}N$	2- 氨基丙烷（1- 甲基丁胺）	625-30-9	0.23
90	84.790	$C_7H_{15}NO$	（9CI）-3,3- 二甲基 -4-（甲基氨基）-2- 丁酮	123528-99-4	0.21
91	84.950	$C_9H_{13}NO$	1- 甲基 -2- 苯氧乙胺	35205-54-0	0.34
92	86.284	$C_{10}H_{15}N$	1-（3- 甲苯基）丙烷 -2- 胺	588-06-7	0.18
93	86.490	$C_9H_{13}NO_2$	p- 间羟胺	552-85-2	0.27
94	91.172	$C_{10}H_{15}N$	对甲基苯丙胺	64-11-9	0.14

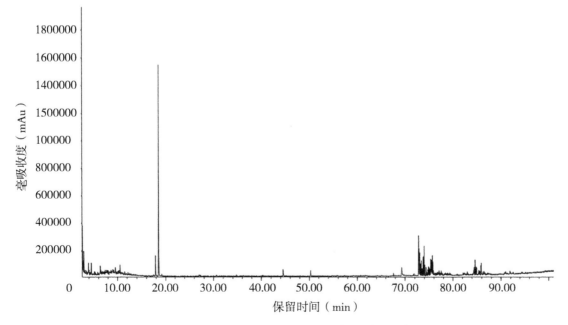

图 3-32　广西百色云烟 87B2F（2014）烤烟烟气致香物成分指纹图谱

3.2.32 广西百色云烟 87C3F（2014）烤烟烟气致香物成分分析结果

广西百色云烟 87C3F（2014）烤烟烟气致香物成分分析结果见表 3-32，广西百色云烟 87C3F（2014）烤烟烟气致香物成分指纹图谱见图 3-33。

致香物类型及相对含量如下。

（1）酮类：（4aR,8aS）–rel– 八氢 –8a– 甲基 –2（1H）– 萘酮 1.12%、4,5– 二溴哒嗪 –3– 酮 0.40%、（9CI）–3,3– 二甲基 –4–（甲基氨基）–2– 丁酮 0.42%、6– 甲基 –4（1H）– 蝶啶酮 0.37%。酮类相对含量为致香物的 2.31%。

（2）醛类：4– 甲氧基 –2,3– 二甲基丁醛 0.32%、苯乙醛 0.25%、1– 正丁醛 0.30%、7– 甲基 –2– 辛烯醛 0.26%、4– 戊烯醛 0.28%、3–（1– 硝基 –2– 环氧十三烷）丙醛 0.59%、十八醛 0.14%、十二醛 0.21%、（2Z）–2– 庚烯醛 0.42%。醛类相对含量为致香物的 2.77%。

（3）醇类：4–（己氧基）–1– 丁醇 0.48%、1,10– 癸二醇 0.15%、2– 甲基 –2– 乙基十三醇 0.48%、1– 三十二烷醇 0.25%、4– 氨基 –1– 戊醇 0.14%、[4– 氟 –5– 羟基 –（甲基氨基）乙基] 甲苯二醇 0.16%、L–3,4– 二羟基 –α–[（甲氨基）甲基] 苄醇 0.32%、环丁醇 0.55%。醇类相对含量为致香物的 2.53%。

（4）有机酸类：3– 氨基 –L– 丙氨酸 0.20%、2–[（2– 硝基苯基）亚甲基氨基] 胍 1.95%、6–N– 甲基 –L– 赖氨酸 0.27%、2–（4,5– 二氢 –3– 甲基 –5– 氧 –1– 苯基 –4– 吡唑基）–5– 硝基苯甲酸 0.18%。有机酸类相对含量为致香物的 2.60%。

（5）酯类：月桂酸乙酯 0.66%、己二酸二辛酯 2.12%。酯类相对含量为致香物的 2.78%。

（6）稠环芳香烃类：未检测到该类成分。

（7）酚类：5–（2– 氨基丙基）– 甲基 – 苯酚 0.39%。酚类相对含量为致香物的 0.39%。

（8）烷烃类：2,3– 环氧丁烷 0.24%、2,4– 二甲基庚烷 1.08%、3– 甲基 –3– 乙基癸烷 0.54%、二十烷 0.88%、2,4,6– 三甲基庚烷 0.78%、5– 丁基壬烷 0.64%、1,4– 二异丙基环己烷 0.79%、异丁基环己烷 0.39%、2– 甲基丁基环戊烷 0.36%、顺 –1– 环己基甲基 –4– 乙基环己烷 0.75%、1,2– 二丁基环戊烷 0.18%、正十三烷 1.97%、9– 甲基 – 二环 [3.3.1] 壬烷 2.15%、羟甲基环丙烷 0.25%。烷烃类相对含量为致香物的 11.00%。

（9）不饱和脂肪烃类：2,3– 二甲基 –2– 戊烯 1.52%、二十二碳烯 0.34%、1– 十三烯 0.26%、（Z,Z）–3– 甲基 –2,4– 己二烯 1.43%。不饱和脂肪烃类相对含量为致香物的 3.55%。

（10）生物碱类：烟碱 1.26%、去氧肾上腺素碱 0.16%。生物碱类相对含量为致香物的 1.42%。

（11）萜类：未检测到该类成分。

（12）其他类：间二甲苯 5.22%、对二甲苯 3.98%、1,1-d2-1– 丙烯 0.40%、3– 丁烯酰胺 0.30%、对乙基甲苯 1.72%、1,2,4– 三甲苯 0.40%、L– 丙氨酸 –4– 硝基酰苯胺 1.24%、间乙基甲苯 0.20%、2– 甲基哌嗪 0.28%、1,3,5– 三甲苯 2.06%、多抗霉素 0.14%、烯丙苯 0.33%、5– 乙基 –3,5– 二甲苯 0.19%、2– 乙基 –1,3– 二甲苯 0.20%、丙烯酰胺 0.77%、氰乙酰脲 0.16%、2'–O– 甲基鸟苷 0.23%、三醋精 35.15%、N,N'（2– 羟基 –1– 甲基 –2– 苯乙基）邻苯二甲酰胺 0.14%、2–[（2– 硝基苯基）亚甲基氨基] 胍 0.13%、黑葡萄穗霉毒素 H 0.22%、三丁基氧化锡 0.25%、3,3',5,5'– 四叔丁基 –4,4'– 联苯醌 0.54%、（R）–N– 甲基 –3–（2– 甲基苯氧基）苯丙胺 0.25%、异辛胺 0.19%、甲氧基安非他明 0.45%、3,4– 环氧四氢呋喃 1.20%、N– 甲基辛胺 0.36%、N– 甲基苯乙胺 0.21%、2,2– 二溴乙酰胺 0.22%、氟乙酰胺 0.22%、a– 甲基酪胺 0.17%、N– 甲基 –3– 苯基 –3–（对三氟甲基苯氧基）丙胺 0.20%、N– 甲基 –1– 十八胺 0.16%、N– 甲基苯乙胺 0.19%、1–（2– 甲氧苯基）–2– 丙胺 0.14%、止泻木费任 0.17%、间羟胺 0.13%、N– 己基甲胺 0.23%、3– 甲氧基 –a– 甲基苯乙胺 0.14%、1– 甲基 –2– 苯氧乙胺 0.26%、（R）–N– 甲基 –3–（2– 甲基苯氧基）苯丙胺 0.60%、（R）–N– 甲基 –3–（2– 甲基苯氧基）苯丙胺 0.14%、N– 甲基辛胺 0.26%、N– 甲基 –1– 十八胺 0.35%、N,N'– 双亚水杨 –1,2– 丙二胺 0.21%、（R）–N– 甲基 –3–（2– 甲基苯氧基）苯丙胺 0.19%、N– 己基甲胺 0.13%。

表 3-32　广西百色云烟 87C3F（2014）烤烟烟气致香物成分分析结果

编号	保留时间（min）	分子式	化合物名称	CAS 号	相对含量（%）
1	2.622	$C_{14}H_{28}O_2$	月桂酸乙酯	106-33-2	0.66
2	2.693	C_8H_{10}	间二甲苯	108-38-3	5.22

续表

编号	保留时间（min）	分子式	化合物名称	CAS 号	相对含量（%）
3	2.805	C_7H_{14}	2,3- 二甲基 -2- 戊烯	10574-37-5	1.52
4	2.947	C_8H_{10}	对二甲苯	106-42-3	3.98
5	3.118	$C_3H_4D_2$	1,1-d2-1- 丙烯	1517-49-3	0.40
6	3.212	$C_{10}H_{22}O_2$	4-（己氧基）-1- 丁醇	4541-13-3	0.48
7	3.395	C_4H_7NO	3- 丁烯酰胺	28446-58-4	0.30
8	3.490	$C_7H_{14}O_2$	4- 甲氧基 -2,3- 二甲基丁醛	17587-34-7	0.32
9	3.626	C_4H_8O	2,3- 环氧丁烷	3266-23-7	0.24
10	3.697	C_9H_{20}	1,10- 癸二醇	3074-71-3	0.15
11	3.767	C_8H_8O	苯乙醛	122-78-1	0.25
12	3.885	C_9H_{12}	对乙基甲苯	622-96-8	1.72
13	3.998	C_9H_{12}	1,2,4- 三甲苯	95-63-6	0.40
14	4.074	$C_9H_{11}N_3O_3$	L- 丙氨酸 -4- 硝基酰苯胺	1668-13-9	1.24
15	4.216	C_9H_{12}	间乙基甲苯	620-14-4	0.20
16	4.316	$C_5H_{12}N_2$	2- 甲基哌嗪	109-07-9	0.28
17	4.476	C_9H_{12}	1,3,5- 三甲苯	108-67-8	2.06
18	4.570	C_4H_8O	1- 正丁醛	123-72-8	0.30
19	5.237	$C_{17}H_{25}N_5O_{13}$	多抗霉素	19396-06-6	0.14
20	5.438	C_9H_{10}	烯丙苯	300-57-2	0.33
21	5.786	$C_7H_{12}O$	（2Z）-2- 庚烯醛	57266-86-1	0.42
22	5.958	$C_{10}H_{14}$	5- 乙基 -3,5- 二甲苯	934-74-7	0.19
23	6.264	$C_{16}H_{32}O$	2- 甲基 -2- 乙基十三醇	999071-60-8	0.48
24	6.353	C_9H_{20}	2,4- 二甲基庚烷	2213-23-2	1.08
25	6.483	$C_{13}H_{28}$	3- 甲基 -3- 乙基癸烷	17312-66-2	0.54
26	6.737	$C_{10}H_{14}$	2- 乙基 -1,3- 二甲苯	2870-04-4	0.20
27	6.837	C_3H_5NO	丙烯酰胺	79-06-1	0.77
28	7.203	$C_4H_5N_3O_2$	氰乙酰脲	1448-98-2	0.16
29	7.380	$C_{20}H_{42}$	二十烷	112-95-8	0.88
30	7.852	$C_{10}H_{22}$	2,4,6- 三甲基庚烷	2613-61-8	0.78
31	8.030	$C_{13}H_{28}$	5- 丁基壬烷	62185-54-0	0.64
32	8.620	$C_{12}H_{24}$	1,4- 二异丙基环己烷	22907-72-8	0.79
33	8.732	$C_{10}H_{20}$	异丁基环己烷	1678-98-4	0.39
34	8.945	$C_{10}H_{20}$	2- 甲基丁基环戊烷	53366-38-4	0.36
35	8.992	$C_{15}H_{28}$	顺 -1- 环己基甲基 -4- 乙基环己烷	54934-95-1	0.75
36	9.163	$C_{13}H_{26}$	1,2- 二丁基环戊烷	62199-52-4	0.18
37	9.381	$C_9H_{16}O$	7- 甲基 -2- 辛烯醛	53966-58-8	0.26
38	9.511	$C_{13}H_{28}$	正十三烷	629-50-5	1.97
39	9.677	$C_{22}H_{44}$	二十二碳烯	1599-67-3	0.34
40	9.854	$C_7H_6N_4O$	6- 甲基 -4（1H）- 蝶啶酮	16041-24-0	0.37
41	10.043	$C_{11}H_{18}O$	（4aR,8aS）-rel- 八氢 -8a- 甲基 -2（1H）- 萘酮	2530-17-8	1.12
42	10.237	C_5H_8O	4- 戊烯醛	2100-17-6	0.28
43	10.308	$C_{32}H_{66}O$	1- 三十二烷醇	6624-79-5	0.25
44	10.468	$C_{10}H_{18}$	9- 甲基 - 二环［3.3.1］壬烷	25107-01-1	2.15
45	11.093	$C_{11}H_{15}N_5O_5$	2'-O- 甲基鸟苷	2140-71-8	0.23
46	11.365	$C_3H_4N_2O_2$	3- 氮基 -L- 丙氨酸	6232-21-9	0.20

续表

编号	保留时间（min）	分子式	化合物名称	CAS 号	相对含量（%）
47	11.489	$C_{16}H_{27}NO_4$	3-（1-硝基-2-环氧十三烷）丙醛	91652-57-2	0.59
48	11.867	$C_8H_9N_5O_2$	2-［（2-硝基苯基）亚甲基氨基］胍	102632-31-5	2.08
49	12.150	$C_{18}H_{36}O$	十八醛	638-66-4	0.14
50	12.445	$C_{12}H_{24}O$	十二醛	112-54-9	0.21
51	12.770	$C_{13}H_{26}$	1-十三烯	2437-56-1	0.26
52	13.632	$C_7H_{16}N_2O_2$	6-N-甲基-L-赖氨酸	1188-07-4	0.27
53	17.870	$C_{10}H_{14}N_2$	烟碱	54-11-5	1.26
54	18.526	$C_9H_{14}O_6$	三醋精	102-76-1	35.15
55	19.128	$C_{26}H_{28}N_2O_4$	N,N'-（2-羟基-1-甲基-2-苯乙基）邻苯二甲酰胺	68516-51-8	0.14
56	29.571	$C_{29}H_{36}O_9$	黑葡萄穗霉毒素 H	53126-64-0	0.22
57	29.736	$C_5H_{13}NO$	4-氨基-1-戊醇	927-55-9	0.14
58	30.999	$C_{24}H_{54}OSn_2$	三丁基氧化锡	56-35-9	0.25
59	35.533	$C_{28}H_{40}O_2$	3,3',5,5'-四叔丁基-4,4'-联苯醌	2455-14-3	0.54
60	35.651	$C_{17}H_{13}N_5O_5$	2-（4,5-二氢-3-甲基-5-氧-1-苯基-4-吡唑基）-5-硝基苯甲酸	20307-76-0	0.18
61	44.506	C_7H_{12}	（Z,Z）-3-甲基-2,4-己二烯	130975-10-9	1.43
62	45.628	$C_9H_{12}FNO_3$	［4-氟-5-羟基-（甲基氨基）乙基］甲苯二醇	115562-28-2	0.16
63	48.078	$C_{17}H_{21}NO$	（R）-N-甲基-3-（2-甲基苯氧基）苯丙胺	83015-26-3	1.18
64	49.429	$C_8H_{19}N$	异辛胺	543-82-8	0.19
65	49.955	$C_{10}H_{15}NO$	甲氧基安非他明	23239-32-9	0.45
66	50.280	$C_{20}H_{30}O_4$	3,4-环氧四氢呋喃	85-69-8	1.20
67	50.350	$C_9H_{13}NO_3$	L-3,4-二羟基-α-［（甲氨基）甲基］苄醇	51-43-4	0.32
68	50.669	$C_9H_{21}N$	N-甲基辛胺	2439-54-5	0.62
69	50.746	$C_9H_{13}N$	N-甲基苯乙胺	589-08-2	0.40
70	50.899	$C_2H_3Br_2NO$	2,2-二溴乙酰胺	598-70-9	0.22
71	50.964	C_2H_4FNO	氟乙酰胺	640-19-7	0.22
72	51.171	$C_9H_{13}NO_2$	去氧肾上腺素碱	59-42-7	0.16
73	51.242	$C_4H_2Br_2N_2O$	4,5-二溴哒嗪-3-酮	5788-58-9	0.40
74	54.170	$C_9H_{13}NO$	a-甲基酪胺	1518-86-1	0.17
75	69.306	$C_{22}H_{42}O_4$	己二酸二辛酯	103-23-1	2.12
76	82.942	C_4H_8O	羟甲基环丙烷	2516-33-8	0.25
77	83.604	$C_7H_{15}NO$	（9CI）-3,3-二甲基-4-甲氨基-2-丁酮	123528-99-4	0.42
78	84.383	$C_{17}H_{18}F_3NO$	N-甲基-3-苯基-3-（对三氟甲基苯氧基）丙胺	54910-89-3	0.20
79	85.629	$C_{10}H_{15}NO$	1-（2-甲氧基苯基）-2-丙胺	15402-84-3	0.14
80	85.723	$C_{21}H_{35}NO$	止泻木费任	5035-10-9	0.17
81	85.782	$C_9H_{13}NO_2$	间羟胺	54-49-9	0.13
82	85.823	$C_7H_{17}N$	N-己基甲胺	35161-70-7	0.36
83	85.953	$C_{10}H_{15}NO$	3-甲氧基-a-甲基苯乙胺	17862-85-0	0.14
84	86.142	$C_{10}H_{15}NO$	5-（2-氨基丙基）-甲基-苯酚	21618-99-5	0.39
85	86.178	$C_9H_{13}NO$	1-甲基-2-苯氧乙胺	35205-54-0	0.26
86	86.467	C_4H_8O	环丁醇	2919-23-5	0.55
87	86.744	$C_{19}H_{41}N$	N-甲基-1-十八胺	2439-55-6	0.35
88	86.780	$C_{17}H_{18}N_2O_2$	N,N'-双亚水杨-1,2-丙二胺	94-91-7	0.21

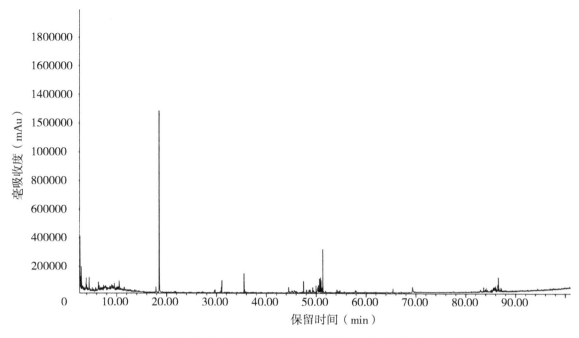

图 3-33 广西百色云烟 87C3F（2014）烤烟烟气致香物成分指纹图谱

3.2.33 广西贺州云烟 87B2F（2014）烤烟烟气致香物成分分析结果

广西贺州云烟 87B2F（2014）烤烟烟气致香物成分分析结果见表 3-33，广西贺州云烟 87B2F（2014）烤烟烟气致香物成分指纹图谱见图 3-34。

致香物类型及相对含量如下。

（1）酮类：2- 氨基 - 5,6- 二氢 -1- 吡咯并［3,4-d］嘧啶 -4，7- 二酮 0.06%、顺 - 八氢 -4a- 甲基 -2（1H）- 萘酮 0.16%、7- 甲基吖庚烷 -2- 酮 0.12%、4α - 甲基 -7- 丙 -2- 基 -1,3,4,5,6,7,8,8α - 八氢萘 -2- 酮 0.57%、6- 乙酰基 -2- 氨基 -7,8- 二氢 -4（3H）- 蝶啶酮 0.18%、5- 苯基 -7- 硝基 -1,3- 二氢 -2H-1,4- 苯并二氮卓 -2- 酮 0.05%。酮类相对含量为致香物的 1.14%。

（2）醛类：丁醛 0.41%、正辛醛 0.32%、正庚醛 0.11%。醛类相对含量为致香物的 0.84%。

（3）醇类：二十六醇 0.33%、2- 丁基 -1- 辛醇 0.07%、3,7,11- 三甲基 -1- 月桂醇 0.09%、1- 三十二烷醇 0.17%、1- 二十二醇 0.20%、环丁醇 0.11%。醇类相对含量为致香物的 0.97%。

（4）有机酸类：L- 精氨酸 0.06%、二癸二酸 0.11%、氰基醋酸 0.23%、12-（甲氨基）十二烷酸 0.05%、12- 甲胺基 - 月桂酸 0.05%、2-［（2- 硝基苯基）亚甲基］基氨胍硝酸 1.03%。有机酸类相对含量为致香物的 1.53%。

（5）酯类：七氟丁酸十八烷基酯 0.09%、五氟丙酸十六烷基酯 0.09%、七氟丁酸十八烷基酯 0.78%、1,2,3- 丙三醇三乙酸酯 48.01%、3- 氨基苯并呋喃 -2- 甲酸甲酯 0.06%、3-（甲氨基）丙酸乙酯 0.06%、邻苯二甲酸丁基酯 -2- 乙基己基酯 1.05%、3- 氨基苯并呋喃 -2- 甲酸甲酯 0.08%、己二酸二乙基己酯 0.48%。酯类相对含量为致香物的 50.70%。

（6）稠环芳香烃类：4- 甲基八氢 -1H-4- 氮杂环丙烷［Cd］茚 0.05%。稠环芳香烃类相对含量为致香物的 0.05%。

（7）酚类：苯酚 0.24%、4-［2-（二甲氨基）乙基］-1,2- 邻苯二酚 0.38%。酚类相对含量为致香物的 0.62%。

（8）烷烃类：1,1,2,2- 四甲基环丙烷 1.56%、1,1,3,3,5,5- 六甲基环三硅氮烷 0.20%、1,2- 二丙基 - 环戊烷 0.08%、1,5- 二甲基 -7- 氧二环［4.1.0］庚烷 0.78%、1- 乙基 -2- 庚基环丙烷 0.27%、2,3,5- 三甲基正己烷 0.68%、2,3- 二甲基十一烷 0.11%、2,4- 二甲基庚烷 1.62%、2,6,10- 三甲基十二烷 0.08%、2,6- 二甲基萘烷 0.29%、2- 氨基 -5- 甲基己烷 0.05%、2- 甲基辛烷 0.32%、2- 辛基十二烷醇环己烷 0.48%、3,3- 二甲基己烷 0.35%、3,5,24- 三甲基四十烷 0.83%、3- 甲基二十（碳）烷 0.10%、4- 甲基辛烷 0.10%、5-

甲基十二烷 0.21%、大根香叶烷 0.26%、二十烷 0.74%、正癸烷 0.11%、正三十一烷 0.20%、正十一烷 0.31%。烷烃类相对含量为致香物的 9.73%。

（9）不饱和脂肪烃类：1- 十二烯 0.10%、（E）-1- 甲氧基 -3,7- 二甲基 -2,6- 辛二烯 0.08%、6- 十二烯 0.26%、1- 己基环己烯 2.03%。不饱和脂肪烃类相对含量为致香物的 2.47%。

（10）生物碱类：左旋去甲麻黄碱 0.05%、烟碱 4.88%、去甲麻黄碱 0.08%、消旋去甲麻黄碱 0.07%。生物碱类相对含量为致香物的 5.08%。

（11）萜类：新植二烯 1.52%。萜类相对含量为致香物的 1.52%。

（12）其他类：（R）-（－）-1- 环己基乙胺 0.11%、（R）-N- 甲基 -3-（2- 甲基苯氧基）苯丙胺 0.22%、1-（2- 甲氧基苯基）-2- 丙胺 0.05%、1,2,3- 三甲苯 0.42%、1,2,4- 三甲苯 1.46%、1,3,5- 三甲苯 0.62%、1,3- 环己烷二胺 0.20%、1- 甲基 -3-（2- 环戊烷）0.09%、2（肟基）-N-（4- 硝基苯基）基乙酰胺 0.06%、2,5- 二甲氧基 -4- 甲基安非他命 0.07%、2,6- 二氯 -3- 苯基吡啶 0.05%、2- 甲基 -2- 丁烯醛基二甲基腙 0.10%、2- 十九烷胺 0.06%、2- 甲氧基鸟苷 0.18%、3，3- 二甲基哌啶 0.07%、3- 羟基哌啶 0.36%、3- 异丙基哌啶 0.42%、4，α- 二甲基 -3- 酪胺 0.20%、L- 丙氨酸 -4- 硝基酰苯胺 0.56%、N-（1,1- 二甲基乙基）-a- 甲基 -g- 苯基 - 苯丙胺 0.06%、N,N'- 二（2- 氢 -1- 甲基 -2- 苯乙基）邻苯二甲酰胺 0.19%、N,N'- 二甲基 - 癸二胺 0.48%、N,N'- 双水杨醛缩 -1,2- 丙二胺 0.08%、N- 己基甲胺 0.07%、N- 甲基 -1- 十八胺 0.45%、N- 甲基 -3- 苯基 -3-（对三氟甲基苯氧基）丙胺 0.05%、N- 甲基苯乙胺 0.19%、N- 甲基己内酰胺 0.24%、N- 甲基正丙胺 0.56%、丙烯酰胺 0.80%、赤霉素 0.06%、对二甲苯 3.75%、对甲基苯丙胺 0.13%、二乙烯三胺 0.23%、氟西汀 0.08%、黑介子硫苷酸钾 0.18%、间二甲苯 4.84%、间乙基甲苯 1.96%、氰乙酰胺 0.24%、去甲度硫平 0.07%、三乙烯四胺 0.22%、十氢异喹啉 0.16%、十一烷胺 0.16%、烯丙苯 0.40%、盐酸左氧氟沙星 0.14%、乙基苯 0.65%、乙酰胺 0.15%、异丙基乙烯基醚 0.19%、异噁唑 -5- 胺 0.18%、异辛胺 0.11%、正丙苯 0.38%。

表 3-33　广西贺州云烟 87B2F（2014）烤烟烟气致香物成分分析结果

编号	保留时间（min）	分子式	化合物名称	CAS 号	相对含量（%）
1	2.622	C_8H_{10}	乙基苯	100-41-4	0.65
2	2.693	C_8H_{10}	间二甲苯	108-38-3	4.84
3	2.805	C_7H_{14}	1,1,2,2- 四甲基环丙烷	4127-47-3	1.56
4	2.947	C_8H_{10}	对二甲苯	106-42-3	3.75
5	3.106	$C_6H_{14}N_2$	1,3- 环己烷二胺	3385-21-5	0.20
6	3.154	C_9H_{20}	2,4- 二甲基庚烷	2213-23-2	1.62
7	3.219	C_4H_8O	丁醛	123-72-8	0.41
8	3.402	$C_{26}H_{54}O$	二十六醇	506-52-5	0.33
9	3.490	$C_8H_{16}O$	正辛醛	124-13-0	0.32
10	3.626	$C_5H_{10}O$	异丙基乙烯基醚	926-65-8	0.19
11	3.703	$C_3H_4N_2O$	异噁唑 -5- 胺	14678-05-8	0.18
12	3.762	C_9H_{12}	正丙苯	103-65-1	0.38
13	3.886	C_9H_{12}	间乙基甲苯	620-14-4	1.96
14	3.998	C_9H_{12}	1,3,5- 三甲苯	108-67-8	0.62
15	4.051	C_6H_6O	苯酚	108-95-2	0.24
16	4.476	C_9H_{12}	1,2,4- 三甲苯	95-63-6	1.46
17	4.570	C_2H_5NO	乙酰胺	60-35-5	0.15
18	4.683	$C_6H_{18}N_4$	三乙烯四胺	112-24-3	0.22
19	4.771	$C_9H_{11}N_3O_3$	L- 丙氨酸 -4- 硝基酰苯胺	1668-13-9	0.56
20	4.931	$C_{12}H_{26}O$	2- 丁基 -1- 辛醇	3913-02-8	0.07
21	5.108	C_9H_{12}	1,2,3- 三甲苯	526-73-8	0.42

续表

编号	保留时间（min）	分子式	化合物名称	CAS 号	相对含量（%）
22	5.226	C₉H₁₇N	十氢异喹啉	6329-61-9	0.16
23	5.291	C₃H₄N₂O	氰乙酰胺	107-91-5	0.24
24	5.438	C₉H₁₀	烯丙苯	300-57-2	0.40
25	5.639	C₆H₁₄N₄O₂	L- 精氨酸	74-79-3	0.06
26	5.722	C₈H₉N₅O₂	2-［（2- 硝基苯基）亚甲基］- 氨胍硝酸	102632-31-5	1.03
27	5.781	C₉H₁₃NO₂	4-［2-（二甲氨基）乙基］-1,2- 邻苯二酚	501-15-5	0.38
28	6.034	C₂₁H₄₄	3- 甲基二十（碳）烷	6418-46-8	0.10
29	6.217	C₇H₁₃NO	N- 甲基己内酰胺	2556-73-2	0.24
30	6.265	C₁₃H₂₈	5- 甲基十二烷	17453-93-9	0.21
31	6.483	C₈H₁₇N	3- 异丙基哌啶	13603-18-4	0.42
32	6.589	C₃H₅NO	丙烯酰胺	79-06-1	0.80
33	6.837	C₈H₁₈	3,3- 二甲基己烷	563-16-6	0.35
34	6.973	C₁₃H₂₈	2,3- 二甲基十一烷	17312-77-5	0.11
35	7.091	C₁₁H₂₄	正十一烷	1120-21-4	0.31
36	7.180	C₁₅H₃₂	2,6,10- 三甲基十二烷	3891-98-3	0.08
37	7.221	C₃₁H₆₄	正三十一烷	630-04-6	0.20
38	7.439	C₃₀H₅₈O₄	二癸二酸	2432-89-5	0.11
39	7.493	C₁₂H₂₄	1- 十二烯	112-41-4	0.10
40	7.593	C₁₅H₃₂O	3,7,11- 三甲基 -1- 月桂醇	6750-34-1	0.09
41	7.693	C₉H₂₀	2- 甲基辛烷	3221-61-2	0.32
42	7.853	C₉H₂₀	2,3,5- 三甲基正己烷	1069-53-0	0.68
43	8.036	C₂₀H₄₂	二十烷	112-95-8	0.74
44	8.278	C₂₆H₅₂	2- 辛基十二烷醇环己烷	4443-61-2	0.48
45	8.313	C₂₂H₃₇F₇O₂	七氟丁酸十八烷基酯	400-57-7	0.87
46	8.431	C₁₉H₃₃F₅O₂	五氟丙酸十六烷基酯	6222-07-7	0.09
47	8.543	C₁₁H₂₀O	（E）-1- 甲氧基 -3,7- 二甲基 -2,6- 辛二烯	2565-82-4	0.08
48	8.827	C₃₂H₆₆O	1- 三十二烷醇	6624-79-9	0.17
49	8.945	C₁₅H₃₀	大根香叶烷	645-10-3	0.26
50	9.181	C₁₂H₂₄	1- 乙基 -2- 庚基环丙烷	74663-86-8	0.27
51	9.199	C₁₂H₂₄	6- 十二烯	7206-17-9	0.26
52	9.311	C₁₁H₂₂	1,2- 二丙基 - 环戊烷	91242-57-8	0.08
53	9.506	C₈H₁₄O	1,5- 二甲基 -7- 氧二环［4.1.0］庚烷	162239-52-3	0.78
54	9.517	C₄₃H₈₈	3,5,24- 三甲基四十烷	55162-61-3	0.83
55	9.659	C₁₀H₂₀	1- 甲基 -3-（2- 环戊烷）	29053-04-1	0.09
56	9.966	C₁₀H₂₂	正癸烷	124-18-5	0.11
57	10.037	C₁₂H₂₂	2,6- 二甲基萘烷	1618-22-0	0.29
58	10.238	C₂₂H₄₆O	1- 二十二醇	661-19-8	0.20
59	10.480	C₁₂H₂₂	1- 己基环己烯	3964-66-7	2.03
60	10.816	C₆H₆N₄O₂	2- 氨基 - 5,6- 二氢 -1- 吡咯并［3,4-d］嘧啶 -4,7- 二酮	91184-34-8	0.06
61	10.981	C₉H₂₀	4- 甲基辛烷	2216-34-4	0.10
62	11.076	C₁₁H₁₈O	顺 - 八氢 -4a- 甲基 -2（1H）- 萘酮	938-06-7	0.16
63	11.105	C₁₁H₁₅N₅O₅	2- 甲氧基鸟苷	2140-71-8	0.18

续表

编号	保留时间（min）	分子式	化合物名称	CAS 号	相对含量（%）
64	11.229	$C_7H_{13}NO$	7- 甲基吖庚烷 -2- 酮	1985-48-4	0.12
65	11.383	$C_7H_{14}N_2$	2- 甲基 -2- 丁烯醛基二甲基腙	21083-08-9	0.10
66	11.489	$C_{14}H_{24}O$	4α- 甲基 -7- 丙 -2- 基 -1,3,4,5,6,7,8,8α- 八氢萘 -2- 酮	54594-42-2	0.57
67	11.666	$C_{12}H_{19}NO_2$	2,5- 二甲氧基 -4- 甲基安非他命	15588-95-1	0.07
68	12.020	$C_9H_{15}N$	4- 甲基八氢 -1H-4- 氮杂环丙烷［Cd］茚	16967-50-3	0.05
69	12.156	$C_3H_3NO_2$	氰基醋酸	372-09-8	0.23
70	12.457	$C_7H_{14}O$	正庚醛	111-71-7	0.11
71	12.953	$C_8H_{14}O$	4- 辛烯 -3- 酮	14129-48-7	0.08
72	13.290	$C_{10}H_{16}KNO_9S_2$	黑介子硫苷酸钾	3952-98-5	0.18
73	13.644	$C_7H_{15}N$	3,3- 二甲基哌啶	1193-12-0	0.07
74	14.653	$C_{17}H_{18}N_2O_2$	N, N'- 双水杨醛缩 -1,2- 丙二胺	94-91-7	0.08
75	17.741	$C_9H_{13}NO$	左旋去甲麻黄碱	37577-28-9	0.05
76	17.841	$C_{10}H_{14}N_2$	烟碱	54-11-5	4.88
77	18.532	$C_9H_{14}O_6$	1,2,3- 丙三醇三乙酸酯	102-76-1	48.01
78	19.152	$C_4H_{13}N_3$	二乙烯三胺	111-40-0	0.23
79	27.215	$C_8H_9N_5O_2$	6- 乙酰基 -2- 氨基 -7,8- 二氢 -4（3H）- 蝶啶酮	42310-08-7	0.18
80	29.896	$C_7H_{17}N$	2- 氨基 -5- 甲基己烷	28292-43-5	0.05
81	35.976	$C_{10}H_9NO_3$	3- 氨基苯并呋喃 -2- 甲酸甲酯	57805-85-3	0.14
82	36.265	$C_4H_{11}N$	N- 甲基正丙胺	627-35-0	0.56
83	38.461	$C_{17}H_{18}F_3NO$	N- 甲基 -3- 苯基 -3-（对三氟甲基苯氧基）丙胺	54910-89-3	0.05
84	43.922	C_4H_8O	环丁醇	2919-23-5	0.11
85	44.512	$C_{20}H_{38}$	新植二烯	504-96-1	1.52
86	48.078	$C_6H_{13}NO_2$	3-（甲氨基）丙酸乙酯	2213-08-3	0.06
87	48.727	$C_{11}H_{25}N$	十一烷胺	13205-56-6	0.16
88	50.274	$C_{20}H_{30}O_4$	邻苯二甲酸丁基酯 -2- 乙基己基酯	85-69-8	1.05
89	50.563	$C_9H_{13}NO$	去甲麻黄碱	492-41-1	0.08
90	52.293	$C_{19}H_{41}N$	2- 十九烷胺	31604-55-4	0.06
91	65.298	$C_{10}H_{15}N$	对甲基苯丙胺	64-11-9	0.13
92	69.277	$C_5H_{11}NO$	3- 羟基哌啶	6859-99-0	0.36
93	69.294	$C_{22}H_{42}O_4$	己二酸二乙基己基酯	103-23-1	0.48
94	69.442	$C_8H_{19}N$	异辛胺	543-82-8	0.06
95	71.360	$C_{18}H_{21}ClFN_3O_4$	盐酸左氧氟沙星	13392-28-4	0.14
96	77.506	$C_8H_{17}N$	（R）-（-）-1- 环己基乙胺	5913-13-3	0.11
97	78.025	$C_8H_{19}N$	异辛胺	543-82-8	0.05
98	78.108	$C_{18}H_{19}NS$	去甲度硫平	1154-09-2	0.07
99	78.474	$C_9H_{13}N$	N- 甲基苯乙胺	589-08-2	0.19
100	80.387	$C_{13}H_{27}NO_2$	12-（甲氨基）十二烷酸	7408-81-3	0.05
101	82.966	$C_{12}H_{28}N_2$	N, N'- 二甲基 - 癸二胺	88682-11-5	0.48
102	84.979	$C_7H_{17}N$	N- 己基甲胺	35161-70-7	0.07
103	85.334	$C_{11}H_7Cl_2N$	2,6- 二氯 -3- 苯基吡啶	18700-11-3	0.05
104	85.770	$C_{10}H_{15}NO$	4,α- 二甲基 -3- 酪胺	21618-99-5	0.20
105	85.882	$C_8H_7N_3O_4$	2（肟基）-N-（4- 硝基苯基）基乙酰胺	17122-62-2	0.06

续表

编号	保留时间（min）	分子式	化合物名称	CAS 号	相对含量（%）
106	85.959	$C_9H_{13}NO$	消旋去甲麻黄碱	14838-15-4	0.07
107	86.408	$C_{26}H_{28}N_2O_4$	N,N'-二（2-氢-1-甲基-2-苯乙基）邻苯二甲酰胺	68516-51-8	0.19
108	87.789	$C_{15}H_{11}N_3O_3$	5-苯基-7-硝基-1,3-二氢-2H-1,4-苯并二氮卓-2-酮	146-22-5	0.05
109	89.767	$C_{13}H_{27}NO_2$	12-甲胺基-月桂酸	7408-81-3	0.05
110	90.227	$C_{19}H_{41}N$	N-甲基-1-十八胺	2439-55-6	0.45
111	93.728	$C_{20}H_{27}N$	N-（1,1-二甲基乙基）-a-甲基-g-苯基-苯丙胺	15793-40-5	0.06
112	95.481	$C_{17}H_{18}F_3NO$	氟西汀	54910-89-3	0.08
113	98.049	$C_6H_{18}O_3Si_3$	1,1,3,3,5,5-六甲基环三硅氮烷	541-05-9	0.20
114	98.232	$C_{19}H_{22}O_6$	赤霉素	77-06-5	0.06
115	99.236	$C_{10}H_{15}NO$	1-（2-甲氧基苯基）-2-丙胺	15402-84-3	0.05
116	99.749	$C_{17}H_{21}NO$	（R）-N-甲基-3-（2-甲基苯氧基）苯丙胺	83015-26-3	0.22
117	100.718	$C_{10}H_{15}NO$	4,α-二甲基-3-酪胺	21618-99-5	0.06

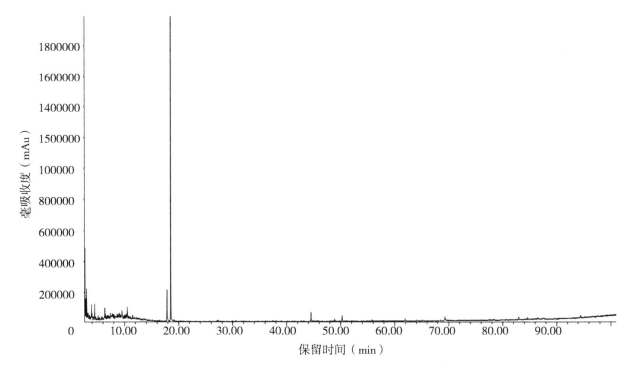

图 3-34　广西贺州云烟 87B2F（2014）烤烟烟气致香物成分指纹图谱

3.2.34　广西贺州云烟 87C3F（2014）烤烟烟气致香物成分分析结果

广西贺州云烟 87C3F（2014）烤烟烟气致香物成分分析结果见表 3-34，广西贺州云烟 87C3F（2014）烤烟烟气致香物成分指纹图谱见图 3-35。

致香物类型及相对含量如下。

（1）酮类：丙酮 0.32%、2,3-二甲基-2-环戊烯酮 0.53%、4-羟基-2,5-二甲基-3（2H）呋喃酮 0.46%、1-庚烯-3-酮 0.06%、4α-甲基-7-丙-2-基-1,3,4,5,6,7,8,8α-八氢萘-2-酮 0.17%。酮类相对含量为致香物的 1.54%。

（2）醛类：正己醛 0.13%、6- 十八醛 0.10%、（E）-2- 庚烯醛 0.32%。醛类相对含量为致香物的 0.55%。

（3）醇类：2- 丁基 -1- 辛醇 0.36%、2- 己基 -1- 癸醇 0.06%、1- 十六烷醇 0.09%、1- 十六烷醇 0.45%、2,2,3,3- 四甲基环丙烷甲醇 0.10%、α-（1- 氨乙基）- 苯甲醇 0.05%、（R,R）-（1- 氨基乙基）苯甲醇 0.12%。醇类相对含量为致香物的 1.23%。

（4）有机酸类：N-6- 甲基 -L- 赖氨酸 0.06%、六十九碳酸 0.22%、Nα-2,4- 二硝基苯 -L- 精氨酸 0.05%、三环［4.3.1.1^{3,8}］十一烷 -1- 羧酸 0.17%。有机酸类相对含量为致香物的 0.50%。

（5）酯类：癸酸戊酯 0.05%、五氟丙酸十六烷基酯 0.06%、二乙酸甘油酯 47.33%、邻苯二甲酸二正丁酯 0.94%、11- 氨基月桂酸甲酯 0.05%。酯类相对含量为致香物的 48.54%。

（6）稠环芳香烃类：十氢 -1,6- 二甲基萘 0.61%。稠环芳香烃类相对含量为致香物的 0.61%。

（7）酚类：苯酚 0.22%。酚类相对含量为致香物的 0.22%。

（8）烷烃类：（3S,4R）-1,2,3,4- 三甲基 -1- 环丁烷 0.07%、1-（氨基氧基）己烷 0.16%、1-（癸基磺酰）- 癸烷 0.05%、1,1- 二乙酸基十二烷 0.34%、1,5- 二甲基 -7- 草酸二环［4.1.0］庚烷 0.28%、1α-（环己基甲基）-4- 乙基环乙烷 0.07%、1- 丙烯基环己烷 0.24%、1- 甲基乙基环十一烷 0.05%、2,4,6- 三甲基庚烷 0.61%、2,4- 二甲基庚烷 0.84%、2,4- 二甲基十一烷 0.48%、2- 氨基 -5- 甲基己烷 0.36%、2- 氨基十九烷 0.05%、3- 甲基 -3- 乙基癸烷 0.12%、N,N'- 双（邻羟基亚苄基）-1,2- 二氨基丙烷 0.05%、反 -1-（环己基甲基）-4- 乙基环己烷 0.29%、环十二烷 0.61%、氯代十六烷 0.17%、蒎烷 1.93%、羟甲基环丙烷 0.37%、壬烷 1.52%、三十五烷 0.51%、四十三烷 0.40%、乙基 - 环辛烷 0.25%、乙烯基环己烷 0.30%、正十九烷 0.09%、正十四烷 0.14%、正十一烷 0.48%。烷烃类相对含量为致香物的 10.83%。

（9）不饱和脂肪烃类：2,3,3- 三乙基 -1- 丁烯 2.10%、1- 戊炔 0.23%、（S）-1- 甲基 -4-（1- 甲基乙烯基）环己烯 0.52%、1- 十二烯 0.46%、6- 十二烯 0.30%、6- 十二烯 0.23%、1- 十二烯 0.22%、1- 己基环己烯 1.84%。不饱和脂肪烃类相对含量为致香物的 5.90%。

（10）生物碱类：烟碱 4.75%、去甲麻黄碱 0.05%、去氧肾上腺素碱 0.06%、消旋去甲麻黄碱 0.22%。生物碱类相对含量为致香物的 5.08%。

（11）萜类：未检测到该类成分。

（12）其他类：2- 甲基哌嗪 0.15%、（2Z）-2- 羟基亚胺 -N-（4- 甲氧基苯基）乙酰胺 0.23%、（3aS,4S,6aR）- 六氢 -2- 氧 -［3,4-d］咪唑 -4- 戊酰胺 -1H- 噻吩 0.34%、（R）-N- 甲基 -3-（2- 甲基苯氧基）苯丙胺 0.27%、1,1,3,3- 四甲基胍 0.13%、1,2,3,4- 四氢 -7- 甲氧基 -2- 甲基 -8-（苄）异喹啉 0.10%、1,2,4- 三甲基苯 1.03%、1,3,5- 三甲基苯 1.50%、1,3- 环己烷二胺 0.47%、1- 甲基十八胺 0.06%、1- 乙基 -3- 甲基苯 1.96%、2,2,2- 三氯乙酰胺 0.05%、2,4- 二甲基苯并［h］喹啉 0.07%、2-［（2- 硝基苯基）亚甲基氨基］胍 1.17%、3,5- 二甲基哌啶 0.27%、3- 羟基哌啶 0.31%、3- 异丙基哌啶 0.42%、4- 羟基 -3- 硝基香豆素 0.15%、4- 烯丙基 -1H- 咪唑 0.22%、5- 甲基 -2- 庚胺 0.06%、9- 十八碳烯酰胺 0.37%、a- 甲基酪胺 0.15%、L- 丙氨酸 4- 硝基酰苯胺 0.12%、N-（1- 甲基 -2- 苯乙基）- 乙酰胺 0.05%、N,N'- 二（2- 氢 -1- 甲基 -2- 苯乙基）邻苯二甲酰胺 0.11%、N,N- 二甲基丙烯酰胺 0.08%、N,N'- 二乙酰基乙二胺 0.45%、N- 己基甲胺 0.14%、N- 甲基苯乙胺 0.05%、N- 甲基己内酰胺 0.31%、N- 甲基烯丙基胺 0.16%、N- 甲基正丙胺 0.25%、奥沙那胺 0.22%、丙基苯 0.40%、丙烯醛肟 0.20%、丙烯酰胺 0.07%、赤霉素 0.16%、丁酰胺 0.18%、对甲基苯丙胺 0.19%、对乙基甲苯 0.22%、二甲苯 4.54%、二乙基苯 0.31%、氟西汀 0.06%、黑介子硫苷酸钾 0.08%、甲基丙烯酰胺 1.18%、间二甲苯 3.47%、马来酸二胺 0.06%、氰乙酰胺 0.20%、替苯丙胺 0.08%、辛胺 0.30%、乙基苯 0.64%、正辛醚 0.40%、止泻木费任 0.06%。

表 3-34　广西贺州云烟 87C3F（2014）烤烟烟气致香物成分分析结果

编号	保留时间（min）	分子式	化合物名称	CAS 号	相对含量（%）
1	2.622	C$_8$H$_{10}$	乙基苯	100-41-4	0.64
2	2.693	C$_8$H$_{10}$	二甲苯	1330-20-7	4.54
3	2.805	C$_7$H$_{14}$	2,3,3- 三乙基 -1- 丁烯	594-56-9	2.10
4	2.947	C$_8$H$_{10}$	间二甲苯	108-38-3	3.47

续表

编号	保留时间（min）	分子式	化合物名称	CAS 号	相对含量（%）
5	3.077	C_5H_8	1- 戊炔	627-19-0	0.23
6	3.118	C_8H_{14}	（3S,4R）-1,2,3,4- 三甲基 -1- 环丁烷	2417-87-0	0.07
7	3.154	$C_6H_{15}NO$	1-（氨基氧基）己烷	4665-68-3	0.16
8	3.219	$C_6H_{12}N_2O_2$	N,N'- 二乙酰基乙二胺	871-78-3	0.45
9	3.402	$C_{10}H_{17}N_3O_2S$	（3aS,4S,6aR）- 六氢 -2- 氧 -[3,4-d] 咪唑 -4- 戊酰胺 -1H- 噻吩	6929-42-6	0.34
10	3.484	$C_{18}H_{35}NO$	9- 十八碳烯酰胺	3322-62-1	0.37
11	3.703	$C_8H_{14}Cl_2O_2$	二氯乙酸己酯	37079-04-2	0.11
12	3.762	C_9H_{12}	丙基苯	103-65-1	0.40
13	3.886	C_9H_{12}	1- 乙基 -3- 甲基苯	620-14-4	1.96
14	3.962	C_3H_5NO	丙烯醛肟	5314-33-0	0.20
15	4.004	C_9H_{12}	1,2,4- 三甲基苯	95-63-6	1.03
16	4.051	C_6H_6O	苯酚	108-95-2	0.22
17	4.228	C_9H_{12}	对乙基甲苯	622-96-8	0.22
18	4.269	$C_5H_{12}N_2$	2- 甲基哌嗪	109-07-9	0.15
19	4.305	C_4H_7NO	甲基丙烯酰胺	79-39-0	1.18
20	4.399	C_3H_5NO	丙烯酰胺	79-06-1	0.07
21	4.476	C_9H_{12}	1,3,5- 三甲基苯	108-67-8	1.50
22	4.559	C_3H_6O	丙酮	4468-52-4	0.32
23	4.677	C_4H_7NO	丁酰胺	28446-58-4	0.18
24	4.777	C_4H_9N	N- 甲基烯丙基胺	627-37-2	0.16
25	4.883	$C_8H_9N_5O_2$	2-[（2- 硝基苯基）亚甲基氨基] 胍	102632-31-5	1.17
26	4.931	$C_7H_{16}N_2O_2$	N-6- 甲基 -L- 赖氨酸	1188-07-4	0.06
27	5.025	$C_8H_{15}NO_2$	奥沙那胺	126-93-2	0.22
28	5.226	$C_{10}H_{16}$	（S）-1- 甲基 -4-（1- 甲基乙烯基）环己烯	5989-54-8	0.52
29	5.444	$C_7H_{10}O$	2,3- 二甲基 -2- 环戊烯酮	1121-05-7	0.53
30	5.633	$C_4H_6N_2O_2$	马来酸二胺	928-01-8	0.06
31	5.716	$C_3H_4N_2O$	氰乙酰胺	107-91-5	0.20
32	5.869	$C_6H_{12}O$	正己醛	66-25-1	0.13
33	5.940	$C_9H_5NO_5$	4- 羟基 -3- 硝基香豆素	20261-31-8	0.15
34	6.040	$C_{14}H_{30}$	正十四烷	629-59-4	0.14
35	6.217	$C_5H_{13}N_3$	1,1,3,3- 四甲基胍	80-70-6	0.13
36	6.259	$C_6H_8N_2$	4- 烯丙基 -1H- 咪唑	50995-98-7	0.22
37	6.353	C_9H_{20}	2,4- 二甲基庚烷	2213-23-2	0.84
38	6.489	$C_{13}H_{28}$	2,4- 二甲基十一烷	17312-80-0	0.48
39	6.737	$C_{10}H_{14}$	二乙基苯	25340-17-4	0.31
40	6.837	$C_{11}H_{24}$	正十一烷	1120-21-4	0.48
41	6.967	$C_7H_{13}NO$	N- 甲基己内酰胺	2556-73-2	0.31
42	7.091	$C_{43}H_{88}$	四十三烷	7098-21-7	0.40
43	7.227	$C_{16}H_{34}O$	正辛醚	629-82-3	0.40
44	7.504	$C_5H_{30}O_2$	癸酸戊酯	5454-12-6	0.05
45	7.575	$C_{19}H_{33}F_5O_2$	五氟丙酸十六烷基酯	6222-07-7	0.06

续表

编号	保留时间（min）	分子式	化合物名称	CAS 号	相对含量（%）
46	7.622	$C_{19}H_{40}$	正十九烷	629-92-5	0.09
47	7.693	$C_{12}H_{26}O$	2-丁基-1-辛醇	3913-02-8	0.36
48	7.841	$C_{10}H_{22}$	2,4,6-三甲基庚烷	2613-61-8	0.61
49	8.030	$C_{12}H_{24}$	1-十二烯	112-41-4	0.68
50	8.124	$C_{14}H_{28}$	1-甲基乙基环十一烷	62338-56-1	0.05
51	8.266	$C_6H_{14}N_2$	1,3-环己烷二胺	3385-21-5	0.47
52	8.325	$C_{16}H_{34}O$	2-己基-1-癸醇	2425-77-6	0.06
53	8.461	$C_{12}H_{24}$	环十二烷	294-62-2	0.61
54	8.573	$C_{12}H_{24}$	6-十二烯	7206-17-9	0.53
55	8.720	C_9H_{16}	1-丙烯基环己烷	5364-83-0	0.24
56	8.815	$C_{16}H_{34}O$	1-十六烷醇	36653-82-4	0.54
57	8.939	$C_{10}H_{20}$	乙基-环辛烷	13152-02-8	0.25
58	9.317	$C_{15}H_{28}$	1α-（环己基甲基）-4α-乙基环乙烷	54934-95-1	0.07
59	9.511	C_9H_{20}	壬烷	111-84-2	1.52
60	9.854	$C_8H_{17}N$	3-异丙基哌啶	13603-18-4	0.42
61	10.043	$C_{12}H_{22}$	十氢-2,6-二甲基萘	1618-22-0	0.42
62	10.102	$C_{12}H_{22}$	十氢-1,6-二甲基萘	1750-51-2	0.19
63	10.238	$C_6H_8O_3$	4-羟基-2,5-二甲基-3（2H）呋喃酮	3658-77-3	0.46
64	10.291	$C_{35}H_{70}$	三十五烷	6971-40-0	0.51
65	10.474	$C_{12}H_{22}$	1-己基环己烯	3964-66-7	1.84
66	10.633	$C_{20}H_{42}O_2S$	1-（癸基磺酰）-癸烷	111530-37-1	0.05
67	10.769	$C_8H_{14}O$	1,5-二甲基-7-草酸二环［4.1.0］庚烷	162239-52-3	0.28
68	10.828	$C_7H_{12}O$	1-庚烯-3-酮	2918-13-0	0.06
69	10.975	$C_{13}H_{28}$	3-甲基-3-乙基癸烷	17312-66-2	0.12
70	11.094	$C_{14}H_{24}O$	4α-甲基-7-丙-2-基-1,3,4,5,6,7,8,8α-八氢萘-2-酮	54594-42-2	0.17
71	11.218	$C_{17}H_{21}NO$	（R）-N-甲基-3-（2-甲基苯氧基）苯丙胺	83015-26-3	0.27
72	11.383	$C_{18}H_{34}O$	6-十八醛	56554-97-3	0.10
73	11.477	C_8H_{14}	乙烯基环己烷	695-12-5	0.30
74	11.495	$C_7H_{12}O$	（E）-2-庚烯醛	18829-55-5	0.32
75	11.867	$C_{69}H_{138}O_2$	六十九碳酸	40710-32-5	0.22
76	12.162	$C_{16}H_{30}O_4$	1,1-二乙酸十二烷	56438-07-4	0.34
77	12.628	$C_8H_{16}O$	2,2,3,3-四甲基环丙烷甲醇	2415-96-5	0.10
78	12.770	$C_{15}H_{28}$	反-1-（环己基甲基）-4-乙基环己烷	54934-94-0	0.29
79	13.272	$C_{10}H_{16}KNO_9S_2$	黑介子硫苷酸钾	3952-98-5	0.08
80	13.295	C_5H_9NO	N,N-二甲基丙烯酰胺	2680-03-7	0.08
81	13.620	$C_{16}H_{33}Cl$	氯代十六烷	4860-03-1	0.17
82	15.663	$C_2H_2Cl_3NO$	2,2,2-三氯乙酰胺	594-65-0	0.05
83	16.43	$C_{11}H_{15}NO$	N-（1-甲基-2-苯乙基）-乙酰胺	14383-60-9	0.05
84	16.649	$C_{19}H_{41}N$	2-氨基十九烷	31604-55-4	0.05
85	16.837	$C_8H_{19}N$	辛胺	111-86-4	0.30

续表

编号	保留时间（min）	分子式	化合物名称	CAS 号	相对含量（%）
86	17.257	$C_4H_{11}N$	N- 甲基正丙胺	627-35-0	0.25
87	17.422	$C_7H_{17}N$	2- 氨基 -5- 甲基己烷	28292-43-5	0.36
88	17.469	C_4H_8O	羟甲基环丙烷	2516-33-8	0.37
89	17.634	$C_9H_{13}NO$	去甲麻黄碱	492-41-1	0.05
90	17.847	$C_{10}H_{14}N_2$	烟碱	54-11-5	4.75
91	18.532	$C_7H_{12}O_5$	二乙酸甘油酯	25395-31-7	47.33
92	19.152	$C_9H_{10}N_2O_3$	（2Z）-2- 羟基亚胺 -N-（4- 甲氧基苯基）乙酰胺	6335-41-7	0.23
93	20.008	$C_{17}H_{18}F_3NO$	氟西汀	54910-89-3	0.06
94	24.571	$C_{10}H_{13}NO_2$	替苯丙胺	4764-17-4	0.08
95	27.186	$C_{18}H_{21}NO_2$	1,2,3,4- 四氢 -7- 甲氧基 -2- 甲基 -8-（苄）异喹啉	36646-87-4	0.10
96	27.221	$C_9H_{11}N_3O_3$	L- 丙氨酸 4- 硝基酰苯胺	1668-13-9	0.12
97	33.325	$C_8H_{19}N$	2- 氨基 -6- 甲基庚烷	543-82-8	0.25
98	40.279	$C_{10}H_{15}N$	对甲基苯丙胺	64-11-9	0.05
99	44.512	$C_{10}H_{18}$	蒎烷	6876-13-7	1.93
100	48.090	$C_{12}H_{16}N_6O_6$	Nα-2,4- 二硝基苯 -L- 精氨酸	1602-42-2	0.05
101	50.268	$C_{16}H_{22}O_4$	邻苯二甲酸二正丁酯	84-74-2	0.94
102	54.743	$C_{26}H_{28}N_2O_4$	N,N'- 二（2- 氢 -1- 甲基 -2- 苯乙基）邻苯二甲酰胺	68516-51-8	0.11
103	55.935	$C_9H_{13}NO$	消旋去甲麻黄碱	14838-15-4	0.22
104	57.358	$C_{21}H_{35}NO$	止泻木费任	5035-10-9	0.06
105	57.375	$C_9H_{13}NO_2$	去氧肾上腺素碱	59-42-7	0.06
106	61.915	$C_{12}H_{18}O_2$	三环［4.3.1.1^{3,8}］十一烷 -1- 羧酸	31061-65-1	0.17
107	61.927	$C_9H_{13}NO$	a- 甲基酪胺	1518-86-1	0.15
108	68.202	$C_{10}H_{15}N$	对甲基苯丙胺	64-11-9	0.14
109	69.282	$C_7H_{15}N$	3,5- 二甲基哌啶	35794-11-7	0.27
110	69.306	$C_5H_{11}NO$	3- 羟基哌啶	6859-99-0	0.31
111	69.412	$C_8H_{19}N$	5- 甲基 -2- 庚胺	53907-81-6	0.06
112	77.618	$C_9H_{13}NO$	a-（1- 氨乙基）- 苯甲醇	48115-38-4	0.05
113	91.715	$C_{17}H_{18}N_2O_2$	N,N'- 双（邻羟基亚苄基）-1,2- 二氨基丙烷	94-91-7	0.05
114	92.937	$C_7H_{17}N$	N- 己基甲胺	35161-70-7	0.14
115	94.371	$C_9H_{13}NO$	（R,R）-（1- 氨基乙基）苯甲醇	36393-56-3	0.12
116	95.906	$C_{15}H_{13}N$	2,4- 二甲基苯并［h］喹啉	605-67-4	0.07
117	96.137	$C_{13}H_{27}NO_2$	11- 氨基月桂酸甲酯	56817-92-6	0.05
118	97.217	$C_9H_{13}N$	N- 甲基苯乙胺	589-08-2	0.05
119	97.453	$C_{19}H_{41}N$	1- 甲基十八胺	31604-55-4	0.06
120	98.834	$C_{19}H_{22}O_6$	赤霉素	77-06-5	0.16

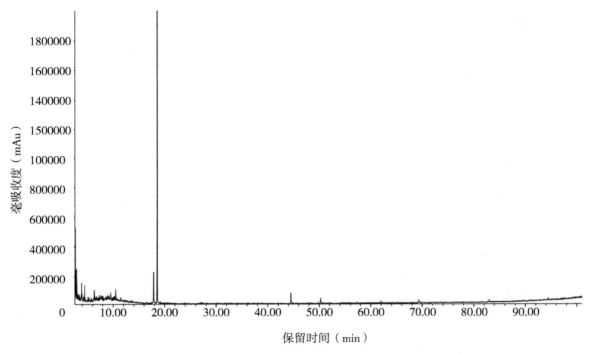

图 3-35　广西贺州云烟 87C3F（2014）烤烟烟气致香物成分指纹图谱

参考文献

［1］李世勇，于建军，陈艳霞，等.不同产地烤烟烟气有害成分的检测与分析［J］.河南农业大学学报，1999，33（3）:267-269.

［2］李国栋，于建军，董顺德，等.河南烤烟化学成分与烟气成分的相关性分析［J］.烟草科技，2001（8）:28-30.

［3］庞永强，王菲，陈再根，等.不同捕集方式下卷烟主流烟气成分的 GC/MS 分析［J］.质谱学报，2009，30（2）:124-128.

4 烤烟甲醇索氏提取与分析检测

索氏提取法即连续提取法，是从固体物质中萃取化合物的一种方法。索氏提取法已广泛用于烤烟油分的提取。烤烟油分的含量多少与烟叶的弹性、韧性、吸湿性、成熟度以及理化特性、烟气质量密切相关。油分含量在一定程度上反映烟叶的质量，油分多的烟叶，香气质量就好，杂质较轻，余味纯净舒适[1,2]。索氏提取法由于可连续回流提取、节省溶剂、提取连贯、无中间反复滤过带来的损失，且既能提取又能浓缩提取液，具有提取较完全、提取率高、实验重复性好等优点，已在烤烟油分致香物的提取与分析中发挥越来越重要的作用。本章主要介绍不同产地烤烟经甲醇索氏提取并采用 GC/MS 联用的检测方法，分析各甲醇提取物中致香物种类及含量，为烤烟致香物数据系统的构建提供基本资料。

4.1 材料和方法

4.1.1 烤烟样品采集与保存

烤烟样品采集与保存同 2.1.1。

4.1.2 烤烟甲醇索氏提取法

称取 50.00g 粉碎好的烤烟叶，置于自制的滤纸筒内，装入索氏提取器中，索氏提取器上面连接冷凝管，下面连接 500mL 的圆底烧瓶，烧瓶中加入 300mL 甲醇（分析纯），在 70℃水浴锅中连续加热提取 72h（以滤纸筒中甲醇溶剂颜色很淡为准），浓缩甲醇提取液得烟叶成分浸膏，供 GC/MS 分析。

4.1.3 GC/MS 分析

GC 条件：Ultra－2 毛细管柱（50m×0.2mm×0.33μm），载气为 N_2，柱头压 170kPa，检测器 FID，进样口温度 280℃，检测器温度 280℃。程序升温，至 80℃恒温保持 1min，然后以 2℃/min 升温至 280℃，保持 30min。进样量 2μL，分流比 10∶1。GC/MS 测定时 GC 条件同上，电离电压 70eV，离子源温度 200℃，传输线温度 220℃，使用 Wiley 谱库进行图谱检索。

4.2 结果与分析

4.2.1 广东南雄粤烟 97C3F（2008）甲醇索氏提取成分分析结果

广东南雄粤烟 97C3F（2008）甲醇索氏提取成分分析结果见表 4-1，广东南雄粤烟 97C3F（2008）甲醇索氏提取成分指纹图谱见图 4-1。

从表 4-1 可以看出，经甲醇索氏提取广东南雄烟叶 97C3F（2008）主要含有烟碱，相对含量占 50.41%，其他主要为一类烟致香成分，它们是：2,3-二氢-3,5-二羟基-6-甲基-4H-吡喃-4-酮 1.89%、5-羟甲基-2-呋喃甲醛 4.61%、新植二烯 9.61%、十七酸 0.85%、棕榈酸 5.79%、亚油酸 1.71%、亚麻酸甲酯 1.85%、反油酸 0.86%、十八烷酸 0.96%。

表 4-1　广东南雄粤烟 97C3F（2008）甲醇索氏提取成分分析结果

编号	保留时间（min）	分子式	化合物名称	CAS 号	相对含量（%）
1	13.39	$C_6H_8O_4$	2,3- 二氢 -3,5- 二羟基 -6- 甲基 -4H- 吡喃 -4- 酮	28564-83-2	1.89
2	15.19	$C_6H_6O_3$	5- 羟甲基 -2- 呋喃甲醛	67-47-0	4.61
3	17.40	$C_{10}H_{14}N_2$	烟碱	54-11-5	50.41
4	23.73	$C_{20}H_{38}$	新植二烯	504-96-1	9.61
5	24.44	$C_{17}H_{34}O_2$	十七酸	506-12-7	0.85
6	24.79	$C_{16}H_{32}O_2$	棕榈酸	57-10-3	5.79
7	26.37	$C_{18}H_{32}O_2$	亚油酸	60-33-3	1.71
8	26.41	$C_{19}H_{32}O_2$	亚麻酸甲酯	7361-80-0	1.85
9	26.45	$C_{18}H_{34}O_2$	反油酸	112-79-8	0.86
10	26.71	$C_{18}H_{36}O_2$	十八烷酸	57-11-4	0.96

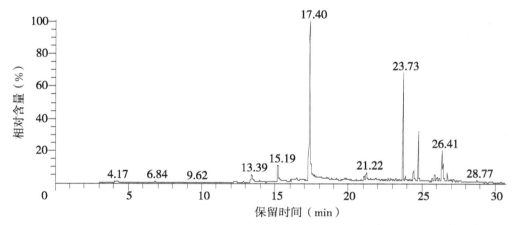

图 4-1　广东南雄粤烟 97C3F（2008）甲醇索氏提取成分指纹图谱

4.2.2　广东南雄粤烟 97C3F（2009）甲醇索氏提取成分分析结果

广东南雄粤烟 97C3F（2009）甲醇索氏提取成分分析结果见表 4-2，广东南雄粤烟 97C3F（2009）甲醇索氏提取成分指纹图谱见图 4-2。

致香物类型如下。

（1）酮类：羟丙酮 0.45%、4- 环戊烯 -1,3- 二酮 0.21%、2- 羟基 -3- 甲基吡喃 -4- 酮 0.13%、4- 羟基 -2,5- 二甲基 -3（2H）呋喃酮 0.29%、1,3- 二羟基丙酮 3.34%、3,5- 二羟基 -6- 甲基 -2,3- 二氢吡喃 -4- 酮 5.11%、（S）-5- 羟甲基二氢呋喃 -2- 酮 0.18%。酮类相对含量为致香物的 9.71%。

（2）醛类：5- 甲基糠醛 0.17%、4,5- 二甲基 -2- 糠醛 0.04%、5- 羟甲基糠醛 4.88%。醛类相对含量为致香物的 5.09%。

（3）醇类：正丁醇 0.17%、丁二醇 0.13%、糠醇 0.94%、5-（氨基甲基）-6,7,8,9- 四氢 -5H- 苯并［7］轮烯 -5- 醇 0.30%、3- 氧代 -α- 紫罗兰醇 0.42%。醇类相对含量为致香物的 1.96%。

（4）有机酸类：乙酸 3.39%、甲酸 1.34%、反油酸 1.87%、亚油酸 5.40%、棕榈酸 3.65%。有机酸类相对含量为致香物的 15.65%。

（5）酯类：羟基乙酸甲酯 0.94%、二乙酸甘油酯 0.08%、γ- 巴豆酰内酯 0.09%、甲基 -2- 羟基 -2- 环己基乙酸酯 0.13%、羟基丙二酸二甲基酯 0.04%、DL- 苹果酸二甲酯 0.80%、2- 酮戊二酸二甲酯 0.11%、棕榈酸甲酯 0.43%、2- 乙酰基 -2- 羟基丁酸内酯 0.60%、丁二酸单甲酯 0.13%、硬脂酸甲酯 0.10%、亚油酸甲酯 0.33%、邻苯二甲酸二异丁酯 0.05%、亚麻酸甲酯 0.50%。酯类相对含量为致香物的 4.33%。

（6）稠环芳香烃类：未检测到该类成分。

（7）酚类：苯酚0.03%。酚类相对含量为致香物的0.03%。

（8）烷烃类：十二烷0.11%、双氧环丁烷0.75%。烷烃类相对含量为致香物的0.86%。

（9）不饱和脂肪烃类：未检测到该类成分。

（10）生物碱类：烟碱35.21%。生物碱类相对含量为致香物的35.21%。

（11）萜类：新植二烯8.66%。萜类相对含量为致香物的8.66%。

（12）其他类：二甲基甲酰胺2.09%、麦斯明0.06%、2,5-二羟甲基呋喃0.76%。

表4-2 广东南雄粤烟97C3F（2009）甲醇索氏提取成分分析结果

编号	保留时间 （min）	分子式	化合物名称	CAS号	相对含量（%）
1	6.61	$C_4H_{10}O$	正丁醇	71-36-3	0.17
2	7.70	$C_{12}H_{26}$	十二烷	112-40-3	0.11
3	11.42	$C_3H_6O_2$	羟丙酮	116-09-6	0.45
4	12.35	C_3H_7NO	二甲基甲酰胺	68-12-2	2.09
5	14.67	$C_3H_6O_3$	羟基乙酸甲酯	96-35-5	0.94
6	15.21	$C_4H_6O_2$	双环氧丁烷	1464-53-5	0.75
7	17.14	$C_2H_4O_2$	乙酸	64-19-7	3.39
8	19.29	CH_2O_2	甲酸	64-18-6	1.34
9	20.44	$C_4H_{10}O_2$	丁二醇	19132-06-0	0.05
10	21.65	$C_6H_6O_2$	5-甲基糠醛	620-02-0	0.17
11	21.89	$C_4H_{10}O_2$	丁二醇	19132-06-0	0.08
12	22.11	$C_5H_4O_2$	4-环戊烯-1,3-二酮	930-60-9	0.21
13	25.19	$C_5H_6O_2$	糠醇	98-00-0	0.94
14	28.46	$C_7H_{12}O_5$	二乙酸甘油酯	25395-31-7	0.08
15	28.62	$C_4H_4O_2$	γ-巴豆酰内酯	497-23-4	0.09
16	29.65	$C_9H_{16}O_3$	甲基-2-羟基-2-环己基乙酸酯	61931-81-5	0.13
17	31.91	$C_{10}H_{14}N_2$	烟碱	54-11-5	35.21
18	33.26	$C_5H_8O_5$	羟基丙二酸二甲基酯	34259-29-5	0.04
19	33.83	$C_{20}H_{38}$	新植二烯	504-96-1	8.66
20	34.77	$C_6H_6O_3$	2-羟基-3-甲基吡喃-4-酮	61892-88-4	0.13
21	35.30	$C_7H_8O_2$	4,5-二甲基-2-糠醛	52480-43-0	0.04
22	35.77	$C_6H_{10}O_5$	DL-苹果酸二甲酯	38115-87-6	0.80
23	35.94	C_6H_6O	苯酚	108-95-2	0.03
24	36.50	$C_6H_8O_3$	4-羟基-2,5-二甲基-3（2H）呋喃酮	3658-77-3	0.29
25	37.69	$C_3H_6O_3$	1,3-二羟基丙酮	96-26-4	3.34
26	38.86	$C_7H_{10}O_5$	2-酮戊二酸二甲酯	13192-04-6	0.11
27	39.78	$C_9H_{10}N_2$	麦斯明	532-12-7	0.06
28	40.48	$C_{17}H_{34}O_2$	棕榈酸甲酯	112-39-0	0.43
29	42.13	$C_6H_8O_4$	3,5-二羟基-6-甲基-2,3-二氢吡喃-4-酮	28564-83-2	5.11
30	44.45	$C_6H_8O_4$	2-乙酰基-2-羟基丁酸内酯	135366-64-2	0.60
31	44.91	$C_5H_8O_4$	丁二酸单甲酯	3878-55-5	0.13
32	47.75	$C_{19}H_{38}O_2$	硬脂酸甲酯	112-61-8	0.10

续表

编号	保留时间（min）	分子式	化合物名称	CAS 号	相对含量（%）
33	48.96	$C_{16}H_{32}O_2$	棕榈酸	57–10–3	3.65
34	49.94	$C_5H_8O_3$	（S）–5–羟甲基二氢呋喃 –2– 酮	32780–06–6	0.18
35	50.30	$C_{19}H_{34}O_2$	亚油酸甲酯	112–63–0	0.33
36	50.73	$C_6H_6O_3$	5–羟甲基糠醛	67–47–0	4.88
37	51.47	$C_{16}H_{22}O_4$	邻苯二甲酸二异丁酯	84–69–5	0.05
38	51.71	$C_{18}H_{34}O_2$	反油酸	112–79–8	1.87
39	51.87	$C_{19}H_{32}O_2$	亚麻酸甲酯	7361–80–0	0.50
40	52.45	$C_6H_8O_3$	2,5– 二羟甲基呋喃	1883–75–6	0.76
41	52.58	$C_{12}H_{17}NO$	5–（氨基甲基）–6,7,8,9– 四氢 –5H– 苯并［7］轮烯 –5– 醇	64870–93–5	0.30
42	53.12	$C_{13}H_{20}O_2$	3– 氧代 –α– 紫罗兰醇	116126–82–0	0.42
43	54.38	$C_{18}H_{32}O_2$	亚油酸	60–33–3	5.40

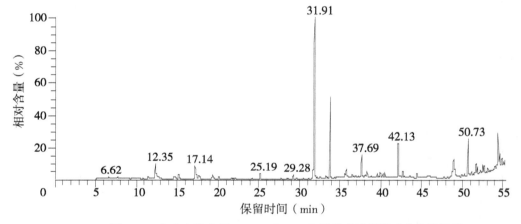

图 4-2　广东南雄粤烟 97C3F（2009）甲醇索氏提取成分指纹图谱

4.2.3　广东南雄粤烟 97X2F（2009）甲醇索氏提取成分分析结果

广东南雄粤烟 97X2F（2009）甲醇索氏提取成分分析结果见表 4-3，广东南雄粤烟 97X2F（2009）甲醇索氏提取成分指纹图谱见图 4-3。

致香物类型及相对含量如下。

（1）酮类：羟丙酮 0.73%、2- 甲氧 [1] 苯并噻吩 [2,3-c] 喹啉 -6（5H）- 酮 0.07%、2- 环戊烯 -1,4- 二酮 0.26%、2（5H）- 呋喃酮 0.11%、3-（2,2- 二甲基亚丙基）二环 [3.3.1] 壬烷 -2,4- 二酮 0.10%、2- 甲基 -3- 羟基 -γ- 吡喃酮 0.15%、4- 羟基 -2,5- 二甲基 -3（2H）呋喃酮 0.39%、1,3- 二羟基丙酮 2.90%、（S）-5-（羟甲基）- 二氢呋喃 -2（3H）- 酮 0.40%、巨豆三烯酮 0.06%、3,5- 二羟基 -6- 甲基 -2,3- 二氢吡喃 -4- 酮 5.78%、（S）-5- 羟甲基二氢呋喃 -2- 酮 0.20%、2- 甲氧基甲基 -3,5- 二甲基 -2,5- 环己二烯 -1,4- 二酮 0.31%。酮类相对含量为致香物的 11.46%。

（2）醛类：5- 甲基糠醛 0.26%、5- 羟甲基糠醛 5.09%。醛类相对含量为致香物的 5.35%。

（3）醇类：正丁醇 0.12%、2,3- 丁二醇 0.05%、丁二醇 0.07%、糠醇 1.26%、苯甲醇 0.06%、丙三醇 0.74%、1S- [1α, 2A（Z），4α] -2- 甲基 -5-（2- 甲基 -3- 次甲基二环 [2.2.1] 庚 -2- 基）-2- 戊烯 -1- 醇 0.08%、1- 叔丁基 -2,2- 二甲基 -2,3- 二氢 -1H- 茚 -5- 醇 0.43%、3- 氧代 -α- 紫罗兰醇 0.53%。醇类相对含量为致香物的 3.34%。

（4）有机酸类：乙酸 3.90%、甲酸 1.79%、3- 糠酸 0.05%、棕榈酸 1.29%、反油酸 1.75%、肉豆蔻酸 0.27%、亚油酸 2.69%。有机酸类相对含量为致香物的 11.74%。

（5）酯类：丙酮酸甲酯 0.04%、乙醇酸甲酯 0.70%、单乙酸甘油酯 0.06%、羟基丙二酸二甲基酯 0.21%、十六酸甲酯 0.47%、2- 乙酰基 -2- 羟基丁酸内酯 0.73%、丁二酸一甲酯 0.23%、硬酯酸甲酯 0.14%、亚油酸甲酯 0.65%。酯类相对含量为致香物的 3.23%。

（6）稠环芳香烃类：未检测到该类成分。

（7）酚类：苯酚 0.81%。酚类相对含量为致香物的 0.81%。

（8）烷烃类：十一烷 0.29%、十二烷 0.08%、二环氧丁烷 0.95%、二十七烷 0.33%。烷烃类相对含量为致香物的 1.65%。

（9）不饱和脂肪烃类：未检测到该类成分。

（10）生物碱类：烟碱 36.93%。生物碱类相对含量为致香物的 36.93%。

（11）萜类：新植二烯 10.30%。萜类相对含量为致香物的 10.30%。

（12）其他类：麦斯明 0.08%、2,3- 二羟基 - 苯并呋喃 0.10%、2,3'- 联吡啶 0.04%，5- 甲基 -3- 庚酮肟 0.03%。

表 4-3　广东南雄粤烟 97X2F （2009）甲醇索氏提取成分分析结果

编号	保留时间（min）	分子式	化合物名称	CAS 号	相对含量（%）
1	5.16	$C_{11}H_{24}$	十一烷	1120-21-4	0.29
2	6.61	$C_{14}H_{10}O$	正丁醇	71-36-3	0.12
3	7.75	$C_{12}H_{26}$	十二烷	112-40-3	0.08
4	9.38	$C_4H_6O_3$	丙酮酸甲酯	600-22-6	0.04
5	11.42	$C_3H_6O_2$	羟丙酮	116-09-6	0.73
6	12.09	$C_3H_6O_3$	乙醇酸甲酯	96-35-5	0.06
7	14.68	$C_3H_6O_3$	乙醇酸甲酯	96-35-5	0.64
8	15.22	$C_4H_6O_2$	二环氧丁烷	1464-53-5	0.95
9	17.10	$C_2H_4O_2$	乙酸	64-19-7	3.90
10	19.25	CH_2O_2	甲酸	64-18-6	1.79
11	20.46	$C_4H_{10}O_2$	2,3- 丁二醇	513-85-9	0.05
12	21.25	$C_{16}H_{11}NO_2S$	2- 甲氧 [1] 苯并噻吩 [2,3-c] 喹啉 -6（5H）- 酮	70453-75-7	0.07
13	21.65	$C_6H_6O_2$	5- 甲基糠醛	620-02-0	0.26
14	21.90	$C_4H_{10}O_2$	丁二醇	19132-06-0	0.07
15	22.11	$C_5H_4O_2$	2- 环戊烯 -1,4- 二酮	930-60-9	0.26
16	25.19	$C_5H_6O_2$	糠醇	98-00-0	1.26
17	28.46	$C_5H_{10}O_4$	单乙酸甘油酯	26446-35-5	0.06
18	28.61	$C_4H_4O_2$	2（5H）- 呋喃酮	497-23-4	0.11
19	31.97	$C_{10}H_{14}N_2$	烟碱	54-11-5	36.93
20	32.39	$C_8H_{17}NO$	5- 甲基 -3- 庚酮肟	22457-23-4	0.03
21	32.58	C_7H_8O	苯甲醇	100-51-6	0.06
22	33.26	$C_5H_8O_5$	羟基丙二酸二甲基酯	34259-29-5	0.21
23	33.54	$C_{14}H_{20}O_2$	3-（2,2- 二甲基亚丙基）二环 [3.3.1] 壬烷 -2,4- 二酮	127930-94-3	0.10
24	33.86	$C_{20}H_{38}$	新植二烯	504-96-1	10.3
25	34.77	$C_6H_6O_3$	2- 甲基 -3- 羟基 -γ- 吡喃酮	118-71-8	0.15
26	35.94	C_6H_6O	苯酚	108-95-2	0.81

续表

编号	保留时间（min）	分子式	化合物名称	CAS号	相对含量（%）
27	36.50	$C_6H_8O_3$	4-羟基-2,5-二甲基-3（2H）呋喃酮	3658-77-3	0.39
28	37.71	$C_3H_6O_3$	1,3-二羟基丙酮	96-26-4	2.90
29	38.12	$C_5H_8O_3$	（S）-5-（羟甲基）-二氢呋喃-2（3H）-酮	32780-06-6	0.40
30	39.79	$C_9H_{10}N_2$	麦斯明	532-12-7	0.08
31	40.49	$C_{17}H_{34}O_2$	十六酸甲酯	112-39-0	0.47
32	41.82	$C_{13}H_{18}O$	巨豆三烯酮	38818-55-2	0.06
33	42.16	$C_6H_8O_4$	3,5-二羟基-6-甲基-2,3-二氢吡喃-4-酮	28564-83-2	5.78
34	43.63	$C_3H_8O_3$	丙三醇	56-81-5	0.74
35	44.47	$C_6H_8O_4$	2-乙酰基-2-羟基丁酸内酯	35366-64-2	0.73
36	44.93	$C_5H_8O_4$	丁二酸一甲酯	3878-55-5	0.23
37	46.77	C_8H_8O	2,3-二氢-苯并呋喃	496-16-2	0.10
38	47.76	$C_{19}H_{38}O_2$	硬酯酸甲酯	112-61-8	0.14
39	48.00	$C_{15}H_{24}O$	1S-［1α,2A（Z）,4α］-2-甲基-5-（2-甲基-3-次甲基二环［2.2.1］庚-2-基）-2-戊烯-1-醇	77-42-9	0.08
40	48.44	$C_5H_4O_3$	3-糠酸	488-93-7	0.05
41	48.92	$C_{16}H_{32}O_2$	棕榈酸	57-10-3	1.29
42	49.17	$C_{10}H_8N_2$	2,3'-联吡啶	581-50-0	0.04
43	49.96	$C_5H_8O_3$	（S）-5-羟甲基二氢呋喃-2-酮	32780-06-6	0.20
44	50.31	$C_{19}H_{34}O_2$	亚油酸甲酯	112-63-0	0.65
45	50.76	$C_6H_6O_3$	5-羟甲基糠醛	67-47-0	5.09
46	51.72	$C_{18}H_{34}O_2$	反油酸	112-79-8	1.75
47	51.88	$C_{19}H_{32}O_2$	亚麻酸甲酯	7361-80-0	0.65
48	52.26	$C_{10}H_{12}O_3$	2-甲氧基甲基-3,5-二甲基-2,5-环己二烯-1,4-二酮	40113-58-4	0.31
49	52.59	$C_{15}H_{22}O$	1-叔丁基-2,2-二甲基-2,3-二氢-1H-茚-5-醇	110327-23-6	0.43
50	53.12	$C_{13}H_{20}O_2$	3-氧代-α-紫罗兰醇	116126-82-0	0.53
51	54.02	$C_{27}H_{56}$	二十七烷	593-49-7	0.33
52	54.13	$C_{14}H_{28}O_2$	肉豆蔻酸	544-63-8	0.27
53	54.36	$C_{18}H_{32}O_2$	亚油酸	60-33-3	2.69

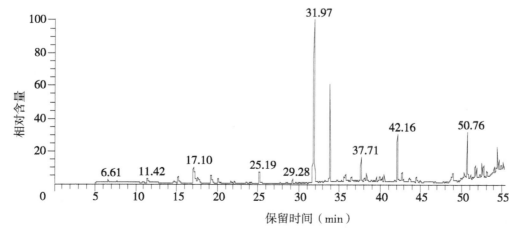

图4-3　广东南雄粤烟97X2F（2009）甲醇索氏提取成分指纹图谱

4.2.4 广东南雄粤烟 97B2F（2009）甲醇索氏提取成分分析结果

广东南雄粤烟 97B2F（2009）甲醇索氏提取成分分析结果见表 4-4，广东南雄粤烟 97B2F（2009）甲醇索氏提取成分指纹图谱见图 4-4。

致香物类型如下。

（1）酮类：2- 羟基丙酮 0.43%、2- 环戊烯 -1,4- 二酮 0.02%、2- 羟基 -2- 环戊烯 -1- 酮 0.46%、4- 羟基 -2,5- 二甲基 -3（2H）呋喃酮 0.40%、1,3- 二羟基丙酮 2.10%、巨豆三烯酮 0.08%、2,3- 二氢 -3,5- 二羟基 -6- 甲基 -4（H）- 吡喃 -4- 酮 4.63%、（S）-5- 羟甲基二氢呋喃 -2- 酮 0.19%。酮类相对含量为致香物的 8.31%。

（2）醛类：糠醛 0.84%、5- 甲基糠醛 0.25%、5- 羟甲基糠醛 5.15%。醛类相对含量为致香物的 6.24%。

（3）醇类：正丁醇 0.13%、1,2- 丙二醇 0.03%、2,3- 丁二醇 0.08%、糠醇 0.99%、1,3- 丙二醇 0.21%、（4E, 8E, 13E）-12- 异丙基 -1,5,9- 三甲基环十四碳 -4,8,13- 三烯 -1,3- 二醇 0.70%、甘油 0.62%、3- 氧代 -α- 紫罗兰醇 0.39%。醇类相对含量为致香物的 3.15%。

（4）有机酸类：醋酸 3.11%、甲酸 1.00%、反油酸 0.33%、2,2- 二甲基己酸 0.01%、棕榈酸 2.58%，有机酸类相对含量为致香物的 7.03%。

（5）酯类：丙酮酸甲酯 0.05%、乳酸甲酯 0.09%、羟基乙酸甲酯 0.40%、DL- 苹果酸二甲酯 1.01%、3- 羟基丙酸甲酯 0.07%、γ- 巴豆酰内酯 0.08%、十六酸甲酯 0.65%、2- 乙酰基 -2- 羟基 - 丁酸内酯 0.38%、丁二酸一甲酯 0.23%、硬脂酸甲酯 0.13%、油酸甲酯 0.10%、亚油酸甲酯 0.78%、亚麻酸甲酯 0.70%、5- 氧化吡咯烷 -2- 羧酸乙酯 0.79%。酯类相对含量为致香物的 5.46%。

（6）稠环芳香烃类：未检测到该类成分。

（7）酚类：苯酚 0.03%、乙烯基苯酚 0.09%。酚类相对含量为致香物的 0.12%。

（8）烷烃类：十二烷 0.11%、二环氧丁烷 0.59%、四十四烷 1.32%。烷烃类相对含量为致香物的 2.02%。

（9）不饱和脂肪烃类：（E,E）-7,11,15- 三甲基 -3- 亚甲基 - 十六碳 -1,6,10,14- 四烯 0.08%。不饱和脂肪烃类相对含量为致香物的 0.08%。

（10）生物碱类：烟碱 44.02%。生物碱类相对含量为致香物的 44.02%。

（11）萜类：新植二烯 8.83%。萜类相对含量为致香物的 8.83%。

（12）其他类：乙基苯 0.01%、对二甲苯 0.01%、无水吡啶 0.11%、3- 氨基 -4- 甲氧基 -N- 苯基苯甲酰胺 0.09%、麦斯明 0.10%、2- 硝基苯甲醚 1.90%、2,3,- 联吡啶 2.58%。

表 4-4 广东南雄粤烟 97B2F（2009）甲醇索氏提取成分分析结果

编号	保留时间（min）	分子式	化合物名称	CAS 号	相对含量（%）
1	5.95	C_8H_{10}	乙基苯	100-41-4	0.01
2	6.30	C_8H_{10}	对二甲苯	106-42-3	0.01
3	6.60	$C_4H_{10}O$	正丁醇	71-36-3	0.13
4	7.59	C_5H_5N	无水吡啶	110-86-1	0.11
5	7.68	$C_{12}H_{26}$	十二烷	112-40-3	0.11
6	9.33	$C_4H_6O_3$	丙酮酸甲酯	600-22-6	0.05
7	11.42	$C_3H_6O_2$	2- 羟基丙酮	116-09-6	0.43
8	12.05	$C_4H_8O_3$	乳酸甲酯	547-64-8	0.09
9	14.01	$C_8H_{16}O_2$	2,2- 二甲基己酸	813-72-9	0.01
10	14.67	$C_3H_6O_3$	羟基乙酸甲酯	96-35-5	0.40
11	15.19	$C_4H_6O_2$	二环氧丁烷	1464-53-5	0.59
12	17.09	$C_2H_4O_2$	醋酸	64-19-7	3.11
13	17.56	$C_5H_4O_2$	糠醛	98-01-1	0.84
14	19.25	CH_2O_2	甲酸	64-18-6	1.00
15	20.45	$C_4H_{10}O_2$	2,3- 丁二醇	513-83-9	0.08

续表

编号	保留时间（min）	分子式	化合物名称	CAS 号	相对含量（%）
16	21.22	$C_4H_8O_3$	3- 羟基丙酸甲酯	6149-41-3	0.07
17	21.65	$C_6H_6O_2$	5- 甲基糠醛	620-02-0	0.25
18	21.90	$C_4H_{10}O_2$	3- 氨基 -4- 甲氧基 -N- 苯基苯甲酰胺	19132-06-0	0.09
19	22.10	$C_5H_4O_2$	2- 环戊烯 -1,4- 二酮	930-60-9	0.20
20	22.43	$C_3H_8O_2$	1,2- 丙二醇	57-55-6	0.03
21	25.18	$C_5H_6O_2$	糠醇	98-00-0	0.99
22	28.62	$C_4H_4O_2$	γ- 巴豆酰内酯	497-23-4	0.08
23	29.30	$C_5H_6O_2$	2- 羟基 -2- 环戊烯 -1- 酮	10493-98-8	0.46
24	32.03	$C_{10}H_{14}N_2$	烟碱	54-11-5	44.02
25	33.86	$C_{20}H_{38}$	新植二烯	504-96-1	8.83
26	35.78	$C_6H_{10}O_5$	DL- 苹果酸二甲酯	38115-87-6	1.01
27	35.95	C_6H_6O	苯酚	108-95-2	0.03
28	36.52	$C_6H_8O_3$	4- 羟基 -2,5- 二甲基 -3（2H）呋喃酮	3658-77-3	0.40
29	37.69	$C_3H_6O_3$	1,3- 二羟基丙酮	96-26-4	2.10
30	39.21	$C_{20}H_{32}$	（E,E）-7,11,15- 三甲基 -3- 亚甲基 - 十六碳 -1,6,10,14- 四烯	70901-63-2	0.08
31	39.58	$C_3H_8O_2$	1,3- 丙二醇	504-63-2	0.21
32	39.80	$C_9H_{10}N_2$	麦斯明	532-12-7	0.10
33	40.48	$C_{17}H_{34}O_2$	十六酸甲酯	112-39-0	0.65
34	41.82	$C_{13}H_{18}O$	巨豆三烯酮	38818-55-2	0.08
35	42.13	$C_6H_8O_4$	2,3- 二氢 -3,5- 二羟基 -6- 甲基 -4（H）- 吡喃 -4- 酮	28564-83-2	4.63
36	43.62	$C_3H_8O_3$	甘油	56-81-5	0.62
37	44.46	$C_6H_8O_4$	2- 乙酰基 -2- 羟基 - 丁酸内酯	135366-64-2	0.38
38	44.90	$C_5H_8O_4$	丁二酸一甲酯	3878-55-5	0.23
39	46.74	C_8H_8O	乙烯基苯酚	2628-17-3	0.09
40	47.76	$C_{19}H_{38}O_2$	硬酯酸甲酯	112-61-8	0.13
41	48.68	$C_{19}H_{36}O_2$	油酸甲酯	112-62-9	0.10
42	48.94	$C_8H_8N_2$	2,3,- 联吡啶	581-50-0	2.58
43	48.97	$C_{16}H_{32}O_2$	棕榈酸	57-10-3	2.58
44	49.94	$C_5H_8O_3$	（S）-5- 羟甲基二氢呋喃 -2- 酮	32780-06-6	0.19
45	50.29	$C_{19}H_{34}O_2$	亚油酸甲酯	112-63-0	0.78
46	50.77	$C_6H_6O_3$	5- 羟甲基糠醛	67-47-0	5.15
47	51.66	$C_{18}H_{34}O_2$	反油酸	112-79-8	0.33
48	51.88	$C_{19}H_{32}O_2$	亚麻酸甲酯	7361-80-0	0.70
49	52.59	$C_{15}H_{22}O$	2- 硝基苯甲醚	110327-23-6	1.90
50	52.71	$C_6H_9NO_3$	5- 氧化吡咯烷 -2- 羟酸乙酯	54571-66-3	0.79
51	53.12	$C_{13}H_{20}O_2$	3- 氧代 -α- 紫罗兰醇	116126-82-0	0.39
52	54.59	$C_{44}H_{90}$	四十四烷	7098-22-8	1.32
53	55.10	$C_{20}H_{34}O_2$	（4E,8E,13E）-12- 异丙基 -1,5,9- 三甲基环十四碳 -4,8,13- 三烯 -1,3- 二醇	7220-78-2	0.70

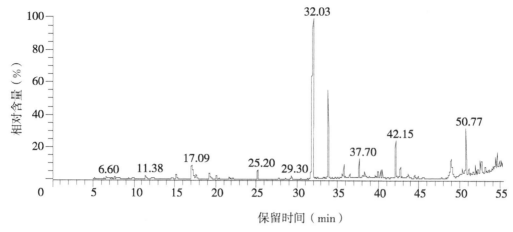

图 4-4　广东南雄粤烟 97B2F（2009）甲醇索氏提取成分指纹图谱

4.2.5　广东南雄 K326B2F（2010）甲醇索氏提取成分分析结果

广东南雄 K326B2F（2010）甲醇索氏提取成分分析结果见表 4-5，广东南雄 K326B2F（2010）甲醇索氏提取成分指纹图谱见图 4-5。

致香物类型如下。

（1）酮类：羟基丙酮 2.92%、4- 环戊烯 -1,3- 二酮 0.87%、2- 羟基 -2- 环戊烯 -1- 酮 0.03%、2- 十三烷酮 0.03%、2- 羟基 -3- 甲基吡喃 -4- 酮 0.19%、4- 羟基 -2,5- 二甲基 -3（2H）呋喃酮 0.37%、1,3- 二羟基丙酮 1.33%、3- 乙酰基 -3- 羟基氧杂环 -2- 酮 0.32%、2-（甲氧基甲基）-3,5- 二甲基 -2,5- 环己二烯 -1,4- 二酮 0.21%。酮类相对含量为致香物的 6.27%。

（2）醛类：三甲基乙醛 0.08%、糠醛 2.23%、5- 甲基呋喃醛 1.20%、十二醛 0.11%、4,5- 二甲基 -2- 糠醛 0.19%。醛类相对含量为致香物的 3.81%。

（3）醇类：2,3- 丁二醇 0 .01%、糠醇 1.58%、叶绿醇 8.27%、丙三醇 0.78%、5-（2,3- 二甲基三环 [2.2.1.0^{2,6}] -3- 庚基）-2- 甲基 -2- 戊烯 -1- 醇 0.25%、植物醇 0.06%、4,8,13- 杜法三烯 1,3- 二醇 0.17%。植醇 0.03%。醇类相对含量为致香物的 11.15%。

（4）有机酸类：乙酸 2.22%、甲酸 0.86%、丙酸 0.05%、巴豆酸 0.04%、仲班酸 0.39%、乙酰丙酸 0.10%、苯甲酸 0.05%、糠酸 0.06%、亚油酸 1.25%。有机酸类相对含量为致香物的 5.02%。

（5）酯类：丙酮酸甲酯 0.08%、乙醇酸甲酯 0.13%、α- 当归内酯 0.04%、2- 丁烯酰异氰酸酯 0.06%、乳酸甲酯 0.03%、棕榈酸甲酯 0.33%、丁二酸单甲酯 0.11%、油酸甲酯 0.22%、亚油酸甲酯 0.27%、邻苯二甲酸二异丁酯 0.07%、亚麻酸甲酯 0.44%、DL- 苹果酸甲酯 0.04%、癸酸乙酯 0.14%。酯类相对含量为致香物的 1.96%。

（6）稠环芳香烃类：未检测到该类成分。

（7）酚类：未检测到该类成分。

（8）烷烃类：未检测到该类成分。

（9）不饱和脂肪烃类：未检测到该类成分。

（10）生物碱类：烟碱 64.65%。生物碱类相对含量为致香物的 64.65%。

（11）萜类：未检测到该类成分。

（12）其他类：乙基苯 0.13%、对二甲苯 0.44%、1,3- 二甲苯 0.88%、1,2- 二甲苯 0.53%、2- 甲基呋喃 0.01%、2- 乙酰基呋喃 0.13%、苯并噻唑 0.11%、丁香酚苯乙醚 1.94%、麦斯明 0.15%、2,3'- 联吡啶 0.53%、3,5- 二羟基 -6- 甲基 -4- 羰基四氢吡喃 6.71%。

表4-5　广东南雄 K326B2F（2010）甲醇索氏提取成分分析结果

编号	保留时间（min）	分子式	化合物名称	CAS 号	相对含量（%）
1	5.87	C_8H_{10}	乙基苯	100-41-4	0.13
2	6.07	C_8H_{10}	对二甲苯	106-42-3	0.07
3	6.24	C_8H_{10}	1,3-二甲苯	108-38-3	0.88
4	6.38	C_8H_{10}	1,2-二甲苯	95-47-6	0.53
5	7.47	C_8H_{10}	对二甲苯	106-42-3	0.37
6	8.60	C_5H_6O	2-甲基呋喃	534-22-5	0.01
7	9.28	$C_4H_6O_3$	丙酮酸甲酯	600-22-6	0.08
8	10.66	$C_5H_{10}O$	三甲基乙醛	630-19-3	0.08
9	11.31	$C_3H_6O_2$	羟基丙酮	116-09-6	2.92
10	13.93	$C_8H_{16}O_2$	DL-苹果酸甲酯	38115-87-6	0.04
11	14.48	$C_3H_6O_3$	乙醇酸甲酯	96-35-5	0.13
12	16.17	$C_5H_6O_2$	α-当归内酯	591-12-8	0.04
13	16.97	$C_2H_4O_2$	乙酸	64-19-7	2.22
14	17.49	$C_5H_4O_2$	糠醛	98-01-1	2.23
15	18.96	$C_6H_6O_2$	2-乙酰基呋喃	1192-62-7	0.13
16	19.13	CH_2O_2	甲酸	64-18-6	0.86
17	20.36	$C_3H_6O_2$	丙酸	79-09-4	0.05
18	21.01	C_5H_5NOS	2-丁烯酰异氰酸酯	60034-28-8	0.06
19	21.56	$C_6H_6O_2$	5-甲基呋喃醛	620-02-0	1.20
20	21.78	$C_4H_{10}O_2$	2,3-丁二醇	513-85-9	0.01
21	22.00	$C_5H_4O_2$	4-环戊烯-1,3-二酮	930-60-9	0.87
22	22.31	$C_4H_8O_3$	乳酸甲酯	547-64-8	0.03
23	24.07	$C_{12}H_{24}O_2$	癸酸乙酯	110-38-3	0.14
24	25.04	$C_5H_6O_2$	糠醇	98-00-0	1.58
25	26.79	$C_{12}H_{24}O$	十二醛	112-54-9	0.11
26	29.44	$C_5H_6O_2$	2-羟基-2-环戊烯-1-酮	17208-23-0	0.03
27	29.58	$C_4H_6O_2$	巴豆酸	3724-65-0	0.04
28	30.49	$C_{13}H_{26}O$	2-十三烷酮	593-08-8	0.03
29	30.79	$C_{20}H_{40}O$	植醇	150-86-7	0.03
30	31.89	$C_{10}H_{14}N_2$	烟碱	54-11-5	64.65
31	33.74	$C_{20}H_{40}O$	叶绿醇	102608-53-7	8.27
32	34.28	C_7H_5NS	苯并噻唑	95-16-9	0.11
33	34.69	$C_6H_6O_3$	2-羟基-3-甲基吡喃-4-酮	61892-88-4	0.19
34	35.20	$C_7H_8O_2$	4,5-二甲基-2-糠醛	52480-43-0	0.19
35	36.38	$C_6H_8O_3$	4-羟基-2,5-二甲基-3（2H）呋喃酮	3658-77-3	0.37
36	37.54	$C_3H_6O_3$	1,3-二羟基丙酮	96-26-4	1.33
37	38.19	$C_3H_2N_2O_3$	仲班酸	120-89-8	0.39
38	39.27	$C_{10}H_{12}O_2$	丁香酚苯乙醚	97-53-0	1.94

续表

编号	保留时间 （min）	分子式	化合物名称	CAS 号	相对含量 （%）
39	39.68	$C_9H_{10}N_2$	麦斯明	532-12-7	0.15
40	40.36	$C_{17}H_{34}O_2$	棕榈酸甲酯	112-39-0	0.33
41	41.95	$C_6H_8O_4$	3,5-二羟基-6-甲基-4-巯基四氢吡喃	28564-83-2	6.71
42	43.40	$C_3H_8O_3$	丙三醇	56-81-5	0.78
43	43.79	$C_5H_8O_3$	乙酰丙酸	123-76-2	0.10
44	44.21	$C_6H_8O_4$	3-乙酰基-3-羟基氧杂环-2-酮	135366-64-2	0.32
45	44.35	$C_{15}H_{24}O$	5-（2,3-二甲基三环［2.2.1.0^{2,6}］-3-庚基）-2-甲基-2-戊烯-1-醇	115-71-9	0.25
46	44.65	$C_5H_7O_4$	丁二酸单甲酯	3878-55-5	0.11
47	47.85	$C_7H_6O_2$	苯甲酸	65-85-0	0.05
48	48.13	$C_5H_4O_3$	糠酸	88-14-2	0.06
49	48.44	$C_{19}H_{36}O_2$	油酸甲酯	112-62-9	0.22
50	48.99	$C_{10}H_8N_2$	2,3'-联吡啶	581-50-0	0.53
51	50.15	$C_{19}H_{34}O_2$	亚油酸甲酯	112-63-0	0.27
52	51.34	$C_{16}H_{22}O_4$	邻苯二甲酸二异丁酯	84-69-5	0.07
53	51.77	$C_{19}H_{32}O_2$	亚麻酸甲酯	7361-80-0	0.44
54	52.14	$C_{10}H_{12}O_3$	2-（甲氧基甲基）-3,5-二甲基-2,5-环己二烯-1,4-二酮	40113-58-4	0.21
55	52.78	$C_{20}H_{40}O$	植物醇	150-86-7	0.06
56	53.50	$C_{20}H_{34}O_2$	4,8,13-杜法三烯1,3-二醇	7220-78-2	0.17
57	54.03	$C_{18}H_{32}O_2$	亚油酸	60-33-3	1.25

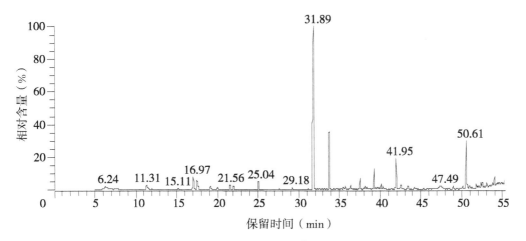

图 4-5　广东南雄 K326B2F（2010）甲醇索氏提取成分指纹图谱

4.2.6　广东五华 K326B2F（2009）甲醇索氏提取成分分析结果

广东五华 K326B2F（2009）甲醇索氏提取成分分析结果见表 4-6，广东五华 K326B2F（2009）甲醇索氏提取成分指纹图谱见图 4-6。

致香物类型如下。

（1）酮类：羟基丙酮 0.23%、2- 甲基氧［1］苯并噻吩［2,3-c］喹啉并 6（5H）- 酮 0.07%、2- 环戊烯 -1,4- 二酮 0.11%、［1］苯并噻吩［2,3-c］喹啉并 6（5H）- 硫酮 0.01%、甲基环戊烯醇酮 0.04%、（E）-5- 异丙基 -8- 甲基 -6,8- 壬二烯 -2- 酮 0.27%、2（5H）- 呋喃酮 0.07%、4- 羟基 -2,5- 二甲基 -3（2H）呋喃酮 0.25%、1,3- 二羟基丙酮 1.17%、氧化茄酮 0.29%、3,5- 二羟基 -6- 甲基 -2,3- 二氢吡喃 -4- 酮 4.09%、（S）-5- 羟甲基二氢呋喃 -2- 酮 0.09%、9- 羟基 -1- 甲基 -1,2,3,4- 四氢吡啶并［1,2-a］吡嗪 -8- 酮 0.20%。酮类相对含量为致香物的 6.89%。

（2）醛类：糠醛 0.41%、5- 甲基糠醛 0.20%、5- 羟甲基糠醛 5.19%。醛类相对含量为致香物的 5.80%。

（3）醇类：正丁醇 0.08%、丁二醇 0.23%、正辛醇 0.03%、（S）-（+）-1,2- 丙二醇 0.04%、糠醇 0.44%、植醇 0.22%、1- 叔丁基 -2,2- 二甲基 -2,3- 二氢 -1H- 茚 -5- 醇 0.70%、植物醇 0.11%、（4E,8E,13E）-12- 异丙基 -1,5,9- 三甲基环十四碳 -4,8,13- 三烯 -1,3- 二醇 0.83%、西柏三烯二醇 0.35%、3- 氧代 -α- 紫罗兰醇 0.51%。醇类相对含量为致香物的 3.54%。

（4）有机酸类：顺丁烯二酸 0.01%、乙酸 1.60%、甲酸 0.35%、异巴豆酸 0.09%、N- 苄氧羰基 -L- 酪氨酸 0.08%、肉豆蔻酸 0.85%、棕榈酸 10.28%、（R）-（—）- 柠苹酸 0.13%。有机酸类相对含量为致香物的 13.39%。

（5）酯类：丙酮酸甲酯 0.04%、羟乙酸甲酯 0.07%、乳酸甲酯 0.09%、3- 羟基丙酸甲酯 0.07%、苯甲酸甲酯 0.04%、癸酸乙酯 0.37%、DL- 苹果酸二甲酯 0.90%、十六酸甲酯 0.75%、邻苯二甲酸二丁酯 0.66%、2- 乙酰基 -2- 羟基 - 丁酸内酯 0.29%、丁二酸单甲酯 0.19%、硬脂酸甲酯 0.19%、油酸甲酯 0.36%、亚油酸甲酯 0.72%、9,12,15- 十八碳三烯酸甲酯 0.87%、5- 氧代吡咯烷 -2- 羧酸乙酯 0.88%。酯类相对含量为致香物的 6.49%。

（6）稠环芳香烃类：未检测到该类成分。

（7）酚类：未检测到该类成分。

（8）烷烃类：十二烷 0.04%、正二十九烷 0.94%。烷烃类相对含量为致香物的 0.98%。

（9）不饱和脂肪烃类：二氧化丁二烯 0.22%、2.3- 二氰基 -7.7- 二甲基 -5.6- 降冰片二烯 0.23%、（E, E）-7,11,15- 三甲基 -3- 亚甲基 - 十六碳 - 1,6,10,14- 四烯 0.15%。不饱和脂肪烃类相对含量为致香物的 0.60%。

（10）生物碱类：烟碱 37.87%。生物碱类相对含量为致香物的 37.87%。

（11）萜类：新植二烯 9.12%。萜类相对含量为致香物的 9.12%。

（12）其他类：1,2- 二甲苯 0.01%、苯并噻唑 0.14%、麦斯明 0.12%、8- 乙基喹啉 0.03%、2,3'- 联吡啶 0.38%。

表 4-6　广东五华 K326B2F（2009）甲醇索氏提取成分分析结果

编号	保留时间（min）	分子式	化合物名称	CAS 号	相对含量（%）
1	6.30	C_8H_{10}	1,2- 二甲苯	95-47-6	0.01
2	6.54	$C_4H_{10}O$	正丁醇	71-36-3	0.08
3	7.55	C_5H_5N	顺丁烯二酸	110-86-7	0.01
4	7.71	$C_{12}H_{26}$	十二烷	112-40-3	0.04
5	9.31	$C_4H_6O_3$	丙酮酸甲酯	600-22-6	0.04
6	11.36	$C_3H_6O_2$	羟基丙酮	116-09-6	0.23
7	12.04	$C_3H_6O_3$	羟乙酸甲酯	96-35-5	0.07
8	12.20	$C_4H_8O_3$	乳酸甲酯	547-64-8	0.09
9	15.18	$C_4H_6O_2$	二氧化丁二烯	298-18-0	0.22
10	17.11	$C_2H_4O_2$	乙酸	64-19-7	1.60

续表

编号	保留时间 （min）	分子式	化合物名称	CAS 号	相对含量 （%）
11	17.56	$C_5H_4O_2$	糠醛	98-01-1	0.41
12	19.28	CH_2O_2	甲酸	64-18-6	0.35
13	20.43	$C_4H_{10}O_2$	丁二醇	19132-06-0	0.09
14	21.06	$C_8H_{18}O$	正辛醇	111-87-5	0.03
15	21.19	$C_4H_8O_3$	3-羟基丙酸甲酯	6149-41-3	0.07
16	21.27	$C_{16}H_{11}NO_2S$	2-甲基氧［1］苯并噻吩［2,3-c］喹啉并6（5H）-酮	70453-75-7	0.07
17	21.64	$C_6H_6O_2$	5-甲基糠醛	620-02-0	0.20
18	21.88	$C_4H_{10}O_2$	丁二醇	19132-06-0	0.14
19	22.10	$C_5H_4O_2$	2-环戊烯-1,4-二酮	930-60-9	0.11
20	22.41	$C_3H_8O_2$	（S）-（+）-1,2-丙二醇	4254-15-3	0.04
21	23.41	$C_8H_8O_2$	苯甲酸甲酯	93-58-3	0.04
22	24.03	$C_{12}H_{24}O_2$	癸酸乙酯	110-38-3	0.37
23	25.18	$C_5H_6O_2$	糠醇	98-00-0	0.44
24	27.13	$C_{15}H_9NS_2$	［1］苯并噻吩［2,3-c］喹啉并6（5H）-硫酮	115172-83-3	0.01
25	27.74	$C_{13}H_{22}O$	（E）-5-异丙基-8-甲基-6,8-壬二烯-2-酮	54868-48-3	0.27
26	28.61	$C_4H_4O_2$	2（5H）-呋喃酮	497-23-4	0.07
27	29.73	$C_4H_6O_2$	异巴豆酸	503-64-0	0.09
28	30.03	$C_{20}H_{40}O$	植醇	150-86-7	0.22
29	31.25	$C_6H_8O_2$	甲基环戊烯醇酮	765-70-8	0.04
30	31.96	$C_{10}H_{14}N_2$	烟碱	54-11-5	37.87
31	32.58	$C_{17}H_{17}NO_5$	N-苄氧羰基-L-酪氨酸	1164-16-5	0.08
32	33.26	$C_5H_8O_5$	（R）-（—）-柠苹酸	6236-10-8	0.13
33	33.55	$C_{15}H_{12}N_2$	2,3-二氰基-7,7-二甲基-5,6-降冰片二烯	117461-22-0	0.23
34	33.86	$C_{20}H_{38}$	新植二烯	504-96-1	9.12
35	34.38	C_7H_5NS	苯并噻唑	95-16-9	0.14
36	35.77	$C_6H_{10}O_5$	DL-苹果酸二甲酯	38115-87-6	0.90
37	36.49	$C_6H_8O_3$	4-羟基-2,5-二甲基-3（2H）呋喃酮	3658-77-3	0.25
38	37.65	$C_3H_6O_3$	1,3-二羟基丙酮	96-26-4	1.17
39	38.90	$C_{12}H_{20}O_2$	氧化茄酮	60619-46-7	0.29
40	39.22	$C_{20}H_{32}$	（E,E)-7,11,15-三甲基-3-亚甲基-十六碳-1,6,10,14-四烯	70901-63-2	0.15
41	39.77	$C_9H_{10}N_2$	麦斯明	532-12-7	0.12
42	40.50	$C_{17}H_{34}O_2$	十六酸甲酯	112-39-0	0.75
43	40.98	$C_{16}H_{22}O_4$	邻苯二甲酸二丁酯	84-74-2	0.66
44	41.74	$C_{14}H_{28}O_2$	肉豆蔻酸	544-63-8	0.85
45	42.12	$C_6H_8O_4$	3,5-二羟基-6-甲基-2,3-二氢吡喃-4-酮	28564-83-2	4.09
46	44.44	$C_6H_8O_4$	2-乙酰基-2-羟基-丁酸内酯	135366-64-2	0.29
47	44.90	$C_5H_8O_4$	丁二酸单甲酯	3878-55-5	0.19
48	46.97	$C_{11}H_{11}N$	8-乙基喹啉	19655-56-2	0.03
49	47.77	$C_{19}H_{38}O_2$	硬脂酸甲酯	112-61-8	0.19
50	48.76	$C_{19}H_{36}O_2$	油酸甲酯	112-62-9	0.36

续表

编号	保留时间 （min）	分子式	化合物名称	CAS号	相对含量 （%）
51	49.15	$C_{10}H_8N_2$	2,3'- 联吡啶	581-50-0	0.38
52	49.93	$C_5H_8O_3$	（S）-5- 羟甲基二氢呋喃 -2- 酮	32780-06-6	0.09
53	50.30	$C_{19}H_{34}O_2$	亚油酸甲酯	112-63-0	0.72
54	50.75	$C_6H_6O_3$	5- 羟甲基糠醛	67-47-0	5.19
55	51.88	$C_{19}H_{32}O_2$	9,12,15- 十八碳三烯酸甲酯	7361-80-0	0.87
56	52.26	$C_9H_{12}N_2O_2$	9- 羟基 -1- 甲基 -1,2,3,4- 四氢吡啶并［1,2-a］吡嗪 -8-酮	65628-74-2	0.20
57	52.61	$C_{15}H_{22}O$	1- 叔丁基 -2,2- 二甲基 -2,3- 二氢 -1H- 茚 -5- 醇	110327-23-6	0.70
58	52.70	$C_6H_9NO_3$	5- 氧代吡咯烷 -2- 羧酸乙酯	54571-66-3	0.88
59	52.81	$C_{20}H_{34}O_2$	（4E,8E,13E）-12- 异丙基 -1,5,9- 三甲基环十四碳 -4,8,13- 三烯 -1,3- 二醇	7220-78-2	0.13
60	52.87	$C_{20}H_{40}O$	植物醇	150-86-7	0.11
61	53.12	$C_{13}H_{20}O_2$	3- 氧代 -α- 紫罗兰醇	116126-82-0	0.51
62	53.20	$C_{20}H_{34}O_2$	（4E,8E,13E）-12- 异丙基 -1,5,9- 三甲基环十四碳 -4,8,13- 三烯 -1,3- 二醇	7220-78-2	0.36
63	53.59	$C_{20}H_{34}O_2$	西柏三烯二醇	57688-99-0	0.35
64	53.80	$C_{29}H_{60}$	正二十九烷	630-03-5	0.94
65	54.19	$C_{16}H_{32}O_2$	棕榈酸	57-10-3	10.28
66	55.10	$C_{20}H_{34}O_2$	（4E,8E,13E）-12- 异丙基 -1,5,9- 三甲基环十四碳 -4,8,13- 三烯 -1,3- 二醇	7220-78-2	0.34

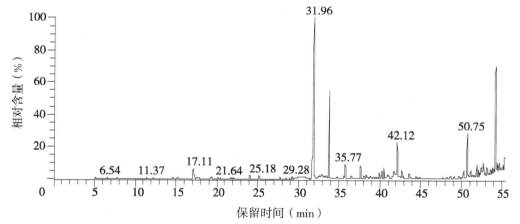

图 4-6　广东五华 K326B2F（2009）甲醇索氏提取成分指纹图谱

4.2.7　广东五华 K326C2F（2009）甲醇索氏提取成分分析结果

广东五华 K326C2F（2009）甲醇索氏提取成分分析结果见表 4-7，广东五华 K326C2F（2009）甲醇索氏提取成分指纹图谱见图 4-7。

致香物类型如下。

（1）酮类：羟基丙酮 0.62%、4- 环戊烯 -1,3- 二酮 0.27%、（E）-5- 异丙基 -8- 甲基 -6,8- 壬二烯 -2-酮 0.35%、2（5H）- 呋喃酮 0.11%、甲基环戊烯醇酮 0.05%、4- 羟基 -2,5- 二甲基 -3（2H）呋喃酮 0.42%、1,3-二羟基丙酮 2.50%、氧化茄酮 0.27%、巨豆三烯酮 0.05%、3,5- 二羟基 -6- 甲基 -2,3- 二氢吡喃 -4- 酮 5.29%、

（S）-5-羟甲基二氢呋喃-2-酮 0.18%。酮类相对含量为致香物的 10.11%。

（2）醛类：糠醛 1.23%、5-甲基呋喃醛 0.38%、5-羟甲基糠醛 8.32%。醛类相对含量为致香物的 9.93%。

（3）醇类：正丁醇 0.15%、（2S,3S）-（+）-2,3-丁二醇 0.11%、1,2-丙二醇 0.03%、糠醇 1.15%、苯甲醇 0.08%、甘油 0.78%、（4E,8E,13E）-12-异丙基-1,5,9-三甲基环十四碳-4,8,13-三烯-1,3-二醇 1.04%、3-氧代-α-紫罗兰醇 0.74%。醇类相对含量为致香物的 4.08%。

（4）有机酸类：2,2-二甲基己酸 0.01%、乙酸 3.34%、甲酸 1.46%、仲班酸 0.87%、正戊酸 0.14%、3-糠酸 0.05%、反油酸 0.95%、棕榈酸 3.10%、（R）-（—）-柠苹酸 0.05%。有机酸类相对含量为致香物的 9.97%。

（5）酯类：丙酮酸甲酯 0.05%、乳酸甲酯 0.25%、羟乙酸甲酯 0.29%、当归内酯 0.02%、富马酸二甲酯 0.01%、巴豆酸乙烯酯 0.03%、3-羟基丙酸甲酯 0.06%、γ-丁内酯 0.08%、葵酸乙酯 0.21%、甘油单乙酸酯 0.09%、DL-苹果酸二甲酯 0.92%、十六酸甲酯 0.62%、2-乙酰基-2-羟基-丁酸内酯 0.46%、丁二酸单甲酯 0.20%、硬脂酸甲酯 0.15%、亚油酸甲酯 0.55%、亚麻酸甲酯 0.83%、L-焦谷氨酸甲酯 1.59%。酯类相对含量为致香物的 6.41%。

（6）稠环芳香烃类：未检测到该类成分。

（7）酚类：苯酚 0.02%。酚类相对含量为致香物的 0.02%。

（8）烷烃类：十一烷 0.21%、十二烷 0.10%、［3-（2,2,2-三氟乙氧基）丙基］环己烷 0.65%、二十九烷 1.50%。烷烃类相对含量为致香物的 2.46%。

（9）不饱和脂肪烃类：未检测到该类成分。

（10）生物碱类：烟碱 31.65%。生物碱类相对含量为致香物的 31.65%。

（11）萜类：新植二烯 9.58%。萜类相对含量为致香物的 9.58%。

（12）其他类：邻二甲苯 0.01%、间二甲苯 0.01%、吡啶 0.01%、麦斯明 0.06%、醇胺茶碱 0.11%。

表 4-7　广东五华 K326C2F（2009）甲醇索氏提取成分分析结果

编号	保留时间（min）	分子式	化合物名称	CAS 号	相对含量（%）
1	5.13	$C_{11}H_{24}$	十一烷	1120-21-4	0.21
2	6.16	C_8H_{10}	邻二甲苯	95-47-6	0.01
3	6.30	C_8H_{10}	间二甲苯	108-38-3	0.01
4	6.58	$C_4H_{10}O$	正丁醇	71-36-3	0.15
5	7.59	C_5H_5N	吡啶	110-86-1	0.01
6	7.70	$C_{12}H_{26}$	十二烷	112-40-3	0.10
7	9.33	$C_4H_6O_3$	丙酮酸甲酯	600-22-6	0.05
8	11.38	$C_3H_6O_2$	羟基丙酮	116-09-6	0.62
9	12.05	$C_4H_8O_3$	乳酸甲酯	547-64-8	0.07
10	14.01	$C_8H_{16}O_2$	2,2-二甲基己酸	813-72-9	0.01
11	14.66	$C_3H_6O_3$	羟乙酸甲酯	96-35-5	0.29
12	15.18	$C_{11}H_{19}F_3O$	［3-（2,2,2-三氟乙氧基）丙基］环己烷	79127-01-8	0.65
13	16.23	$C_5H_6O_2$	当归内酯	591-12-8	0.02
14	17.10	$C_2H_4O_2$	乙酸	64-19-7	3.34
15	17.56	$C_5H_4O_2$	糠醛	98-01-1	1.23
16	19.23	CH_2O_2	甲酸	64-18-6	1.46
17	20.44	$C_4H_{10}O_2$	（2S,3S）-（+）-2,3-丁二醇	19132-06-0	0.11
18	20.63	$C_6H_8O_4$	富马酸二甲酯	624-49-7	0.01
19	21.11	$C_6H_8O_2$	巴豆酸乙烯酯	14861-06-4	0.03
20	21.20	$C_4H_8O_3$	3-羟基丙酸甲酯	6149-41-3	0.06

续表

编号	保留时间 （min）	分子式	化合物名称	CAS 号	相对含量 （%）
21	21.65	$C_6H_6O_2$	5- 甲基呋喃醛	620-02-0	0.38
22	22.10	$C_5H_4O_2$	4- 环戊烯 -1,3- 二酮	930-60-9	0.27
23	22.42	$C_3H_8O_2$	1,2- 丙二醇	57-55-6	0.03
24	23.56	$C_4H_6O_2$	γ- 丁内酯	96-48-0	0.08
25	24.03	$C_{12}H_{24}O_2$	癸酸乙酯	110-38-3	0.21
26	25.19	$C_5H_6O_2$	糠醇	98-00-0	1.15
27	25.52	$C_5H_{10}O_2$	正戊酸	109-52-4	0.14
28	27.75	$C_{13}H_{22}O$	（E）-5- 异丙基 -8- 甲基 -6,8- 壬二烯 -2- 酮	54868-48-3	0.35
29	28.46	$C_5H_{10}O_4$	甘油单乙酸酯	26446-35-5	0.09
30	28.61	$C_4H_4O_2$	2（5H）- 呋喃酮	497-23-4	0.11
31	31.20	$C_6H_8O_2$	甲基环戊烯醇酮	80-71-7	0.05
32	31.91	$C_{10}H_{14}N_2$	烟碱	54-11-5	31.65
33	32.59	C_7H_8O	苯甲醇	100-51-6	0.08
34	33.27	$C_5H_8O_5$	（R）-（—）- 柠苹酸	6236-10-8	0.05
35	33.85	$C_{20}H_{38}$	新植二烯	504-96-1	9.58
36	35.77	$C_6H_{10}O_5$	DL- 苹果酸二甲酯	38115-87-6	0.92
37	35.94	C_6H_6O	苯酚	108-95-2	0.02
38	36.50	$C_6H_8O_3$	4- 羟基 -2,5- 二甲基 -3（2H）呋喃酮	3658-77-3	0.42
39	37.69	$C_3H_6O_3$	1,3 —二羟基丙酮	96-26-4	2.50
40	38.31	$C_3H_2N_2O_3$	仲班酸	120-89-8	0.87
41	38.90	$C_{12}H_{20}O_2$	氧化茄酮	60619-46-7	0.27
42	39.77	$C_9H_{10}N_2$	麦斯明	532-12-7	0.06
43	40.49	$C_{17}H_{34}O_2$	十六酸甲酯	112-39-0	0.62
44	41.82	$C_{13}H_{18}O$	巨豆三烯酮	38818-55-2	0.05
45	42.14	$C_6H_8O_4$	3,5- 二羟基 -6- 甲基 -2,3- 二氢吡喃 -4- 酮	28564-83-2	5.29
46	43.61	$C_3H_8O_3$	甘油	56-81-5	0.78
47	44.45	$C_6H_8O_4$	2- 乙酰基 -2- 羟基 - 丁酸内酯	135366-64-2	0.46
48	44.90	$C_5H_8O_4$	丁二酸单甲酯	3878-55-5	0.20
49	47.76	$C_{19}H_{38}O_2$	硬脂酸甲酯	112-61-8	0.15
50	48.43	$C_5H_4O_3$	3- 糠酸	488-93-7	0.05
51	48.97	$C_{16}H_{32}O_2$	棕榈酸	57-10-3	3.10
52	49.94	$C_5H_8O_3$	（S）-5- 羟甲基二氢呋喃 -2- 酮	32780-06-6	0.18
53	50.30	$C_{19}H_{34}O_2$	亚油酸甲酯	112-63-0	0.55
54	50.77	$C_6H_6O_3$	5- 羟甲基糠醛	67-47-0	8.32
55	51.88	$C_{19}H_{32}O_2$	亚麻酸甲酯	7361-80-0	0.83
56	52.70	$C_6H_9NO_3$	L- 焦谷氨酸甲酯	4931-66-2	1.59
57	53.12	$C_{13}H_{20}O_2$	3- 氧代 -α- 紫罗兰醇	116126-82-0	0.74
58	53.20	$C_{20}H_{34}O_2$	（4E,8E,13E）-12- 异丙基 -1,5,9- 三甲基环十四碳 -4,8,13- 三烯 -1,3- 二醇	7220-78-2	0.52
59	54.02	$C_{29}H_{60}$	二十九烷	630-03-5	1.50

续表

编号	保留时间 （min）	分子式	化合物名称	CAS 号	相对含量 （%）
60	54.30	$C_{13}H_{21}N_5O_4$	醇胺茶碱	2530-97-4	0.11
61	54.80	$C_{18}H_{34}O_2$	反油酸	112-79-8	0.95
62	55.10	$C_{20}H_{34}O_2$	（4E,8E,13E）-12- 异丙基 -1,5,9- 三甲基环十四碳 -4,8,13- 三烯 -1,3- 二醇	7220-78-2	0.52

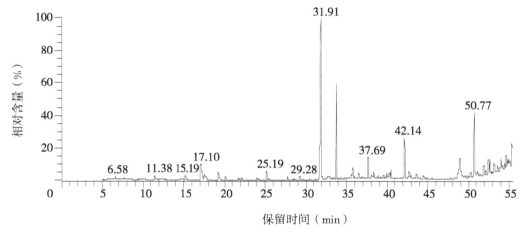

图 4-7　广东五华 K326C2F（2009）甲醇索氏提取成分指纹图谱

4.2.8　广东梅州大埔云烟 87B2F（2009）甲醇索氏提取成分分析结果

广东梅州大埔云烟 87B2F 甲醇（2009）甲醇索氏提取成分分析结果见表 4-8，广东梅州大埔云烟 87B2F（2009）甲醇索氏提取成分指纹图谱见图 4-8。

致香物类型如下。

（1）酮类：羟基丙酮 0.29%、2- 甲氧基［1］苯并噻吩［2,3-c］喹啉 -6（5）- 酮 0.02%、4- 环戊烯 -1,3- 二酮 0.12%、2- 羟基 -2- 环戊烯 -1- 酮 0.40%、2- 羟基 -3- 甲基 -4H- 吡喃 -4- 酮 0.20%、1,3- 二羟基丙酮 2.68%、氧化茄酮 0.32%、巨豆三烯酮 0.03%、3,5- 二羟基 -6- 甲基 -2,3- 二氢吡喃 -4- 酮 2.13%、3- 乙酰基 -3- 羟基氧杂环 -2- 酮 0.17%、丙基苯基甲酮 0.07%。酮类相对含量为致香物的 6.43%。

（2）醛类：新戊醛 0.04%、5- 甲基糠醛 0.10%、5- 羟甲基糠醛 2.93%。醛类相对含量为致香物的 3.07%。

（3）醇类：正丁醇 0.09%、1,2- 丙二醇 0.02%、糠醇 0.31%、β- 苯乙醇 0.06%、植物醇 0.12%、3- 氧代 -α- 紫罗兰醇 0.38%、（4E、8E、13E）-12- 异丙基 -1,5,9- 三甲基环十四碳 -4,8,13- 三烯 -1,3- 二醇 0.86%。醇类相对含量为致香物的 1.84%。

（4）有机酸类：乙酸 2.64%、甲酸 0.96%、丁酸 0.03%、异戊酸 0.11%、庚酸 0.05%、辛酸 0.06%、（R）-（—）- 柠苹酸 0.09%、3- 吡啶甲酸 0.48%、棕榈酸 0.17%、亚油酸 0.78%。有机酸类相对含量为致香物的 5.37%。

（5）酯类：丙酮酸甲酯 0.04%、乳酸甲酯 0.10%、羟基乙酸甲酯 0.47%、3- 羟基丙酸甲酯 0.03%、DL- 苹果酸二甲酯 0.50%、（1S）-5,6- 二亚甲基二环［2.2.1］庚烷 -2- 基4- 氯苯酸酯 0.02%、十六酸甲酯 0.73%、L- 焦谷氨酸甲酯 0.26%、丁二酸甲酯 0.14%、硬脂酸甲酯 0.17%、油酸甲酯 0.37%、亚油酸甲酯 0.46%、（9Z,12Z,15E）- 十八碳 -9,12,15- 三烯酸甲酯 0.84%。酯类相对含量为致香物的 4.13%。

（6）稠环芳香烃类：未检测到该类成分。

（7）酚类：未检测到该类成分 0%。

（8）烷烃类：十二烷 0.11%、［3-（2,2,2- 三氟乙氧基）丙基］环己烷 0.32%、二十九烷 0.29%。烷烃类相对含量为致香物的 0.72%。

（9）不饱和脂肪烃类：5,7- 二甲氧基 -2,2- 二甲基色烯 0.04%。不饱和脂肪烃类相对含量为致香物的 0.04%。

（10）生物碱类：烟碱 44.38%。生物碱类相对含量为致香物的 44.38%

（11）萜类：新植二烯 13.55%。萜类相对含量占致香物的 13.55%。

（12）其他类: 3-氨基-4-甲氧基-N-苯基苯甲酰胺 0.04%、麦斯明 0.15%、5,6-二氢-5,6-二甲基苯并（C）肉啉 0.11%。

表 4-8　广东梅州大埔云烟 87B2F（2009）甲醇索氏提取成分分析结果

编号	保留时间（min）	分子式	化合物名称	CAS 号	相对含量（%）
1	6.39	$C_4H_{10}O$	正丁醇	71-36-3	0.09
2	7.70	$C_{12}H_{26}$	十二烷	112-40-3	0.11
3	9.25	$C_4H_6O_3$	丙酮酸甲酯	600-22-6	0.04
4	10.67	$C_5H_{10}O$	新戊醛	630-19-3	0.04
5	11.32	$C_3H_6O_2$	羟基丙酮	116-09-6	0.29
6	12.39	$C_4H_8O_3$	乳酸甲酯	547-64-8	0.10
7	14.61	$C_3H_6O_3$	羟基乙酸甲酯	96-35-5	0.47
8	15.16	$C_{11}H_{19}F_3O$	［3-（2,2,2-三氟乙氧基）丙基］环己烷	79127-01-8	0.32
9	17.14	$C_2H_4O_2$	乙酸	64-19-7	2.64
10	19.33	CH_2O_2	甲酸	64-18-6	0.96
11	20.42	$C_4H_{10}O_2$	3-氨基-4-甲氧基-N-苯基苯甲酰胺	19132-06-0	0.04
12	21.18	$C_4H_8O_3$	3-羟基丙酸甲酯	6149-41-3	0.03
13	21.31	$C_{16}H_{11}NO_2S$	2-甲氧基［1］苯并噻吩［2,3-c］喹啉-6（5）-酮	70453-75-7	0.02
14	21.64	$C_6H_6O_2$	5-甲基糠醛	620-02-0	0.10
15	21.88	$C_4H_{10}O_2$	3-氨基-4-甲氧基-N-苯基苯甲酰胺	19132-06-0	0.09
16	22.10	$C_5H_4O_2$	4-环戊烯-1,3-二酮	930-60-9	0.12
17	22.40	$C_3H_8O_2$	1,2-丙二醇	57-55-6	0.02
18	23.90	$C_4H_8O_2$	丁酸	107-92-6	0.03
19	25.18	$C_5H_6O_2$	糠醇	98-00-0	0.31
20	25.54	$C_5H_{10}O_2$	异戊酸	503-74-2	0.11
21	29.27	$C_5H_6O_2$	2-羟基-2-环戊烯-1-酮	10493-98-8	0.40
22	31.86	$C_{10}H_{14}N_2$	烟碱	54-11-5	44.38
23	33.25	$C_5H_8O_5$	（R）-（—）柠苹酸	6236-10-8	0.09
24	33.46	$C_8H_{10}O$	β-苯乙醇	60-12-8	0.06
25	33.54	$C_{13}H_{16}O_3$	5,7-二甲氧基-2,2-二甲基色烯	21421-66-9	0.04
26	33.82	$C_{20}H_{38}$	新植二烯	504-96-1	13.55
27	34.61	$C_7H_{14}O_2$	庚酸	111-14-8	0.05
28	34.77	$C_6H_6O_3$	2-羟基-3-甲基-4H-吡喃-4-酮	61892-88-4	0.20
29	35.76	$C_6H_{10}O_5$	DL-苹果酸二甲酯	38115-87-6	0.50
30	36.05	$C_{16}H_{15}ClO_2$	（1S）-5,6-二亚甲基二环［2.2.1］庚烷-2-基-4-氯苯酸酯	90694-19-2	0.02
31	37.07	$C_8H_{16}O_2$	辛酸	124-07-2	0.06
32	37.64	$C_3H_6O_3$	1,3-二羟基丙酮	96-26-4	2.68
33	38.88	$C_{12}H_{20}O_2$	氧化茄酮	60619-46-7	0.32
34	39.75	$C_9H_{10}N_2$	麦斯明	532-12-7	0.15
35	40.48	$C_{17}H_{34}O_2$	十六酸甲酯	112-39-0	0.73

续表

编号	保留时间（min）	分子式	化合物名称	CAS 号	相对含量（%）
36	41.05	$C_{14}H_{14}N_2$	5,6- 二氢 -5,6- 二甲基苯并（c）肉啉	65990-71-8	0.11
37	41.79	$C_{13}H_{18}O$	巨豆三烯酮	38818-55-2	0.03
38	42.07	$C_6H_8O_4$	3,5- 二羟基 -6- 甲基 -2,3- 二氢吡喃 -4- 酮	28564-83-2	2.13
39	44.40	$C_6H_8O_4$	3- 乙酰基 -3- 羟基氧杂环 -2- 酮	135366-64-2	0.17
40	44.88	$C_5H_8O_4$	丁二酸甲酯	3878-55-5	0.14
41	47.74	$C_{19}H_{38}O_2$	硬脂酸甲酯	112-61-8	0.17
42	48.65	$C_{19}H_{36}O_2$	油酸甲酯	112-62-9	0.37
43	49.89	$C_5H_8O_3$	丙基苯基甲酮	32780-06-6	0.07
44	50.28	$C_{19}H_{34}O_2$	亚油酸甲酯	112-63-0	0.46
45	50.68	$C_6H_6O_3$	5- 羟甲基糠醛	67-47-0	2.93
46	51.86	$C_{19}H_{32}O_2$	（9Z,12Z,15E）- 十八碳 -9,12,15- 三烯酸甲酯	7361-80-0	0.84
47	52.78	$C_{20}H_{34}O_2$	（4E,8E,13E）-12- 异丙基 -1,5,9- 三甲基环十四碳 -4,8,13- 三烯 -1,3- 二醇	7220-78-2	0.86
48	52.86	$C_{20}H_{40}O$	植物醇	150-86-7	0.12
49	53.09	$C_{13}H_{20}O_2$	3- 氧代 -α- 紫罗兰醇	116126-82-0	0.38
50	53.18	$C_6H_9NO_3$	L- 焦谷氨酸甲酯	4931-66-2	0.26
51	53.57	$C_{16}H_{32}O_2$	棕榈酸	57-10-3	0.17
52	54.02	$C_{29}H_{60}$	二十九烷	630-03-5	0.29
53	55.48	$C_{18}H_{32}O_2$	亚油酸	60-33-3	0.78
54	55.76	$C_6H_5NO_2$	3- 吡啶甲酸	59-67-6	0.48

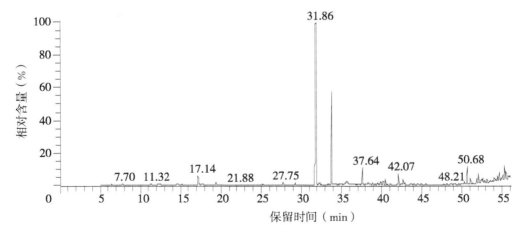

图 4-8　广东梅州大埔云烟 87B2F（2009）甲醇索氏提取成分指纹图谱

4.2.9　广东梅州大埔云烟 87C2F（2009）甲醇索氏提取成分分析结果

广东梅州大埔云烟 87C2F（2009）甲醇索氏提取成分分析结果见表 4-9，广东梅州大埔云烟 87C2F（2009）甲醇索氏提取成分指纹图谱见图 4-9。

致香物类型如下。

（1）酮类：羟基丙酮 0.31%、2- 环戊烯 -1,4- 二酮 0.25%、（E）-5- 异丙基 -8- 甲基 -6,8- 壬二烯 -2- 酮 0.28%、2（5H）- 呋喃酮 0.10%、环戊烷 -1,2- 二酮 0.50%、4- 羟基 -2,5- 二甲基 -3（2H）呋喃酮 0.27%、

1,3- 二羟基丙酮 2.50%、氧化茄酮 0.26%、3,5- 二羟基 -6- 甲基 -2,3- 二氢吡喃 -4- 酮 3.72%。酮类相对含量为致香物的 8.19%。

（2）醛类：5- 甲基糠醛 0.22%、5- 羟甲基糠醛 6.22%。醛类相对含量为致香物的 6.44%。

（3）醇类：正丁醇 0.15%、丁二醇 0.08%、2- 呋喃甲醇 0.61%、3- 氧代 -α- 紫罗兰醇 0.81%。醇类相对含量为致香物的 1.65%。

（4）有机酸类：醋酸 2.98%、甲酸 1.06%、异戊酸 0.12%、亚油酸 3.87%、棕榈酸 4.71%。有机酸类相对含量为致香物的 12.74%。

（5）酯类：丙酮酸甲酯 0.08%、乙酸甲酯 0.48%、羟基乙酸甲酯 0.46%、乳酸甲酯 0.15%、草酸二甲酯 0.05%、DL- 苹果酸二甲酯 0.50%、棕榈酸甲酯 0.61%、2- 乙酰基 -2- 羟基 - 丁酸内酯 0.40%、亚油酸甲酯 0.95%、亚麻酸甲酯 0.80%、L- 焦谷氨酸甲酯 1.18%。酯类相对含量为致香物的 5.66%。

（6）稠环芳香烃类：未检测到该类成分。

（7）酚类：未检测到该类成分。

（8）烷烃类：十一烷 0.65%、十二烷 0.26%、［3-（2,2,2- 三氟乙氧基）丙基］环己烷 0.48%。烷烃类相对含量为致香物的 1.39%。

（9）不饱和脂肪烃类：未检测到该类成分。

（10）生物碱类：烟碱 33.98%。生物碱类相对含量为致香物的 33.98%。

（11）萜类：新植二烯 8.81%。萜类相对含量为致香物的 8.81%。

（12）其他类：2,5- 二羟甲基呋喃 0.69%。

表 4-9　广东梅州大埔云烟 87C2F（2009）甲醇索氏提取成分分析结果

编号	保留时间 （min）	分子式	化合物名称	CAS 号	相对含量 （%）
1	5.16	$C_{11}H_{24}$	十一烷	1120-21-4	0.65
2	6.54	$C_4H_{10}O$	正丁醇	71-36-3	0.15
3	7.76	$C_{12}H_{26}$	十二烷	112-40-3	0.26
4	9.36	$C_4H_6O_3$	丙酮酸甲酯	600-22-6	0.08
5	11.39	$C_3H_6O_2$	羟基丙酮	116-09-6	0.31
6	11.52	$C_3H_6O_2$	乙酸甲酯	79-20-9	0.48
7	12.06	$C_3H_6O_3$	羟基乙酸甲酯	96-35-5	0.05
8	12.20	$C_4H_8O_3$	乳酸甲酯	547-64-8	0.15
9	14.66	$C_3H_6O_3$	羟基乙酸甲酯	96-35-5	0.41
10	15.19	$C_{11}H_{19}F_3O$	［3-（2,2,2- 三氟乙氧基）丙基］环己烷	79127-01-8	0.48
11	15.62	$C_4H_6O_4$	草酸二甲酯	553-90-2	0.05
12	17.15	$C_2H_4O_2$	醋酸	64-19-7	2.98
13	19.31	CH_2O_2	甲酸	64-18-6	1.06
14	21.66	$C_6H_6O_2$	5- 甲基糠醛	620-02-0	0.22
15	21.91	$C_4H_{10}O_2$	丁二醇	19132-06-0	0.08
16	22.12	$C_5H_4O_2$	2- 环戊烯 -1,4- 二酮	930-60-9	0.25
17	25.19	$C_5H_6O_2$	2- 呋喃甲醇	98-00-0	0.61
18	25.53	$C_5H_{10}O_2$	异戊酸	503-74-2	0.12
19	27.75	$C_{13}H_{22}O$	（E）-5- 异丙基 -8- 甲基 -6,8- 壬二烯 -2- 酮	54868-48-3	0.28
20	28.61	$C_4H_4O_2$	2（5H）- 呋喃酮	497-23-4	0.10
21	29.29	$C_5H_6O_2$	环戊烷 -1,2- 二酮	3008-40-0	0.50

续表

编号	保留时间（min）	分子式	化合物名称	CAS 号	相对含量（%）
22	31.91	$C_{10}H_{14}N_2$	烟碱	54-11-5	33.98
23	33.82	$C_{20}H_{38}$	新植二烯	504-96-1	8.81
24	35.78	$C_6H_{10}O_5$	DL- 苹果酸二甲酯	38115-87-6	0.50
25	36.51	$C_6H_8O_3$	4- 羟基 -2,5- 二甲基 -3（2H）呋喃酮	3658-77-3	0.27
26	37.68	$C_3H_6O_3$	1,3- 二羟基丙酮	96-26-4	2.50
27	38.91	$C_{12}H_{20}O_2$	氧化茄酮	60619-46-7	0.26
28	40.48	$C_{17}H_{34}O_2$	棕榈酸甲酯	112-39-0	0.61
29	42.13	$C_6H_8O_4$	3,5- 二羟基 -6- 甲基 -2,3- 二氢吡喃 -4- 酮	28564-83-2	3.72
30	44.46	$C_6H_8O_4$	2- 乙酰基 -2- 羟基 - 丁酸内酯	135366-64-2	0.40
31	48.93	$C_6H_{32}O_2$	棕榈酸	57-10-3	4.71
32	50.29	$C_{13}H_{34}O_2$	亚油酸甲酯	112-63-0	0.95
33	50.75	$C_6H_6O_3$	5- 羟甲基糠醛	67-47-0	6.22
34	51.87	$C_{19}H_{32}O_2$	亚麻酸甲酯	7361-80-0	0.80
35	52.46	$C_6H_8O_3$	2,5- 二羟甲基呋喃	1883-75-6	0.69
36	52.71	$C_6H_9NO_3$	L- 焦谷氨酸甲酯	4931-66-2	1.18
37	53.12	$C_{13}H_{20}O_2$	3- 氧代 -α- 紫罗兰醇	116126-82-0	0.81
38	54.36	$C_{18}H_{32}O_2$	亚油酸	60-33-3	3.87

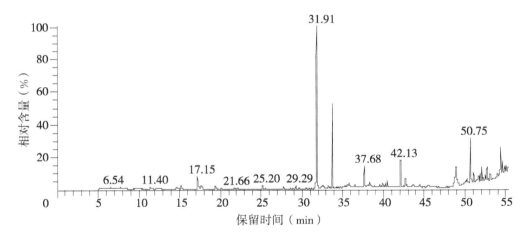

图 4-9 广东梅州大埔云烟 87C2F（2009）甲醇索氏提取成分指纹图谱

4.2.10 广东梅州大埔烤烟 K326C3F（2010）甲醇索氏提取成分分析结果

广东梅州大埔烤烟 K326C3F（2010）甲醇索氏提取成分分析结果见表 4-10，广东梅州大埔烤烟 K326C3F（2010）甲醇索氏提取成分指纹图谱见图 4-10。

致香物类型如下。

（1）酮类：羟基丙酮 0.77%、2- 环戊烯 -1,4- 二酮 0.50%、环辛烷邻二酮 0.82%、2- 羟基 -3- 甲基吡喃 -4- 酮 0.16%、4- 羟基 -2,5- 二甲基 -3（2H）呋喃酮 0.26%、1,3- 二羟基丙酮 1.78%、3- 乙酰基 -3- 羟基氧杂环 -2- 酮 0.39%、（S）-5- 羟甲基二氢呋喃 -2- 酮 0.13%、2- 甲氧基甲基 -3,5- 二甲基 -2,5- 环己二烯 -1,4- 二酮 0.14%。酮类相对含量为致香物的 4.97%。

（2）醛类：特戊醛 0.07%、糠醛 2.90%、5- 甲基糠醛 0.68%、十二醛 0.12%、5- 羟甲基糠醛 4.49%。

醛类相对含量为致香物的 8.26%。

（3）醇类：糠醇 1.27%、苯甲醇 0.01%、叶绿醇 8.44%、5-（2,3- 二甲基三环［2.2.1.0^{2,6}］-3- 庚基）-2- 甲基 -2- 戊烯 -1- 醇 0.23%、植物醇 0.26%、丙三醇 1.05%、3- 氧代 - 紫罗兰醇 0.66%。醇类相对含量为致香物的 11.92%。

（4）有机酸类：乙酸 3.05%、甲酸 0.72%、丙酸 0.01%、亚麻酸 2.26%、3- 吡啶甲酸 0.09%、2,2- 二甲基己酸 0.02%、棕榈酸 0.11%。有机酸类相对含量为致香物的 6.26%。

（5）酯类：丙酮酸甲酯 0.10%、γ- 巴豆酰内酯 0.06%、十六酸甲酯 0.46%、丁二酸甲酯 0.22%、油酸甲酯 0.25%、亚麻酸甲酯 0.70%。酯类相对含量为致香物的 1.79%。

（6）稠环芳香烃类：未检测到该类成分。

（7）酚类：苯酚 0.52%。酚类相对含量为致香物的 0.52%。

（8）烷烃类：7- 甲基 - 四环［4.1.0.0（2.4.）0.3.5］庚烷 0.14%、二环氧丁烷 0.56%、正二十七烷 0.43%、4- 甲苯基 -2,5- 二甲基苯基乙烷 0.88%。烷烃类相对含量为致香物的 2.01%。

（9）不饱和脂肪烃类：未检测到该类成分。

（10）生物碱类：烟碱 61.71%。生物碱类相对含量为致香物的 61.71%。

（11）萜类：新植二烯 0.03%。萜类相对含量为致香物的 0.03%。

（12）其他类：对二甲苯 0.08%、间二甲苯 2.27%、邻二甲苯 1.14%、甲氧基乙酸酐 0.19%、二甲胺 0.07%、苯并噻唑 0.18%、乙二酰脲 0.69%、丁香酚苯乙醚 2.51%、3- 羟基四氢呋喃 0.23%、3,5- 二羟基 -6- 甲基 -4- 羰基四氢吡喃 6.31%、2,3'- 联吡啶 0.68%。

表 4-10　广东梅州大埔烤烟 K326C3F（2010）甲醇索氏提取成分分析结果

编号	保留时间（min）	分子式	化合物名称	CAS 号	相对含量（%）
1	5.91	C$_8$H$_{11}$	7- 甲基 - 四环［4.1.0.0（2.4.）0.3.5］庚烷	77481-22-2	0.14
2	6.11	C$_8$H$_{10}$	对二甲苯	106-42-3	0.08
3	6.34	C$_8$H$_{10}$	间二甲苯	108-38-3	2.27
4	6.65	C$_8$H$_{10}$	邻二甲苯	95-47-6	1.14
5	9.26	C$_4$H$_6$O$_3$	丙酮酸甲酯	600-22-6	0.10
6	10.65	C$_5$H$_{10}$O	特戊醛	630-19-3	0.07
7	11.29	C$_3$H$_6$O$_2$	羟基丙酮	116-09-6	0.77
8	11.96	C$_6$H$_{10}$O$_5$	甲氧基乙酸酐	19500-95-9	0.19
9	13.93	C$_8$H$_{16}$O$_2$	2,2- 二甲基己酸	813-72-9	0.02
10	15.11	C$_4$H$_6$O$_2$	二环氧丁烷	1464-53-5	0.56
11	17.00	C$_2$H$_4$O$_2$	乙酸	64-19-7	3.05
12	17.51	C$_5$H$_4$O$_2$	糠醛	98-01-1	2.90
13	19.15	C$_2$H$_2$O$_2$	甲酸	64-18-6	0.72
14	21.56	C$_6$H$_6$O$_2$	5- 甲基糠醛	620-02-0	0.68
15	21.77	C$_3$H$_6$O$_2$	丙酸	79-09-4	0.01
16	22.00	C$_5$H$_6$O	2- 环戊烯 -1,4- 二酮	930-60-9	0.50
17	25.04	C$_5$H$_6$O$_2$	糠醇	98-00-0	1.27
18	26.80	C$_2$H$_7$N	二甲胺	124-40-3	0.07
19	28.50	C$_{12}$H$_{24}$O	十二醛	112-54-9	0.12
20	29.16	C$_5$H$_6$O$_2$	环辛烷邻二酮	3008-40-0	0.82

续表

编号	保留时间（min）	分子式	化合物名称	CAS 号	相对含量（%）
21	31.07	$C_4H_4O_2$	γ- 巴豆酰内酯	497-23-4	0.06
22	31.81	$C_{10}H_{14}N_2$	烟碱	54-11-5	61.71
23	32.46	C_7H_8O	苯甲醇	100-51-6	0.01
24	33.44	$C_{20}H_{38}$	新植二烯	504-96-1	0.03
25	33.71	$C_{20}H_{40}O$	叶绿醇	102608-53-7	8.44
26	34.27	C_7H_5NS	苯并噻唑	95-16-9	0.18
27	34.69	$C_6H_6O_3$	2- 羟基 -3- 甲基吡喃 -4- 酮	61892-88-4	0.16
28	35.82	C_6H_6O	苯酚	108-95-2	0.52
29	36.38	$C_6H_8O_3$	4- 羟基 -2,5- 二甲基 -3（2H）呋喃酮	3658-77-3	0.26
30	37.53	$C_3H_6O_3$	1,3- 二羟基丙酮	96-26-4	1.78
31	38.19	$C_3H_2N_2O_3$	乙二酰脲	120-89-8	0.69
32	39.27	$C_{10}H_{12}O_2$	丁香酚苯乙醚	97-53-0	2.51
33	39.44	$C_4H_8O_2$	3- 羟基四氢呋喃	453-20-3	0.23
34	40.36	$C_{17}H_{34}O_2$	十六酸甲酯	112-39-0	0.46
35	41.93	$C_6H_8O_4$	3,5- 二羟基 -6- 甲基 -4- 羰基四氢吡喃	28564-83-2	6.31
36	42.77	$C_{16}H_{18}$	4- 甲苯基 -2,5- 二甲基苯基乙烷	721-45-9	0.88
37	43.37	$C_3H_8O_3$	丙三醇	56-81-5	1.05
38	44.21	$C_6H_8O_4$	3- 乙酰基 -3- 羟基氧杂环 2- 酮	135366-64-2	0.39
39	44.35	$C_{15}H_{24}O$	5-（2,3- 二甲基三环［$2.2.1.0^{2,6}$］-3- 庚基）-2- 甲基 -2- 戊烯 -1- 醇	115-71-9	0.23
40	44.66	$C_5H_7O_4$	丁二酸单甲酯	3878-55-5	0.22
41	46.92	$C_{16}H_{32}O_2$	棕榈酸	57-10-3	0.11
42	48.46	$C_{19}H_{36}O_2$	油酸甲酯	112-62-9	0.25
43	48.98	$C_{10}H_8N_2$	2,3'- 联吡啶	581-50-0	0.68
44	49.37	$C_5H_8O_3$	（S）-5- 羟甲基二氢呋喃 -2- 酮	32780-06-6	0.13
45	50.58	$C_6H_6O_3$	5- 羟甲基糠醛	67-47-0	4.49
46	51.77	$C_{19}H_{32}O_2$	亚麻酸甲酯	7361-80-0	0.70
47	52.14	$C_{10}H_{12}O_3$	2- 甲氧基甲基 -3,5- 二甲基 -2,5- 环己二烯 -1,4- 二酮	40113-58-4	0.14
48	52.78	$C_{20}H_{40}O$	植物醇	150-86-7	0.26
49	53.01	$C_{13}H_{22}O$	3- 氧代 -α- 紫罗兰醇	116126-82-0	0.66
50	54.06	$C_{18}H_{32}O_2$	亚麻酸	60-33-3	2.26
51	54.25	$C_6H_5NO_2$	3- 吡啶甲酸	59-67-6	0.09
52	54.47	$C_{27}H_{56}$	正二十七烷	593-49-7	0.43

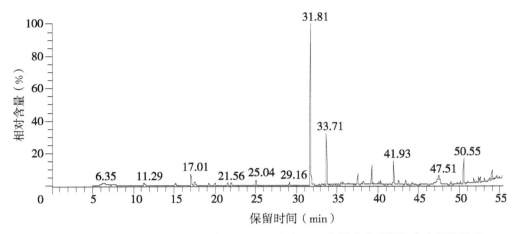

图 4-10　广东梅州大埔烤烟 K326C3F（2010）甲醇索氏提取成分指纹图谱

4.2.11　广东梅州大埔云烟 100C3F（2010）甲醇索氏提取成分分析结果

广东梅州大埔云烟 100C3F（2010）甲醇索氏提取成分分析结果见表 4-11，广东梅州大埔云烟 100C3F（2010）甲醇索氏提取成分指纹图谱见图 4-11。

致香物类型如下。

（1）酮类：羟基丙酮 2.06%、2,3- 二氢 -3,5- 二羟基 -6- 甲基 -4H- 吡喃 -4- 酮 0.58%、2- 环戊烯 -1,4- 二酮 0.45%、2（5H）- 呋喃酮 0.13%、1,3,5- 环己烷三酮 0.18%、4- 羟基 -2,5- 二甲基 -3（2H）呋喃酮 0.30%、1,3- 二羟基丙酮 2.19%、3- 乙酰基 -3- 羟基氧杂环 -2- 酮 0.34%、环辛烷邻二酮 0.70%、3,5- 二羟基 -6- 甲基 -2,3- 二氢吡喃 -4- 酮 0.55%。酮类相对含量为致香物的 7.48%。

（2）醛类：糠醛 2.56%、5- 甲基糠醛 0.70%、十二醛 0.09%。醛类相对含量为致香物的 3.35%。

（3）醇类：1,3- 丁二醇 0.01%、丙二醇 0.03%、糠醇 1.55%、萜品醇 0.01%、苄醇 0.04%、2-（2- 羟基丙氧基）-1- 丙醇 0.11%、叶绿醇 9.56%、丙三醇 0.55%、α- 檀香醇 1.50%、香柑油醇 0.13%、植物醇 0.04%。醇类相对含量为致香物的 13.53%。

（4）有机酸类：乙酸 2.84%、甲酸 0.93%、丙酸 0.06%、仲班酸 0.70%、糠酸 0.09%、亚油酸 2.98%、3- 吡啶甲酸 0.04%、棕榈酸 1.06%。有机酸类相对含量为致香物的 8.70%。

（5）酯类：丙酮酸甲酯 0.12%、2,2,2- 三氯乙酸丙基酯 0.12%、α- 羟基丙酸甲酯 0.24%、乙醇酸甲酯 0.19%、2- 丁烯酸乙烯酯 0.10%、γ- 丁内酯 0.07%、甘油单乙酸酯 0.04%、棕榈酸甲酯 0.27%、琥珀酸单甲酯 0.11%、邻苯二甲酸二乙酯 0.18%、油酸甲酯 0.07%、邻苯二甲酸二异丁酯 0.07%、亚麻酸甲酯 0.42%。酯类相对含量为致香物的 3.00%。

（6）稠环芳香烃类：未检测到该类成分。

（7）酚类：丁香酚 17.57%。酚类相对含量为致香物的 17.57%。

（8）烷烃类：二环氧丁烷 1.00%、4- 甲苯基 -2,5- 二甲苯乙烷 0.21%。烷烃类相对含量为致香物的 1.21%。

（9）不饱和脂肪烃类：氟乙烯 0.93%。不饱和脂肪烃类相对含量为致香物的 0.93%。

（10）生物碱类：烟碱 46.30%。生物碱类相对含量为致香物的 46.30%。

（11）萜类：未检测到该类成分。

（12）其他类：1,3- 二甲苯 0.49%、1,2- 二甲苯 0.29%、乙酸酐 0.24%、3- 羟基四氢呋喃 0.29%、2,3'- 联吡啶 0.39%、麦斯明 0.09%、3,5- 二羟基 -6- 甲基 -4- 羰基四氢吡喃 6.46%、十二胍 0.24%。

表 4-11 广东梅州大埔云烟 100C3F（2010）甲醇索氏提取成分分析结果

编号	保留时间（min）	分子式	化合物名称	CAS 号	相对含量（%）
1	6.25	C_8H_{10}	1,3- 二甲苯	108-38-3	0.49
2	7.43	C_8H_{10}	1,2- 二甲苯	95-47-6	0.29
3	9.20	$C_4H_6O_3$	丙酮酸甲酯	600-22-6	0.12
4	9.23	$C_5H_7Cl_3O_2$	2,2,2- 三氯乙酸丙基酯	13313-91-2	0.12
5	11.26	$C_3H_6O_2$	羟基丙酮	116-09-6	2.06
7	11.52	$C_4H_6O_3$	乙酸酐	108-24-7	0.24
8	11.93	$C_4H_8O_3$	α- 羟基丙酸甲酯	547-64-8	0.24
9	14.43	$C_3H_6O_3$	乙醇酸甲酯	96-35-5	0.19
10	15.08	$C_4H_6O_2$	二环氧丁烷	1464-53-5	1.00
11	16.95	$C_2H_4O_2$	乙酸	64-19-7	2.84
12	17.49	$C_5H_4O_2$	糠醛	98-01-1	2.56
13	19.08	CH_2O_2	甲酸	64-18-6	0.93
14	19.23	C_2H_3F	氟乙烯	75-02-5	0.93
15	19.99	$C_6H_8O_4$	2,3- 二氢 -3,5- 二羟基 -6- 甲基 -4（H）- 吡喃 -4- 酮	28564-83-2	0.58
16	20.34	$C_3H_6O_2$	丙酸	79-09-4	0.06
17	20.99	$C_6H_8O_2$	2- 丁烯酸乙烯酯	14861-06-4	0.10
18	21.54	$C_6H_6O_2$	5- 甲基呋喃醛	620-02-0	0.70
19	21.77	$C_4H_{10}O_2$	1,3- 丁二醇	107-88-0	0.01
20	21.98	$C_5H_4O_2$	4- 环戊烯 -1,3- 二酮	930-60-9	0.45
21	22.29	$C_3H_8O_2$	丙二醇	57-55-6	0.03
22	23.45	$C_4H_6O_2$	γ- 丁内酯	96-48-0	0.07
23	25.04	$C_5H_6O_2$	糠醇	98-00-0	1.55
24	26.23	$C_{10}H_{18}O$	萜品醇	10482-56-1	0.01
25	26.78	$C_{12}H_{24}O$	十二醛	112-54-9	0.09
26	28.31	$C_5H_{10}O_4$	甘油单乙酸酯	26446-35-5	0.04
27	28.49	$C_4H_4O_2$	2（5H）- 呋喃酮	497-23-4	0.13
28	29.15	$C_5H_6O_2$	环辛烷邻二酮	3008-40-0	0.70
29	31.82	$C_{10}H_{14}N_2$	烟碱	54-11-5	46.30
30	32.46	C_7H_8O	苄醇	100-51-6	0.04
31	32.63	$C_6H_{14}O_3$	2-（2- 羟基丙氧基）-1- 丙醇	106-62-7	0.11
32	33.73	$C_{20}H_{40}O$	叶绿醇	102608-53-7	9.56
33	34.68	$C_6H_6O_3$	1,3,5- 环己烷三酮	61892-88-4	0.18
34	36.38	$C_6H_8O_3$	4- 羟基 -2,5- 二甲基 -3（2H）呋喃酮	3658-77-3	0.30
35	37.55	$C_3H_6O_3$	1,3- 二羟基丙酮	96-26-4	2.19
36	38.19	$C_3H_2N_2O_3$	仲班酸	120-89-8	0.70
37	39.29	$C_{10}H_{12}O_2$	丁香酚	97-53-0	17.57
38	39.43	$C_4H_8O_2$	3- 羟基四氢呋喃	453-20-3	0.29
39	39.69	$C_9H_{10}N_2$	麦斯明	532-12-7	0.09
40	40.35	$C_{17}H_{34}O_2$	棕榈酸甲酯	112-39-0	0.27
41	41.93	$C_6H_8O_4$	3,5- 二羟基 -6- 甲基 -4- 羰基四氢吡喃	28564-83-2	6.46

续表

编号	保留时间 （min）	分子式	化合物名称	CAS 号	相对含量 （%）
42	42.38	C$_{16}$H$_{18}$	4- 甲苯基 -2,5- 二甲苯乙烷	721-45-9	0.21
43	43.38	C$_3$H$_8$O$_3$	丙三醇	56-81-5	0.55
44	43.44	C$_6$H$_8$O$_4$	3,5- 二羟基 -6- 甲基 -2,3- 二氢吡喃 -4- 酮	102521-04-0	0.55
45	44.21	C$_6$H$_8$O$_4$	3- 乙酰基 -3- 羟基氧杂环 -2- 酮	135366-64-2	0.34
46	44.34	C$_{15}$H$_{24}$O	α- 檀香醇	115-71-9	1.50
47	44.64	C$_5$H$_7$O$_4$	琥珀酸单甲酯	3878-55-5	0.11
48	44.75	C$_{15}$H$_{24}$O	香柑油醇	88034-74-6	0.13
49	45.25	C$_{12}$H$_{14}$O$_4$	邻苯二甲酸二乙酯	84-66-2	0.18
50	47.40	C$_{16}$H$_{32}$O$_2$	棕榈酸	57-10-3	1.06
51	48.07	C$_5$H$_4$O$_3$	糠酸	88-14-2	0.09
52	48.43	C$_{19}$H$_{36}$O$_2$	油酸甲酯	112-62-9	0.07
53	48.99	C$_{10}$H$_8$N$_2$	2,3'- 联吡啶	581-50-0	0.39
54	50.14	C$_{13}$H$_{29}$N$_3$	十二胍	112-65-0	0.24
55	51.34	C$_{16}$H$_{22}$O$_4$	邻苯二甲酸二异丁酯	84-69-5	0.07
56	51.76	C$_{19}$H$_{32}$O$_2$	亚麻酸甲酯	301-00-8	0.42
57	52.71	C$_{20}$H$_{40}$O	植物醇	150-86-7	0.04
58	54.03	C$_{18}$H$_{32}$O$_2$	亚油酸	60-33-3	2.98
59	54.25	C$_6$H$_5$NO$_2$	3- 吡啶甲酸	59-67-6	0.04

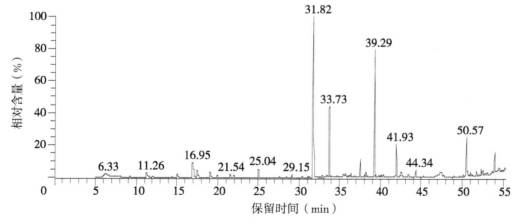

图 4-11　广东梅州大埔云烟 100C3F（2010）甲醇索氏提取成分指纹图谱

4.2.12　广东梅州大埔云烟 100B2F（2010）甲醇索氏提取成分分析结果

广东梅州大埔云烟 100B2F（2010）甲醇索氏提取成分分析结果见表 4-12，广东梅州大埔云烟 100B2F（2010）甲醇索氏提取成分指纹图谱见图 4-12。

致香物类型如下。

（1）酮类：羟基丙酮 0.81%、4- 环戊烯 -1,3- 二酮 0.25%、8- 甲基 -5-（1- 甲基乙基）- 6,8- 壬二烯 -2- 酮 0.22%、2（5H）- 呋喃酮 0.09%、环辛烷邻二酮 0.44%、3- 羟基 -2- 甲基 -4- 吡喃酮 0.07%、4- 羟基 -2,5- 二甲基 -3（2H）呋喃酮 0.25%、1,3- 二羟基丙酮 1.45%、3- 乙酰基 -3- 羟基氧杂环 -2- 酮 0.26%、9- 羟基 -1- 甲基 -1,2,3,4- 四氢吡啶并［1,2-a］吡嗪 -8- 酮 0.13%、（S）-5- 羟甲基二氢呋喃 -2- 酮 0.12%。

酮类相对含量为致香物的 4.09%。

（2）醛类：5- 甲基糠醛 0.55%、糠醛 1.39%、4,5- 二甲基 -2- 糠醛 0.08%。醛类相对含量为致香物的 2.02%。

（3）醇类：糠醇 1.14%、苯甲醇 0.04%、叶绿醇 9.72%、5-（2,3- 二甲基三环 ［ 2.2.1.0^{2,6} ］ -3- 庚基）- 2- 甲基 -2- 戊烯 -1- 醇立体异构体 0.23%、4,8,13- 杜法三烯 -1,3- 二醇 0.19%、3- 氧代 -α- 紫罗兰醇 0.18%、植物醇 0.91%。醇类相对含量为致香物的 12.41%。

（4）有机酸类：乙酸 2.47%、甲酸 0.54%、丙酸 0.03%、仲班酸 0.46%、苯甲酸 0.02%、亚油酸 2.04%。有机酸类相对含量为致香物的 5.56%。

（5）酯类：丙酮酸甲酯 0.07%、十六酸甲酯 0.26%、亚油酸甲酯 0.19%、棕榈酸单甘油酯 1.03%。酯类相对含量为致香物的 1.55%。

（6）稠环芳香烃类：未检测到该类成分。

（7）酚类：丁香酚 1.96%。酚类相对含量为致香物的 1.96%。

（8）烷烃类：二环氧丁烷 0.42%。烷烃类相对含量为致香物的 0.42%。

（9）不饱和脂肪烃类：未检测到该类成分。

（10）生物碱类：烟碱 69.86%。生物碱类相对含量为致香物的 69.86%。

（11）萜类：未检测到该类成分。

（12）其他类：乙苯 0.15%、间二甲苯 1.17%、邻二甲苯 0.48%、苯并噻唑 0.11%、3-（1- 甲基 -2- 哌啶基）吡啶 0.01%、麦斯明 0.15%、3,5- 二羟基 -6- 甲基 -4- 羰基四氢吡喃 4.57%、2,3'- 联吡啶 0.43%。

表 4-12　广东梅州大埔云烟 100B2F（2010）甲醇索氏提取成分分析结果

编号	保留时间（min）	分子式	化合物名称	CAS 号	相对含量（%）
1	5.90	C$_8$H$_{10}$	乙苯	100-41-4	0.15
2	6.08	C$_8$H$_{10}$	邻二甲苯	95-47-6	0.48
3	6.26	C$_8$H$_{10}$	间二甲苯	108-38-3	1.17
4	9.28	C$_4$H$_6$O$_3$	丙酮酸甲酯	600-22-6	0.07
5	11.31	C$_3$H$_6$O$_2$	羟基丙酮	116-09-6	0.81
6	15.11	C$_4$H$_6$O$_2$	二环氧丁烷	1464-53-5	0.42
7	17.01	C$_2$H$_4$O$_2$	乙酸	64-19-7	2.47
8	17.49	C$_5$H$_4$O$_2$	糠醛	98-01-1	1.39
9	19.15	CH$_2$O$_2$	甲酸	64-18-6	0.54
10	20.36	C$_3$H$_6$O$_2$	丙酸	79-09-4	0.03
11	21.55	C$_6$H$_6$O$_2$	5- 甲基糠醛	620-02-0	0.55
12	21.99	C$_5$H$_4$O$_2$	4- 环戊烯 -1,3- 二酮	930-60-9	0.25
13	25.04	C$_5$H$_6$O$_2$	糠醇	98-00-0	1.14
14	27.62	C$_{13}$H$_{22}$O	8- 甲基 -5-（1- 甲基乙基）- 6,8- 壬二烯 -2- 酮	54868-48-3	0.22
15	28.49	C$_4$H$_4$O$_2$	2（5H）- 呋喃酮	497-23-4	0.09
16	29.18	C$_5$H$_6$O$_2$	环辛烷邻二酮	3008-40-0	0.44
17	31.89	C$_{10}$H$_{14}$N$_2$	烟碱	54-11-5	69.86
18	32.47	C$_7$H$_8$O	苯甲醇	100-51-6	0.04
19	33.73	C$_{20}$H$_{40}$O	叶绿醇	102608-53-7	9.72
20	34.28	C$_7$H$_5$NS	苯并噻唑	95-16-9	0.11

续表

编号	保留时间（min）	分子式	化合物名称	CAS 号	相对含量（%）
21	34.66	$C_6H_6O_3$	3- 羟基 -2- 甲基 -4- 吡喃酮	118–71–8	0.07
22	34.82	$C_{11}H_{16}N_2$	3-（1- 甲基 -2- 哌啶基）吡啶	19730–04–2	0.01
23	35.20	$C_7H_8O_2$	4,5- 二甲基 -2- 糠醛	52480–43–0	0.08
24	36.38	$C_6H_8O_3$	4- 羟基 -2,5- 二甲基 -3（2H）呋喃酮	3658–77–3	0.25
25	37.53	$C_3H_6O_3$	1,3- 二羟基丙酮	96–26–4	1.45
26	38.19	$C_3H_2N_2O_3$	仲班酸	120–89–8	0.46
27	39.27	$C_{10}H_{12}O_2$	丁香酚	97–53–0	1.96
28	39.67	$C_9H_{10}N_2$	麦斯明	532–12–7	0.15
29	40.35	$C_{17}H_{34}O_2$	十六酸甲酯	112–39–0	0.26
30	41.39	$C_6H_8O_4$	3,5- 二羟基 -6- 甲基 -4- 羰基四氢吡喃	28564–83–2	4.57
31	44.21	$C_6H_8O_4$	3- 乙酰基 -3- 羟基氧杂环 -2- 酮	135366–64–2	0.26
32	44.35	$C_{15}H_{24}O$	5-（2,3- 二甲基三环［$2.2.1.0^{2,6}$］-3- 庚基）-2- 甲基 -2- 戊烯 -1- 醇立体异构体	115–71–9	0.23
33	47.32	$C_{19}H_{38}O_4$	棕榈酸单甘油酯	542–44–9	1.03
34	47.85	$C_7H_6O_2$	苯甲酸	65–85–0	0.02
35	48.99	$C_{10}H_8N_2$	2,3'- 联吡啶	581–50–0	0.43
36	49.75	$C_5H_8O_3$	（S）-5- 羟甲基二氢呋喃 -2- 酮	32780–06–6	0.12
37	50.14	$C_{19}H_{34}O_2$	亚油酸甲酯	2462–85–3	0.19
38	52.13	$C_9H_{12}N_2O_2$	9- 羟基 -1- 甲基 -1,2,3,4- 四氢吡啶并［1,2-a］吡嗪 -8- 酮	65628–74–2	0.13
39	52.49	$C_{20}H_{40}O$	植物醇	150–86–7	0.91
40	53.02	$C_{13}H_{22}O$	3- 氧代 -α- 紫罗兰醇	116126–82–0	0.18
41	53.50	$C_{20}H_{34}O_2$	4,8,13- 杜法三烯 -1,3- 二醇	7220–78–2	0.19
42	54.02	$C_{18}H_{32}O_2$	亚油酸	60–33–3	2.04

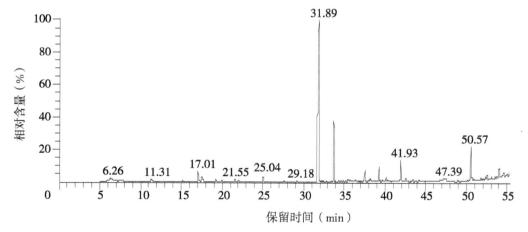

图 4-12　广东梅州大埔云烟 100B2F（2010）甲醇索氏提取成分指纹图谱

4.2.13　广东乐昌 K326B3F（2009）甲醇索氏提取成分分析结果

广东乐昌 K326B3F（2009）甲醇索氏提取成分分析结果见表 4-13，广东乐昌 K326B3F（2009）甲醇索氏提取成分指纹图谱见图 4-13。

致香物类型如下。

（1）酮类：羟基丙酮 0.26%、2- 环戊烯 -1,4- 二酮 0.13%、2（5H）- 呋喃酮 0.09%、2- 羟基 2- 环戊酮 0.28%、甲基环戊烯醇酮 0.03%、3-（2,2- 二甲基丙基）二环［3.3.1］壬烷 -2,4- 二酮 0.17%、2- 羟基 -3- 甲基 -4H- 吡喃 -4- 酮 0.10%、4- 羟基 -2,5- 二甲基 -3（2H）- 呋喃酮 0.33%、1,3- 二羟基丙酮 0.93%、氧化茄酮 0.19%、1-（丁 -3- 烯基）-3a- 甲基 -3a,4,5,6- 四氢戊搭烯 -2（1H）- 酮 0.41%、巨豆三烯酮 0.11%、3,5- 二羟基 -6- 甲基 -2,3- 二氢吡喃 -4- 酮 4.02%、2- 甲氧基甲基 -3,5- 二甲基 -2,5- 环己二烯 -1,4- 二酮 0.38%。酮类相对含量为致香物的 7.43%。

（2）醛类：糠醛 0.41%、5- 甲基糠醛 0.21%、5- 羟甲基糠醛 1.80%。醛类相对含量为致香物的 2.42%。

（3）醇类：正丁醇 0.12%、丁二醇 0.18%、1,2- 丙二醇 0.06%、糠醇 0.49%、苯甲醇 0.14%、β- 苯乙醇 0.17%、1- 叔丁基 -2,2- 二甲基 -2,3- 二氢 -1H- 茚 -5- 醇 0.84%、植物醇 0.10%、3- 氧代 -α- 紫罗兰醇 0.42%、（4E,8E,13E）-12- 异丙基 -1,5,9- 三甲基 -4,8,13- 环十四碳三烯 -1,3- 二醇 0.13%。醇类相对含量为致香物的 2.65%。

（4）有机酸类：乙酸 2.50%、甲酸 0.28%、缬草酸 0.08%、（R）-（—）- 柠苹酸 0.09%、异巴豆酸 0.02%、反油酸 1.05%、亚油酸 3.18%、棕榈酸 2.25%。有机酸类相对含量为致香物的 9.45%。

（5）酯类：丙酮酸甲酯 0.44%、乳酸甲酯 0.03%、羟基乙酸甲酯 0.27%、顺 -3- 己烯醇乳酸酯 0.05%、DL- 苹果酸二甲酯 0.37%、十六酸甲酯 0.31%、2- 乙基 -2- 羟基 -γ- 丁内酯 0.39%、丁二酸甲酯 0.16%、亚油酸甲酯 0.54%、亚麻酸甲酯 0.42%、5- 氧代吡咯烷 -2- 羧酸甲酯 0.93%。酯类相对含量为致香物的 3.91%。

（6）稠环芳香烃类：未检测到该类成分。

（7）酚类：苯酚 0.04%。酚类相对含量为致香物的 0.04%。

（8）烷烃类：十一烷 0.42%、十二烷 0.20%、二环氧丁烷 0.34%、1,4,6- 三甲基 -3- 苯并三环［$3.2.0.0^{2,7}$］庚烷 0.03%、二十九烷 0.29%。烷烃类相对含量为致香物的 1.28%。

（9）不饱和脂肪烃类：（E,E）-7,11,15- 三甲基 -3- 亚甲基 -1,6,10,14- 十六碳四烯 0.11%。不饱和脂肪烃类相对含量为致香物的 0.11%。

（10）生物碱类：烟碱 51.33%。生物碱类相对含量为致香物的 51.33%。

（11）萜类：新植二烯 11.1%。萜类相对含量为致香物的 11.1%。

（12）其他类：吡啶 0.01%、麦斯明 0.26%、α- 乙基喹啉 0.08%、2,3'- 联吡啶 0.30%。

表 4-13 广东乐昌 K326B3F（2009）甲醇索氏提取成分分析结果

编号	保留时间（min）	分子式	化合物名称	CAS 号	相对含量（%）
1	5.16	$C_{11}H_{24}$	十一烷	1120-21-4	0.42
2	6.58	$C_4H_{10}O$	正丁醇	71-36-3	0.12
3	7.60	C_5H_5N	吡啶	110-86-1	0.01
4	7.75	$C_{12}H_{26}$	十二烷	112-40-3	0.10
5	9.36	$C_4H_6O_3$	丙酮酸甲酯	600-22-6	0.44
6	11.41	$C_3H_6O_2$	羟基丙酮	116-09-6	0.26
7	12.08	$C_4H_8O_3$	乳酸甲酯	547-64-8	0.03
8	14.69	$C_3H_6O_3$	羟基乙酸甲酯	96-35-5	0.27
9	15.21	$C_4H_6O_2$	二环氧丁烷	1464-53-5	0.34
10	17.14	$C_2H_4O_2$	乙酸	64-19-7	2.50
11	17.56	$C_5H_4O_2$	糠醛	98-01-1	0.41
12	19.36	CH_2O_2	甲酸	64-18-6	0.28
13	20.45	$C_4H_{10}O_2$	丁二醇	19132-06-0	0.07
14	21.65	$C_6H_6O_2$	5- 甲基糠醛	620-02-0	0.21

续表

编号	保留时间（min）	分子式	化合物名称	CAS 号	相对含量（%）
15	22.11	$C_5H_4O_2$	2- 环戊烯 -1,4- 二酮	930-60-9	0.13
16	22.43	$C_3H_8O_2$	1,2- 丙二醇	57-55-6	0.06
17	25.19	$C_5H_6O_2$	糠醇	98-00-0	0.49
18	25.63	$C_5H_{12}O_2$	缬草酸	109-52-4	0.08
19	28.62	$C_4H_4O_2$	2（5H）- 呋喃酮	497-23-4	0.09
20	29.35	$C_5H_6O_2$	2- 羟基 2- 环戊酮	10493-98-8	0.28
21	29.70	$C_9H_{16}O_3$	顺 -3- 己烯醇乳酸酯	61931-81-5	0.05
22	29.84	$C_4H_6O_2$	异巴豆酸	503-64-0	0.02
23	31.34	$C_6H_8O_2$	甲基环戊烯醇酮	80-71-7	0.03
24	32.07	$C_{10}H_{14}N_2$	烟碱	54-11-5	51.33
25	32.39	$C_{14}H_{16}$	1,4,6- 三甲基 -3- 苯并三环［3.2.0.0^{2,7}］庚烷	117461-31-1	0.03
26	32.59	C_7H_8O	苯甲醇	100-51-6	0.14
27	33.27	$C_5H_8O_5$	（R）-（—）- 柠苹酸	6236-10-8	0.09
28	33.48	$C_8H_{10}O$	β- 苯乙醇	60-12-8	0.17
29	33.55	$C_{14}H_{20}O_2$	3-（2,2- 二甲基丙基）二环［3.3.1］壬烷 -2,4- 二酮	127930-94-3	0.17
30	33.87	$C_{20}H_{38}$	新植二烯	504-96-1	11.1
31	34.78	$C_6H_6O_3$	2- 羟基 -3- 甲基 -4H- 吡喃 -4- 酮	61892-88-4	0.10
32	35.78	$C_6H_{10}O_5$	DL- 苹果酸二甲酯	38115-87-6	0.37
33	35.94	C_6H_6O	苯酚	108-95-2	0.04
34	36.51	$C_6H_8O_3$	4- 羟基 -2,5- 二甲基 -3（2H）呋喃酮	3658-77-3	0.33
35	37.66	$C_3H_6O_3$	1,3- 二羟基丙酮	96-26-4	0.93
36	38.91	$C_{12}H_{20}O_2$	氧化茄酮	60619-46-7	0.19
37	39.21	$C_{20}H_{32}$	（E,E）-7,11,15- 三甲基 -3- 亚甲基 -1,6,10,14- 十六碳四烯	70901-63-2	0.11
38	39.78	$C_9H_{10}N_2$	麦斯明	532-12-7	0.26
39	39.96	$C_{13}H_{18}O$	1-（丁 -3- 烯基）-3a- 甲基 -3a,4,5,6- 四氢戊搭烯 -2（1H）- 酮	82096-21-7	0.41
40	40.49	$C_{17}H_{34}O_2$	十六酸甲酯	112-39-0	0.31
41	41.82	$C_{13}H_{18}O$	巨豆三烯酮	38818-55-2	0.11
42	42.14	$C_6H_8O_4$	3,5- 二羟基 -6- 甲基 -2,3- 二氢吡喃 -4- 酮	28564-83-2	4.02
43	44.47	$C_6H_8O_4$	2- 乙基 -2- 羟基 -γ- 丁内酯	135366-64-2	0.39
44	44.93	$C_5H_8O_4$	丁二酸甲酯	3878-55-5	0.16
45	46.99	$C_{11}H_{11}N$	α- 乙基喹啉	1613-34-9	0.08
46	48.88	$C_{16}H_{32}O_2$	棕榈酸	57-10-3	2.25
47	49.17	$C_{10}H_8N_2$	2,3'- 联吡啶	581-50-0	0.30
48	50.30	$C_{19}H_{34}O_2$	亚油酸甲酯	112-63-0	0.54
49	50.73	$C_6H_6O_3$	5- 羟甲基糠醛	67-47-0	1.80
50	51.69	$C_{18}H_{34}O_2$	反油酸	112-79-8	1.05
51	51.87	$C_{19}H_{32}O_2$	亚麻酸甲酯	7361-80-0	0.42
52	52.25	$C_{10}H_{12}O_3$	2- 甲氧基甲基 -3,5- 二甲基 -2,5- 环己二烯 -1,4- 二酮	40113-58-4	0.38
53	52.59	$C_{15}H_{22}O$	1- 叔丁基 -2,2- 二甲基 -2,3- 二氢 -1H- 茚 -5- 醇	110327-23-6	0.84
54	52.72	$C_6H_9NO_3$	5- 氧代吡咯烷 -2- 羧酸甲酯	54571-66-3	0.93
55	52.88	$C_{20}H_{40}O$	植物醇	150-86-7	0.10

续表

编号	保留时间（min）	分子式	化合物名称	CAS 号	相对含量（%）
56	53.13	$C_{13}H_{20}O_2$	3- 氧代 -α- 紫罗兰醇	116126-82-0	0.42
57	53.58	$C_{20}H_{34}O_2$	（4E,8E,13E）-12- 异丙基 -1,5,9- 三甲基 -4,8,13- 环十四碳三烯 -1,3- 二醇	7220-78-2	0.13
58	54.03	$C_{29}H_{60}$	二十九烷	630-03-5	0.29
59	54.36	$C_{18}H_{32}O_2$	亚油酸	60-33-3	3.18

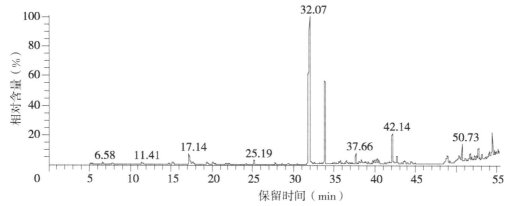

图 4-13　广东乐昌 K326B3F（2009）甲醇索氏提取成分指纹图谱

4.2.14　广东乐昌 K326C3F（2009）甲醇索氏提取成分分析结果

广东乐昌 K326C3F（2009）甲醇索氏提取物成分分析结果见表 4-14，广东乐昌 K326C3F（2009）甲醇索氏提取物成分指纹图谱见图 4-14。

致香物类型如下。

（1）酮类：羟基丙酮 0.92%、2- 环戊烯 -1,4- 二酮 0.37%、（E）-5- 异丙基 -8- 甲基 -6,8- 壬二烯 -2- 酮 0.72%、2（5H）- 呋喃酮 0.15%、2- 羟基 -2- 环戊烯 -1- 酮 0.65%、甲基环戊烯醇酮 0.14%、4- 羟基 -2,5- 二甲基 -3（2H）- 呋喃酮 0.45%、1,3 —二羟基丙酮 2.62%、氧化茄酮 0.48%、3,5- 二羟基 -6- 甲基 -2,3- 二氢吡喃 -4- 酮 5.08%。酮类相对含量为致香物的 11.58%。

（2）醛类：糠醛 1.04%、5- 甲基糠醛 0.50%、5- 羟甲基糠醛 4.49%。醛类相对含量为致香物的 6.03%。

（3）醇类：正丁醇 0.01%、丁二醇 0.06%、糠醇 1.73%、1,3- 丙二醇 0.31%、植物醇 0.18%、（4E,8E,13E）- 12- 异丙基 -1,5,9- 三甲基 -4,8,13- 环十四碳三烯 -1,3- 二醇 1.39%、西柏三烯二醇 1.06%、硬脂醇 0.04%。醇类相对含量为致香物的 4.78%。

（4）有机酸类：乙酸 3.82%、甲酸 1.91%、丙酸 0.09%、亚油酸 1.92%。有机酸类相对含量为致香物的 7.74%。

（5）酯类：十六酸甲酯 0.43%、2- 乙酰基 -2- 羟基 -γ- 丁内酯 0.78%、亚油酸甲酯 0.58%、亚麻酸甲酯 0.66%。酯类相对含量为致香物的 2.45%。

（6）稠环芳香烃类：未检测到该类成分。

（7）酚类：甲基麦芽酚 0.20%。酚类相对含量为致香物的 0.20%。

（8）烷烃类：十二烷 0.07%、二环氧丁烷 0.81%、二十九烷 0.22%。烷烃类相对含量为致香物的 1.10%。

（9）不饱和脂肪烃类：未检测到该类成分。

（10）生物碱类：烟碱 32.35%。生物碱类相对含量为致香物的 32.35%。

（11）萜类：新植二烯 8.13%。萜类相对含量为致香物的 8.13%。

（12）其他类：麦斯明 0.07%、2,3'- 联吡啶 0.13%、2,5- 二羟甲基 - 呋喃 1.13%。

表 4-14　广东乐昌 K326C3F（2009）甲醇索氏提取成分分析结果

编号	保留时间 （min）	分子式	化合物名称	CAS 号	相对含量 （%）
1	6.35	$C_4H_{10}O$	正丁醇	71-36-3	0.01
2	7.61	$C_{12}H_{26}$	十二烷	112-40-3	0.07
3	11.37	$C_3H_6O_2$	羟基丙酮	116-09-6	0.92
4	15.18	$C_4H_6O_2$	二环氧丁烷	1464-53-5	0.81
5	17.06	$C_2H_4O_2$	乙酸	64-19-7	3.82
6	17.56	$C_5H_4O_2$	糠醛	98-01-1	1.04
7	19.23	CH_2O_2	甲酸	64-18-6	1.91
8	20.48	$C_3H_6O_2$	丙酸	79-09-4	0.09
9	21.65	$C_6H_6O_2$	5-甲基糠醛	620-02-0	0.50
10	21.90	$C_4H_{10}O_2$	丁二醇	19132-06-0	0.06
11	22.10	$C_5H_4O_2$	2-环戊烯-1,4-二酮	930-60-9	0.37
12	25.19	$C_5H_6O_2$	糠醇	98-00-0	1.73
13	27.75	$C_{13}H_{22}O$	（E）-5-异丙基-8-甲基-6,8-壬二烯-2-酮	54868-48-3	0.72
14	28.62	$C_4H_4O_2$	2（5H）-呋喃酮	497-23-4	0.15
15	29.29	$C_5H_6O_2$	2-羟基-2-环戊烯-1-酮	10493-98-8	0.65
16	31.25	$C_6H_8O_2$	甲基环戊烯醇酮	80-71-7	0.14
17	31.98	$C_{10}H_{14}N_2$	烟碱	54-11-5	32.35
18	33.85	$C_{20}H_{38}$	新植二烯	504-96-1	8.13
19	34.78	$C_6H_6O_3$	甲基麦芽酚	118-71-8	0.20
20	36.51	$C_6H_8O_3$	4-羟基-2,5-二甲基-3（2H）-呋喃酮	3658-77-3	0.45
21	37.71	$C_3H_6O_3$	1,3-二羟基丙酮	96-26-4	2.62
22	38.91	$C_{12}H_{20}O_2$	氧化茄酮	60619-46-2	0.48
23	39.59	$C_3H_8O_2$	1,3-丙二醇	504-63-2	0.31
24	39.80	$C_9H_{10}N_2$	麦斯明	532-12-7	0.07
25	40.49	$C_{17}H_{34}O_2$	十六酸甲酯	112-39-0	0.43
26	42.17	$C_6H_8O_4$	3,5-二羟基-6-甲基-2,3-二氢吡喃-4-酮	28564-83-2	5.08
27	44.47	$C_6H_8O_4$	2-乙酰基-2-羟基-γ-丁内酯	135366-64-2	0.78
28	49.17	$C_{10}H_8N_2$	2,3'-联吡啶	581-50-0	0.13
29	50.30	$C_{19}H_{34}O_2$	亚油酸甲酯	112-63-0	0.58
30	50.76	$C_6H_6O_3$	5-羟甲基糠醛	67-47-0	4.49
31	51.88	$C_{19}H_{32}O_2$	亚麻酸甲酯	7361-80-0	0.66
32	52.47	$C_6H_8O_3$	2,5-二羟甲基-呋喃	1883-75-6	1.13
33	52.87	$C_{20}H_{40}O$	植物醇	150-86-7	0.18
34	53.21	$C_{20}H_{34}O_2$	（4E,8E,13E）-12-异丙基-1,5,9-三甲基-4,8,13-环十四碳三烯-1,3-二醇	7220-78-2	1.39
35	53.59	$C_{20}H_{34}O_2$	西柏三烯二醇	57688-99-0	1.06
36	54.02	$C_{29}H_{60}$	二十九烷	630-03-5	0.22
37	54.35	$C_{18}H_{32}O_2$	亚油酸	60-33-3	1.92
38	55.25	$C_{18}H_{38}O$	硬脂醇	112-92-5	0.04

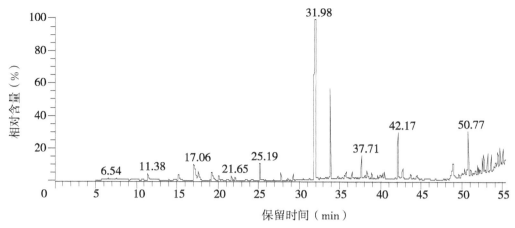

图 4-14　广东乐昌 K326C3F（2009）甲醇索氏提取成分指纹图谱

4.2.15　广东乐昌云烟 87C3F（2010）甲醇索氏提取成分分析结果

广东乐昌云烟 87C3F（2010）甲醇索氏提取成分分析结果见表 4-15，广东乐昌云烟 87C3F（2010）甲醇索氏提取成分指纹图谱见图 4-15。

致香物类型如下。

（1）酮类：羟基丙酮 0.76%、4- 环戊烯 -1,3- 二酮 0.28%、（E）-5- 异丙基 -8- 甲基 -6,8- 壬二烯 -2- 酮 0.48%、2（5H）- 呋喃酮 0.11%、甲基环戊烯醇酮 0.11%、4- 羟基 -2,5- 二甲基 -3（2H）呋喃酮 0.31%、1,3- 二羟基丙酮 1.81%、2,3- 二氢 -3,5- 二羟基 -6- 甲基 -4H- 吡喃 -4- 酮 3.32%、2- 乙酰基 -2- 羟基 -γ- 丁内酯 0.30%、2- 甲氧基甲基 -3,5- 二甲基 -2,5- 环己二烯 -1,4- 二酮 0.11%。酮类相对含量为致香物的 7.59%。

（2）醛类：糠醛 2.09%、5- 甲基呋喃醛 0.89%、十二醛 0.09%、5- 羟甲基糠醛 9.49%。醛类相对含量为致香物的 12.56%。

（3）醇类：2,3- 丁二醇 0.01%、糠醇 1.24%、叶绿醇 8.79%、1-（1,1- 二甲基乙基 -）-2,2- 二甲基 -2,3- 茚 - 醇 1.23%、3- 氧代 -α- 紫罗兰醇 0.11%、4,8,13- 杜法三烯 -1,3- 二醇 0.35%、白檀油烯醇 0.10%。醇类相对含量为致香物的 11.83%。

（4）有机酸类：乙酸 3.00%、甲酸 0.49%、糠酸 0.03%、乙酰丙酸 0.07%、亚油酸 3.46%、2,2- 二甲基己酸 0.03%。有机酸类相对含量为致香物的 7.08%。

（5）酯类：α- 当归内酯 0.03%、2- 丁烯酰异氰酸酯 0.05%、十六酸甲酯 0.34%、丁二酸甲酯 0.07%、亚油酸甲酯 0.32%、亚麻酸甲酯 0.50%。酯类相对含量为致香物的 1.61%。

（6）稠环芳香烃类：未检测到该类成分。

（7）酚类：未检测到该类成分。

（8）烷烃类：二环氧丁烷 0.40%。烷烃类相对含量为致香物的 0.40%。

（9）不饱和脂肪烃类：未检测到该类成分。

（10）生物碱类：烟碱 68.47%。生物碱类相对含量为致香物的 68.47%。

（11）萜类：未检测到该类成分。

（12）其他类：邻二甲苯 0.36%、对二甲苯 1.39%、乙肼 0.19%、依托唑啉 0.04%、甲酰胺 0.02%、苯并噻唑 0.18%、丁香酚苯乙醚 0.17%、麦斯明 0.14%。

表 4-15　广东乐昌云烟 87C3F（2010）甲醇索氏提取成分分析结果

编号	保留时间（min）	分子式	化合物名称	CAS 号	相对含量（%）
1	5.94	C_8H_{10}	邻二甲苯	95-47-6	0.36
2	6.13	C_8H_{10}	对二甲苯	106-42-3	1.39

续表

编号	保留时间 （min）	分子式	化合物名称	CAS 号	相对含量 （%）
3	11.29	$C_3H_6O_2$	羟基丙酮	116-09-6	0.76
4	11.99	$C_2H_8N_2$	乙肼	624-80-6	0.19
5	13.92	$C_8H_{16}O_2$	2,2-二甲基己酸	813-72-9	0.03
6	15.10	$C_4H_6O_2$	二环氧丁烷	1464-53-5	0.40
7	16.16	$C_5H_6O_2$	α-当归内酯	591-12-8	0.03
8	17.02	$C_2H_4O_2$	乙酸	64-19-7	3.00
9	17.49	$C_5H_4O_2$	糠醛	98-01-1	2.09
10	19.21	CH_2O_2	甲酸	64-18-6	0.49
11	20.37	$C_{13}H_{20}N_2O_3S$	依托唑啉	73-09-6	0.04
12	21.02	C_5H_5NOS	2-丁烯酰异氰酸酯	60034-28-8	0.05
13	21.56	$C_6H_6O_2$	5-甲基呋喃醛	620-02-0	0.89
14	21.78	$C_4H_{10}O_2$	2,3-丁二醇	19132-06-0	0.01
15	22.00	$C_5H_4O_2$	4-环戊烯-1,3-二酮	930-60-9	0.28
16	22.37	CH_3NO	甲酰胺	75-12-7	0.02
17	25.04	$C_5H_6O_2$	糠醇	98-00-0	1.24
18	26.79	$C_{12}H_{24}O$	十二醛	112-54-9	0.09
19	27.62	$C_{13}H_{22}O$	（E）-5-异丙基-8-甲基-6,8-壬二烯-2-酮	54868-48-3	0.48
20	28.50	$C_4H_4O_2$	2（5H）-呋喃酮	497-23-4	0.11
21	31.08	$C_6H_8O_2$	甲基环戊烯醇酮	80-71-7	0.11
22	31.82	$C_{10}H_{14}N_2$	烟碱	54-11-5	68.47
23	33.72	$C_{20}H_{40}O$	叶绿醇	102608-53-7	8.79
24	34.27	C_7H_5NS	苯并噻唑	95-16-9	0.18
25	36.38	$C_6H_8O_3$	4-羟基-2,5-二甲基-3（2H）呋喃酮	3658-77-3	0.31
26	37.53	$C_3H_6O_3$	1,3-二羟基丙酮	96-26-4	1.81
27	39.27	$C_{10}H_{12}O_2$	丁香酚苯乙醚	97-53-0	0.17
28	39.68	$C_9H_{10}N_2$	麦斯明	532-12-7	0.14
29	40.36	$C_{17}H_{34}O_2$	十六酸甲酯	112-39-0	0.34
30	41.92	$C_6H_8O_4$	2,3-二氢-3,5-二羟基-6-甲基-4H-吡喃-4-酮	28564-83-2	3.32
31	43.78	$C_5H_8O_3$	乙酰丙酸	123-76-2	0.07
32	44.20	$C_6H_8O_4$	2-乙酰基-2-羟基-γ-丁内酯	135366-64-2	0.30
33	44.66	$C_5H_7O_4$	丁二酸甲酯	3878-55-5	0.07
34	47.87	$C_{15}H_{24}O$	白檀油烯醇	98718-53-7	0.10
35	48.20	$C_5H_4O_3$	糠酸	88-14-2	0.03
36	50.15	$C_{19}H_{34}O_2$	亚油酸甲酯	112-63-0	0.32
37	50.59	$C_6H_6O_3$	5-羟甲基糠醛	67-47-0	9.49
38	51.78	$C_{19}H_{32}O_2$	亚麻酸甲酯	7361-80-0	0.50
39	52.14	$C_{10}H_{12}O_3$	2-甲氧基甲基-3,5-二甲基-2,5-环己二烯-1,4-二酮	40113-58-4	0.11
40	52.48	$C_{15}H_{22}O$	1-（1,1-二甲基乙基-）-2,2-二甲基-2,3-茚-醇	110327-23-6	1.23

续表

编号	保留时间（min）	分子式	化合物名称	CAS 号	相对含量（%）
41	53.02	C$_{13}$H$_{22}$O	3-氧代-α-紫罗兰醇	116126-82-0	0.11
42	54.04	C$_{18}$H$_{32}$O$_2$	亚油酸	60-33-3	3.46
43	55.02	C$_{20}$H$_{34}$O$_2$	4,8,13-杜法三烯-1,3-二醇	7220-78-2	0.35

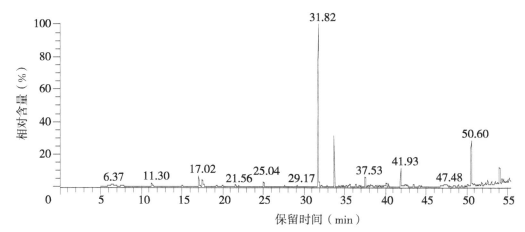

图 4-15　广东乐昌云烟 87C3F（2010）甲醇索氏提取成分指纹图谱

4.2.16　广东乐昌云烟 87B2F（2010）甲醇索氏提取成分分析结果

广东乐昌云烟 87B2F（2010）甲醇索氏提取成分分析结果见表 4-16，广东乐昌云烟 87B2F（2010）甲醇索氏提取成分指纹图谱见图 4-16。

致香物类型如下。

（1）酮类：羟基丙酮 0.43%、4-环戊烯-1,3-二酮 0.33%、（E）-5-异丙基-8-甲基-6,8-壬二烯-2-酮 0.11%、2（5H）-呋喃酮 0.18%、环辛烷邻二酮 0.57%、2-十三烷酮 0.20%、甲基环戊烯醇酮 0.20%、1,4-二羟-1,4-二甲基-5H-四唑-5-酮 0.08%、4-羟基-2,5-二甲基-3（2H）-呋喃酮 0.24%、（5R,6R）-6-异丙基-5-甲基四氢吡喃-2-酮 0.26%、邻二羟基丙酮 2.15%、茄酮 0.06%、（S）-5-羟甲基二氢呋喃-2-酮 0.16%、2-甲氧基甲基-3,5-二甲基-2,5-环己二烯-1,4-二酮 0.30%。酮类相对含量为致香物的 5.27%。

（2）醛类：糠醛 2.90%、5-甲基呋喃醛 0.83%、4,5-二甲基糠醛 0.32%、5-羟甲基糠醛 9.35%、十二醛 0.42%。醛类相对含量为致香物的 13.82%。

（3）醇类：丙二醇 0.21%、糠醇 0.90%、苯甲醇 0.04%、2-（2-羟基丙氧基）-1-丙醇 0.14%、叶绿醇 11.38%、十六醇 0.04%、1-（1,1-二甲基乙基-）-2,2-二甲基-2,3-二羟-1H-吲哚-5-醇 1.14%、植物醇 0.09%、3-氧代-α-紫罗兰醇 0.31%、4,8,13-杜法三烯-1,3-二醇 0.20%、甘油 0.75%、白檀油烯醇 0.50%。醇类相对含量为致香物的 15.30%。

（4）有机酸类：乙酸 2.62%、甲酸 0.64%、丙酸 0.09%、丁酸 0.04%、庚酸 0.03%、乙酰丙酸 0.23%。有机酸类相对含量为致香物的 3.65%。

（5）酯类：丙酮酸甲酯 0.17%、乳酸甲酯 0.26%、羟基乙酸甲酯 0.22%、十六酸甲酯 0.45%、丁二酸单甲酯 0.06%、丁二酸单乙酯 0.20%、硬脂酸甲酯 0.06%、油酸甲酯 0.30%、亚油酸甲酯 0.47%、2-乙酰基-2-羟基-γ-丁内酯 0.27%。酯类相对含量为致香物的 2.46%。

（6）稠环芳香烃类：2-乙基-3-甲基萘 0.56%。稠环芳香烃类相对含量为致香物的 0.56%。

（7）酚类：麦芽酚 1.16%、丁香酚 2.87%。酚类相对含量为致香物的 4.03%。

（8）烷烃类：未检测到该类成分。

（9）不饱和脂肪烃类：二环氧化-1,3-丁二烯 0.46%。不饱和脂肪烃类相对含量为致香物的 0.46%。

（10）生物碱类：烟碱 60.70%、异尼古丁 0.68%。生物碱类相对含量为致香物的 61.38%。

（11）萜类：未检测到该类成分。

（12）其他类：乙基苯 0.14%、对二甲苯 4.52%、间二甲苯 0.39%、苯并噻唑 0.25%、麦斯明 0.22%、3,5-二羟基 -6- 甲基 -4- 羰基四氢吡喃 5.08%。

表 4-16 广东乐昌云烟 87B2F（2010）甲醇索氏提取成分分析结果

编号	保留时间（min）	分子式	化合物名称	CAS 号	相对含量（%）
1	5.91	C_8H_{10}	乙基苯	100-41-4	0.14
2	6.36	C_8H_{10}	对二甲苯	106-42-3	4.52
3	7.50	C_8H_{10}	间二甲苯	108-38-3	0.39
4	9.30	$C_4H_6O_3$	丙酮酸甲酯	600-22-6	0.17
5	11.30	$C_3H_6O_2$	羟基丙酮	116-09-6	0.43
6	11.99	$C_4H_8O_3$	乳酸甲酯	547-64-8	0.26
7	14.66	$C_3H_6O_3$	羟基乙酸甲酯	96-35-5	0.22
8	15.10	$C_4H_6O_2$	二环氧化 -1,3- 丁二烯	298-18-0	0.46
9	17.03	$C_2H_4O_2$	乙酸	64-19-7	2.62
10	17.49	$C_5H_4O_2$	糠醛	98-01-1	2.90
11	19.27	CH_2O_2	甲酸	64-18-6	0.32
12	20.38	$C_3H_6O_2$	丙酸	79-09-4	0.09
13	21.56	$C_6H_6O_2$	5- 甲基呋喃醛	620-02-0	0.83
14	22.00	$C_5H_4O_2$	4- 环戊烯 -1,3- 二酮	930-60-9	0.33
15	22.31	$C_3H_8O_2$	丙二醇	57-55-6	0.21
16	23.75	$C_4H_8O_2$	丁酸	107-92-6	0.04
17	25.04	$C_5H_6O_2$	糠醇	98-00-0	0.90
18	26.80	$C_{12}H_{24}O$	十二醛	112-54-9	0.42
19	27.62	$C_{13}H_{22}O$	（E）-5- 异丙基 -8- 甲基 -6,8- 壬二烯 -2- 酮	54868-48-3	0.11
20	28.50	$C_4H_4O_2$	2（5H）- 呋喃酮	497-23-4	0.18
21	29.16	$C_5H_6O_2$	环辛烷邻二酮	3008-40-0	0.57
22	30.41	$C_{13}H_{26}O$	2- 十三烷酮	593-08-8	0.2
23	31.08	$C_6H_8O_2$	甲基环戊烯醇酮	80-71-7	0.20
24	32.28	$C_3H_6N_4O$	1,4- 二羟 -1,4- 二甲基 -5H- 四唑 -5- 酮	13576-20-0	0.08
25	31.81	$C_{10}H_{14}N_2$	烟碱	54-11-5	60.70
26	32.47	C_7H_8O	苯甲醇	100-51-6	0.04
27	32.63	$C_6H_{14}O_3$	2-（2- 羟基丙氧基）-1- 丙醇	106-62-7	0.14
28	33.72	$C_{20}H_{40}O$	叶绿醇	102608-53-7	11.38
29	34.28	C_7H_5NS	苯并噻唑	95-16-9	0.25
30	34.52	$C_7H_{14}O_2$	庚酸	111-14-8	0.03
31	34.70	$C_6H_6O_3$	麦芽酚	118-71-8	1.16
32	35.20	$C_7H_8O_2$	4,5- 二甲基糠醛	52480-43-0	0.32
33	36.39	$C_6H_8O_3$	4- 羟基 -2,5- 二甲基 -3（2H）- 呋喃酮	3658-77-3	0.24
34	36.95	$C_9H_{16}O_2$	（5R,6R）-6- 异丙基 -5- 甲基四氢吡喃 -2- 酮	122330-67-0	0.26
35	37.54	$C_3H_6O_3$	邻二羟基丙酮	92-26-4	2.15
36	38.80	$C_{13}H_{22}O$	茄酮	1937-54-8	0.06

续表

编号	保留时间（min）	分子式	化合物名称	CAS 号	相对含量（%）
37	39.27	$C_{10}H_{12}O_2$	丁香酚	97-53-0	2.87
38	39.68	$C_9H_{10}N_2$	麦斯明	532-12-7	0.22
39	40.36	$C_{17}H_{34}O_2$	十六酸甲酯	112-39-0	0.45
40	41.93	$C_6H_8O_4$	3,5-二羟基-6-甲基-4-羰基四氢吡喃	28564-83-2	5.08
41	42.65	$C_{13}H_{14}$	2-乙基-3-甲基萘	31032-94-7	0.56
42	43.37	$C_3H_8O_3$	甘油	56-81-5	0.75
43	43.79	$C_5H_8O_3$	乙酰丙酸	123-76-2	0.23
44	44.22	$C_6H_8O_4$	2-乙酰基-2-羟基-γ-丁内酯	135366-64-2	0.27
45	44.67	$C_5H_7O_4$	丁二酸单甲酯	3878-55-5	0.06
46	45.68	$C_{16}H_{34}O$	十六醇	36653-82-4	0.04
47	46.00	$C_6H_{10}O_4$	丁二酸单乙酯	1070-34-4	0.20
48	47.54	$C_{19}H_{38}O_2$	硬脂酸甲酯	112-61-8	0.06
49	47.87	$C_{15}H_{24}O$	白檀油烯醇	71127-22-5	0.50
50	48.45	$C_{19}H_{36}O_2$	油酸甲酯	112-62-9	0.30
51	48.98	$C_{10}H_8N_2$	异尼古丁	581-50-0	0.68
52	49.75	$C_5H_8O_3$	（S）-5-羟甲基二氢呋喃-2-酮	32780-06-6	0.16
53	50.15	$C_{19}H_{34}O_2$	亚油酸甲酯	112-63-0	0.47
54	50.60	$C_6H_6O_3$	5-羟甲基糠醛	67-47-0	9.35
55	52.15	$C_{10}H_{12}O_3$	2-甲氧基甲基-3,5-二甲基-2,5-环己二烯-1,4-二酮	40113-58-4	0.30
56	52.49	$C_{15}H_{22}O$	1-（1,1-二甲基乙基）-2,2-二甲基-2,3-二羟-1H-吲哚-5-醇	110327-23-6	1.14
57	52.78	$C_{20}H_{40}O$	植物醇	150-86-7	0.09
58	53.02	$C_{13}H_{20}O_2$	3-氧代-α-紫罗兰醇	116126-82-0	0.31
59	53.50	$C_{20}H_{34}O_2$	4,8,13-杜法三烯-1,3-二醇	7220-78-2	0.20

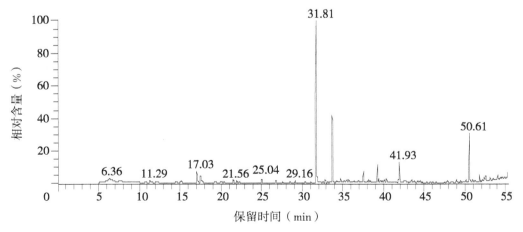

图 4-16　广东乐昌云烟 87B2F（2010）甲醇索氏提取成分指纹图谱

4.2.17　广东清远连州粤烟 97B2F（2009）甲醇索氏提取成分分析结果

广东清远连州粤烟 97B2F（2009）甲醇索氏提取成分分析结果见表 4-17，广东清远连州粤烟 97B2F（2009）甲醇索氏提取成分指纹图谱见图 4-17。

致香物类型如下。

（1）酮类：羟基丙酮 0.21%、2- 甲氧基［1］苯并噻吩［2,3-c］喹啉 -6（5H）- 酮 0.05%、2- 环戊烯 -1,4- 二酮 0.16%、2- 羟基 -2- 环戊酮 0.31%、甲基环戊烯醇酮 0.03%、2- 羟基 -3- 甲基 -4H- 吡喃 -4- 酮 0.11%、4- 羟基 -2,5- 二甲基 -3（2H）呋喃酮 0.32%、1,3- 二羟基丙酮 0.91%、3,5- 二羟基 -6- 甲基 -2,3- 二氢吡喃 -4- 酮 4.18%、2- 甲氧基甲基 -3,5- 二甲基 -2,5- 环己二烯 -1,4- 二酮 0.52%、巨豆三烯酮 0.07%、法尼基丙酮 0.11%、2- 甲基 -1,2- 二苯基 -1- 丙酮 0.02%。酮类相对含量为致香物的 7.00%。

（2）醛类：新戊醛 0.01%、5- 甲基糠醛 0.19%、5- 羟甲基糠醛 2.37%。醛类相对含量为致香物的 2.57%。

（3）醇类：正丁醇 0.10%、1,2- 丙二醇 0.04%、糠醇 0.48%、苯甲醇 0.14%、苯乙醇 0.15%、丁二醇 0.07%、白檀油烯醇 0.04%、1- 叔丁基 -2,2- 二甲基 -2,3- 二氢 -1H- 茚 -5- 醇 0.78%、叶绿醇 0.13%、3- 氧代 -α- 紫罗兰醇 0.31%。醇类相对含量为致香物的 2.24%。

（4）有机酸类：醋酸 2.62%、甲酸 0.50%、异巴豆酸 0.04%、反油酸 0.71%、亚油酸 1.92%、棕榈酸 2.67%。有机酸类相对含量为致香物的 8.46%。

（5）酯类：丙酮酸甲酯 0.40%、乳酸甲酯 0.06%、羟乙酸甲酯 0.13%、α- 当归内酯 0.01%、丙酮酸甲酯 0.37%、羟基丙二酸二甲基酯 0.10%、DL- 苹果酸二甲酯 0.60%、棕榈酸甲酯 0.50%、2- 乙酰基 -2- 羟基 -γ- 丁内酯 0.40%、丁二酸单甲酯 0.22%、亚油酸甲酯 1.36%、亚麻酸甲酯 0.52%、L- 焦谷氨酸甲酯 0.61%。酯类相对含量为致香物的 5.28%。

（6）稠环芳香烃类：未检测到该类成分。

（7）酚类：未检测到该类成分。

（8）烷烃类：十一烷 0.14%、十二烷 0.05%、十三烷 0.04%、［3-（2,2,2- 三氟乙氧基）丙基］环己烷 0.34%、烯丙氧基甲基环丙烷 0.07%、二十六烷 0.21%、二十九烷 0.22%。烷烃类相对含量为致香物的 1.07%。

（9）不饱和脂肪烃类：（E,E）-7,11,15- 三甲基 -3- 亚甲基 -1,6,10,14- 十六碳四烯 0.07%。不饱和脂肪烃类相对含量为致香物的 0.07%。

（10）生物碱类：烟碱 51.91%。生物碱类相对含量为致香物的 51.91%。

（11）萜类：新植二烯 7.66%。萜类相对含量为致香物的 7.66%。

（12）其他类：对二甲苯 0.01%、邻二甲苯 0.02%、吡啶 0.01%、苯并噻唑 0.18%、麦斯明 0.18%、1,4- 二甲基 -2-［（4- 甲基苯基）甲基］- 苯 1.02%、2,3- 二氢［1.2-A］吡咯并吲哚 0.06%。

表 4-17　广东清远连州粤烟 97B2F（2009）甲醇索氏提取成分分析结果

编号	保留时间（min）	分子式	化合物名称	CAS 号	相对含量（%）
1	5.14	$C_{11}H_{24}$	十一烷	1120-21-4	0.14
2	6.15	C_8H_{10}	对二甲苯	106-42-3	0.01
3	6.31	C_8H_{10}	邻二甲苯	95-47-6	0.01
4	6.56	$C_4H_{10}O$	正丁醇	71-36-3	0.10
5	7.47	C_8H_{10}	邻二甲苯	95-47-6	0.01
6	7.58	C_5H_5N	吡啶	110-86-1	0.01
7	7.72	$C_{12}H_{26}$	十二烷	112-40-3	0.05
8	7.80	$C_{13}H_{28}$	十三烷	629-50-5	0.04
9	9.34	$C_4H_6O_3$	丙酮酸甲酯	600-22-6	0.03
10	10.74	$C_5H_{10}O$	新戊醛	630-19-3	0.01
11	11.39	$C_3H_6O_2$	羟基丙酮	116-09-6	0.21

续表

编号	保留时间（min）	分子式	化合物名称	CAS 号	相对含量（%）
12	12.05	$C_4H_8O_3$	乳酸甲酯	547-64-8	0.06
13	14.68	$C_3H_6O_3$	羟乙酸甲酯	96-35-5	0.13
14	15.20	$C_{11}H_{19}F_3O$	［3-（2,2,2-三氟乙氧基）丙基］环己烷	79127-01-8	0.34
15	16.24	$C_5H_6O_2$	α-当归内酯	591-12-8	0.01
16	16.87	$C_{16}H_{16}O$	2-甲基-1,2-二苯基-1-丙酮	13740-70-0	0.02
17	17.13	$C_2H_4O_2$	乙酸	64-19-7	2.62
18	19.38	CH_2O_2	甲酸	64-18-6	0.50
19	20.46	$C_4H_{10}O_2$	丁二醇	19132-06-0	0.07
20	21.24	$C_{16}H_{11}NO_2S$	2-甲氧基［1］苯并噻吩［2,3-c］喹啉-6（5H）-酮	70453-75-7	0.05
21	21.66	$C_6H_6O_2$	5-甲基糠醛	620-02-0	0.19
22	22.10	$C_5H_4O_2$	2-环戊烯-1,4-二酮	930-60-9	0.16
23	22.43	$C_3H_8O_2$	1,2-丙二醇	57-55-6	0.04
24	25.20	$C_5H_6O_2$	糠醇	98-00-0	0.48
25	28.63	$C_7H_{12}O$	烯丙氧基甲基环丙烷	18022-46-3	0.07
26	29.32	$C_5H_6O_2$	2-羟基2-环戊酮	10493-98-8	0.31
27	29.84	$C_4H_6O_2$	异巴豆酸	503-64-0	0.04
28	31.34	$C_6H_8O_2$	甲基环戊烯醇酮	80-71-7	0.03
29	32.08	$C_{10}H_{14}N_2$	烟碱	54-11-5	51.91
30	32.59	C_7H_8O	苯甲醇	100-51-6	0.14
31	33.27	$C_5H_8O_5$	羟基丙二酸二甲基酯	34259-29-5	0.10
32	33.48	$C_8H_{10}O$	苯乙醇	60-12-8	0.15
33	33.85	$C_{20}H_{38}$	新植二烯	504-96-1	7.66
34	34.20	C_7H_5NS	苯并噻唑	95-16-9	0.18
35	34.79	$C_6H_6O_3$	2-羟基-3-甲基-4H-吡喃-4-酮	61892-88-4	0.11
36	35.78	$C_6H_{10}O_5$	DL-苹果酸二甲酯	38115-87-6	0.6
37	36.51	$C_6H_8O_3$	4-羟基-2,5-二甲基-3（2H）呋喃酮	3658-77-3	0.32
38	37.66	$C_3H_6O_3$	1,3-二羟基丙酮	96-26-4	0.91
39	39.21	$C_{20}H_{32}$	（E,E）-7,11,15-三甲基-3-亚甲基-1,6,10,14-十六碳四烯	70901-63-2	0.07
40	39.80	$C_9H_{10}N_2$	麦斯明	532-12-7	0.18
41	40.49	$C_{17}H_{34}O_2$	棕榈酸甲酯	112-39-0	0.50
42	41.84	$C_{13}H_{18}O$	巨豆三烯酮	67401-26-7	0.07
43	42.15	$C_6H_8O_4$	3,5-二羟基-6-甲基-2,3-二氢吡喃-4-酮	28564-83-2	4.18
44	42.60	$C_{16}H_{18}$	1,4-二甲基-2-［（4-甲基苯基）甲基］-苯	721-45-9	1.02
45	44.48	$C_6H_8O_4$	2-乙酰基-2-羟基-γ-丁内酯	135366-64-2	0.40
46	44.93	$C_5H_8O_4$	丁二酸甲酯	3878-55-5	0.22
47	45.51	$C_{18}H_{30}O$	法尼基丙酮	1117-52-8	0.11
48	46.99	$C_{11}H_{11}N$	2,3-二氢［1.2-A］吡咯并吲哚	1421-19-8	0.06
49	48.00	$C_{15}H_{24}O$	白檀油烯醇	98718-53-7	0.04
50	48.99	C_6H_{32}	棕榈酸	57-10-3	2.67

续表

编号	保留时间 （min）	分子式	化合物名称	CAS 号	相对含量 （%）
51	50.31	$C_{19}H_{34}O_2$	亚油酸甲酯	112-63-0	1.36
52	50.75	$C_6H_6O_3$	5- 羟甲基糠醛	67-47-0	2.37
53	51.67	$C_{18}H_{34}O_2$	反油酸	112-79-8	0.71
54	51.88	$C_{19}H_{32}O_2$	亚麻酸甲酯	7361-80-0	0.52
55	52.26	$C_{10}H_{12}O_3$	2- 甲氧基甲基 -3,5- 二甲基 -2,5- 环己二烯 -1,4- 二酮	40113-58-4	0.52
56	52.60	$C_{15}H_{22}O$	1- 叔丁基 -2,2- 二甲基 -2,3- 二氢 -1H- 茚 -5- 醇	110327-23-6	0.78
57	52.73	$C_6H_9NO_3$	L- 焦谷氨酸甲酯	4931-66-2	0.61
58	52.88	$C_{20}H_{40}O$	叶绿醇	150-86-7	0.13
59	53.13	$C_{13}H_{20}O_2$	3- 氧代 -α- 紫罗兰醇	116126-82-0	0.31
60	54.02	$C_{29}H_{60}$	二十九烷	630-03-5	0.22
61	54.36	$C_{18}H_{32}O_2$	亚油酸	60-33-3	1.92
62	54.60	$C_{26}H_{54}$	二十六烷	630-01-3	0.21

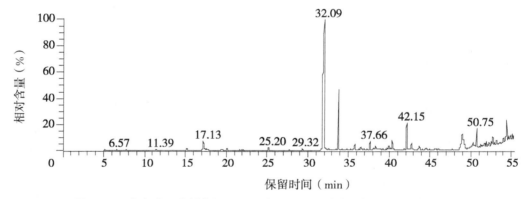

图 4-17　广东清远连州粤烟 97B2F（2009）甲醇索氏提取成分指纹图谱

4.2.18　广东清远连州粤烟 97C3F（2009）甲醇索氏提取成分分析结果

广东清远连州粤烟 97C3F（2009）甲醇索氏提取成分分析结果见表 4-18，广东清远连州粤烟 97C3F（2009）甲醇索氏提取成分指纹图谱见图 4-18。

致香物类型如下。

（1）酮类：羟基丙酮 0.18%、（E）- 茄尼酮 0.15%、2（5H）- 呋喃酮 0.05%、2- 羟基 -2- 环戊酮 0.22%、4- 羟基 -2,5- 二甲基 -3（2H）呋喃酮 0.20%、1,3- 二羟基丙酮 1.08%、3,5- 二羟基 -6- 甲基 -2,3- 二氢吡喃 -4- 酮 5.67%。酮类相对含量为致香物的 7.55%。

（2）醛类：糠醛 0.64%、5- 甲基糠醛 0.11%、5- 羟甲基糠醛 2.50%。醛类相对含量为致香物的 3.25%。

（3）醇类：正丁醇 0.09%、（2R,3R）-（-）-2,3- 丁二醇 0.11%、（2S,3S）-（+）-2,3- 丁二醇 0.33%、糠醇 0.35%、苯甲醇 0.12%、甘油 0.83%、1- 叔丁基 -2,2- 二甲基 -2,3- 二氢 -1H- 茚 -5- 醇 0.72%。醇类相对含量为致香物的 2.55%。

（4）有机酸类：乙酸 2.43%、甲酸 0.37%、反油酸 1.13%、亚油酸 4.47%。有机酸类相对含量为致香物的 8.40%。

（5）酯类：DL- 苹果酸二甲酯 0.46%、十六酸甲酯 0.57%、L- 焦谷氨酸甲酯 0.54%、丁二酸甲酯 0.17%、亚油酸甲酯 0.77%、亚麻酸甲酯 0.57%。酯类相对含量为致香物的 3.08%。

（6）稠环芳香烃类：未检测到该类成分。

（7）酚类：对苯二酚 0.15%。酚类相对含量为致香物的 0.15%。

（8）烷烃类：未检测到该类成分。

（9）不饱和脂肪烃类：二环氧化 -1,3- 丁二烯 0.27%、（ E , E ）-7,11,15- 三甲基 -3- 亚甲基 -1,6,10,14- 十六碳四烯 0.08%。不饱和脂肪烃类相对含量为致香物的 0.35%。

（10）生物碱类：烟碱 49.48%。生物碱类相对含量为致香物的 49.48%。

（11）萜类：新植二烯 9.96%。萜类相对含量为致香物的 9.96%。

表 4-18　广东清远连州粤烟 97C3F（2009）甲醇索氏提取成分分析结果

编号	保留时间（min）	分子式	化合物名称	CAS 号	相对含量（%）
1	6.44	$C_4H_{10}O$	正丁醇	71-36-3	0.09
2	11.33	$C_3H_6O_2$	羟基丙酮	116-09-6	0.18
3	15.15	$C_4H_6O_2$	二环氧化 -1,3- 丁二烯	1464-53-5	0.27
4	17.11	$C_2H_4O_2$	乙酸	64-19-7	2.43
5	17.53	$C_5H_4O_2$	糠醛	98-01-1	0.64
6	19.34	CH_2O_2	甲酸	64-18-6	0.37
7	20.42	$C_4H_{10}O_2$	2,3- 丁二醇	513-85-9	0.11
8	21.62	$C_6H_6O_2$	5- 甲基呋喃醛	620-02-0	0.11
9	21.88	$C_4H_{10}O_2$	（ 2S,3S ）-（ + ）-2,3- 丁二醇	19132-06-0	0.33
10	25.16	$C_5H_6O_2$	糠醇	98-00-0	0.35
11	27.72	$C_{13}H_{22}O$	（ E ）- 茄尼酮	54868-48-3	0.15
12	28.59	$C_4H_4O_2$	2（5H）- 呋喃酮	497-23-4	0.05
13	29.28	$C_5H_6O_2$	2- 羟基 -2- 环戊酮	10493-98-8	0.22
14	32.00	$C_{10}H_{14}N_2$	烟碱	54-11-5	49.48
15	32.56	C_7H_8O	苯甲醇	100-51-6	0.12
16	33.82	$C_{20}H_{38}$	新植二烯	504-96-1	9.96
17	35.74	$C_6H_{10}O_5$	DL- 苹果酸二甲酯	38115-87-6	0.46
18	36.47	$C_6H_8O_3$	4- 羟基 -2,5- 二甲基 -3（2H）呋喃酮	3658-77-3	0.20
19	37.63	$C_3H_6O_3$	1,3- 二羟基丙酮	96-26-4	1.08
20	39.17	$C_{20}H_{32}$	（ E,E ）-7,11,15- 三甲基 -3- 亚甲基 -1,6,10,14- 十六碳四烯	70901-63-2	0.08
21	40.44	$C_{17}H_{34}O_2$	十六酸甲酯	112-39-0	0.57
22	42.08	$C_6H_8O_4$	3,5- 二羟基 -6- 甲基 -2,3- 二氢吡喃 -4- 酮	28564-83-2	5.67
23	43.58	$C_3H_8O_3$	甘油	56-81-5	0.83
24	44.86	$C_5H_8O_4$	丁二酸甲酯	3878-55-5	0.17
25	50.24	$C_{19}H_{34}O_2$	亚油酸甲酯	112-63-0	0.77
26	50.68	$C_6H_6O_3$	5- 羟甲基糠醛	67-47-0	2.50
27	51.64	$C_{18}H_{34}O_2$	反油酸	112-79-8	1.13
28	51.83	$C_{19}H_{32}O_2$	亚麻酸甲酯	7361-80-0	0.57
29	52.55	$C_{15}H_{22}O$	1- 叔丁基 -2,2- 二甲基 -2,3- 二氢 -1H- 茚 -5- 醇	110327-23-6	0.72
30	52.68	$C_6H_9NO_3$	L- 焦谷氨酸甲酯	4931-66-2	0.54
31	54.33	$C_{18}H_{32}O_2$	亚油酸	60-33-3	4.47
32	54.72	$C_6H_6O_2$	对苯二酚	123-31-9	0.15

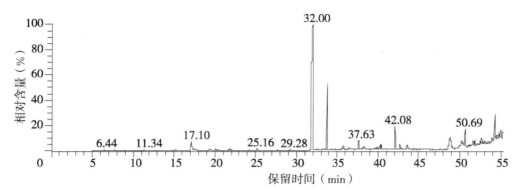

图 4-18   广东清远连州粤烟 97C3F（2009）甲醇索氏提取成分指纹图谱

4.2.19   云南曲靖云烟 87C3F（2009）甲醇索氏提取成分分析结果

云南曲靖云烟 87C3F（2009）甲醇索氏提取成分分析结果见表 4-19，云南曲靖云烟 87C3F（2009）甲醇索氏提取物成分指纹图谱见图 4-19。

致香物类型如下。

（1）酮类：羟基丙酮 0.36%、4- 环戊烯 -1,3- 二酮 0.26%、（E）-5- 异丙基 -8- 甲基 -6,8- 壬二烯 -2- 酮 0.22%、2- 羟基 -2- 环戊酮 0.33%、甲基环戊烯醇酮 0.05%、2- 羟基 -3- 甲基吡喃 -4- 酮 0.15%、4- 羟基 -2,5- 二甲基 -3（2H）呋喃酮 0.35%、1,3- 二羟基丙酮 1.43%、氧化茄酮 0.22%、3,5- 二羟基 -6- 甲基 -2,3- 二氢吡喃 -4- 酮 3.82%、1,2- 二甲基 -3- 羟基 -4- 吡啶酮 0.35%。酮类相对含量为致香物的 7.54%。

（2）醛类：糠醛 0.75%、5- 甲基糠醛 0.34%、4,5- 二甲基糠醛 0.24%、5- 羟甲基糠醛 7.31%。醛类相对含量为致香物的 8.64%。

（3）醇类：1,3- 丁二醇 0.11%、2,3- 丁二醇 0.09%、糠醇 0.59%、苯甲醇 0.23%、1,3- 丙二醇 0.18%、1- 叔丁基 -2,2- 二甲基 -2,3- 二氢 -1H- 茚 -5- 醇 0.22%。醇类相对含量为致香物的 1.42%。

（4）有机酸类：乙酸 2.72%、甲酸 0.83%、异戊酸 0.13%、油酸 0.63%、亚油酸 3.44%、棕榈酸 4.21%。有机酸类相对含量为致香物的 11.96%。

（5）酯类：α- 当归内酯 0.01%、巴豆酸乙烯酯 0.06%、γ- 巴豆酰内酯 0.10%、2- 乙酰基 -2- 羟基 -γ- 丁内酯 0.24%、羟基丙二酸二甲酯 0.08%、DL- 苹果酸二甲酯 0.54%、十六酸甲酯 1.09%、丁二酸甲酯 0.16%、DL- 焦谷氨酸甲酯 0.85%、硬酯酸甲酯 0.24%、亚油酸甲酯 0.83%、亚麻酸甲酯 1.17%。酯类相对含量为致香物的 5.37%。

（6）稠环芳香烃类：未检测到该类成分。

（7）酚类：苯酚 0.01%。酚类相对含量为致香物的 0.01%。

（8）烷烃类：十二烷 0.13%、六甲基环三硅氮烷 0.01%。烷烃类相对含量为致香物的 0.14%。

（9）不饱和脂肪烃类：二环氧化 -1,3- 丁二烯 0.24%。不饱和脂肪烃类相对含量为致香物的 0.24%。

（10）生物碱类：烟碱 39.41%。生物碱类相对含量为致香物的 39.41%。

（11）萜类：新植二烯 8.05%。萜类相对含量为致香物的 8.05%。

（12）其他类：对二甲苯 0.01%、麦斯明 0.09%、5,6- 二氢 -5,6- 二甲基苯并（C）肉啉 0.10%、2,3'- 联吡啶 0.10%。

表 4-19   云南曲靖云烟 87C3F（2009）甲醇索氏提取成分分析结果

编号	保留时间（min）	分子式	化合物名称	CAS 号	相对含量（%）
1	6.24	C_8H_{10}	对二甲苯	106-42-3	0.01
2	7.67	$C_{12}H_{26}$	十二烷	112-40-3	0.13
3	11.35	$C_3H_6O_2$	羟基丙酮	116-09-6	0.36
4	13.84	$C_6H_{18}O_3Si_3$	六甲基环三硅氮烷	541-05-9	0.01

续表

编号	保留时间（min）	分子式	化合物名称	CAS 号	相对含量（%）
5	15.17	$C_4H_6O_2$	二环氧化 -1,3- 丁二烯	298-18-0	0.24
6	16.20	$C_5H_6O_2$	α- 当归内酯	591-12-8	0.01
7	17.11	$C_2H_4O_2$	乙酸	64-19-7	2.72
8	17.55	$C_5H_4O_2$	糠醛	98-01-1	0.75
9	19.29	CH_2O_2	甲酸	64-18-6	0.83
10	20.47	$C_4H_{10}O_2$	1,3- 丁二醇	107-88-0	0.11
11	21.11	$C_6H_8O_2$	巴豆酸乙烯酯	14861-06-4	0.06
12	21.64	$C_6H_6O_2$	5- 甲基糠醛	620-02-0	0.34
13	21.90	$C_4H_{10}O_2$	2,3- 丁二醇	19132-06-0	0.09
14	22.10	$C_5H_4O_2$	4- 环戊烯 -1,3- 二酮	930-60-9	0.26
15	25.19	$C_5H_6O_2$	糠醇	98-00-0	0.59
16	25.53	$C_5H_{10}O_2$	异戊酸	503-74-2	0.13
17	27.74	$C_{13}H_{22}O$	（E）-5- 异丙基 -8- 甲基 -6,8- 壬二烯 -2- 酮	54868-48-3	0.22
18	28.62	$C_4H_4O_2$	γ- 巴豆酰内酯	497-23-4	0.10
19	29.29	$C_5H_6O_2$	2- 羟基 -2- 环戊酮	10493-98-8	0.33
20	31.25	$C_6H_8O_2$	甲基环戊烯醇酮	80-71-7	0.05
21	31.98	$C_{10}H_{14}N_2$	烟碱	54-11-5	39.41
22	32.59	C_7H_8O	苯甲醇	100-51-6	0.23
23	33.27	$C_5H_8O_5$	羟基丙二酸二甲酯	34259-29-5	0.08
24	33.83	$C_{20}H_{38}$	新植二烯	504-96-1	8.05
25	34.79	$C_6H_6O_3$	2- 羟基 -3- 甲基吡喃 -4- 酮	61892-88-4	0.15
26	35.31	$C_7H_8O_2$	4,5- 二甲基糠醛	52480-43-0	0.24
27	35.78	$C_6H_{10}O_5$	DL- 苹果酸二甲酯	38115-87-6	0.54
28	35.94	C_6H_6O	苯酚	108-95-2	0.01
29	36.51	$C_6H_8O_3$	4- 羟基 -2,5- 二甲基 -3（2H）呋喃酮	3658-77-3	0.35
30	37.67	$C_3H_6O_3$	1,3- 二羟基丙酮	96-26-4	1.43
31	38.91	$C_{12}H_{20}O_2$	氧化茄酮	60619-46-7	0.22
32	39.59	$C_3H_8O_2$	1,3- 丙二醇	504-63-2	0.18
33	39.80	$C_9H_{10}N_2$	麦斯明	532-12-7	0.09
34	40.49	$C_{17}H_{34}O_2$	十六酸甲酯	112-39-0	1.09
35	41.69	$C_{14}H_{14}N_2$	5,6- 二氢 -5,6- 二甲基苯并（C）肉啉	65990-71-8	0.10
36	42.13	$C_6H_8O_4$	3,5- 二羟基 -6- 甲基 -2,3- 二氢吡喃 -4- 酮	28564-83-2	3.82
37	42.90	$C_7H_9NO_2$	1,2- 二甲基 -3- 羟基 -4- 吡啶酮	30652-11-0	0.35
38	44.47	$C_6H_8O_4$	2- 乙酰基 -2- 羟基 -γ- 丁内酯	135366-64-2	0.24
39	44.93	$C_5H_8O_4$	丁二酸甲酯	3878-55-5	0.16
40	47.77	$C_{19}H_{38}O_2$	硬脂酸甲酯	112-61-8	0.24
41	48.95	$C_{16}H_{32}O_2$	棕榈酸	57-10-3	4.21
42	49.18	$C_{10}H_8N_2$	2,3'- 联吡啶	581-50-0	0.10
43	50.30	$C_{19}H_{34}O_2$	亚油酸甲酯	112-63-0	0.83
44	50.78	$C_6H_6O_3$	5- 羟甲基糠醛	67-47-0	7.31

续表

编号	保留时间 （min）	分子式	化合物名称	CAS 号	相对含量 （%）
45	51.66	$C_{18}H_{34}O_2$	油酸	112-80-1	0.63
46	51.88	$C_{19}H_{32}O_2$	亚麻酸甲酯	7361-80-0	1.17
47	52.61	$C_{15}H_{22}O$	1- 叔丁基 -2,2- 二甲基 -2,3- 二氢 -1H-茚 -5- 醇	110327-23-6	0.22
48	52.72	$C_6H_9NO_3$	DL- 焦谷氨酸甲酯	54571-66-3	0.85
49	54.35	$C_{18}H_{32}O_2$	亚油酸	60-33-3	3.44

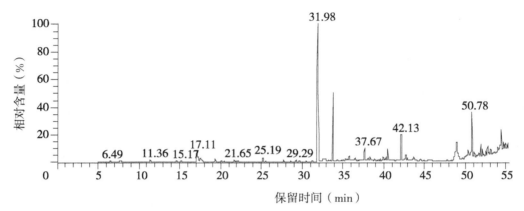

图 4-19　云南曲靖云烟 87C3F（2009）甲醇索氏提取成分指纹图谱

4.2.20　云南师宗云烟 87C3F（2009）甲醇索氏提取成分分析结果

云南师宗云烟 87C3F（2009）甲醇索氏提取成分分析结果见表 4-20，云南师宗云烟 87C3F（2009）甲醇索氏提取成分指纹图谱见图 4-20。

致香物类型如下。

（1）酮类：1- 羟基 2- 丙酮 0.35%、2- 甲氧基［1］苯并噻吩［2,3-C］喹啉 -6［5H］- 酮 0.03%、4-环戊烯 -1,3- 二酮 0.08%、（E）-5- 异丙基 -8- 甲基 -6,8- 壬二烯 -2- 酮 0.16%、2（5H）- 呋喃酮 0.05%、2-羟基 2- 环戊酮 0.31%、2- 甲基 -3- 羟基 -4- 吡喃酮 0.14%、4- 羟基 -2,5- 二甲基 -3（2H）呋喃酮 0.23%、1,3-二羟基丙酮 1.52%、3,5- 二羟基 -6- 甲基 -2,3- 二氢吡喃 -4- 酮 3.65%。酮类相对含量为致香物的 6.52%。

（2）醛类：4,5- 二甲基糠醛 0.05%、5- 羟甲基糠醛 4.06%。醛类相对含量为致香物的 4.11%。

（3）醇类：乙醇 0.31%、丁醇 0.11%、（2S，3S）-（+）-2,3- 丁二醇 0.07%、糠醇 0.32%、苯甲醇 0.03%、叶绿醇 0.42%、3- 氧代 -α- 紫罗兰醇 0.11%。醇类相对含量为致香物的 1.37%。

（4）有机酸类：乙酸 2.36%、甲酸 0.40%、反油酸 1.74%、十七酸 0.67%、肉豆蔻酸 0.07%、亚油酸 5.14%、棕榈酸 2.64%。有机酸类相对含量为致香物的 13.02%。

（5）酯类：乙醇酸甲酯 0.19%、丙酮酸甲酯 0.59%、羟基丙二酸二甲酯 0.11%、十六碳酸甲酯 0.67%、DL- 焦谷氨酸甲酯 0.76%、2- 乙酰基 -2- 羟基 -γ- 丁内酯 0.20%、丁二酸甲酯 0.13%、亚麻酸甲酯 1.02%。酯类相对含量为致香物的 3.67%。

（6）稠环芳香烃类：未检测到该类成分。

（7）酚类：1,4- 苯二酚 1.10%。酚类相对含量为致香物的 1.10%。

（8）烷烃类：十二烷 0.09%、二环氧丁烷 0.28%、2,3- 二羟基丁烷 0.04%、二十九烷 0.18%。烷烃类相对含量为致香物的 0.59%。

（9）不饱和脂肪烃类：3,6- 二酮基 -1- 甲基 -8- 异丙基 - 三环［6.2.2.0^{2,7}］-4,9- 十二碳二烯 0.12%、3- 氧杂三环［3.2.2.0^{2,4}］-6,8- 壬二烯 0.14%、3,3- 二氟代 -1,2- 二丙基环丙烯 0.07%。不饱和脂肪烃类相对含量为致香物的 0.33%。

（10）生物碱类：烟碱43.55%、二烯烟碱0.66%。生物碱类相对含量为致香物的44.21%。

（11）萜类：新植二烯10.51%。萜类相对含量为致香物的10.51%。

表4-20　云南师宗云烟87C3F（2009）甲醇索氏提取成分分析结果

编号	保留时间（min）	分子式	化合物名称	CAS号	相对含量（%）
1	5.53	C_2H_6O	乙醇	64-17-5	0.31
2	6.43	$C_4H_{10}O$	丁醇	71-36-3	0.11
3	7.68	$C_{12}H_{26}$	十二烷	112-40-3	0.09
4	11.33	$C_3H_6O_2$	1-羟基2-丙酮	116-09-6	0.35
5	14.62	$C_3H_6O_3$	乙醇酸甲酯	96-35-5	0.19
6	15.15	$C_4H_6O_2$	二环氧丁烷	1464-53-5	0.28
7	17.12	$C_2H_4O_2$	乙酸	64-19-7	2.36
8	17.59	$C_4H_6O_3$	丙酮酸甲酯	600-22-6	0.59
9	19.39	CH_2O_2	甲酸	64-18-6	0.40
10	20.42	$C_4H_{10}O_2$	2,3-二羟基丁烷	513-85-9	0.04
11	21.19	$C_{16}H_{11}NO_2S$	2-甲氧基［1］苯并噻吩［2,3-C］喹啉-6［5H］-酮	70453-75-7	0.03
12	21.61	$C_{16}H_{20}O_2$	3,6-二酮基-1-甲基-8-异丙基-三环［6.2.2.0²·⁷］-4,9-十二碳二烯	121824-66-6	0.12
13	21.87	$C_4H_{10}O_2$	（2S,3S）-（+）-2,3-丁二醇	19132-06-0	0.07
14	22.07	$C_5H_4O_2$	4-环戊烯-1,3-二酮	930-60-9	0.08
15	24.19	C_8H_8O	3-氧杂三环［3.2.2.0²·⁴］-6,8-壬二烯	82652-05-9	0.14
16	25.15	$C_5H_6O_2$	糠醇	98-00-0	0.32
17	27.71	$C_{13}H_{22}O$	（E）-5-异丙基-8-甲基-6,8-壬二烯-2-酮	54868-48-3	0.16
18	28.59	$C_4H_4O_2$	2（5H）-呋喃酮	497-23-4	0.05
19	29.26	$C_5H_6O_2$	2-羟基-2-环戊酮	10493-98-8	0.31
20	31.91	$C_{10}H_{14}N_2$	烟碱	54-11-5	43.55
21	32.56	C_7H_8O	苯甲醇	100-51-6	0.03
22	33.24	$C_5H_8O_5$	羟基丙二酸二甲酯	34259-29-5	0.11
23	33.79	$C_{20}H_{38}$	新植二烯	504-96-1	10.51
24	34.75	$C_6H_6O_3$	2-甲基-3-羟基-4-吡喃酮	118-71-8	0.14
25	35.28	$C_7H_8O_2$	4,5-二甲基糠醛	52480-43-0	0.05
26	36.47	$C_6H_8O_3$	4-羟基-2,5-二甲基-3（2H）呋喃酮	3658-77-3	0.23
27	36.87	$C_9H_{14}F_2$	3,3-二氟代-1,2-二丙基环丙烯	138101-01-6	0.07
28	37.62	$C_3H_6O_3$	1,3-二羟基丙酮	96-26-4	1.52
29	40.43	$C_{17}H_{34}O_2$	十六酸甲酯	112-39-0	0.67
30	42.07	$C_6H_8O_4$	3,5-二羟基-6-甲基-2,3-二氢吡喃-4-酮	28564-83-2	3.65
31	43.59	$C_{10}H_{10}N_2$	二烯烟碱	487-19-4	0.66
32	44.40	$C_6H_8O_4$	2-乙酰基-2-羟基-γ-丁内酯	135366-64-2	0.20
33	44.86	$C_5H_8O_4$	丁二酸甲酯	3878-55-5	0.13
34	48.45	$C_{16}H_{32}O_2$	棕榈酸	57-10-3	2.64
35	50.02	$C_{19}H_{32}O_2$	亚麻酸甲酯	301-00-8	0.23
36	50.68	$C_6H_6O_3$	5-羟甲基糠醛	67-47-0	4.06
37	51.49	$C_{18}H_{34}O_2$	反油酸	112-79-8	1.74
38	51.83	$C_{19}H_{32}O_2$	亚麻酸甲酯	7361-80-0	0.79

续表

编号	保留时间 （min）	分子式	化合物名称	CAS 号	相对含量 （%）
39	52.67	C₆H₉NO₃	DL- 焦谷氨酸甲酯	54571-66-3	0.76
40	52.83	C₂₀H₄₀O	叶绿醇	150-86-7	0.42
41	53.08	C₁₃H₂₀O₂	3- 氧代 -α- 紫罗兰醇	116126-82-0	0.11
42	53.88	C₁₇H₃₄O₂	十七酸	506-12-7	0.67
43	53.98	C₂₉H₆₀	二十九烷	630-03-5	0.18
44	54.10	C₁₄H₂₈O₂	肉豆蔻酸	544-63-8	0.07
45	54.26	C₁₈H₃₂O₂	亚油酸	60-33-3	5.14
46	54.67	C₆H₆O₂	1,4- 苯二酚	123-31-9	1.10

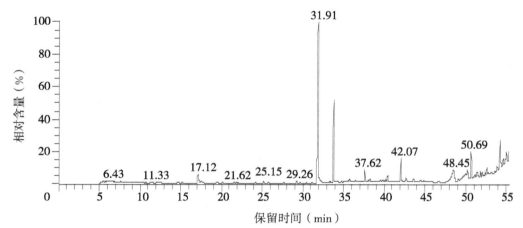

图 4-20　云南师宗云烟 87C3F（2009）甲醇索氏提取成分指纹图谱

4.2.21　云南昆明云烟 87B2F（2009）甲醇索氏提取成分分析结果

云南昆明云烟 87B2F（2009）甲醇索氏提取成分分析结果见表 4-21，云南昆明云烟 87B2F（2009）甲醇索氏提取成分指纹图谱见图 4-21。

致香物类型如下。

（1）酮类：羟基丙酮 0.21%、2- 环戊烯 -1,4- 二酮 0.18%、（E）- 茄尼酮 0.24%、2（5H）- 呋喃酮 0.07%、环戊烷 -1,2- 二酮 0.29%、4- 羟基 -2,5- 二甲基 -3（2H）呋喃酮 0.37%、1,3- 二羟基丙酮 0.96%、3,5- 二羟基 -6- 甲基 -2,3- 二氢吡喃 -4- 酮 3.67%。酮类相对含量为致香物的 5.99%。

（2）醛类：5- 甲基糠醛 0.22%、4,5- 二甲基糠醛 0.31%、5- 羟甲基糠醛 5.96%。醛类相对含量为致香物的 6.49%。

（3）醇类：正丁醇 0.11%、（2S,3S）-（+）-2,3- 丁二醇 0.10%、糠醇 0.63%、1- 叔丁基 -2,2- 二甲基 -2,3- 二氢 -1H- 茚 -5- 醇 0.45%、3- 氧代 -α- 紫罗兰醇 0.18%。醇类相对含量为致香物的 1.47%。

（4）有机酸类：乙酸 2.49%、甲酸 0.28%、异戊酸 0.15%、N- 苄氧羰基 -L- 酪氨酸 0.22%、落叶松酸 0.15%、亚油酸 4.06%。有机酸类相对含量为致香物的 7.35%。

（5）酯类：乳酸甲酯 0.09%、苯乙酸甲酯 0.02%、棕榈酸甲酯 0.97%、2- 乙酰基 -2- 羟基 -γ- 丁内酯 0.28%、DL- 焦谷氨酸甲酯 1.23%、丁二酸甲酯 0.18%、硬脂酸甲酯 0.12%、亚油酸甲酯 0.53%、亚麻酸甲酯 1.13%。酯类相对含量为致香物的 1.55%。

（6）稠环芳香烃类：未检测到该类成分。

（7）酚类：苯酚 0.11%、1,4- 苯二酚 1.92%。酚类相对含量为致香物的 3.13%。

（8）烷烃类：十一烷 0.17%、十二烷 0.07%、二十九烷 0.19%。烷烃类相对含量为致香物的 0.43%。

（9）不饱和脂肪烃类：未检测到该类成分。

（10）生物碱类：烟碱45.12%、二烯烟碱1.11%。生物碱类相对含量为致香物的46.23%。

（11）萜类：新植二烯7.66%。萜类相对含量为致香物的7.66%。

（12）其他类：2,3'-联吡啶0.44%。

表4-21 云南昆明云烟87B2F（2009）甲醇索氏提取成分分析结果

编号	保留时间（min）	分子式	化合物名称	CAS号	相对含量（%）
1	5.14	$C_{11}H_{24}$	十一烷	1120-21-4	0.17
2	6.57	$C_4H_{10}O$	正丁醇	71-36-3	0.11
3	7.70	$C_{12}H_{26}$	十二烷	112-40-3	0.07
4	11.37	$C_3H_6O_2$	羟基丙酮	116-09-6	0.21
5	12.04	$C_4H_8O_3$	乳酸甲酯	547-64-8	0.09
6	17.10	$C_2H_4O_2$	乙酸	64-19-7	2.49
7	19.38	CH_2O_2	甲酸	64-18-6	0.28
8	21.61	$C_6H_6O_2$	5-甲基糠醛	620-02-0	0.22
9	21.87	$C_4H_{10}O_2$	（2S,3S）-（+）-2,3-丁二醇	19132-06-0	0.10
10	22.07	$C_5H_4O_2$	2-环戊烯-1,4-二酮	930-60-9	0.18
11	25.15	$C_5H_6O_2$	糠醇	98-00-0	0.63
12	25.49	$C_5H_{10}O_2$	异戊酸	503-74-2	0.15
13	27.70	$C_{13}H_{22}O$	（E）-茄尼酮	54868-48-3	0.24
14	28.60	$C_4H_4O_2$	2（5H）-呋喃酮	497-23-4	0.07
15	28.88	$C_9H_{10}O_2$	苯乙酸甲酯	101-41-7	0.02
16	29.25	$C_5H_6O_2$	环戊烷-1,2-二酮	3008-40-0	0.29
17	31.92	$C_{10}H_{14}N_2$	烟碱	54-11-5	45.12
18	32.55	$C_{17}H_{17}NO_5$	N-苄氧羰基-L-酪氨酸	1164-16-5	0.22
19	33.77	$C_{20}H_{38}$	新植二烯	504-96-1	7.66
20	34.74	$C_6H_6O_3$	落叶松酸	118-71-8	0.15
21	35.29	$C_7H_8O_2$	4,5-二甲基糠醛	52480-43-0	0.31
22	35.91	C_6H_6O	苯酚	108-95-2	0.11
23	36.47	$C_6H_8O_3$	4-羟基-2,5-二甲基-3（2H）呋喃酮	3658-77-3	0.37
24	37.61	$C_3H_6O_3$	1,3-二羟基丙酮	96-26-4	0.96
25	40.42	$C_{17}H_{34}O_2$	棕榈酸甲酯	112-39-0	0.97
26	42.05	$C_6H_8O_4$	3,5-二羟基-6-甲基-2,3-二氢吡喃-4-酮	28564-83-2	3.67
27	42.94	$C_{10}H_{10}N_2$	二烯烟碱	487-19-4	1.11
28	44.37	$C_6H_8O_4$	2-乙酰基-2-羟基-γ-丁内酯	135366-64-2	0.28
29	44.84	$C_5H_8O_4$	丁二酸甲酯	3878-55-5	0.18
30	47.66	$C_{19}H_{38}O_2$	硬脂酸甲酯	112-61-8	0.12
31	49.12	$C_{10}H_8N_2$	2,3'-联吡啶	581-50-0	0.44
32	50.23	$C_{19}H_{34}O_2$	亚油酸甲酯	112-63-0	0.53
33	50.69	$C_6H_6O_3$	5-羟甲基糠醛	67-47-0	5.96

续表

编号	保留时间（min）	分子式	化合物名称	CAS 号	相对含量（%）
34	51.82	C₁₉H₃₂O₂	亚麻酸甲酯	7361-80-0	1.13
35	52.55	C₁₅H₂₂O	1-叔丁基-2,2-二甲基-2,3-二氢-1H-茚-5-醇	110327-23-6	0.45
36	52.67	C₆H₉NO₃	DL-焦谷氨酸甲酯	54571-66-3	1.23
37	53.08	C₁₃H₂₀O₂	3-氧代-α-紫罗兰醇	116126-82-0	0.18
38	53.98	C₂₉H₆₀	二十九烷	630-03-5	0.19
39	54.15	C₁₈H₃₂O₂	亚油酸	60-33-3	4.06
40	54.66	C₆H₆O₂	1,4-苯二酚	123-31-9	1.92

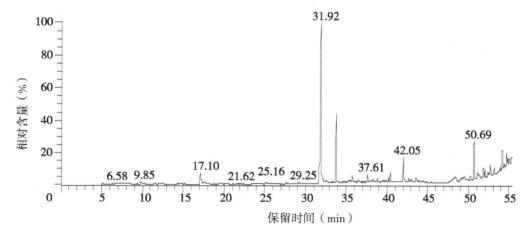

图 4-21　云南昆明云烟 87B2F（2009）甲醇索氏提取成分指纹图谱

4.2.22　云南沾益云烟 87C3F（2009）甲醇索氏提取成分分析结果

云南沾益云烟 87C3F（2009）甲醇索氏提取成分分析结果见表 4-22，云南沾益云烟 87C3F（2009）甲醇索氏提取成分指纹图谱见图 4-22。

致香物类型如下。

（1）酮类：2-甲氧基［1］苯并噻吩［2,3-C］喹啉-6［5H］-酮 0.06%、2-环戊烯-1,4-二酮 0.17%、（E）-茄尼酮 0.19%、2（5H）-呋喃酮 0.08%、环戊烷-1,2-二酮 0.35%、3-（2,2-二甲基亚丙基）二环［3.3.1］壬烷-2,4-二酮 0.10%、2-羟基-3-甲基-4H-吡喃-4-酮 0.15%、4-羟基-2,5-二甲基-3（2H）呋喃酮 0.44%、1,3-二羟基丙酮 2.04%、3,5-二羟基-6-甲基-2,3-二氢吡喃-4-酮 5.81%、（S）-5-羟甲基二氢呋喃-2-酮 0.17%、9-羟基-1-甲基-1,2,3,4-四氢吡啶并［1,2-a］吡嗪-8-酮 0.13%、1-羟基-2-丙酮 0.40%。酮类相对含量为致香物的 10.09%。

（2）醛类：5-甲基糠醛 0.25%、4,5-二甲基糠醛 0.55%、5-羟甲基糠醛 8.22%。醛类相对含量为致香物的 9.02%。

（3）醇类：正丁醇 0.17%、2,3-丁二醇 0.05%、（2S,3S）-（+）-2,3-丁二醇 0.04%、糠醇 0.59%、5-（2,3-二甲基三环［2.2.1.0²,⁶］-3-庚基）-2-甲基-2-戊烯-1-醇立体异构体 0.76%、叶绿醇 0.09%、3-氧代-α-紫罗兰醇 0.29%、西柏三烯二醇 0.14%。醇类相对含量为致香物的 2.13%。

（4）有机酸类：乙酸 3.24%、甲酸 0.63%、棕榈酸 0.83%、（R）-（—）-柠苹酸 0.09%。有机酸类相对含量为致香物的 4.79%。

（5）酯类：丙酮酸甲酯 0.03%、乳酸甲酯 0.05%、羟乙酸甲酯 0.49%、棕榈酸甲酯 0.76%、2-乙酰基-2-羟基-γ-丁内酯 0.76%、丁二酸单甲酯 0.21%、亚油酸甲酯 0.38%、羟乙酸甲酯 0.49%、亚麻酸甲酯 0.98%、DL-焦谷氨酸甲酯 0.82%、亚油酸乙酯 2.13%。酯类相对含量为致香物的 7.10%。

（6）稠环芳香烃类：未检测到该类成分。

（7）酚类：苯酚 0.14%、对苯二酚 2.39%。酚类相对含量为致香物的 2.53%。

（8）烷烃类：十二烷 0.18%、二十九烷 0.21%。烷烃类相对含量为致香物的 0.39%。

（9）不饱和脂肪烃类：二环氧化 -1,3- 丁二烯 0.32%。不饱和脂肪烃类相对含量为致香物的 0.32%。

（10）生物碱类：烟碱 39.97%、二烯烟碱 0.94%。生物碱类相对含量为致香物的 40.91%。

（11）萜类：新植二烯 8.94%。萜类相对含量为致香物的 8.94%。

（12）其他类：2,3'- 联吡啶 0.35%。

表 4-22　云南沾益云烟 87C3F（2009）甲醇索氏提取成分分析结果

编号	保留时间（min）	分子式	化合物名称	CAS 号	相对含量（%）
1	6.60	$C_4H_{10}O$	正丁醇	71-36-3	0.17
2	7.71	$C_{12}H_{26}$	十二烷	112-40-3	0.18
3	9.36	$C_4H_6O_3$	丙酮酸甲酯	600-22-6	0.03
4	11.41	$C_3H_6O_2$	1- 羟基 -2- 丙酮	116-09-6	0.40
5	12.07	$C_4H_8O_3$	乳酸甲酯	547-64-8	0.05
6	14.69	$C_3H_6O_3$	羟乙酸甲酯	96-35-5	0.49
7	15.19	$C_4H_6O_2$	二环氧化 -1,3- 丁二烯	298-18-0	0.32
8	17.14	$C_2H_4O_2$	乙酸	64-19-7	3.24
9	19.38	CH_2O_2	甲酸	64-18-6	0.63
10	20.45	$C_4H_{10}O_2$	2,3- 丁二醇	513-85-9	0.05
11	21.19	$C_{16}H_{11}NO_2S$	2- 甲氧基［1］苯并噻吩［2,3-C］喹啉 -6［5H］- 酮	70453-75-7	0.06
12	21.63	$C_6H_6O_2$	5- 甲基糠醛	620-02-0	0.25
13	21.88	$C_4H_{10}O_2$	（2S,3S）-（+）-2,3- 丁二醇	19132-06-0	0.04
14	22.09	$C_5H_4O_2$	2- 环戊烯 -1,4- 二酮	930-60-9	0.17
15	25.16	$C_5H_6O_2$	糠醇	98-00-0	0.59
16	27.71	$C_{13}H_{22}O$	（E）- 茄尼酮	54868-48-3	0.19
17	28.60	$C_4H_4O_2$	2（5H）- 呋喃酮	497-23-4	0.08
18	29.26	$C_5H_6O_2$	环戊烷 -1,2- 二酮	3008-40-0	0.35
19	31.92	$C_{10}H_{14}N_2$	烟碱	54-11-5	39.97
20	33.24	$C_5H_8O_5$	（R）-（—）- 柠苹酸	6236-10-8	0.09
21	33.51	$C_{14}H_{20}O_2$	3-（2,2- 二甲基亚丙基）二环［3.3.1］壬烷 -2,4- 二酮	127930-94-3	0.10
22	33.79	$C_{20}H_{38}$	新植二烯	504-96-1	8.94
23	34.75	$C_6H_6O_3$	2- 羟基 -3- 甲基 -4H- 吡喃 -4- 酮	61892-88-4	0.15
24	35.29	$C_7H_8O_2$	4,5- 二甲基糠醛	52480-43-0	0.55
25	35.90	C_6H_6O	苯酚	108-95-2	0.14
26	36.47	$C_6H_8O_3$	4- 羟基 -2,5- 二甲基 -3（2H）呋喃酮	3658-77-3	0.44
27	37.64	$C_3H_6O_3$	1,3- 二羟基丙酮	96-26-4	2.04
28	40.43	$C_{17}H_{34}O_2$	棕榈酸甲酯	112-39-0	0.76
29	42.07	$C_6H_8O_3$	3,5- 二羟基 -6- 甲基 -2,3- 二氢吡喃 -4- 酮	28564-83-2	5.81
30	43.60	$C_{10}H_{10}N_2$	二烯烟碱	487-19-4	0.94
31	44.40	$C_6H_8O_4$	2- 乙酰基 -2- 羟基 -γ- 丁内酯	135366-64-2	0.76

续表

编号	保留时间（min）	分子式	化合物名称	CAS 号	相对含量（%）
32	44.47	$C_{15}H_{24}O$	5-（2,3-二甲基三环［2.2.1.0^{2,6}］-3-庚基）-2-甲基-2-戊烯 -1- 醇立体异构体	115-71-9	0.76
33	44.85	$C_5H_8O_4$	丁二酸甲酯	3878-55-5	0.21
34	48.43	$C_{16}H_{32}O_2$	棕榈酸	57-10-3	0.83
35	49.12	$C_{10}H_8N_2$	2,3'- 联吡啶	581-50-0	0.35
36	49.91	$C_5H_8O_3$	（S）-5- 羟甲基二氢呋喃 -2- 酮	32780-06-6	0.17
37	50.24	$C_{19}H_{34}O_2$	亚油酸甲酯	112-63-0	0.38
38	50.71	$C_6H_6O_3$	5- 羟甲基糠醛	67-47-0	8.22
39	51.83	$C_{19}H_{32}O_2$	亚麻酸甲酯	7361-80-0	0.98
40	52.21	$C_9H_{12}N_2O_2$	9- 羟基 -1- 甲基 -1,2,3,4- 四氢吡啶并［1,2-a］吡嗪 -8- 酮	65628-74-2	0.13
41	52.67	$C_6H_9NO_3$	DL- 焦谷氨酸甲酯	54571-66-3	0.82
42	52.83	$C_{20}H_{40}O$	叶绿醇	150-86-7	0.09
43	53.09	$C_{13}H_{20}O_2$	3- 氧代 -α- 紫罗兰醇	116126-82-0	0.29
44	53.54	$C_{20}H_{34}O_2$	西柏三烯二醇	57688-99-0	0.14
45	53.99	$C_{29}H_{60}$	正二十九烷	630-03-5	0.21
46	54.14	$C_{20}H_{36}O_2$	亚油酸乙酯	544-35-4	2.13
47	54.66	$C_6H_6O_2$	对苯二酚	123-31-9	2.39

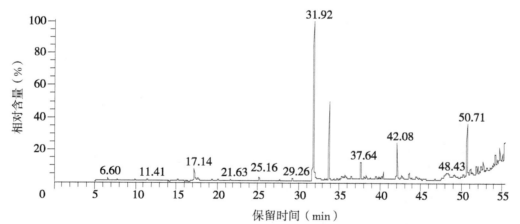

图 4-22　云南沾益云烟 87C3F（2009）甲醇索氏提取成分指纹图谱

4.2.23　云南沾益云烟 87B2F（2009）甲醇索氏提取成分分析结果

云南沾益云烟 87B2F（2009）甲醇索氏提取成分分析结果见表 4-23，云南沾益云烟 87B2F（2009）甲醇索氏提取成分指纹图谱见图 4-23。

致香物类型如下。

（1）酮类：羟基丙酮 0.04%、2- 乙基异二氢吲哚 -1,3- 二硫酮 0.03%、4- 环戊烯 -1,3- 二酮 0.17%、（E）-5- 异丙基 -8- 甲基 -6,8- 壬二烯 -2- 酮 0.40%、2（5H）- 呋喃酮 0.08%、2- 羟基 -2- 环戊烯 -1- 酮 0.23%、甲基环戊烯醇酮 0.05%、4- 羟基 -2,5- 二甲 -3（2H）呋喃酮 0.47%、氧化茄酮 0.26%、巨豆三烯酮 0.29%、3,5- 二羟基 -6- 甲基 -2,3- 二氢吡喃 -4- 酮 5.44%、3- 羟基 -3- 乙酰二羟 -2（3H）- 呋喃酮 0.35%。酮类相对含量为致香物的 7.81%。

（2）醛类：糠醛 0.63%、5- 甲基糠醛 0.38%、4,5- 二甲基糠醛 0.51%、5- 羟甲基糠醛 11.70%。醛类相对含量为致香物的 7.50%。

（3）醇类：正丁醇 0.10%、2,3- 丁二醇 0.02%、糠醇 0.51%、（4E,8E,13E）-12- 异丙基 -1,5,9- 三甲基环十四碳 -4,8,13- 三烯 -1,3- 二醇 0.29%。醇类相对含量为致香物的 0.92%。

（4）有机酸类：醋酸 2.53%、甲酸 0.39%、落叶松酸 0.12%、棕榈酸 2.86%。有机酸类相对含量为致香物的 5.90%。

（5）酯类：丙酮酸甲酯 0.02%、乳酸甲酯 0.04%、苯乙酸甲酯 0.02%、DL- 焦谷氨酸甲酯 1.88%、DL- 苹果酸二甲酯 0.35%、棕榈酸甲酯 0.89%、丁二酸单酯 0.19%、亚油酸甲酯 0.54%、亚麻酸甲酯 1.42%、邻苯二甲酸二丁酯 0.25%。酯类相对含量为致香物的 5.60%。

（6）稠环芳香烃类：未检测到该类成分。

（7）酚类：苯酚 0.14%。酚类相对含量为致香物的 0.14%。

（8）烷烃类：十二烷 0.11%。烷烃类相对含量为致香物的 0.11%。

（9）不饱和脂肪烃类：二环氧化 -1,3- 丁二烯 0.22%、3- 氧杂三环［3.2.2.0^{2,4}］-6,8- 壬二烯 0.18%。不饱和脂肪烃类相对含量为致香物的 0.40%。

（10）生物碱类：烟碱 74.84、二烯烟碱 0.80%。生物碱类相对含量为致香物的 75.64%。

（11）萜类：新植二烯 16.99%。萜类相对含量为致香物的 16.66。

（12）其他类：2- 乙酰基吡咯 0.04%、麦斯明 0.27%、2,3'- 联吡啶 0.46%。

表 4-23 云南沾益云烟 87B2F（2009）甲醇索氏提取成分分析结果

编号	保留时间（min）	分子式	化合物名称	CAS 号	相对含量（%）
1	6.53	$C_4H_{10}O$	正丁醇	71-36-3	0.10
2	7.60	$C_{12}H_{26}$	十二烷	112-40-3	0.11
3	9.31	$C_4H_6O_3$	丙酮酸甲酯	600-22-6	0.02
4	11.36	$C_3H_6O_2$	羟基丙酮	116-09-6	0.04
5	12.02	$C_4H_8O_3$	乳酸甲酯	547-64-8	0.04
7	15.17	$C_4H_6O_2$	二环氧化 -1,3- 丁二烯	298-18-0	0.22
8	17.11	$C_2H_4O_2$	醋酸	64-19-7	2.53
9	17.53	$C_5H_4O_2$	糠醛	98-01-1	0.63
10	19.35	CH_2O_2	甲酸	64-18-6	0.39
11	20.40	$C_{10}H_9NS_2$	2- 乙基异二氢吲哚 -1,3- 二硫酮	35373-06-9	0.03
12	21.61	$C_6H_6O_2$	5- 甲基糠醛	620-02-0	0.38
13	21.87	$C_4H_{10}O_2$	2,3- 丁二醇	513-85-9	0.02
14	22.07	$C_5H_4O_2$	4- 环戊烯 -1,3- 二酮	930-60-9	0.17
15	24.18	C_8H_8O	3- 氧杂三环［3.2.2.0^{2,4}］-6,8- 壬二烯	82652-05-9	0.18
16	25.15	$C_5H_6O_2$	糠醇	98-00-0	0.51
17	27.71	$C_{13}H_{22}O$	（E）-5- 异丙基 -8- 甲基 -6,8- 壬二烯 -2- 酮	54868-48-3	0.40
18	28.59	$C_4H_4O_2$	2（5H）- 呋喃酮	497-23-4	0.08
19	28.88	$C_9H_{10}O_2$	苯乙酸甲酯	101-41-7	0.02
20	29.26	$C_5H_6O_2$	2- 羟基 -2- 环戊烯 -1- 酮	10493-98-8	0.23
21	31.22	$C_6H_8O_2$	甲基环戊烯醇酮	80-71-7	0.05
22	31.87	$C_{10}H_{14}N_2$	烟碱	54-11-5	36.34
23	33.79	$C_{20}H_{38}$	新植二烯	504-96-1	16.99

续表

编号	保留时间（min）	分子式	化合物名称	CAS 号	相对含量（%）
24	34.76	$C_6H_6O_3$	落叶松酸	118–71–8	0.12
25	35.00	C_6H_7NO	2–乙酰基吡咯	1072–83–9	0.04
26	35.28	$C_7H_8O_2$	4,5–二甲基糠醛	52480–43–0	0.51
27	35.75	$C_6H_{10}O_5$	DL–苹果酸二甲酯	38115–87–6	0.35
28	35.91	C_6H_6O	苯酚	108–95–2	0.14
29	36.47	$C_6H_8O_3$	4–羟基–2,5–二甲基–3（2H）呋喃酮	3658–77–3	0.47
30	38.87	$C_{12}H_{20}O_2$	氧化茄酮	60619–46–2	0.26
31	39.76	$C_9H_{10}N_2$	麦斯明	532–12–7	0.27
32	39.92	$C_{13}H_{18}O$	巨豆三烯酮	38818–55–2	0.29
33	40.44	$C_{17}H_{34}O_2$	棕榈酸甲酯	112–39–0	0.89
34	42.09	$C_6H_8O_4$	3,5–二羟基–6–甲基–2,3–二氢吡喃–4–酮	28564–83–2	5.44
35	43.61	$C_{10}H_{10}N_2$	二烯烟碱	487–19–4	0.80
36	44.40	$C_6H_8O_4$	3–羟基–3–乙酰二羟–2（3H）–呋喃酮	135366–64–2	0.35
37	44.85	$C_5H_8O_4$	丁二酸甲酯	3878–55–5	0.19
38	48.37	$C_6H_{32}O_2$	棕榈酸	57–10–3	2.86
39	49.13	$C_{10}H_8N_2$	2,3'–联吡啶	581–50–0	0.46
40	50.24	$C_{19}H_{34}O_2$	亚油酸甲酯	112–63–0	0.54
41	50.70	$C_6H_6O_3$	5–羟甲基糠醛	67–47–0	11.70
42	51.84	$C_{19}H_{32}O_2$	亚麻酸甲酯	7361–80–0	1.42
43	52.20	$C_9H_{12}N_2O_2$	邻苯二甲酸二丁酯	65628–74–2	0.25
44	52.68	$C_6H_9NO_3$	DL–焦谷氨酸甲酯	54571–66–3	1.88
45	53.54	$C_{20}H_{34}O_2$	（4E,8E,13E）–12–异丙基–1,5,9–三甲基环十四碳–4,8,13–三烯–1,3–二醇	7220–78–2	0.29

注：" / "表示经查询无显示结果。

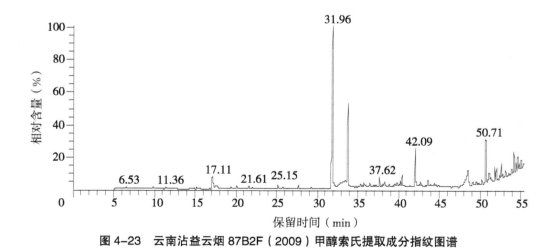

图 4-23　云南沾益云烟 87B2F（2009）甲醇索氏提取成分指纹图谱

4.2.24　贵州云烟 87B2F（2009）甲醇索氏提取成分分析结果

贵州云烟 87B2F（2009）甲醇索氏提取成分分析结果见表 4-24，贵州云烟 87B2F（2009）甲醇索氏提取成分指纹图谱见图 4-24。

致香物类型如下。

（1）酮类：羟基丙酮 0.44%、2- 环戊烯 -1,4- 二酮 0.13%、（E）- 茄尼酮 0.31%、2（5H）- 呋喃酮 0.09%、环戊烷 -1,2- 二酮 0.24%、甲基环戊烯醇酮 0.06%、2- 羟基 -3- 甲基 -4H- 吡喃 -4- 酮 0.16%、4- 羟基 -2,5- 二甲基 -3（2H）呋喃酮 0.33%、1,3- 二羟基丙酮 0.54%、氧化茄酮 0.29%、2,4,4- 三甲基 -3- 乙烯基环戊酮 0.22%、巨豆三烯酮 0.04%、3,5- 二羟基 -6- 甲基 -2,3- 二氢吡喃 -4- 酮 3.38%。酮类相对含量为致香物的 6.23%。

（2）醛类：糠醛 2.27%、5- 甲基呋喃醛 0.34%、4,5- 二甲基 -2- 糠醛 0.13%、5- 羟甲基糠醛 4.62%。醛类相对含量为致香物的 7.36%。

（3）醇类：正丁醇 0.07%、2,3- 丁二醇 0.16%、（2S,3S）-（+）-2,3- 丁二醇 0.33%、1,2- 丙二醇 0.07%、糠醇 0.60%、苯甲醇 0.07%、苯乙醇 0.06%、1- 叔丁基 -2,2- 二甲基 -2,3- 二氢 -1H- 茚 -5- 醇 0.44%、叶绿醇 1.64%、3- 氧代 -α- 紫罗兰醇 0.46%、（4E,8E,13E）-12- 异丙基 -1,5,9- 三甲基 -4,8,13- 环十四碳三烯 -1,3- 二醇 1.21%。醇类相对含量为致香物的 5.11%。

（4）有机酸类：乙酸 1.58%、甲酸 0.58%、异巴豆酸 0.24%、反油酸 0.60%、肉豆蔻酸 0.04%、亚油酸 3.90%、棕榈酸 2.99%、（R）-（—）- 柠苹酸 0.02%。有机酸类相对含量为致香物的 9.95%。

（5）酯类：乳酸甲酯 0.10%、3- 羟基丙酸甲酯 0.08%、棕榈酸甲酯 1.34%、2- 乙酰基 -2- 羟基 -γ- 丁内酯 0.14%、丁二酸单甲酯 0.23%、硬脂酸甲酯 0.29%、亚油酸甲酯 1.15%、亚麻酸甲酯 1.44%、L- 焦谷氨酸甲酯 1.64%。酯类相对含量为致香物的 6.41%。

（6）稠环芳香烃类：未检测到该类成分。

（7）酚类：苯酚 0.02%。酚类相对含量为致香物的 0.02 %。

（8）烷烃类：十二烷 0.03%。烷烃类相对含量为致香物的 0.03%。

（9）不饱和脂肪烃类：（E,E）-7,11,15- 三甲基 -3- 亚甲基 -1,6,10,14- 十六碳四烯 0.06%。不饱和脂肪烃类相对含量为致香物的 0.06%。

（10）生物碱类：烟碱 46.66%。生物碱类相对含量为致香物的 46.66%。

（11）萜类：新植二烯 6.38%。萜类相对含量为致香物的 6.38%。

（12）其他类：1,2- 二甲苯 0.01%、吡啶 0.01%、2- 乙酰基呋喃 0.04%、2- 乙酰基吡咯 0.08%、麦斯明 0.21%、3- 羟基 -2- 甲基吡啶 0.04%、2,3'- 联吡啶 0.22%。

表 4-24　贵州云烟 87B2F（2009）甲醇索氏提取成分分析结果

编号	保留时间（min）	分子式	化合物名称	CAS 号	相对含量（%）
1	6.26	C_8H_{10}	1,2- 二甲苯	95-47-6	0.01
2	6.52	$C_4H_{10}O$	正丁醇	71-36-3	0.07
3	7.55	C_5H_5N	吡啶	110-86-1	0.01
4	7.70	$C_{12}H_{26}$	十二烷	112-40-3	0.03
5	11.38	$C_3H_6O_2$	羟基丙酮	116-09-6	0.44
6	12.05	$C_4H_8O_3$	乳酸甲酯	547-64-8	0.10
7	17.13	$C_2H_4O_2$	乙酸	64-19-7	1.58
8	17.57	$C_5H_4O_2$	糠醛	98-01-1	2.27
9	19.04	$C_6H_6O_2$	2- 乙酰基呋喃	1192-62-7	0.04
10	19.35	CH_2O_2	甲酸	64-18-6	0.58
11	20.45	$C_4H_{10}O_2$	2,3- 丁二醇	513-85-9	0.16
12	21.21	$C_4H_8O_3$	3- 羟基丙酸甲酯	6149-41-3	0.08
13	21.65	$C_6H_6O_2$	5- 甲基呋喃醛	620-02-0	0.34
14	21.91	$C_4H_{10}O_2$	（2S,3S）-（+）-2,3- 丁二醇	19132-06-0	0.33

续表

编号	保留时间（min）	分子式	化合物名称	CAS 号	相对含量（%）
15	22.07	$C_5H_4O_2$	2-环戊烯-1,4-二酮	930-60-9	0.13
16	22.44	$C_3H_8O_2$	1,2-丙二醇	57-55-6	0.07
17	25.19	$C_5H_6O_2$	糠醇	98-00-0	0.60
18	27.74	$C_{13}H_{22}O$	（E）-茄尼酮	54868-48-3	0.31
19	28.62	$C_4H_4O_2$	2（5H）-呋喃酮	497-23-4	0.09
20	29.31	$C_5H_6O_2$	环戊烷-1,2-二酮	3008-40-0	0.24
21	29.38	$C_4H_6O_2$	异巴豆酸	503-64-0	0.24
22	31.34	$C_6H_8O_2$	甲基环戊烯醇酮	765-70-8	0.06
23	31.94	$C_{10}H_{14}N_2$	烟碱	54-11-5	46.66
24	32.59	C_7H_8O	苯甲醇	100-51-6	0.07
25	33.27	$C_5H_8O_5$	（R）-（—）-柠苹酸	6236-10-8	0.02
26	33.48	$C_8H_{10}O$	苯乙醇	60-12-8	0.06
27	33.84	$C_{20}H_{38}$	新植二烯	504-96-1	6.38
28	34.78	$C_6H_6O_3$	2-羟基-3-甲基-4H-吡喃-4-酮	61892-88-4	0.16
29	35.04	C_6H_7NO	2-乙酰基吡咯	1072-83-9	0.08
30	35.31	$C_7H_8O_2$	4,5-二甲基糠醛	52480-43-0	0.13
31	35.95	C_6H_6O	苯酚	108-95-2	0.02
32	36.51	$C_6H_8O_3$	4-羟基-2,5-二甲基-3（2H）呋喃酮	3658-77-3	0.33
33	37.65	$C_3H_{60}O_3$	1,3-二羟基丙酮	96-26-4	0.54
34	38.91	$C_{12}H_{20}O_2$	氧化茄酮	60619-46-7	0.29
35	39.21	$C_{20}H_{32}$	（E,E）-7,11,15-三甲基-3-亚甲基-1,6,10,14-十六碳四烯	70901-63-2	0.06
36	39.80	$C_9H_{10}N_2$	麦斯明	532-12-7	0.21
37	40.14	$C_{10}H_{16}O$	2,4,4-三甲基-3-乙烯基环戊酮	108946-79-8	0.22
38	40.50	$C_{17}H_{34}O_2$	棕榈酸甲酯	112-39-0	1.34
39	41.84	$C_{13}H_{18}O$	巨豆三烯酮	38818-55-2	0.04
40	42.15	$C_6H_8O_4$	3,5-二羟基-6-甲基-2,3-二氢吡喃-4-酮	28564-83-2	3.38
41	43.18	C_6H_7NO	3-羟基-2-甲基吡啶	1121-25-1	0.04
42	44.48	$C_6H_8O_4$	2-乙酰基-2-羟基-γ-丁内酯	135366-64-2	0.14
43	44.93	$C_5H_8O_4$	丁二酸单甲酯	3878-55-5	0.23
44	47.77	$C_{19}H_{38}O_2$	硬脂酸甲酯	112-61-8	0.29
45	48.81	$C_{16}H_{32}O_2$	棕榈酸	57-10-3	2.99
46	49.20	$C_{10}H_8N_2$	2,3'-联吡啶	581-50-0	0.22
47	50.30	$C_{19}H_{34}O_2$	亚油酸甲酯	112-63-0	1.15
48	50.76	$C_6H_6O_3$	5-羟甲基糠醛	67-47-0	4.62
49	51.66	$C_{18}H_{34}O_2$	反油酸	112-79-8	0.60
50	51.87	$C_{19}H_{32}O_2$	亚麻酸甲酯	7361-80-0	1.44
51	52.62	$C_{15}H_{22}O$	1-叔丁基-2,2-二甲基-2,3-二氢-1H-茚-5-醇	110327-23-6	0.44

续表

编号	保留时间 （min）	分子式	化合物名称	CAS 号	相对含量 （%）
52	52.73	C₆H₉NO₃	L- 焦谷氨酸甲酯	4931-66-2	1.64
53	52.87	C₂₀H₄₀O	叶绿醇	150-86-7	1.64
54	53.12	C₁₃H₂₀O₂	3- 氧代 -α- 紫罗兰醇	116126-82-0	0.46
55	53.58	C₂₀H₃₄O₂	（4E,8E,13E）-12- 异丙基 -1,5,9- 三甲基 -4,8,13- 环十四碳三烯 -1,3- 二醇	7220-78-2	1.21
56	54.13	C₁₄H₂₈O₂	肉豆蔻酸	544-63-8	0.04
57	54.35	C₁₈H₃₂O₂	亚油酸	60-33-3	3.90

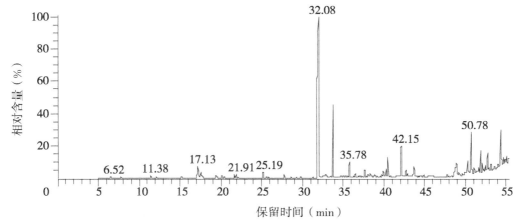

图 4-24　贵州云烟 87B2F（2009）甲醇索氏提取成分指纹图谱

4.2.25　贵州云烟 87C3F（2009）甲醇索氏提取成分指纹图谱

贵州云烟 87C3F（2009）甲醇索氏提取成分分析结果见表 4-25，贵州云烟 87C3F（2009）甲醇索氏提取成分指纹图谱见图 4-25。

致香物类型如下。

（1）酮类：羟基丙酮 0.17%、5- 甲基 -2（5H）- 呋喃酮 0.01%、2- 环戊烯 -1,4- 二酮 0.15%、4- 甲基 -2,4,6- 环庚三烯酮 0.15%、（E）- 茄尼酮 0.22%、2（5H）- 呋喃酮 0.09%、环戊烷 -1,2- 二酮 0.23%、甲基环戊烯醇酮 0.05%、2- 羟基 -3- 甲基 -4H- 吡喃 -4- 酮 0.14%、氧化茄酮 0.25%、巨豆三烯酮 0.43%、2,3- 二氢 -3,5- 二羟基 -6- 甲基 -4H- 吡喃 -4- 酮 3.68%。酮类相对含量为致香物的 5.57%。

（2）醛类：糠醛 0.44%、5- 甲基糠醛 0.17%、4,5- 二甲基 -2- 糠醛 0.23%、5- 羟甲基糠醛 5.76%。醛类相对含量为致香物的 6.60%。

（3）醇类：正丁醇 0.08%、（2S，3S）-（+）-2,3- 丁二醇 0.57%、（S）-1,2- 丙二醇 0.07%、糠醇 0.42%、苯甲醇 0.12%、苯乙醇 0.11%、5-（2,3- 二甲基三环［2.2.1.0²,⁶］-3- 庚基）-2- 甲基 -2- 戊烯 -1- 醇 0.21%、1- 叔丁基 -2,2- 二甲基 -2,3- 二氢 -1H- 茚 -5- 醇 0.36%、3- 氧代 -α- 紫罗兰醇 0.95%。醇类相对含量为致香物的 2.89%。

（4）有机酸类：乙酸 2.25%、甲酸 0.37%、异巴豆酸 0.06%、亚油酸 2.07%、棕榈酸 3.04%。有机酸类相对含量为致香物的 7.79%。

（5）酯类：丙酮酸甲酯 0.04%、乳酸甲酯 0.07%、羟乙酸甲酯 0.11%、DL- 苹果酸二甲酯 0.69%、十六酸甲酯 1.51%、硬脂酸甲酯 0.30%、羟基丙二酸二甲酯 0.07%、亚油酸甲酯 1.05%、亚麻酸甲酯 1.74%、L- 焦谷氨酸甲酯 1.11%。酯类相对含量为致香物的 6.69%。

（6）稠环芳香烃类：未检测到该类成分。

（7）酚类：苯酚 0.03%。酚类相对含量为致香物的 0.03%。

（8）烷烃类：十二烷 0.11%。烷烃类相对含量为致香物的 0.11%。

（9）不饱和脂肪烃类：二氧化丁二烯0.14%、（E，E）-7,11,15- 三甲基-3- 亚甲基-1,6,10,14- 十六碳四烯 0.06%。不饱和脂肪烃类相对含量为致香物的 0.20%。

（10）生物碱类：烟碱 46.94%。生物碱类相对含量为致香物的 46.94%。

（11）萜类：新植二烯 8.67%。萜类相对含量为致香物的 8.67%。

（12）其他类：吡啶 0.06%、2- 乙酰基吡咯 0.11%、麦斯明 0.12%、5,6- 二氢 -5,6- 二甲基苯并（C）肉啉 0.07%、2,3'- 联吡啶 0.31%、邻二甲苯 0.18%，4- 乙酰基 -4'- 乙基联苯 0.91%。

表 4-25　贵州云烟 87C3F（2009）甲醇索氏提取成分分析桔果

编号	保留时间 （min）	分子式	化合物名称	CAS 号	相对含量 （%）
1	5.92	C_8H_{10}	邻二甲苯	95–47–6	0.18
2	6.57	$C_4H_{10}O$	正丁醇	71–36–3	0.08
3	7.58	C_5H_5N	吡啶	110–86–1	0.06
4	7.67	$C_{12}H_{26}$	十二烷	112–40–3	0.06
5	7.80	$C_{12}H_{26}$	十二烷	112–40–3	0.05
6	9.33	$C_4H_6O_3$	丙酮酸甲酯	600–22–6	0.04
7	11.38	$C_3H_6O_2$	羟基丙酮	116–09–6	0.17
8	12.06	$C_4H_8O_3$	乳酸甲酯	547–64–8	0.07
9	14.65	$C_3H_6O_3$	羟乙酸甲酯	96–35–5	0.11
10	15.19	$C_4H_6O_2$	二氧化丁二烯	298–18–0	0.14
11	16.23	$C_5H_6O_2$	5- 甲基 -2（5H）- 呋喃酮	591–11–7	0.01
12	16.87	$C_{16}H_{16}O$	4- 乙酰基 -4'- 乙基联苯	5730–92–7	0.01
13	17.13	$C_2H_4O_2$	乙酸	64–19–7	2.25
14	17.56	$C_5H_4O_2$	糠醛	98–01–1	0.44
15	19.37	CH_2O_2	甲酸	64–18–6	0.37
16	20.46	$C_4H_{10}O_2$	（2S,3S）-（+）-2,3- 丁二醇	19132–06–0	0.17
17	21.65	$C_6H_6O_2$	5- 甲基糠醛	620–02–0	0.17
18	21.91	$C_4H_{10}O_2$	（2S,3S）-（+）-2,3- 丁二醇	19132–06–0	0.4
19	22.10	$C_5H_4O_2$	2- 环戊烯 -1,4- 二酮	930–60–9	0.15
20	22.44	$C_3H_8O_2$	（S）-1,2- 丙二醇	4254–15–3	0.07
21	24.22	C_8H_8O	4- 甲基 -2,4,6- 环庚三烯 -1- 酮	1654–62–2	0.15
22	25.19	$C_5H_6O_2$	糠醇	98–00–0	0.42
23	27.75	$C_{13}H_{22}O$	（E）- 茄尼酮	54868–48–3	0.22
24	28.63	$C_4H_4O_2$	2（5H）- 呋喃酮	497–23–4	0.09
25	29.78	$C_4H_6O_2$	异巴豆酸	503–64–0	0.06
26	29.30	$C_5H_6O_2$	环戊烷 -1,2- 二酮	3008–40–0	0.23
27	31.30	$C_6H_8O_2$	甲基环戊烯醇酮	80–71–7	0.05
28	32.03	$C_{10}H_{14}N_2$	烟碱	54–11–5	46.94
29	32.59	C_7H_8O	苯甲醇	100–51–6	0.12
30	33.27	$C_5H_8O_5$	羟基丙二酸二甲酯	34259–29–5	0.07
31	33.48	$C_8H_{10}O$	苯乙醇	60–12–8	0.11
32	33.85	$C_{20}H_{38}$	新植二烯	504–96–1	8.67
33	34.79	$C_6H_6O_3$	2- 羟基 -3- 甲基 -4H- 吡喃 -4- 酮	61892–88–4	0.14

续表

编号	保留时间（min）	分子式	化合物名称	CAS号	相对含量（%）
34	35.03	C_6H_7NO	2-乙酰基吡咯	1072-83-9	0.11
35	35.31	$C_7H_8O_2$	4,5-二甲基-2-糠醛	52480-43-0	0.23
36	35.78	$C_6H_{10}O_5$	DL-苹果酸二甲酯	38115-87-6	0.69
37	35.95	C_6H_6O	苯酚	108-95-2	0.03
38	38.91	$C_{12}H_{20}O_2$	氧化茄酮	60619-46-7	0.25
39	39.21	$C_{20}H_{32}$	（E,E）-7,11,15-三甲基-3-亚甲基-1,6,10,14-十六碳四烯	70901-63-2	0.06
40	39.80	$C_9H_1ON_2$	麦斯明	532-12-7	0.12
41	39.97	$C_{613}H_{18}O$	巨豆三烯酮	38818-55-2	0.43
42	40.50	$C_{17}H_{34}O_2$	十六酸甲酯	112-39-0	1.51
43	41.72	$C_{14}H_{14}N_2$	5,6-二氢-5,6-二甲基苯并（C）肉啉	65990-71-8	0.07
44	42.14	$C_6H_8O_4$	2,3-二氢-3,5-二羟基-6-甲基-4H-吡喃-4-酮	2033-24-1	3.68
45	44.57	$C_{15}H_{24}O$	5-（2,3-二甲基三环［2.2.1.0²·⁶］-3-庚基）-2-甲基-2-戊烯-1-醇	115-71-9	0.21
46	47.77	$C_{19}H_{38}O_2$	硬脂酸甲酯	112-61-8	0.30
47	48.89	$C_{16}H_{32}O_2$	棕榈酸	57-10-3	3.04
48	49.19	$C_{10}H_8N_2$	2,3'-联吡啶	581-50-0	0.31
49	50.30	$C_{19}H_{34}O_2$	亚油酸甲酯	112-63-0	1.05
50	50.78	$C_6H_6O_3$	5-羟甲基糠醛	67-47-0	5.76
51	51.88	$C_{19}H_{32}O_2$	亚麻酸甲酯	7361-80-0	1.74
52	52.60	$C_{15}H_{22}O$	1-叔丁基-2,2-二甲基-2,3-二氢-1H-茚-5-醇	110327-23-6	0.36
53	52.72	$C_6H_9NO_3$	L-焦谷氨酸甲酯	4931-66-2	1.11
54	53.13	$C_{13}H_{20}O_2$	3-氧代-α-紫罗兰醇	116126-82-0	0.95
55	54.35	$C_{18}H_{32}O_2$	亚油酸	60-33-3	2.07

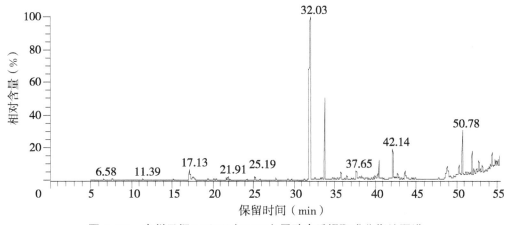

图4-25　贵州云烟87C3F（2009）甲醇索氏提取成分指纹图谱

4.2.26　河南 NC89B2F（2009）甲醇索氏提取成分分析结果

河南烤烟 NC89B2F（2009）甲醇索氏提取成分分析结果见表 4-26，河南烤烟 NC89B2F（2009）甲醇索氏提取成分指纹图谱见图 4-26。

致香物类型如下。

（1）酮类：羟基丙酮 0.58%、3- 羟基 -2- 辛酮 0.03%、4- 环戊烯 -1,3- 二酮 0.30%、（E）-5- 异丙基 -8- 甲基 -6,8- 壬二烯 -2- 酮 0.79%、环戊烷 -1,2- 二酮 0.39%、甲基环戊烯醇酮 0.07%、2- 羟基 -3- 甲基 -4H- 吡喃 -4- 酮 0.19%、1,3- 二羟基丙酮 1.61%、氧化茄酮 0.46%、1-（丁 -3- 烯基）-3a- 甲基 -3a,4,5,6- 四氢戊搭烯 -2（1H）- 酮 0.20%、巨豆三烯酮 0.03%、3,5- 二羟基 -6- 甲基 -2,3- 二氢吡喃 -4- 酮 4.20%、法尼基丙酮 0.12%。酮类相对含量为致香物的 8.97%。

（2）醛类：糠醛 1.04%、5- 羟甲基糠醛 7.48%、4,5- 二甲基 -2- 糠醛 0.30%。醛类占致香物的 8.82%。

（3）醇类：2,3- 丁二醇 0.09%、1,2- 丙二醇 0.07%、糠醇 1.02%、甘油 1.16%、（4E,8E,13E）-12- 异丙基 -1,5,9- 三甲基 -4,8,13- 环十四碳三烯 -1,3- 二醇 1.35%、3- 氧代 -α- 紫罗兰醇 0.40%。醇类相对含量为致香物的 4.09%。

（4）有机酸类：乙酸 2.89%、甲酸 0.93%、N- 苄氧羰基 -L- 酪氨酸 0.19%、乙酰丙酸 0.14%、反油酸 0.91%、亚油酸 2.78%、棕榈酸 2.54%。有机酸类相对含量为致香物的 10.38%。

（5）酯类：丙酮酸甲酯 0.02%、羟基乙酸甲酯 0.41%、2- 丁烯酸乙烯酯 0.02%、2- 甲基丙烯酸烯丙酯 0.16%、十六酸甲酯 0.66%、2- 乙酰基 -2- 羟基 -γ- 丁内酯 0.33%、丁二酸甲酯 0.24%、硬脂酸甲酯 0.20%、亚麻酸甲酯 0.62%、亚油酸乙酯 0.81%、（9Z,12Z,15E）-9,12,15- 十八碳三烯酸甲酯 0.80%。酯类相对含量为致香物的 4.27%。

（6）稠环芳香烃类：未检测到该类成分。

（7）酚类：苯酚 0.62%。酚类相对含量为致香物的 0.62%。

（8）烷烃类：十二烷 0.04%、六甲基环三硅氮烷 0.03%。烷烃类相对含量为致香物的 0.07%。

（9）不饱和脂肪烃类：二氧化丁二烯 0.38%、3,6- 氧代 -1- 甲基 -8- 异丙基三环 ［6.2.2.0^{2,7}］ -4,9- 十二碳二烯 0.49%。不饱和脂肪烃类相对含量为致香物的 0.87%。

（10）生物碱类：烟碱 39.28%。生物碱类相对含量为致香物的 39.28%。

（11）萜类：新植二烯 5.44%。萜类相对含量为致香物的 5.44%。

（12）其他类：2- 乙酰基呋喃 0.07%、3- 氨基 -4- 甲氧基 -N- 苯基苯甲酰胺 0.09%、2（5H）- 呋喃 0.15%、麦斯明 0.14%、2,3'- 联吡啶 0.14%、2- 硝基苯甲醚 0.43%。

表 4-26　河南 NC89B2F（2009）甲醇索氏提取成分分析结果

编号	保留时间（min）	分子式	化合物名称	CAS 号	相对含量（%）
1	7.66	$C_{12}H_{26}$	十二烷	112-40-3	0.04
2	9.33	$C_4H_6O_3$	丙酮酸甲酯	600-22-6	0.02
3	11.40	$C_3H_6O_2$	羟基丙酮	116-09-6	0.58
4	12.08	$C_3H_6O_3$	羟基乙酸甲酯	96-35-5	0.41
5	13.60	$C_6H_{18}O_3Si_3$	六甲基环三硅氮烷	541-05-9	0.03
6	14.03	$C_8H_{16}O_2$	3- 羟基 -2- 辛酮	37160-77-3	0.03
7	15.20	$C_4H_6O_2$	二氧化丁二烯	298-18-0	0.38
8	17.13	$C_2H_4O_2$	乙酸	64-19-7	2.89
9	17.58	$C_5H_4O_2$	糠醛	98-01-1	1.04
10	19.05	$C_6H_6O_2$	2- 乙酰基呋喃	1192-62-7	0.07
11	19.31	CH_2O_2	甲酸	64-18-6	0.93

续表

编号	保留时间 （min）	分子式	化合物名称	CAS 号	相对含量 （%）
12	20.47	$C_4H_{10}O_2$	2,3- 丁二醇	513-85-9	0.09
13	21.11	$C_6H_8O_2$	2- 丁烯酸乙烯酯	14861-06-4	0.02
14	21.65	$C_{16}H_{20}O_2$	3,6- 氧代 -1- 甲基 -8- 异丙基三环［6.2.2.0^{2,7}]4,9- 十二碳二烯	121824-66-6	0.49
15	21.91	$C_4H_{10}O_2$	3- 氨基 -4- 甲氧基 -N- 苯基苯甲酰胺	19132-06-0	0.09
16	22.10	$C_5H_4O_2$	4- 环戊烯 -1,3- 二酮	930-60-9	0.30
17	22.44	$C_3H_8O_2$	1,2- 丙二醇	57-55-6	0.07
18	24.21	$C_7H_{10}O_2$	2- 甲基丙烯酸烯丙酯	96-05-9	0.16
19	25.19	$C_5H_6O_2$	糠醇	98-00-0	1.02
20	27.74	$C_{13}H_{22}O$	（E）-5- 异丙基 -8- 甲基 -6,8- 壬二烯 -2- 酮	54868-48-3	0.79
21	28.63	$C_4H_4O_2$	2（5H）- 呋喃	497-3-4	0.15
22	29.30	$C_5H_6O_2$	环戊烷 -1,2- 二酮	3008-40-0	0.39
23	31.26	$C_6H_8O_2$	甲基环戊烯醇酮	80-71-7	0.07
24	31.99	$C_{10}H_{14}N_2$	烟碱	54-11-5	39.28
25	32.59	$C_{17}H_{17}NO_5$	N- 苄氧羰基 -L- 酪氨酸	1164-16-5	0.19
26	33.81	$C_{20}H_{38}$	新植二烯	504-96-1	5.44
27	34.78	$C_6H_6O_3$	2- 羟基 -3- 甲基 -4H- 吡喃 -4- 酮	61892-88-4	0.19
28	35.31	$C_7H_8O_2$	4,5- 二甲基 -2- 糠醛	52480-43-0	0.30
29	35.95	C_6H_6O	苯酚	108-95-2	0.62
30	37.67	$C_3H_6O_3$	1,3- 二羟基丙酮	96-26-4	1.61
31	38.91	$C_{12}H_{20}O_2$	氧化茄酮	60619-46-7	0.46
32	39.79	$C_9H_{10}N_2$	麦斯明	532-12-7	0.14
33	39.96	$C_{13}H_{18}O$	1-（丁 -3- 烯基)-3a- 甲基 -3a,4,5,6- 四氢戊搭烯 -2 （1H）- 酮	82096-21-7	0.20
34	40.49	$C_{17}H_{34}O_2$	十六酸甲酯	112-39-0	0.66
35	41.83	$C_{13}H_{18}O$	巨豆三烯酮	38818-55-2	0.03
36	42.14	$C_6H_8O_4$	3,5- 二羟基 -6- 甲基 -2,3- 二氢吡喃 -4- 酮	28564-83-2	4.20
37	43.66	$C_3H_8O_3$	甘油	56-81-5	1.16
38	44.05	$C_5H_8O_3$	乙酰丙酸	123-76-2	0.14
39	44.48	$C_6H_8O_4$	2- 乙酰基 -2- 羟基 -γ- 丁内酯	135366-64-2	0.33
40	44.93	$C_5H_8O_4$	丁二酸甲酯	3878-55-5	0.24
41	45.51	$C_{18}H_{30}O$	法尼基丙酮	1117-52-8	0.12
42	47.77	$C_{19}H_{38}O_2$	硬脂酸甲酯	112-61-8	0.20
43	48.89	$C_{16}H_{32}O_2$	棕榈酸	57-10-3	2.54
44	49.19	$C_{10}H_8N_2$	2,3'- 联吡啶	581-50-0	0.14
45	50.31	$C_{20}H_{36}O_2$	亚油酸乙酯	544-35-4	0.81
46	50.47	$C_{19}H_{32}O_2$	亚麻酸甲酯	7361-80-0	0.62
47	50.79	$C_6H_6O_3$	5- 羟甲基糠醛	67-47-0	7.48
48	51.65	$C_{18}H_{34}O_2$	反油酸	112-79-8	0.91
49	51.88	$C_{19}H_{32}O_2$	（9Z,12Z,15E）-9,12,15- 十八碳三烯酸甲酯	7361-80-0	0.80

续表

编号	保留时间 （min）	分子式	化合物名称	CAS 号	相对含量 （%）
50	52.62	$C_{15}H_{22}O$	2- 硝基苯甲醚	110327-23-6	0.43
51	52.81	$C_{20}H_{34}O_2$	（4E,8E,13E）-12- 异丙基 -1,5,9- 三甲基 -4,8,13- 环十四碳三烯 -1,3- 二醇	7220-78-2	1.35
52	53.13	$C_{13}H_{20}O_2$	3- 氧代 -α- 紫罗兰醇	116126-82-0	0.40
53	54.35	$C_{18}H_{32}O_2$	亚油酸	60-33-3	2.78

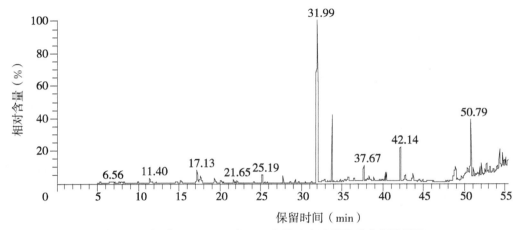

图 4-26　河南 NC89B2F（2009）甲醇索氏提取成分指纹图谱

4.2.27　河南 NC89C3F（2009）甲醇索氏提取成分分析结果

河南 NC89C3F（2009）甲醇索氏提取成分分析结果见表 4-27，河南 NC89C3F（2009）甲醇索氏提取成分指纹图谱见图 4-27。

致香物类型如下。

（1）酮类：羟基丙酮 0.49%、2- 甲氧基［1］苯并噻吩［2,3-C］喹啉 -6（5H）- 酮 0.08%、2- 环戊烯 -1,4- 二酮 0.24%、4- 甲基 -2,4,6- 环庚三烯 -1- 酮 0.19%、（E）- 茄尼酮 0.27%、2（5H）- 呋喃酮 0.12%、环戊烷 -1,2- 二酮 0.47%、2- 羟基 -3- 甲基 -4H- 吡喃 -4- 酮 0.22%、4- 羟基 -2,5- 二甲基 -3（2H）呋喃酮 0.47%、1,3- 二羟基丙酮 1.97%、氧化茄酮 0.14%、3,5- 二羟基 -6- 甲基 -2,3- 二氢吡喃 -4- 酮 5.07%、（S）-5- 羟甲基二氢呋喃 -2- 酮 0.16%。酮类相对含量为致香物的 9.89%。

（2）醛类：特戊醛 0.06%、糠醛 3.49%、5- 甲基糠醛 0.45%、4,5- 二甲基糠醛 0.64%、5- 羟甲基糠醛 9.18%。醛类相对含量为致香物的 13.82%。

（3）醇类：正丁醇 0.08%、2,3- 丁二醇 0.07%、糠醇 2.15%、5-（2,3- 二甲基三环［2.2.1.0^{2,6}］-3- 庚基）-2- 甲基 -2- 戊烯 -1- 醇 1.13%、白檀油烯醇 0.39%、3- 氧代 -α- 紫罗兰醇 1.34%。醇类相对含量为致香物的 5.16%。

（4）有机酸类：乙酸 5.15%、甲酸 0.56%、仲班酸 0.76%、肉豆蔻酸 0.23%。有机酸类相对含量为致香物的 6.70%。

（5）酯类：十六酸甲酯 2.70%、3,3- 二氘化 -5,5- 二甲基环戊烷羧酸甲酯 0.87%、丁二酸单甲酯 0.28%、硬脂酸甲酯 0.28%、油酸甲酯 0.59%、亚油酸甲酯 0.84%。酯类相对含量为致香物的 5.56%。

（6）稠环芳香烃类：未检测到该类成分。

（7）酚类：未检测到该类成分。

（8）烷烃类：十二烷 0.08%、［3-（2,2,2- 三氟乙氧基）丙基］环己烷 0.41%、二十六烷 0.21%。烷烃类相对含量为致香物的 0.70%。

（9）不饱和脂肪烃类：5,5,9- 三甲基三环［7.2.2.0^(1,6)］-6,10- 十三碳二烯 1.34%。不饱和脂肪烃类相对含量为致香物的 1.34%。

（10）生物碱类：烟碱 63.24。生物碱类相对含量为致香物的 63.24。

（11）萜类：新植二烯 6.38%。萜类相对含量为致香物的 6.38%。

（12）其他类：麦斯明 0.13%、2,3'- 联吡啶 0.43%、1,1,4,4,6- 五甲基 -1,2,3,4- 四氢化萘 0.05%。

表 4-27　河南 NC89C3F（2009）甲醇索氏提取成分分析结果

编号	保留时间（min）	分子式	化合物名称	CAS 号	相对含量（%）
1	6.50	C₄H₁₀O	正丁醇	71-36-3	0.08
2	7.59	C₁₂H₂₆	十二烷	112-40-3	0.08
3	10.69	C₅H₁₀O	特戊醛	630-19-3	0.06
4	11.34	C₃H₆O₂	羟基丙酮	116-09-6	0.49
5	15.16	C₁₁H₁₉F₃O	［3-（2,2,2- 三氟乙氧基）丙基］环己烷	79127-01-8	0.41
6	17.08	C₂H₁₄O₂	乙酸	64-19-7	5.15
7	17.52	C₅H₄O₂	糠醛	98-01-1	3.49
8	19.29	CH₂O₂	甲酸	64-18-6	0.56
9	21.18	C₁₆H₁₁NO₂S	2- 甲氧基［1］苯并噻吩［2,3-C］喹啉 -6（5H）- 酮	70453-75-7	0.08
10	21.62	C₆H₆O₂	5- 甲基呋喃醛	620-02-0	0.45
11	21.88	C₄H₁₀O₂	2,3- 丁二醇	513-85-9	0.07
12	22.07	C₅H₄O₂	2- 环戊烯 -1,4- 二酮	930-60-9	0.24
13	24.19	C₈H₈O	4- 甲基 -2,4,6- 环庚三烯 -1- 酮	1654-62-2	0.19
14	25.15	C₅H₆O₂	糠醇	98-00-0	1.10
15	27.71	C₁₃H₂₂O	（E）- 茄尼酮	54868-48-3	0.27
16	28.58	C₄H₄O₂	2（5H）- 呋喃酮	497-23-4	0.12
17	29.26	C₅H₆O₂	环戊烷 -1,2- 二酮	3008-40-0	0.47
18	29.87	C₁₅H₂₂	1,1,4,4,6- 五甲基 -1,2,3,4- 四氢化萘	6683-48-3	0.05
19	31.87	C₁₀H₁₄N₂	烟碱	54-11-5	63.24
20	33.80	C₂₀H₃₈	新植二烯	504-96-1	6.38
21	34.75	C₆H₆O₃	2- 羟基 -3- 甲基 -4H- 吡喃 -4- 酮	61892-88-4	0.22
22	35.31	C₇H₈O₂	4,5- 二甲基糠醛	52480-43-0	0.64
23	36.47	C₆H₈O₃	4- 羟基 -2,5- 二甲基 -3（2H）呋喃酮	3658-77-3	0.47
24	37.65	C₃H₆O₃	1,3- 二羟基丙酮	96-26-4	1.97
25	38.28	C₃H₂N₂O₃	仲班酸	120-89-8	0.76
26	38.87	C₁₂H₂₀O₂	氧化茄酮	60619-46-7	0.14
27	39.76	C₉H₁₀N₂	麦斯明	532-12-7	0.13
28	40.44	C₁₇H₃₄O₂	十六酸甲酯	112-39-0	2.70
29	42.08	C₆H₈O₄	3,5- 二羟基 -6- 甲基 -2,3- 二氢吡喃 -4- 酮	28564-83-2	5.07
30	43.58	C₉H₁₄D₂O₂	3,3- 二氘化 -5,5- 二甲基环戊烷羧酸甲酯	79640-16-16	0.87

续表

编号	保留时间 （min）	分子式	化合物名称	CAS 号	相对含量 （%）
31	44.48	$C_{15}H_{24}O$	5-（2,3-二甲基三环［2.2.1.02,6］-3-庚基）-2-甲基-2-戊烯-1-醇	115-71-9	1.13
32	44.85	$C_5H_8O_4$	丁二酸单甲酯	3878-55-5	0.28
33	47.66	$C_{19}H_{38}O_2$	硬脂酸甲酯	112-61-8	0.28
34	47.87	$C_{15}H_{24}O$	白檀油烯醇	98718-53-7	0.39
35	48.58	$C_{19}H_{36}O_2$	油酸甲酯	112-62-9	0.59
36	49.10	$C_{10}H_8N_2$	2,3'-联吡啶	581-50-0	0.43
37	49.89	$C_5H_8O_3$	（S）-5-羟甲基二氢呋喃-2-酮	32780-06-6	0.16
38	50.24	$C_{19}H_{34}O_2$	亚油酸甲酯	112-63-0	0.84
39	50.71	$C_6H_6O_3$	5-羟甲基糠醛	67-47-0	9.18
40	55.07	$C_{13}H_{20}O_2$	3-氧代-α-紫罗兰醇	116126-82-0	1.34
41	53.99	$C_{26}H_{54}$	二十六烷	630-01-3	0.21
42	54.10	$C_{14}H_{28}O_2$	肉豆蔻酸	544-63-8	0.23
43	55.12	$C_{16}H_{24}$	5,5,9-三甲基三环［7.2.2.0^{1,6}］-6,10-十三碳二烯	107291-57-6	1.34

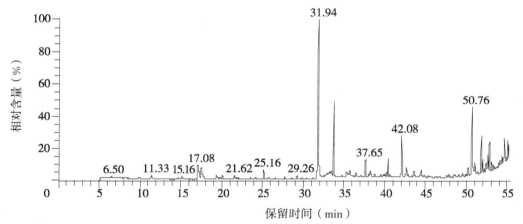

图 4-27　河南 NC89C3F（2009）甲醇索氏提取成分指纹图谱

4.2.28　河南 NC89B2L（2009）甲醇索氏提取成分分析结果

河南 NC89B2L（2009）甲醇索氏提取成分分析结果见表 4-28，河南 NC89B2L（2009）甲醇索氏提取成分指纹图谱见图 4-28。

致香物类型如下。

（1）酮类：羟基丙酮 0.41%、2-环戊烯-1,4-二酮 0.28%、（E）-茄酮 0.27%、环戊烷-1,2-二酮 0.27%、甲基环戊烯醇酮 0.05%、氧化茄酮 0.18%、巨豆三烯酮 0.30%、3,5-二羟基-6-甲基-2,3-二氢吡喃-4-酮 4.30%、法尼基丙酮 0.10%、（S）-5-羟甲基二氢呋喃-2-酮 0.15%。酮类相对含量为致香物的 6.58%。

（2）醛类：糠醛 1.12%、5-甲基糠醛 0.89%、4,5-二甲基糠醛 0.71%、5-羟甲基糠醛 8.24%。醛类相对含量为致香物的 10.96%。

（3）醇类：正丁醇 0.08%、（2R，3R）-（—）-2,3-丁二醇 0.09%、（2S，3S）-（+）-2,3-丁二醇 0.07%、1,2-丙二醇 0.10%、糠醇 0.83%、苯甲醇 0.08%、3-氧代-α-紫罗兰醇 1.18%。醇类相对含量为致香物的 2.43%。

（4）有机酸类：乙酸 2.67%、甲酸 0.78%、落叶松酸 1.10%、乙酰基丙酸 0.08%、肉豆蔻酸 0.68%、烟酸 0.31%、棕榈酸 5.68%。有机酸类相对含量为致香物的 11.30%。

（5）酯类：丙酮酸甲酯 0.01%、当归内酯 0.02%、棕榈酸甲酯 0.49%、2-乙酰基 -2-羟基 -丁内酯 0.08%、丁二酸单甲酯 0.22%、亚油酸甲酯 0.57%、亚油酸乙酯 1.02%。酯类相对含量为致香物的 2.41%。

（6）稠环芳香烃类：未检测到该类成分。

（7）酚类：苯酚 0.12%、4-乙烯基 -2-甲氧基苯酚 0.18%。酚类相对含量为致香物的 0.30%。

（8）烷烃类：十二烷 0.06%、烯丙氧基甲基环丙烷 0.17%。烷烃类相对含量为致香物的 0.23%。

（9）不饱和脂肪烃类：二环氧化 -1,3-丁二烯 0.22%、3-氧杂三环［3.2.2.0^{2,4}］-6,8-壬二烯 0.29%。不饱和脂肪烃类相对含量为致香物的 0.51%。

（10）生物碱类：烟碱 43.37%。生物碱类相对含量为致香物的 43.37%。

（11）萜类：新植二烯 3.44%。萜类相对含量为致香物的 3.44%。

（12）其他类：吡啶 0.02%、2-乙酰基呋喃 0.04%、麦斯明 0.32%、2,3'-联吡啶 0.60%。

表 4-28　河南 NC89B2L（2009）甲醇索氏提取成分分析结果

编号	保留时间（min）	分子式	化合物名称	CAS 号	相对含量（%）
1	6.55	C$_4$H$_{10}$O	正丁醇	71-36-3	0.08
2	7.57	C$_5$H$_5$N	吡啶	110-86-1	0.02
3	7.65	C$_{12}$H$_{26}$	十二烷	112-40-3	0.06
4	9.33	C$_4$H$_6$O$_3$	丙酮酸甲酯	600-22-6	0.01
5	11.39	C$_3$H$_6$O$_2$	羟基丙酮	116-09-6	0.41
6	15.18	C$_4$H$_6$O$_2$	二环氧化 -1,3-丁二烯	298-18-0	0.22
7	16.22	C$_5$H$_6$O$_2$	当归内酯	591-12-8	0.02
8	17.11	C$_2$H$_4$O$_2$	乙酸	64-19-7	2.67
9	17.55	C$_5$H$_4$O$_2$	糠醛	98-01-1	1.12
10	19.01	C$_6$H$_6$O$_2$	2-乙酰基呋喃	1192-62-7	0.04
11	19.31	CH$_2$O$_2$	甲酸	64-18-6	0.78
12	20.41	C$_4$H$_{10}$O$_2$	（2R,3R）-（—）-2,3-丁二醇	513-85-9	0.09
13	21.61	C$_6$H$_6$O$_2$	5-甲基糠醛	620-02-0	0.89
14	21.86	C$_4$H$_{10}$O$_2$	（2S,3S）-（+）-2,3-丁二醇	19132-06-0	0.07
15	22.05	C$_5$H$_4$O$_2$	2-环戊烯 -1,4-二酮	930-60-9	0.28
16	22.38	C$_3$H$_8$O$_2$	1,2-丙二醇	57-55-6	0.10
17	24.16	C$_8$H$_8$O	3-氧杂三环［3.2.2.0^{2,4}］-6,8-壬二烯	82652-05-9	0.29
18	25.13	C$_5$H$_6$O$_2$	糠醇	98-00-0	0.83
19	27.69	C$_{13}$H$_{22}$O	（E）-茄酮	54868-48-3	0.27
20	28.57	C$_7$H$_{12}$O	烯丙氧基甲基环丙烷	18022-46-3	0.17
21	29.26	C$_5$H$_6$O$_2$	环戊烷 -1,2-二酮	3008-40-0	0.27
22	31.25	C$_6$H$_8$O$_2$	甲基环戊烯醇酮	765-70-8	0.05
23	32.00	C$_{10}$H$_{14}$N$_2$	烟碱	54-11-5	43.37
24	32.55	C$_7$H$_8$O	苯甲醇	100-51-6	0.08
25	33.75	C$_{20}$H$_{38}$	新植二烯	504-96-1	3.44
26	34.74	C$_6$H$_6$O$_2$	落叶松酸	118-71-8	1.10

续表

编号	保留时间 （min）	分子式	化合物名称	CAS 号	相对含量 （%）
27	35.27	$C_7H_8O_2$	4,5- 二甲基 - 糠醛	52480-43-0	0.71
28	35.91	C_6H_6O	苯酚	108-95-2	0.12
29	38.87	$C_{12}H_{20}O_2$	氧化茄酮	60619-46-7	0.18
30	39.75	$C_9H_{10}N_2$	麦斯明	532-12-7	0.32
31	39.93	$C_{13}H_{18}O$	巨豆三烯酮	38818-55-2	0.30
32	40.08	$C_9H_{10}O_2$	4- 乙烯基 -2- 甲氧基苯酚	7786-61-0	0.18
33	40.44	$C_{17}H_{34}O_2$	棕榈酸甲酯	112-39-0	0.49
34	42.09	$C_6H_8O_4$	3,5- 二羟基 -6- 甲基 -2,3- 二氢吡喃 -4- 酮	28564-83-2	4.30
35	43.98	$C_5H_8O_3$	乙酰基丙酸	123-76-2	0.08
36	44.40	$C_6H_8O_4$	2- 乙酰基 -2- 羟基 - 丁内酯	135366-64-2	0.08
37	44.85	$C_5H_8O_4$	丁二酸单甲酯	3878-55-5	0.22
38	45.43	$C_{18}H_{30}O$	法尼基丙酮	1117-52-8	0.10
39	48.45	$C_{16}H_{32}O_2$	棕榈酸	57-10-3	5.68
40	49.13	$C_{10}H_8N_2$	2,3'- 联吡啶	581-50-0	0.60
41	49.92	$C_5H_8O_3$	（S）-5- 羟甲基二氢呋喃 -2- 酮	32780-06-6	0.15
42	50.24	$C_{19}H_{32}O_2$	亚油酸甲酯	112-63-0	0.57
43	50.76	$C_6H_6O_3$	5- 羟甲基糠醛	67-47-0	8.24
44	51.84	$C_{20}H_{36}O_2$	亚油酸乙酯	544-35-4	1.02
45	53.09	$C_{13}H_{20}O_2$	3- 氧代 -α- 紫罗兰醇	116126-82-0	1.18
46	54.09	$C_{14}H_{28}O_2$	肉豆蔻酸	544-63-8	0.68
47	54.23	$C_6H_5NO_2$	烟酸	59-67-6	0.31

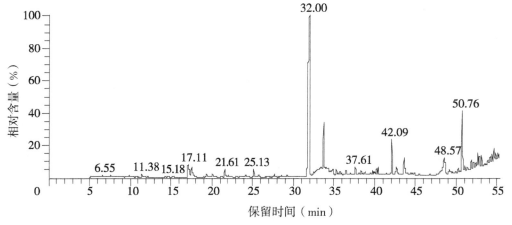

图 4-28　河南 NC89B2L（2009）甲醇索氏提取成分指纹图谱

4.2.29　津巴布韦 L20A（2009）甲醇索氏提取成分分析结果

　　津巴布韦 L20A（2009）甲醇索氏提取成分分析结果见表 4-29，津巴布韦烤烟 L20A（2009）甲醇索氏提取成分指纹图谱见图 4-29。

　　致香物类型如下。

　　（1）酮类：1- 羟基 -2- 丙酮 0.78%、1- 羟基 -2- 丁酮 0.05%、2- 环戊烯 -1,4- 二酮 0.39%、3- 甲基 -2-（5H）- 呋喃酮 0.01%、（E）-5- 异丙基 -8- 甲基 -6,8- 壬二烯 -2- 酮 0.27%、2（5H）- 呋喃酮 0.12%、2-

羟基2-环戊酮0.53%、甲基环戊烯醇酮0.10%、3a,4,5,6,7,7a-六氢-4-（1,1-二甲基乙基）-1H-茚酮0.15%、4-羟基-2,5-二甲基-3（2H）呋喃酮0.68%、1,3-二羟基丙酮1.53%、巨豆三烯酮0.04%、3,5-二羟基-6-甲基-2,3-二氢吡喃-4-酮3.97%、法尼基丙酮0.10%、（S）-5-羟甲基二氢呋喃-2-酮0.19%。酮类相对含量为致香物的8.91%。

（2）醛类：糠醛1.01%、5-甲基糠醛0.45%、4,5-二甲基-2-糠醛0.11%。醛类相对含量为致香物的1.57%。

（3）醇类：正丁醇0.08%、1,3-丁二醇0.12%、2,3-丁二醇0.08%、（S）-（+）-1,2-丙二醇0.04%、糠醇1.24%、苯甲醇0.06%、丙三醇1.42%、（4E,8E,13E）-12-异丙基-1,5,9-三甲基-4,8,13-环十四碳三烯-1,3-二醇0.57%、3-氧代-α-紫罗兰醇0.39%。醇类相对含量为致香物的4.00%。

（4）有机酸类：乙酸3.61%、巴豆酸0.12%、乙酰丙酸0.13%、肉豆蔻酸0.12%、亚油酸3.28%、棕榈酸2.70%。有机酸类相对含量为致香物的9.96%。

（5）酯类：丙酮酸甲酯0.03%、乳酸甲酯0.07%、羟基乙酸甲酯0.31%、4-羟基-3-戊烯内酯0.02%、丙酸甲酯0.08%、DL-苹果酸二甲酯0.86%、十六酸甲酯1.51%、2-乙酰基-2-羟基-γ-丁内酯0.36%、丁二酸单甲酯0.27%、硬脂酸甲酯0.31%、亚油酸甲酯1.24%、亚麻酸甲酯1.57%。酯类相对含量为致香物的6.63%。

（6）稠环芳香烃类：未检测到该类成分。

（7）酚类：甲基麦芽酚0.19%、苯酚0.04%。酚类相对含量为致香物的0.23%。

（8）烷烃类：7-甲基四环［4.1.0.0（2.4）0.3.5］庚烷0.01%、十二烷0.04%。烷烃类相对含量为致香物的0.05%。

（9）不饱和脂肪烃类：二环氧化-1,3-丁二烯0.48%。不饱和脂肪烃类相对含量为致香物的0.48%。

（10）生物碱类：烟碱36.05%。生物碱类相对含量为致香物的36.05%。

（11）萜类：新植二烯5.38%。萜类相对含量为致香物的5.38%。

（12）其他类：吡啶0.01%、N,N-二甲基甲酰胺0.06%、2-乙酰基呋喃0.08%、甲丙烯酰基氰化物0.03%、麦斯明0.10%、3-羟基-2-甲基吡啶0.05%、2,3-二氢苯并呋喃0.06%、2-硝基苯甲醚0.32%、1-苯基-1-庚炔0.03%。

表4-29 津巴布韦L20A（2009）甲醇索氏提取成分分析结果

编号	保留时间（min）	分子式	化合物名称	CAS号	相对含量（%）
1	5.87	C_8H_{10}	7-甲基四环［4.1.0.0（2.4.）0.3.5］庚烷	77481-22-2	0.01
2	6.51	$C_4H_{10}O$	正丁醇	71-36-3	0.08
3	7.53	C_5H_5N	吡啶	110-86-1	0.01
4	7.63	$C_{12}H_{26}$	十二烷	112-40-3	0.04
5	9.30	$C_4H_6O_3$	丙酮酸甲酯	600-22-6	0.03
6	11.36	$C_3H_6O_2$	1-羟基-2-丙酮	116-09-6	0.78
7	12.03	$C_4H_8O_3$	乳酸甲酯	547-64-8	0.07
8	12.30	C_3H_7NO	N,N-二甲基甲酰胺	68-12-2	0.06
9	14.01	$C_4H_8O_2$	1-羟基-2-丁酮	5077-67-8	0.05
10	14.68	$C_3H_6O_3$	羟基乙酸甲酯	96-35-5	0.31
11	15.18	$C_4H_6O_2$	二环氧化-1,3-丁二烯	1464-53-5	0.48
12	16.23	$C_5H_6O_2$	4-羟基-3-戊烯内酯	591-12-8	0.02
13	17.09	$C_2H_4O_2$	乙酸	64-19-7	3.61
14	17.56	$C_5H_4O_2$	糠醛	98-01-1	1.01
15	19.04	$C_6H_6O_2$	2-乙酰基呋喃	1192-62-7	0.08
16	20.47	$C_4H_{10}O_2$	1,3-丁二醇	107-88-0	0.12

续表

编号	保留时间（min）	分子式	化合物名称	CAS 号	相对含量（%）
17	21.12	C_5H_5NO	甲丙烯酰基氰化物	77290-81-4	0.03
18	21.21	$C_4H_8O_3$	丙酸甲酯	6149-41-3	0.08
19	21.65	$C_6H_6O_2$	5-甲基糠醛	620-02-0	0.45
20	21.91	$C_4H_{10}O_2$	2,3-丁二醇	19132-06-0	0.08
21	22.10	$C_5H_4O_2$	4-环戊烯-1,3-二酮	930-60-9	0.39
22	22.43	$C_3H_8O_2$	（S）-（+）-1,2-丙二醇	4254-15-3	0.04
23	25.19	$C_5H_6O_2$	糠醇	98-00-0	1.24
24	27.16	$C_5H_6O_2$	3-甲基-2-（5H）-呋喃酮	22122-36-7	0.01
25	27.75	$C_{13}H_{22}O$	（E）-5-异丙基-8-甲基-6,8-壬二烯-2-酮	54868-48-3	0.27
26	28.63	$C_4H_4O_2$	2（5H）-呋喃酮	497-23-4	0.12
27	29.30	$C_5H_6O_2$	2-羟基2-环戊酮	10493-98-8	0.53
28	29.74	$C_4H_6O_2$	巴豆酸	3724-65-0	0.12
29	30.89	$C_{13}H_{16}$	1-苯基-1-庚炔	14374-45-9	0.03
30	31.26	$C_6H_8O_2$	甲基环戊烯醇酮	80-71-7	0.10
31	32.00	$C_{10}H_{14}N_2$	烟碱	54-11-5	36.05
32	32.59	C_7H_8O	苯甲醇	100-51-6	0.06
33	33.83	$C_{20}H_{38}$	新植二烯	504-96-1	5.38
34	34.33	$C_{13}H_{20}O$	3a,4,5,6,7,7a-六氢-4-（1,1-二甲基乙基）-1H-茚酮	108585-89-3	0.15
35	34.78	$C_6H_6O_3$	甲基麦芽酚	118-71-8	0.19
36	35.31	$C_7H_8O_2$	4,5-二甲基-2-糠醛	52480-43-0	0.11
37	35.78	$C_6H_{10}O_5$	DL-苹果酸二甲酯	38115-87-6	0.86
38	35.94	C_6H_6O	苯酚	108-95-2	0.04
39	36.51	$C_6H_8O_3$	4-羟基-2,5-二甲基-3（2H）呋喃酮	3658-77-3	0.68
40	37.68	$C_3H_6O_3$	1,3-二羟基丙酮	96-26-4	1.53
41	39.79	$C_9H_{10}N_2$	麦斯明	532-12-7	0.10
42	40.50	$C_{17}H_{34}O_2$	十六酸甲酯	112-39-0	1.51
43	41.83	$C_{13}H_{18}O$	巨豆三烯酮	38818-55-2	0.04
44	42.15	$C_6H_8O_4$	3,5-二羟基-6-甲基-2,3-二氢吡喃-4-酮	28564-83-2	3.97
45	43.16	C_6H_7NO	3-羟基-2-甲基吡啶	1121-25-1	0.05
46	43.67	$C_3H_8O_3$	丙三醇	56-81-5	1.42
47	44.04	$C_5H_8O_3$	乙酰丙酸	123-76-2	0.13
48	44.47	$C_6H_8O_4$	2-乙酰基-2-羟基-γ-丁内酯	135366-64-2	0.36
49	44.92	$C_5H_8O_4$	丁二酸单甲酯	3878-55-5	0.27
50	45.50	$C_{18}H_{30}O$	法尼基丙酮	1117-52-8	0.10
51	46.77	C_8H_8O	2,3-二氢苯并呋喃	496-16-2	0.06
52	47.76	$C_{19}H_{38}O_2$	硬脂酸甲酯	112-61-8	0.31
53	48.98	$C_{16}H_{32}O_2$	棕榈酸	57-10-3	2.70
54	49.97	$C_5H_8O_3$	（S）-5-羟甲基二氢呋喃-2-酮	32780-06-6	0.19
55	50.30	$C_{19}H_{34}O_2$	亚油酸甲酯	112-63-0	1.24
56	51.88	$C_{19}H_{32}O_2$	亚麻酸甲酯	7361-80-0	1.57

续表

编号	保留时间（min）	分子式	化合物名称	CAS 号	相对含量（%）
57	52.63	$C_7H_7NO_3$	2- 硝基苯甲醚	91-23-6	0.32
58	52.81	$C_{20}H_{34}O_2$	（4E,8E,13E）-12- 异丙基 -1,5,9- 三甲基 -4,8,13- 环十四碳三烯 -1,3- 二醇	7220-78-2	0.57
59	53.12	$C_{13}H_{20}O_2$	3- 氧代 -α- 紫罗兰醇	116126-82-0	0.39
60	54.13	$C_{14}H_{28}O_2$	肉豆蔻酸	544-63-8	0.12
61	54.36	$C_{18}H_{32}O_2$	亚油酸	60-33-3	3.28

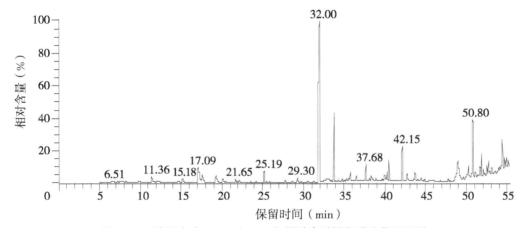

图 4-29　津巴布韦 L20A（2009）甲醇索氏提取成分指纹图谱

4.2.30　津巴布韦 LJOT2（2009）甲醇索氏提取成分分析结果

津巴布韦 LJOT2（2009）甲醇索氏提取成分分析结果见表 4-30，津巴布韦烤烟 LJOT2（2009）甲醇索氏提取成分指纹图谱见图 4-30。

致香物类型如下。

（1）酮类：羟基丙酮 0.55%、2- 环戊烯 -1,4- 二酮 0.31%、（E）-5- 异丙基 -8- 甲基 -6,8- 壬二烯 -2- 酮 0.36%、环戊烷 -1,2- 二酮 0.36%、甲基环戊烯醇酮 0.09%、2- 羟基 -3- 甲基 -4H- 吡喃 -4- 酮 0.18%、4- 羟基 -2,5- 二甲基 -3（2H）呋喃酮 0.45%、1,3- 二羟基丙酮 1.29%、（S）-5- 羟甲基二氢呋喃 -2- 酮 0.18%、氧化茄酮 0.27%、巨豆三烯酮 0.35%、巨豆三烯酮 B0.05%、3,5- 二羟基 -6- 甲基 -2,3- 二氢吡喃 -4- 酮 3.71%、金合欢基丙酮 0.06%。酮类相对含量为致香物的 8.21%。

（2）醛类：糠醛 0.90%、5- 甲基糠醛 0.43%、4,5- 二甲基 -2- 糠醛 0.12%。醛类相对含量为致香物的 1.45%。

（3）醇类：正丁醇 0.11%、2,3- 丁二醇 0.21%、1,2- 丙二醇 0.06%、糠醇 1.21%、丙三醇 1.34%、植物醇 0.17%、3- 氧代 -α- 紫罗兰醇 1.43%、（4E,8E,13E）-12- 异丙基 -1,5,9- 三甲基环十四碳 -4,8,13- 三烯 -1,3- 二醇 0.03%。醇类相对含量为致香物的 4.56%。

（4）有机酸类：乙酸 3.55%、甲酸 1.61%、乙酰丙酸 0.12%、苯甲酸 0.04%、反油酸 0.94%、异戊酸 0.21%、亚油酸 2.89%、异巴豆酸 0.09%、棕榈酸 1.98%。有机酸类相对含量为致香物的 11.43%。

（5）酯类：棕榈酸甲酯 1.15%、2- 乙酰基 -2- 羟基 - 丁内酯 0.24%、丁二酸甲酯 0.13%、硬酯酸甲酯 0.27%、亚油酸甲酯 1.03%、亚麻酸甲酯 1.35%、烟酸乙酯 0.05%。酯类相对含量为致香物的 4.22%。

（6）稠环芳香烃类：未检测到该类成分。

（7）酚类：未检测到该类成分。

（8）烷烃类：十二烷 0.04%、环丙烷 0.12%。烷烃类相对含量为致香物的 0.16%。

（9）不饱和脂肪烃类：（E,E）-7,11,15- 三甲基 -3- 亚甲基 -1,6,10,14- 十六碳四烯 0.05%、二环氧化 -1,3- 丁二烯 0.44%、2- 萘基 -2- 丁烯 0.01%。不饱和脂肪烃类相对含量为致香物的 0.50%。

（10）生物碱类：烟碱 39.88%。生物碱类相对含量为致香物的 39.88%。

（11）萜类：新植二烯 7.17%。萜类相对含量为致香物的 7.17%。

（12）其他类：麦斯明 0.15%、2,3'- 联吡啶 0.26%。

表 4-30　津巴布韦 LJ0T2（2009）甲醇索氏提取成分分析结果

编号	保留时间（min）	分子式	化合物名称	CAS 号	相对含量（%）
1	6.52	C₄H₁₀O	正丁醇	71-36-3	0.11
2	7.70	C₁₂H₂₆	十二烷	112-40-3	0.04
3	11.38	C₃H₆O₂	羟基丙酮	116-09-6	0.55
4	15.20	C₄H₆O₂	二环氧化 -1,3- 丁二烯	1464-53-5	0.44
5	17.07	C₂H₄O₂	乙酸	64-19-7	3.55
6	17.57	C₅H₄O₂	糠醛	98-01-1	0.90
7	19.26	CH₂O₂	甲酸	64-18-6	1.61
8	20.46	C₄H₁₀O₂	2,3- 丁二醇	513-85-9	0.11
9	21.65	C₆H₆O₂	5- 甲基糠醛	620-02-0	0.43
10	21.90	C₄H₁₀O₂	2,3- 丁二醇	513-85-9	0.10
11	22.10	C₅H₄O₂	2- 环戊烯 -1,4- 二酮	93-60-7	0.31
12	22.45	C₃H₈O₂	1,2- 丙二醇	57-55-6	0.06
13	25.19	C₅H₆O₂	糠醇	98-00-0	1.21
14	27.75	C₁₃H₂₂O	（E）-5- 异丙基 -8- 甲基 -6,8- 壬二烯 -2- 酮	54868-48-3	0.36
15	28.63	C₇H₁₂O	环丙烷	18022-46-3	0.12
16	29.33	C₅H₆O₂	环戊烷 -1,2- 二酮	3008-40-0	0.36
17	29.82	C₄H₆O₂	异巴豆酸	503-64-0	0.09
18	31.32	C₆H₈O₂	甲基环戊烯醇酮	765-70-8	0.09
19	32.07	C₁₀H₁₄N₂	烟碱	54-11-5	39.88
20	33.85	C₂₀H₃₈	新植二烯	504-96-1	7.17
21	34.78	C₆H₆O₃	2- 羟基 -3- 甲基 -4H- 吡喃 -4- 酮	61892-88-4	0.18
22	35.31	C₇H₈O₂	4,5- 二甲基 -2- 糠醛	52480-43-0	0.12
23	36.51	C₆H₈O₃	4- 羟基 -2,5- 二甲基 -3（2H）呋喃酮	3658-77-3	0.45
24	37.67	C₃H₆O₃	1,3- 二羟基丙酮	96-26-4	1.29
25	38.12	C₅H₈O₃	（S）-5- 羟甲基二氢呋喃 -2- 酮	32780-06-6	0.18
26	38.91	C₁₂H₂₀O₂	氧化茄酮	60619-46-7	0.27
27	39.21	C₂₀H₃₂	（E,E）-7,11,15- 三甲基 -3- 亚甲基 -1,6,10,14- 十六碳四烯	70901-63-2	0.05
28	39.79	C₉H₁₀N₂	麦斯明	532-12-7	0.15
29	39.97	C₁₃H₁₈O	巨豆三烯酮	13215-88-8	0.35
30	40.49	C₁₇H₃₄O₂	棕榈酸甲酯	112-39-0	1.15
31	41.71	C₁₄H₁₄	2- 萘基 -2- 丁烯	74357-40-7	0.01
32	41.83	C₁₃H₁₈O	巨豆三烯酮 B	38818-55-2	0.05
33	42.16	C₆H₈O₄	3,5- 二羟基 -6- 甲基 -2,3- 二氢吡喃 -4- 酮	28564-83-2	3.71
34	42.90	C₇H₉NO₂	烟酸乙酯	614-18-6	0.05

续表

编号	保留时间 （min）	分子式	化合物名称	CAS号	相对含量 （%）
35	43.68	$C_3H_8O_3$	丙三醇	56-81-5	1.34
36	44.05	$C_5H_8O_3$	乙酰丙酸	123-76-2	0.12
37	44.48	$C_6H_8O_4$	2-乙酰基-2-羟基-丁内酯	135366-64-2	0.24
38	44.92	$C_5H_8O_4$	丁二酸甲酯	3878-55-5	0.13
39	45.50	$C_{18}H_{30}O$	金合欢基丙酮	762-29-8	0.06
40	47.76	$C_{19}H_{38}O_2$	硬酯酸甲酯	112-61-8	0.27
41	48.19	$C_7H_6O_2$	苯甲酸	65-85-0	0.04
42	48.92	$C_{16}H_{32}O_2$	棕榈酸	57-10-3	1.98
43	49.17	$C_{10}H_8N_2$	2,3'-联吡啶	581-50-0	0.26
44	50.30	$C_{19}H_{34}O_2$	亚油酸甲酯	112-63-0	1.03
45	51.69	$C_{18}H_{34}O_2$	反油酸	112-79-8	0.94
46	51.87	$C_{19}H_{32}O_2$	亚麻酸甲酯	7361-80-0	1.35
47	52.25	$C_9H_{12}N_2O_2$	异戊酸	65628-74-2	0.21
48	52.88	$C_{20}H_{40}O$	植物醇	150-86-7	0.17
49	53.13	$C_{13}H_{20}O_2$	3-氧代-α-紫罗兰醇	116126-82-0	1.43
50	54.36	$C_{18}H_{32}O_2$	亚油酸	60-33-3	2.89
51	55.21	$C_{20}H_{34}O_2$	（4E,8E,13E）-12-异丙基-1,5,9-三甲基环十四碳-4,8,13-三烯-1,3-二醇	7220-78-2	0.03

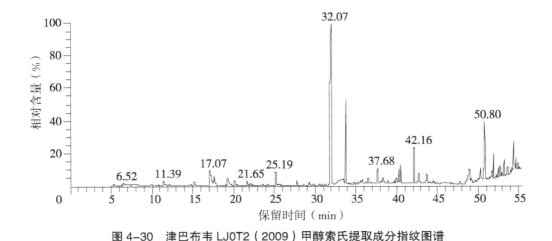

图 4-30　津巴布韦 LJOT2（2009）甲醇索氏提取成分指纹图谱

4.2.31　广西贺州麦岭云烟 87C3F（2014）甲醇索氏提取成分分析结果

广西贺州麦岭云烟 87C3F（2014）甲醇索氏提取成分分析结果见表 4-31，广西贺州麦岭云烟 87C3F（2014）甲醇索氏提取成分指纹图谱见图 4-31。

致香物类型及相对含量如下。

（1）酮类：1（3H）-异苯并呋喃酮 0.25%、1,3-二羟基丙酮 4.94%、1-（2,3-二氢 -6-甲硫基 -1H-茚 -5-醇）乙酮 0.06%、2-（1-甲基丙基）环戊酮 0.33%、2,3-二氢 -3,5-二羟基 -6-甲基 -4H-吡喃 -4-酮 1.40%、2-羟基 -3-甲基吡喃 -4-酮 1.10%、4-甲基咪唑烷 -2-硫酮 0.81%、环己酮 0.33%。酮类相对含量为致香物的 9.22%。

（2）醛类：庚醛 0.15%、5-羟甲基糠醛 0.15%、醛类相对含量为致香物的 0.30%。

（3）醇类：2-丁基氨基乙硫醇 0.17%、丙三醇 3.06%、环戊醇 1.22%、四氢吡喃 -4- 醇 0.12%、2- 溴乙醇 0.08%、三聚甲醛缩乙二醇 0.15%。醇类相对含量为致香物的 4.80%。

（4）有机酸类：D- 环丝氨酸 0.10%、α- 羟基 -2- 呋喃乙酸 0.39%、尿囊酸 0.29%、右旋奎宁酸 2.39%、月桂酸 1.38%、L- 甘氨酰丙氨酸 0.58%。有机酸占致香物的 5.13%

（5）酯类：碳酸丙烯乙酯 0.62%、己二酸二乙酯 0.08%、二乙酸甘油酯 0.40%、新戊基醋酸酯 0.32%。酯类占致香物的 1.42%。

（6）酚类：邻苯二酚 0.14%、2,4- 二叔丁基苯酚 0.16%。酚类占致香物的 0.30%。

（7）烷烃类：癸烷 3.06%、D2-1,4- 丁烷 0.07%、（1R）-（+）-cis 蒎烷 1.49%、1-D-2- 甲基丙烷 0.08%。烷烃类占致香物的 4.70%。

（8）不饱和脂肪烃类：4- 乙烯基环己烯 0.10%、角鲨烯 0.94%。不饱和脂肪烃类相对含量为致香物的 1.04%。

（9）生物碱类：新烟草碱（去氢新烟碱）1.43%、烟碱 61.32%、α- 尼古丁 0.31%。生物碱类占致香物的 63.06%。

（10）萜类：未检测到该类成分。

（11）其他类：1,1,3- 三甲基脲 0.07%、1,4- 二甲基哌嗪 0.49%、1- 氨基辛烷 0.08%、1- 壬胺 0.14%、2-［（2- 硝基苯基）亚甲基氨基］胍 0.06%、2,6- 二氯 -3- 硝基甲苯 0.16%、3,3- 二乙基 -1- 甲氧基 -2- 氧代 -1- 三嗪 0.76%、4- 羟基 -3- 硝基香豆素 0.11%、N,N,1,3- 四甲基 -2- 氧代 -1,3,2- 二氮杂磷 -2- 环戊烷胺 0.09%、N,N- 二甲基丙烯酰胺 0.17%、N,N- 二甲基丙酰胺 0.88%、N- 甲基辛胺 0.21%、O- 甲基异脲 0.17%、赤霉素 0.06%、丁醛 -N,N- 二甲基腙 0.18%、黑芥子苷 0.07%、甲基丙烯酰胺 0.10%、氯脲菌素 0.08%、羟基安非他命 0.16%、羟甲基环丙烷 0.16%、托莫西汀 0.13%、异恶唑 -5- 胺 0.07%、油酸酰胺 1.94%、替苯丙胺 0.22%。

表 4-31　广西贺州麦岭云烟 87C3F（2014）索氏提取成分分析结果

编号	保留时间（min）	分子式	化合物名称	CAS 号	相对含量（%）
1	2.718	$C_5H_{13}N_3O_2$	3,3- 二乙基 -1- 甲氧基 -2- 氧代 -1- 三嗪	112753-63-6	0.76
2	2.835	$C_3H_6O_3$	1,3- 二羟基丙酮	96-26-4	4.94
3	3.207	$C_8H_{19}N$	1- 氨基辛烷	111-86-4	0.08
4	3.313	$C_6H_{10}O$	环己酮	108-94-1	0.33
5	3.372	C_4H_9D	1-D-2- 甲基丙烷	50463-25-7	0.08
6	3.602	$C_3H_4N_2O$	异恶唑 -5- 胺	14678-05-8	0.07
7	3.779	$C_3H_8O_3$	丙三醇	56-81-5	3.06
8	3.939	$C_6H_{15}NS$	2-（丁基氨基）乙硫醇	5842-00-2	0.17
9	4.157	$C_2H_6N_2O$	O- 甲基异脲	2440-60-0	0.17
10	4.299	$C_6H_{10}O_3$	碳酸丙烯乙酯	1469-70-1	0.62
11	4.494	$C_{10}H_{22}$	癸烷	124-18-5	3.06
12	5.243	$C_6H_{14}N_2$	1,4- 二甲基哌嗪	106-58-1	0.49
13	5.716	$C_6H_{14}N_2$	丁醛 -N,N- 二甲基腙	10424-98-3	0.18
14	6.247	$C_6H_6O_3$	2- 羟基 -3- 甲基吡喃 -4- 酮	61892-88-4	1.10
15	6.654	$C_3H_6N_2O_2$	D- 环丝氨酸	68-41-7	0.10
16	6.949	C_4H_8O	羟甲基环丙烷	2516-33-8	0.16
17	7.268	$C_7H_{14}O$	庚醛	111-71-7	0.15
18	8.561	$C_6H_8O_4$	2,3- 二氢 -3,5- 二羟基 -6- 甲基 -4H- 吡喃 -4- 酮	28564-83-2	1.40

续表

编号	保留时间（min）	分子式	化合物名称	CAS 号	相对含量（%）
19	8.998	$C_9H_{18}N_2O_3$	2-（1-甲基丙基）环戊酮	19079-66-4	0.33
20	9.169	$C_6H_6O_4$	α-羟基-2-呋喃乙酸	19377-73-2	0.39
21	9.405	$C_{10}H_{18}O_4$	己二酸二乙酯	141-28-6	0.08
22	9.452	$C_9H_{16}ClN_3O_7$	氯脲菌素	54749-90-5	0.08
23	9.813	$C_9H_{21}N$	1-壬胺	112-20-9	0.14
24	10.769	$C_6H_6O_2$	邻苯二酚	120-80-9	0.14
25	11.436	C_4H_7NO	甲基丙烯酰胺	79-39-0	0.10
26	12.038	$C_6H_6O_3$	5-羟甲基糠醛	67-47-0	0.15
27	12.599	$C_7H_{12}O_5$	二乙酸甘油酯	25395-31-7	0.40
28	14.765	$C_7H_{14}O_2$	新戊基醋酸酯	926-41-0	0.32
29	17.817	$C_{10}H_{14}N_2$	烟碱	54-11-5	61.32
30	20.669	$C_9H_{21}N$	N-甲基辛胺	2439-54-5	0.21
31	21.011	$C_5H_{11}NO$	N,N-二甲基丙酰胺	758-96-3	0.88
32	21.666	$C_5H_{10}O$	环戊醇	96-41-3	1.22
33	23.172	$C_{10}H_{13}NO_2$	替苯丙胺	4764-17-4	0.22
34	25.002	$C_{20}H_{24}N_2$	α-尼古丁	23950-04-1	0.31
35	26.637	$C_{10}H_{12}N_2$	新烟草碱（去氢新烟碱）	2743-90-0	1.43
36	26.885	$C_4H_8N_2S$	4-甲基咪唑烷-2-硫酮	2122-19-2	0.81
37	27.186	$C_{12}H_{14}OS$	1-（2,3-二氢-6-甲硫基-1H-茚-5-醇）-乙酮	62245-83-4	0.06
38	27.221	$C_{14}H_{22}O$	2,4-二叔丁基苯酚	96-76-4	0.16
39	28.538	$C_4H_8N_4O_4$	尿囊酸	99-16-1	0.29
40	29.524	$C_5H_{10}O_2$	四氢吡喃-4-醇	2081-44-9	0.12
41	29.990	$C_4H_8O_3$	三聚甲醛缩乙二醇	5981-06-6	0.15
42	31.159	$C_7H_{12}O_6$	右旋奎宁酸	77-95-2	2.39
43	31.489	C_5H_9NO	N,N-二甲基丙烯酰胺	2680-03-7	0.17
44	31.637	$C_{12}H_{24}O_2$	月桂酸	143-07-7	1.38
45	33.036	$C_4H_8D_2$	D2-1,4-丁烷	53716-54-4	0.07
46	33.054	$C_4H_{10}N_2O$	1,1,3-三甲基脲	632-14-4	0.07
47	33.910	C_8H_{12}	4-乙烯基环己烯	100-40-3	0.10
48	35.763	$C_{10}H_{17}NO_9S_2K$	黑芥子苷	3952-98-5	0.07
49	44.500	$C_{10}H_{18}$	（1R）-（+）-cis 蒎烷	4795-86-2	1.49
50	46.000	$C_8H_9N_5O_2$	2-［（2-硝基苯基）亚甲基氨基］胍	102632-31-5	0.06
51	48.090	$C_7H_5Cl_2NO_2$	2,6-二氯-3-硝基甲苯	29682-46-0	0.16
52	49.317	$C_6H_{16}N_3OP$	N,N,1,3-四甲基-2-氧代-1,3,2-二氮杂磷-2-环戊烷胺	7778-06-5	0.09
53	50.404	$C_{17}H_{21}NO$	托莫西汀	83015-26-3	0.13
54	60.404	$C_9H_5NO_5$	4-羟基-3-硝基香豆素	20261-31-8	0.11
55	60.422	$C_9H_{13}NO$	羟基安非他命	1518-86-1	0.16
56	31.136	C_2H_5BrO	2-溴乙醇	540-51-2	0.08
57	31.915	$C_{30}H_{50}$	角鲨烯	7683-64-9	0.94

续表

编号	保留时间 （min）	分子式	化合物名称	CAS 号	相对含量 （%）
58	62.216	$C_5H_{10}N_2O_3$	L- 甘氨酰丙氨酸	3695-73-6	0.58
59	82.954	$C_{18}H_{35}NO$	油酸酰胺	301-02-0	1.94
60	94.377	$C_{26}H_{22}O_6$	1（3H）- 异苯并呋喃酮	64042-52-0	0.25
61	96.898	$C_{19}H_{22}O_6$	赤霉素	77-06-5	0.06

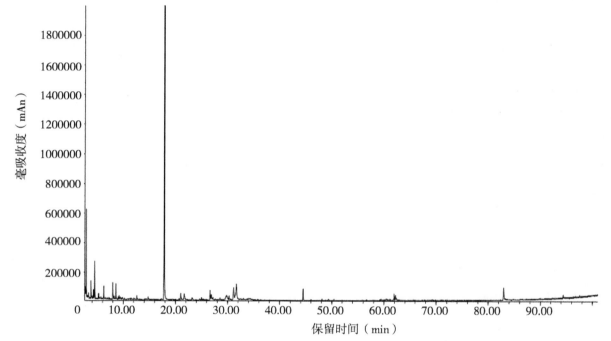

图 4-31　广西贺州麦岭云烟 87C3F（2014）甲醇索氏提取成分分析结果

4.2.32　广西贺州麦岭云烟 87B2F（2014）甲醇索氏提取成分分析结果

广西贺州麦岭云烟 87B2F（2014）甲醇索氏提取成分分析结果见表 4-32，广西贺州麦岭云烟 87B2F（2014）甲醇索氏提取成分指纹图谱见图 4-32。

致香物类型及相对含量如下。

（1）酮类：1,3- 二羟基丙酮 3.71%、2- 羟基 -2- 环戊烯 -1- 酮 0.29%、2,3- 二氢 -3,5- 二羟基 -6- 甲基 -4H- 吡喃 -4- 酮 0.94%、2,4- 己二酮 0.26%、2- 甲基 -3- 羟基 -4- 吡喃酮 0.80%。酮类占致香物的 6.00%。

（2）醛类：庚醛 0.08%、5- 羟甲基糠醛 0.16%。醛类占致香物的 0.24%。

（3）醇类：反四氢呋喃 -3,4- 二醇 0.07%、环戊醇 1.42%、丙三醇 2.59%。醇类占致香物质的 4.08%。

（4）有机酸类：磷酰基乙酸 0.11%、尿囊酸 0.12%、N- 甲基氨基乙酸 0.26%、右旋奎宁酸 2.39%、2- 羟基丁酮酸 0.48%。有机酸类占致香物的 3.36%。

（5）酯类：乙二醇乙醚醋酸酯 0.25%、L- 古洛糖酸 -γ- 内酯 1.33%。酯类占致香物的 1.58%。

（6）稠环芳香烃类：未检测到该类成分。

（7）酚类：未检测到该类成分。

（8）烷烃类：D2-1,4- 丁烷 0.33%、癸烷 2.96%。烷烃类占致香物的 3.29%。

（9）不饱和脂肪烃类：7,11,15- 三甲基 -3- 亚甲基 -1- 十六碳烯 1.14%。不饱和脂肪烃类占致香物的 1.14%。

（10）生物碱类：新烟碱 0.30%、新烟草碱（去氢新烟碱）1.47%、烟碱 70.11%。生物碱类占致香物的 71.88%。

（11）萜类：未检测到该类成分。

（12）其他类：乙酰脲 0.33%、异恶唑 -5- 胺 0.08%、DL- 高丝氨酸 0.08%、1,4,7- 三氮杂环壬烷 0.13%、2- 氧代环己烷甲腈 0.08%、亚硝基二乙基胺 0.09%、3- 乙氧基丙烯腈 0.37%、N, N '- 二甲基 -1,4- 丁烷二胺 0.20%、十二胺 0.07%、2-（2- 硝基苯基）亚甲基氨基胍 0.40%、4- 乙基 -1,3- 二氧杂环戊烷 0.29%、3- 羟基哌啶 0.34%、2,1,3- 苯并噻二唑 0.24%、三乙烯四胺 0.14%、噻啶 0.16%、3- 羟基四氢吡喃 0.37%、N- 氨基吗啉 0.49%、D4-2,2,5,5- 四氢呋喃 0.16%、2- 苯氧基乙胺 0.31%、十八胺 0.46%、2- 甲氧基 -4- 甲氧基甲基 -6- 甲基 -3- 氰基吡啶 0.23%、亚麻酰氯 0.48%、羟基安非他命 0.21%、油酸酰胺 0.55%、维生素 E 0.16%、羟甲基环丙烷 0.08%。

表 4-32　广西贺州麦岭云烟 87B2F（2014）甲醇索氏提取成分分析结果

编号	保留时间（min）	分子式	化合物名称	CAS 号	相对含量（%）
1	2.723	$C_3H_6N_2O_2$	乙酰脲	591-07-1	0.33
2	2.841	$C_3H_6O_3$	1,3- 二羟基丙酮	96-26-4	3.71
3	3.218	$C_3H_4N_2O$	异恶唑 -5- 胺	14678-05-8	0.08
4	3.313	$C_5H_6O_2$	2- 羟基 -2- 环戊烯 -1- 酮	10493-98-8	0.29
5	3.785	$C_3H_8O_3$	丙三醇	56-81-5	2.59
6	3.950	$C_6H_{15}N_3$	1,4,7- 三氮杂环壬烷	4730-54-5	0.13
7	4.151	$C_4H_9NO_3$	DL- 高丝氨酸	1927-25-9	0.08
8	4.169	$C_6H_8O_4$	2,3- 二氢 -3,5- 二羟基 -6- 甲基 -4H- 吡喃 -4- 酮	28564-83-2	0.94
9	4.305	$C_4H_6O_3$	2- 羟基丁酮酸	19444-84-9	0.48
10	4.494	$C_{10}H_{22}$	癸烷	124-18-5	2.96
11	5.249	$C_6H_{10}O_2$	2,4- 己二酮	3002-24-2	0.26
12	6.253	$C_6H_6O_3$	2- 甲基 -3- 羟基 -4- 吡喃酮	118-71-8	0.80
13	6.654	C_4H_8O	羟甲基环丙烷	2516-33-8	0.08
14	6.784	$C_4H_8O_3$	反四氢呋喃 -3,4- 二醇	22554-74-1	0.07
15	8.230	$C_6H_{11}NO_3$	2- 氧代环己烷甲腈	58706-66-4	0.08
16	8.248	$C_4H_{10}N_2O$	亚硝基 - 二乙基胺	55-18-5	0.09
17	9.163	C_5H_7NO	3- 乙氧基丙烯腈	61310-53-0	0.37
18	9.387	$C_2H_5O_5P$	磷酰基乙酸	4408-78-0	0.11
19	9.812	$C_7H_{14}O$	庚醛	111-71-7	0.08
20	10.775	$C_8H_9N_5O_2$	2-（2- 硝基苯基）亚甲基氨基胍	102632-31-5	0.40
21	11.459	$C_6H_{16}N_2$	N, N '- 二甲基 -1,4- 丁烷二胺	16011-97-5	0.20
22	12.044	$C_6H_6O_3$	5- 羟甲基糠醛	67-47-0	0.16
23	12.611	$C_6H_{12}O_3$	乙二醇乙醚醋酸酯	111-15-9	0.25
24	14.104	$C_{12}H_{27}N$	十二胺	124-22-1	0.07
25	17.817	$C_{10}H_{14}N_2$	烟碱	54-11-5	70.11
26	20.999	$C_5H_{10}O_2$	4- 乙基 -1,3- 二氧杂环戊烷	29921-38-8	0.29
27	21.017	$C_5H_{11}NO$	3- 羟基哌啶	6859-99-0	0.34
28	21.649	$C_5H_{10}O$	环戊醇	96-41-3	1.42
29	23.172	$C_6H_4N_2S$	2,1,3- 苯并噻二唑	273-13-2	0.24
30	24.984	$C_{10}H_{14}N_2$	新烟碱	40774-73-0	0.30
31	26.637	$C_{10}H_{12}N_2$	新烟草碱	2743-90-0	1.47
32	26.962	$C_6H_{18}N_4$	三乙烯四胺	112-24-3	0.14
33	28.538	$C_6H_{13}NS_2$	噻啶	638-17-5	0.16

续表

编号	保留时间 （min）	分子式	化合物名称	CAS 号	相对含量 （%）
34	28.561	$C_4H_8N_4O_4$	尿囊酸	99-16-1	0.12
35	29.594	$C_4H_8D_2$	D2-1,4- 丁烷	53716-54-4	0.33
36	29.648	$C_4H_{10}N_2O$	N- 氨基吗啉	4319-49-7	0.49
37	29.683	$C_4H_4D_4O$	D4-2,2,5,5- 四氢呋喃	20665-63-8	0.16
38	29.972	$C_8H_{11}NO$	2- 苯氧基乙胺	1758-46-9	0.31
39	30.297	$C_3H_7NO_2$	N- 甲基氨基乙酸	107-97-1	0.26
40	31.147	$C_7H_{12}O_6$	右旋奎宁酸	77-95-2	2.39
41	31.507	$C_{18}H_{39}N$	十八胺	124-30-1	0.46
42	31.661	$C_6H_{10}O_6$	L- 古洛糖酸 -γ- 内酯	1128-23-0	1.33
43	44.500	$C_{20}H_{38}$	7,11,15- 三甲基 -3- 亚甲基 -1- 十六碳烯	504-96-1	1.14
44	48.089	$C_{10}H_{12}N_2O_2$	2- 甲氧基 -4- 甲氧基甲基 -6- 甲基 -3- 氰基吡啶	63644-84-8	0.23
45	59.541	$C_5H_{10}O_2$	3- 羟基四氢吡喃	19752-84-2	0.37
46	61.927	$C_{18}H_{31}ClO$	亚麻酰氯	7459-33-8	0.48
47	62.210	$C_9H_{13}NO$	羟基安非他命	1518-86-1	0.21
48	82.943	$C_{18}H_{35}NO$	油酸酰胺	301-02-0	0.55
49	94.377	$C_{29}H_{50}O_2$	维生素 E	59-02-9	0.16

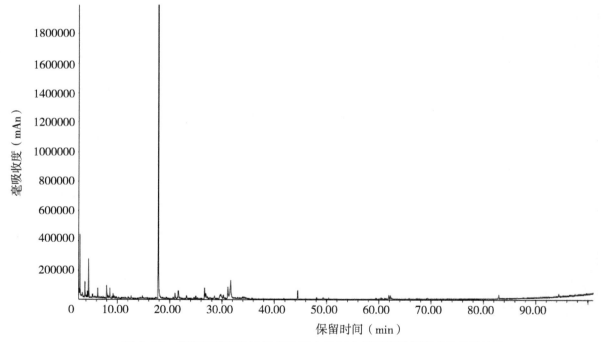

图 4-32　广西贺州麦岭云烟 87B2F（2014）甲醇索氏提取成分分析结果

4.2.33　广西河池罗城东岸云烟 87B2F（2014）甲醇索氏提取成分分析结果

广西河池罗城东岸云烟 87B2F（2014）甲醇索氏提取成分分析结果见表 4-33，广西河池罗城东岸云烟 87B2F（2014）甲醇索氏提取成分指纹图谱见图 4-33。

致香物类型如下。

（1）酮类：1,3- 二羟基丙酮 5.67%、2- 羟基 -2- 环戊烯 -1- 酮 0.67%、2,3- 二氢 -3,5- 二羟基 -6- 甲基 -4H- 吡喃 -4- 酮 1.38%、4- 羟基 -3- 硝基 -2H-1- 苯并吡喃 -2- 酮 0.19%、1- 甲基 -2- 哌啶酮 0.10%、4- 甲基咪唑烷 -2- 硫酮 0.83%。酮类相对含量为致香物的 8.84%。

（2）醛类：戊醛 0.16%、5- 羟甲基糠醛 1.75%。醛类相对含量为致香物的 1.91%。

（3）醇类：（±）- 反 -1,2- 环戊二醇 0.07%、丙三醇 3.24%、2- 溴乙醇 0.31%。醇类相对含量为致香物的 3.62%。

（4）有机酸类：3- 氨基 -5- 磺基水杨酸 0.06%、（2E）-3-（2- 氟 -1H- 咪唑 -5- 醇）丙 -2- 戊烯酸 0.08%、［4-（甲基｛［（2- 甲基 -2- 丙基）氧基］羰基｝氨基）苯基］硼酸 2.39%、右旋奎宁酸 6.35%、2- 羟基丁酮酸 0.72%、棕榈酸 0.23%。有机酸类相对含量为致香物的 10.85%。

（5）酯类：L- 丙氨酸甲酯 0.08%、5- 氧代吡咯烷 -2- 甲酸甲酯 0.31%、2- 羟基丁二酸一甲酯 1.02%、戊酸庚酯 9.71%、14- 甲基十五烷酸甲酯 0.55%。酯类相对含量为致香物的 11.67%。

（6）稠环芳香烃类：2,1,3- 苯并噻二唑 0.22%。稠环芳香烃类相对含量为致香物的 0.22%。

（7）酚类：邻苯二酚 0.16%、2,6- 二叔丁基苯酚 0.27%。酚类相对含量为致香物的 0.43%。

（8）烷烃类：癸烷 3.82%。烷烃类相对含量为致香物的 3.82%。

（9）不饱和脂肪酸类：（1Z,5E）- 环癸 -1,5- 二烯 0.16%，7,11,15- 三甲基 -3- 亚甲基 -1- 十六碳烯 1.37%。不饱和脂肪酸相对含量为致香物的 1.53%。

（10）生物碱类：烟碱 37.77%。生物碱类相对含量为致香物的 37.77%。

（11）其他类：（R）-N- 甲基 -3-（2- 甲基苯氧基）苯丙胺 0.07%、N- 甲基 -1,2- 乙二胺 0.08%、4-［（3- 氨基丙基）氨基］丁基］胍 0.10%、1-（1,3- 苯并二氧戊环 -5- 基）丙 -2- 胺 0.08%、1,1,3- 三甲基脲 0.39%、1,1- 二氧代 -3- 羟基四氢噻吩 0.12%、1,2- 二氢 -4,6- 二甲基 -2- 硫代 -3- 吡啶甲酰胺 0.10%、1,3- 二乙基脲 0.10%、1,4- 二甲基哌嗪 0.41%、2,1,3- 苯并噻二唑 0.22%、2,2- 二对羟苯基丙烷 0.07%、2,4- 二硝基苯磺酰氯 0.17%、2-［（2- 硝基苯基）亚甲基氨基］胍 1.50%、2- 羟基地昔帕明 0.17%、2- 脱氧 -D- 半乳糖 0.07%、3- 羟基四氢吡喃 0.35%、4- 氨基 -1,2,5- 恶二唑 -3- 甲酰胺 0.15%、4- 羟基 -3- 硝基香豆素 0.15%、5-［（1R,2S,5S）-7- 氧代 -3- 硫杂 -6,8- 二氮杂二环［3.3.0］辛 -2- 基］戊酰胺 0.10%、5- 乙烯基 -2H- 四唑 0.09%、7- 羟基 -6- 甲氧基香豆素 0.78%、N-（2- 氨基乙基）吡咯烷 0.25%、N, N'- 二（2- 羟基 -1- 甲基 -2- 苯乙基）对苯二甲酰胺 0.10%、N, N'- 二（2- 羟基 -1- 甲基 -2- 苯乙基 1）二酰胺 0.21%、N, N- 二甲基丙酰胺 1.79%、N- 甲基乙烯基二胺 0.08%、2,4- 二硝基苯 -L- 精氨酸 0.07%、N- 甲基 -N- 丙基 -2- 亚硝酰胺 0.29%、N- 甲基哌啶 0.15%、N- 甲基辛胺 0.21%、N'- 硝基 -L- 精氨酸 0.08%、苯硫酚 0.08%、丁醛 -N, N- 二甲基腙 0.23%、二异辛胺 0.42%、甘氨酰 -L- 丙氨酸 0.09%、环丙酰胺 0.07%、己二酸哌嗪 0.19%、α-D- 呋喃木糖甲苷 1.66%、芥酸酰胺 1.16%、氯化硫 0.34%、蜜胺 1.31%、维生素 E 0.09%、噻啶 0.25%。

表 4-33　广西河池罗城东岸云烟 87B2F（2014）甲醇索氏提取成分分析结果

编号	保留时间（min）	分子式	化合物名称	CAS 号	相对含量（%）
1	2.728	$C_4H_{10}N_2O$	1,1,3- 三甲基脲	632-14-4	0.39
2	2.841	$C_3H_6O_3$	1,3- 二羟基丙酮	96-26-4	5.67
3	3.213	$C_5H_{10}O_2$	（±）- 反 -1,2- 环戊二醇	5057-99-8	0.07
4	3.319	$C_5H_6O_2$	2- 羟基 -2- 环戊烯 -1- 酮	10493-98-8	0.67
5	3.779	$C_3H_8O_3$	丙三醇	56-81-5	3.24
6	4.305	$C_4H_6O_3$	2- 羟基丁酮酸	19444-84-9	0.72
7	4.500	$C_{10}H_{22}$	癸烷	124-18-5	3.82
8	5.255	$C_6H_{14}N_2$	1,4- 二甲基哌嗪	106-58-1	0.41
9	7.716	$C_6H_{14}N_2$	丁醛 -N, N- 二甲基腙	10424-98-3	0.23
10	6.253	$C_3H_6N_6$	蜜胺	108-78-1	1.31
11	6.654	$C_5H_{10}O$	戊醛	110-62-3	0.16
12	6.955	$C_{26}H_{28}N_2O_4$	N, N'- 二（2- 羟基 -1- 甲基 -2- 苯乙基）对苯二甲酰胺	68516-51-8	0.10
13	7.280	$C_{26}H_{28}N_2O_4$	N, N'- 二（2- 羟基 -1- 甲基 -2- 苯乙基 1）二酰胺	16667-76-8	0.21

续表

编号	保留时间（min）	分子式	化合物名称	CAS 号	相对含量（%）
14	8.012	$C_6H_{10}O_5$	2-羟基丁二酸-甲酯	1587-15-1	1.02
15	8.242	$C_4H_{10}N_2O$	N-甲基-N-丙基-2-亚硝酰胺	30533-08-5	0.29
16	8.561	$C_6H_8O_4$	2,3-二氢-3,5-二羟基-6-甲基-4H-吡喃-4-酮	28564-83-2	1.38
17	8.856	$C_{10}H_{13}NO_2$	1-（1,3-苯并二氧戊环-5-基）丙-2-胺	4764-17-4	0.08
18	8.927	$C_8H_{10}N_2OS$	1,2-二氢-4,6-二甲基-2-硫代-3-吡啶甲酰胺	79927-21-2	0.10
19	8.998	$C_4H_8O_3S$	1,1-二氧代-3-羟基四氢噻吩	13031-76-0	0.12
20	9.216	$C_3H_4N_4$	5-乙烯基-2H-四唑	18755-47-0	0.09
21	9.706	$C_6H_{14}N_2$	N-（2-氨基乙基）吡咯烷	7154-73-6	0.25
22	10.084	$C_4H_9NO_2$	L-丙氨酸甲酯	10065-72-2	0.08
23	10.763	$C_6H_6O_2$	邻苯二酚	120-80-9	0.16
24	11.554	$C_5H_{10}N_2O_3$	甘氨酰-L-丙氨酸	3695-73-6	0.09
25	11.625	$C_3H_4N_4O_2$	4-氨基-1,2,5-恶二唑-3-甲酰胺	13300-88-4	0.15
26	11.696	$C_7H_7NO_6S$	3-氨基-5-磺基水杨酸	6201-86-1	0.06
27	11.873	$C_8H_9N_5O_2$	2-[（2-硝基苯基）亚甲基氨基]胍	102632-31-5	1.50
28	12.020	$C_6H_6O_3$	5-羟甲基糠醛	67-47-0	1.75
29	12.445	$C_{18}H_{22}N_2O$	2-羟基地昔帕明	1977-15-7	0.17
30	12.587	C_2H_5BrO	2-溴乙醇	540-51-2	0.31
31	12.971	C_4H_7NO	环丙酰胺	6228-73-5	0.07
32	13.413	$C_{17}H_{21}NO$	（R）-N-甲基-3-（2-甲基苯氧基）苯丙胺	83015-26-3	0.07
33	13.478	$C_9H_5NO_5$	4-羟基-3-硝基-2H-1-苯并吡喃-2-酮	20261-31-8	0.19
34	14.098	$C_3H_{12}N_2$	N-甲基-1,2-乙二胺	109-81-9	0.08
35	14.323	$C_6H_5FN_2O_2$	（2E）-3-（2-氟-1H-咪唑-5-醇）丙-2-戊烯酸	60010-46-0	0.08
36	14.535	$C_9H_5NO_5$	4-羟基-3-硝基香豆素	20261-31-8	0.15
37	14.665	C_6H_6S	苯硫酚	108-98-5	0.08
38	14.759	$C_6H_3ClN_2O_6S$	2,4-二硝基苯磺酰氯	1656-44-6	0.17
39	16.271	$CLHS_2$	氯化硫	39594-91-7	0.34
40	17.823	$C_{10}H_{14}N_2$	烟碱	54-11-5	37.77
41	18.626	$C_{10}H_{17}N_3O_2S$	5-[（1R,2S,5S）-7-氧代-3-硫杂-6,8-二氮杂二环[3.3.0]辛-2-基]戊酰胺	6929-42-6	0.10
42	18.638	$C_6H_{11}NO$	1-甲基-2-哌啶酮	931-20-4	0.10
43	19.299	$C_{12}H_{16}N_6O_6$	2,4-二硝基苯-L-精氨酸	1602-42-2	0.07
44	19.376	$C_6H_9NO_3$	5-氧代吡咯烷-2-甲酸甲酯	54571-66-3	0.31
45	19.712	$C_8H_{21}N_5$	4-[（3-氨基丙基）氨基]丁基胍	15271-46-2	0.10
46	20.675	$C_{16}H_{35}N$	二异辛胺	106-20-7	0.42
47	21.023	$C_5H_{11}NO$	N,N-二甲基丙酰胺	758-96-3	1.79
48	21.725	$C_{12}H_{18}BNO_4$	[4-（甲基{[（2-甲基-2-丙基）氧基]羰基}氨基）苯基]硼酸	5756-49-0	2.39
49	23.136	$C_6H_4N_2S$	2,1,3-苯并噻二唑	273-13-2	0.22
50	24.606	$C_6H_{12}O_5$	2-脱氧-D-半乳糖	1949-89-9	0.07

续表

编号	保留时间 （min）	分子式	化合物名称	CAS 号	相对含量 （%）
51	25.315	$C_9H_{21}N$	N- 甲基辛胺	2439-54-5	0.21
52	25.988	$C_6H_{13}N$	N- 甲基哌啶	626-67-5	0.15
53	26.908	$C_4H_8N_2S$	4- 甲基咪唑烷 -2- 硫酮	2122-19-2	0.83
54	27.068	$C_5H_{12}N_2O$	1,3- 二乙基脲	623-76-7	0.10
55	27.221	$C_{14}H_{22}O$	2,6- 二叔丁基苯酚	128-39-2	0.27
56	29.701	$C_5H_{10}O_2$	3- 羟基四氢吡喃	19752-84-2	0.35
57	31.188	$C_7H_{12}O_6$	右旋奎宁酸	77-95-2	6.35
58	31.796	$C_{12}H_{24}O_2$	戊酸庚酯	5451-80-9	9.71
59	31.926	$C_6H_{12}O_5$	α-D- 呋喃木糖甲苷	1824-96-0	1.66
60	32.080	$C_6H_{13}NS_2$	噻啶	638-17-5	0.25
61	35.893	$C_{10}H_{20}N_2O_4$	己二酸哌嗪	142-88-1	0.19
62	44.512	$C_{20}H_{38}$	7,11,15- 三甲基 -3- 亚甲基 -1- 十六碳烯	504-96-1	1.37
63	48.810	$C_{17}H_{34}O_2$	14- 甲基十五烷酸甲酯	5129-60-2	0.55
64	49.306	$C_{10}H_8O_4$	7- 羟基 -6- 甲氧基香豆素	92-61-5	0.78
65	50.398	$C_{16}H_{32}O_2$	棕榈酸	57-10-3	0.23
66	56.437	$C_{10}H_{16}$	（1Z,5E）- 环癸 -1,5- 二烯	1124-78-3	0.16
67	59.453	$C_{15}H_{16}O_2$	2,2- 二对羟苯基丙烷	80-05-7	0.07
68	69.265	$C_6H_{13}N_5O_4$	N'- 硝基 -L- 精氨酸	2149-70-4	0.08
69	82.943	$C_{22}H_{43}NO$	芥酸酰胺	112-84-5	1.16
70	94.360	$C_{29}H_{50}O_2$	维生素 E	10191-41-0	0.09

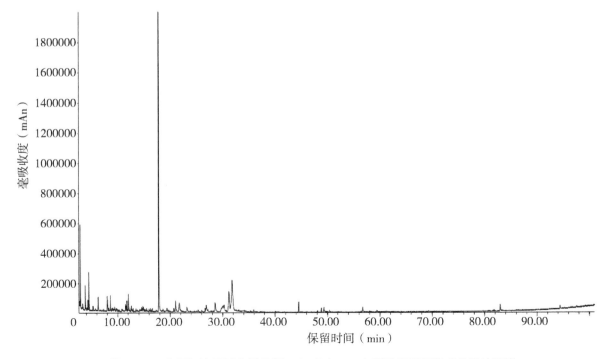

图 4-33　广西河池罗城东岸云烟 87B2F（2014）甲醇索氏提取成分指纹图谱

4.2.34　广西河池罗城东岸云烟 87X2F（2014）甲醇索氏提取成分分析结果

广西河池罗城东岸云烟 87X2F（2014）甲醇索氏提取成分分析结果见表 4-34，广西河池罗城东岸云烟 87X2F（2014）甲醇索氏提取成分指纹图谱见图 4-34。

致香物类型如下。

（1）酮类：1-（4-氯苯基）-1H-吡咯-2,5-二酮 0.38%、1,3-二羟基丙酮 1.83%、2,3-二氢-3,5-二羟基-6-甲基-4H-吡喃-4-酮 0.61%、2-丁基-4,5,6,7-四甲基-1H-异吲哚-1,3（2H）-二酮 0.18%、3-（2-羟基苯基）-1,3-二苯基-1-丙酮 0.05%、3-氨基-2-噁唑烷酮 0.19%、4α-甲基-7-丙-2-基-1,3,4,5,6,7,8,8α-八氢萘-2-酮 0.14%。酮类相对含量为致香物的 3.38%。

（2）醛类：5-羟甲基糠醛 0.45%、（9CI）-（3b,16a,20b,22b）-22-（乙酰氧基）-13,28-环氧-3,16-二羟基-29-奥利烷 0.24%。醛类相对含量为致香物的 0.69%。

（3）醇类：丙三醇 0.79%、3-庚炔-2-醇 0.07%、二聚丙三醇 0.28%、环戊醇 0.81%、（E）-3,7,11,15-四甲基十六碳-2-烯-1-醇 1.02%、2-溴乙醇 0.33%。醇类相对含量为致香物的 3.30%。

（4）有机酸类：2-氯喹林-4-羧酸 1.16%、3-氨基三氮唑-5-羧酸 0.14%、4-氨基肉桂酸 0.36%、5-溴-3.4-二甲氧基-反式肉桂酸 1.40%、丙基丙二酸 0.09%、右旋奎宁酸 2.53%。有机酸类相对含量为致香物的 5.68%。

（5）酯类：二氢-4-羟基-2（3H）-呋喃酮 0.10%、3-甲基-1,2-二苯基-4-（1-吡咯烷基）-2-丁烷基乙酸酯 0.17%、东莨菪内酯 0.37%、2-联苯撑羧酸-3-［（乙酰氧基）甲基］甲酯 0.23%。酯类相对含量为致香物的 0.87%。

（6）稠环芳香烃类：未检测到该类成分。

（7）酚类：2,4-二叔丁基苯酚 0.11%。酚类相对含量为致香物的 0.11%。

（8）烷烃类：正癸烷 1.99%。烷烃类相对含量为致香物的 1.99%。

（9）不饱和脂肪酸类：未检测到该类成分。

（10）生物碱类：N-脱乙酰-N-甲基秋水仙碱 2.52%、去甲伪麻黄碱 0.08%、新烟草碱 0.67%、新烟碱 0.24%、烟碱 0.53%。生物碱类相对含量为致香物的 4.04%。

（11）萜类：未检测到该类成分。

（12）其他类：（1α,4Z,8α）-9-氮杂二环［6.1.0］壬-4-烯-9-胺 0.28%、（R）-N-甲基-3-（2-甲基苯氧基）苯丙胺 0.09%、（三氟甲基喹啉）脲 0.10%、1-（2-吡啶）乙胺 0.11%、1,4-二甲基哌嗪 0.21%、1-甲基-2-苯基吲哚 0.08%、2-噻吩-吖啶 2.87%、2,1,3-苯并噻二唑 0.20%、2,4-二甲基-α-萘喹啉 1.34%、2,5-二甲氧基-α,4-二甲基-苯乙胺 0.06%、2-［（2-硝基苯基）亚甲基］-肼甲脒 0.08%、2-［（2-硝基苯基）亚甲基氨基］胍 0.75%、2-氨基-5,6-二甲基苯并咪唑 0.08%、2-氨噻唑 0.27%、2-甲基-3-苯基-1H-吲哚 0.56%、2-甲基-6-丙基哌啶 0.26%、2-氯-6-甲氧基-4-甲喹啉 0.07%、2-羟基地昔帕明 0.33%、3-羟基四氢吡喃 0.28%、4-苯基吡啶并［2,3-d］嘧啶 0.30%、4-甲氧基-2-硝基苯胺 0.50%、4-羟基-3-硝基香豆素 0.06%、4-硝基-1H-吡唑-5-甲酰胺 0.10%、4-乙基苯甲腈 0.53%、5-甲基-2-苯基吲哚 0.58%、5-甲基脲嘧啶 0.79%、D-半乳糖 0.07%、D-甘露（型）庚酮糖 0.07%、N,N'-双水杨醛缩-1,2-丙二胺 0.05%、N,N'-二（2-羟基-1-甲基-2-苯基乙基）对苯二甲酰胺 0.07%、N,N-二甲基丙酰胺 0.75%、N,N-二甲基乙酰基乙酰胺 0.17%、N-甲基-1-金刚烷乙酰胺 0.21%、N-甲基环戊烯胺 0.55%、N-乙基异丙胺 0.26%、N-乙酰丙酰胺 0.06%、O-甲基异脲 0.05%、（Z）-9-十八烯酸酰胺 0.68%、丙烯硫脲 0.33%、赤霉素 1.46%、二酚基丙烷 0.16%、二异辛胺 0.28%、甘氨酰-L-丙氨酸 0.12%、庚胺 0.09%、氰乙酰胺 0.17%、乳糖 0.18%、三丁基氧化锡 1.54%、四氢噻唑 0.47%、维生素 E 0.07%。

表 4-34　广西河池罗城东岸云烟 87X2F（2014）甲醇索氏提取成分分析结果

编号	保留时间（min）	分子式	化合物名称	CAS 号	相对含量（%）
1	2.752	$C_3H_6N_2O_2$	3- 氨基 -2- 噁唑烷酮	80-65-9	0.19
2	2.829	$C_3H_6O_3$	1,3- 二羟基丙酮	96-26-4	1.83
3	3.301	$C_9H_{19}N$	2- 甲基 -6- 丙基哌啶	68170-79-6	0.26
4	3.508	$C_{11}H_{10}ClNO$	2- 氯 -6- 甲氧基 -4- 甲基喹啉	6340-55-2	0.07
5	3.779	$C_3H_8O_3$	丙三醇	56-81-5	0.79
6	4.051	$C_{10}H_6ClNO_2$	2- 氯喹啉 -4- 羧酸	5467-57-2	1.16
7	4.187	$C_5H_{10}N_2O_3$	甘氨酰 -L- 丙氨酸	3695-73-6	0.12
8	4.293	$C_{16}H_{19}N_5O_8$	（1α,4Z,8α）-9- 氮杂二环［6.1.0］壬 -4- 烯 -9- 胺	66387-78-8	0.28
9	4.494	$C_{10}H_{22}$	正癸烷	124-18-5	1.99
10	5.249	$C_6H_{14}N_2$	1,4- 二甲基哌嗪	106-58-1	0.21
11	5.302	$C_7H_{12}O$	3- 庚炔 -2- 醇	56699-62-8	0.07
12	5.704	$C_2H_3F_3N_2O$	（三氟甲基喹啉）脲	61919-30-0	0.10
13	5.969	$C_8H_9N_5O_2$	2-［（2- 硝基苯基）亚甲基氨基］胍	102632-31-5	0.75
14	6.253	$C_5H_6N_2O_2$	5- 甲基脲嘧啶	65-71-4	0.79
15	6.778	$C_2H_6N_2O$	甲基异脲	2440-60-0	0.05
16	7.965	$C_6H_{14}O_5$	二聚丙三醇	627-82-7	0.28
17	8.030	$C_3H_4N_2O$	2- 氨基噁唑	4570-45-0	0.27
18	8.461	$C_7H_{17}N$	庚胺	111-68-2	0.09
19	8.567	$C_6H_8O_4$	2,3- 二氢 -3,5- 二羟基 -6- 甲基 -4H- 吡喃 -4- 酮	28564-83-2	0.61
20	8.998	$C_4H_6O_3$	二氢 -4- 羟基 -2（3H）- 呋喃酮	5469-16-9	0.10
21	9.140	$C_6H_{11}N$	N- 甲基环戊烯胺	10599-83-4	0.55
22	9.689	$C_3H_4N_4O_2$	3- 氨基三氮唑 -5- 羧酸	3641-13-2	0.14
23	9.813	$C_6H_{11}NO_2$	N,N- 二甲基乙酰基乙酰胺	2044-64-6	0.17
24	12.032	$C_6H_6O_3$	5- 羟甲基糠醛	67-47-0	0.45
25	17.823	$C_{10}H_{14}N_2$	烟碱	54-11-5	0.53
26	18.644	$C_8H_9N_5O_2$	2-［（2- 硝基苯基）亚甲基］- 肼甲脒	102632-31-5	0.08
27	19.370	$C_{23}H_{29}NO_2$	3- 甲基 -1,2- 二苯基 -4-（1- 吡咯烷基）-2- 丁烷基乙酸酯	15686-97-2	0.17
28	20.692	$C_{16}H_{35}N$	二异辛胺	106-20-7	0.28
29	21.017	$C_5H_{11}NO$	N,N- 二甲基丙酰胺	758-96-3	0.75
30	21.749	$C_5H_{10}O$	环戊醇	96-41-3	0.81
31	23.178	$C_6H_4N_2S$	2,1,3- 苯并噻二唑	273-13-2	0.20
32	24.618	$C_6H_{10}O_4$	丙基丙二酸	616-62-6	0.09
33	25.008	$C_{10}H_{14}N_2$	新烟碱	40774-73-0	0.24
34	25.763	$C_4H_4N_4O_3$	4- 硝基 -1H- 吡唑 -5- 甲酰胺	65190-36-5	0.10
35	25.988	$C_{15}H_{22}N_2O$	4- 甲氧基 -2- 硝基苯胺	96-88-8	0.50
36	26.637	$C_{10}H_{12}N_2$	新烟草碱	2743-90-0	0.67
37	26.867	$C_4H_8N_2S$	丙烯硫脲	2122-19-2	0.33
38	26.885	C_9H_9N	4- 乙基苯甲腈	25309-65-3	0.53
39	27.215	$C_{14}H_{22}O$	2,4- 二叔丁基苯酚	96-76-4	0.11
40	28.603	$C_9H_9NO_2$	4- 氨基肉桂酸	2393-18-2	0.36
41	28.662	$C_7H_{14}O_7$	D- 甘露（型）庚酮糖	3615-44-9	0.07
42	29.984	$C_5H_{10}O_2$	3- 羟基四氢吡喃	19752-84-2	0.28

续表

编号	保留时间 （min）	分子式	化合物名称	CAS 号	相对含量 （%）
43	30.291	C$_3$H$_7$NS	四氢噻唑	91191-93-4	0.47
44	31.047	C$_5$H$_9$N$_{02}$	N- 乙酰丙酰胺	19264-34-7	0.06
45	31.206	C$_7$H$_{12}$O$_6$	右旋奎宁酸	77-95-2	2.53
46	34.376	C$_6$H$_{12}$O$_6$	D- 半乳糖	59-23-4	0.07
47	35.805	C$_5$H$_{13}$N	N- 乙基异丙胺	19961-27-4	0.26
48	41.797	C$_9$H$_{11}$N$_3$	2- 氨基 -5,6- 二甲基苯并咪唑	29096-75-1	0.08
49	44.506	C$_{20}$H$_{40}$O	（E）-3,7,11,15- 四甲基十六碳 -2- 烯 -1- 醇	102608-53-7	1.02
50	49.300	C$_{10}$H$_8$O$_4$	东莨菪内酯	92-61-5	0.37
51	50.386	C$_{12}$H$_{22}$O$_{11}$	乳糖	63-42-3	0.18
52	59.447	C$_{15}$H$_{16}$O$_2$	二酚基丙烷	80-05-7	0.16
53	60.416	C$_3$H$_4$N$_2$O	氰乙酰胺	107-91-5	0.17
54	60.634	C$_9$H$_{13}$NO	去甲伪麻黄碱	36393-56-3	0.08
55	61.354	C$_9$H$_5$NO$_5$	4- 羟基 -3- 硝基香豆素	20261-31-8	0.06
56	61.366	C$_{12}$H$_{19}$NO$_2$	2,5- 二甲氧基 -α,4- 二甲基 - 苯乙胺	15588-95-1	0.06
57	61.909	C$_{14}$H$_{24}$O	4α- 甲基 -7- 丙 -2- 基 -1,3,4,5,6,7,8,8α- 八氢萘 -2- 酮	54594-42-2	0.14
58	62.210	C$_2$H$_5$BrO	2- 溴乙醇	540-51-2	0.33
59	62.352	C$_7$H$_{10}$N$_2$	1-（2- 吡啶）乙胺	42088-91-5	0.11
60	80.782	C$_{18}$H$_{22}$N$_2$O	2- 羟基地昔帕明	1977-15-7	0.33
61	81.437	C$_{15}$H$_{13}$N	2- 甲基 -3- 苯基 -1H- 吲哚	4757-69-1	0.56
62	82.960	C$_{18}$H$_{35}$NO	（Z）-9- 十八烯酸酰胺	301-02-0	0.68
63	84.755	C$_{15}$H$_{13}$N	5- 甲基 -2- 苯基吲哚	13228-36-9	0.58
64	85.298	C$_{17}$H$_{18}$N$_2$O$_2$	N,N'- 双水杨醛缩 -1,2- 丙二胺	94-91-7	0.05
65	85.351	C$_{26}$H$_{28}$N$_2$O$_4$	N,N'- 二（2- 羟基 -1- 甲基 -2- 苯基乙基）对苯二甲酰胺	68516-51-8	0.07
66	88.486	C$_{17}$H$_{21}$NO	（R）-N- 甲基 -3-（2- 甲基苯氧基）苯丙胺	83015-26-3	0.09
67	88.710	C$_{15}$H$_{13}$N	2- 噻吩 - 吖啶	55751-83-2	2.87
68	91.998	C$_{21}$H$_{18}$O$_2$	3-（2- 羟基苯基）-1,3- 二苯基 -1- 丙酮	4376-83-4	0.05
69	92.022	C$_{15}$H$_{13}$N	2,4- 二甲基 -α- 萘喹啉	605-67-4	1.34
70	92.801	C$_{10}$H$_6$ClNO$_2$	1-（4- 氯苯基）-1H- 吡咯 -2,5- 二酮	1631-29-4	0.38
71	93.155	C$_{21}$H$_{25}$NO$_5$	N- 脱乙酰 -N- 甲基秋水仙碱	477-30-5	2.52
72	94.348	C$_{29}$H$_{50}$O$_2$	维生素 E	59-02-9	0.07
73	94.590	C$_{12}$H$_{17}$NO$_2$	2- 丁基 -4,5,6,7- 四甲基 -1H- 异吲哚 -1,3（2H）- 二酮	54934-85-9	0.18
74	94.613	C$_{24}$H$_{54}$OSn$_2$	三丁基氧化锡	56-35-9	1.54
75	95.534	C$_{15}$H$_{13}$N	1- 甲基 -2- 苯基吲哚	3558-24-5	0.08
76	95.936	C$_{11}$H$_{11}$BrO$_4$	5- 溴 -3,4- 二甲氧基 - 反式肉桂酸	51314-72-8	1.40
77	96.597	C$_{13}$H$_9$N$_3$	4- 苯基吡啶并［2,3-d］嘧啶	28732-75-4	0.30
78	96.750	C$_{17}$H$_{14}$O$_4$	2- 联苯撑羧酸 -3-［（乙酰氧基）甲基］甲酯	93103-70-9	0.23
79	99.253	C$_{32}$H$_{50}$O$_6$	（9CI）-（3b,16a,20b,22b）-22-（乙酰氧基 ）-13,28- 环氧 -3,16- 二羟基 -29- 奥利烷	94450-45-0	0.24
80	99.484	C$_{19}$H$_{22}$O$_6$	赤霉素	77-06-5	1.46
81	100.269	C$_{13}$H$_{21}$NO	N- 甲基 -1- 金刚烷乙酰胺	31897-93-5	0.21

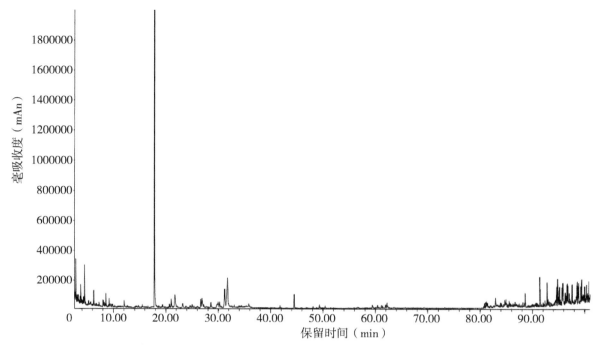

图 4-34　广西河池罗城东岸云烟 87X2F（2014）甲醇索氏提取成分指纹图谱

4.2.35　广西贺州朝东云烟 87X2F（2014）甲醇索氏提取成分分析结果

广西贺州朝东云烟 87X2F（2014）甲醇索氏提取成分分析结果见表 4-35，广西贺州朝东云烟 87X2F（2014）甲醇索氏提取成分指纹图谱见图 4-35。

致香物类型如下。

（1）酮类：1,3- 二羟基丙酮 5.46%、2,3- 二氢 -3,5- 二羟基 -6- 甲基 -4H- 吡喃 -4- 酮 1.49%、2,6- 二甲基 -4- 吡喃酮 0.17%、2- 环己烯 -1- 酮 0.13%、2- 羟基 -2- 环戊烯 -1- 酮 0.26%、2- 羟基 - 丁酸酮 0.75%、4α- 甲基 -7- 丙 -2- 基 -1,3,4,5,6,7,8,8α- 八氢萘 -2- 酮 0.77%、4- 甲基咪唑烷 -2- 硫酮 0.31%、丁烯酮 0.37%。酮类相对含量为致香物的 9.71%。

（2）醛类：异戊醛 0.19%。醛类相对含量为致香物的 0.19%。

（3）醇类：苯基 -1,2- 乙二醇 0.09%、（±）- 反 -1,2- 环戊二醇 0.11%、环己烷 -1,3- 二醇 0.06%、2- 溴乙醇 0.10%、甘油 4.27%。醇类相对含量为致香物的 4.63%。

（4）有机酸类：1- 甲基 -5- 氧代 -3- 吡咯烷羧酸 0.07%、4- 氨基 -4- 氧 -（2E）-2- 丁烯酸 0.06%、正十五酸 0.20%。有机酸类相对含量为致香物的 0.33%。

（5）酯类：二氢 -4- 羟基 -2（3H）- 呋喃酮 0.26%、二乙酸甘油酯 0.59%、L- 焦谷氨酸甲酯 0.19%、东莨菪内酯 0.50%。酯类相对含量为致香物的 1.54%。

（6）稠环芳香烃类：未检测到该类成分。

（7）酚类：2,4- 二叔丁基苯酚 0.23%。酚类相对含量为致香物的 0.23%。

（8）烷烃类：丙烷 0.12%、癸烷 3.86%。烷烃类相对含量为致香物的 3.98%。

（9）不饱和脂肪酸类：未检测到该类成分。

（10）生物碱类：龙虾肌碱 0.11%、烟碱 55.42%、去甲伪麻黄碱 0.13%、金雀花碱 0.13%、新烟草碱（去氢新烟碱）1.04%。生物碱类相对含量为致香物的 56.83%。

（11）萜类：未检测到该类成分。

（12）其他类：1,1- 二氯丙烯 0.13%、1,2- 苯二胺 0.17%、1,3- 二乙基脲 0.10%、1,4- 二甲基哌嗪 0.70%、1- 甲基 -2- 苯基吲哚 0.09%、2,2'-［1,2- 乙烷二基二（氧）］二乙胺 0.06%、2,3- 二甲基 -1,4- 苯醌 0.23%、2- 丙烯醛肟 0.06%、2- 甲氧基 -N-（2- 甲氧基乙基）-N- 甲基乙胺 0.73%、2- 依沙吖啶 0.43%、3,4- 二氢 -2H- 吡喃 0.31%、3- 羟基哌啶 1.52%、3- 羟基四氢吡喃 0.21%、4- 羟基 -3- 硝基香豆素 0.30%、5- 甲基 -2- 庚胺 0.06%、5- 甲基脲嘧啶 1.26%、新植二烯 2.55%、a- 甲基葡萄糖甙 0.22%、L- 丙氨酸叔丁酯盐

酸盐 0.09%、N-（1-甲基乙基）-苯丙酰胺 0.13%、N,N-二甲基丙烯酰胺 0.13%、N,N-二甲基 - 胍 0.24%、N-氨基吗啉 0.16%、N- 甲基正丙胺 0.07%、N- 亚硝基 -N- 乙基脲 0.21%、胞苷 1.01%、赤霉素 0.06%、丁酰胺 0.19%、癸二胺 0.30%、环氧乙烷 0.06%、甲基丙烯酰胺 0.14%、甲氯磷 0.07%、哌嗪 0.16%、噻啶 4.87%、碳酰肼 0.07%、维生素 E 0.25%、腺苷 0.24%、异噁唑 -5- 胺 0.07%、三聚甲醛缩乙二醇 0.13%。

表 4-35　广西贺州朝东云烟 87X2F（2014）甲醇索氏提取成分分析结果

编号	保留时间（min）	分子式	化合物名称	CAS 号	相对含量（%）
1	2.723	C₇H₁₇NO₂	2- 甲氧基 -N-（2- 甲氧基乙基）-N- 甲基乙胺	92260-33-8	0.73
2	2.835	C₃H₆O₃	1,3- 二羟基丙酮	96-26-4	5.46
3	3.201	C₅H₁₀O₂	（±）- 反 -1,2- 环戊二醇	5057-99-8	0.11
4	3.307	C₅H₆O₂	2- 羟基 -2- 环戊烯 -1- 酮	10493-98-8	0.26
5	3.366	CH₆N₄O	碳酰肼	497-18-7	0.07
6	3.779	C₃H₈O₃	甘油	56-81-5	4.27
7	3.939	C₃H₈	丙烷	74-98-6	0.12
8	4.157	C₃H₇N₃O₂	N- 亚硝基 -N- 乙基脲	759-73-9	0.21
9	4.299	C₄H₆O₃	2- 羟基 - 丁酸酮	19444-84-9	0.75
10	4.499	C₁₀H₂₂	癸烷	124-18-5	3.86
11	5.243	C₆H₁₄N₂	1,4- 二甲基哌嗪	106-58-1	0.70
12	6.247	C₅H₆N₂O₂	5- 甲基脲嘧啶	65-71-4	1.26
13	6.666	C₇H₇NO₂	龙虾肌碱	445-30-7	0.11
14	6.955	C₇H₁₆ClNO₂	L- 丙氨酸叔丁酯盐酸盐	13404-22-3	0.09
15	7.268	C₁₀H₁₃N₅O₄	腺苷	58-61-7	0.24
16	8.230	C₄H₆O	丁烯酮	78-94-4	0.37
17	8.561	C₆H₈O₄	2,3- 二氢 -3,5- 二羟基 -6- 甲基 -4H- 吡喃 -4- 酮	28564-83-2	1.49
18	8.998	C₄H₆O₃	二氢 -4- 羟基 -2（3H）- 呋喃酮	5469-16-9	0.26
19	9.204	C₆H₈O	2- 环己烯 -1- 酮	930-68-7	0.13
20	9.700	C₅H₈O	3,4- 二氢 -2H- 吡喃	110-87-2	0.31
21	10.237	C₄H₁₀N₂	哌嗪	110-85-0	0.16
22	11.436	C₄H₇NO	甲基丙烯酰胺	79-39-0	0.14
23	12.044	C₃H₅NO	2- 丙烯醛肟	5314-33-0	0.06
24	12.605	C₇H₁₂O₅	二乙酸甘油酯	25395-31-7	0.59
25	13.136	C₁₂H₁₇NO	N-（1- 甲基乙基）- 苯丙酰胺	56146-87-3	0.13
26	14.388	C₄H₁₂FN₂OP	双（二甲胺基）磷酰氟	115-26-4	0.07
27	14.742	C₃H₄Cl₂	1,1- 二氯丙烯	563-58-6	0.13
28	14.759	C₅H₁₀O	异戊醛	590-86-3	0.19
29	17.410	C₉H₅NO₅	4- 羟基 -3- 硝基香豆素	20261-31-8	0.30
30	17.817	C₁₀H₁₄N₂	烟碱	54-11-5	55.42
31	19.388	C₆H₉NO₃	L- 焦谷氨酸甲酯	4931-66-2	0.19
32	19.447	C₃H₄N₂O	异噁唑 -5- 胺	14678-05-8	0.07
33	20.675	C₅H₁₁NO	3- 羟基哌啶	6859-99-0	1.52

续表

编号	保留时间（min）	分子式	化合物名称	CAS 号	相对含量（%）
34	20.704	C₆H₉NO₃	1- 甲基 -5- 氧代 -3- 吡咯烷羧酸	42346-68-9	0.07
35	21.477	C₆H₁₆N₂O₂	2,2'-［1,2- 乙烷二基二（氧）］二 - 乙胺	929-59-9	0.06
36	21.654	C₉H₁₃N₃O₅	胞苷	65-46-3	1.01
37	21.755	C₃H₉N₃	N,N- 二甲基 - 胍	6145-42-2	0.24
38	22.144	C₈H₁₀O₂	苯基 -1,2- 乙二醇	93-56-1	0.09
39	23.166	C₈H₈O₂	2,3- 二甲基 -1,4- 苯醌	526-86-3	0.23
40	24.990	C₉H₁₃NO	去甲伪麻黄碱	36393-56-3	0.13
41	25.988	C₅H₉NO	N,N- 二甲基丙烯酰胺	2680-03-7	0.13
42	26.023	C₆H₁₂O₂	环己烷 -1,3- 二醇	823-18-7	0.06
43	26.637	C₁₀H₁₂N₂	新烟草碱（去氢新烟碱）	2743-90-0	1.04
44	26.879	C₄H₈N₂S	4- 甲基咪唑烷 -2- 硫酮	2122-19-2	0.31
45	26.926	C₅H₁₂N₂O	1,3- 二乙基脲	623-76-7	0.10
46	27.180	C₁₄H₂₂O	2,4- 二叔丁基苯酚	96-76-4	0.23
47	28.532	C₇H₁₄O₆	a- 甲基葡萄糖甙	97-30-3	0.22
48	28.567	C₄H₈O₃	三聚甲醛缩乙二醇	5981-06-6	0.13
49	28.609	C₆H₁₃NS₂	噻啶	638-17-5	4.87
50	29.524	C₄H₁₀N₂O	N- 氨基吗啉	4319-49-7	0.16
51	29.589	C₅H₁₀O₂	3- 羟基四氢吡喃	19752-84-2	0.21
52	31.407	C₄H₅NO₃	4- 氨基 -4- 氧 -（2E）-2- 丁烯酸	2987-87-3	0.06
53	33.048	C₁₁H₁₄N₂O	金雀花碱	485-35-8	0.13
54	34.122	C₆H₈N₂	1,2- 苯二胺	95-54-5	0.17
55	35.291	C₇H₈O₂	2,6- 二甲基 -4- 吡喃酮	1004-36-0	0.17
56	35.728	C₈H₁₉N	5- 甲基 -2- 庚胺	53907-81-6	0.06
57	41.808	C₂H₄O	环氧乙烷	75-21-8	0.06
58	44.500	C₂₀H₃₈	新植二烯	504-96-1	2.55
59	49.306	C₁₀H₈O₄	东莨菪内酯	92-61-5	0.50
60	50.404	C₁₅H₃₀O₂	正十五酸	1002-84-2	0.20
61	60.416	C₂H₅BrO	2- 溴乙醇	540-51-2	0.10
62	61.903	C₁₄H₂₄O	4α- 甲基 -7- 丙 -2- 基 -1,3,4,5,6,7,8,8α- 八氢萘 -2- 酮	54594-42-2	0.77
63	62.370	C₄H₁₁N	N- 甲基正丙胺	627-35-0	0.07
64	82.937	C₁₀H₂₀N₂O₂	癸二胺	1740-54-1	0.30
65	82.954	C₄H₉NO	丁酰胺	541-35-5	0.19
66	94.354	C₂₉H₅₀O₂	维生素 E	59-02-9	0.25
67	94.401	C₁₅H₁₃N	2- 依沙吖啶	55751-83-2	0.43
68	97.536	C₁₅H₁₃N	1- 甲基 -2- 苯基吲哚	3558-24-5	0.09
69	100.729	C₁₉H₂₂O₆	赤霉素	77-06-5	0.06

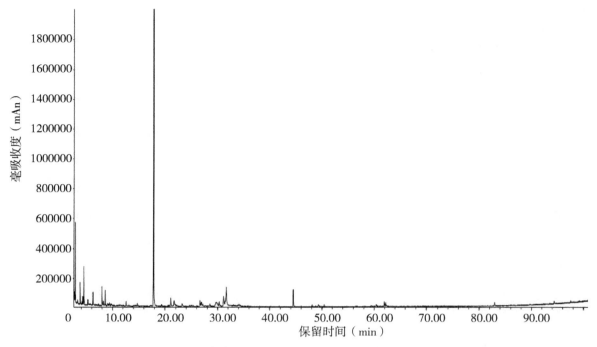

图 4-35　广西贺州朝东云烟 87X2F（2014）甲醇索氏提取成分指纹图谱

4.2.36　广西贺州朝东云烟 87C3F（2014）甲醇索氏提取成分分析结果

广西贺州朝东云烟 87C3F（2014）甲醇索氏提取成分分析结果见表 4-36，广西贺州朝东云烟 87C3F（2014）甲醇索氏提取成分指纹图谱见图 4-36。

致香物类型如下。

（1）酮类：2,3- 二氢 -3,5- 二羟基 -6- 甲基 -4H- 吡喃 -4- 酮 0.44%、2- 羟基 -2- 环戊烯 -1- 酮 0.36%、4- 甲基咪唑烷 -2- 硫酮 0.34%、5-（羟基甲基）-2- 吡咯烷酮 0.17%、5,6- 二氢 -2H- 吡喃 -2- 酮 0.27%。酮类占致香物的 1.58%。

（2）醛类：己醛 1.91%、桃醛 0.18%、5- 羟甲基糠醛 0.17%、5- 甲基水杨醛 0.27%。醛类占致香物的 2.53%。

（3）醇类：3- 丁炔 -2- 醇 0.17%、环丁醇 0.30%、四氢吡喃 -4- 醇 1.16%、L- 苏丁醇 0.08%、2- 吡啶甲醇 0.08%、3,4- 二氢 -2,5,7,8- 四甲基 -2-（4,8,12- 三甲基十三烷基）-6- 色满醇 0.53%、甘油 1.13%。醇类相对含量为致香物的 3.45%。

（4）有机酸类：1- 甲基 -4- 咪唑甲酸 0.16%、右旋奎宁酸 1.70%。有机酸类相对含量为致香物的 1.86%。

（5）酯类：丙酮酸甲酯 0.60%、碳酸丙烯乙酯 0.43%、二乙酸甘油酯 0.49%、东莨菪内酯 0.33%、2- 溴甲基丙烯酸乙酯 0.87%。酯类相对含量为致香物的 2.72%。

（6）稠环芳香烃类：未检测到该类成分。

（7）酚类：邻苯二酚 0.07%、2,4- 二叔丁基苯酚 4.62%。酚类相对含量为致香物的 4.69%。

（8）烷烃类：癸烷 0.39%、7,11,15- 三甲基 -3- 亚甲基 - 十六碳 -1- 烯 2.07%、3-（1- 甲基丙基）- 环己烯 0.47%。烷烃类相对含量为致香物的 2.93%。

（9）不饱和脂肪酸类：未检测到该类成分。

（10）生物碱类：新烟草碱（去氢新烟碱）1.19%、烟碱 63.42%、新烟碱 0.22%。生物碱类相对含量为致香物的 64.83%。

（11）萜类：未检测到该类成分。

（12）其他类：1,8- 二氨基 -3,6- 二氧杂辛烷 0.30%、2,5- 二甲基苯甲腈 0.35%、8- 羟基 -2,5- 二甲基 [1,3] 噻唑并 [3,2-a] 吡啶 -4- 镓 0.22%、2,2'- 二硫代二（乙胺）0.08%、羟基安非他命 0.28%、1,4,7- 三氮杂环壬烷 0.13%、1,4- 二甲基哌嗪 1.04%、3,4- 环氧四氢呋喃 0.10%、4- 羟基 -3- 硝基香豆素 0.47%、4-

羟基吡唑并［3,4-d］嘧啶 0.18%、N,N- 二甲基硫代甲酰胺 0.33%、N- 甲基己内酰胺 0.12%、胞苷 1.40%、丙酮缩甘油 1.33%、氟西汀 0.10%、甲脒 0.30%、芥酸酰胺 0.78%、三甲基脲 0.08%、三聚氰胺 0.09%、1,3- 氨基甲酰脲 0.21%。

表 4-36　广西贺州朝东云烟 87C3F（2014）甲醇索氏提取成分分析结果

编号	保留时间（min）	分子式	化合物名称	CAS 号	相对含量（%）
1	2.728	$C_4H_6O_3$	丙酮酸甲酯	600-22-6	0.60
2	2.835	$C_3H_6O_3$	2,4- 二叔丁基苯酚	96-26-4	4.62
3	3.313	$C_5H_6O_2$	2- 羟基 -2- 环戊烯 -1- 酮	10493-98-8	0.36
4	3.779	$C_3H_8O_3$	甘油	56-81-5	1.13
5	3.950	$C_6H_{15}N_3$	1,4,7- 三氮杂环壬烷	4730-54-5	0.13
6	4.175	$C_6H_8O_4$	2,3- 二氢 -3,5- 二羟基 -6- 甲基 -4H- 吡喃 -4- 酮	28564-83-2	0.44
7	4.299	$C_6H_{10}O_3$	碳酸丙烯乙酯	1469-70-1	0.43
8	4.494	$C_{10}H_{22}$	癸烷	124-18-5	0.39
9	5.249	$C_6H_{14}N_2$	1,4- 二甲基哌嗪	106-58-1	1.04
10	6.253	$C_3H_6N_6$	三聚氰胺	108-78-1	0.09
11	6.636	C_4H_6O	3- 丁炔 -2- 醇	2028-63-9	0.17
12	7.268	$C_6H_{12}O$	己醛	66-25-1	1.91
13	7.953	$C_2H_7N_3$	甲脒	471-29-4	0.30
14	8.242	$C_4H_{10}N_2O$	三甲基脲	632-14-4	0.08
15	8.472	$C_6H_{12}O_3$	丙酮缩甘油	100-79-8	1.33
16	8.685	$C_3H_6N_4O_3$	1,3- 氨基甲酰脲	556-99-0	0.21
17	8.998	C_4H_8O	环丁醇	2919-23-5	0.30
18	9.157	$C_5H_6O_2$	5,6- 二氢 -2H- 吡喃 -2- 酮	3393-45-1	0.27
19	9.688	$C_5H_9NO_2$	5-（羟基甲基）-2- 吡咯烷酮	62400-75-3	0.17
20	10.751	$C_6H_6O_2$	邻苯二酚	120-80-9	0.07
21	11.436	$C_{11}H_{20}O_2$	桃醛	104-67-6	0.18
22	12.050	$C_6H_6O_3$	5- 羟甲基糠醛	67-47-0	0.17
23	12.593	$C_7H_{12}O_5$	二乙酸甘油酯	25395-31-7	0.49
24	14.081	$C_5H_6N_2O_2$	1- 甲基 -4- 咪唑甲酸	41716-18-1	0.16
25	14.765	$C_6H_{16}N_2O_2$	1,8- 二氨基 -3,6- 二氧杂辛烷	929-59-9	0.30
26	17.823	$C_{10}H_{14}N_2$	烟碱	54-11-5	63.42
27	21.017	$C_5H_{10}O_2$	四氢吡喃 -4- 醇	2081-44-9	1.16
28	21.719	$C_9H_{13}N_3O_5$	胞苷	65-46-3	1.40
29	23.160	$C_5H_4N_4O$	4- 羟基吡唑并［3,4-d］嘧啶	315-30-0	0.18
30	23.172	$C_8H_8O_2$	5- 甲基水杨醛	613-84-3	0.27
31	24.990	$C_{10}H_{14}N_2$	新烟碱	40774-73-0	0.22
32	26.625	$C_{10}H_{12}N_2$	新烟草碱（去氢新烟碱）	2743-90-0	1.19
33	26.897	C_9H_9N	2,5- 二甲基苯甲腈	13730-09-1	0.35
34	26.932	$C_4H_8N_2S$	4- 甲基咪唑烷 -2- 硫酮	2122-19-2	0.34
35	29.683	$C_4H_{10}O_4$	L- 苏丁醇	2319-57-5	0.08
36	30.273	$C_3H_7NO_2$	肌氨酸	107-97-1	0.24
37	30.291	C_3H_7NS	N,N- 二甲基硫代甲酰胺	758-16-7	0.33

续表

编号	保留时间（min）	分子式	化合物名称	CAS 号	相对含量（%）
38	31.159	$C_7H_{12}O_6$	右旋奎宁酸	77-95-2	1.70
39	33.922	C_9H_9NOS	8- 羟基 -2,5- 二甲基［1,3］噻唑并［3,2-a］吡啶 -4- 镝	30276-97-2	0.22
40	34.122	C_6H_7NO	2- 吡啶甲醇	586-98-1	0.08
41	34.146	$C_4H_{12}N_2S_2$	2,2'- 二硫代二（乙胺）	51-85-4	0.08
42	44.500	$C_{20}H_{38}$	7,11,15- 三甲基 -3- 亚甲基 – 十六碳 -1- 烯	504-96-1	2.07
43	48.072	$C_{17}H_{18}F_3NO$	氟西汀	54910-89-3	0.10
44	49.306	$C_{10}H_8O_4$	东莨菪内酯	92-61-5	0.33
45	50.256	$C_{20}H_{30}O_4$	3,4- 环氧四氢呋喃	85-69-8	0.10
46	50.392	$C_7H_{13}NO$	N- 甲基己内酰胺	2556-73-2	0.12
47	60.410	$C_9H_{13}NO$	羟基安非他命	1518-86-1	0.28
48	61.124	$C_6H_9BrO_2$	2- 溴甲基丙烯酸乙酯	17435-72-2	0.87
49	61.927	$C_{10}H_{18}$	3-（1- 甲基丙基）- 环己烯	15232-91-4	0.47
50	62.228	$C_9H_5NO_5$	4- 羟基 -3- 硝基香豆素	20261-31-8	0.47
51	62.346	$C_5H_{10}N_2O_3$	甘氨酰 -L- 丙氨酸	3695-73-6	0.11
52	82.943	$C_{22}H_{43}NO$	芥酸酰胺	112-84-5	0.78
53	94.383	$C_{29}H_{50}O_2$	3,4- 二氢 -2,5,7,8- 四甲基 -2-（4,8,12- 三甲基十三烷基）-6- 色满醇	10191-41-0	0.53

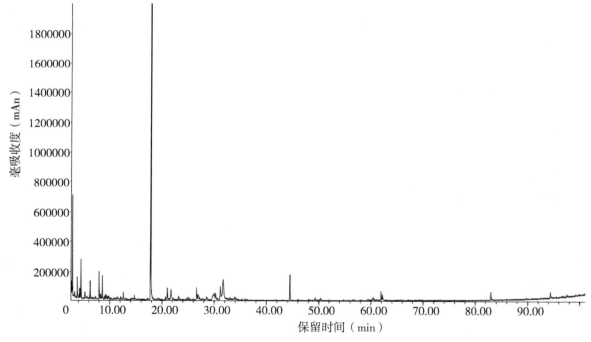

图 4-36　广西贺州朝东云烟 87C3F（2014）甲醇索氏提取成分指纹图谱

4.2.37　广西贺州朝东云烟 87B2F（2014）甲醇索氏提取成分分析结果

广西贺州朝东云烟 87B2F（2014）甲醇索氏提取成分分析结果见表 4-37，广西贺州朝东云烟 87B2F（2014）甲醇索氏提取成分指纹图谱见图 4-37。

致香物类型如下。

（1）酮类：1,3- 二羟基丙酮 1.25%、2,3- 二氢 -3,5- 二羟基 -6- 甲基 -4H- 吡喃 -4- 酮 0.29%。酮类

相对含量为致香物的 1.54%。

（2）醛类：2,4- 壬二烯醛 0.08%、2- 羟基 -3- 甲基苯甲醛 0.08%。醛类相对含量为致香物的 0.16%。

（3）醇类：糠醇 0.16%、3- 氯 -2-（氯甲基）-2- 甲基丙烷 -1- 醇 0.24%、甘油 1.08%。醇类占致香物的 1.48%。

（4）有机酸类：二羟基顺丁烯二酸 0.65%、右旋奎宁酸 3.51%。有机酸类相对含量为致香物的 4.16%。

（5）酯类：二氢 -4- 羟基 -2（3H）- 呋喃酮 0.08%、（+/-）-3- 羟基 -γ- 丁内酯 0.08%、1- 甲基 -1H- 吲哚 -2- 羧酸甲酯 0.56%、5- 氧代吡咯烷 -2- 甲酸甲酯 0.82%、L- 古洛糖酸 -γ- 洛糖内酯 3.09%、东莨菪内酯 0.36%。酯类相对含量为致香物的 4.99%。

（6）稠环芳香烃类：未检测到该类成分。

（7）酚类：2,4- 二叔丁基苯酚 0.15%。酚类相对含量为致香物的 0.15%。

（8）烷烃类：癸烷 2.84%、7,11,15- 三甲基 -3- 亚甲基 - 十六碳 -1- 烯 0.58%。烷烃类相对含量为致香物的 3.42%。

（9）不饱和脂肪酸类：未检测到该类成分。

（10）生物碱类：烟碱 71.14%、新烟碱 0.32%、新烟草碱 1.65%。生物碱类相对含量为致香物的 73.11%。

（11）萜类：未检测到该类成分。

（12）其他类：（R）-N- 甲基 -3-（2- 甲基苯氧基）苯丙胺 0.33%、1-（2,6- 二甲基苯氧基）-2- 丙胺 0.11%、1-（2- 胍乙基）氮杂环辛烷 0.39%、N,N- 双二羟甲基脲 0.18%、2,3,4- 三甲氧基苯乙腈 0.12%、3-（吡咯烷 -2- 基）吡啶 0.37%、D- 脯氨酸 0.10%、N,N- 双（膦酸基甲基）甘氨酸 0.09%、N,N'- 双水杨醛缩 -1,2- 丙二胺 0.22%、N- 甲基 -1,3- 丙二胺 0.11%、N- 甲基 -N- 亚硝基脲 0.18%、N- 乙酰 -L- 丙氨酸 0.14%、富马酰胺 0.13%、5-O- 甲基 -a-D- 吡喃糖苷 2.07%、甲基 -L- 吡喃阿拉伯糖苷 0.26%、乙酰脲 0.10%、异丙胺 0.09%、油酸酰胺 0.53%、1,7- 二氮杂二环［2.2.1］庚烷 0.18%、3- 甲基 -3- 氮杂二环［6.1.0.0^{5,9}］壬烷 0.45%、3- 氨基 -5- 苯基 -1,2,4- 噁二唑 0.09%、5- 甲基 -2- 庚胺 0.13%、N- 甲基环戊烯胺 0.49%。

表 4-37 广西贺州朝东云烟 87B2F（2014）甲醇索氏提取成分分析结果

编号	保留时间（min）	分子式	化合物名称	CAS 号	相对含量（%）
1	2.735	$C_3H_6N_2O_2$	乙酰脲	591-07-1	0.10
2	2.835	$C_3H_6O_3$	1,3- 二羟基丙酮	96-26-4	1.25
3	3.307	$C_5H_6O_2$	糠醇	98-00-0	0.16
4	3.360	$C_5H_{10}Cl_2O$	3- 氯 -2-（氯甲基）-2- 甲基丙烷 -1- 醇	5355-54-4	0.24
5	3.785	$C_3H_8O_3$	甘油；丙三醇	56-81-5	1.08
6	4.317	$C_{11}H_{17}NO$	1-（2,6- 二甲基苯氧基）-2- 丙胺	31828-71-4	0.11
7	4.500	$C_{10}H_{22}$	癸烷	124-18-5	2.84
8	5.273	$C_4H_6N_2O_2$	富马酰胺	627-64-5	0.13
9	6.247	$C_{10}H_{22}N_4$	1-（2- 胍乙基）氮杂环辛烷	55-65-2	0.39
10	7.256	$C_6H_{12}O_5$	甲基 -L- 吡喃阿拉伯糖苷	1825-00-9	0.26
11	8.213	$C_5H_9NO_2$	D- 脯氨酸	344-25-2	0.10
12	8.230	$C_5H_{10}N_2$	1,7- 二氮杂二环［2.2.1］庚烷	279-42-5	0.18
13	8.561	$C_6H_8O_4$	2,3- 二氢 -3,5- 二羟基 -6- 甲基 -4H- 吡喃 -4- 酮	28564-83-2	0.29
14	8.986	$C_4H_6O_3$	（+/-）-3- 羟基 -r- 丁内酯	5469-16-9	0.08
15	9.157	$C_6H_{11}N$	N- 甲基环戊烯胺	10599-83-4	0.49
16	9.388	$C_3H_8N_2O_3$	N,N- 双二羟甲基脲	140-95-4	0.18
17	9.417	$C_4H_{11}NO_8P_2$	N,N- 双（膦酸基甲基）甘氨酸	2439-99-8	0.09
18	9.807	$C_2H_5N_3O_2$	N- 甲基 -N- 亚硝基脲	684-93-5	0.18
19	12.617	$C_8H_{19}N$	5- 甲基 -2- 庚胺	53907-81-6	0.13

续表

编号	保留时间（min）	分子式	化合物名称	CAS 号	相对含量（%）
20	17.817	$C_{10}H_{14}N_2$	烟碱	54-11-5	71.14
21	19.358	$C_6H_9NO_3$	5-氧代吡咯烷-2-甲酸甲酯	54571-66-3	0.82
22	21.011	$C_4H_4O_6$	二羟基顺丁烯二酸	526-84-1	0.65
23	21.442	$C_9H_{12}N_2$	3-（吡咯烷-2-基）吡啶	5746-86-1	0.37
24	21.643	$C_5H_9NO_3$	N-乙酰-L-丙氨酸	97-69-8	0.14
25	21.684	$C_9H_{14}O$	2,4-壬二烯醛	675-00-3	0.08
26	23.154	$C_8H_8O_2$	2-羟基-3-甲基苯甲醛	824-42-0	0.08
27	24.978	$C_{10}H_{14}N_2$	L-（-）-八角枫碱	494-52-0	0.32
28	26.625	$C_{10}H_{12}N_2$	新烟草碱	2743-90-0	1.65
29	27.215	$C_{14}H_{22}O$	2,4-二叔丁基苯酚	96-76-4	0.15
30	27.623	$C_{17}H_{21}NO$	（R）-N-甲基-3-（2-甲基苯氧基）苯丙胺	83015-26-3	0.33
31	29.689	C_3H_9N	异丙胺	75-31-0	0.09
32	30.285	$C_{11}H_{11}NO_2$	1-甲基-1H-吲哚-2-羧酸甲酯	37493-34-8	0.56
33	31.153	$C_7H_{12}O_6$	右旋奎宁酸	77-95-2	3.51
34	31.478	$C_6H_{10}O_6$	L-古洛糖酸-γ-内酯	1128-23-0	3.09
35	31.684	$C_7H_{14}O_5$	5-O-甲基-a-D-吡喃糖苷	35007-57-9	2.07
36	35.728	$C_4H_{12}N_2$	N-甲基-1,3-丙二胺	06291-84-5	0.11
37	41.785	$C_8H_7N_3O$	3-氨基-5-苯基-1,2,4-噁二唑	7788-14-9	0.09
38	44.500	$C_{20}H_{38}$	7,11,15-三甲基-3-亚甲基-十六碳-1-烯	504-96-1	0.58
39	48.090	$C_{17}H_{18}N_2O_2$	N,N'-双水杨醛缩-1,2-丙二胺	94-91-7	0.22
40	49.312	$C_{10}H_8O_4$	东莨菪内酯	92-61-5	0.36
41	59.406	$C_9H_{15}N$	3-甲基-3-氮杂二环［6.1.0.0^{5,9}］壬烷	16967-50-3	0.45
42	82.937	$C_{18}H_{35}NO$	油酸酰胺	301-02-0	0.53
43	94.371	$C_{11}H_{13}NO_3$	2,3,4-三甲氧基苯乙腈	68913-85-9	0.12

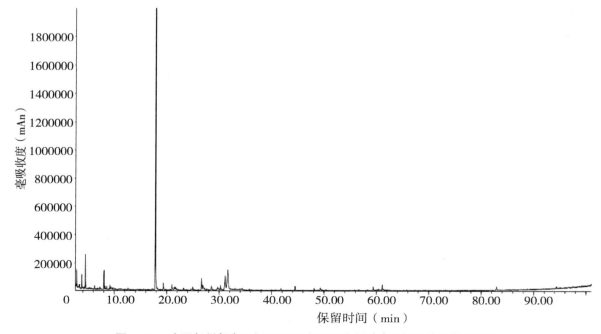

图 4-37　广西贺州朝东云烟 87B2F（2014）甲醇索氏提取成分指纹图谱

4.2.38　广西贺州城北云烟 87B2F（2014）甲醇索氏提取成分分析结果

广西贺州城北云烟 87B2F（2014）甲醇索氏提取成分分析结果见表 4-38，广西贺州城北云烟 87B2F（2014）甲醇索氏提取成分指纹图谱见图 4-38。

致香物类型如下。

（1）酮类：2,4,5- 咪唑啉三酮 0.36%、5,6- 二氨基 -2（1H）- 嘧啶酮 0.84%、2,3- 二氢 -3,5- 二羟基 -6- 甲基 -4H- 吡喃 -4- 酮 0.93%、二氢 -4- 羟基 -2（3H）- 呋喃酮 0.08%。酮类相对含量为致香物的 2.21%。

（2）醛类：3- 甲基丁醛 0.38%、5- 羟甲基糠醛 0.13%、正戊醛 0.24%、戊二醛 0.15%。醛类占致香物的 0.90%。

（3）醇类：糠醇 0.18%、3- 氯 -1,2- 丙二醇 0.09%、丙三醇 1.07%、（S）-［（S）-2- 苯基 -1,3,2- 二氧硼戊环 -4- 基］-1,2- 乙二醇 0.68%、四氢吡喃 -4- 醇 0.14%、四氢 -2H- 吡喃 -3- 醇 0.10%、三聚甲醛缩乙二醇 0.11%。醇类相对含量为致香物的 2.37%。

（4）有机酸类：丁酰胺酸 4.15%、双［（4- 硝基苯基）甲基］琥珀酸 0.12%、N- 甲基氨基乙酸 0.19%、右旋奎宁酸 2.33%。有机酸类相对含量为致香物的 6.79%。

（5）酯类：氨基甲酸甲酯 0.19%。酯类相对含量为致香物的 0.19%。

（6）稠环芳香烃类：未检测到该类成分。

（7）酚类：邻苯二酚 0.07%、2,4- 二叔丁基苯酚 0.29%。酚类相对含量为致香物的 0.36%。

（8）烷烃类：正癸烷 3.35%、3- 乙基 -2- 甲基戊烷 0.21%。烷烃类相对含量为致香物的 3.56%。

（9）不饱和脂肪酸类：未检测到该类成分。

（10）生物碱类：新烟碱 0.27%、烟碱 70.11%。生物碱类相对含量为致香物的 70.38%。

（11）萜类：未检测到该类成分。

（12）其他类：异噁唑 -5- 胺 0.07%、2-［（2- 硝基苯基）亚甲基氨基］胍 0.09%、羟基安非他命 0.26%、（Z）-9- 十八烯酸酰胺 0.20%、1,3- 二羟基丙酮二聚体 3.12%、1,3- 二乙基脲 0.12%、2- 甲基氨基甲基 -1,3- 二氧戊环 0.10%、3-（吡咯烷 -2- 基）吡啶 0.23%、3- 环己烯 -1- 腈 1.42%、3- 羟基哌啶 0.12%、3- 乙氧基丙烯腈 0.57%、4-O-β-D- 吡喃半乳糖基 -α-D- 吡喃葡萄糖 3.56%、D- 甘露（型）庚酮糖 0.10%、L- 丙氨酸 4- 硝基酰苯胺 0.15%、N,N- 二甲基丙酰胺 0.77%、Nα-2,4- 二硝基苯 -L- 精氨酸 0.08%、N- 氨基吗啉 0.30%、N- 甲基 -N- 亚硝基脲 0.08%、N- 甲基己内酰胺 0.41%、八氢 -2- 甲基 -4- 氮杂茚 0.22%、赤霉素 0.08%、黑芥子苷 0.07%、羟基环戊烷 0.63%、氰乙酰胺 0.08%、三乙烯四胺 0.13%、维生素 E 0.26%、托莫西汀 0.08%、乙二醛 - 双（二甲基腙）0.20%、乙酰脲 0.38%。

表 4-38　广西贺州城北云烟 87B2F（2014）甲醇索氏提取成分分析结果

编号	保留时间（min）	分子式	化合物名称	CAS 号	相对含量（%）
1	2.646	$C_9H_{11}N_3O_3$	L- 丙氨酸 4- 硝基酰苯胺	1668-13-9	0.15
2	2.734	$C_3H_6N_2O_2$	乙酰脲	591-07-1	0.38
3	2.835	$C_6H_{12}O_6$	1,3- 二羟基丙酮二聚体	62147-49-3	3.12
4	3.218	$C_3H_4N_2O$	异噁唑 -5- 胺	14678-05-8	0.07
5	3.307	$C_5H_6O_2$	糠醇	98-00-0	0.18
6	3.360	$C_3H_7ClO_2$	3- 氯 -1,2- 丙二醇	96-24-2	0.09
7	3.785	$C_3H_8O_3$	丙三醇	56-81-5	1.07
8	3.939	$C_{12}H_{16}N_6O_6$	Nα-2,4- 二硝基苯 -L- 精氨酸	1602-42-2	0.08
9	4.151	$C_4H_7NO_3$	丁酰胺酸	638-32-4	4.15
10	4.175	$C_5H_{11}NO$	3- 羟基哌啶	6859-99-0	0.12
11	4.311	$C_5H_{10}O$	3- 甲基丁醛	590-86-3	0.38
12	4.494	$C_{10}H_{22}$	正癸烷	124-18-5	3.35
13	5.237	$C_3H_2N_2O_3$	2,4,5- 咪唑啉三酮	120-89-8	0.36
14	6.247	$C_4H_6N_4O$	5,6- 二氨基 -2（1H）- 嘧啶酮	23899-73-2	0.84

续表

编号	保留时间（min）	分子式	化合物名称	CAS 号	相对含量（%）
15	6.778	$C_5H_{11}NO_2$	2-甲基氨基甲基-1,3-二氧戊环	57366-77-5	0.10
16	7.274	$C_2H_5N_3O_2$	N-甲基-N-亚硝基脲	684-93-5	0.08
17	7.959	$C_{10}H_{13}BO_4$	（S）-［（S）-2-苯基-1,3,2-二氧硼戊环-4-基］-1,2-乙二醇	74807-80-0	0.68
18	8.030	$C_4H_9NO_2$	氨基甲酸甲酯	6135-31-5	0.19
19	8.254	C_8H_{18}	3-乙基-2-甲基戊烷	609-26-7	0.21
20	8.567	$C_6H_8O_4$	2,3-二氢-3,5-二羟基-6-甲基-4H-吡喃-4-酮	28564-83-2	0.93
21	8.992	$C_4H_6O_3$	二氢-4-羟基-2（3H）-呋喃酮	5469-16-9	0.08
22	9.157	C_5H_7NO	3-乙氧基丙烯腈	61310-53-0	0.57
23	9.706	$C_5H_{10}O_2$	四氢吡喃-4-醇	2081-44-9	0.14
24	10.775	$C_6H_6O_2$	邻苯二酚	120-80-9	0.07
25	12.044	$C_6H_6O_3$	5-羟甲基糠醛	67-47-0	0.13
26	12.611	$C_3H_8N_2O_2$	N-亚硝基甲基-（2-羟基乙基）胺	26921-68-6	0.18
27	14.771	$C_5H_{10}O$	正戊醛	110-62-3	0.24
28	17.817	$C_{10}H_{14}N_2$	烟碱	54-11-5	70.11
29	20.698	$C_6H_{14}N_4$	乙二醛-双（二甲基腙）	26757-28-8	0.20
30	20.999	$C_5H_{11}NO$	N,N-二甲基丙酰胺	758-96-3	0.77
31	21.471	$C_9H_{12}N_2$	3-（吡咯烷-2-基）吡啶	5746-86-1	0.23
32	21.643	$C_5H_{10}O$	羟基环戊烷	96-41-3	0.63
33	23.177	$C_{18}H_{16}N_2O_8$	双［（4-硝基苯基）甲基］琥珀酸	58265-86-4	0.12
34	24.978	$C_{10}H_{14}N_2$	新烟碱	494-52-0	0.27
35	25.303	$C_3H_4N_2O$	氰乙酰胺	107-91-5	0.08
36	26.631	C_7H_9N	3-环己烯-1-腈	100-45-8	1.42
37	26.985	$C_5H_{12}N_2O$	1,3-二乙基脲	623-76-7	0.12
38	27.204	$C_{14}H_{22}O$	2,4-二叔丁基苯酚	96-76-4	0.29
39	28.532	$C_6H_{18}N_4$	三乙烯四胺	112-24-3	0.13
40	28.544	$C_7H_{14}O_7$	D-甘露（型）庚酮糖	3615-44-9	0.10
41	29.529	$C_5H_{10}O_2$	四氢-2H-吡喃-3-醇	19752-84-2	0.10
42	29.612	$C_4H_{10}N_2O$	N-氨基吗啉	4319-49-7	0.30
43	30.297	$C_3H_7NO_2$	N-甲基氨基乙酸	107-97-1	0.19
44	31.141	$C_7H_{12}O_6$	右旋奎宁酸	77-95-2	2.33
45	31.330	$C_{10}H_{18}KNO_{10}S_2$	黑芥子苷	3952-98-5	0.07
46	31.371	$C_4H_8O_3$	三聚甲醛缩乙二醇	5981-06-6	0.11
47	31.436	$C_7H_{13}NO$	N-甲基己内酰胺	2556-73-2	0.41
48	31.649	$C_{12}H_{22}O_{11}$	4-O-β-D-吡喃半乳糖基-α-D-吡喃葡萄糖	14641-93-1	3.56
49	33.060	$C_8H_9N_5O_2$	2-［（2-硝基苯基）亚甲基氨基］胍	102632-31-5	0.09
50	48.101	$C_{17}H_{21}NO$	托莫西汀	83015-26-3	0.08
51	61.903	$C_9H_{13}NO$	羟基安非他命	1518-86-1	0.26
52	61.933	$C_9H_{15}N$	八氢-2-甲基-4-氮杂茚	16967-50-3	0.22
53	82.919	$C_5H_8O_2$	戊二醛	111-30-8	0.15
54	82.943	$C_{18}H_{35}NO$	（Z）-9-十八烯酸酰胺	301-02-0	0.20
55	94.389	$C_{29}H_{50}O_2$	维生素 E	59-02-9	0.26
56	100.021	$C_{19}H_{22}O_6$	赤霉素	77-06-5	0.08

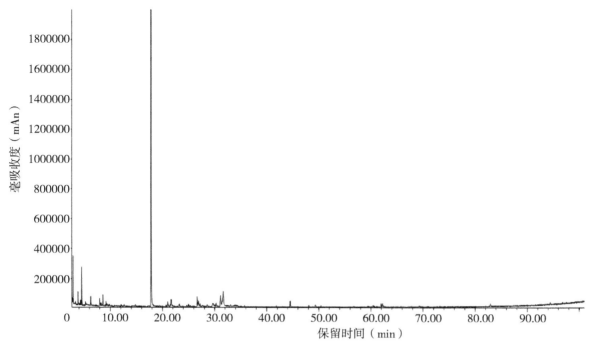

图 4-38　广西贺州城北云烟 87B2F（2014）甲醇索氏提取成分指纹图谱

4.2.39　广西贺州城北云烟 87X2F（2014）甲醇索氏提取成分分析结果

广西贺州城北云烟 87X2F（2014）甲醇索氏提取成分分析结果见表 4-39，广西贺州城北云烟 87X2F（2014）甲醇索氏提取成分指纹图谱见图 4-39。

致香物类型如下。

（1）酮类：1,3- 二羟基丙酮 6.84%、2,3- 二氢 -3,5- 二羟基 -6- 甲基 -4H- 吡喃 -4- 酮 1.35%、4- 甲基 - 螺［4.7］十二碳 -3- 乙二胺 -1- 酮 0.09%。酮类相对含量为致香物的 8.28%。

（2）醛类：3- 甲基丁醛 1.01%。醛类相对含量为致香物的 1.01%。

（3）醇类：丙三醇 2.40%、（2S,3S）-1,2,3,4- 丁烷四醇 1.55%。醇类相对含量为致香物的 3.95%。

（4）有机酸类：丁酰胺酸 0.14%、磷酰基乙酸 0.16%、N,N- 双（膦酸基甲基）甘氨酸 0.20%、（R）-2- 氨基 -2- 甲基 -3- 苯基丙酸 0.10%、1- 甲基 -5- 氧代 -3- 吡咯烷羧酸 0.18%、乙炔酸 0.19%、二羟基顺丁烯二酸 0.09%。有机酸类相对含量为致香物的 1.06%。

（5）酯类：亚硝酸异戊酯 3.23%、［3- 甲基 -4- 甲基氨基 -1,2- 二（苯基）丁烷 -2- 基］丙酸酯 0.30%。酯类相对含量为致香物的 3.53%。

（6）稠环芳香烃类：未检测到该类成分。

（7）酚类：2,4- 二叔丁基苯酚 0.21%。酚类相对含量为致香物的 0.21%。

（8）烷烃类：癸烷 5.86%、7,11,15- 三甲基 -3- 亚甲基 - 十六碳 -1- 烯 2.93%。烷烃类相对含量为致香物的 8.79%。

（9）不饱和脂肪酸类：2- 己炔酸 0.19%。不饱和脂肪酸类相对含量为致香物的 0.19%。

（10）生物碱类：烟碱 50.00%。生物碱类相对含量为致香物的 50.00%。

（11）萜类：未检测到该类成分。

（12）其他类：（2S）-2- 氨基 -N-（4- 硝基苯基）- 丙酰胺 0.36%、（Z）-9- 十八烯酸酰胺 4.45%、1-（2- 吡啶）乙胺 0.14%、1,1,3- 三甲基脲 0.46%、1,3- 二乙基脲 0.99%、1,4-D2 丁烷 0.13%、1,4- 二甲基哌嗪 0.49%、6-［（1Z）- 丁基 -1- 烯 -1- 基］环庚 -1,4- 二烯 0.09%、1,8- 二氨基 -3,6- 二氧杂辛烷 0.16%、1- 氨基己烷 1.52%、1- 氨基辛烷 0.92%、2,1,3- 苯并噻二唑 0.18%、2-［（2- 硝基苯基）亚甲基氨基］胍 1.02%、2-［（二甲基氨基）甲基］-4- 乙基苯酚 0.33%、2- 三氟甲基喹啉 -1H- 咪唑 0.11%、2- 依沙吖啶 0.37%、3- 羟基哌啶 1.35%、3- 羟基四氢吡喃 0.25%、4,5,6- 三甲氧基 -1H- 吲哚 0.15%、4,5- 二氨基 -6-

羟基嘧啶 1.18%、4- 羟基 -3- 硝基香豆素 0.18%、5- 甲基 -2- 庚胺 0.11%、7- 羟基 -6- 甲氧基香豆素 0.15%、L- 丙氨酸 4- 硝基酰苯胺 0.24%、N,N'- 二甲基 -1,4- 丁烷二胺 0.76%、N,N- 二甲基氨基乙腈 0.18%、N,N- 二甲基丙烯酰胺 2.05%、N- 氨基吗啉 0.40%、N- 甲基辛胺 0.14%、胞嘧啶核苷 0.20%、丙酰胺 0.13%、赤霉素 0.08%、环丙酰胺 0.18%、己二酸哌嗪 0.20%、三乙烯四胺 0.35%、十二烷基伯胺 0.25%、顺丁烯二酰亚胺 0.22%、乙酰脲 0.33%。

表 4-39 广西贺州城北云烟 87X2F（2014）甲醇索氏提取成分分析结果

编号	保留时间（min）	分子式	化合物名称	CAS 号	相对含量（%）
1	2.723	$C_4H_{10}N_2O$	1,1,3- 三甲基脲	632-14-4	0.46
2	2.835	$C_3H_6O_3$	1,3- 二羟基丙酮	96-26-4	6.84
3	3.189	C_4H_7NO	环丙酰胺	6228-73-5	0.18
4	3.785	$C_3H_8O_3$	丙三醇	56-81-5	2.40
5	3.956	$C_{11}H_{13}NO_3$	4,5,6- 三甲氧基 -1H- 吲哚	30448-04-5	0.15
6	4.151	$C_4H_7NO_3$	丁酰胺酸	638-32-4	0.14
7	4.181	$C_6H_8O_4$	2,3- 二氢 -3,5- 二羟基 -6- 甲基 -4H- 吡喃 -4- 酮	28564-83-2	1.35
8	4.299	$C_8H_{19}N$	1- 氨基辛烷	111-86-4	0.92
9	4.494	$C_{10}H_{22}$	癸烷	124-18-5	5.86
10	5.249	$C_6H_{14}N_2$	1,4- 二甲基哌嗪	106-58-1	0.49
11	5.314	$C_6H_8O_2$	2- 乙炔酸	764-33-0	0.19
12	5.668	$C_5H_{11}NO$	3- 羟基哌啶	6859-99-0	1.35
13	6.247	$C_4H_6N_4O$	4,5- 二氨基 -6- 羟基嘧啶	1672-50-0	1.18
14	6.949	$C_{10}H_{20}N_2O_4$	己二酸哌嗪	142-88-1	0.20
15	7.268	$C_9H_{11}N_3O_3$	L- 丙氨酸 4- 硝基酰苯胺	1668-13-9	0.24
16	7.959	$C_4H_{10}O_4$	（2S,3S）-1,2,3,4- 丁烷四醇	2319-57-5	1.55
17	8.242	$C_3H_6N_2O_2$	乙酰脲	591-07-1	0.33
18	9.004	$C_5H_{10}O_2$	3- 羟基四氢吡喃	19752-84-2	0.12
19	9.393	$C_2H_5O_5P$	磷酰基乙酸	4408-78-0	0.16
20	9.417	$C_4H_{11}NO_8P_2$	N,N- 双（膦酸基甲基）甘氨酸	2439-99-8	0.20
21	9.706	$C_4H_8N_2$	N,N- 二甲基氨基乙腈	926-64-7	0.18
22	9.836	$C_{10}H_{13}NO_2$	（R）-2- 氨基 -2- 甲基 -3- 苯基丙酸	17350-84-4	0.10
23	12.062	$C_4H_3NO_2$	顺丁烯二酰亚胺	541-59-3	0.22
24	12.622	$C_4H_8D_2$	D2-1,4- 丁烷	53716-54-4	0.13
25	17.823	$C_{10}H_{14}N_2$	烟碱	54-11-5	50.00
26	20.698	$C_6H_9NO_3$	1- 甲基 -5- 氧代 -3- 吡咯烷羧酸	42346-68-9	0.18
27	21.489	$C_6H_{16}N_2O_2$	1,8- 二氨基 -3,6- 二氧杂辛烷	929-59-9	0.16
28	21.643	$C_5H_{10}O$	3- 甲基丁醛	590-86-3	1.01
29	23.136	$C_6H_4N_2S$	2,1,3- 苯并噻二唑	273-13-2	0.18
30	23.225	$C_4H_3F_3N_2$	2- 三氟甲基喹啉 -1H- 咪唑	66675-22-7	0.11
31	25.291	$C_9H_{21}N$	N- 甲基辛胺	2439-54-5	0.14
32	26.702	$C_8H_9N_5O_2$	2-［（2- 硝基苯基）亚甲基氨基］胍	102632-31-5	1.02
33	26.873	$C_5H_{12}N_2O$	1,3- 二乙基脲	623-76-7	0.99
34	27.204	$C_{14}H_{22}O$	2,4- 二叔丁基苯酚	96-76-4	0.21
35	28.508	C_3H_7NO	丙酰胺	79-05-0	0.13

续表

编号	保留时间 （min）	分子式	化合物名称	CAS 号	相对含量 （%）
36	28.555	$C_{12}H_{27}N$	十二烷基伯胺	124-22-1	0.25
37	29.518	$C_6H_{16}N_2$	N,N'-二甲基-1,4-丁烷二胺	16011-97-5	0.76
38	29.624	$C_5H_{10}O_2$	3-羟基四氢吡喃	19752-84-2	0.13
39	29.742	$C_4H_{10}N_2O$	N-氨基吗啉	4319-49-7	0.40
40	30.238	$C_8H_{19}N$	5-甲基-2-庚胺	53907-81-6	0.11
41	30.285	$C_9H_{11}N_3O_3$	（2S）-2-氨基-N-（4-硝基苯基）-丙酰胺	1668-13-9	0.36
42	31.141	$C_5H_{11}NO_2$	亚硝酸异戊酯	110-46-3	3.23
43	31.377	$C_9H_{13}N_3O_5$	胞嘧啶核苷	65-46-3	0.20
44	31.436	$C_6H_{18}N_4$	三乙烯四胺	112-24-3	0.35
45	31.613	C_5H_9NO	N,N-二甲基丙烯酰胺	2680-03-7	2.05
46	31.625	$C_6H_{15}N$	1-氨基己烷	111-26-2	1.52
47	32.629	$C_9H_5NO_5$	4-羟基-3-硝基香豆素	20261-31-8	0.18
48	33.054	$C_4H_4O_6$	二羟基顺丁烯二酸	526-84-1	0.09
49	44.506	$C_{20}H_{38}$	7,11,15-三甲基-3-亚甲基-十六碳-1-烯	504-96-1	2.93
50	48.101	$C_{21}H_{27}NO_2$	［3-甲基-4-甲基氨基-1,2-二（苯基）丁烷-2-基］丙酸酯	3376-94-1	0.30
51	49.270	$C_{13}H_{20}O$	4-甲基-螺［4.7］十二碳-3-乙二胺-1-酮	88441-59-2	0.09
52	49.317	$C_{10}H_8O_4$	7-羟基-6-甲氧基香豆素	92-61-5	0.15
53	56.697	$C_{11}H_{16}$	6-［（1Z）-丁基-1-烯-1-基］环庚-1,4-二烯	33156-92-2	0.09
54	62.210	$C_{11}H_{17}NO$	2-［（二甲基氨基）甲基］-4-乙基苯酚	55955-99-2	0.33
55	62.246	$C_7H_{10}N_2$	1-（2-吡啶）乙胺	42088-91-5	0.14
56	82.966	$C_{18}H_{35}NO$	（Z）-9-十八烯酸酰胺	301-02-0	4.45
57	94.342	$C_{15}H_{13}N$	2-依沙吖啶	55751-83-2	0.37
58	99.053	$C_{19}H_{22}O_6$	赤霉素	77-06-5	0.08

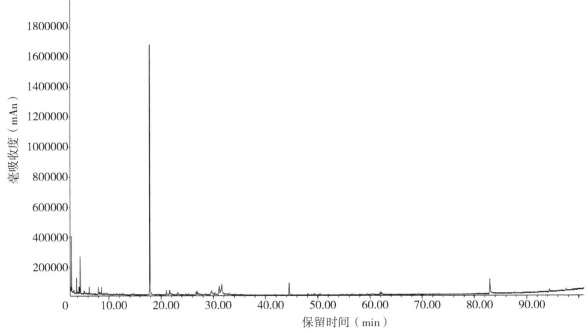

图 4-39　广西贺州城北云烟 87X2F（2014）甲醇索氏提取成分指纹图谱

参考文献

［1］谢利丽，郭利，朱金峰，等．烤烟烟叶油分研究进展［J］．江西农业学报，2014,26（9）：61-64.

［2］买买提江·依米提，艾合买提·沙塔尔，张大海，等．微波提取法与索氏提取法提取杏仁油的比较研究［J］．新疆农业科学，2010（4）：731-735.

5 广东主产烟区与其他烟区烤烟烟叶致香物的比较分析

烟草香气是指由烟草直接散发或者燃烧时产生的令人愉快的气味，它是评价烟叶及其制品品质的一项重要指标。烟叶中所含致香物质的种类、含量和组成比例是决定烟叶香气风格的重要因素之一，也是评价卷烟产品品质特色的主要影响因子，分析烟叶中香气物质的主要种类及其含量对指导卷烟配方、加香加料有重要的实际意义。因此，国内外研究者主要从生态环境、栽培措施和发酵工艺等方面对有关影响烤烟香气物质形成的因子进行了大量的研究，研究结果表明，生态环境对烟叶香气物质的形成起着主导性作用。目前，对于烟叶中挥发性香气物质的研究主要采用水蒸气蒸馏 – 二氯甲烷溶剂萃取法，而利用同时蒸馏 – 石油醚萃取法提取烟叶中挥发性香气物质的研究较少。因此，本研究采用同时蒸馏 – 石油醚萃取法与气 – 质联用法对国内 4 个具有典型香味风格的烤烟主产区烟叶与津巴布韦烤烟烟叶中挥发性香气物质的种类和含量进行了比较分析，探讨不同烟区烟叶的致香成分与生态条件的关系，旨在为国内开发优质烤烟及弥补烟叶香气不足工作提供理论依据。

5.1 材料与方法

5.1.1 试验材料

选用中国广东南雄、贵州遵义、云南沾益、河南南阳和津巴布韦 2009 年产的同等级烟叶（C3F），材料由广东省烟草南雄科学研究所收集保存于冷藏箱内待测。

5.1.2 试验方法

5.1.2.1 前处理方法

前处理采用同时蒸馏萃取法。称取 50.00 g 粉碎后的烟叶于 2 000 mL 圆底烧瓶中，加入 1 000 mL 水，电热套加热；在另一个 250 mL 烧瓶中加入 50 mL 石油醚，水浴加热，同时蒸馏萃取 2.5 h 后，保留石油醚萃取液，加入 10.00 g 无水硫酸钠摇匀至溶液澄清，转移有机相至鸡心瓶，使用旋转蒸发仪在 45 ℃ 水浴中将其浓缩至 3 mL，所得香气浓缩物由 GC/MS 鉴定，结果采用 NIST 谱库检索定性。

5.1.2.2 检测方法

采用德国 Finnigan TRACE 气质联用仪对烟叶样品进行定性分析。GC/MS 条件如下。① 色谱柱：HP-INNO WAX 柱（30 mNNO WAX 性分析，转移有机相）；② 载气及流速：He，0.8 mL/min；③ 柱头压 170 kPa；④ 进样口温度：250℃；⑤ 传输线温度：220℃；⑥ 离子源温度：177℃；⑦ 升温程序：初温 50℃，恒温 1 min 后以 3℃ /min 升至 120℃，保持 2 min，再以 5 ℃ /min 升至 180 ℃，保持 10 min，再以 10 ℃ /min 升至 250 ℃，保持 15 min；⑧ 分流比：1 ：15；⑨ 进样量：2.0 μl/n；⑩ 电离方式：EI；⑪ 电离能：70 eV；⑫ 电子倍增器电压：350 V；⑬ 质量扫描范围：35 ~ 350 amu。采用 NIST 谱库检索定性。

5.2 结果与分析

5.2.1 质体色素降解产物比较分析

质体色素包括叶绿素和类胡萝卜素，是影响烟叶香味特色的重要因素之一，其降解产物对烤烟清新香气起着重要作用。叶绿素降解产物新植二烯具有清香气，在烟叶香气成分中所占比例最高。从表 5-1 可以看出，广东烤烟、云南烤烟中新植二烯含量较高，津巴布韦烤烟和河南烤烟中含量较低，这可能是由于新植二烯经复烤、醇化等后加工过程，降解生成了低分子香气物质。广东烤烟和津巴布韦烤烟烟叶中类胡萝卜素降解产物含量明显高于其他烟区烤烟，其中巨豆三烯酮（A、B、C、D）含量与其他烟区烟叶差异最显著，约为其他烟区烟叶含量的 2 倍。广东烤烟烟叶中 β- 大马酮含量最高。津巴布韦烤烟烟叶中假紫罗兰酮、二氢猕猴桃内酯、香叶基丙酮、法尼基丙酮含量最高，而 3- 羟基 $-\beta-$ 二氢大马酮、6- 甲基 $-5-$ 庚烯 $-2-$ 酮含量为痕量。

表 5-1   不同烟区烤烟中质体色素降解产物及含量

香气物质	保留时间（min）	峰面积百分含量（%）				
		广东	贵州	云南	河南	津巴布韦
β- 大马酮	30.74	4.13	1.29	0.97	3.44	2.12
假紫罗兰酮	34.00	0.19	0.05	0.07	0.22	0.63
芳樟醇	28.81	0.10	0.10	0.15	0.22	0.17
香叶基丙酮	31.89	1.06	0.33	0.24	1.16	1.34
4- 氧代异佛尔酮	26.06	0.06	tr	0.04	0.10	0.03
二氢猕猴桃内酯	43.95	0.31	0.22	0.58	0.99	1.35
巨豆三烯酮 A	39.76	1.18	0.86	1.12	0.50	1.63
巨豆三烯酮 B	40.01	4.75	2.93	2.96	1.38	5.03
巨豆三烯酮 C	41.35	1.65	0.70	0.61	0.51	1.14
巨豆三烯酮 D	42.76	4.25	3.01	2.35	2.41	3.20
3- 羟基 $-\beta-$ 二氢大马酮	35.33	0.34	0.12	0.23	0.33	tr
6- 甲基 $-5-$ 庚烯 $-2-$ 酮	12.63	0.06	tr	0.04	0.02	tr
法尼基丙酮	45.51	0.42	0.41	0.64	0.55	1.77
类胡萝卜素降解产物小计	—	18.50	10.02	10.00	11.83	18.41
新植二烯	33.88	22.64	16.76	21.23	11.12	13.70
叶绿素降解产物小计	—	22.64	16.76	21.23	11.12	13.70

注：表中"tr"表示痕量（tr means trace），表 5-3 同。

5.2.2 苯丙氨酸类降解产物比较分析

苯丙氨酸类降解产物是烟叶中香气较丰富的致香物质，如具有天然玫瑰香味的苯甲醇；具有杏仁香、樱桃香和甜香的苯甲醛；具有皂花香和焦香的苯乙醛；具有甜味和水果味的苯乙醇。从表 5-2 可以看出，河南烤烟烟叶中苯丙氨酸类降解产物含量最高，与处于较低水平的云南烤烟和贵州烤烟烟叶中的含量存在显著差异。云南烤烟和贵州烤烟烟叶中苯丙氨酸类降解产物的峰面积分别约占河南烤烟烟叶的 28.42% 和 17.63%。

表 5-2   不同烟区烤烟中苯丙氨酸类降解产物及含量

香气物质	保留时间（min）	峰面积百分含量（%）				
		广东	贵州	云南	河南	津巴布韦
苯甲醇	32.65	0.42	0.17	0.30	0.70	0.62
苯甲醛	19.63	0.15	0.04	0.08	0.27	0.04
苯乙醛	24.25	0.40	0.06	0.20	0.89	0.18
苯乙醇	33.53	0.46	0.22	0.21	0.92	0.53
苯丙氨酸类降解产物小计	—	1.43	0.49	0.79	2.78	1.37

5.2.3 美拉德反应产物比较分析

美拉德反应能够产生大量的具有烤香、烘焙香和坚果香等香味特征的氮杂环类化合物，如吡嗪类、吡啶类、呋喃类和吡咯类等。从表 5-3 可以看出，津巴布韦烤烟和广东烤烟烟叶中美拉德反应产物含量较高，贵州烤烟的含量最低。津巴布韦烤烟烟叶中 2- 乙酰基吡咯含量明显高于国内烟叶；广东烤烟烟叶中糠醛含量明显高于云南烤烟烟叶含量。

表 5-3 不同烟区烤烟中美拉德反应产物及含量

香气物质	保留时间（min）	峰面积百分含量（%）				
		广东	贵州	云南	河南	津巴布韦
糠醛	17.61	0.34	0.18	0.15	0.23	0.21
糠醇	25.22	0.05	0.02	0.03	0.08	0.07
2- 乙酰基呋喃	19.09	0.05	0.07	0.04	0.06	tr
5- 甲基糠醛	21.65	0.09	tr	0.03	0.06	0.08
3，4- 二甲基 -2，5- 呋喃二酮	36.51	0.03	tr	tr	0.05	0.07
2- 乙酰基吡咯	35.10	0.12	0.11	0.15	0.06	0.25
美拉德反应产物小计	—	0.68	0.38	0.40	0.54	0.68

5.2.4 西柏烷类降解产物比较分析

西柏烷类最初主要以无味的表面蜡质的形式在鲜烟叶中存在，只有通过调制、发酵才能降解产生香味成分，它既是烟叶腺毛分泌物，也是浓郁香气的典型代表。而 Chakraborty 等人研究表明，烟叶腺毛数量越多，烟叶的香气物质含量就越丰富。西柏烷类主要降解产物茄酮具有很好的香气，目前被作为单体香用于卷烟香料；它的氧杂双环化合物具有特别的香味，能够明显改善烟草的香气味。同时，它的转化产物也是很重要的烟草香味物质，如：茄醇、茄尼呋喃、降茄二酮。在保留时间为 27.83 min 的条件下，广东烤烟、贵州烤烟烟叶中茄酮含量较低（分别为 2.51% 和 1.96%），峰面积分别约为含量最高的河南烤烟烟叶（9.73%）的 25.80% 和 20.14%。津巴布韦烤烟、云南烤烟烟叶中茄酮含量居中，分别为 4.70% 和 5.75%。

5.2.5 五大烤烟区烟叶总挥发性香气物质比较分析

广东烤烟烟叶中类胡萝卜素、叶绿素降解产物含量最高。河南烤烟烟叶中苯丙氨酸类、西柏烷类降解产物含量最高。国内烟叶中的中性挥发性香气物质含量高于津巴布韦烤烟烟叶，这是由于国内烟叶中新植二烯含量较高的缘故，这与赵铭钦等人研究结果一致。不计新植二烯含量时，津巴布韦烤烟中的香气物质总含量最高，贵州烤烟最低，约为津巴布韦烤烟含量的 49.99%。

5.3 小结

生态环境使烟叶香气具有特殊的、不可替代的地域特征，也是烤烟香气风格形成的主要影响因素。张勇刚等人研究表明在不同生态条件下种植的烟草中致香物质的种类、含量和组成比例有所差异，烤烟的香气风格也就不同。津巴布韦属于亚热带高原气候，有着充足的光照和雨水，月平均气温大于 20 ℃，并且昼夜温差大，有利于烟叶形成特有的焦甜香特点。我国幅员辽阔，生态条件差异很大，为烟叶香气物质含量和烟草香气风格多样化的形成提供了良好条件。因此，不同产区烟叶的香气味具有不可替代性。同时，也有研究表明，氮、钾肥施用量也会对烟草香气物质含量造成影响。河南等浓香风格烤烟烟叶中苯丙氨酸降解产物含量较高，这是烟叶中含氮化合物降解产生的氨基酸等小分子物质作用的结果，说明河南烟叶中蛋白质等含氮化合物含量较高。广东属亚热带气候，光照充足，为其烤烟烟叶中含有较丰富的质体色素提供了有利条件。云南烤烟叶中新植二烯含量较高，出现这种现象与云南烟区所处的低纬度、高海拔的地理位置有着密切关系，这也为云南烟叶形成独特的清香型提供了有利条件。

　　通过对不同地区烤烟烟叶中香气成分的比较分析，发现烤烟中香气成分含量与地理位置存在重要的关系，为我国烟区合理区划提供参考依据。同时，从品种选育、栽培措施等方面提高各烟区烟叶香吃味质量，突显不同地区烟叶香气风格特色，形成可用性强的优质烟叶。

参考文献

［1］史宏志，刘国顺．烟草香味学［M］．北京：中国农业出版社，1998．

［2］丁建军，庞天河，章新军，等．鄂西南烤烟吸食质量与致香物质的关系［J］，华中农业大学学报，2006，25(4)：355-358．

［3］赵铭钦，邱立友，张维群，等．陈化期间烤烟叶片中生物活性变化的研究［J］．华中农业大学学报，2006，25(6)：537-542．

［4］赵铭钦，刘国顺，于建春．香料烟陈化过程中烟叶有机酸含量变化特点研究［J］．华中农业大学学报，2006，25(1)：17-20．

［5］冼可法，沈朝智，戚万敏，等．云南烤烟中性香味物质分析研究［J］．中国烟草学报，1992(2)：1-9．

［6］周冀衡，王勇，邵岩，等．产烟国部分烟区烤烟质体色素及主要挥发性香气物质含量的比较［J］．湖南农业大学学报（自然科学版），2005，31(2)：128-132．

［7］胡国松，杨林波，魏巍，等．海拔高度、品种和某些栽培措施对烤烟香吃味的影响［J］．中国烟草科学，2000(3)：9-13．

［8］杨虹琦，周冀衡，杨述元，等．不同产区烤烟中主要潜香型物质对评吸质量的影响研究［J］．湖南农业大学学报（自然科学版），2005，31(2)：11-14．

［9］韩锦峰，马常力，王瑞新，等．不同肥料类型及成熟度对烤烟香气物质成分及香型的影响［J］．作物学报，1993(3)：253-261．

［10］赵铭钦，汪耀富，杜士彬，等．陈化期间烟叶香气成份消长规律的研究［J］．中国农业大学学报，1997，2(3)：73-77．

［11］王新发，杨铁钊，殷全玉，等．氮用量对烟叶质体色素及中性香气基础物质的影响［J］．华北农学报，2010，25(1)：185-189．

［12］陈家宏，刘芳，文国松，等．不同肥料配比对烟叶香气质量的影响［J］．云南农业大学学报，2006，21(5)：608-615．

［13］SUN J G, HE J W, WU F G.Comparative Analysis on Chemical Components and sensory Quality of Aging Flue-Cured Tobacco From Four Main Tobacco Areas of China［J］. Agricultural Sciences in China,2011,1(8): 1222-1231.

［14］SONG Z P, LI T S, ZHANG Y G.The Mechanism of Carotenoid Degradation in Flue-Cured Tobacco and Changes inthe Related Enzyme Activities at the Leaf-Drying Stage During the Bulk Curing Process［J］. Agricultural Sciences in China, 2010, 9(9): 1381-1388.

［15］XU Z C, LI YY XIAO H Q.Evaluation of ecological fators and flue-cured tobacco quality in tobacco-growing areas in southern Hunan,China［J］.Chinese Journal of Plant Ecology, 2008, 32(1): 226-234.

［16］周翼衡，王勇，邵岩，等．产烟国部分烟区烤烟质体色素及主要挥发性香气物质含量的比较［J］．湖南农业大学学报（自然科学版），2005，31(2)：81-84

［17］许仪，卢秀萍，许自成，等．烤烟主要挥发性香气物质含量的亲子相关及杂种优势分析［J］．西北农林科技大学学报（自然科学版），2007，35(12)：149-154．

［18］邵惠芳，许自成，刘丽，等．烤烟总氮和蛋白质含量与主要挥发性香气物质的关系［J］．西北农林科技大学学报（自然科学版），2008，36(12)：69-76．

［19］邵岩，宋春满，邓建华，等．云南与津巴布韦烤烟致香物质的相似性分析［J］．中国烟草学报，2007，13(9)：19-25．

［20］师君丽，杨虹琦，宋春满，等 . 云南不同生态烟区烤烟主要挥发性香气物质含量的比较［J］. 云南农业大学学报（自然科学版），2011 (6)： 790-794.

［21］卢秀萍，许仪，许自成，等 . 不同烤烟基因型主要挥发性香气物质含量的变异分析［J］. 河南农业大学学报，2007，41(2)：142-148.

［22］王瑞新 . 烟草化学［M］. 北京：中国农业出版社，2003.

［23］赵铭钦，陈秋会，陈红华 . 中外烤烟烟叶中挥发性香气物质的对比分析［J］. 华中农业大学学报， 2007，26(6)：875-879.

［24］金闻博，戴亚 . 烟草化学［M］. 北京：清华大学出版社，1993：7.

［25］PROBHU S R, CHAKRABORTY M K. Development of aroma-bearingcompounds and their precursors in flue-cured tobacco during curing and post-curing operations［J］. Tob Res, 1986, 12(2): 175-185.

［26］何承刚，曾旭波 . 烤烟香气物质的影响因素及其代谢研究进展［J］. 中国烟草科学，2005(2)： 40-43.

［27］张广富，赵铭钦，韩富根，等 . 种植密度和施钾量对烤烟化学成分和香气物质含量的影响［J］. 中国土壤与肥料，2011(5)：42-47.

6 广东、河南、贵州和云南部分烤烟同级烟的致香物区分分析

香气品质是烤烟的重要品质之一，不同香型风格的烟叶在卷烟工业中所起的作用越来越重要。影响和决定烟叶香型的因素很多，除了与遗传特性有关外，还与气候、地形、土壤以及醇化调制等因素有关，而最终决定烤烟香型的则是烤烟的化学成分即致香物质。詹军等人为了区分烤烟的不同香型风格特征，以中国11个主要产烟省的61个C3F烟叶作为材料，对不同香型烤烟中的中性致香物质含量进行分析比较，并以24种中性致香物质为指标，采用逐步判别分析的方法对不同香型烤烟样品进行判别分析，并建立判别函数。利用判别函数模型，对其余22个样品分别进行了预测，3种香型（浓香型、中间香型、清香型）烤烟预测样本的判别正确率分别达到88.89%、100%、85.71%。判别结果表明利用判别函数，可以判断未知个体所属香型。

本章采用主成分分析（Principal Component Analysis，PCA），结合ANOVA（方差分析）的统计分析方法，对不同产地烤烟的3种提取方法所测的致香物进行统计分析，从而找到某种致香物质组，用来区分4省烤烟类型，旨在为烤烟香型区分提供参考。

6.1 材料与方法

6.1.1 试验材料

选用广东、河南、贵州和云南4省的同级烟（C3F和B2F），分别采用蒸馏萃取法、甲醇索氏提取法和烟气直接收集法，提取25个来自不同烟区的烤烟样品，并结合气相色谱–质谱法分析提取物中香气成分和烟气成分。

6.1.2 分析方法

装XLSTAT 14.0插件于Excel中，用PCA（主成分分析）方法结合ANOVA（方差分析）对25个烤烟样本、3种提取方法所获的致香物进行聚类分析。

6.2 结果与分析

用水蒸馏萃取法、甲醇索氏提取法和烟气直接收集法分别提取了25个来自不同烟区的烤烟样品，并结合气相色谱–质谱法分析提取物中香气成分和烟气成分。用PCA方法结合ANOVA方法对提取物中香气成分和烟气成分分别进行聚类分析。

6.2.1 水蒸馏萃取法提取物不同烟区区分分析结果

6.2.1.1 广东、河南、云南、贵州烤烟（B2F）部分致香物区分分析

通过对广东、河南、云南、贵州烤烟（B2F）以水蒸馏萃取法提取的部分物质（糠醛、茄酮、苯乙醇、

新植二烯、烟碱、二氢猕猴桃内酯、法尼基丙酮、亚麻酸甲酯、棕榈酸、叶绿醇、香叶基丙酮、β - 大马烯酮、β - 紫罗兰酮、棕榈酸甲酯和巨豆三烯酮）进行 PCA 分析，获得四省烤烟（B2F）部分主成分载荷（图 6-1）及其主成分得分（图 6-2）；通过 ANOVA 分析得到四省烤烟（B2F）部分物质差异见表 6-1。

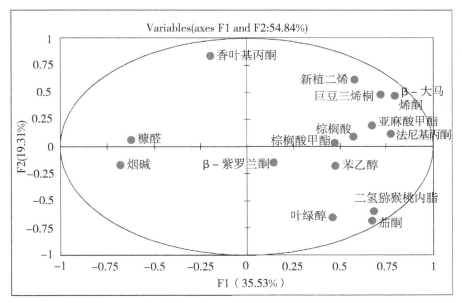

图 6-1　广东、河南、云南、贵州烤烟（B2F）水蒸馏萃取法提取的部分主成分载荷

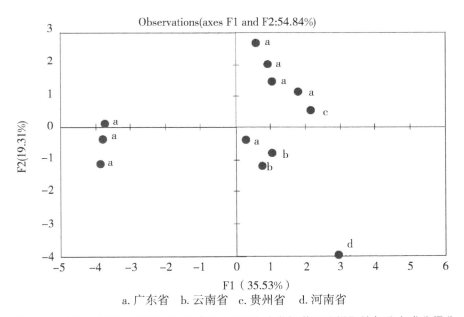

a. 广东省　b. 云南省　c. 贵州省　d. 河南省

图 6-2　广东、河南、云南、贵州烤烟（B2F）水蒸馏萃取法提取的部分主成分得分

　　根据图 6-1 和图 6-2 对四省烤烟（B2F）部分致香物分析，从图中可以看出，广东、河南、云南、贵州四省的烤烟区分良好。2 个主成分累积的解释率达 54.84%。河南省烤烟中二氢猕猴桃内酯、茄酮、叶绿醇、棕榈酸甲酯、香叶基丙酮、棕榈酸、亚麻酸甲酯含量大于广东、云南和贵州烤烟，其他物质在四省烤烟中没有明显差异（$P < 0.05$）。

　　对表 6-1 分析可知，广东、云南和贵州三省烤烟中的棕榈酸甲酯均存在显著性差异，河南与广东烤烟中的棕榈酸甲酯含量不存在显著性差异（$P < 0.05$）；河南烤烟中的二氢猕猴桃内酯和叶绿醇与广东、云南和贵州三省的烤烟存在显著性差异，且广东、云南和贵州三省间没有差异显著性；四省茄酮均存在显著性差异，含量从多到少依次是河南、贵州、云南、广东。

表 6-1　广东、河南、云南、贵州烤烟（B2F）水蒸馏萃取法提取的部分物质差异

省份	最小二乘均数			
	茄酮	二氢猕猴桃内酯	叶绿醇	棕榈酸甲酯
广东	1.48c	0.14b	0.38b	0.32c
云南	6.75b	0.42b	0.26b	2.11b
贵州	8.6ab	0.32b	0.36b	4.53a
河南	16.13a	1.15a	2.9a	0.39c

注：（1）表中数据为物质含量的最小二乘均数。
　　（2）同列数据具有相同字母者，表示在 0.05 水平差异不显著。
　　（3）表中只列举了四省烤烟 B2F 部分有显著差异的物质。

6.2.1.2　广东、河南、云南、贵州烤烟 C3F 部分香气成分区分分析

通过对广东、河南、云南、贵州烤烟 C3F 水蒸馏萃取法提取的部分物质（糠醛、茄酮、苯乙醇、新植二烯、烟碱、二氢猕猴桃内酯、法尼基丙酮、亚麻酸甲酯、棕榈酸、叶绿醇、香叶基丙酮、β- 大马烯酮、β- 紫罗兰酮、棕榈酸甲酯和巨豆三烯酮）进行 PCA 分析，得到烤烟（C3F）部分主成分载荷（图 6-3）及其主成分得分（图 6-4）；通过 ANOVA 分析得到四省烤烟 C3F 部分物质差异，见表 6-2。

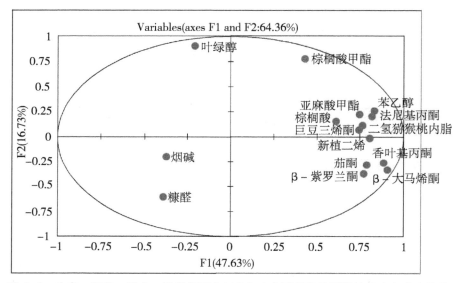

图 6-3　广东、河南、云南、贵州烤烟（C3F）水蒸馏萃取法提取的部分主成分载荷

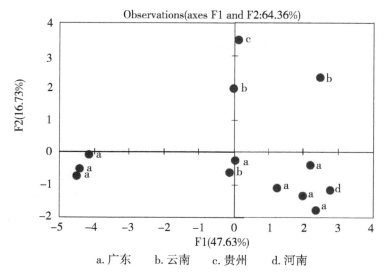

a. 广东　　b. 云南　　c. 贵州　　d. 河南

图 6-4　广东、河南、云南、贵州烤烟（C3F）水蒸馏萃取法提取的部分主成分得分

广东、河南、云南、贵州烤烟（C3F）部分致香物分析如图6-3、图6-4所示，从图中可以看出广东、河南、云南、贵州四省的烤烟区分良好。2个主成分累积的解释率达64.36%。其中，贵州烤烟中棕榈酸甲酯含量大于广东、河南、云南；河南烤烟中二氢猕猴桃内酯、亚麻酸甲酯、巨豆三烯酮、棕榈酸含量均大于广东、云南、贵州三省；其他物质在四省烤烟中没有明显差异。

表6-2　广东、河南、云南、贵州烤烟（C3F）水蒸馏萃取法提取的部分物质差异

省份	最小二乘均数	
	棕榈酸甲酯	二氢猕猴桃内酯
广东	0.40b	0.13c
云南	1.50b	0.62ab
贵州	4.29a	0.22bc
河南	1.54ab	0.99a

注：（1）表中数据为物质含量的最小二乘均数。
（2）同列数据具有相同字母者，表示在0.05水平差异不显著。
（3）表中只列举了四省烤烟（C3F）部分有显著差异的物质。

ANOVA分析见表6-2，贵州、河南、广东、云南四省烤烟中棕榈酸甲酯含量均存在显著性差异，广东、云南烤烟中棕榈酸甲酯含量不存在显著性差异，河南烤烟中棕榈酸甲酯含量在贵州与广东、云南之间。河南烤烟中二氢猕猴桃内酯与广东、云南和贵州三省间均存在显著性差异，四省烤烟中二氢猕猴桃内酯含量从多到少依次为河南、云南、贵州、广东。

6.2.2　甲醇索氏提取法提取物不同烟区区分分析结果

6.2.2.1　广东、河南、云南、贵州烤烟（B2F）部分致香物区分分析

通过对广东、河南、云南、贵州烤烟B2F甲醇索氏提取法提取的部分物质（烟碱、3-氧代-α-紫罗兰醇、亚麻酸甲酯、茄酮、新植二烯、巨豆三烯酮、乙酸、叶绿醇、亚油酸甲酯、糠醛、棕榈酸甲酯）进行PCA分析，得到四省烤烟（B2F）部分主成分载荷（图6-5）及其主成分得分（图6-6）；通过ANOVA分析得到表6-3。

四省烤烟（B2F）部分致香物分析如图6-5、图6-6所示，从图中可以看出广东、河南、云南、贵州四省的烤烟区分良好。2个主成分累积的解释率达55.25%。其中，贵州省烤烟中棕榈酸甲酯、亚麻酸甲酯含量大于广东、河南、云南三省；河南、云南、贵州三省烤烟中茄酮含量均大于广东省；其他物质在四省烤烟中没有明显差异。

ANOVA分析如表6-3，四省烤烟中茄酮含量均存在显著性差异，云南、贵州烤烟中茄酮含量不存在显著性差异，且茄酮含量从多到少依次为河南、云南（贵州）、广东。

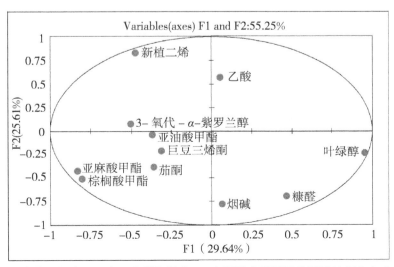

图6-5　广东、河南、云南、贵州烤烟（B2F）甲醇索氏提取法提取的部分主成分载荷

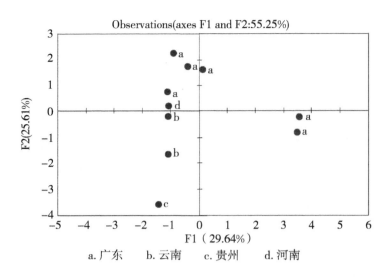

图 6-6   广东、河南、云南、贵州烤烟（B2F）甲醇索氏提取法提取的部分主成分得分

表 6-3   四省（广东、河南、云南、贵州）烤烟（B2F）甲醇索氏提取法提取的部分物质差异

省份	最小二乘均数	
	棕榈酸甲酯	茄酮
广东	0.40b	0.08b
云南	0.93ab	0.32ab
贵州	1.34a	0.31ab
河南	0.66ab	0.79a

注：（1）表中数据为物质含量的最小二乘均数。
（2）同列数据具有相同字母者，表示在 0.05 水平差异不显著。
（3）表中只列举了四省烤烟 B2F 部分有显著差异的物质。

6.2.2.2   广东、河南、云南、贵州烤烟（C3F）部分致香物区分分析

通过对我国四省烤烟（C3F）甲醇索氏提取法提取的部分物质［烟碱、5- 羟甲基糠醛、3- 氧代 - α-
紫罗兰醇、亚麻酸甲酯、亚油酸、羟丙酮、叶绿醇、麦斯明、亚油酸甲酯、5- 甲基糠醛、糠醛、棕榈酸甲酯、
茄酮、乙酸、4- 羟基 -2，5- 二甲基 -3（2H）呋喃酮］进行 PCA 分析，得到四省烤烟（C3F）部分主成
分载荷（图 6-7）及其主成分得分（图 6-8）；通过 ANOVA 分析得表 6-4。

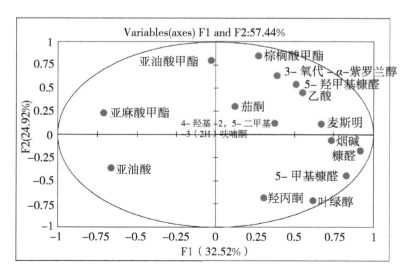

图 6-7   广东、河南、云南、贵州烤烟（C3F）甲醇索氏提取法提取的部分主成分载荷

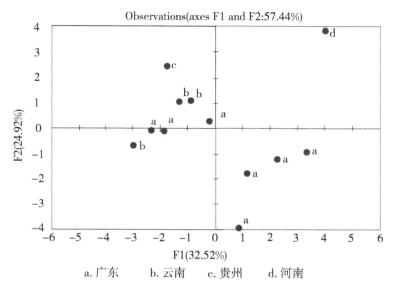

图6-8　广东、河南、云南、贵州烤烟（C3F）甲醇索氏提取法提取的部分主成分得分

广东、河南、云南、贵州烤烟（C3F）部分致香物分析如图6-7、图6-8所示。从图上可以看出四省的烤烟区分良好。2个主成分累积的解释率达57.44%。其中，河南烤烟中棕榈酸甲酯、3-氧代-α-紫罗兰醇、5-羟甲基糠醛、4-羟基-2,5-二甲基-3（2H）呋喃酮及乙酸含量均大于广东、云南、贵州；河南、贵州两省烤烟亚麻酸甲酯含量均大于广东、云南两省；广东、云南、贵州三省烤烟亚油酸含量大于河南；其他物质在四省烤烟中没有明显差异。

表6-4　广东、河南、云南、贵州烤烟（C3F）甲醇索氏提取法提取的部分物质差异

省份	最小二乘均数				
	3-氧代-α-紫罗兰醇	4-羟基-2,5-二甲基-3（2H）呋喃酮	亚麻酸甲酯	棕榈酸甲酯	乙酸
广东	0.21b	0.29ab	0.48b	0.42d	3.02b
云南	0.13b	0.34a	1.06a	0.84c	2.77b
贵州	0.95ab	−1.7Eb	1.74a	1.51b	2.25b
河南	1.34a	0.47a	0b	0.42d	5.15a

注：（1）表中数据为物质含量的最小二乘均数。
　　（2）同列数据具有相同字母者，表示在0.05水平差异不显著。
　　（3）表中只列举了四省烤烟C3F部分有显著差异的物质。

ANOVA（方差分析）分析见表6-4，河南烤烟与贵州烤烟、广东烤烟、云南烤烟间的3-氧代-α-紫罗兰醇含量均存在显著性差异，广东、云南两省烤烟的3-氧代-α-紫罗兰醇含量不存在显著性差异，且3-氧代-α-紫罗兰醇含量从多到少依次为河南、贵州、广东、云南。云南、贵州和广东、河南烤烟中亚麻酸甲酯含量存在显著性差异，云南与贵州烤烟中亚麻酸甲酯含量不存在显著性差异，广东与河南烤烟中亚麻酸甲酯含量也没有显著性差异，且亚麻酸甲酯含量从多到少依次为贵州、云南、广东、河南。四省烤烟中棕榈酸甲酯含量均有显著性差异，含量从多到少依次为河南、贵州、云南、广东。河南与其他三省烤烟中的乙酸含量存在显著性差异，贵州、云南、广东烤烟中乙酸含量没有显著性差异，河南烤烟乙酸含量大于广东烤烟、云南烤烟、贵州烤烟。云南烤烟、河南烤烟的4-羟基-2,5-二甲基-3（2H）呋喃酮含量与广东烤烟、贵州烤烟均有明显的显著性差异，云南烤烟、河南烤烟中4-羟基-2,5-二甲基-3（2H）呋喃酮含量没有显著性差异，其含量从多到少依次为云南（河南）、广东、贵州。

6.2.3　烟气直接收集法提取物不同烟区区分分析结果

6.2.3.1　广东、河南、云南、贵州烤烟（B2F）部分致香物区分分析

通过对四省烤烟（B2F）烟气直接收集法提取的部分物质（巨豆三烯酮、新植二烯、烟碱、苯酚、棕榈酸、呋喃甲醇、甲基环戊烯醇酮）进行 PCA 分析，得到四省烤烟（B2F）部分主成分载荷（图6-9）及其主成分得分（图6-10）。

四省烤烟（B2F）部分致香物分析如图6-9、图6-10所示。从图上可以看出广东与云南、贵州、河南的烤烟区分不明显。2个主成分累积的解释率达66.36%。其中，虽然广东与其他三省区分相对较好，但由于广东省烤烟分布不集中，不能断定其与其他三省的差异。

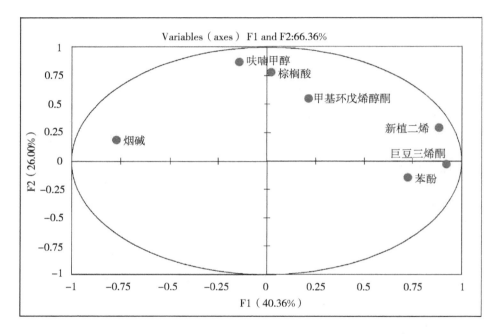

图6-9　四省（广东、河南、云南、贵州）烤烟（B2F）烟气直接收集法提取的部分主成分载荷

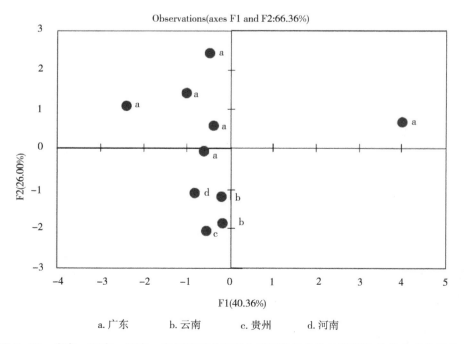

a.广东　　　b.云南　　　c.贵州　　　d.河南

图6-10　广东、河南、云南、贵州烤烟（B2F）烟气直接收集法提取的部分主成分得分

ANOVA 见表6-5，烟气直接收集法提取的7种物质在四省烤烟中没有显著性差异。

表 6-5 广东、河南、云南、贵州烤烟（B2F）烟气直接收集法提取的部分物质差异

省份	最小二乘均数						
	巨豆三烯酮	新植二烯	烟碱	苯酚	棕榈酸	呋喃甲醇	甲基环戊烯醇酮
广东	0.79a	7.31a	34.21a	4.28a	4.22a	1.90a	2.07a
云南	0.48a	4.78a	38.93a	6.32a	−1.8E−15a	1.14a	0.51a
贵州	0.31a	4.78a	31.55a	3.58a	−8.9E−16a	0.42a	0.59a
河南	0.22a	2.01a	22.18a	2.15a	2.02a	1.32a	0.32a

注：（1）表中数据为物质含量的最小二乘均数。
　　（2）同列数据具有相同字母者，表示在 0.05 水平差异不显著。

6.2.3.2 四省烤烟（C3F）部分致香物区分分析

通过对四省烤烟（C3F）烟气直接收集法提取的部分物质（巨豆三烯酮、新植二烯、烟碱、苯酚、羟基丙酮、棕榈酸、呋喃甲醇、甲基环戊烯醇酮）进行 PCA 分析，得到四省烤烟（C3F）部分主成分载荷（图 6-11）及其主成分得分（图 6-12）。

四省烤烟（C3F）部分致香物分析如图 6-11、图 6-12 所示。从图上可以看出广东、云南、贵州、河南四省烤烟区分不明显。2 个主成分累积的解释率达 49.44%。ANOVA 见表 6-6，烟气直接收集法提取的 7 种物质在四省烤烟中没有显著性差异。

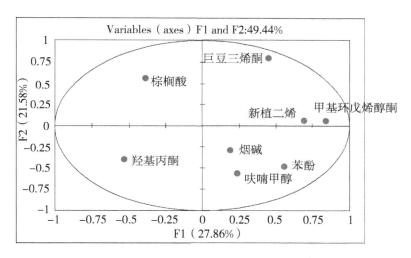

图 6-11 广东、河南、云南、贵州烤烟（C3F）烟气直接收集法提取的部分主成分载荷

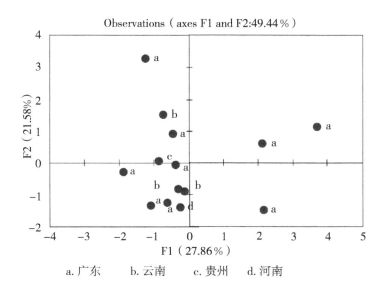

a. 广东　　　b. 云南　　　c. 贵州　　　d. 河南

图 6-12 广东、河南、云南、贵州烤烟（C3F）烟气直接收集法提取的部分主成分得分

表 6-6　广东、河南、云南、贵州烤烟（C3F）部分物质差异

省份	最小二乘均数							
	巨豆三烯酮	新植二烯	烟碱	苯酚	棕榈酸	呋喃甲醇	甲基环戊烯醇酮	羟基丙酮
广东	0.65a	8.78a	25.29a	5.2a	7.19a	2.10a	2.68a	0.38a
云南	0.65a	6.12a	22.59a	3.65a	2.38a	2.07a	0.90a	0.36a
贵州	0.25a	4.61a	22.59a	2.98a	8.88E-16a	0.61a	0.99a	0.29a
河南	0a	2.75a	33.67a	11.61a	3.36a	1.21a	0.25a	0.30a

注：（1）表中数据为物质含量的最小二乘均数。
　　（2）同列数据具有相同字母者，表示在 0.05 水平差异不显著。

6.3　小结

　　采用 XLSTAT 插件中 PCA 方法和 ANOVA 方法分别分析蒸馏萃取法、索氏甲醇提取法和烟气直接收集法提取的四省烤烟（B2F、C3F）部分香气物质，以期获得可以区分不同省份烤烟的物质组，用于鉴定未知烤烟样品的类型。蒸馏萃取法提取物质分析结果说明，二氢猕猴桃内酯、叶绿醇、棕榈酸甲酯、茄酮可以作为区分广东、河南、云南、贵州四省烤烟（B2F）的一组物质；二氢猕猴桃内酯、棕榈酸甲酯可以作为区分广东、河南、云南、贵州四省烤烟（C3F）的指标。总之，二氢猕猴桃内酯和棕榈酸甲酯均可以作为区分广东、河南、云南、贵州四省烤烟（B2F）、（C3F）的参考物质；叶绿醇、茄酮均可以作为区分广东、河南、云南、贵州四省烤烟（B2F）的参考物质。甲醇索氏提取法提取物分析结果表明，茄酮、棕榈酸甲酯可以作为区分广东、河南、云南、贵州四省烤烟（B2F）的参考物质；3- 氧代 -α- 紫罗兰醇、亚麻酸甲酯、乙酸、棕榈酸甲酯、4- 羟基 -2,5- 二甲基 -3（2H）呋喃酮可以作为区分广东、河南、云南、贵州四省烤烟（C3F）的参考物质。由上可知，棕榈酸甲酯可以分别作为区分广东、河南、云南、贵州四省烤烟（B2F）、C3F 的参考物质；茄酮也可以作为区分广东、河南、云南、贵州四省烤烟（B2F）的参考物质；3- 氧代 - α- 紫罗兰醇、亚麻酸甲酯、乙酸、4- 羟基 -2,5- 二甲基 -3（2H）呋喃酮也可以作为区分广东、河南、云南、贵州四省烤烟（C3F）的参考物质。烟气直接收集法提取物质分析结果说明，烟气直接收集所得烤烟（B2F、C3F）的物质均不能用来区分四省烤烟类型。

　　上述结果表明，通过用 PCA 和 ANOVA 分析蒸馏萃取法、甲醇索氏提取法提取物质，可以找到物质组用来区分四省烤烟；烟气直接收集法提取物质分析结果说明，烟气直接收集所得 B2F 和 C3F 部分的物质不能用来区分四省烤烟类型。

参考文献

[1] 詹军，张晓龙，周芳芳，等．基于烤烟中性致香物质的烤烟香型判别分析 [J]．西北农业学报，2013（12）：05-06.

7 广东主产烟区与其他烟区烤烟致香物的聚类分析

聚类分析法是理想的多变量统计方法，也称点群分析法，主要有分层聚类法和迭代聚类法。不同产区、不同品种的烤烟样品，其致香化合物的种类与含量、组成和比例等指标之间存在不同程度的相似性。于是根据样品间的多个观测指标，具体找出一些能够度量样品或指标之间相似程度的统计量，以这些统计量为划分类型的依据，把一些相似程度较大的样品或指标聚合为一类，把另外一些彼此之间相似程度较大的样品或指标聚合为另一类，直到把所有的样品或指标聚合完毕为止。

目前，通过构建不同产区烤烟致香物指纹图谱并结合聚类分析的方法，用来探索或判定烟草品质级别、产区识别及风格特色定位已成为烟草科技研究的热点课题。本章主要介绍针对烤烟的致香成分进行烤烟品质定位的探索，采用水蒸馏萃取法、烟气直接收集法和甲醇索氏提取法以及 GC/MS 检测，获得基线分离好、特征峰多、峰响应度高的 GC/MS 指纹图谱。结合多重比较和聚类分析方法，对广东主产烟区烤烟和我国具有代表性的烟区烤烟致香成分含量进行比较分析，力求达到明确广东主产烟区烤烟的品质级别、产区识别及风格特色定位的目的。

7.1 材料和方法

7.1.1 分析数据来源

选用广东大埔、乐昌、南雄、五华、连州等 5 个主烟区与其他烟区的不同部位、不同品种的烤烟样品，分别采用烟气直接收集法、水蒸馏萃取法和甲醇索氏提取法，提取 25 个来自不同烟区的烤烟样品并结合气相色谱 – 质谱法分析提取物中的致香气物。3 种不同提取方法测得的致香气物含量分别见表 7-1、表 7-2、表 7-3。

表 7-1 不同烟区烤烟烟气直接收集法提取致香物主要成分含量

（单位：%）

产地	酮类	醛类	醇类	有机酸类	酯类	稠环芳香烃类	酚类	烷烃类	不饱和脂肪烃类	生物碱类	萜类	其他类
广东南雄	8.68	9.95	4.80	19.20	2.72	0	9.29	3.52	4.29	17.86	11.95	4.88
广东五华	13.86	5.68	2.16	25.22	2.81	0.71	13.62	1.61	10.31	5.04	16.34	2.91
广东大埔	9.31	3.15	4.57	19.93	7.33	0.09	15.36	3.46	4.20	16.98	10.84	3.83
广东乐昌	7.08	2.35	4.62	10.36	7.92	0	10.52	1.38	4.34	37.03	9.37	4.40
广东连州	6.63	0.06	4.35	24.64	6.50	0	11.06	1.35	4.19	21.93	8.72	7.96
云南	14.32	3.74	2.90	8.07	5.61	0.05	11.20	3.18	2.59	22.89	7.17	8.44
贵州	4.18	2.05	1.74	5.47	2.81	0.54	7.58	0.34	3.42	27.07	4.70	5.21
河南	5.57	1.65	1.78	16.51	4.32	0.05	13.85	0.24	2.35	26.98	2.36	5.40
津巴布韦	8.33	4.34	5.37	4.51	7.05	0.165	16.26	0.99	5.74	11.68	4.19	5.04

表 7-2　不同烟区烤烟水蒸馏萃取法提取致香物主要成分含量

（单位：%）

样本	酮类	醛类	醇类	有机酸类	酯类	稠环芳香烃类	酚类	不饱和脂肪烃类	烷烃类	生物碱类	萜类	杂环类	芳香烃类	其他类
广东南雄	20.03	0.67	4.03	24.27	4.70	0.23	5.34	0.46	7.30	2.21	12.51	0.28	0.01	0.02
广东五华	19.05	0.67	3.09	30.98	10.40	0.36	0.02	0.43	2.40	0	21.93	0.01	0.05	0.13
广东大埔	12.28	0.65	6.25	10.55	2.85	0.23	0.53	8.88	9.82	1.02	8.29	0.02	0.01	1.58
广东乐昌	13.52	0.78	5.47	12.47	4.32	0.32	3.83	1.42	15.48	2.31	14.44	0	0	0.81
广东连州	15.05	0.82	8.03	38.57	6.26	0.23	0.48	1.77	1.02	3.07	11.27	0	0	1.04
云南	20.24	0.86	11.82	33.21	9.23	0.33	0.29	2.58	2.07	3.91	10.85	0	0	1.07
贵州	20.11	2.46	8.66	15.89	15.47	0.52	0.47	0.2	0.61	0.10	14.35	0	0	1.62
河南	26.37	1.983	10.37	31.83	5.97	0.49	1.04	2.47	3.85	0.29	10.97	0	0	1.10
津巴布韦	20.21	1.05	16.10	22.20	19.63	0.54	0	4.19	11.13	0.28	11.59	0	0	0.28

表 7-3　不同烟区烤烟甲醇索氏提取法致香物主要成分含量

（单位：%）

样本	酮类	醛类	醇类	有机酸类	酯类	稠环芳香烃类	酚类	不饱和脂肪烃类	烷烃类	生物碱类	萜类	杂环类	芳香烃类	其他类
广东南雄	7.50	4.80	3.90	8.49	3.69	0	0.19	0.02	1.08	46.24	7.48	0	0	5.10
广东五华	8.51	7.87	3.81	10.04	6.54	0	0.01	0.30	1.62	34.76	9.35	0	0	2.01
广东大埔	6.09	4.58	6.42	6.24	3.03	0	4.01	0.30	1.03	51.32	4.47	0	0	7.28
广东乐昌	8.04	8.59	8.64	6.157	2.64	0.14	1.07	0.14	0.70	53.38	4.81	0	0	4.23
广东连州	6.98	2.91	2.25	6.13	3.45	0	0.08	0.21	0.32	50.69	8.81	0	0	2.07
云南	7.30	7.15	1.47	7.59	4.06	0	1.14	0.26	0.31	42.01	8.77	0	0	2.55
贵州	5.90	5.61	3.97	5.85	6.62	0	0.03	0.13	0.07	46.80	7.53	0	0	3.69
河南	8.48	10.74	3.52	5.76	3.37	0	0.11	0.92	0.33	38.43	6.16	0	0	2.25
津巴布韦	8.56	1.51	4.28	8.365	5.4	0	0.12	0.29	0.32	37.97	6.28	0	0	2.93

7.1.2　分析方法

在分析软件 IBM SPSS Statistics 21 环境下，对广东省 5 个烟区与其他烟区烤烟的致香物差异进行聚类分析。步骤如下：首先把每个需要聚类的数据表整理成第一行为变量名、第一列为指标名，格式保存为 .xls 的工作表；然后打开数据源选择需要聚类的工作表进入数据视图，再选择分析方法中的系统聚类分析，以致香物类型为变量和以烟区为标注个案，通过离均差平方和的方法，对广东省 5 个烟区与其他烟区的致香物绘制聚类分析树状图。

7.2　结果分析

对 3 种不同提取方法下的广东省五大烟区与其他烟区烤烟样品的致香物成分进行标准化数据转换后，使用 SPSS 软件进行各烟区有显著差异的聚类分析。在离均差平方和的方法下生成聚类分析的树状图见图 7-1、图 7-2、图 7-3。其中图的横坐标为聚类距离，纵坐标为烟样产区。

7.2.1　烟气直接收集法提取的致香物成分聚类分析

如图 7-1 所示，聚类分析结果表明：（1）在分类距离为 5 时，广东五大烟区与其他烟区分为四大类。

其中广东大埔、广东连州、广东南雄为第一类；广东五华为第二类；贵州、河南、云南、广东乐昌为第三类；津巴布韦为第四类。（2）在分类距离为10时，广东五大烟区与其他烟区分为三大类。广东南雄、广东大埔、广东连州、广东五华为第一大类；津巴布韦为第二类；贵州、河南、云南、广东乐昌为第三类。（3）广东南雄和广东大埔的组内分类距离最小，广东南雄、广东大埔、广东连州、广东五华与其他烟区的组间分类距离最大。

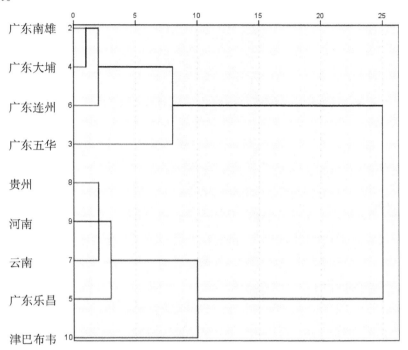

图 7-1 烟气直接收集法提取的致香物成分聚类分析

7.2.2 水蒸馏萃取法提取的致香物成分聚类分析

如图 7-2 所示，聚类分析结果表明：（1）在分类距离为5时，广东五大烟区与其他烟区分成四大类。其中，云南、河南、广东连州为第一类；广东南雄、广东五华为第二类；广东大埔、广东乐昌为第三类；贵州、

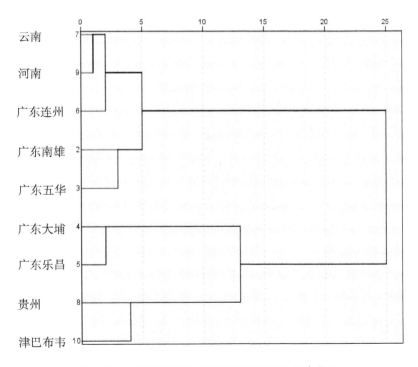

图 7-2 水蒸馏萃取法提取的致香物成分聚类分析

津巴布韦为第四类。（2）在分类距离为10时，可以分为三类。其中广东南雄、广东连州、广东五华及云南、河南为第一类；广东大埔、广东乐昌为第二类；贵州、津巴布韦为第三类。（3）广东五大烟区中，广东南雄和广东五华，广东大埔和广东乐昌各自的组内分类距离较小。

7.2.3　甲醇索氏提取法提取的致香物成分聚类分析

如图7-3所示，聚类分析结果表明：（1）在分类距离为5时，广东五大主烟区与其他烟区可以分成四大类。其中，广东南雄、广东连州以及贵州为第一类；广东大埔、广东乐昌为第二类；云南、河南为第三类；广东五华、津巴布韦为第四类。（2）在分类距离为25时，广东五大烟区与其他烟区可以分成两大类。广东南雄、广东连州、广东大埔、广东乐昌和贵州为第一类；云南、河南、广东五华、津巴布韦为第二类。（3）广东大埔和乐昌组内分类距离较小，而且分类距离为10~25时，都是分成两大类，分类效果明显。

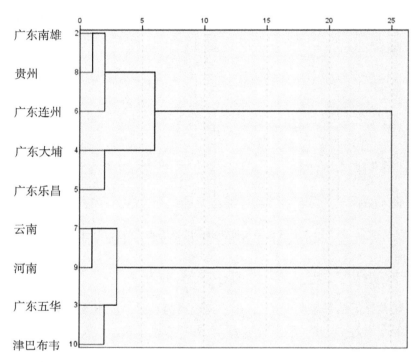

图7-3　甲醇索氏提取法提取的致香物成分聚类分析

7.3　小结

（1）烟气直接收集法的分类结果是广东大埔和广东南雄的分类距离最小，说明广东大埔和广东南雄是致香物成分类型最相似的烟区。广东大埔、广东南雄、广东五华、广东连州与其他烟区、广东乐昌分为两大类，分类效果明显。烟气直接收集法的分类结果与广东烟区气候分类相似。根据广东烟区的气候，分别从烟季日照时数、烟季积温、烟季降雨量3个因素分析，广东烟区可以分为三大类群，第一类群为南雄、五华、平远、大埔、梅县、蕉岭；第二类群为始兴、乐昌；第三类群为粤北的乳源和粤东的丰顺。从烟气直接收集法的致香物成分分类与广东气候类群比较分析来看，二者聚类结果相似。南雄、五华、大埔、连州为第一类群，乐昌为第二类群。

（2）从水蒸馏萃取法的分类结果可以看出，广东南雄和广东五华，广东大埔和广东乐昌的分类距离较小，说明广东南雄和广东五华，广东大埔和广东乐昌是致香物成分相似的烟区。广东烟区与其他烟区分为南雄、五华、连州、云南、河南和广东大埔、广东乐昌、贵州、津巴布韦两大类，分类效果明显。广东烟区致香物成分分类与广东烟区气候分类比较吻合，乐昌与南雄、五华、连州分为两大不同类型烟区。

（3）从甲醇索氏提取法的分类结果可以看出，乐昌和大埔，南雄和连州的分类距离较小，说明乐昌和大埔、南雄和连州是致香物成分相似的烟区。广东南雄、连州、大埔、乐昌和五华分为两大类型，其与广东烟区气候类型的分类结果有差异。

参考文献

［1］查宏波，董高峰，张强，等．昭通不同产区烤烟致香物质含量分析［J］．华南农业大学学报，2015，36（1）：42-47.

［2］詹军，周芳芳，朱海滨，等．基于理化指标的烤烟中常见致香物质的分类与分布（英文）［J］．Agricultural Science & Technology，2013（9）：1358-1364.

［3］董高峰，张强，孙力，等．云南不同产区烤烟致香物质含量分析［J］．南方农业学报，2012，43（12）：2045-2050.

［4］曹建敏，于卫松，黄建，等．烤烟致香物质 GC/MS 指纹图谱在产区识别中的应用［J］．中国烟草科学，2014（6）：85-89.

8 广东与其他烟区烤烟致香物成分与指纹图谱特征规律分析

烟气是评价烟叶及其制品质量的重要指标，烤烟香气物质成分众多，含量较低，有些含量极微。这些成分的组成、含量和平衡比例综合影响着烟叶的香气特征。本章主要模拟人类抽吸过程，烟支经燃烧后产生的烟气由石油醚收集，烟气收集相经 GC/MS 分析，获得不同地区烤烟烟叶致香物的成分。通过分析这些成分的组成，构建不同地区烤烟致香物指纹图谱，为各地区烤烟烟叶评价提供依据。

由于烟气有直接影响吸食者味觉和嗅觉的作用，又是烤烟烟叶经燃烧后产生的物质，分析烟气成分对于辨别不同品质的烤烟，建立烤烟质量评价体系意义至为重要。

8.1 材料和方法

将 30 个不同产地、不同品种、不同等级烤烟烟叶样品的烟气经气 – 质联用检测分析出的成分与相对含量作为分析资料，依致香物成分按酮类、醇类、醛类、有机酸类、酯类、稠环芳香烃类、酚类、烷烃类、不饱和脂肪烃类、生物碱类、萜类和其他类进行统计分析，并通过各烟气离子图出现的峰数和峰高进行分析，以不同产区为单位进行分析，从离子图谱中寻找是否存在不同产区烟气指纹图谱特征规律。

8.2 结果与分析

8.2.1 不同产地、不同品种、不同等级烤烟烟叶的烟气致香物统计分析结果

不同产地、不同品种、不同等级烤烟烟叶的烟气致香物主要成分含量见表 8–1。从表中可以看出，来自不同烟区、不同品种、不同等级的的烤烟烟气中的致香物种类基本相同，仅在含量上存在一定差异，个别类型致香物超出常量的在表中标出。如广东南雄烤烟烟气中醛类、有机酸类、酚类、生物碱类、萜类的相对含量最高为 26.33%、40.94%、21.14%、42.63% 和 16.57%；广东五华烤烟烟气中有机酸类和酚类的相对含量最高为 34.09% 和 19.46%；大埔烤烟烟气中有机酸类和生物碱类的相对含量最高为 28.62% 和 34.97%；乐昌烤烟烟气中生物碱类的相对含量最高为 50.70%；连州烤烟烟气中有机酸类和生物碱类的相对含量最高为 46.02% 和 26.25%。云南烤烟烟气中酮类和生物碱类偏高，相对含量最高为 28.94% 和 43.06%。贵州烤烟烟气中生物碱类的相对含量最高为 31.55%。河南烤烟烟气中有机酸类和生物碱类的相对含量最高为 23.26% 和 33.67%。津巴布韦烤烟烟气中酯类和生物碱类的相对含量稍高，最高分别为 12.64% 和 22.95%。分析所有烟气致香物成分，很难找寻规律性，是否与燃烧过程温度的控制有关，有待进一步探索。

表 8–1 不同产地、不同品种、不同等级烟叶的烟气致香物主要成分含量

（单位：%）

产地、品种及等级	酮类	醛类	醇类	有机酸类	酯类	稠环芳香烃类	酚类	烷烃类	不饱和脂肪烃类	生物碱类	萜类	其他类
广东南雄粤烟97C3F（2008）	8.77	26.33	5.02	9.83	0.40	0	0.74	2.83	7.10	14.77	5.58	5.10

续表

产地、品种及等级	酮类	醛类	醇类	有机酸类	酯类	稠环芳香烃类	酚类	烷烃类	不饱和脂肪烃类	生物碱类	萜类	其他类
广东南雄粤烟97C3F（2009）	14.21	0	9.27	40.94	2.45	0	21.14	0.99	4.27	15.81	15.52	5.52
广东南雄粤烟97X2F	8.04	16.22	3.32	12.52	0.78	0	7.37	0	1.32	0.15	15.52	8.58
广东南雄粤烟97B2F	7.89	4.63	4.17	16.35	4.15	0	8.30	4.27	6.30	15.92	16.57	2.73
广东南雄K326B2F	4.51	2.57	2.24	16.35	5.82	0	8.89	9.49	2.46	42.63	6.57	2.47
广东五华K326B2F	15.05	4.41	2.29	16.35	2.77	1.42	19.46	1.55	14.14	3.11	16.55	3.35
广东五华K326C2F	12.67	6.95	2.02	34.09	2.85	0	7.77	1.66	6.47	6.97	16.13	2.47
广东梅州大埔云烟87B2F	11.61	7.99	3.89	28.62	5.81	0	17.15	7.83	3.14	0	11.07	5.53
广东梅州大埔云烟87C3F	18.84	1.96	1.51	21.31	5.58	0.45	16.90	0.93	9.86	1.43	15.29	4.37
广东梅州大埔云K326C3F	6.54	1.81	10.69	11.55	7.06	0	16.90	2.44	3.24	30.41	9.36	3.31
广东梅州大埔云烟100C3F	5.12	2.12	3.39	26.94	12.67	0	10.61	4.53	2.51	18.07	12.54	2.94
广东梅州大埔云烟100B2F	4.43	1.87	3.39	11.24	5.55	0	15.22	1.59	2.27	34.97	5.93	2.99
广东乐昌K326B3F	6.01	1.22	2.88	0.51	2.39	0	13.07	0.53	7.40	47.26	12.12	6.69
广东乐昌K326C3F	8.85	3.39	5.29	6.78	8.56	0	18.28	0.71	6.17	25.76	12.59	2.22
广东乐昌云烟87C3F	6.31	2.53	2.29	21.85	14.92	0	4.01	4.28	2.10	24.39	9.12	6.98
广东乐昌云烟87B3F	7.14	2.26	8.01	12.31	5.79	0	6.71	0	1.69	50.70	3.64	1.71
广东清远连州粤烟97B3F	8.35	0	8.01	3.25	9.01	0	17.16	0.83	7.94	26.25	12.46	10.69
广东清远连州粤烟97C3F	4.91	0.11	0.69	46.02	3.98	0	4.95	1.87	0.44	17.6	4.97	5.22
云南曲靖云烟87C3F	8.97	4.28	1.94	11.13	1.81	0.24	12.24	0.40	2.29	2.19	5.17	4.16
云南师宗云烟87C3F	17.16	7.07	2.83	7.83	4.14	0	10.90	12.22	3.65	33.16	6.58	2.84
云南昆明云烟87B2F	9.15	6.44	2.45	2.45	3.70	0	14.11	0.11	2.62	43.06	4.97	10.36
云南沾益云烟87C3F	28.94	0.86	4.94	10.31	9.12	0	10.02	2.81	0	0.39	14.26	18.35
云南沾益云烟87B2F	7.37	0.07	2.35	8.64	9.30	0	8.75	0.36	4.40	35.67	4.89	6.47
贵州云烟87B2F	2.83	2.38	2.48	0.26	1.07	1.07	10.01	0.57	4.42	31.55	4.78	5.20
贵州云烟87C2F	5.53	1.72	1.00	10.67	4.55	0	5.15	0.11	2.42	22.59	4.61	5.22

续表

产地、品种及等级	酮类	醛类	醇类	有机酸类	酯类	稠环芳香烃类	酚类	烷烃类	不饱和脂肪烃类	生物碱类	萜类	其他类
河南 NC89B2F	6.05	4.87	1.04	15.19	6.04	0.15	9.81	0	1.12	14.39	1.55	5.52
河南 NC89C2F	6.01	0	1.36	23.26	2.75	0	16.27	0.29	1.74	33.67	2.03	5.12
河南 NC89B2L	4.65	0.08	2.95	11.08	4.18	0	15.47	0.42	4.20	32.87	3.49	5.57
津巴布韦烤烟 L20A	7.25	4.04	6.98	7.10	12.64	0.33	14.30	1.66	2.80	0.41	0	5.10
津巴布韦烤烟 LJ0T2	9.41	4.64	3.76	1.92	1.46	0	18.22	0.33	8.67	22.95	8.37	4.97

8.2.2 不同烟区烟气成分的指纹图谱分析

8.2.2.1 广东南雄烤烟的烟气成分分析

广东南雄烤烟品种主要包括：粤烟 97C3F（2008）、粤烟 97C3F（2009）、粤烟 97X2F、粤烟 97B2F、K326B2F。这些品种等级的烟叶烟气成分大致相同，主要包括了双戊烯、糠醛、邻二甲苯、糠醇、壬醛、乙酸、3,6-氧化-1-甲基-8-异丙基三环[6,2,2,O^{2,7}]-十二-4,9-二烯、糠醛、甲基环戊烯醇酮、3,7,11-三甲基-1-十二烷醇、烟碱、新植二烯、苯酚、对甲酚、棕榈酸、反油酸、亚油酸、$C_{22}H_{24}O_4$。部分烟气成分的保留时间和相对丰度见表 8-2 至表 8-4。各个品种的指纹图谱（图 8-1）除了烤烟 K326B2F 的图谱变化比较平滑以外，其他的四种具有一定的相似性，基本的趋势大致相同，但是由于各成分的含量不一样，导致在指纹图谱中各自的相对丰度有比较明显的差异。

（1）17 ~ 18 min：糠醛在各烟叶图谱中存在较大差异。

表 8-2 广东南雄烤烟烟气中糠醛的保留时间与相对含量

粤烟 97C3F（2008）		粤烟 97C3F（2009）		粤烟 97X2F		粤烟 97B2F		K326B2F	
保留时间（min）	相对含量（%）	保留时间（min）	相对含量（%）	保留时间（min）	相对含量（%）	保留时间（min）	相对含量（%）	保留时间（min）	相对含量（%）
17.78	28	0	0	17.82	75	17.71	10	17.48	5

（2）31 ~ 32 min：大部分烟叶的烟气主要成分烟碱在图谱中的位置出现在 31 ~ 32 min，为一个急剧变化的陡峰，与其他成分形成鲜明的对比。

（3）33 ~ 34 min：有另外一个较大的高峰，是新植二烯成分。在各种烟叶的烟气中，由于这种成分含量的差异，使峰的形态不一样，可以根据峰态形状来判别各种烟叶的品种。由于新植二烯含量比较大，利用其在指纹图谱中的形状可以有效地判别烟叶的类型。

表 8-3 广东南雄烤烟烟气中新植二烯的保留时间和相对丰度

粤烟 97C3F（2008）		粤烟 97C3F（2009）		粤烟 97X2F		粤烟 97B2F		K326B2F	
保留时间（min）	相对含量（%）	保留时间（min）	相对含量（%）	保留时间（min）	相对含量（%）	保留时间（min）	相对含量（%）	保留时间（min）	相对含量（%）
33.86	55	33.83	100	33.86	65	33.80	100	33.72	30

（4）56～57 min：棕榈酸。

表 8-4　广东南雄烤烟烟气中棕榈酸保留时间和相对含量

粤烟 97C3F（2008）		粤烟 97C3F（2009）		粤烟 97X2F		粤烟 97B2F		K326B2F	
保留时间（min）	相对含量（%）	保留时间（min）	相对含量（%）	保留时间（min）	相对含量（%）	保留时间（min）	相对含量（%）	保留时间（min）	相对含量（%）
56.91	45	56.74	28	56.89	100	56.75	51	56.91	45

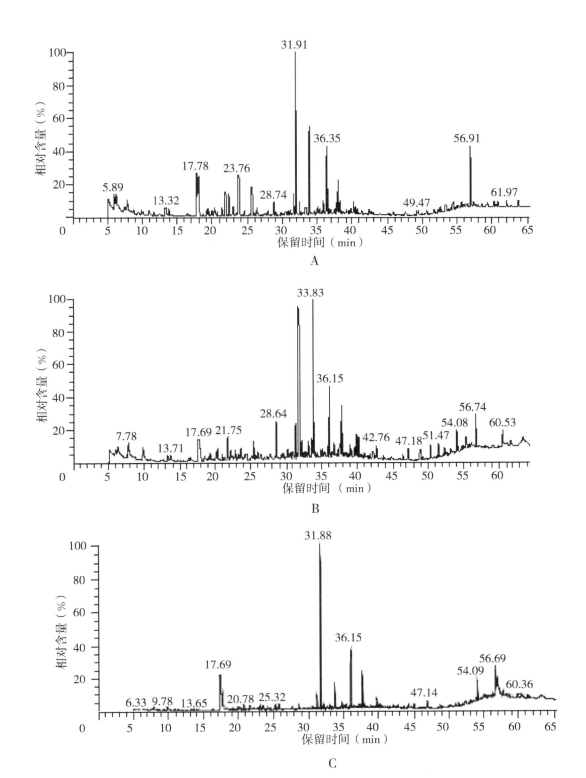

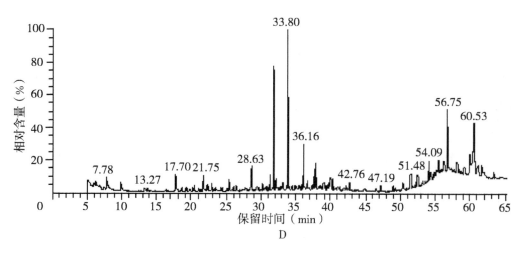

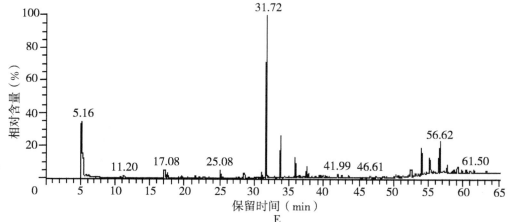

A. 粤烟 97C3F（2008）；B. 粤烟 97C3F（2009）；C. 粤烟 97X2F；D. 粤烟 97B2F；E.K326B2F

图 8-1　广东南雄烤烟烟气指纹图谱

8.2.2.2　广东五华烤烟烟气成分分析

广东五华烤烟烟气的主要成分包括：双戊烯、糠醛、甲基环戊烯醇酮、烟碱、新植二烯、苯酚、对甲酚、邻苯二甲酸二异丁酯、棕榈酸、反油酸、亚油酸。部分烟气成分的保留时间和相对丰度见表 8-5 至表 8-7。烟气指纹图谱如图 8-2 所示。

（1）31 ~ 32 min：烟碱

表 8-5　广东五华烤烟烟气中烟碱的保留时间和相对含量

五华 K326B2F		五华 K326C2F	
保留时间（min）	相对含量（%）	保留时间（min）	相对含量（%）
31.80	18	31.80	35

（2）37 ~ 38 min：对甲酚。

表 8-6　广东五华烤烟烟气中对甲酚的保留时间和相对含量

五华 K326B2F		五华 K326C2F	
保留时间（min）	相对含量（%）	保留时间（min）	相对含量（%）
37.80	37	37.98	18

（3）60～61 min：反油酸。

表8-7　广东五华烤烟烟气中反油酸的保留时间和相对含量

五华 K326B2F		五华 K326C2F	
保留时间（min）	相对含量（%）	保留时间（min）	相对含量（%）
60.53	92	60.55	25

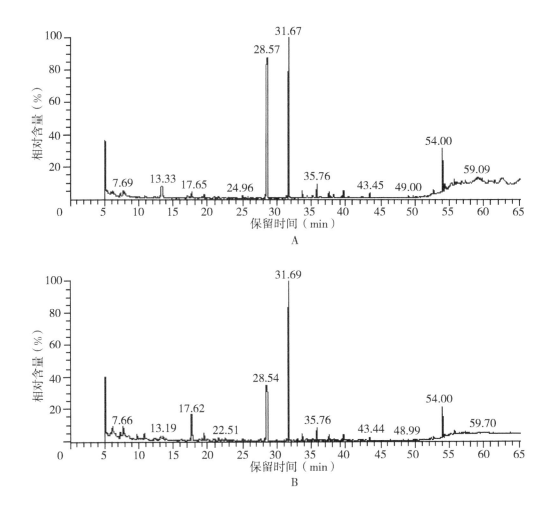

A. 五华 K326B2F；B. 五华 K326C2F

图8-2　广东五华烤烟烟气指纹图谱

8.2.2.3　广东梅州大埔烤烟烟气成分分析

广东梅州大埔烤烟烟叶的烟气主要成分包括双戊烯、糠醛、苯乙烯、3，7，11-三甲基-1-十二烷醇、Z-乙酰呋喃、烟碱、正戊烯、$C_6H_8O_2$、$C_{20}H_{38}$、苯酚、对甲酚、棕榈酸、$C_{16}H_{22}O_4$、硬脂酸、反油酸、亚油酸。部分烟气成分的保留时间和相对丰度见表8-8至表8-11。烟气指纹图谱如图8-3所示。

（1）31～32 min：烟碱。

表8-8　广东梅州大埔烤烟烟气中烟碱的保留时间和相对丰度

大埔云烟 87B2F		大埔云烟 87C3F		大埔 K326C3F		大埔云烟 100C3F		大埔云烟 100B2F	
保留时间（min）	相对含量（%）	保留时间（min）	相对含量（%）	保留时间（min）	相对含量（%）	保留时间（min）	相对含量（%）	保留时间（min）	相对含量（%）
0	0	31.80	58	31.69	98	31.69	79	31.73	99

（2）33 ~ 34 min：$C_{20}H_{38}$。

表 8-9　广东梅州大埔烤烟烟气中 $C_{20}H_{38}$ 的保留时间和相对含量

大埔云烟 87B2F		大埔云烟 87C3F		大埔 K326C3F		大埔云烟 100C3F		大埔云烟 100B2F	
保留时间（min）	相对含量（%）	保留时间（min）	相对含量（%）	保留时间（min）	相对含量（%）	保留时间（min）	相对含量（%）	保留时间（min）	相对含量（%）
33.81	99	33.82	100	33.72	45	33.73	80	33.73	30

（3）54 ~ 55 min：$C_{16}H_{22}O_4$。

表 8-10　广东梅州大埔烤烟烟气中 $C_{16}H_{22}O_4$ 的保留时间和相对含量

大埔云烟 87B2F		大埔云烟 87C3F		大埔 K326C3F		大埔云烟 100C3F		大埔云烟 100B2F	
保留时间（min）	相对含量（%）	保留时间（min）	相对含量（%）	保留时间（min）	相对含量（%）	保留时间（min）	相对含量（%）	保留时间（min）	相对含量（%）
54.09	45	54.08	36	54.03	40	54.03	90	54.01	18

（4）56 ~ 57 min：棕榈酸。

表 8-11　广东梅州大埔烤烟烟气中棕榈酸的保留时间和相对含量

大埔云烟 87B2F		大埔云烟 87C3F		大埔 K326C3F		大埔云烟 100C3F		大埔云烟 100B2F	
保留时间（min）	相对含量（%）	保留时间（min）	相对含量（%）	保留时间（min）	相对含量（%）	保留时间（min）	相对含量（%）	保留时间（min）	相对含量（%）
56.75	100	56.74	40	56.61	43	56.61	100	56.61	35

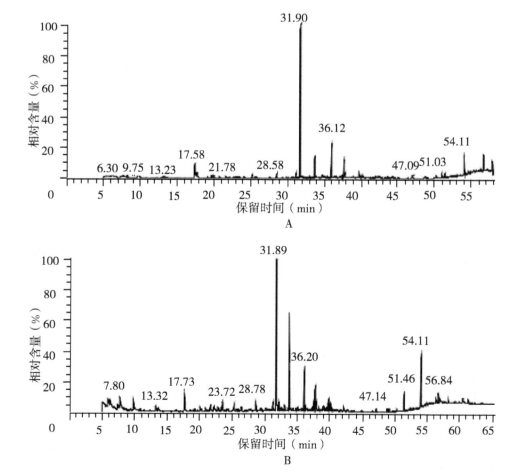

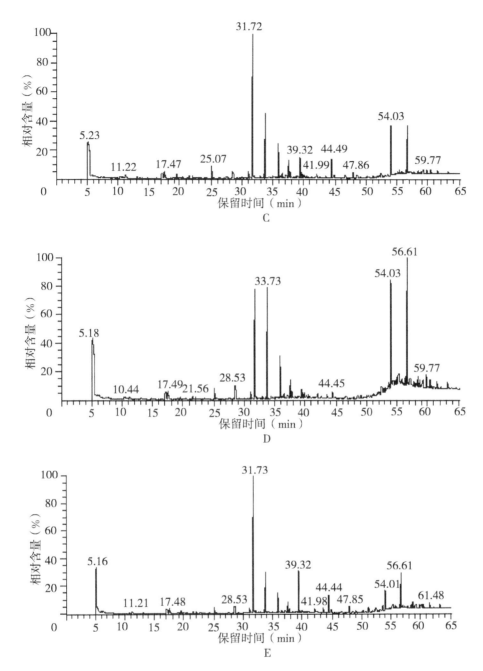

A. 大埔云烟 87B2F；　B. 大埔云烟 87C3F；　C. 大埔 K326C3F；　D. 大埔云烟 100C3F；　E. 大埔云烟 100B2F

图 8-3　广东大埔烤烟烟气指纹图谱

8.2.2.4　广东乐昌烤烟烟气成分分析

广东乐昌烤烟烟叶的烟气主要成分包括双戊烯、糠醛、苯乙烯、羟基丙酮、3,6 - 氧化 -1- 甲基 - 8- 异丙基三环 [6,2,2,$O^{2,7}$] - 十二 -4,9- 二烯、新植二烯、糠醇、苯乙烯、$C_{14}H_{24}$、3,7,11- 三甲基 -1- 十二烷醇、烟碱、苯酚、对甲酚、邻苯二甲酸二异丁酯、棕榈酸、乙酸、反油酸、亚油酸。部分烟气成分的保留时间和相对丰度见表 8-12、表 8-13。烟气指纹图谱如图 8-4 所示。

（1）54 ~ 55 min：邻苯二甲酸二异丁酯。

表 8-12　广东乐昌烤烟烟气中邻苯二甲酸二异丁酯的保留时间和相对含量

乐昌 K326B3F		乐昌 K326C3F		乐昌云烟 87C3F		乐昌云烟 87B3F	
保留时间（min）	相对含量（%）	保留时间（min）	相对含量（%）	保留时间（min）	相对含量（%）	保留时间（min）	相对含量（%）
54.09	10	54.09	50	54.04	75	54.04	20

（2）56 ~ 57 min：棕榈酸。

表 8-13　广东乐昌烤烟烟气中棕榈酸的保留时间和相对含量

乐昌 K326B3F		乐昌 K326C3F		乐昌云烟 87C3F		乐昌云烟 87B3F	
保留时间 （min）	相对含量 （%）	保留时间 （min）	相对含量 （%）	保留时间 （min）	相对含量 （%）	保留时间 （min）	相对含量 （%）
0	0	56.75	30	56.63	72	56.63	12

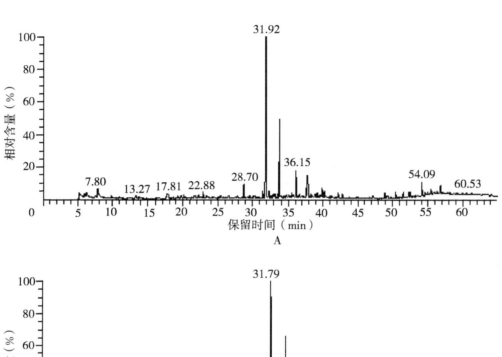

A

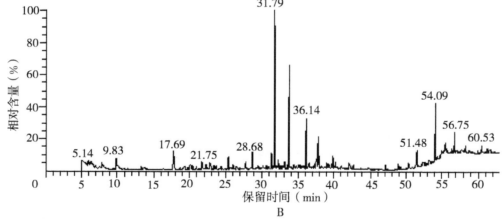

B

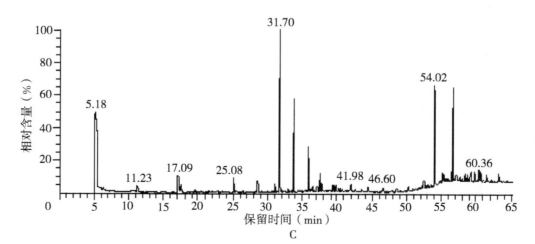

C

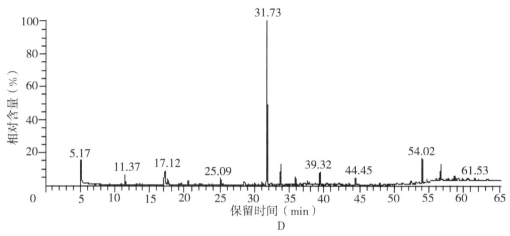

A. 乐昌 K326B3F；B. 乐昌 K326C3F；C. 乐昌云烟 87C3F；D. 乐昌云烟 87B3F

图 8-4 广东乐昌烤烟烟气指纹图谱

8.2.2.5 广东清远连州烤烟烟气成分分析

广东清远连州烤烟烟气成分包括双戊烯、乙酸、3,5- 邻二氘苯胺、甲基环戊烯醇酮、3,7,11- 三甲基 -1- 十二烷醇、烟碱、新植二烯、苯酚、对甲酚、邻二甲苯、邻苯二甲酸二异丁酯、棕榈酸、反油酸、亚油酸。部分烟气成分的保留时间和相对丰度见表 8-14 至 8-17。烟气指纹图谱如图 8-5 所示。

（1）17.68 min：乙酸和 3,5- 邻二氘苯胺。

清远连州烤烟主要是粤烟 97B3F 和粤烟 97C3F 两种，在保留时间同为 17.68 min 时，两种烟叶的烟气成分不同，分别是 3,5- 邻二氘苯胺和乙酸。

表 8-14 广东清远连州烤烟烟气中乙酸和 3,5- 邻二氘苯胺相对含量

连州粤烟 97B3F		连州粤烟 97C3F	
烟气成分	相对含量（%）	烟气成分	相对含量（%）
3,5- 邻二氘苯胺	13	乙酸	3

（2）36 ~ 37 min：苯酚。

表 8-15 广东清远连州烤烟烟气中苯酚的保留时间和相对含量

连州粤烟 97B3F		连州粤烟 97C3F	
保留时间（min）	相对含量（%）	保留时间（min）	相对含量（%）
36.14	35	0	0

（3）56 ~ 57 min：棕榈酸。

表 8-16 广东清远连州烤烟烟气中棕榈酸的保留时间和相对含量

连州粤烟 97B3F		连州粤烟 97C3F	
保留时间（min）	相对含量（%）	保留时间（min）	相对含量（%）
56.75	15	56.74	100

（4）60 ~ 61 min：反油酸。

表 8-17 广东清远连州烤烟烟气中反油酸的保留时间和相对含量

连州粤烟 97B3F		连州粤烟 97C3F	
保留时间（min）	相对含量（%）	保留时间（min）	相对含量（%）
0	0	60.53	80

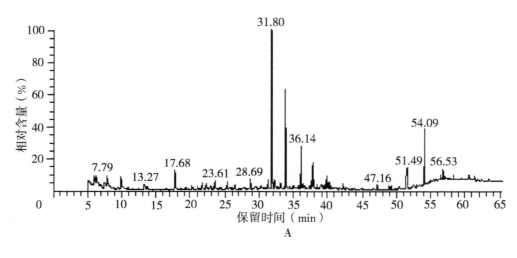

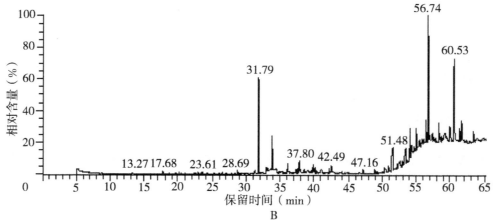

A. 连州粤烟 97B3F；B. 连州粤烟 97C3F

图 8-5　广东连州烤烟烟气指纹图谱

8.2.2.6　云南烤烟烟气成分分析

云南烤烟烟气主要成分有糠醛、乙烯、乙酸、丙酸、吲哚、苯乙烯、甲基环戊烯醇酮、3,7,11- 三甲基 -1- 十二烷醇、烟碱、新植二烯、苯酚、对甲酚、对甲基苯酚、邻苯二甲酸二异丁酯、邻苯二甲酸二异丁酯、棕榈酸、反油酸。部分烟气成分的保留时间和相对丰度见表 8-18 至表 8-21。烟气指纹图谱如图 8-6 所示。

（1）17 ～ 18 min：糠醛、吲哚、乙酸。

表 8-18　云南烤烟烟气中糠醛、吲哚、乙酸的保留时间及其相对含量

糠醛						吲哚		乙酸	
曲靖云烟 87C3F		宗师云烟 87C3F		昆明云烟 87B1F		沾益云烟 87C3F		沾益云烟 87B2F	
保留时间 （min）	相对含量 （%）	保留时间 （min）	相对含量 （%）	保留时间 （min）	相对含量 （%）	保留时间 （min）	相对含量 （%）	保留时间 （min）	相对含量 （%）
17.79	27	17.62	10	17.62	8	17.30	30	17.49	8

（2）31 ～ 32 min：烟碱。

表 8-19　云南烤烟烟气中烟碱的保留时间和相对含量

曲靖云烟 87C3F		宗师云烟 87C3F		昆明云烟 87B1F		沾益云烟 87C3F		沾益云烟 87B2F	
保留时间 （min）	相对含量 （%）	保留时间 （min）	相对含量 （%）	保留时间 （min）	相对含量 （%）	保留时间 （min）	相对含量 （%）	保留时间 （min）	相对含量 （%）
31.91	30	31.70	100	31.81	100	31.78	100	31.79	100

（3）36 ~ 37 min：苯酚。

表 8-20　云南烤烟烟气中苯酚的保留时间和相对含量

曲靖云烟 87C3F		宗师云烟 87C3F		昆明云烟 87B1F		沾益云烟 87C3F		沾益云烟 87B2F	
保留时间 （min）	相对含量 （%）	保留时间 （min）	相对含量 （%）	保留时间 （min）	相对含量 （%）	保留时间 （min）	相对含量 （%）	保留时间 （min）	相对含量 （%）
31.91	30	31.70	100	31.81	100	31.78	100	31.79	100

（4）56 ~ 57 min：棕榈酸。

表 8-21　云南烤烟烟气中棕榈酸的保留时间和相对含量

曲靖云烟 87C3F		宗师云烟 87C3F		昆明云烟 87B1F		沾益云烟 87C3F		沾益云烟 87B2F	
保留时间 （min）	相对含量 （%）	保留时间 （min）	相对含量 （%）	保留时间 （min）	相对含量 （%）	保留时间 （min）	相对含量 （%）	保留时间 （min）	相对含量 （%）
56.88	75	55.24	30	0	0	56.70	51	0	0

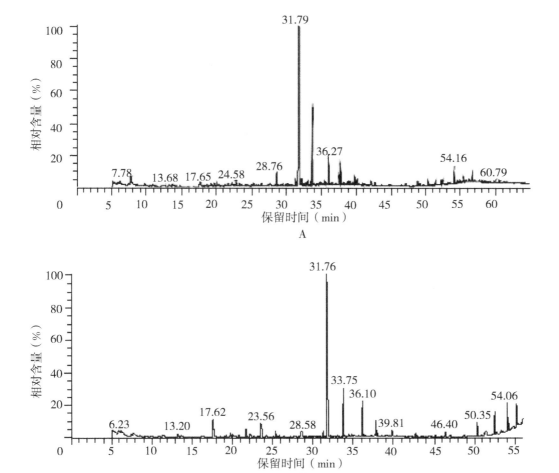

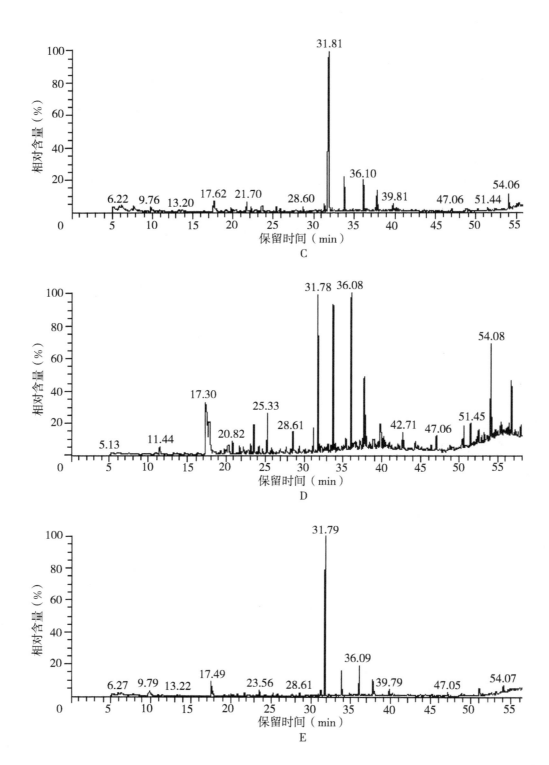

A. 云南曲靖云烟 87C3F；B. 云南宗师云烟 87C3F；C. 云南昆明云烟 87B1F；

D. 云南沾益云烟 87C3F；E. 云南沾益云烟 87B2F

图 8-6　云南烤烟烟气指纹图谱

8.2.2.7　贵州烤烟烟气成分分析

　　贵州云烟 87 等级主要是 B2F 和 C2F，它们的烟气成分包括糠醛、新植二烯、苯酚、反油酸、亚油酸、油酸。两种烟叶的指纹图谱十分类似，最大的差异出现在 55 ～ 60min，具体见表 8-22。

表 8-22　贵州云烟 87B2F 和 C2F 指纹图谱差异比较

	贵州云烟 87B2F			贵州云烟 87C2F		
保留时间（min）	54.73	56.87	60.73	54.73	56.87	60.73
烟气成分	无	无	无	反油酸	亚油酸	油酸

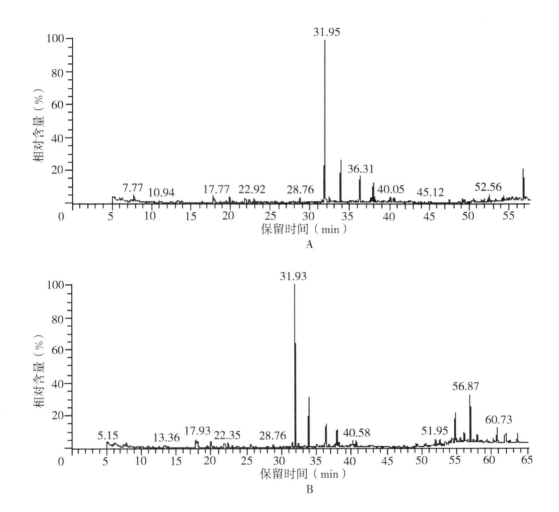

A. 贵州云烟 87B2F；B. 贵州云烟 87C2F

图 8-7　贵州烤烟叶烟气指纹图谱

8.2.2.8　河南烤烟烟气成分分析

　　河南 NC89 烤烟烟气成分包括邻二甲苯、糠醛、糠醇、乙酸、甲基环戊烯醇酮、烟碱、苯酚、对甲基苯酚、邻苯二甲酸二异丁酯、反油酸、棕榈酸、新植二烯。部分烟气成分的保留时间和相对丰度见表 5-23 至表 8-25。烟气指纹图谱如图 8-8 所示。

　　（1）17 ~ 18 min：乙酸。

表 8-23　河南烤烟烟气中乙酸的保留时间和相对含量

河南 NC89B2F		河南 NC89C2F		河南 NC89B2L	
保留时间（min）	相对含量	保留时间（min）	相对含量	保留时间（min）	相对含量
17.95	26	17.45	21	17.48	10

（2）54～55 min：邻苯二甲酸二异丁酯。

表 8-24　河南烤烟烟气中邻苯二甲酸二异丁酯的保留时间和相对含量

河南 NC89B2F		河南 NC89C2F		河南 NC89B2L	
保留时间（min）	相对含量（%）	保留时间（min）	相对含量（%）	保留时间（min）	相对含量（%）
54.18	57	54.06	20	54.07	18

（3）56～57 min：棕榈酸。

表 8-25　河南烤烟烟气中棕榈酸的保留时间和相对丰度

河南 NC89B2F		河南 NC89C2F		河南 NC89B2L	
保留时间（min）	相对含量（%）	保留时间（min）	相对含量（%）	保留时间（min）	相对含量（%）
56.87	51	56.71	31	56.70	19

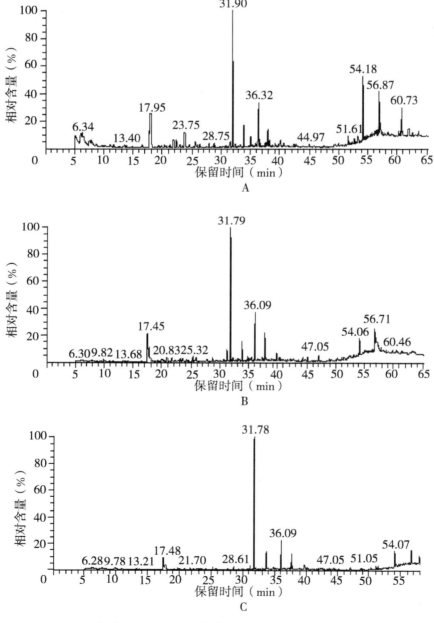

A. 河南 NC89B2F；B. 河南 NC89C2F；C. 河南 NC89B2L

图 8-8　河南烤烟烟气指纹图谱

8.2.2.9　津巴布韦烤烟烟气成分分析

津巴布韦烤烟烟气成分有双戊烯、苯乙烯、壬醛、乙酸、Z- 乙酰呋喃、糠醇、苯酚、对甲基苯酚、棕榈酸甲酯、邻苯二甲酸二异丁酯、新植二烯、烟碱、3,7,11- 三甲基 -1- 十二烷醇。津巴布韦烤烟主要有 L20A 和 LJ0T2 两种，其指纹图谱存在一定的差异，如图 8-9 所示。

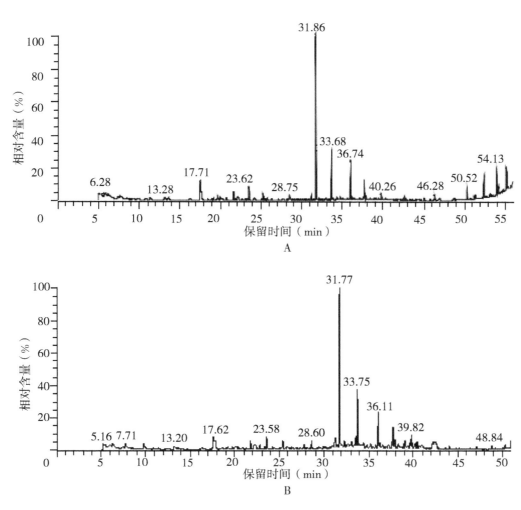

A. 津巴布韦 L20A；B. 津巴布韦 LJ0T2

图 8-9　津巴布韦烤烟烟气指纹图谱

8.3　小结

根据不同产地、不同品种、不同等级烤烟烟叶的烟气成分含量可知，大部分烟气的主要成分为生物碱类，主要是烟碱；其次是有机酸类，包括乙酸、棕榈酸、反油酸和亚油酸。经过对各种烤烟烟气的指纹图谱分析可知，烟碱、乙酸、棕榈酸、反油酸和亚油酸在图谱上具有较大的差异性，因此可以通过判断烟碱、乙酸、棕榈酸、反油酸和亚油酸的含量和在图谱上的丰度特征来识别各种烟叶。

9 烤烟挥发性致香物成分与指纹图谱分析

烟草的香味、香气是衡量烟草质量的重要指标，香气成分主要由酸类、醇类、酮类、醛类、酯类、内酯类、酚类、氮杂环类、呋喃类、酰胺类、醚类及烃类等组成。目前报道的主要采用顶空水蒸馏法，可从烟草中分离挥发性和半挥发性的香气物质。本章主要运用同时蒸馏萃取法、气相色谱－质谱法，建立卷烟挥发性致香成分的指纹图谱，并采用总峰数、共有峰率和相似度等几个指标对广东不同产区的卷烟进行评价，从整体性全面突出卷烟质量化学模式特征和从离子图谱中寻找是否存在不同产区烤烟挥发性物质指纹图谱特征规律，为探讨鉴别不同产区卷烟质量特征，提供一种可以同时实现整体性、模糊性且简单易行的方法模型。

9.1 材料和方法

取广东南雄烤烟样本 5 个，品种为粤烟 97 和 K326；五华烤烟样本 2 个，品种为 K326；大埔烤烟样本 5 个，品种为云烟 87、云烟 100 和 K326；连州烤烟样本 2 个，品种为粤烟 97；乐昌烤烟样本 4 个，品种为 K326 和云烟 87。选择清香型云南烤烟样本 5 个，贵州烤烟样本 2 个，品种均为云烟 87；浓香型河南烤烟样本 3 个，品种为 NC89；津巴布韦烤烟样本 2 个共计 30 个烤烟样本。水蒸馏挥发性致香物采用气－质联用检测化学成分，按酮类、醇类、醛类、有机酸类、酯类、杂环类、稠环芳香烃类、芳香烃类、酚类、烷烃类、不饱和脂肪烃类、生物碱类、萜类和其他类进行统计分析，并通过各种烤烟挥发性物质离子图、出现的峰数和峰高进行分析，以不同产区为单位进行分析，从离子图谱中寻找是否存在不同产区烤烟挥发性物质指纹图谱特征规律。

9.2 结果与分析

9.2.1 不同产地、不同品种、不同等级烤烟挥发性致香物统计分析结果

不同产地、不同品种、不同等级烤烟挥发性致香物主要成分见表 9–1。由表中可以明显看出，基本上各烟叶样本所有组成成分中，酮类、醛类、醇类、酯类、酚类化合物相对含量较高，萜类（主要由新植二烯组成）也占有较大的比例。

表 9–1 不同产区、不同品种、不同等级烤烟挥发性致香物主要成分及相对含量

单位：%

产地、品种及等级	酮类	醛类	醇类	脂肪酸类	酯类	稠环芳香烃类	酚类	不饱和脂肪烃类	烷烃类	生物碱类	萜类（新植二烯）	杂环类	芳香烃类	其他类
广东南雄粤烟 97C3F（2008）	37.94	0	4.01	8.51	3.30	0	21.6	0	0	4.84	0	0	0	0
广东南雄粤烟 97C3F（2009）	17.47	1.17	3.90	34.91	5.50	0.27	1.08	0.25	0.67	1.56	23.00	1.22	0.03	0

续表

产地、品种及等级	酮类	醛类	醇类	脂肪酸类	酯类	稠环芳香烃类	酚类	不饱和脂肪烃类	烷烃类	生物碱类	萜类（新植二烯）	杂环类	芳香烃类	其他类
广东南雄粤烟97X2F（2009）	17.53	0.74	2.06	40.94	9.79	0.33	1.01	0.17	2.16	0.23	19.39	0.18	0	0
广东南雄粤烟97B2F（2009）	24.84	1.17	5.24	33.76	4.79	0.53	1.00	1.86	1.67	0.87	17.68	0.02	0.04	0.09
广东南雄K326B2F(2010)	2.37	0.25	4.95	3.21	0.09	0	1.96	0	31.99	3.55	2.52	0	0	0.03
广东五华K326B2F（2009）	19.80	0.55	4.64	32.71	13.57	0.41	0.04	0.25	1.46	0	21.11	0.01	0	0.10
广东五华K326C3F（2009）	18.30	0.78	1.54	29.24	7.22	0.30	0	0.60	3.34	0	22.74	0.01	0.10	0.16
广东梅州大埔云烟87B2F（2009）	31.98	0.64	12.49	23.73	5.96	0.49	0	1.36	2.50	0.05	19.26	0.04	0.02	0.05
广东梅州大埔云烟87C2F（2009）	22.25	1.19	15.67	24.23	6.37	0.68	0	3.04	1.70	0	20.2	0.05	0.02	0.11
广东梅州大埔云烟K326C2F（2010）	1.52	0.16	1.24	2.33	1.72	0	1.49	34.42	4.45	0.25	1.29	0	0	3.38
广东梅州大埔云烟100C2F（2010）	3.06	0.62	1.07	1.87	0.21	0	1.01	2.96	20.28	4.37	0.28	0	0	3.38
广东梅州大埔云烟100B2F（2010）	2.57	0.65	0.78	0.58	0	0	0.17	2.61	20.16	0.45	0.40	0	0	0.96
广东乐昌K326B2F(2009)	30.99	1.10	6.40	17.58	9.79	1.06	2.56	2.75	1.64	1.04	33.01	0	0	1
广东乐昌K326C2F（2009）	19.60	1.21	14.33	28.87	7.22	0.20	0.85	0.87	0.53	0.64	23.19	0	0	0.70
广东乐昌云烟87C2F（2010）	1.01	0.48	0.35	1.82	0.20	0	3.07	0	34.29	4.80	0.49	0	0	0.62
广东乐昌云烟87B2F（2010）	2.49	0.33	0.78	1.59	0.08	0	8.82	2.05	25.45	2.76	1.08	0	0	0.91
广东连州粤烟97B2F（2009）	16.77	1.38	7.11	39.44	5.09	0.25	0.13	3.53	0.64	2.92	12.15	0	0	1.11
广东连州粤烟97C2F（2009）	13.33	0.25	8.95	37.69	7.42	0.20	0.82	0	1.39	3.21	10.38	0	0	0.97
云南曲靖云烟87C3F（2009）	18.31	2.80	4.17	24.27	14.75	0.41	0.98	4.37	0.59	0.36	18.23	0	0	0.38
云南师宗云烟87C3F（2009）	15.01	0.55	26.62	19.75	8.14	0.15	0	3.78	2.02	16.3		0	0	0.49
云南昆明云烟87B1F（2009）	17.86	0.28	5.11	49.40	7.43	0.48	0	1.38	0.84	1.37	5.22	0	0	0.28
云南沾益云烟87C3F（2009）	8.29	0.30	15.97	51.89	4.16	0.26	0.45	2.28	1.27	1.47	9.11	0	0	0.31

续表

产地、品种及等级	酮类	醛类	醇类	脂肪酸类	酯类	稠环芳香烃类	酚类	不饱和脂肪烃类	烷烃类	生物碱类	萜类（新植二烯）	杂环类	芳香烃类	其他类
云南沾益云烟87B2F（2009）	41.72	0.37	7.25	20.73	11.65	0.34	0	1.11	5.63	0.05		0	0	3.89
贵州云烟87B2F（2009）	28.04	3.86	9.67	7.34	18.32	0.84	0.94	0.29	0.15	0.09	13.94	0	0	1.15
贵州云烟87C2F（2009）	12.17	1.06	7.65	24.43	12.62	0.20	0	0.11	1.06	0.10	14.76	0	0	2.08
河南NC89B2F（2009）	32.72	1.14	15.99	21.47	5.88	0.38	1.56	0.79	5.02	0.11	12.35	0	0	1.53
河南NC89C3F（2009）	21.37	1.42	10	48.37	4.07	0.54	1.55	3.62	2.14	0.38	9.12	0	0	0.87
河南NC89B2L（2009）	25.03	3.39	5.13	25.66	7.95	0.56	0	2.99	4.40	0.38	11.44	0	0	0.91
津巴布韦L20A（2009）	25.74	0.18	20.54	18.23	18.39	0.68	0	8.24	17.63	0.17	13.31	0	0	0.36
津巴布韦LJ0T2（2009）	14.67	1.92	11.66	26.16	20.86	0.40	0	0.13	4.63	0.39	9.86	0	0	0.19

9.2.1.1　醛类、酮类和醇类化合物相对丰度

醛类、酮类分子结构中的羰基和醇类分子结构中的羟基都是致香基团，在已鉴定出来的挥发性醛类、酮类、醇类化合物中，许多是重要的致香物质。在本研究中，30 个烟叶样本中的醛类、酮类、醇类化合物的相对丰度也占有相当大的比例。由图 9-1 可以看出，广东省不同烟区的烟叶样本中，整体上相对丰度的关系是酮类化合物＞醇类化合物＞醛类化合物，且随着时间的变化，这 3 种化合物的相对丰度会急剧降低。

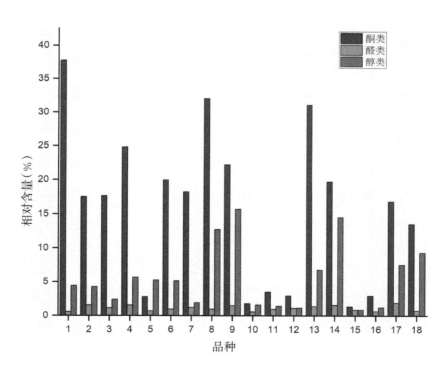

1. 广东南雄粤烟 97C3F（2008）；2. 广东南雄粤烟 97C3F（2009）；3. 广东南雄粤烟 97X2F（2009）；4. 广东南雄粤烟 97B2F（2009）；广东南雄 K326B2F（2010）；6. 广东五华 K326B2F（2009）；7. 广东五华 K326C3F（2009）；8. 广东梅州大埔云烟 87B2F（2009）；广东梅州大埔云烟 87C3F（2009）；10. 广东梅州大埔 K326C3F（2010）；11. 广东梅州大埔云烟 100C3F（2010）；12. 广东梅州大埔云烟 100B2F（2010）；广东乐昌 K326B3F（2009）；14. 广东乐昌 K326C3F（2009）；15. 广东乐昌云烟 97C3F（2010）；16. 广东乐昌云烟 87B2F（2010）；17. 广东连州粤烟 97B2F（2009）；18. 广东连州粤烟 97C2F（2009）

图 9-1　广东不同烟叶样本醛类、酮类和醇类化合物相对丰度

由图 9-2 可以看出，相比广东烟区，云南烟区的酮类化合物相对丰度偏低［除云南沾益云烟 87B2F（2009）外］，醇类化合物相对丰度也较之偏低。这也基本符合云南产烟叶多为清香型的规律。河南烟区的两个烟叶样本酮类、醇类化合物相对丰度较之广东烟区烟叶样本较低但差别不大，醛类相对丰度与之相近，且酮类、醛类与醇类化合物的相对丰度之间的差别较之广东烟区烟叶样本较小，并不像广东烟区烟叶样本差异悬殊。而津巴布韦烟区的烟叶样本酮类、醛类和醇类化合物三者之间的差别更小，分布更为均匀，总体含量与广东相近。

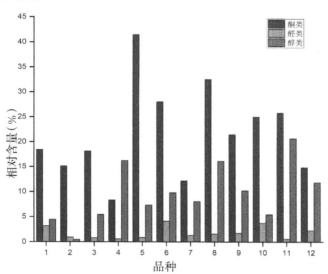

图 9-2　云南、贵州、河南烟区及津巴布韦烟区不同烟叶样本醛类、酮类和醇类化合物相对丰度

9.2.1.2　酯类和酚类化合物相对丰度

烟叶中的酯类和内酯化合物是重要的致香物质，它们具有甜味、水果香味或酒香味，与烟香尤其是烤烟香气十分协调，常作为烟草的加香物料。酚类化合物挥发性极强，在烟支燃烧时能直接进入烟气，对烟气香味产生直接影响。由图 9-3 可知，30 个烟叶样本当中，广东南雄粤烟 97C3F（2008）具有最大的分类相对丰度值，且收集的 2010 年度的烟叶样本（南雄 K326、大埔 K326C2F、大埔云烟 100C2F、大

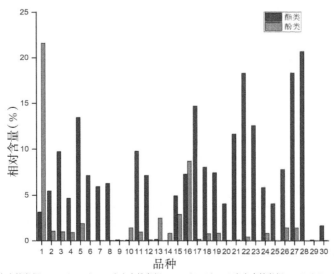

图 9-3　不同烟叶样本酯类及酚类化合物相对丰度

埔云烟 100B2F、乐昌云烟 87C2F、乐昌云烟 87B2F）当中，酚类化合物的相对丰度超过酯类化合物，而其他较早年份的酯类化合物则远远超过酚类化合物。从地区上来看，广东烟区的酚类化合物相对丰度较高，而津巴布韦烟区的酯类化合物相对丰度最高。

9.2.1.3　新植二烯相对丰度

新植二烯是一种烟草的特征香味成分，新植二烯作为烟草中性致香物质中含量最高的成分，其含量的高低不仅直接影响烟叶的香味和香气，还影响其他致香成分的形成。由图 9-4 可知，广东烟区 2010 年收集的烟叶样本新植二烯相对丰度较低，其他烟叶样本中新植二烯的相对丰度偏高。广东烟区的新植二烯相对丰度较之其他烟区偏高，乐昌烟区尤甚；而云南烟区烟叶样本新植二烯相对丰度偏低。河南烟区和津巴布韦烟区烟叶样本新植二烯相对丰度值介于广东烟区和云南烟区之间。

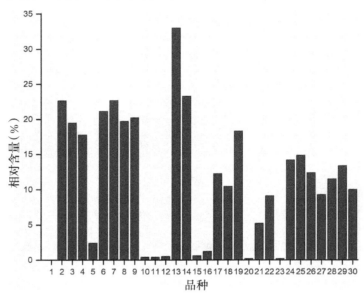

1. 广东南雄粤烟 97C3F（2008）；2. 广东南雄粤烟 97C3F（2009）；3. 广东南雄粤烟 97X2F（2009）；4. 广东南雄粤烟 97B2F（2009）；5. 广东南雄 K326B2F（2010）；6. 广东五华 K326B2F（2009）；7. 广东五华 K326C3F（2009）；8. 广东梅州大埔云烟 87B2F（2009）；9. 广东梅州大埔云烟 87C3F（2009）；10. 广东梅州大埔 K326C3F（2010）；11. 广东梅州大埔云烟 100C3F（2010）；12. 广东梅州大埔云烟 100B2F（2010）；13. 广东乐昌 K326B3F（2009）；14. 广东乐昌 K326C3F（2009）；15. 广东乐昌云烟 87C3F（2010）；16. 广东乐昌云烟 87B2F（2010）；17. 广东连州粤烟 97B2F（2009）；18. 广东连州粤烟 97C2F（2009）；19. 云南曲靖云烟 87C3F（2009）；20. 云南师宗云烟 87C3F（2009）；21. 云南昆明云烟 87B2F（2009）；22. 云南沾益云烟 87C3F（2009）；23. 云南沾益云烟 87B2F（2009）；24. 贵州云烟 87B2F（2009）；25. 贵州云烟 87C3F（2009）；26. 河南 NC89B2F（2009）；27. 河南 NC89C3F（2009）；28. 河南 NC89B2L（2009）；29. 津巴布韦 L20A（2009）；30. 津巴布韦 LJ0T2（2009）

图 9-4　不同烟叶样本新植二烯相对丰度

9.2.2　广东主产烟区与其他烟区烤烟挥发性致香物指纹图谱识别特征

根据 30 个烤烟样品挥发性致香物指纹图谱 2009 年采样分析结果可以看出，所有样品离子图形比较规范。因此，挥发性致香物的指纹图谱构建拟以其作为分析基础，从中建立各烟区烟样的图谱识别特征。从 2009 年采集样品烤烟挥发性致香物指纹图谱中，在 50 ~ 60min 的保留时间内出现的峰形各地区烤烟挥发性致香物类型和量存在明显差异，这些差异是由生态环境差异所产生的，可以作为识别特征。

9.2.2.1　广东南雄烤烟挥发性致香物指纹图谱识别特征

广东南雄采集的三个烤烟样品南雄粤烟 97C3F、97X2F 和 97B2F 的水蒸馏挥发性致香物种类和含量（见表 9-2）存在相似性。指纹图谱中，在 50 ~ 60min 的保留时间内可检测到 1,1- 二甲基丙烯基 -5- 香柠檬醇、α- 香附酮、1,5,9- 三甲基 -12- 异丙基 -4,8,13- 环十四烯 -1,3- 二醇、西柏三烯二醇、二十七烷、邻苯二甲酸二丁酯、肉豆蔻酸、十五酸、棕榈酸、十七酸、四十四烷、角鲨烯、硬脂酸、反油酸、亚油酸、亚麻酸甲酯。它们的含量见表 9-2，指纹图谱见图 9-5。从表 9-2 可以看出，广东南雄粤烟 97（C3F、X2F 和 B2F）保留时间在 50 ~ 60min 内时共有成分为西柏三烯二醇（0.79% ~ 3.18%）、肉豆蔻酸（1.20% ~ 1.29%）、十五酸（0.33% ~ 1.18%）、棕榈酸（24.81% ~ 28.49%）、四十四烷（0.33% ~ 0.56%）、硬脂酸（1.08% ~ 1.39%）、反油酸（1.94% ~ 2.53%）、亚油酸（2.98% ~ 5.26%）和亚麻酸甲酯（4.03% ~ 9.02%），这些化合物及其相对含量范围可以作为南雄烤烟的识别参考指标。另从指纹图谱可以看出 3 个样品的峰形、峰数基本趋于一致。

表 9-2 广东南雄烤烟样品南雄粤烟 97C3F、97X2F 和 97B2F 的水蒸馏挥发性致香物种类和含量

致香物名称	相对含量（%）			
	粤烟 97C3F	粤烟 97X2F	粤烟 97B2F	平均
1,1- 二甲基丙烯基 -5- 香柠檬醇	0.21	—	—	—
α- 香附酮	—	0.40	0.50	—
1,5,9- 三甲基 -12- 异丙基 -4,8,13- 环十四烯 -1,3- 二醇	1.13	—	0.70	—
三十六烷	—	—	0.33	—
2,2'-（1,2- 乙基）双（6,6- 二甲基）- 双环［3.1.1］庚 -2- 烯	—	—	1.70	—
亚油酸乙酯	—	—	0.30	—
西柏三烯二醇	1.48	0.79	3.18	1.82
二十七烷	0.33	0.22	—	—
邻苯二甲酸二丁酯	0.87	0.33	—	—
叶绿醇	—	0.15	—	—
肉豆蔻酸	1.20	1.29	1.28	1.25
十五酸	0.33	1.18	0.99	0.80
三十五烷	—	0.72	—	—
棕榈酸	26.39	28.49	24.81	26.56
十七酸	0.55	0.54	—	—
四十四烷	0.33	0.47	0.56	0.45
角鲨烯	0.36	—	—	—
二十九烷	—	0.73	0.78	—
硬脂酸	1.20	1.39	1.08	1.22
反油酸	2.19	2.53	1.94	2.22
亚油酸	2.98	5.26	3.45	3.90
亚麻酸甲酯	4.03	9.02	4.24	5.76

注："—"表示未检测到，下同。

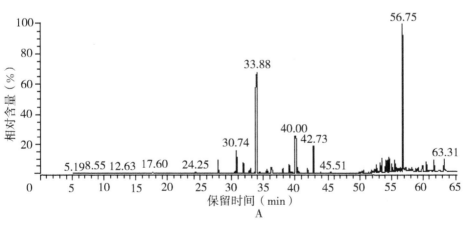

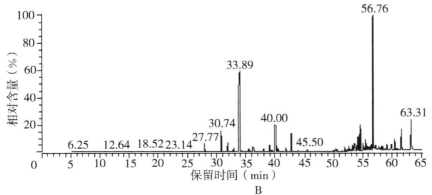

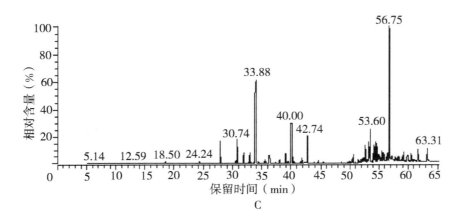

A. 粤烟 97C3F；B. 粤烟 97X2F；C. 粤烟 97B2F

图 9-5　广东南雄烤烟挥发性致香物指纹图谱

9.2.2.2　广东五华烤烟挥发性致香物指纹图谱识别特征

从广东五华采集的两个烤烟样品 K326B2F 和 K326C3F 的水蒸馏挥发性致香物的种类和含量（见表 9-3）存在相似性，指纹图谱中在 50 ~ 60 min 的保留时间内可检测到亚油酸乙酯、次亚麻酸甲酯、黑松醇、叶绿醇、西柏三烯二醇、二十七烷、邻苯二甲酸二异丁酯、十五酸、二十八烷、1,5,9- 三甲基 -12- 异丙基 -4,8,13- 环十四碳三烯 -1,3- 二醇、2- 羟基环十五酮、棕榈酸、十七酸、角鲨烯、硬脂酸、反油酸、亚油酸、亚麻酸甲酯。它们的含量见表 9-3，指纹图谱见图 9-6。从表 9-3 可以看出，五华烤烟样品 K326B2F 和 K326C3F 保留时间在 50 ~ 60 min 内的共有成分为西柏三烯二醇（2.68% ~ 6.03%）、十五酸（0.83% ~ 0.85%）、棕榈酸（19.01% ~ 20.03%）、硬脂酸（0.95% ~ 1.19%）、反油酸（2.61% ~ 2.84%）、亚麻酸（3.96% ~ 8.06%）和亚麻酸甲酯（5.10% ~ 10.22%），这些化合物及其相对含量可以作为五华烤烟的识别参考指标。另从指纹图谱中可以看出两个样品的峰形、峰数基本趋于一致。

表 9-3　广东五华烤烟样品 K326B2F 和 K326C3F 的水蒸馏挥发性致香物种类和含量

致香物名称	相对含量（%）		
	K326B2F	K326C3F	平均
亚油酸乙酯	0.75	—	—
次亚麻酸甲酯	—	0.75	—
黑松醇	—	0.19	—
二十六烷	0.54	—	—
二十七烷	—	0.09	—
叶绿醇	0.80	—	—
西柏三烯二醇	2.68	6.03	4.35
邻苯二甲酸二异丁酯	1.18	—	—
二十八烷	0.82	—	—
十五酸	0.85	0.83	0.84
1,5,9- 三甲基 -12- 异丙基 -4,8,13- 环十四碳三烯 -1,3- 二醇	—	0.94	—
2- 羟基环十五酮	0.70	—	—
棕榈酸	19.01	20.03	19.52
十七酸	—	0.54	—
角鲨烯	—	0.57	—
硬脂酸	1.19	0.95	1.07
反油酸	2.84	2.61	2.73
亚麻酸	8.06	3.96	6.01
邻苯二甲酸二（2- 乙基己基）酯	—	0.37	—
亚麻酸甲酯	10.22	5.10	7.66

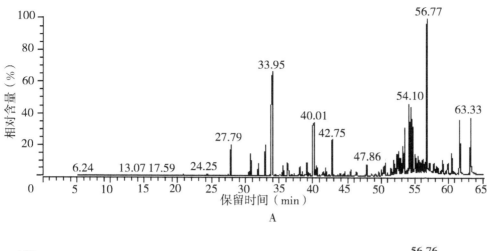

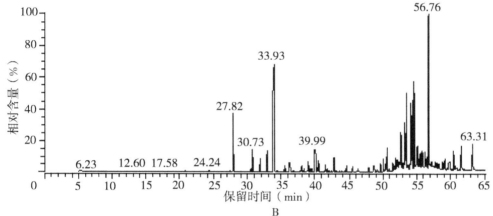

A.K326B2F；B.K326C3F

图 9-6　广东五华烤烟挥发性致香物指纹图谱

9.2.2.3　广东大埔烤烟挥发性致香物指纹图谱识别特征

从广东大埔采集的两个烤烟样品云烟 87B2F 和云烟 87C2F 的水蒸馏挥发性致香物的种类和含量存在相似性，指纹图谱中在 50 ~ 60min 的保留时间内可检测到三十六烷、二十六烷、亚麻酸甲酯、叶绿醇、西柏三烯二醇、二十七烷、二十九烷、1- 二十二烯、十五酸、1,5,9- 三甲基 -12- 异丙基 -4,8,13- 环十四碳三烯 -1,3- 二醇、棕榈酸、1- 二十醇、十八酸、硬脂酸、反油酸、亚油酸、亚麻酸甲酯。它们的含量见表 9-4，指纹图谱见图 9-7。从表 9-4 可以看出烤烟样品云烟 87B2F 和云烟 87C2F 保留时间在 50 ~ 60min 内的共有成分为亚麻酸甲酯（0.60% ~ 0.88%）、西柏三烯二醇（5.07% ~ 6.10%）、十五酸（0.76% ~ 0.90%）、1,5,9- 三甲基 -12- 异丙基 -4,8,13- 环十四碳三烯 -1,3- 二醇（5.43% ~ 6.71%）、棕榈酸（17.87% ~ 18.71%）、反油酸（1.18% ~ 1.27%）、亚麻酸（2.42% ~ 3.09%）和亚麻酸甲酯（3.47% ~ 4.70%），这些化合物及其相对含量可以作为广东梅州大埔烤烟的识别参考指标。另从指纹图谱看出两个样品中的云烟 87B2F 峰形接近五华烤烟，而云烟 87C2F 峰形更接近南雄烤烟。

表 9-4　广东大埔烤烟样品云烟 87B2F 和云烟 87C2F 的水蒸馏挥发性致香物种类和含量

致香物名称	相对含量（%）		
	云烟 87B2F	云烟 87C2F	平均
三十六烷	—	0.49	—
二十六烷	0.82	—	—
亚麻酸甲酯	0.88	0.60	—
叶绿醇	0.28	—	—

续表

致香物名称	相对含量（%）		
	云烟 87B2F	云烟 87C2F	平均
1,5,9- 三甲基 -12- 异丙基 -4,8,13- 环十四碳三烯 -1,3- 二醇	5.43	6.71	—
西柏三烯二醇	5.07	6.10	—
二十七烷	—	1.21	—
二十九烷	1.68	—	—
1- 二十二烯	1.17	—	—
十五酸	0.76	0.90	—
棕榈酸	17.87	18.71	—
1- 二十醇	—	0.49	—
十八酸	—	0.66	—
硬脂酸	0.90	—	—
反油酸	1.18	1.27	—
亚麻酸	2.42	3.09	—
亚麻酸甲酯	3.47	4.70	—

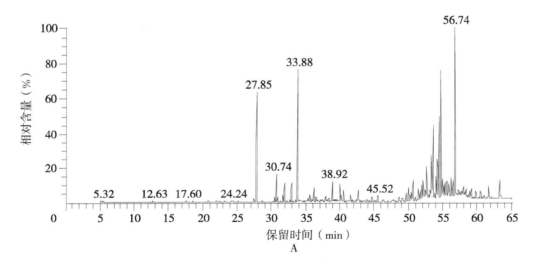

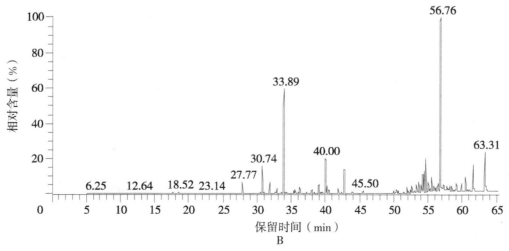

A. 云烟 87B2F；B. 云烟 87C2F

图 9-7 广东梅州大埔烤烟挥发性致香物指纹图谱

9.2.2.4 广东乐昌 K326B2F 和 K326C3F 烤烟挥发性致香物指纹图谱识别特征

从广东乐昌采集的两个烤烟样品 K326B2F 和 K326C2F 的水蒸馏挥发性致香物的种类和含量存在相似性，指纹图谱中在 50 ~ 60min 的保留时间内可检测到三十六烷、二十八烷、亚麻酸甲酯、叶绿醇、西柏三烯二醇、二十九烷、邻苯二甲酸二丁酯、十五酸、1,5,9- 三甲基 -12- 异丙基 -4,8,13- 环十四碳三烯 -1,3- 二醇、棕榈酸、角鲨烯、硬脂酸、反油酸、亚油酸、亚麻酸甲酯。它们的含量见表 9-5，指纹图谱见图 9-8。从表 9-5 可以看出烤烟样品 K326B2F 和 K326C2F 保留时间在 50 ~ 60min 内的共有成分为亚麻酸甲酯（0.68% ~ 0.95%）、二十九烷（0.62% ~ 1.11%）、1,5,9- 三甲基 -12- 异丙基 -4,8,13- 环十四碳三烯 -1,3- 二醇（5.25% ~ 7.02%）、十五酸（0.52% ~ 0.83%）、西柏三烯二醇（1.47% ~ 4.72%）、棕榈酸（14.34% ~ 23.86%）、反油酸（1.15% ~ 1.27%），这些化合物及其相对含量范围可以作为广东乐昌烤烟的识别参考指标。另从指纹图谱看出两个样品 K326B2F 和 K326C2F 峰形相似，即为广东乐昌烤烟样品 K326B2F 和 K326C2F 挥发性致香物的指纹图谱。

表 9-5　广东乐昌烤烟样品 K326B2F 和 K326C2F 的水蒸馏挥发性致香物种类和含量

致香物名称	相对含量（%）		
	K326B2F	K326C2F	平均
三十六烷	0.53	—	—
二十八烷	—	0.48	—
亚麻酸甲酯	0.68	0.95	0.82
西柏三烯二醇	1.47	4.72	3.10
二十九烷	1.11	0.62	0.86
邻苯二甲酸二丁酯	1.50	—	—
十八烯	0.54	—	—
十五酸	0.52	0.83	0.68
1,5,9- 三甲基 -12- 异丙基 -4,8,13- 环十四碳三烯 -1,3- 二醇	5.25	7.02	6.14
棕榈酸	14.34	23.86	19.10
角鲨烯	0.33	—	—
反油酸	1.15	1.27	1.21
硬脂酸	—	0.87	—
亚麻酸	1.57	—	—
亚麻酸甲酯	1.51		

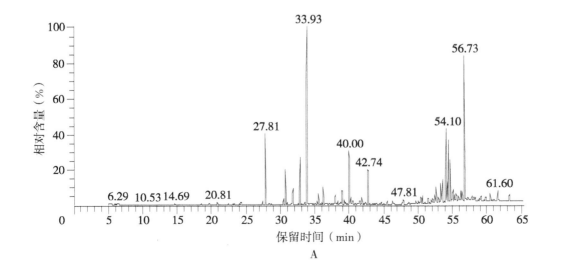

A

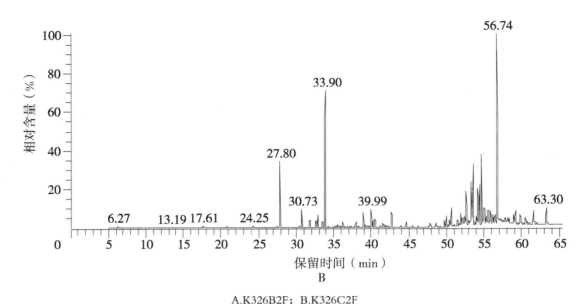

A.K326B2F；B.K326C2F

图 9-8　广东乐昌烤烟挥发性致香物指纹图谱

9.2.2.5　广东清远粤烟 97B2F 和 粤烟 97C2F 烤烟挥发性致香物指纹图谱识别特征

从广东清远采集的两个烤烟样品粤烟 97B2F 和 粤烟 97C2F 的水蒸馏挥发性致香物的种类和含量存在相似性，指纹图谱中在 50 ～ 60min 的保留时间内可检测到（＋）- 香柏酮、三十六烷、二十七烷、亚麻酸甲酯、叶绿醇、西柏三烯二醇、二十九烷、邻苯二甲酸二丁酯、1- 甲基 -2- 氰基 -3- 乙基 - 三甲基乙酰基 -2- 哌啶、十四酸、橙花叔醇 - 环氧乙酸、1- 二十二烯、六甲基苯、三十五烷、十五酸、环十五烷内酯、二十九烷、四十四烷、硬脂酸、反油酸、亚油酸、亚麻酸甲酯。它们的含量见表 9-6，指纹图谱见图 9-9。从表 9-6 可以看出烤烟样品粤烟 97B2F 和 粤烟 97C2F 保留时间在 50 ～ 60min 内的共有成分为（＋）- 香柏酮（0.54% ～ 0.57%）、亚麻酸甲酯（0.34% ～ 0.96%）、邻苯二甲酸二异丁酯（0.51% ～ 0.58%）、西柏三烯二醇（2.23% ～ 2.46%）、十四酸（1.79% ～ 3.69%）、六甲基苯（0.53% ～ 0.54%）、十五酸（1.52%）、二十九烷（0.39%）、棕榈酸（25.70% ～ 28.99%）、反油酸（0.96% ～ 1.22%）、硬脂酸（0.69% ～ 0.74%）、亚麻酸（1.22% ～ 2.42%）、亚麻酸甲酯（3.39% ～ 5.47%），这些化合物及其相对含量范围可以作为清远烤烟的识别参考指标。另从指纹图谱中可以看出两个样品粤烟 97B2F 和 粤烟 97C2F 峰形相似，即为广东清远烤烟样品粤烟 97B2F 和 粤烟 97C2F 挥发性致香物的指纹图谱。

表 9-6　广东清远烤烟样品粤烟 97B2F 和 粤烟 97C2F 的水蒸馏挥发性致香物种类和含量

致香物名称	相对含量（%）		
	粤烟 97B2F	粤烟 97C2F	平均
（＋）- 香柏酮	0.57	0.54	0.56
二十七烷	0.25	—	—
三十六烷	—	0.54	—
邻苯二甲酸二异丁酯	0.51	0.58	0.55
亚麻酸甲酯	0.34	0.96	0.65
叶绿醇	1.51	—	—
西柏三烯二醇	2.46	2.23	2.35
1- 甲基 -2- 氰基 -3- 乙基 - 三甲基乙酰基 -2- PIPERIDIENE	2.23	—	—
十四酸	3.69	1.79	2.74
橙花叔醇 - 环氧乙酸	—	4.18	—
1- 二十二烯	3.63	—	—
六甲基苯	0.53	0.54	0.54
三十五烷	—	0.18	—
十五酸	1.52	1.52	1.52

续表

致香物名称	相对含量（%）		
	粤烟 97B2F	粤烟 97C2F	平均
环十五烷内酯	0.36	—	—
二十九烷	0.39	0.39	0.39
四十四烷	—	0.82	—
棕榈酸	28.99	25.70	27.35
反油酸	1.22	0.96	1.09
硬脂酸	0.74	0.69	0.72
亚麻酸	1.22	2.42	1.82
亚麻酸甲酯	3.39	5.47	4.43

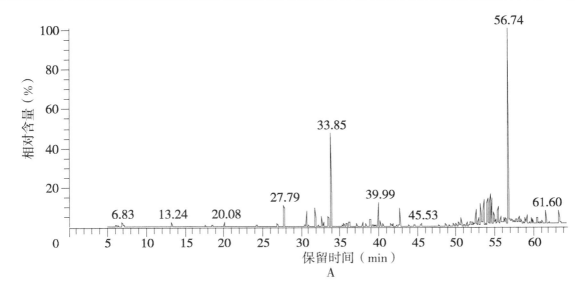

A

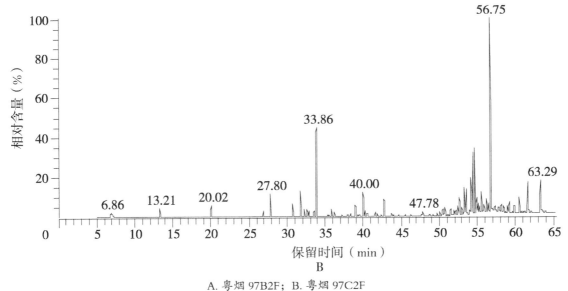

B

A. 粤烟 97B2F；B. 粤烟 97C2F

图 9-9　广东清远连州烤烟挥发性致香物指纹图谱

9.2.2.6 云南同一品种（云烟 87）、同一等级（C3F）、不同烟区烤烟挥发性致香物指纹图谱比较

　　从云南曲靖、师宗、沾益云烟 87C3F 的水蒸馏挥发性致香物种类和含量存在相似性，指纹图谱中在 50 ～ 60min 的保留时间内可检测到 7,10- 十八碳二烯酸甲酯、西柏三烯二醇、二十九烷、二十六烷、邻苯二甲酸二丁酯、亚麻酸甲酯、异绒白乳菇醛、叶绿醇、二十七烷、十四酸、十五酸、二甲基苯并［b］噻吩、1- 二十二烯、十八烯、硬脂酸、反油酸、亚油酸、亚麻酸甲酯。它们的含量见表 9-7，指纹图谱见图 9-10。

从表9-7可以看出烤烟样品云烟87C3F保留时间在50～60min内的共有成分为亚麻酸甲酯（1.01%～2.65%）、叶绿醇（0.47%～0.50%）、邻苯二甲酸二异丁酯（0.26%～1.78%）、1,5,9-三甲基-12-异丙基-4,8,13-环十四碳三烯-1,3-二醇（0.44%～5.45%）、十四酸（2.04%～4.64%）、二十九烷（0.32%～1.01%）、棕榈酸（16.04%～41.05%）、亚油酸（1.52%～2.11%），这些化合物及其相对含量范围可以作为云南烤烟的识别参考指标。另从指纹图谱中可以看出三个样品云烟87C3F峰形相似，即为云南烤烟样品云烟87C3F挥发性致香物的指纹图谱。

表 9-7　云南云烟 87 C3F 的水蒸馏挥发性致香物种类和含量

致香物名称	相对含量（%）		
	曲靖	师宗	沾益
7,10-十八碳二烯酸甲酯	1.46	—	—
二十九烷	—	0.43	—
二十六烷	0.27	—	—
亚麻酸甲酯	2.65	1.01	1.77
异绒白乳菇醛	2.01	—	—
叶绿醇	0.50	0.48	0.47
西柏三烯二醇	2.20	—	4.21
邻苯二甲酸二异丁酯	1.78	1.29	0.26
二十七烷	—	1.29	—
十四酸	2.18	2.04	4.64
二甲基苯并［b］噻吩	—	1.87	—
十五酸	—	—	1.95
1-二十二烯	4.28	—	—
十八烯	1.23	—	—
1,5,9-三甲基-12-异丙基-4,8,13-环十四碳三烯-1,3-二醇	0.44	2.85	5.45
二十九烷	0.32	0.90	1.01
棕榈酸	16.98	16.04	41.05
硬脂酸	0.64	—	1.32
反油酸	0.78	—	0.83
亚油酸	2.11	1.52	1.60
亚麻酸甲酯	5.34	3.87	—

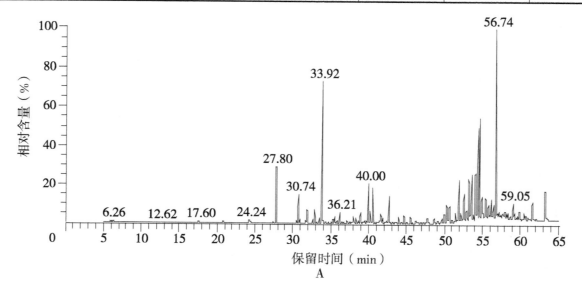

A

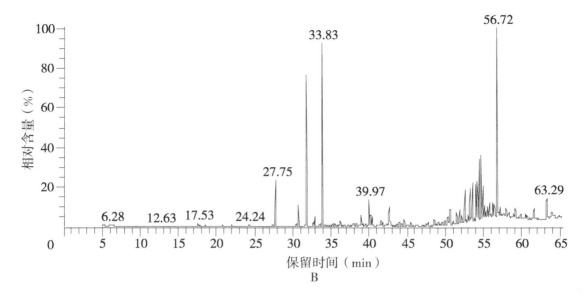

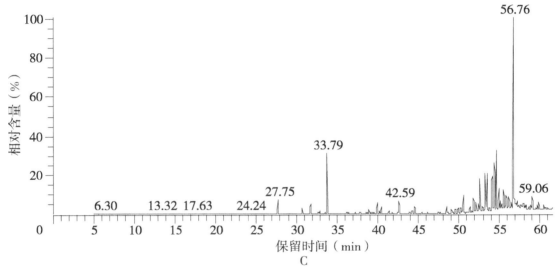

A. 曲靖；B. 师宗；C. 沾益

图 9-10　云南云烟 87C3F 烤烟挥发性致香物指纹图谱

9.2.2.7　贵州云烟 87B2F 和云烟 87C2F 烤烟挥发性致香物指纹图谱比较

　　贵州云烟 87B2F 和云烟 87C2F 的水蒸馏挥发性致香物种类和含量存在一定的差异，指纹图谱中在 50 ~ 60min 的保留时间内可检测到亚油酸甲酯、二十七烷、二十九烷、异绒白乳菇醛、醋酸维生素 A、叶绿醇、西柏三烯二醇、邻苯二甲酸二丁酯、4- 甲氧基 -2 甲基苯甲醛、4,7- 十八烷二烯酸甲酯、17- 羟基 -1,17- 二甲基雄烯酮、橙花叔醇 - 环氧乙酸、二十八烷、十五酸、2- 羟基环十五酮、棕榈酸、1,5,9- 三甲基 -12- 异丙基 -4,8,13- 环十四碳三烯 -1,3- 二醇、硬脂酸、反油酸、亚油酸、亚麻酸甲酯。它们的含量见表 9-8，指纹图谱见图 9-11。从表 9-8 可以看出烤烟样品云烟 87B2F 和云烟 87C2F 保留时间在 50 ~ 60min 内的共有成分为亚油酸甲酯（2.70% ~ 7.10%）、二十七烷（0.15% ~ 0.87%）、异绒白乳菇醛（0.42% ~ 2.38%）、叶绿醇（0.36% ~ 0.54%）、西柏三烯二醇（2.12% ~ 2.43%）、十五酸（0.22% ~ 0.70%）、棕榈酸（5.50% ~ 18.89%）、硬脂酸（0.15% ~ 0.69%）、反油酸（0.34% ~ 0.74%）、亚油酸（0.75% ~ 1.03%）、亚麻酸甲酯（1.54% ~ 3.26%），这些化合物及其相对含量范围可以作为贵州烤烟的识别参考指标。另从指纹图谱中可以看出两个样品云烟 87B2F 和云烟 87C2F 峰形还存在一定的差异，贵州烤烟样品云烟 87B2F 和云烟 87C2F 挥发性致香物的指纹图谱峰形不同。

表 9-8　贵州云烟 87B2F 和 87C2F 的水蒸馏挥发性致香物种类和含量

致香物名称	相对含量（%）		
	云烟 87B2F	云烟 87C2F	平均
亚油酸甲酯	7.10	2.70	4.90
二十七烷	0.15	0.87	0.51
二十九烷	—	0.19	—
异绒白乳菇醛	2.38	0.42	1.40
醋酸维生素 A	—	1.97	—
叶绿醇	0.36	0.54	0.45
西柏三烯二醇	2.43	2.12	4.55
邻苯二甲酸二异丁酯	2.89	—	—
4- 甲氧基 -2 甲基苯甲醛	—	0.54	—
4,7- 十八烷二烯酸甲酯	1.23	—	—
17- 羟基 -1,17- 二甲基雄烯酮	4.25	—	—
十四酸	—	1.65	—
橙花叔醇 - 环氧乙酸	—	3.88	—
二十八烷	—	0.30	—
十五酸	0.22	0.70	0.46
2- 羟基环十五酮	0.21	—	—
棕榈酸	5.50	18.89	12.20
1,5,9- 三甲基 -12- 异丙基 -4,8,13- 环十四碳三烯 -1,3- 二醇	—	0.45	—
硬脂酸	0.15	0.69	0.42
反油酸	0.34	0.74	0.54
亚油酸	0.75	1.03	0.89
亚麻酸甲酯	1.54	3.26	2.40

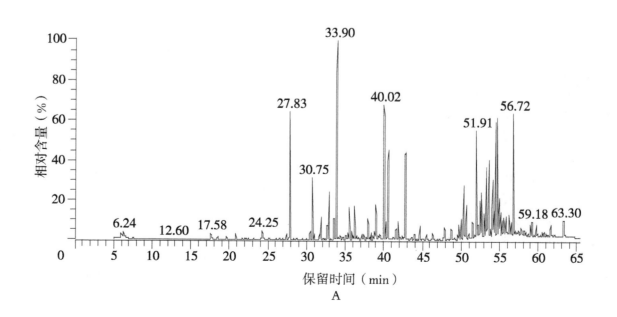

A

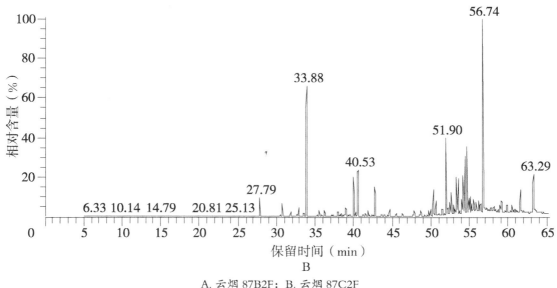

A. 云烟 87B2F；B. 云烟 87C2F

图 9-11　贵州烤烟挥发性致香物指纹图谱

9.2.2.8　河南烤烟 NC89B2F、NC89C3F 和 NC89B2L 挥发性致香物指纹图谱比较

河南烤烟 NC89B2F、NC89C3F 和 NC89B2L 的水蒸馏挥发性致香物种类和含量存在一定的差异，指纹图谱中在 50 ~ 60min 的保留时间内可检测到二十六烷、2,2'-（1，2-乙基）双（6,6-二甲基）-双环 [3.1.1] 庚 -2- 烯、醋酸维生素 A、异绒白乳菇醛、邻苯二甲酸二异丁酯、亚油酸甲酯、叶绿醇、1,5,9- 三甲基 -12- 异丙基 -4,8,13- 环十四烯 -1,3- 二醇、西柏三烯二醇、二十七烷、肉豆蔻酸、17- 羟基 -1,17- 二甲基雄烯酮、二甲基苯并 [b] 噻吩、1- 二十二烯、十五酸、棕榈酸、硬脂酸、反油酸、亚油酸、亚麻酸甲酯，它们的含量见表 9-9，指纹图谱见图 9-12。从表 9-9 可以看出烤烟样品 NC89B2F、NC89C3F 和 NC89B2L 保留时间在 50 ~ 60min 内的共有成分为西柏三烯二醇（2.49% ~ 4.34%）、二十七烷（0.58% ~ 3.99%）、十五酸（0.78% ~ 1.33%）、棕榈酸（12.33% ~ 36.71%）、反油酸（0.59% ~ 0.97%）、肉豆蔻酸（4.05% ~ 4.55%）、硬脂酸（0.69% ~ 0.74%）、亚麻酸（1.22% ~ 2.42%）、亚麻酸甲酯（1.20% ~ 4.72%），这些化合物及其相对含量范围可以作为河南烤烟的识别参考指标。另从指纹图谱中可以看出三个烤烟样品 NC89B2F、NC89C3F 和 NC89B2L 峰形还存在一定的差异，河南烤烟样品 NC89B2F、NC89C3F 和 NC89B2L 挥发性致香物的指纹图谱峰形不同。

表 9-9　河南 NC89B2F、NC89C3F 和 NC89B2L 的水蒸馏挥发性致香物种类和含量

致香物名称	相对含量（%）		
	NC89B2F	NC89C3F	NC89B2L
二十六烷	3.12	—	0.33
2,2'-（1,2-乙基）双（6,6-二甲基）-双环 [3.1.1] 庚 -2- 烯	—	2.43	—
醋酸维生素 A	0.97	—	—
异绒白乳菇醛	—	—	1.72
邻苯二甲酸二异丁酯	—	0.21	—
亚油酸甲酯	2.03	—	—
叶绿醇	2.90	—	0.62
1,5,9- 三甲基 -12- 异丙基 -4,8,13- 环十四碳三烯 -1,3- 二醇	4.12	5.63	—
西柏三烯二醇	4.34	2.49	2.87
肉豆蔻酸	4.31	4.05	4.55
二十七烷	1.62	0.58	3.99
17- 羟基 -1,17 二甲基雄烯酮	5.13	—	—
橙花叔醇 - 环氧乙酸	0.47	—	—
二甲基苯并 [b] 噻吩	0.56	—	—
1- 二十二烯	—	—	0.72
十五酸	0.78	1.33	0.88

续表

致香物名称	相对含量（%）		
	NC89B2F	NC89C3F	NC89B2L
二十九烷	0.28	1.57	—
棕榈酸	12.33	36.71	15.65
硬脂酸	—	1.27	0.74
反油酸	0.59	0.96	0.97
亚油酸	1.23	—	2.70
亚麻酸甲酯	2.31	1.20	4.72

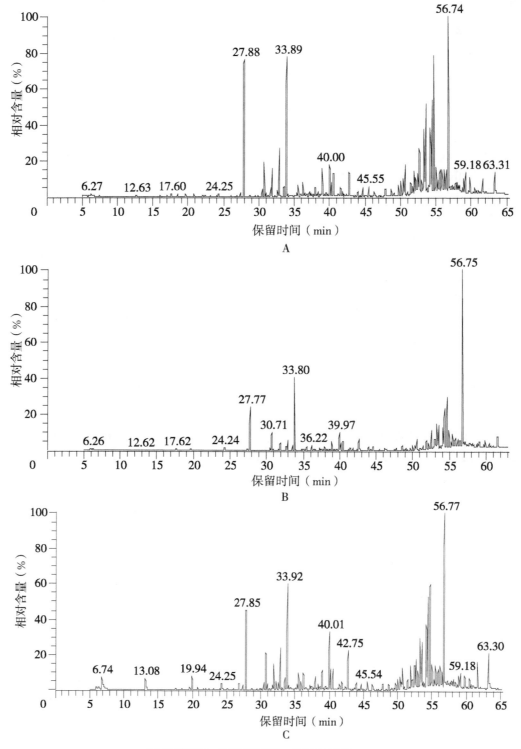

A.NC89B2F；B.NC89C3F；C.NC89B2L

图 9-12　河南烤烟挥发性致香物指纹图谱

9.2.2.9　津巴布韦 L20A 和 LJ0T2 烤烟挥发性致香物指纹图谱识别特征

津巴布韦烤烟 L20A 和 LJ0T2 的水蒸馏挥发性致香物种类和含量存在一定的差异，指纹图谱中在 50～60min 的保留时间内可检测到油酸甲酯亚油酸甲酯、7,10- 十八碳二烯酸甲酯、正二十六烷、2，2'-（1，2- 乙基）双（6,6- 二甲基）- 二环［3.1.1］庚 -2- 烯、邻苯二甲酸二异丁酯、亚麻酸甲酯、次亚麻酸甲酯、异绒白乳菇醛、叶绿醇、西柏三烯二醇、二十七烷、十四酸、二十八烷、十五酸、2- 羟基环十五酮、二十九烷、1,5,9- 三甲基 -12- 异丙基 -4,8,13- 环十四碳三烯 -1,3- 二醇、三十五烷、棕榈酸、十七酸、硬脂酸、反油酸、亚油酸、亚麻酸甲酯，它们的含量见表 9-10，指纹图谱见图 9-13。从表 9-10 看出津巴布韦 L20A 和 LJ0T2 烤烟样品保留时间在 50～60min 内的共有成分为正二十六烷（0.16%～2.75%）、叶绿醇（0.40%～3.54%）、十五酸（0.45%～1.08%）、棕榈酸（14.16%～15.87%）、硬脂酸（0.84%～0.93%）、反油酸（1.21%～2.39%）、亚麻酸甲酯（3.54%～8.32%），这些化合物及其相对含量范围可以作为津巴布韦烤烟 L20A 和 LJ0T2 的识别参考指标。另从指纹图谱中可以看出 2 个样品中的峰形相似，基本为津巴布韦烤烟挥发性致香物的指纹图谱。

表 9-10　津巴布韦 L20A 和 LJ0T2 的水蒸馏挥发性致香物种类和含量

致香物名称	相对含量（%）		
	L20A	LJ0T2 74#	平均
油酸甲酯	5.88	—	—
亚油酸甲酯	0.17	—	—
7,10- 十八碳二烯酸甲酯	—	2.73	—
正二十六烷	2.75	0.16	1.46
2,2'-（1,2- 乙基）双（6,6- 二甲基）- 二环［3.1.1］庚 -2- 烯	6.90	—	—
邻苯二甲酸二异丁酯	—	0.76	—
亚麻酸甲酯	2.03	—	—
次亚麻酸甲酯	—	4.78	—
异绒白乳菇醛	—	1.84	—
叶绿醇	3.52	0.40	1.96
西柏三烯二醇	1.30	2.20	1.75
二十七烷	—	3.68	—
十四酸	—	2.32	—
二十八烷	—	0.17	—
十五酸	0.45	1.08	0.77
2- 羟基环十五酮	0.76	0.61	0.69
二十九烷	14.87	—	—
1,5,9- 三甲基 -12- 异丙基 -4,8,13- 环十四碳三烯 -1,3- 二醇	—	7.89	—
三十五烷	—	0.45	—
棕榈酸	14.16	15.87	15.02
十七酸	—	0.65	—
硬脂酸	0.93	0.84	0.89
反油酸	2.39	1.21	1.80
亚油酸	—	3.94	—
亚麻酸甲酯	3.54	8.32	5.93

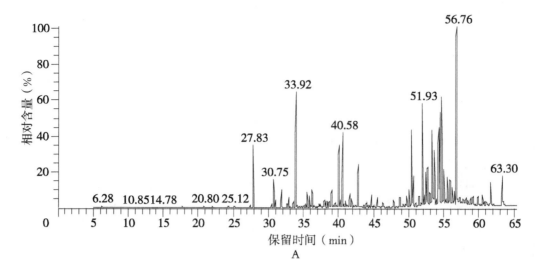

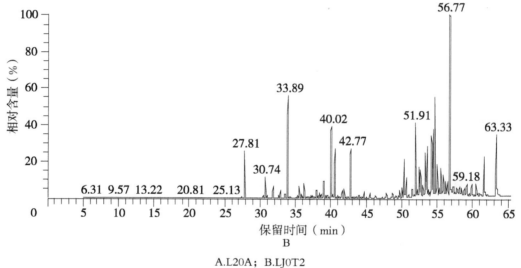

A.L20A；B.LJ0T2

图 9-13　津巴布韦烤烟挥发性致香物指纹图谱

9.3　小结

　　综上可知，烟叶中致香物组成成分不仅由不同产地决定，不同品种和不同等级之间各成分的相对丰度也存在着一定的差异。虽然各个指纹图谱具有共有的烟叶特征，但是不同产地、不同品种及不同等级会引起烟叶致香物质种类的差异及同类致香物质含量上的差异，从而反映在指纹图谱上，具体表现为峰的位置不同及峰值大小的不同。通过识别特征分析，初步可以确定不同产地烤烟的来源和主要致香物的种类和各致香物的相对含量。

参考文献

　　[1]廖惠云，甘学文，陈晶波，等．卷烟中挥发性、半挥发性香味成分的指纹图谱分析［C］．中国烟草学会工业专业委员会烟草化学学术研讨会，2005.

　　[2]王兵，杨凯，陈磊，等．不同产地烟叶中半挥发性香气成分的指纹图谱[J].烟草科技，2014(8)：42-46.

10 烤烟甲醇索氏提取致香物与指纹图谱分析

索氏提取法即连续提取法，是从固体物质中萃取化合物的一种方法。主要用于酯类物质的提取与含量的测定。该方法利用溶剂回流和虹吸原理，使固体物质每一次都能为纯的溶剂所萃取，所以萃取效率较高，为测定植物的种子和果实酯类物质含量的经典方法。已有报道采用索氏提取法测定卷烟主流烟气中苯并 [a] 芘的含量。烤烟中致香物大量成分为酯类物，加之提取溶剂为甲醇，具有广谱的提取效果。本章主要介绍采用索氏提取法，以甲醇作为萃取剂，从烤烟烟叶中提取致香物质，分析不同产区烤烟提取致香物质组成。

10.1　材料和方法

将 30 个不同产地、不同品种、不同等级烤烟烟叶样品的甲醇索氏提取物用气－质联用检测法分析出的成分与相对含量作为分析样品，致香物成分按酮类、醇类、醛类、有机酸类、酯类、杂环类、稠环芳香烃类、芳香烃类、酚类、烷烃类、不饱和脂肪烃类、生物碱类、萜类和其他类进行统计分析，并通过各提取物离子图出现的峰数和峰高进行分析，以不同烟区为单位进行分析，从离子图谱中寻找是否存在不同烟区烟气指纹图谱特征规律。

10.2　结果与分析

10.2.1　烤烟甲醇索氏提取致香物统计分析结果

不同产地、不同品种、不同等级烤烟甲醇索氏提取致香物主要成分见表 10-1。从表 10-1 可以看出，与水蒸馏提取挥发性物质和烟气收集物比较，甲醇索氏提取致香物未检测出稠环芳香烃类、杂环类和芳香烃类三大类烤烟烟叶重要的致香物类型。

表 10-1　不同产地、不同品种、不同等级烤烟甲醇索氏提取致香物主要成分及相对含量

（单位：%）

产地、品种及等级	酮类	醛类	醇类	有机酸类	酯类	稠环芳香烃类	酚类	不饱和脂肪烃类	烷烃类	生物碱类	萜类（新植二烯）	杂环类	芳香烃类	其他
广东南雄粤烟97C3F（2008）	1.89	4.61	0.42	8.20	1.85	0	0.03	0	0.86	50.41	9.61	0	0	0
广东南雄粤烟97C3F（2009）	9.53	5.09	1.95	12.06	4.51	0	0.03	0	0.86	35.21	8.66	0	0	6.56
广东南雄粤烟97X2F（2009）	11.46	5.35	3.34	11.74	3.23	0	0.81	0	1.68	36.93	10.30	0	0	0.22
广东南雄粤烟97B2F（2009）	8.32	5.15	2.52	5.45	4.45	0	0.09	0.08	2.02	44.02	8.83	0	0	7.08
广东南雄K326B2F（2010）	6.31	3.81	11.30	5.02	4.45	0	0	0.03	0	64.65	0	0	0	11.66

续表

产地、品种及等级	酮类	醛类	醇类	有机酸类	酯类	稠环芳香烃类	酚类	不饱和脂肪烃类	烷烃类	生物碱类	萜类（新植二烯）	杂环类	芳香烃类	其他
广东五华烤烟 K326B2F（2009）	6.89	5.80	3.54	13.26	6.62	0	0	0.60	0.98	37.87	9.12	0	0	0.68
广东五华 K326C3F（2009）	10.12	9.93	4.08	6.81	6.45.	0	0.0 2	0	2.26	31.65	9.58	0	0	3.33
广东梅州大埔云烟 87B2F（2009）	6.26	3.07	3.53	3.85	4.13	0	0	0.04	0.72	44.38	13.5	0	0	0.03
广东梅州大埔云烟 87C2F（2009）	8.19	6.22	1.65	8.03	5.66	0	0	0	1.39	33.98	8.81	0	0	5.40
广东梅州大埔 K326C3F（2010）	4.97	8.26	1.89	6.13	1.82	0	0.52	0	1.40	61.71	0	0	0	14.65
广东梅州大埔云烟 100C3F（2010）	6.93	3.35	13.53	7.64	2.00	0	17.57	1.48	1.21	46.69	0.	0	0	8.36
广东梅州大埔云烟 100B2F（2010）	4.09	2.02	11.50	5.56	1.55	0	1.96	0	0.42	69.86	0	0	0	7.98
广东乐昌 K326B3F（2009）	7.43	2.42	2.65	3.18	4.00	0	0.04	0.11	1.28	51.33	11.1	0	0	2.90
广东乐昌 K326C3F（2009）	11.58	5.54	4.78	7.74	2.45	0	0.20	0	1.10	32.35	8.13	0	0	1.33
广东乐昌云烟 87C3F（2010）	7.62	12.56	11.73	7.05	1.41	0	0	0	0.40	68.47	0	0	0	2.16
广东乐昌云烟 87B2F（2010）	5.54	13.82	15.40	3.65	2.69	0.56	4.03	0.46	0	61.38	0	0	0	10.60
广东连州粤烟 97B2F（2009）	6.98	2.57	1.95	3.87	4.39	0	0	0.07	0.64	51.91	7.66	0	0	4.15
广东连州粤烟 97C3F（2009）	6.98	3.25	2.55	8.39	2.51	0	0.15	0.35	0	49.48	9.96	0	0	0
云南曲靖云烟 87C3F（2009）	7.43	8.64	1.42	8.60	4.28	0	0.01	0.24	0.14	39.41	8.05	0	0	4.86
云南师宗云烟 87C3F（2009）	6.72	4.06	1.37	11.14	2.71	0	1.10	0.33	0.50	44.21	10.50	0	0	2.64
云南昆明云烟 87B2F（2009）	5.03	6.49	1.51	8.58	3.32	0	1.92	0	0.43	46.23	7.66	0	0	0.44
云南沾益云烟 87C3F（2009）	9.55	9.06	2.13	4.69	6.28	0	2.53	0.32	0.39	40.91	8.94	0	0	1.18
云南沾益云烟 87B2F（2009）	7.79	7.50	0.92	4.92	3.72	0	0.14	0.4	0.11	39.3	8.68	0	0	3.63
贵州云烟 87B2F（2009）	6.23	4.62	5.04	6.94	6.43	0	0.02	0.06	0.03	46.66	6.38	0	0	3.59
贵州云烟 87C3F（2009）	5.57	6.60	2.90	4.75	6.80	0	0.03	0.20	0.11	46.94	8.67	0	0	3.78
河南 NC89B2F	8.97	8.82	4.09	7.84	3.46	0	0.03	0.87	0.07	39.28	8.67	0	0	2.37
河南 NC89C3F	9.89	12.44	4.11	4.44	4.24	0	0	1.39	0.70	32.65	6.38	0	0	0.56
河南 NC89B2L	6.58	10.96	2.35	5.00	2.41	0	0.30	0.51	0.23	43.37	3.44	0	0	3.82
津巴布韦 L20A	8.91	1.57	4.00	7.28	6.63	0	0.23	0.51	0.04	36.05	5.38	0	0	3.41
津巴布韦 LJ0T2	8.21	1.45	4.56	9.45	4.17	0	0	0.06	0.60	39.88	7.17	0	0	2.44

10.2.2　烤烟甲醇索氏提取致香物指纹图谱识别特征分析

从表 10-1 得知，30 种烤烟的最主要成分为烟碱，相对浓度在 31.65% ～ 68.47%。未检测到的化合物类型有稠环芳香烃类、杂环类和芳香烃类。不同的烟区烤烟其他成分存在一定差异。这些差异作为识别的特征分别阐述如下。

10.2.2.1　广东南雄烤烟甲醇索氏提取致香物指纹图谱识别特征分析

广东南雄烤烟甲醇索氏提取致香物指纹图谱见图 10-1。

南雄粤烟 97C3F（2008）：该烤烟的富马酸二甲酯（$C_6H_8O_4$）只在 13 min 出现 1 次浓度峰值；该烤烟的 $C_{18}H_{36}O_2$ 只在 26 min 出现 1 次浓度峰值。

南雄粤烟 97C3F（2009）：该烤烟的富马酸二甲酯（$C_6H_8O_4$）分别在 42 min、44 min 出现 2 次浓度峰值（42 min 浓度较高）；二甲基甲酰胺（C_3H_7NO）只在 12 min 出现 1 次浓度峰值。

南雄粤烟 97X2F（2009）：该烤烟的富马酸二甲酯（$C_6H_8O_4$）分别在 42 min、44 min 出现 2 次浓度峰值（42 min 浓度较高）；含量居第二位的是新植二烯（$C_{20}H_{38}$）；乙酸甲酯（$C_3H_6O_3$）分别在 12 min、14 min、37 min 出现 3 次浓度峰值（37min 浓度最高）；5- 羟甲基糠醛（$C_6H_6O_3$）分别在 34 min、50 min 出现 2 次浓度峰值（50 min 浓度较高）。

南雄粤烟 97B2F（2009）：该烤烟的富马酸二甲酯（$C_6H_8O_4$）分别在 42 min、44 min 出现 2 次浓度峰值（42 min 浓度较高）；含量居第二位的是新植二烯（$C_{20}H_{38}$）；乙酸甲酯（$C_3H_6O_3$）分别在 14 min、37 min 出现 2 次浓度峰值（37 min 浓度较高）；糠醇（$C_5H_6O_2$）分别在 25 min、29 min 出现 2 次浓度峰值（25 min 浓度较高）；5- 羟甲基糠醛（$C_6H_6O_3$）只在 50 min 出现 1 次浓度峰值。

南雄 K326B2F（2010）：该烤烟的富马酸二甲酯（$C_6H_8O_4$）分别在 42 min、44 min 出现 2 次浓度峰值（42 min 浓度较高）；含量居第二位的是植物醇（$C_{20}H_{40}O$）；乙酸甲酯（$C_3H_6O_3$）分别在 14 min、37 min 出现 2 次浓度峰值（37 min 浓度较高）；糠醇（$C_5H_6O_2$）分别在 16 min、25 min、29 min 出现 3 次浓度峰值（25 min 浓度最高）。

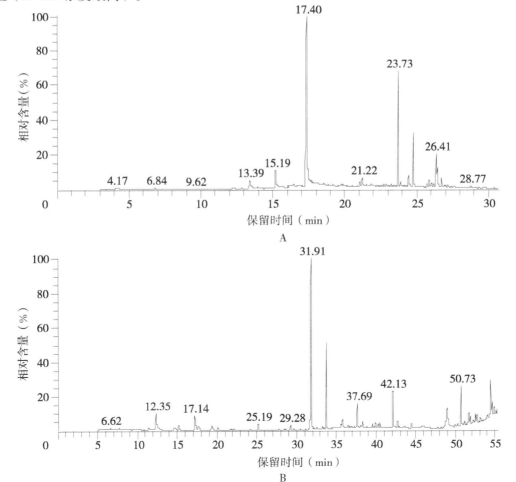

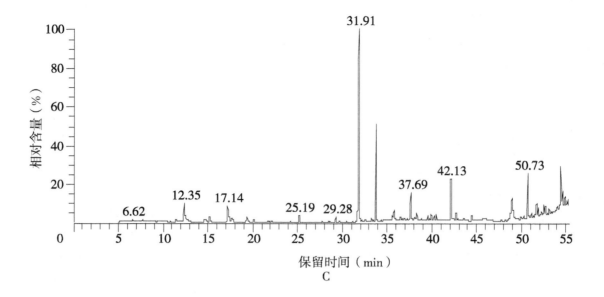

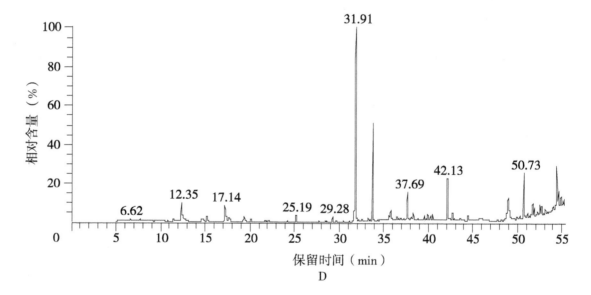

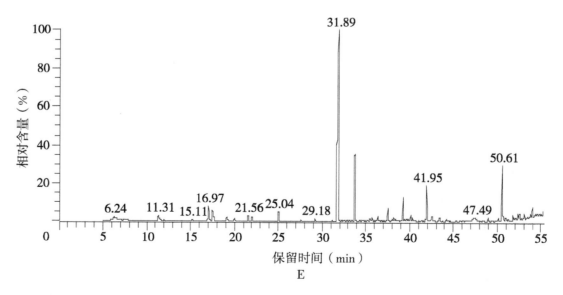

A. 南雄粤烟 97C3F（2008）；B. 南雄粤烟 97C3F（2009）；C. 南雄粤烟 97X2F（2009）；

D. 南雄粤烟 97B2F（2009）；E. 南雄 K326B2F（2010）

图 10-1　南雄烤烟甲醇索氏提取致香物指纹图谱

10.2.2.2 广东五华烤烟甲醇索氏提取致香物指纹图谱识别特征分析

广东五华烤烟甲醇索氏提取致香物指纹图谱见图 10-2。

五华 K326B2F（2009）：该烤烟的富马酸二甲酯（$C_6H_8O_4$）分别在 42 min、44 min 出现 2 次浓度峰值（42 min 浓度较高）；含量居第二位的是新植二烯（$C_{20}H_{38}$）；乙酸甲酯（$C_3H_6O_3$）分别在 12 min、37 min 出现 2 次浓度峰值（37 min 浓度较高）。

五华 K326C3F（2009）：该烤烟的富马酸二甲酯（$C_6H_8O_4$）分别在 20 min、42 min 和 44 min 出现 3 次浓度峰值（42 min 浓度最高）；乙酸甲酯（$C_3H_6O_3$）分别在 14 min、37 min 出现 2 次浓度峰值（37 min 浓度较高）。

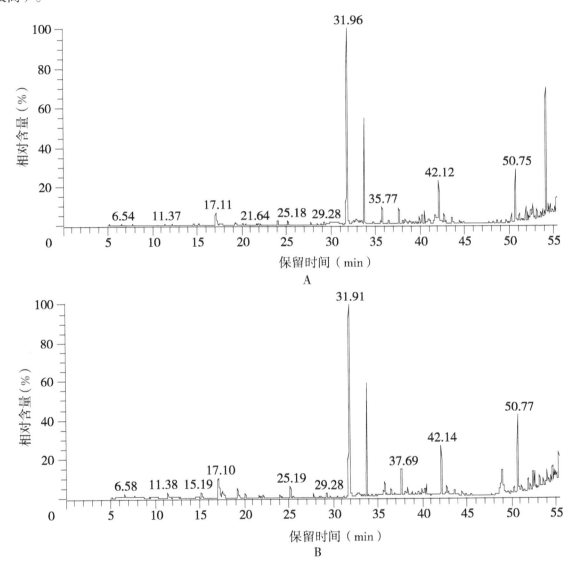

A. 五华 K326B2F（2009）；B. 五华 K326C3F（2009）

图 10-2 五华烤烟甲醇索氏提取致香物指纹图谱

10.2.2.3 广东梅州大埔烤烟甲醇索氏提取致香物指纹图谱识别特征分析

广东梅州大埔烤烟甲醇索氏提取致香物指纹图谱见图 10-3。

梅州大埔云烟 87B2F（2009）：该烤烟的富马酸二甲酯（$C_6H_8O_4$）分别在 42 min、44 min 出现 2 次浓度峰值（42 min 浓度较高）；含量居第二位的是新植二烯（$C_{20}H_{38}$）；乙酸甲酯（$C_3H_6O_3$）分别在 14 min、37 min 出现 2 次浓度峰值（37 min 浓度较高）；糠醇（$C_5H_6O_2$）分别在 25 min、29 min 出现 2 次浓度峰值（25 min 浓度较高）；5- 羟甲基糠醛（$C_6H_6O_3$）分别在 34 min、50 min 出现 2 次浓度峰值（50 min 浓度较高）。该烤烟不含棕榈酸（$C_{16}H_{32}O_2$）。

梅州大埔云烟 87C2F（2009）：该烤烟的富马酸二甲酯（$C_6H_8O_4$）分别在 42 min、44 min 出现 2 次浓度峰值（42 min 浓度较高）；含量居第二位的是新植二烯（$C_{20}H_{38}$）；乙酸甲酯（$C_3H_6O_3$）在 12、14、37 min 出现 3 次浓度峰值（37 min 浓度最高）；5- 羟甲基糠醛（$C_6H_6O_3$）只在 50 min 出现 1 次浓度峰值。

梅州大埔 K326C3F（2010）：该烤烟的富马酸二甲酯（$C_6H_8O_4$）分别在 42 min、44 min 出现 2 次浓度峰值（42 min 浓度较高）；含量居第二位的是植物醇（$C_{20}H_{40}O$）；乙酸甲酯（$C_3H_6O_3$）只在 37 min 出现 1 次浓度峰值；糠醇（$C_5H_6O_2$）分别在 25 min、29 min 出现 2 次浓度峰值（25 min 浓度较高）；甲氧基乙酸酐（$C_6H_{10}O_5$）在 12 min 出现 1 次浓度峰值。

梅州大埔云烟 100C3F（2010）：该烤烟的富马酸二甲酯（$C_6H_8O_4$）分别在 42 min、44 min 出现 2 次浓度峰值（42 min 浓度较高）；含量居第二位的是植物醇（$C_{20}H_{40}O$）；乙酸甲酯（$C_3H_6O_3$）分别在 14 min、37 min 出现 2 次浓度峰值（37 min 浓度较高）；糠醇（$C_5H_6O_2$）分别在 25 min、29 min 出现 2 次浓度峰值（25 min 浓度较高）；亚麻酸甲酯（$C_{19}H_{32}O_2$）在 51 min 出现 1 次浓度峰值。

梅州大埔云烟 100B2F（2010）：该烤烟的富马酸二甲酯（$C_6H_8O_4$）分别在 42 min、44 min 出现 2 次浓度峰值（42 min 浓度较高）；含量居第二位的是植物醇（C20H40O）；乙酸甲酯（$C_3H_6O_3$）只在 37 min 出现 1 次浓度峰值；该烤烟的糠醇（$C_5H_6O_2$）分别在 25 min、29 min 出现 2 次浓度峰值（25 min 浓度较高）。该烤烟不含甲氧基乙酸酐（$C_6H_{10}O_5$）。

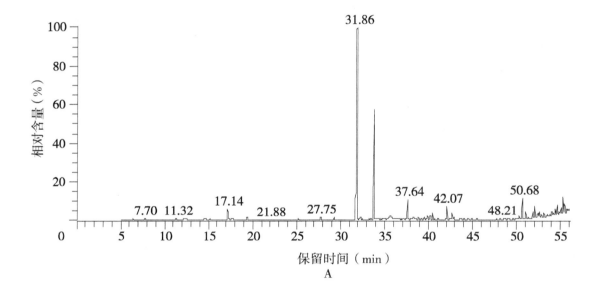

A

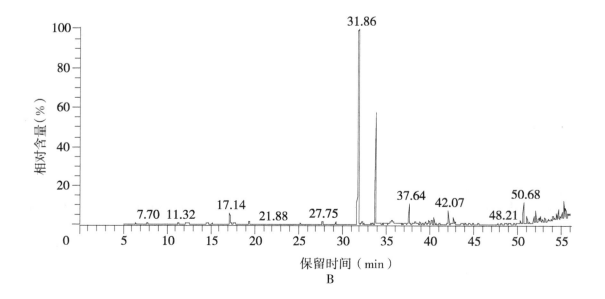

B

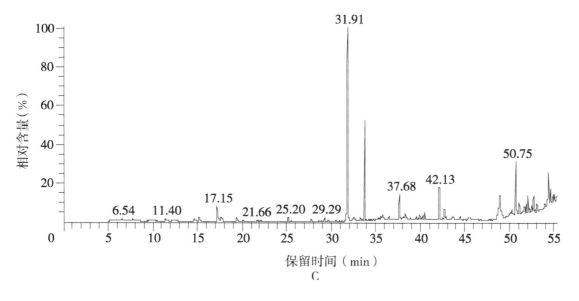

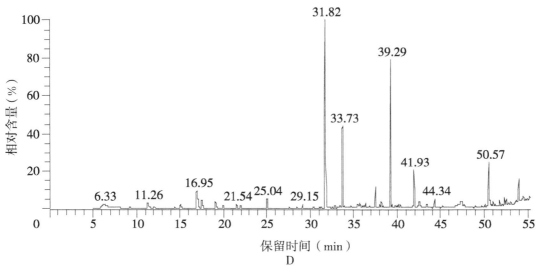

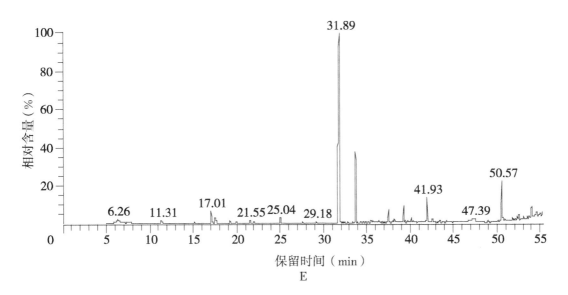

A. 梅州大埔云烟 87B2F（2009）；B. 梅州大埔云烟 87C2F（2009）；C. 梅州大埔 K326C3F（2010）；

D. 梅州大埔云烟 100C3F（2010）；E. 梅州大埔云烟 100B2F（2010）

图 10-3 梅州大埔烤烟甲醇索氏提取致香物指纹图谱

10.2.2.4　广东乐昌烤烟甲醇索氏提取致香物指纹图谱识别特征分析

广东乐昌烤烟甲醇索氏提取致香物指纹图谱见 10-4。

乐昌 K326B3F（2009）：该烤烟的富马酸二甲酯（$C_6H_8O_4$）分别在 42 min、44 min 出现 2 次浓度峰值（42 min 浓度较高）；含量居第二位的是新植二烯（$C_{20}H_{38}$）；乙酸甲酯（$C_3H_6O_3$）分别在 14 min、37 min 出现 2 次浓度峰值（37 min 浓度较高）；糠醇（$C_5H_6O_2$）分别在 25 min、29 min 出现 2 次浓度峰值（25 min 浓度较高）；5- 羟甲基糠醛（$C_6H_6O_3$）分别在 34 min、50 min 出现 2 次浓度峰值（50 min 浓度较高）；棕榈酸（$C_{16}H_{32}O_2$）只在 48 min 出现 1 次浓度峰值；9,12- 十八碳二烯酸（$C_{18}H_{32}O_2$）只在 54 min 出现 1 次浓度峰值；苯酚（C_6H_6O）只在 36 min 出现 1 次浓度峰值。

乐昌 K326C3F（2009）：该烤烟的富马酸二甲酯（$C_6H_8O_4$）分别在 42 min、44 min 出现 2 次浓度峰值（42 min 浓度较高）；含量居第二位的是新植二烯（$C_{20}H_{38}$）；乙酸甲酯（$C_3H_6O_3$）只在 37 min 出现 1 次浓度峰值；糠醇（$C_5H_6O_2$）分别在 25 min、29 min 出现 2 次浓度峰值（25 min 浓度较高）；5- 羟甲基糠醛（$C_6H_6O_3$）只在 50min 出现 1 次浓度峰值。

乐昌云烟 87C3F（2010）：该烤烟的富马酸二甲酯（$C_6H_8O_4$）分别在 42 min、44 min 出现 2 次浓度峰值（42 min 浓度较高）；含量居第二位的是植物醇（$C_{20}H_{40}O$）；乙酸甲酯（$C_3H_6O_3$）只在 37 min 出现 1 次浓度峰值；糠醇（$C_5H_6O_2$）分别在 16 min、25 min、29 min 出现 3 次浓度峰值（25 min 浓度最高）。

乐昌云烟 87B2F（2010）：该烤烟的富马酸二甲酯（$C_6H_8O_4$）分别在 42 min、44 min 出现 2 次浓度峰值（42 min 浓度较高）；含量居第二位的是植物醇（$C_{20}H_{40}O$）；乙酸甲酯（$C_3H_6O_3$）分别在 14 min、37 min 出现 2 次浓度峰值（37 min 浓度较高）；糠醇（$C_5H_6O_2$）分别在 25 min、29 min 出现 2 次浓度峰值（25 min 浓度较高）。该烤烟不含亚麻酸甲酯（$C_{19}H_{32}O_2$）。

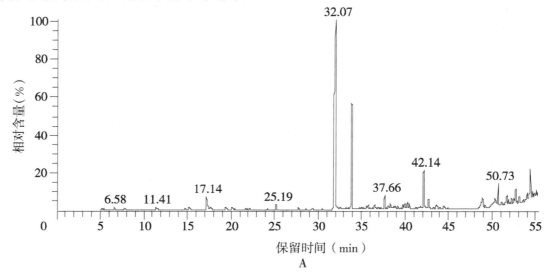

A

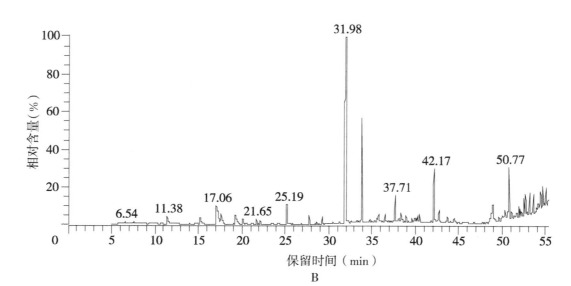

B

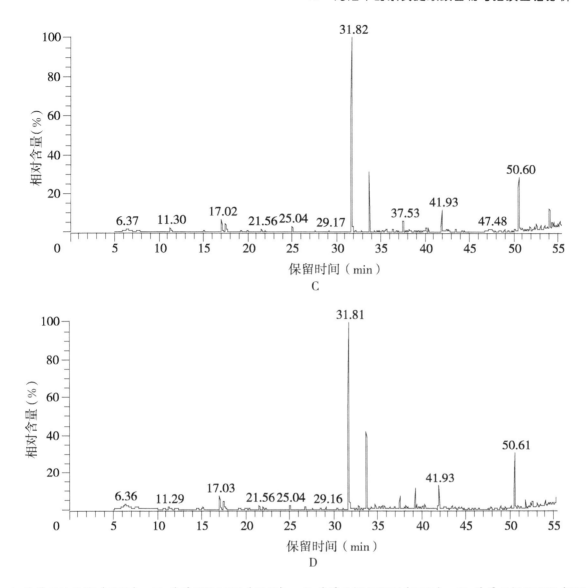

A. 乐昌 K326B3F（2009）；B. 乐昌 K326C3F（2009）；C. 乐昌云烟 87C3F（2010）；D. 乐昌云烟 87B2F（2010）

图 10-4　乐昌烤烟甲醇索氏提取致香物指纹图谱

10.2.2.5　广东清远连州烤烟甲醇索氏提取致香物指纹图谱识别特征分析

广东清远连州烤烟甲醇索氏提取致香物指纹图谱见图 10-5。

清远连州粤烟 97B2F（2009）：该烤烟的富马酸二甲酯（$C_6H_8O_4$）分别在 42 min、44 min 出现 2 次浓度峰值（42 min 浓度较高）；含量居第二位的是新植二烯（$C_{20}H_{38}$）；乙酸甲酯（$C_3H_6O_3$）分别在 14 min、37 min 出现 2 次浓度峰值（37 min 浓度较高）；糠醇（$C_5H_6O_2$）分别在 25 min、29 min 出现 2 次浓度峰值（25 min 浓度较高）；5- 羟甲基糠醛（$C_6H_6O_3$）分别在 34 min、50 min 出现 2 次浓度峰值（50 min 浓度较高）；该烤烟的棕榈酸（$C_{16}H_{32}O_2$）只在 48 min 出现 1 次浓度峰值；9,12- 十八碳二烯酸（$C_{18}H_{32}O_2$）只在 54 min 出现 1 次浓度峰值；甲氧基乙酸酐（$C_6H_{10}O_5$）只在 35 min 出现 1 次浓度峰值。该烤烟不含苯酚（C_6H_6O）。

清远连州粤烟 97C3F（2009）：该烤烟的富马酸二甲酯（$C_6H_8O_4$）只在 42 min 出现 1 次浓度峰值；糠醇（$C_5H_6O_2$）分别在 25 min、29 min 出现 2 次浓度峰值（25 min 浓度较高）；5- 羟甲基糠醛（$C_6H_6O_3$）只在 50 min 出现 1 次浓度峰值。

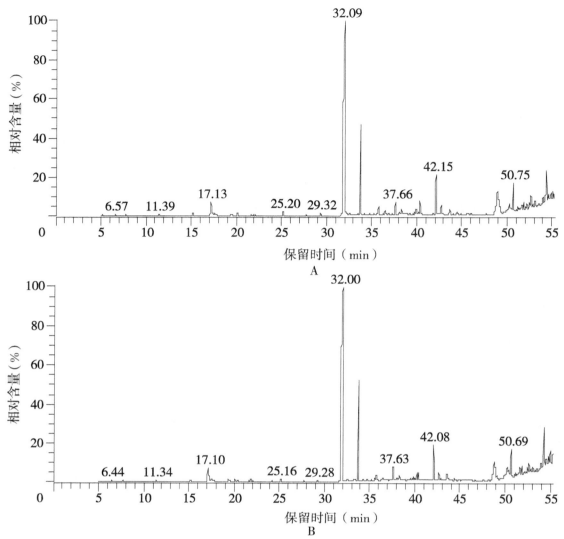

A. 清远连州粤烟 97B2F（2009）；B. 清远连州粤烟 97C3F（2009）

图 10-5　清远连州烤烟甲醇索氏提取致香物指纹图谱

10.2.2.6　云南烤烟甲醇索氏提取致香物指纹图谱识别特征分析

云南烤烟甲醇索氏提取致香物指纹图谱见图 10-6。

云南曲靖云烟 87C3F（2009）：该烤烟的富马酸二甲酯（$C_6H_8O_4$）分别在 42 min、44 min 出现 2 次浓度峰值（42 min 浓度较高）；含量居第二位的是新植二烯（$C_{20}H_{38}$）；乙酸甲酯（$C_3H_6O_3$）只在 37 min 出现 1 次浓度峰值；糠醇（$C_5H_6O_2$）分别在 16 min、25 min、29 min 出现 3 次浓度峰值（25 min 浓度最高）；5- 羟甲基糠醛（$C_6H_6O_3$）分别在 34 min、50 min 出现 2 次浓度峰值（50 min 浓度较高）。

云南师宗云烟 87C3F（2009）：该烤烟的富马酸二甲酯（$C_6H_8O_4$）分别在 42 min、44 min 出现 2 次浓度峰值（42 min 浓度较高）；含量居第二位的是新植二烯（$C_{20}H_{38}$）；乙酸甲酯（$C_3H_6O_3$）分别在 14 min、37 min 出现 2 次浓度峰值（37 min 浓度较高）；糠醇（$C_5H_6O_2$）分别在 25 min、29 min 出现 2 次浓度峰值（25 min 浓度较高）；5- 羟甲基糠醛（$C_6H_6O_3$）分别在 34 min、50 min 出现 2 次浓度峰值（50 min 浓度较高）；棕榈酸（$C_{16}H_{32}O_2$）只在 48 min 出现 1 次浓度峰值；9,12- 十八碳二烯酸（$C_{18}H_{32}O_2$）只在 54 min 出现 1 次浓度峰值；该烤烟不含苯酚（C_6H_6O）、甲氧基乙酸酐（$C_6H_{10}O_5$）。

云南昆明云烟 87B2F（2009）：该烤烟的富马酸二甲酯（$C_6H_8O_4$）分别在 42 min、44 min 出现 2 次浓度峰值（42 min 浓度较高）；含量居第二位的是新植二烯（$C_{20}H_{38}$）；乙酸甲酯（$C_3H_6O_3$）只在 37 min 出现 1 次浓度峰值；糠醇（$C_5H_6O_2$）分别在 25 min、29 min 出现 2 次浓度峰值（25 min 浓度较高）；5- 羟甲基糠醛（$C_6H_6O_3$）分别在 34 min、50 min 出现 2 次浓度峰值（50 min 浓度较高）。该烤烟不含棕榈酸（$C_{16}H_{32}O_2$）。

云南沾益云烟 87C3F（2009）：该烤烟的富马酸二甲酯（$C_6H_8O_4$）分别在 42 min、44 min 出现 2

次浓度峰值（42 min 浓度较高）；含量居第二位的是新植二烯（$C_{20}H_{38}$）；乙酸甲酯（$C_3H_6O_3$）分别在 14 min、37 min 出现 2 次浓度峰值（37 min 浓度较高）；糠醇（$C_5H_6O_2$）分别在 25 min、29 min 出现 2 次浓度峰值（25 min 浓度较高）；5- 羟甲基糠醛（$C_6H_6O_3$）分别在 34 min、50 min 出现 2 次浓度峰值（50min 浓度较高）；棕榈酸（$C_{16}H_{32}O_2$）只在 48 min 出现 1 次浓度峰值。该烤烟不含9,12- 十八碳二烯酸（$C_{18}H_{32}O_2$）。

云南沾益云烟 87B2F（2009）：该烤烟的富马酸二甲酯（$C_6H_8O_4$）分别在 42 min、44 min 出现 2 次浓度峰值（42 min 浓度较高）；含量居第二位的是新植二烯（$C_{20}H_{38}$）；乙酸甲酯（$C_3H_6O_3$）只在 37 min 出现 1 次浓度峰值；糠醇（$C_5H_6O_2$）分别在 25 min、29 min 出现 2 次浓度峰值（25 min 浓度较高）；5- 羟甲基糠醛（$C_6H_6O_3$）分别在 34 min、50 min 出现 2 次浓度峰值（50 min 浓度较高）；棕榈酸（$C_{16}H_{32}O_2$）只在 48 min 出现 1 次浓度峰值。该烤烟不含 9,12- 十八碳二烯酸（$C_{18}H_{32}O_2$）。

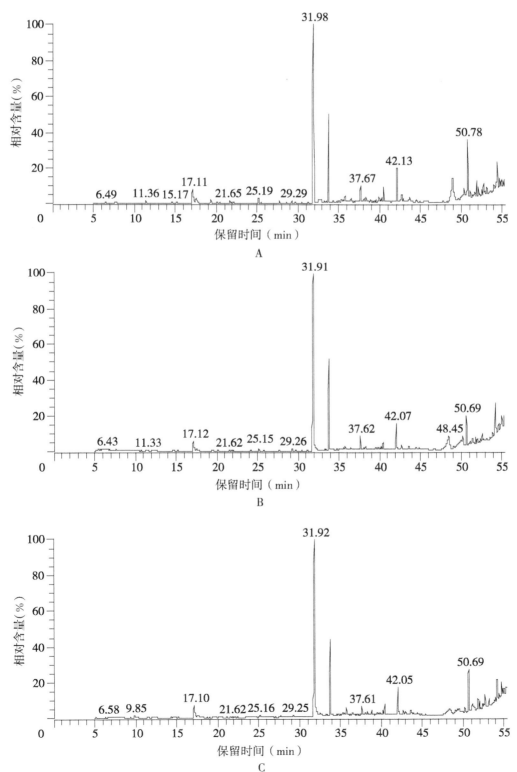

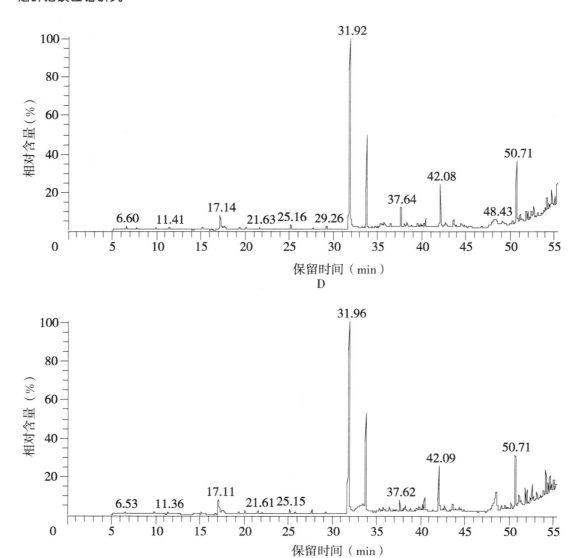

A. 云南曲靖云烟87C3F（2009）；B. 云南师宗云烟87C3F（2009）；C. 云南昆明云烟87B2F（2009）；

D. 云南沾益云烟87C3F（2009）；E. 云南沾益云烟87B2F（2009）

图10-6　云南烤烟甲醇索氏提取致香物指纹图谱

10.2.2.7　贵州烤烟甲醇索氏提取致香物指纹图谱识别特征分析

贵州烤烟甲醇索氏提取致香物指纹图谱见图10-7。

贵州云烟87B2F（2009）：该烤烟的富马酸二甲酯（$C_6H_8O_4$）分别在42 min、44 min出现2次浓度峰值（42 min浓度较高）；含量居第二位的是新植二烯（$C_{20}H_{38}$）；乙酸甲酯（$C_3H_6O_3$）只在37 min出现1次浓度峰值；糠醇（$C_5H_6O_2$）分别在25 min、29 min出现2次浓度峰值（25 min浓度较高）；5-羟甲基糠醛（$C_6H_6O_3$）分别在34 min、50 min出现2次浓度峰值（50 min浓度较高）；棕榈酸（$C_{16}H_{32}O_2$）只在48 min出现1次浓度峰值；9,12-十八碳二烯酸（$C_{18}H_{32}O_2$）只在54 min出现1次浓度峰值；L-焦谷氨酸甲酯（$C_6H_9NO_3$）只在52 min出现1次浓度峰值。

贵州云烟87C3F（2009）：该烤烟的富马酸二甲酯（$C_6H_8O_4$）只在42 min出现1次浓度峰值；糠醇（$C_5H_6O_2$）分别在16 min、25 min、29 min出现3次浓度峰值（25 min浓度最高）。

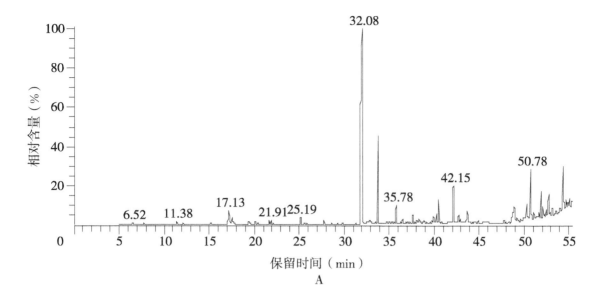

A

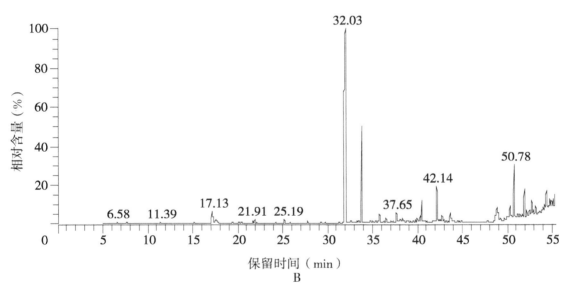

B

A. 贵州云烟 87B2F（2009）；B. 贵州云烟 87C3F（2009）

图 10-7　贵州烤烟甲醇索氏提取致香物指纹图谱

10.2.2.8　河南烤烟甲醇索氏提取致香物指纹图谱识别特征分析

河南烤烟甲醇索氏提取致香物指纹图谱见图 10-8。

河南 NC89B2F（2009）：该烤烟的富马酸二甲酯（$C_6H_8O_4$）分别在 31 min、42 min、44 min 出现 3 次浓度峰值（42 min 浓度最高）；乙酸甲酯（$C_3H_6O_3$）分别在 12 min、14 min、37 min 出现 3 次浓度峰值（37 min 浓度最高）；亚麻酸甲酯（$C_{19}H_{32}O_2$）分别在 50 min、51 min 出现 2 次浓度峰值（51 min 浓度较高）。

河南 NC89C3F（2009）：该烤烟的富马酸二甲酯（$C_6H_8O_4$）只在 42 min 出现 1 次浓度峰值；糠醇（$C_5H_6O_2$）分别在 25 min、29 min 出现 2 次浓度峰值（25 min 浓度较高）；5- 羟甲基糠醛（$C_6H_6O_3$）分别在 34 min、50 min 出现 2 次浓度峰值（50 min 浓度较高）。

河南 NC89B2L（2009）：该烤烟的富马酸二甲酯（$C_6H_8O_4$）分别在 42 min、44 min 出现 2 次浓度峰值（42 min 浓度较高）；含量居第二位的是新植二烯（$C_{20}H_{38}$）；乙酸甲酯（$C_3H_6O_3$）只在 37 min 出现 1 次浓度峰值；糠醇（$C_5H_6O_2$）分别在 16 min、25 min、29 min 出现 3 次浓度峰值（25 min 浓度最高）；5- 羟甲基糠醛（$C_6H_6O_3$）只在 50 min 出现 1 次浓度峰值。

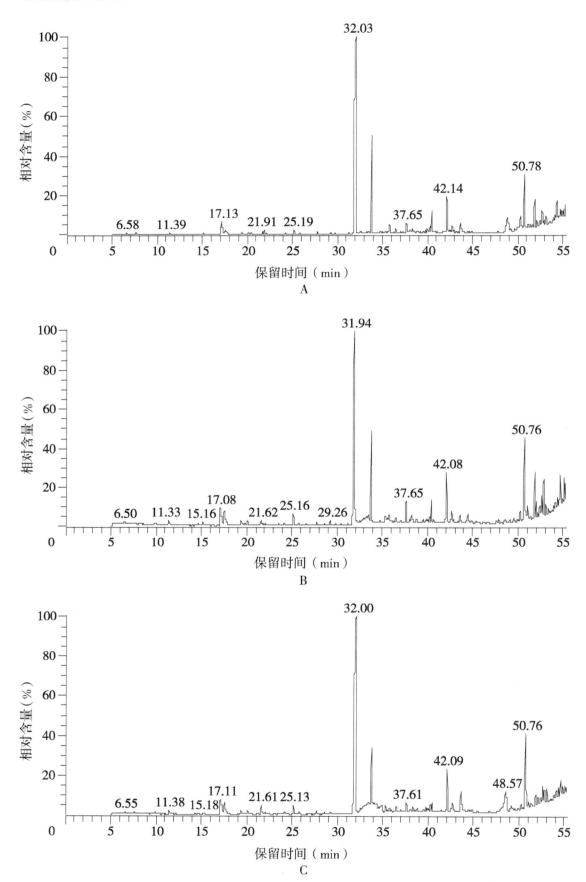

A. 河南 NC89B2F（2009）；B. 河南 NC89C3F（2009）；C. 河南 NC89B2L（2009）

图 10-8　河南烤烟甲醇索氏提取致香物指纹图谱

10.2.2.9 津巴布韦烤烟甲醇索氏提取致香物指纹图谱识别特征分析

津巴布韦烤烟甲醇索氏提取致香物指纹图谱见图 10-9。

津巴布韦 L20A（2009）：该烤烟的富马酸二甲酯（$C_6H_8O_4$）分别在 42 min、44 min 出现 2 次浓度峰值（42 min 浓度较高）；含量居第二位的是新植二烯（$C_{20}H_{38}$）；乙酸甲酯（$C_3H_6O_3$）分别在 14 min、37 min 出现 2 次浓度峰值（37 min 浓度较高）；糠醇（$C_5H_6O_2$）分别在 16 min、25 min、27 min、29 min 出现 4 次浓度峰值（25 min 浓度最高）。

津巴布韦 LJ0T2（2009）：该烤烟的富马酸二甲酯（$C_6H_8O_4$）分别在 42 min、44 min 出现 2 次浓度峰值（42 min 浓度较高）；含量居第二位的是新植二烯（$C_{20}H_{38}$）；乙酸甲酯（$C_3H_6O_3$）只在 37 min 出现 1 次浓度峰值；糠醇（$C_5H_6O_2$）分别在 25 min、29 min 出现 2 次浓度峰值（25 min 浓度较高）；5- 羟甲基糠醛（$C_6H_6O_3$）分别在 34 min、50 min 出现 2 次浓度峰值（50 min 浓度较高）；棕榈酸（$C_{16}H_{32}O_2$）只在 48min 出现 1 次浓度峰值；9,12- 十八碳二烯酸（$C_{18}H_{32}O_2$）只在 54 min 出现 1 次浓度峰值。该烤烟不含 L-焦谷氨酸甲酯（$C_6H_9NO_3$）。

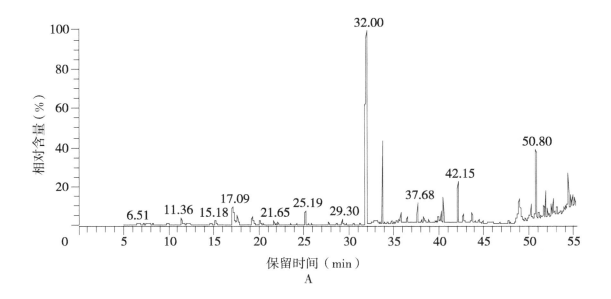

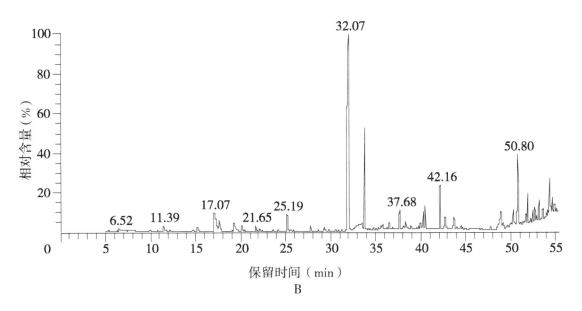

A. 津巴布韦 L20A（2009）；B. 津巴布韦 LJ0T2（2009）

图 10-9　津巴布韦烤烟甲醇索氏提取致香物指纹图谱

10.3　小结

从30个烤烟甲醇索氏提取致香物指纹图谱来看，大多数峰形、峰数趋同，主要峰为烟碱、新植二烯，其次是3,5- 二羟基 -6- 甲基 -2,3- 二氢吡喃 -4- 酮、亚油酸、5- 羟甲基糠醛等。同时，由于采用甲醇萃取，几种重要的致香物不能提取出来，区分不同烟区的烤烟存在一定的难度，需进一步进行提取溶剂的种类试验，提高致香物提取效率。

参考文献

[1]申钦鹏,刘春波,张凤梅,等．索氏提取 – 气相色谱 – 质谱法测定卷烟主流烟气中苯并[a]芘[J]．烟草科技，2016，49（5）：63-68.

11 烤烟挥发性致香成分的偏最小二乘判别分析

偏最小二乘判别分析（PLS-DA）主要用于生物体大量的代谢物中发现潜在标记物的一个数据处理方法。由于烤烟中存在大量的化学物质，确定化学成分对烟草品质的贡献，对不同产区烤烟品质的鉴别具有参考价值。根据 PLS-DA 分析可以得到表示样本空间分布的得分图（Scoreplot）和表示差异变量判别能力的载荷图（Loadingplot）。其中得分图显示的是样本在主成分空间的分布情况，相似的样本聚在一起而有差异的则分布在不同区域。因此，可以根据得分图看出致香成分的差异分类情况。载荷图则可找到对分类有贡献的差异变量，距离中心点越远，差异变量对分类的贡献就越大，即这些变量可以看做是潜在标记物。刘建利等人采用方差分析（ANOVA）、主成分分析（PCA）、偏最小二乘判别分析（PLS-DA）、变量重要性因子（VIP）和逐步回归判别分析，逐步筛选出用于判别重庆烟叶产地溯源的有效指标，建立判别模型，并对模型判别正确率进行检验。分析结果显示，从 70 项致香成分中筛选出苯乙醇、3- 甲基 -2- 丁烯醛、2- 吡啶甲醛、4- 吡啶甲醛、糠酸、3- 羟基 -2- 丁酮、面包酮、1-（3- 吡啶基）- 乙酮、胡薄荷酮、β- 紫罗兰酮和亚麻酸甲酯 11 项，可有效判别烤烟产地溯源的指标和显示气候和地理因素显著关系的潜在指标致香成分。本章主要介绍烤烟水蒸气蒸馏法提取挥发性成分，经归一化处理后导入到 SIMCA-P 系统。通过 PLS-DA 分析获得对模型贡献较大的化合物，作为不同产区和不同品质烤烟的鉴别指标。

11.1 材料与方法

11.1.1 分析材料

广东南雄、清远连州、五华、乐昌、梅州大埔，云南昆明，贵州、河南，津巴布韦烤烟经水蒸气蒸馏提取挥发性物质，并运用气质联用方法进行检测鉴定其具体挥发性致香物成分，分析的数据来源于第一部分 30 个烤烟样品的水蒸馏挥发性致香物。

11.1.2 分析方法

水蒸气蒸馏后获得的挥发性成分进行气相色谱质谱联用检测鉴定，将获得的数据进行归一化处理后导入 SIMCA-P 软件进行偏最小二乘判别分析（PLS-DA）分析。

11.2 结果与分析

11.2.1 PLS-DA 主成分分析

对经水蒸馏提取的挥发性物质进行 GC/MS 检测，获得具体的挥发性物质，然后利用 SIMCA-P 软件对获得的数据进行偏最小二乘判别分析（PLS-DA）。通过分析可得到两个主成分是累计的解释率 R2xcum=0.339，从 PLS-DA 分析得分图可以看出，河南、广东南雄和云南三地的样品存在明显区分趋势，且相对较聚集。其 PLS-DA 分析得分图见图 11-1。

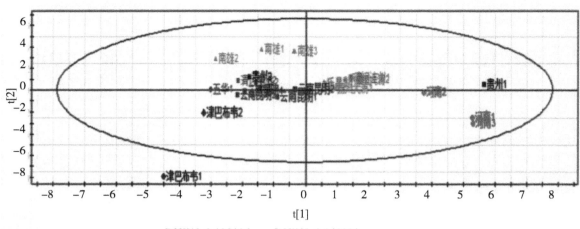

R2X[1]=0.198186　　　R2X[2]=0.140893

Ellipse：Hotelling T2（0.98）

图 11-1　水蒸馏提取烤烟致香物 PLS-DA 得分图

11.2.2　PLS-DA 变量权重分析

通过 PLS-DA 分析还可以获得所有挥发性成分的变量权重。从变量权重经 PLS-DA 分析可得到 22 个变量权重大于 1 的挥发性物质，因此这 22 个挥发性物质可以作为潜在标记物，其对 PLS-DA 分析模型贡献较大。水蒸馏提取烤烟致香物变量权重见表 11-1。

表 11-1　水蒸馏法提取烤烟致香物变量权重表

序号	物质名称	变量权重
1	二十九烷	1.86993
2	2,3- 二氢 -1,1,5,6- 四甲基 -1H- 茚	1.50615
3	间二甲苯	1.47072
4	苯甲醛	1.45896
5	邻二甲苯	1.41677
6	二十七烷	1.37619
7	二氢猕猴桃内酯	1.32212
8	E-5- 异丙基 -8- 甲基 -6,8- 壬二烯 -2- 酮	1.31108
9	1,5,9- 三甲基 -12- 异丙基 -4,8,13- 环十四碳三烯 -1,3- 二醇	1.30533
10	植酮	1.25662
11	苯乙醇	1.19198
12	苯乙醛	1.19086
13	糠醛	1.19086
14	法尼基丙酮	1.16550
15	3,6- 二氢 -1- 甲基 -8- 异丙基 - 三环 [$6,2,2,0^{2,7}$]-4,9- 十二碳二烯	1.13883
16	反油酸	1.12538
17	4- 氧代异氟尔酮	1.10959
18	三甲基四氢化萘	1.09732
19	β- 大马烯酮	1.09301
20	（E,E）-7,11,15- 三甲基 -3- 亚甲基 -1,6,10,14- 十六碳四烯	1.0522
21	壬酸	1.04099
22	7- 甲基 - 四环 [$4.1.0.0^{2,4} \, 0^{3,5}$] 庚烷	1.03136
23	叶绿醇	0.977862
24	新植二烯	0.967913

续表

序号	物质名称	变量权重
25	肉豆蔻酸	0.934856
26	6- 甲基 -5- 庚烯 -2- 酮	0.808293
27	烟碱	0.74045
28	亚油酸	0.706685
29	4-（2,2,6- 二甲基 -7- 氧杂双环［4.1.0］庚 -1- 基）-3- 丁烯二酮	0.702277
30	4-（2,6,6- 三甲基 -1,3- 环己二烯）-3- 丁烯 -2- 酮（大马酮）	0.702277
31	苯甲醇	0.634572
32	1,2- 二氢 -1,1,6- 三甲基萘	0.619807
33	巨豆三烯酮	0.548915
34	棕榈酸	0.548828
35	香叶基丙酮	0.533206
36	硬脂酸	0.531968
37	棕榈酸甲酯	0.508056
38	亚麻酸甲酯	0.490236
39	4-（2,2,6- 三甲基 -1- 环己烯 -1- 基）-3- 丁烯 -1- 酮	0.464248
40	β- 紫罗兰酮	0.387576
41	西柏三烯二醇	0.343887
42	1,2,3,4- 四氢 -1,1,6- 三甲基萘	0.322516
43	十五酸	0.21835
44	壬醛	0.152412

11.2.3 PLS-DA 载荷图分析

所有数据经 PLS-DA 分析可以获得其载荷图，图中每一个点代表一种挥发性物质，根据其偏离中心位置的大小判断其对整个模型的贡献大小，偏离中心越远对模型贡献就越大，PLS-DA 分析获得的载荷图见图 11-2。

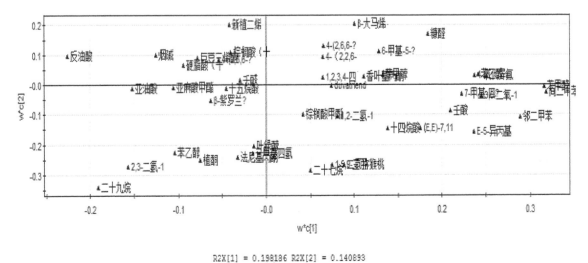

R2X[1] = 0.198186　R2X[2] = 0.140893

图 11-2　烟叶致香物 PLS-DA 载荷图

从 PLS-DA 分析得到的载荷图可以看出，糠醛、6- 甲基 -5- 庚烯 -2- 酮、邻二甲苯、(E) -5- 异丙基 -8- 甲基 -6,8- 壬二烯 -2- 酮（茄酮）、烟碱等 18 种挥发性成分对整个分析模型贡献较大，可以将这 18 个挥发性物质作为标记物。

11.3　小结

烟叶样本采用水蒸气蒸馏法提取挥发性成分，并运用气相色谱 – 质谱联用法对挥发性物质进行检测鉴定，将检测鉴定到的数据进行归一化处理后导入到 SIMCA-P 软件进行偏最小二乘 – 判别分析（PLS-DA）。通过 PLS-DA 分析可获得两个主成分是累计的解释率 R2xcum=0.339，河南、广东南雄和云南三地的样品存在明显区分趋势。经 PLS-DA 分析可得到 22 个变量权重大于 1 的挥发性物质，这 22 个对 PLS-DA 分析模型贡献较大的挥发性物质可以作为潜在标记物；并从 PLS-DA 分析载荷图可以得到 18 个对模型贡献较大的化合物，分别是糠醛、6- 甲基 -5- 庚烯 -2- 酮、邻二甲苯、(E) -5- 异丙基 -8- 甲基 -6,8- 壬二烯 -2- 酮、烟碱、苯乙醇、β- 大马烯酮、4-（2,6,6- 三甲基 -1,3- 环己二烯）-3- 丁烯 -2- 酮、植酮、壬酸、二氢猕猴桃内酯、反油酸、硬脂酸、二十九烷、(E,E) -7,11,15- 三甲基 -3- 亚甲基 -1,6,10,14- 十六碳四烯、1,5,9- 三甲基 -12- 异丙基 -4,8,13- 环十四烯 -1,3- 二醇和 2,3- 二氢 -1,1,5,6- 四甲基 -1H- 茚。

参考文献

[1] 刘建利，陈涛，朱晓伟，等 . 基于致香成分的重庆主要烟草种植区溯源特征研究 [J]. 西北农林科技大学学报：自然科学版，2015，43（8）：93-102.

12 广东南雄烤烟致香物含量与土壤性状关系

土壤是烟草生长的基础，是影响烟叶质量的重要条件之一。适宜的土壤条件是烟草优质、适产的基本保证。已有资料表明，土壤中各种养分，如氮、磷、钾、有机质和各种微量元素含量，以及不同土壤pH值、土壤质地对烟叶品质和糖含量、碱含量、糖碱比和氮碱比都有着重要的影响。本章主要介绍不同土壤类型对烟草致香物代谢的影响。试验地点为广东南雄烟区，主要有两类土壤：一为旱地紫色土类碱性紫色土亚类的牛肝地和紫砂地，前者的成土母质为紫色砂页岩，后者为紫色砂页岩分化的残积物和坡积物；二为水田水稻土类潴育型水稻土亚类紫泥田的5个土种，分别为牛肝田土、紫砂泥田土、碱性牛肝田土、黄泥底牛肝田土、黄泥牛肝田土，它们的成土母质也为紫色砂页岩的残积物、坡积物或洪积物。为了摸清不同土壤类型对烟草致香物形成的影响，课题组与广东省农业科学研究院作物研究所合作，收集不同土壤类型种植的烟叶，经统一烘烤后，分析致香物的变化。

12.1 材料与方法

12.1.1 试验材料

烤烟品种采集于广东南雄烤烟烟叶（C3F）样品，共计17个样品（见表12-1）。试验设计由广东省农科院作物研究所李淑珍研究员完成。

表 12-1　试验的土壤类型和烤烟烟叶（C3F）样品采集点

样品编号	土壤类型	样品采集地
1	紫色土	南雄市黄坑镇小陂
2	紫色土	南雄市南雄烟草科学研究所
3	牛肝田土	南雄市田镇城门村
4	沙泥田土	南雄市黄坑镇社前村
5	牛肝田土	南雄市溪塘村
6-1	沙泥田土	南雄市黄坑镇许村
6-2	沙泥田土掺红砂土15%	南雄市黄坑镇许村
6-3	沙泥田土掺红砂土30%	南雄市黄坑镇许村
6-4	沙泥田土掺红砂土45%	南雄市黄坑镇许村
7-1	牛肝田土	南雄市黄坑镇小陂
7-2	牛肝田土掺河沙15%	南雄市黄坑镇小陂
7-3	牛肝田土掺河沙30%	南雄市黄坑镇小陂
7-4	牛肝田土掺河沙45%	南雄市黄坑镇小陂
8-1	紫色土	南雄市黄坑镇溪塘村
8-2	紫色土掺河沙15%	南雄市黄坑镇溪塘村
8-3	紫色土掺河沙30%	南雄市黄坑镇溪塘村
8-4	紫色土掺河沙45%	南雄市黄坑镇溪塘村

12.1.2 分析方法

烤烟香气成分提取采用同时蒸馏萃取装置，萃取剂使用乙醚。装置的一端接盛有25.00 g烟末（过40

目筛）及 350 mL 水的 1 000 mL 平底烧瓶，使用电炉加热；装置的另一端接盛有 40 mL 乙醚的 100 mL 烧瓶，该端在水浴锅上加热，水浴温度为 40℃，同时蒸馏萃取进行 2 h。蒸馏萃取完成后，往二氯甲烷萃取液中加入 10 g 无水硫酸钠，干燥过夜。最后把乙醚溶液浓缩至 1 mL，进行仪器分析。GC 条件：Ultra-2 毛细管柱（50 m × 0.2 mm × 0.33 mm），载气为 N_2，柱头压为 170 kPa，检测器 FID，进样口温度 280 ℃，检测器温度 280 ℃，程序升温为 80 ℃（1 min，2 ℃/min）至 280℃（30 min），进样量 2 μL，分流比 10 ∶ 1。GC/MS 测定时 GC 条件同上，电离电压 70 eV，离子源温度 200 ℃，传输线温度 220 ℃，使用 Wiley 谱库进行图谱检索。

12.2 结果与分析

12.2.1 不同土壤类型烟叶致香物种类与含量的变化

将 17 个烤烟叶样品的致香物按照醛酮酚类、醇类、酸类、酯类、烃类这几大类进行统计分析，分析结果见图 12-1。从图 12-1 可知，烤烟（C3F）在不同土壤类型致香物的种类和含量存在明显的变化。在紫色土、牛肝田土、沙泥田土中，紫色土表现出显著的优越性，其上种植的烤烟的醛酮酚类、醇类、酸类、酯类和烃类含量都是最高的。牛肝田土和沙泥田土上种植的烤烟的醛酮酚类、酸类、酯类含量相差不大，沙泥田土的烃类和醇类致香物的含量就明显高于牛肝土田，通过这些比较不难发现紫色土优于沙泥田土，沙泥田土优于牛肝田土，牛肝田土最差。

12.2.2 土壤改良对烟草致香物种类和含量的影响

三种不同的土壤掺杂不同比例的河沙，改变土壤通气性，从而分析掺杂河沙后对致香物的影响。从图 12-2 可以看出，紫色土掺杂 15%、30% 和 45% 的河沙后，烤烟的致香物中醛酮酚类没有明显的变化，醇类和烃类香气物质含量随着河沙量的增多而减少，掺杂 30% 河沙的紫色土种植的烤烟酸类致香物含量最高，掺杂 45% 河沙的紫色土种植的烤烟酯类致香物含量最高，从整体来看紫色土表现出优良的性状，突出紫色土特有的适于烟叶生长的性状。图 12-3 是牛肝田土掺杂 15%、30% 和 45% 的河沙。从图 12-3 可以看出，掺杂 15% 河沙的牛肝田土种植的烤烟醛酮酚类致香物含量最高，掺杂 45% 河沙的牛肝田土种植的烤烟醇类和烃类致香物含量最高，酸类致香物含量基本没有差异，掺杂 30% 河沙的牛肝田土种植的烤烟酯类致香物含量最高，整体来说掺杂 45% 河沙的牛肝田土种植的烤烟的致香物含量的增加最明显。图 12-4 是沙泥田土掺杂 15%、30% 和 45% 的红砂土。从图 12-4 可以看出，掺杂 45% 红砂土和 30% 红砂土的沙泥田土，能够显著增加醛酮酚类致香物含量，其他几种致香物成分变化不明显。

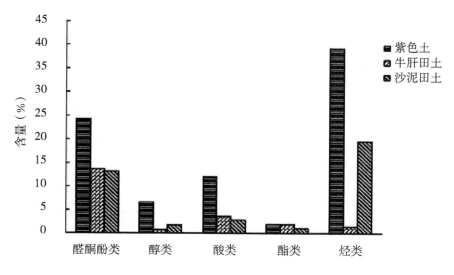

图 12-1 不同植烟土壤烤烟致香物含量

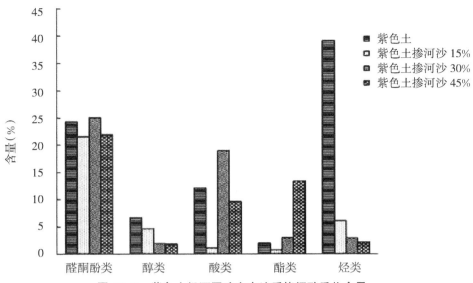

图 12-2　紫色土经不同改良方法后烤烟致香物含量

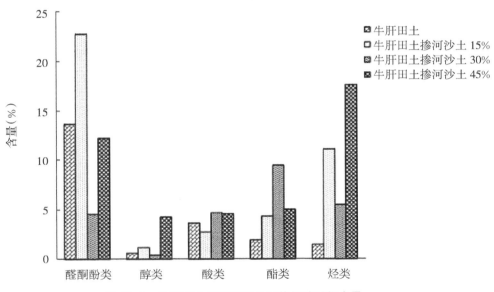

图 12-3　牛肝田土经不同改良后烤烟致香物含量

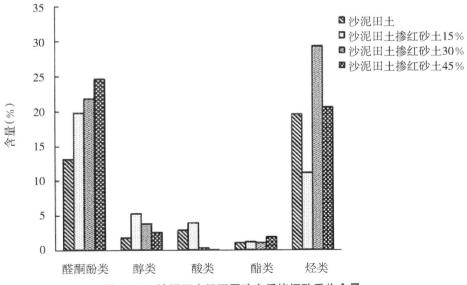

图 12-4　沙泥田土经不同改良后烤烟致香物含量

12.3　小结

广东南雄地区属于中亚热带季风湿润区，是我国气候条件最适于种植烟草地区之一。除了气候条件外，土壤因素是烟草生长的基础，影响烟叶的质量和产量，适宜的土壤条件是烟草优质、适产的基本保证。

紫色土是我国特殊的一类土壤资源，这类土壤以其特别的土色、与母岩母质的密切联系和优良的基础肥力而成为一种具有发展农业特色优势的宝贵土壤资源。紫色土的基本农化性状：pH 值 7.47、有机质含量 0.880%、全氮含量 0.086%、全磷含量 0.045%、全钾含量 2.750%、碱解氮含量 57 mg/kg、速效磷含量 8 mg/kg、速效钾含量 126 mg/kg。紫色土是南雄浓香型风格特色烟叶种植的典型土壤，具有偏碱性的环境，是颜色较深的土体，其有机质、全氮、速效氮含量较低，而钾、镁含量较高。本研究结果表明，紫色土较符合烤烟烟叶生长需求，其致香物的种类和含量表现出较牛肝田土和沙泥田土明显的优势。

改良后的牛肝田土和白沙泥田土分别表现出一定的优势，改造后的土壤在一定程度上改变了原有土壤的组成、土壤的通透性、土壤的 pH 值等。改造后的土壤可能更有利于烟草对土壤中养分的吸收和利用，从而更有利于烟叶的生长。改造后的土壤具体性状的变化也是今后试验的一个研究方面，能进一步更好指导今后土壤的改造，使原本不是很适宜的土壤环境更加符合烟叶的生长要求。

参考文献

［1］刘玉，孟刚 . 烟草品质与土壤营养之间的关系探讨［J］. 南方农业， 2014（33）：47-49.

［2］陈杰，何崇文，李建伟，等 . 土壤质地对贵州烤烟品质的影响［J］. 中国烟草科学，2011, 32（1）：35-38.

13　GC/MS 法检测 24 种烤烟烟气中角鲨烯含量

角鲨烯（squalene）又名鲨烯、鲨萜，首先在鲨鱼的肝脏中发现的，是一种高度不饱和烃类化合物，其系统命名为 2,6,10,15,19,23- 六甲基 -2,6,10,14,18,22- 二十四碳六烯，分子式为 $C_{30}H_{50}$，相对分子量为 410.718。最初由日本化学家 Tsujimoto 于 1906 年在黑鲨鱼肝油中发现，结构见图 13-1。角鲨烯在常温下为无色油状液体，具有令人愉快的气味。研究发现角鲨烯不仅存在于鲨鱼肝油内，在其他动、植物的体内也广泛存在。在深海鲨鱼的肝油中，角鲨烯的含量各不相同，其含量范围从 15% ~ 69% 不等。植物中含有的角鲨烯更多分布在植物油脂中，橄榄油和棕榈油就含有较丰富的角鲨烯，其他植物油如花生油、玉米油和米糠油等，也含有一定量的角鲨烯。

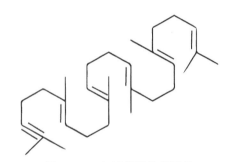

图 13-1　角鲨烯的化学结构

角鲨烯具有类似红细胞的携氧功能，能提高机体组织对氧的利用能力，促进新陈代谢，增强机体免疫力，加速消除因缺氧所致的各种疾病，具有抗癌、抗肿瘤、抗疲劳等作用；角鲨烯能促进血液循环，预防及治疗因血液循环不良而引起的心脏病、高血压、低血压及中风等，对冠心病、心肌炎、心肌梗死等有显著缓解作用，是人体"血管清道夫"，可防止冠心病和脑中风发生；角鲨烯还具有渗透、扩散、杀菌作用，可用作杀菌剂，对白癣菌、大肠杆菌、痢疾杆菌、绿脓杆菌、金葡菌、溶血性链球菌及念珠菌等有杀灭和抑制作用，可预治细菌引起的上呼吸道感染、皮肤病、耳鼻喉炎等；还可治疗湿疹、烫伤、放射性皮肤溃疡及口疮等。

Swinehant 等人（1958）从烟气中分离出了角鲨烯，而却从来没有在烟叶中发现角鲨烯的报道。在烟气中发现角鲨烯，烟叶中没有发现，说明烟叶中存在一种可以产生角鲨烯的前提物质。角鲨烯可以直接改善烟草吃味，对提高烟草品质有很重要的作用。

本章主要针对角鲨烯在烟草中的作用，模拟卷烟燃烧机理，利用自组装烟草热解吸装置，获得 24 种烤烟的烟气石油醚提取物，利用 GC/MS 对各品种烤烟烟气中角鲨烯成分进行分析测定。烟气中角鲨烯成分经过 Wiley 谱库检索到定性结果，其含量根据质谱的总离子流图，按照质谱仪自带的工作站软件进行规一化测定，从而获得含有角鲨烯的烟草品种及较高角鲨烯含量的烟草品种，为进一步筛选和培育优质的烟草品种提供一定的理论依据。

13.1　材料与方法

13.1.1　试验材料

沸点为 30～60℃的石油醚，购买于天津市富宇精细化工有限公司，分析纯；

24 种烤好的烟叶，由广东省烟草专卖局（公司）提供；

自组装烟草热解装置；SHZ-D（Ⅲ）循环水式真空泵；Finnigan TRACE GC/MS 仪。

13.1.2　样品预处理

将每种烟叶于烘箱内 55℃下分别烘干后，研磨成 40 目以下烟末，干燥条件下储存备用。

13.1.3　样品热解吸

每种烟叶称取 8.00 g 粉末，装入顶端洁净的玻璃"烟斗"中，在相同条件下，用自制热解燃烧装置进行燃烧，各抽滤瓶中装入少量石油醚，在压强 0.03 MPa 时进行减压多重提取；合并各抽滤瓶中的石油醚相烟气提取样品，于 25 mL 容量瓶中定容，密封，置于－4℃下保存；样品中各组分含量利用在线的 GC/MS 分析测定。

13.1.4　GC/MS 实验条件

气相色谱条件：HP-1NNOWAX 毛细管柱（30 m×0.25 mm×0.25 μm）；进样口温度 250℃；载气为氦气；流量 1.0 mL/min；

柱温：50℃保持 1 min，然后以 3℃/min 升温至 120℃，保持 2 min，再以 5℃/min 升温至 180℃，保持 10 min，最后以 10℃/min 升温至 250℃，保持 10 min。

质谱条件：离子源 EI，70 eV；质谱扫描范围 35～335 amu。

13.1.5　烟气中角鲨烯成分及含量分析

提取的烟气组分经过 Wiley 谱库检索到定性结果，其百分含量根据质谱的总离子流图，按照质谱仪自带的工作站软件进行规一化测定。

13.2　结果与分析

13.2.1　烟叶热裂解 GC/MS 总离子流图

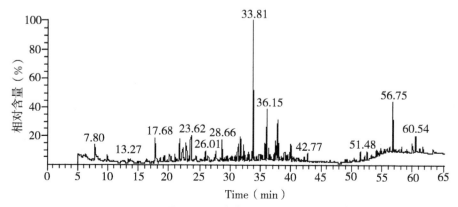

图 13-2　广东五华 B2F GC/MS 总离子流图

经过解谱分析可知，化合物角鲨烯的相对保留时间约为 37.86 ~ 37.88 min。

13.2.2　各种烟叶烟气中角鲨烯相对含量

根据质谱的总离子流图，按照质谱仪自带的工作站软件进行规一化测定，得出结果如表 13-1。

表 13-1　24 种烟叶烟气中角鲨烯相对含量

编号	烟叶种类	角鲨烯相对含量（%）
1	广东五华 B2F	1.94
2	广东五华 C3F	1.02
3	广东南雄粤烟 97 中部	—
4	广东南雄粤烟 97 下部	—
5	广东南雄粤烟 97B2F	1.04
6	广东梅州大埔云烟 87B2F	0.92
7	广东梅州大埔云烟 87C2F	1.49
8	广东乐昌 K326B2F	1.22
9	广东乐昌 K326C3F	0.63
10	津巴布韦 L20A	—
11	津巴布韦 LJ0T2	0.44
12	云南曲靖 C3F	—
13	河南 B3F	—
14	贵州 B2F	—
15	贵州 C3F	—
16	云南 B2F	—
17	广东清远连州 B2F	0.83
18	广东清远连州 C3F	0.38
19	云南师宗 C3F	—
20	云南昆明 B1F	—
21	云南沾益 C3F	—
22	河南 C3F-B	0.44
23	河南 BXL	—
24	云南沾益 B2F	0.30

注：“—”表示未检出。

由表 13-1 可以得出，在 24 种烤烟中，广东五华 B2F、广东五华 C3F、广东南雄粤烟 97B2F、广东梅州大埔云烟 87B2F、广东梅州大埔云烟 87C2F、广东乐昌 K326B2F、广东乐昌 K326C3F、广东清远连州 B2F、广东清远连州 C3F、津巴布韦 LJ0T2、河南 C3F-B 和云南沾益 B2F 中含有角鲨烯；其中，含量在 1% 以上的有广东五华 B2F、广东五华 C3F、广东南雄粤烟 97B2F、广东梅州大埔云烟 87C2F、广东乐昌 K326B2F，其中广东五华 B2F 的品种烟气中角鲨烯含量最高，达 1.94%。

13.3　小结

（1）烟气中含有角鲨烯，烟草中没有发现角鲨烯。这与 Swinehant 等人（1958）从烟气中分离出了角鲨烯，而在烟草中却从来没有发现角鲨烯的报道一致。有人曾推测可能是茄尼醇等萜类化合物的降解产物，但至今仍未被证实。

（2）不同产地烟叶角鲨烯的含量不同。本研究中，产地在广东五华的烟叶品种角鲨烯含量最高。角烯含量越高，烟叶的品质越好，制成的香烟危害程度就越小，因此，广东五华烟草具有很大的育种和推广价值。此外，广东南雄粤烟 97、梅州大埔、乐昌、清远连州的烟叶品种也具有很大的推广育种价值。这可能与当地的气候条件、土质、环境条件等有关。

（3）相同产地的烟草品种而部位等级不同的烟叶，其烟气中角鲨烯含量不相同。一般情况，烟叶等级为 B2F 的烟气中角鲨烯含量大于等级为 C3F 的烟气中角鲨烯含量。因为不同生育期的烟叶中化学成分不同，在调制和陈化过程中，烟叶中的成分也会发生变化。

角鲨烯合成酶（EC.5.1.2）是类异戊二烯途径的一个重要支点，它催化菌体生物合成的第一个限速步骤。角鲨烯合成酶通过催化法尼基二磷酸（FPP）经过还原性二聚作用，产生中间体前鲨烯二磷酸，在 NADPH 的还原作用下得到角鲨烯。该研究为进一步控制培育优质烟叶新品种提供了分子基础。

参考文献

［1］LAURENCE E, JOHNC R, ANGUS M, et al. Potential of squaleneasa functional lipid in foods and conmetics ［J］.Lipid Technology, 2002（12）：104-107.

［2］吴时敏.角鲨烯开发利用［J］.粮食与油脂，2001（1）：36.

［3］赵振东，孙震.生物活性物质角鲨烯的资源及其应用研究进展［J］.林产化学与工业，2004，24（3）：107-112.

［4］李春丽，毛绍春.烟叶化学成分及分析［M］.昆明：云南大学出版社，2007：136.

［5］殷艳华，陈泽鹏，陈永明，等.GC/MS 法检测 24 种烤烟烟气中角鲨烯含量［J］.广东农业科学，2012，39（3）：105-107.

14 广东与其他烟区致香物巨豆三烯酮含量比较分析

巨豆三烯酮（Megastigmatrienone），化学名称为 4-（2-亚丁基）-3,5,5-三甲基 -2-环己烯 -1-酮，分子式 $C_{13}H_{18}O$，分子量 190.28。结构式如图 14-1 所示。

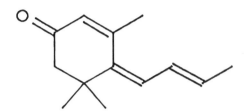

图 14-1 巨豆三烯酮结构式

巨豆三烯酮有四种同分异构体。

巨豆三烯酮为烤烟烟叶内重要的中性香气成分，具有甘甜香气。烟丝调制中添加巨豆三烯酮对于改善烟香，促使烟气柔和丰满，掩盖杂味，增进吃味具有显著作用。在烤烟烟叶中通常是四种同分异构体的混合物存在，是烟草重要的挥发性成分。

为了彰显我国特色优质烟叶风格特点，本研究采集了广东主要烟区的烤烟样品，采用同时蒸馏萃取法、甲醇索氏提取法和模拟烟气提取法，获得各种烤烟样品的挥发性精油、甲醇索氏提取物与烟气溶解物，经 GC / MS 色谱分析，检测各烟区烤烟的巨豆三烯酮的相对含量，比较不同提取方法检测巨豆三烯酮的含量，分析不同生态环境、不同烟草品种与不同等级、不同土壤因子对烟草代谢巨豆三烯酮的影响。

14.1 材料和方法

14.1.1 烤烟样品

烤烟来源于各烟站提供的样品，广东地区选择了南雄烤烟 5 个，五华 2 个，梅州大埔 5 个，清远连州 2 个和乐昌 4 个样品；选择了清香型云南、贵州烤烟共 8 个样品，浓香型河南烤烟 3 个样品；选择了津巴布韦进口烟叶 2 个烤烟样品，详见表 14-1。

表 14-1 烤烟产地、品种和等级

编号	来源	品种	等级	收集年份
1	广东南雄	粤烟 97	C3F	2008
2	广东南雄	粤烟 97	C3F	2009
3	广东南雄	粤烟 97	X2F	2009
4	广东南雄	粤烟 97	B2F	2009
5	广东南雄	K326	B2F	2010

续表

编号	来源	品种	等级	收集年份
6	广东五华	K326	B2F	2009
7	广东五华	K326	C3F	2009
8	广东梅州大埔	云烟87	B2F	2009
9	广东梅州大埔	云烟87	C3F	2009
10	广东梅州大埔	K326	C3F	2010
11	广东梅州大埔	云烟100	C3F	2010
12	广东梅州大埔	云烟100	B2F	2010
13	广东乐昌	K326	C2F	2009
14	广东乐昌	K326	C3F	2009
15	广东乐昌	云烟87	C3F	2010
16	广东乐昌	云烟87	B2F	2010
17	广东清远连州	粤烟97	B2F	2009
18	广东清远连州	粤烟97	C2F	2009
19	云南	云烟87	C3F	2008
20	云南曲靖	云烟87	C3F	2009
21	云南师宗	云烟87	C3F	2009
22	云南昆明	云烟87	B2F	2009
23	云南沾益	云烟87	C3F	2009
24	云南沾益	云烟87	B2F	2009
25	贵州	云烟87	B2F	2009
26	贵州	云烟87	C3F	2009
27	河南	NC89	B2F	2009
28	河南	NC89	C3F	2009
29	河南	NC89	B2L	2009
30	津巴布韦*	L20A	—	2009
31	津巴布韦	LJOT2	—	2009

注：带"*"为去脉叶碎片。

14.1.2　样品提取方法

14.1.2.1　烤烟水蒸馏提取法

称取 50.00 g 烤烟叶，剪成小片（约 0.5×1.5 cm 大小）放入 2000 mL 的圆底烧瓶内，加入 1000 mL 水，电热套加热；在另一个 250 mL 烧瓶中加入 50 mL 石油醚，水浴加热，同时蒸馏萃取 2 h 后，保留石油醚萃取液，加无水硫酸钠干燥 24 h，使用旋转蒸发仪在 50 ℃水浴中将其浓缩至 3 mL，即得香气浓缩物，供 GC/MS 分析。

14.1.2.2　烤烟烟气提取法

将每种烟叶于烘箱内 55℃下分别烘干后，研磨成 40 目以下烟末，干燥条件下储存备用。每种烟叶称取 8.00 g 粉末，装入顶端洁净的玻璃"烟斗"中，在相同条件下，用自制热解燃烧装置进行燃烧，各抽滤瓶中装入少量石油醚，在压强 0.03 MPa 时进行减压多重提取；合并各抽滤瓶中的石油醚相烟气提取样品，于 25 mL 容量瓶中定容，密封，置于 −4℃下保存；样品中各组分含量利用在线的 GC/MS 分析测定。

14.1.2.3　烤烟甲醇索氏提取法

称取 50.00 g 粉碎好的烤烟烟叶，置于自制的滤纸筒内，然后装入索氏提取器中，索氏提取器上面连接冷凝管，下面连接 500 mL 的圆底烧瓶，烧瓶中加入 300 mL 甲醇（分析纯），在 70℃水浴锅中连续加热提取 72 h（以滤纸筒中甲醇溶剂颜色很淡为准），浓缩甲醇提取液得烟叶成分浸膏，供 GC/MS 分析。

14.1.3　GC/MS 分析

GC 条件：Ultra-2 毛细管柱（50 m×0.2 mm×0.33 μm），载气为 N_2，柱头压 170 kPa，检测器 FID，进样口温度 280 ℃，检测器温度 280 ℃，程序升温为 80 ℃（保持 1 min），以 2 ℃/min 升温至 280 ℃（保持 30min），进样量 2 μL，分流比 10：1。GC/MS 测定时 GC 条件同上，电离电压 70 eV，离子源温度 200 ℃，传输线温度 220 ℃，使用 Wiley 谱库进行图谱检索。

14.2　结果与分析

14.2.1　不同提取方法各烟区烤烟巨豆三烯酮含量

分析结果见表 14-2。通过三种提取方法比较分析表明，烤烟中的巨豆三烯酮主要以水蒸馏提取法的方式提取，提取结果显示，不同产地、不同品种和不同等级的烤烟中巨豆三烯酮含量也不尽相同，相对含量有的高达 18.44%，而有的仅 2.14%。采用烟气提取法和甲醇索氏提取法，检测的巨豆三烯酮含量低，或检测不到。25 个烤烟样品中，可检测到 19 个样品的烟气含巨豆三烯酮，检出率 76%，最高相对含量为 2.27%。甲醇索氏提取法检出率为 48%，最高相对含量为 0.43%。

表 14-2　不同烟区不同提取方法烤烟巨豆三烯酮含量的比较

编号	来源	品种	等级	含量（%）		
				水蒸馏提取法	烟气提取法	甲醇索氏提取法
1	广东南雄	粤烟 97	C3F	18.44	0	0
2	广东南雄	粤烟 97	C3F	11.83	0	0
3	广东南雄	粤烟 97	X2F	8.97	0	0.06
4	广东南雄	粤烟 97	B2F	11.80	0	0.08
5	广东五华	K326	B2F	9.58	2.27	0
6	广东五华	K326	C3F	2.68	1.75	0.05
7	广东梅州大埔	云烟 87	B2F	4.10	0	0.03
8	广东梅州大埔	云烟 87	C3F	4.79	1.72	0
9	广东乐昌	K326	B2F	11.82	1.24	0.11
10	广东乐昌	K326	C3F	4.82	1.78	0
11	广东清远连州	粤烟 97	B2F	7.13	1.18	0.07
12	广东清远连州	粤烟 97	C3F	5.57	1.41	0
13	云南	云烟 87	C3F	15.42	0	0
14	云南曲靖	云烟 87	C3F	7.28	0.22	0
15	云南师宗	云烟 87	C3F	3.90	0.25	0
16	云南昆明	云烟 87	B2F	6.28	0.47	0
17	云南沾益	云烟 87	C3F	2.14	1.39	0
18	云南沾益	云烟 87	B2F	7.14	0.48	0.29
19	贵州	云烟 87	B2F	13.79	0.22	0.04
20	贵州	云烟 87	C3F	7.50	0.25	0.43
21	河南	NC89	B2F	9.32	0.18	0.03
22	河南	NC89	C3F	4.80	0	0
23	河南	NC89	B2L	6.40	0.42	0
24	津巴布韦 *	L20A	—	7.98	0.48	0.04
25	津巴布韦	LJ0T2	—	11.23	1.03	0.40

注：带"*"为去脉叶碎片。

14.2.2　不同品种、不同等级烤烟巨豆三烯酮含量比较

从表 14-3 可以看出，不同品种、不同等级烤烟巨豆三烯酮含量存在一定的差异，其中粤烟 97C3F 在几个被检测的样品中含量最高，达 11.95%；K326 和 NC89C3F 含量较低，分别为 3.75% 和 4.80%，而四个品种的 B2F 巨豆三烯酮含量则在 7.83% ~ 10.70% 之间，相互之间的差异不大。

表 14-3　不同品种、不同等级烤烟巨豆三烯酮含量比较

等级	相对含量（%）			
	粤烟 97	K326	云烟 87	NC89
C3F	11.95	3.75	6.85	4.80
B2F	9.47	10.70	7.83	9.32

注：表中的数据为所测样品的平均值。

14.2.3　广东不同烟区与其他烟区烤烟巨豆三烯酮含量比较

从下表 14-4 可以看出，广东主产烟区南雄粤烟 97 品种和梅州大埔云烟 87 品种的巨豆三烯酮含量较高，相对含量分别为 10.08% 和 10.54%，与贵州云烟 87 品种巨豆三烯酮含量 10.64% 相当；而广东五华 K326 品种为 6.13%、广东连州粤烟 97 品种为 6.85%、广东乐昌 K326 品种为 8.32%，与云南云烟 87 品种的 7.03% 和津巴布韦 L20A、LJ0T2 的 7.06% 相当。

表 14-4　广东不同烟区与其他烟区烤烟巨豆三烯酮含量比较

产地	相对含量（%）			
	粤烟 97	K326	云烟 87	L20A、LJ0T2
广东南雄	10.08	—	—	—
广东五华	—	6.13	—	—
广东梅州大埔	—	—	10.54	—
广东乐昌	—	8.32	—	—
广东连州	6.85	—	—	—
云南	—	—	7.03	—
贵州	—	—	10.64	—
津巴布韦	—	—	—	7.06

注："—"表示无样品检测。

14.3　小结

比较三种提取巨豆三烯酮的方法，结果显示水蒸馏提取法为较好的提取方法，而甲醇索氏提取法和烟气提取法，基本检测不到巨豆三烯酮。比较不同地区、不同品种和不同等级烤烟的巨豆三烯酮含量存在明显的差异。其中广东南雄产的粤烟 97 烤烟巨豆三烯酮含量比其他产区的偏高，这是广东南雄烤烟的一个特点。

参考文献

［1］吴彦辉，薛立新，许自成，等 . 烤烟巨豆三烯酮研究现状与展望［J］. 中国农业科技导报，2013，15（3）：150-156.

15 广东浓香型特色优质烟叶质量风格定位及烟叶指纹图谱研究展望

15.1 广东浓香型特色优质烟叶质量风格特征和定位

广东省烟草种植历史悠久,是我国重要的烟草基地之一,其中南雄烟区被称为"中国黄烟之乡"。目前,广东烟草种植面积达 30 万亩。由于各烟区的气候条件、土壤、水源类型不尽相同,特别在管理水平方面的差异,必将使不同烟区生产的烟草在品质、香气等方面存在明显的差异。

罗战勇(2004)根据广东烟区气候和生态环境的特点,结合评吸将广东烟叶产区划分为 3 个生态烟区:即南雄、始兴、五华生态烟区;乐昌、乳源生态烟区和粤东生态烟区。其中南雄、始兴、五华生态烟区的烟叶香型为较典型的浓香型到偏中香型,是广东优质烟叶产区;粤东生态烟区的烟叶香型为中间香到中偏清香型;而乐昌、乳源生态烟区的烟叶香型为中偏浓到浓偏中香型,烟叶感官质量介于两个烟区之间。经过 10 多年的变迁,烟草种植模式、烟草品种、管理方式都不同程度地发生改变,但原有烟叶质量是否也会发生变化,这是烟草行业需要研究的课题。按照《浓香型特色优质烟叶质量风格定位研究烟叶样品选取方案》的要求, 2011 ~ 2015 在广东全省烟叶主产区设置 18 个采样点,采集 C3F 和 B2F 烟叶样品 30 多个, 开展了烟叶质量评价工作,除采用经典的外观质量、感官质量和评吸外,结合化学成分和致香物指纹图谱分析,进一步明确广东不同生态烟区烟叶质量风格特色和定位。

15.1.1 外观质量、感官质量评估和评吸定位

外观质量评估:广东主产烟区南雄、始兴、乳源、乐昌、梅州、连州的烤烟叶,2014 年经组织专家进行外观质量评估,评估的结论为:广东主产烟区的烟叶原烟颜色为橘黄,成熟度为成熟,色度为强—浓,油分为有,结构为尚疏松—疏松,身份为稍薄—中等,总体上,烟叶外观质量多在"较好"档次(≥6分, <8分),个别产区处于"好"的档次(≥8分)。其中,南雄、始兴产区原烟外观质量在全省处于最好水平。

感官质量评估:(1)南雄、始兴产区烟叶香型为浓香型,焦甜香韵为尚明显—较明显,香气状态沉溢,烟气浓度较浓,劲头中等—较大,属浓香型典型区。(2)乐昌、乳源产区烟叶香型为浓香型, 焦甜香韵尚明显,香气状态较沉溢,烟气浓度中等—较浓,劲头中等—较大,属浓香型次典型区。(3)梅州、连州产区烟叶香型为浓偏中或中偏浓,焦甜香韵尚明显偏正甜香,香气状态尚沉溢或较悬浮,烟气浓度为中等—稍浓,劲头为中等—稍大,属浓香—中间香过渡区。

化学成分:经成分分析,广东主产烟区烟叶中部原烟总糖含量 25.0% ~ 30.0%,还原糖含量 23.0% ~ 27.0%,总烟碱含量 1.7% ~ 3.4%,总氮含量 1.6% ~ 1.9%,钾离子含量 1.5% ~ 2.6%,糖碱比 7.6 ~ 20.0,氮碱比 0.5 ~ 1.0;上部原烟总糖含量 20.0% ~ 26.0%,还原糖含量 18.0% ~ 23.0%,总烟碱含量 2.5% ~ 4.0%,总氮含量 1.9% ~ 2.3%,钾离子含量 1.5% ~ 2.2%,糖碱比 5.6 ~ 12.0,氮碱比 0.5 ~ 0.8。

评吸定位:广东主产烟区韶关、梅州、清远的烤烟叶,经 2014 年组织专家吸评鉴定,评吸结果为:(1)韶关烟叶整体风格特征属浓香型,浓香型特征显著,焦甜香味为较明显—明显,烟气浓度和劲头为中度—大,香气尚为透发—透发,香气质为较好—好,香气量为较充足—充足,杂气为有—微有,刺激性为有—稍有,气味为较适—舒适,个别样品烟气略有粗糙感。(2)梅州烟区烟叶整体风格特征属中间型,正甜香韵较明显,烟气浓度和劲头为中等—稍大,香气尚透发,香气质为较好—好,香气量为尚充足—充足,杂气为有—稍有,刺激性为有—稍有,余味为尚舒适—舒适,个别样品具有清甜韵,香气较飘逸。(3)

清远烟区烟叶风格特征属浓香型,焦甜香韵显著,香气沉溢,烟气浓度和劲头为中等—稍大,香气尚透发,香气质较好,香气量尚足,杂气稍有,刺激稍有,余味较舒适。

综上所述,经外观、感官质量评估和评吸定位,广东烟叶香型总体表现为浓偏中至浓香型。

15.1.2　广东主产烟区烤烟致香物指纹图谱和化学成分区分分析

15.1.2.1　广东不同产区烤烟致香物指纹图谱分析

广东主产烟区采集的烤烟,经三种方法提取和分析,获得所测样品的指纹图谱。图 15-1 是广东南雄、五华、大埔、连州和乐昌产区烤烟经甲醇索氏提取和 GC/MS 分析的部分样品的指纹图谱,从峰形上看,基本趋于一致。保留时间在 1 ~ 60 min 可见峰的化合物主要是二甲基甲酰胺、乙酸、甲酸、糠醇、烟碱、新植二烯、1,3- 二羟基丙酮、棕榈酸、5- 羟甲基糠醛、反油酸和亚油酸等。但在相对含量方面还存在差异,对比广西贺州烟区烤烟索氏提取和 GC/MS 指纹图谱,在峰形上存在明显的差异(如图 15-1 和图 15-2 所示)。

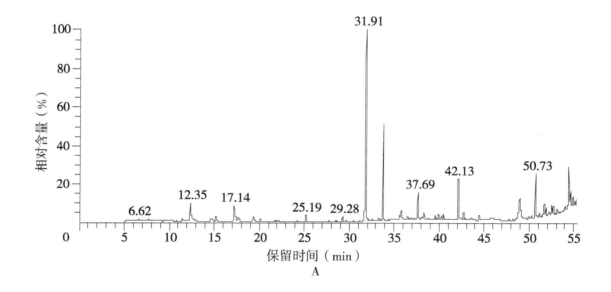

A

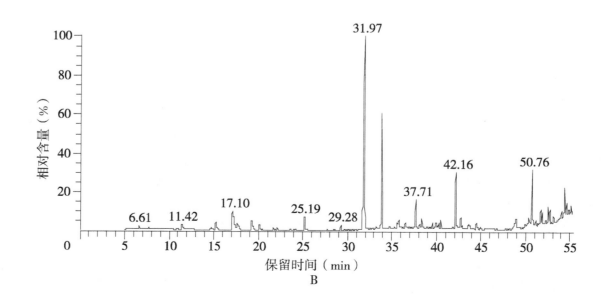

B

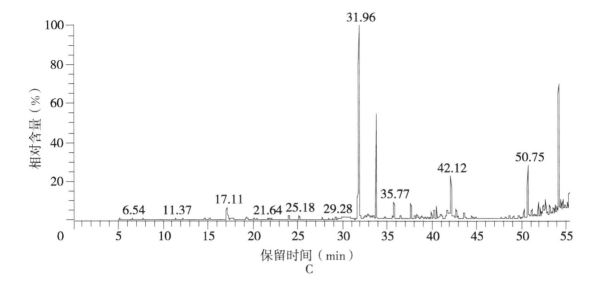

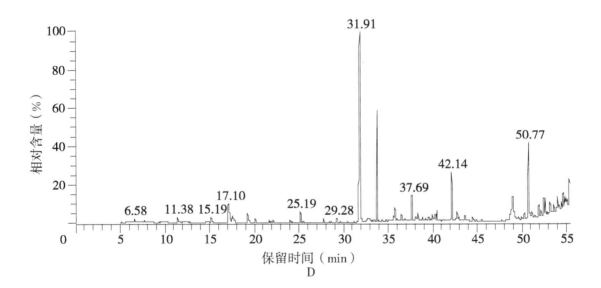

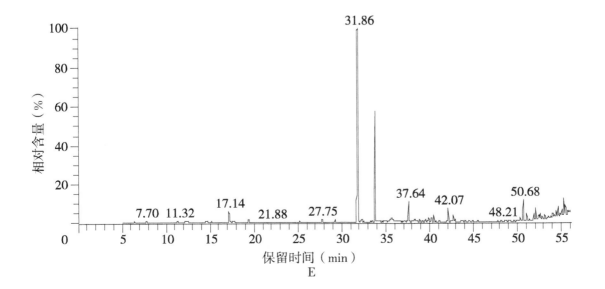

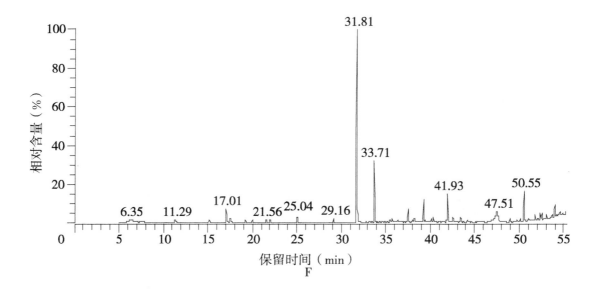

F

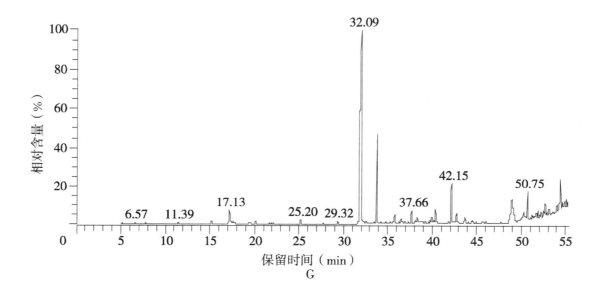

G

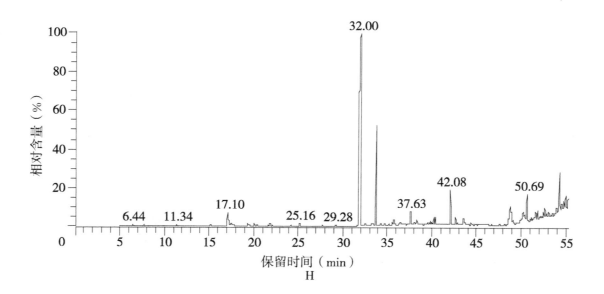

H

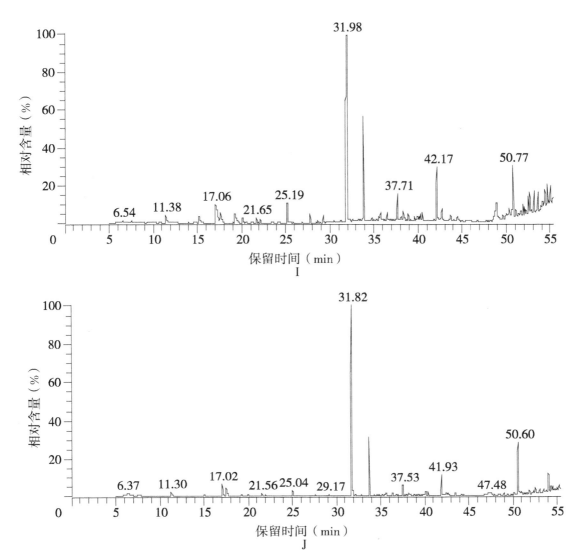

A、B.南雄；C、D.五华；E、F：大埔；G、H.连州；I、J.乐昌

图 15-1 广东不同烟区烤烟索氏提取致香物指纹图谱

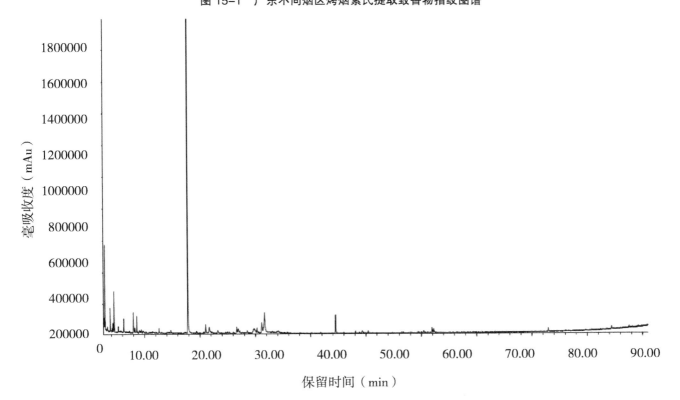

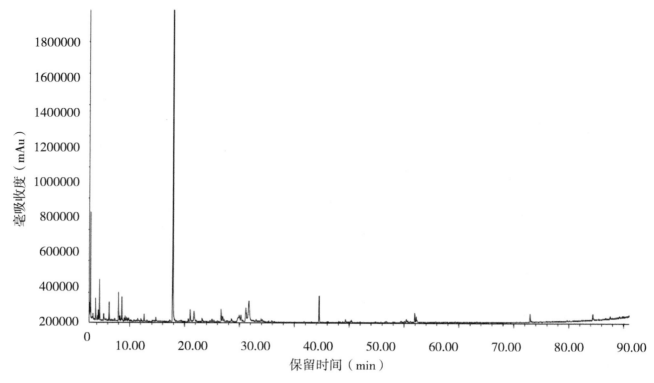

图 15-2　广西贺州烤烟甲醇索氏提取致香物指纹图谱

15.1.2.2　广东主产烟区与其他烟区烤烟致香物化学成分的区分

1. 化学成分整体上的差异分析

（1）在指纹图谱上保留时间在 17 ~ 18 min 有明显丰度的只有广东南雄、广东清远和河南地区的烟草，根据响应的成分各不相同，可以进一步确定烟草的具体产地：糠醛（南雄），乙酸和 $C_6H_5D_2N$（清远），乙酸（河南）。

（2)图谱上出现的第一种物质为 C_8H_{10} 且保留时间平均超过 12.6 min 的可以认为是广东南雄地区的烟叶。

（3）根据图谱提取出 21 种特征较为明显的烟叶化学成分，分别是：富马酸二甲酯（$C_6H_8O_4$）、5- 羟甲基糠醛（$C_6H_6O_3$）、尼古丁、新植二烯（$C_{20}H_{38}$）、十七酸（$C_{17}H_{34}O_2$）、棕榈酸（$C_{16}H_{32}O_2$）、9,12-十八碳二烯酸（$C_{18}H_{32}O_2$）、亚麻酸甲酯（$C_{19}H_{32}O_2$）、反式十八碳烯酸（$C_{18}H_{34}O_2$）、$C_{18}H_{36}O_2$、乙酸甲酯（$C_3H_6O_3$）、二甲基甲酰胺（C_3H_7NO）、乙酸（$C_2H_4O_2$）、糠醇（$C_5H_6O_2$）、植物醇（$C_{20}H_{40}O$）、丁香酚苯乙醚（$C_{10}H_{12}O_2$）、5- 甲基糠醛（$C_6H_6O_2$）、苯酚（C_6H_6O）、甲氧基乙酸酐（$C_6H_{10}O_5$）、L- 焦谷氨酸甲酯（$C_6H_9NO_3$）、2,6-二叔丁基 -4- 甲基苯酚（$C_{15}H_{24}O$）。

2. 化学成分个性差异分析

（1）相比较其他地区的烟叶，广东南雄烟叶共有成分在图谱中只有亚麻酸甲酯（$C_{19}H_{32}O_2$）和 5- 甲基糠醛（$C_6H_6O_2$）在图谱上特征明显。

（2）相比较其他地区的烟叶，广东五华烟叶共有成分在图谱中只有新植二烯（$C_{20}H_{38}$）、棕榈酸（$C_{16}H_{32}O_2$）、亚麻酸甲酯（$C_{19}H_{32}O_2$）、5- 甲基糠醛（$C_6H_6O_2$）、甲氧基乙酸酐（$C_6H_{10}O_5$）、L- 焦谷氨酸甲酯（$C_6H_9NO_3$）在图谱上特征明显，并且其图谱上没有明显的 9,12- 十八碳二烯酸（$C_{18}H_{32}O_2$）、二甲基甲酰胺（C_3H_7NO）、丁香酚苯乙醚（$C_{10}H_{12}O_2$）、2,6- 二叔丁基 -4- 甲基苯酚（$C_{15}H_{24}O$）图谱特征。

（3）相比较其他地区的烟叶，广东梅州大埔烟叶共有成分在图谱中的特征也明显存在于其他地区的烟叶中，但其图谱上没有明显的反式十八碳烯酸（$C_{18}H_{34}O_2$）、二甲基甲酰胺（C_3H_7NO）图谱特征。

（4）相比较其他地区的烟叶，广东乐昌烟叶共有成分在图谱中只有植物醇（$C_{20}H_{40}O$）、5- 甲基糠醛（$C_6H_6O_2$）在图谱上特征明显，并且其图谱上没有明显的二甲基甲酰胺（C_3H_7NO）、2,6- 二叔丁基 -4-甲基苯酚（$C_{15}H_{24}O$）图谱特征。

（5）相比较其他地区的烟叶，广东清远烟叶共有成分在图谱中只有新植二烯（$C_{20}H_{38}$）、9,12- 十八碳二烯酸（$C_{18}H_{32}O_2$）、亚麻酸甲酯（$C_{19}H_{32}O_2$）、反式十八碳烯酸（$C_{18}H_{34}O_2$）、5- 甲基糠醛（$C_6H_6O_2$）、甲氧基乙酸酐（$C_6H_{10}O_5$）、L- 焦谷氨酸甲酯（$C_6H_9NO_3$）在图谱上特征明显，并且其图谱上没有明显的二甲基甲酰胺（C_3H_7NO）、丁香酚苯乙醚（$C_{10}H_{12}O_2$）、苯酚（C_6H_6O）图谱特征。

（6）相比较其他地区的烟叶，云南烟叶共有成分在图谱中只有新植二烯（$C_{20}H_{38}$）、亚麻酸甲酯（$C_{19}H_{32}O_2$）、5- 甲基糠醛（$C_6H_6O_2$）、L- 焦谷氨酸甲酯（$C_6H_9NO_3$）在图谱上特征明显，并且其图谱上没有明显的二甲基甲酰胺（C_3H_7NO）、丁香酚苯乙醚（$C_{10}H_{12}O_2$）图谱特征。

（7）相比较其他地区的烟叶，贵州烟叶共有成分在图谱中只有新植二烯（$C_{20}H_{38}$）、棕榈酸（$C_{16}H_{32}O_2$）、9,12- 十八碳二烯酸（$C_{18}H_{32}O_2$）、亚麻酸甲酯（$C_{19}H_{32}O_2$）、5- 甲基糠醛（$C_6H_6O_2$）、苯酚（C_6H_6O）、L- 焦谷氨酸甲酯（$C_6H_9NO_3$）在图谱上特征明显，并且其图谱上没有明显的二甲基甲酰胺（C_3H_7NO）、丁香酚苯乙醚（$C_{10}H_{12}O_2$）图谱特征。

（8）相比较其他地区的烟叶，河南烟叶共有成分在图谱中只有新植二烯（$C_{20}H_{38}$）、5- 甲基糠醛（$C_6H_6O_2$）在图谱上特征明显，并且其图谱上没有明显的二甲基甲酰胺（C_3H_7NO）、植物醇（$C_{20}H_{40}O$）、丁香酚苯乙醚（$C_{10}H_{12}O_2$）、甲氧基乙酸酐（$C_6H_{10}O_5$）、L- 焦谷氨酸甲酯（$C_6H_9NO_3$）图谱特征。

（9）相比较国内的烟叶，津巴布韦烟叶共有成分在图谱中只有新植二烯（$C_{20}H_{38}$）、棕榈酸（$C_{16}H_{32}O_2$）、9,12- 十八碳二烯酸（$C_{18}H_{32}O_2$）、亚麻酸甲酯（$C_{19}H_{32}O_2$）、5- 甲基糠醛（$C_6H_6O_2$）在图谱上特征明显，并且其图谱上没有明显的丁香酚苯乙醚（$C_{10}H_{12}O_2$）、L- 焦谷氨酸甲酯（$C_6H_9NO_3$）、2,6- 二叔丁基 -4- 甲基苯酚（$C_{15}H_{24}O$）图谱特征。

15.1.3 广东和其他地区烤烟叶中挥发性香气物质的特点

检测发现，津巴布韦烤烟中香气物质总含量最高（新植二烯含量除外），贵州烤烟最低，约为津巴布韦烤烟含量的 49.99 %；津巴布韦烟叶中 6 种香气物质含量明显高于国内烟叶，如 2- 乙酰基吡咯、香叶基丙酮等；广东烤烟中新植二烯、β- 大马烯酮等质体色素降解产物含量最高；河南浓香风格烤烟中茄酮、苯乙醇、苯乙醛等西柏烷类降解产物和美拉德反应产物含量最高。

15.1.4 广东烤烟挥发性致香物主要成分

经 PLS-DA 分析（参考 11 章，图 11-2），获得广东烤烟香味贡献较大的 18 个致香成分分别是糠醛、6- 甲基 -5- 庚烯 -2- 酮、邻二甲苯、（E）-5- 异丙基 -8- 甲基 -6,8- 壬二烯 -2- 酮、烟碱、苯乙醇、β- 大马烯酮、4-（2,6,6- 三甲基 -1,3- 环己二烯）-3- 丁烯 -2- 酮、植酮、壬酸、二氢猕猴桃内酯、反油酸、硬脂酸、二十九烷、（E,E）-7，11，15- 三甲基 -3- 亚甲基 -1,6,10,14- 十六碳四烯、1,5,9- 三甲基 -12- 异丙基 -4,8,13- 环十四碳三烯 -1,3- 二醇和 2,3- 二氢 -1,1,5,6- 四甲基 -1H- 茚。

我国不同烟区的烤烟致香物化学主成分分析（参考第 6 章图 6-3、6-4）和不同烟区的烤烟致香物成分聚类分析结果（参考第 7 章图 7-1），表明广东主产烟区致香物的化学成分区分和定位与采用经典的评判结果基本趋于一致，属浓香型。

15.1.5 烤烟挥发性致香物的含量与土壤类型关系

研究发现，紫色土、沙泥田土和牛肝田土烤烟样品挥发性香气物成分上存在明显差异，紫色土烤烟醛酮酚类香气物质相对含量 24.23%，醇类香气物质 6.59%，酸类香气物质 12.05%，酯类香气物质 1.96%，烃类香气物质 39.17%。紫色土烤烟这几类香气物质相对含量明显高于沙泥田土和牛肝田土，而掺入不同比例的红砂土和河沙的沙泥田土和牛肝田土烤烟样品挥发性致香物成分产生一定程度的变化，表明烟草产生的香气物的含量与土壤性质有密切关系。

15.1.6 广东和广西烤烟特征性物质——角鲨烯的发现

经检测广东、云南、贵州和河南烤烟致香物发现，广东五华 B2F、广东五华 C3F、广东南雄 B2F、广东梅州大埔云烟 87B2F、广东梅州大埔云烟 87C3F、广东乐昌 K326B2F、广东乐昌 K326C3F、广东清远连州 B2F、广东清远连州 C3F、河南 C3F 和云南沾益 B2F 中含有角鲨烯。其中，角鲨烯含量在 1% 以上的有广东五华 B2F、广东五华 C3F、广东南雄 B2F、广东梅州大埔云烟 87C3F、广东乐昌 K326B2F。其中广东五华 B2F 品种烟气中角鲨烯含量最高，达 1.94%。

定量测定发现，广东 10 个不同生态区烤烟烟叶中角鲨烯平均含量为 24.57 mg/kg，其中最高的为马市镇沙泥田种植的 K326 品种的 B2F 等级，其含量为 39.63 mg/kg。3 个不同品种粤烟 97、K326 和云烟 87 中，K326 品种角鲨烯平均含量最高，为 29.64 mg/kg，其次为粤烟 97，平均含量为 25.11 mg/kg，最低为云烟 87，其平均含量为 17.35 mg/kg。在此 3 个不同品种中，K326 和粤烟 97 的角鲨烯的含量差异不显著，而与云烟 87 的差异显著。

广西的河池、百色和贺州 3 个不同生态区的 22 个采样点中，角鲨烯的平均含量为 18.44 mg/kg，其中含量最高的为河池都安的 B2F 等级烟叶，其角鲨烯含量为 30.82 mg/kg。B2F、C3F 和 X2F 3 个不同等级烟叶中角鲨烯含量分别为 21.81 mg/kg、16.71 mg/kg 和 12.43 mg/kg，且差异显著。百色、河池和贺州 3 个不同生态区烤烟烟叶中角鲨烯含量分别为 19.38 mg/kg、18.57 mg/kg 和 17.59mg/kg，差异不显著。烤烟化学致香物检测发现角鲨烯为广东和广西烤烟标志性特征物质。

不同地区、不同品种和不同等级的烤烟中巨豆三烯酮的含量存在明显的差异，其中南雄产的粤烟 97 烤烟含量最高，这成为南雄烤烟的一个特点。

15.2　烤烟致香物指纹图谱构建面临的问题与展望

烟草致香物的合成代谢受多种因素调节控制，遗传因子、环境因子、气候、土壤、栽培和烘烤技术等都会影响烤烟致香物化学成分组成和含量。如本研究中发现在同一地区、同一品种、同样的管理条件和烘烤条件，以及同一取材部位，仅不同的是土壤质地情况下，不同的烟叶致香物的种类和含量存在明显的差异，而不同年份的样本分析结果也不相同。为了构建具有应用价值的烟草致香物指纹图谱，需要开展系统的研究工作。建立一套具有烟草特色的指纹图谱提取检测和分析系统，建立相关的指纹图谱数据库和智能软件分析系统，真正做到以指纹图谱技术替代或部分替代传统的烟草质量评价体系和方法非常必要。

构建不同产地、不同质量标准的烤烟烟叶指纹图谱是一个复杂而又系统的工程，这是因为烤烟烟叶中含有的香味物质受多种因子调节控制，即受内在和外在的诸多因子控制。内在的因子如品种，属遗传因子控制；外在的因子包括产地生态环境、气候、栽培措施、农用化学品等，从而诱导烟草的生理生化的代谢也不同。除此之外，烘烤过程也影响致香物的形成过程，这些因素给建立具有应用价值的烤烟烟叶指纹图谱带来巨大的困难。

虽存在诸多困难，但本项目组采用现代化学分析和致香物提取技术，对广东主产烟区和国内有代表性的烤烟样品进行检测分析，初步构建了可区分不同烟区烤烟致香物的指纹图谱，开展了一系列的探索性工作，但还需深入开展相关研究工作，解开烤烟中化学信息之谜。

有关烤烟指纹图谱的构建研究将在以下方面展开：

本项目研究以广东和广西主产烟区和国内部分代表性烟区烤烟为试验对象，比较 3 种提取方法，探索致香物 GC/MS 指纹图谱的构建方法，采用此方法初步达到可识别不同产地烤烟的要求，但还需要广泛验证和系统完善。

运用指纹图谱技术判别不同产地、不同等级烤烟，还需与感官评级和常规化学成分检测结合起来，以充分诠释指纹图谱的原理和应用的合理性。

烟区烤烟致香物指纹图谱构建与应用，图谱中的有效化学成分解析及指纹图谱谱效学有待更多的探索。

为了精确阐述广东和其他地区烤烟的特色以及在国内外的定位，需进一步研究不同年份、不同生态区域、不同品种和不同等级之间的指纹图谱鉴别方法，建立相应的指纹图谱数据库和智能软件分析系统，以及采用内标法，对特征成分进行定量分析，从而研究定量的指纹图谱，彰显广东、广西和我国其他主产烟区烤烟的优势与特色。

结合神经网络等技术，研究应用指纹图谱技术对烟草质量进行预测，从而达到对未知样品的质量识别目的。